Lehr- und Handbücher der Statistik
Herausgegeben von Prof. Dr. Rainer Schlittgen

Bisher erschienene Titel:

Bock: Bestimmung des Stichprobenumfangs
Böhning: Allgemeine Epidemiologie und ihre methodischen Grundlagen
Brunner, Langer: Nichtparametrische Analyse longitudinaler Daten
Caspary, Wichmann: Lineare Modelle
Chatterjee, Price: Praxis der Regressionsanalyse
Degen, Lohrscheid: Statistik-Aufgabensammlung
Hartung, Elpelt, Voet: Modellkatalog Varianzanalyse
Harvey: Ökonometrische Analyse von Zeitreihen
Harvey: Zeitreihenmodelle
Heiler, Michels: Deskriptive und Explorative Datenanalyse
Kockelkorn: Lineare statistische Methoden
Miller: Grundlagen der Angewandten Statistik
Naeve: Stochastik für Informatiker
Oerthel, Tuschl: Statistische Datenanalyse mit dem Programmpaket SAS
Pflaumer, Heine, Hartung: Deskriptive Statistik
Pflaumer, Heine, Hartung: Statistik für Wirtschafts- und Sozialwissenschaften: Induktive Statistik
Pokropp: Lineare Regression und Varianzanalyse
Rasch, Herrendörfer, u. a: Verfahrenbibliothek, Band I und II
Riedwyl, Ambühl: Statistische Auswertungen mit Regressionsprogrammen
Rinne: Statistische Analyse multivariater Daten
Rinne: Wirtschafts- und Bevölkerungsstatistik
Rüger: Induktive Statistik
Rüger: Test- und Schätztheorie, Band I und II
Schendera: Datenmanagement und Datenanalyse mit dem SAS-System
Schlittgen: Angewandte Zeitreihenanalyse
Schlittgen: Einführung in die Statistik
Schlittgen: GAUSS für statistische Berechnungen
Schlittgen: Multivariate Statistik
Schlittgen: Statistische Auswertungen
Schlittgen: Statistische Inferenz
Schlittgen: Statistik-Trainer
Schlittgen, Streitberg: Zeitreihenanalyse
Schürger: Wahrscheinlichkeitstheorie
Tutz: Die Analyse kategorialer Daten

Einführung in die Statistik
Analyse und Modellierung von Daten

von
Prof. Dr. Rainer Schlittgen
Universität Hamburg

12., korrigierte Auflage

Oldenbourg Verlag München

Bibliografische Information der Deutschen Nationalbibliothek

Die Deutsche Nationalbibliothek verzeichnet diese Publikation in der Deutschen
Nationalbibliografie; detaillierte bibliografische Daten sind im Internet über
http://dnb.d-nb.de abrufbar.

© 2012 Oldenbourg Wissenschaftsverlag GmbH
Rosenheimer Straße 145, D-81671 München
Telefon: (089) 45051-0
www.oldenbourg-verlag.de

Das Werk einschließlich aller Abbildungen ist urheberrechtlich geschützt. Jede Verwertung
außerhalb der Grenzen des Urheberrechtsgesetzes ist ohne Zustimmung des Verlages unzulässig
und strafbar. Das gilt insbesondere für Vervielfältigungen, Übersetzungen, Mikroverfilmungen
und die Einspeicherung und Bearbeitung in elektronischen Systemen.

Lektorat: Dr. Stefan Giesen
Herstellung: Constanze Müller
Titelbild: thinkstockphotos.de
Einbandgestaltung: hauser lacour
Gesamtherstellung: Grafik & Druck GmbH, München

Dieses Papier ist alterungsbeständig nach DIN/ISO 9706.

ISBN   978-3-486-71524-8
eISBN 978-3-486-71591-0

Vorwort zur zwölften Auflage

Für die vorliegende Auflage wurden selbstverständlich die bekannt gewordenen Fehler korrigiert. Den Leserinnen und Lesern, die mich auf solche aufmerksam gemacht haben, danke ich herzlich. Am Text selbst wurde gegenüber der letzten Auflage nichts geändert. Als neues Moment wird der datenanalytischen Auffassung jetzt noch besser Rechnung getragen, indem zu dem Text ein Begleiter bereit gestellt wird, in dem die Umsetzung des im Text dargestellten Vorgehens mit R erläutert wird. R ist eine stark verbreitete, auf vielen Plattformen lauffähige statistische Programmierumgebung mit recht universeller Einsetzbarkeit. R ist eine Open Source Software, es kann also kostenfrei aus dem Internet heruntergeladen werden; die Adresse ist cran.r-project.org/ .

Die Auswertung mit R wird nicht direkt integriert, sondern in einem Zusatzskript dargestellt. Denn das vorliegende Buch soll vornehmlich in die Statistik einführen. Die Aufnahme der Beschreibung der programmtechnischen Aspekte im Text würde die Darstellung jeweils unterbrechen und den Fluss der Erklärungen stören. Die Verbindung mit dem R-Begleiter wird hergestellt, indem jeweils an den Stellen, an denen die Umsetzung des im Text dargestellten Vorgehens mit R erläutert wird, das R-Logo ® als Randmarke angebracht ist.

Mannigfache Erfahrungen in der universitären Lehre haben gezeigt, dass das Arbeiten mit R vielfach als Hürde beim Beginn der Beschäftigung mit Statistik empfunden wird. Nach meiner Überzeugung resultiert ein Teil der Schwierigkeiten daraus, dass die großen Möglichkeiten, die R bietet, Lehrende leicht dazu verleitet, die Hörer gleich zum eigenen Programmieren bringen zu wollen. Neben den fachlichen Dingen muss dann zugleich der Umgang mit der Programmierumgebung erlernt werden. Um dies zu vermeiden, wird hier darauf geachtet, dass die Auswertungen nur unter Verwendung vorhandener Funktionen aus R (und seinen Zusatzpaketen) geschehen. Zudem werden die Funktionen weitestgehend in ihrer einfachsten Form verwendet. Eine weitere Erleichterung bei dem Umgang mit R besteht in der Nutzung einer grafischen Benutzeroberfläche für R. Dies wurde in dem Projekt betrieben, das im Vorwort zur elften Auflage angesprochenen wird. Ich habe das im Projekt entwickelte Statistik-Labor in einem eigenen Text dargestellt, siehe Schlittgen (2009a). Anstatt nun den R-Begleiter auf das Statistik-Labor auszurichten, habe ich den R-Code direkt angegeben. Dies ist der allgemeinere Zugang. Der Code kann aber auch in das Labor oder eine andere grafische Benutzeroberfläche übernommen und dort ausgeführt werden.

Der R-Begleiter ist unter den Zusatzmaterialien abgelegt, die von der Web-Seite des Verlages heruntergeladen werden können. Die Web-Adresse ist

„http://www.oldenbourg-wissenschaftsverlag.de";

dort geben Sie „Schlittgen" in das Suchfeld ein.

Zudem werden weiterhin die Daten, vielfach in der eigentlichen, umfangreicheren Form, bei den Zusatzmaterialien zur Verfügung gestellt. Mit den Daten können die Beispiele nachvollzogen und viele Aufgaben unter Rechnereinsatz bearbeitet werden. Auch eine Fehlerliste, die aktuell gehalten wird, ist dort zu finden.

Berlin   *Rainer Schlittgen*

Aus dem Vorwort zur elften Auflage

Für diese Auflage wurde der Text gründlich überarbeitet, aktualisiert und gänzlich neu gestaltet. Um den Erfordernissen, die sich durch die Umstrukturierungen der Studiengänge an den deutschen Universitäten ergaben, gerecht zu werden, wurden Aspekte der Wirtschaftsstatistik aufgenommen, speziell zu Konzentrationsmessung, Indexzahlen und Zeitreihenanalyse. Zu den Erweiterungen zählt auch ein Abschnitt zur multiplen Regression; damit ist nun auch dieses relevante Gebiet in adäquater Breite dargestellt. Weiter wurden Ergebnisse eingearbeitet, die im Rahmen des Projektes ‚Neue Statistik' erzielt wurden. In diesem vom Bundesministerium für Forschung und Wissenschaft geförderten Projekt wurde eine Multimedia-Umsetzung eines Grundkurses der Statistik erstellt. In dem Projekt wurde auch das Statistik-Labor, eine grafische Benutzeroberfläche für das Statistik-Programm R, entwickelt. In dem vorliegenden Text wird allerdings auf direkte Bezüge zum Statistik-Labor bzw. zu R oder einem anderen Softwareprodukt verzichtet.

Der Entwicklung der Möglichkeiten für statistische Auswertungen wird in der Weise Rechnung getragen, dass auf einige früher angegebene Hilfslösungen in dieser Auflage verzichtet wird. Approximationen von Verteilungen sind etwa bei der verbreiteten Verfügbarkeit von Statistik-Software für einen Einführungstext kein relevantes Thema mehr. Zudem werden die Daten, vielfach in der eigentlichen, umfangreicheren Form, über das Internet zur Verfügung gestellt.

Die Aufnahme der wirtschaftsstatistischen Gebiete und die aus der eigenen Lehre resultierenden Erfordernisse des Arbeitens mit dem Statistik-Labor haben die Umstrukturierung des Textes in die eher übliche Gliederung – deskriptive Statistik, Wahrscheinlichkeitsrechnung und schließende Statistik – mit sich gebracht. Bei der Umstrukturierung wurde jedoch darauf geachtet, dass die ursprüngliche Intention erhalten blieb und die an der Analyse von Daten orientierte Auffassung von angewandter Statistik weiterhin das Charakteristikum dieser Einführung bildet.

Wie es schon in der ersten Auflage hieß, sind die einzelnen Teile modular geschrieben; somit lässt sich der Text ohne Probleme auch in der Anordnung der alten Auflagen durcharbeiten oder lehren.

Frau Loll und Herrn Grimm danke ich für ihre Beteiligung an der Fehlersuche; selbstverständlich gehen die noch (hoffentlich wenigen) verbliebenen zu meinen Lasten.

Aus dem Vorwort zur ersten Auflage

Experimentell arbeitende Wissenschaftler sammeln Daten, bereiten sie auf und analysieren sie, um so zu neuen Einsichten und Erkenntnissen zu gelangen. Sie und auch sonst alle, die aus Daten Erkenntnisse gewinnen möchten, setzen dabei statistische Methoden ein. Als Ansammlung der Methoden zur Datengewinnung, -aufbereitung, -analyse sowie der Darstellung von Daten ist die angewandte Statistik jedoch nicht vollständig erfasst. Es kommen die Fragen von der richtigen Auswahl und dem korrekten Einsatz der Methoden hinzu, Fragen, deren Antwort von den zugrunde liegenden statistischen Modellen abhängt. Neben der Analyse von Daten auf der Basis von Modellen ist auch die Anpassung von statistischen Modellen an Datensätze ein wesentlicher Bereich der angewandten Statistik.

Generell ist die datenanalytische Komponente der angewandten Statistik von großer Bedeutung. Dies ist erst im letzten Jahrzehnt wieder verstärkt zu Bewusstsein gekommen, nach einer Zeit, in der das Augenmerk der Fachvertreter mehr auf die Entwicklung und Untersuchung von Methoden im Rahmen vorgegebener Modelle gerichtet war. Hier hat der amerikanische Statistiker John W. Tukey eine wichtige Rolle gespielt. Mit seinem 1977 erschienenen Buch ‚Exploratory Data Analysis' hat er gewissermaßen eine großangelegte Erziehungskampagne eingeleitet. Um eingefahrene Vorstellungen aufzubrechen, prägte er auch zahlreiche neue Vokabeln für unwesentlich geänderte, etablierte Konzepte. Nachdem nun die Botschaft angekommen ist, können wir auf diese Modifikationen und neuen Vokabeln wieder verzichten, ohne dass die wichtigen Aspekte der Datenanalyse verloren gingen.

Das Gerüst dieser Einführung in die Statistik bilden die grundlegenden statistischen Verfahren zur Aufbereitung, Darstellung und Analyse von Daten. Die Orientierung lieferte dabei der an deutschen Hochschulen übliche Standard für die zweisemestrige Statistik-Ausbildung für Wirtschaftswissenschaftler. Aufgenommen wurden aber einige der Darstellungsweisen und Methoden der explorativen Datenanalyse. Verschiedene Methoden wurden unter dem Gesichtspunkt der neueren Erkenntnisse über die Anwendungsprobleme anders gewichtet als in den meisten der vorliegenden Einführungen in die Statistik.

Abgewichen wird von der verbreiteten Gliederung ‚Deskriptive Statistik - Wahrscheinlichkeitsrechnung - Induktive Statistik'. Sie entspricht nicht der hier vertretenen, an der Analyse von Daten orientierten Auffassung von angewandter Statistik. Dieser Blick motiviert eine weit nach vorn gezogene, knappe Darstellung der Wahrscheinlichkeitsrechnung als Grundlage theoretischer Modelle und eine integrierte Darstellung empirischer und theoretischer Größen. Schließlich werden Methoden der Induktiven Statistik in heuristischer Form schon weit vor ihrer formalen Behandlung verwendet.

Es wurde Wert darauf gelegt (und viel Mühe darauf verwandt), die Verfahren ausführlich zu begründen und den Text so zu gestalten, dass er nicht nur als Grundlage für Lehrveranstaltungen, sondern auch zum Selbststudium geeignet ist. Die beispielhaften Auswertungen zahlreicher realer Datensätze aus den verschiedenen Wissensbereichen – von der Ökonomie über die Medizin bis zur Astrophysik – sollen dazu beitragen, den Leser zu befähigen, die statistischen Methoden selbstständig anzuwenden. Auch die Aufgaben sind zum großen Teil unter diesem Gesichtspunkt ausgewählt.

Rainer Schlittgen

Inhaltsverzeichnis

1	**Statistische Daten**	1
1.1	Erhebungen	1
1.1.1	Problemstellung	1
1.1.2	Begriffsbildungen	1
1.2	Statistische Variablen	3
1.2.1	Begriffsbildungen	3
1.2.2	Klassifikationen	5
1.2.3	Transformationen	7
1.3	Die Datenmatrix	8
1.4	Aufgaben	9
2	**Darstellung univariater Datensätze**	11
2.1	Häufigkeitsverteilungen diskreter Variablen	11
2.1.1	Problemstellung	11
2.1.2	Häufigkeiten	12
2.1.3	Grafische Darstellungen	13
2.2	Häufigkeitsverteilungen stetiger Variablen	15
2.2.1	Problemstellung	15
2.2.2	Geordneter Datensatz	16
2.2.3	Stemleaf-Diagramm	17
2.2.4	Häufigkeitstabelle	18
2.2.5	Das Histogramm	20
2.3	Die empirische Verteilungsfunktion	22
2.3.1	Einführendes Beispiel	22
2.3.2	Empirische Verteilungsfunktion	22
2.3.3	Klassierte Daten	24
2.4	Quantile	26
2.4.1	Problemstellung	26
2.4.2	Bestimmung der Quantile	27
2.4.3	Spezielle Quantile	29
2.4.4	Quantildiagramme	30
2.4.5	5-Zahlen-Zusammenfassung	32
2.4.6	Box-Plots	33
2.5	Aufgaben	35

3	**Maßzahlen für univariate Datensätze**	**39**
3.1	Maßzahlen der Lage	39
3.1.1	Erfassung des Niveaus	39
3.1.2	Der Median	40
3.1.3	Das arithmetische Mittel	41
3.1.4	Berechnung des arithmetischen Mittels	42
3.1.5	Eigenschaften des arithmetischen Mittels	44
3.1.6	Weitere Maßzahlen der Lage	48
3.2	Streuungsmaße	50
3.2.1	Problemstellung	50
3.2.2	Durchschnittliche Abweichung und Standardabweichung	51
3.2.3	Varianz	54
3.2.4	Weitere Streuungsmaßzahlen	57
3.2.5	Stabilisierung der Streuung	58
3.3	Schiefe empirischer Verteilungen	61
3.3.1	Einführendes Beispiel	61
3.3.2	Maßzahlen der Schiefe	62
3.3.3	Transformation zur Symmetrisierung	65
3.4	Konzentrationsmessung	70
3.4.1	Problemstellung	70
3.4.2	Maße der absoluten Konzentration	70
3.4.3	Relative Konzentration	73
3.5	Aufgaben	77
4	**Multivariate Datensätze**	**81**
4.1	Darstellung multivariater diskreter Datensätze	81
4.1.1	Problemstellung	81
4.1.2	Bivariate Kontingenztabellen	82
4.1.3	Bedingte relative Häufigkeiten	83
4.1.4	Mehrdimensionale Kontingenztabellen	84
4.2	Darstellung bivariater stetiger Datensätze	85
4.2.1	Streudiagramm	85
4.2.2	Konvexe Hüllen	86
4.2.3	Grafische Darstellung der bivariaten Häufigkeitsverteilung	87
4.3	Mehrdimensionale Daten	88
4.4	Maßzahlen des Zusammenhangs	90
4.4.1	Problemstellung	91
4.4.2	Die Kovarianz	92
4.4.3	Der Korrelationskoeffizient von Bravais-Pearson	95
4.4.4	Der Rangkorrelationskoeffizient von Spearman	98
4.4.5	Der Phi-Koeffizient	99

4.5	Elementare Regressionsrechnung	101
4.5.1	Problemstellung	102
4.5.2	Bestimmung der Regressionsgeraden	103
4.5.3	Das Bestimmtheitsmaß	106
4.6	Aufgaben	109

5	**Indexzahlen und Zeitreihenanalyse**	**113**
5.1	Indexzahlen	113
5.1.1	Messziffern	114
5.1.2	Indizes	116
5.1.3	Rechnen mit Indizes	120
5.2	Elementare Zeitreihenanalyse	122
5.2.1	Trendbestimmung	123
5.2.2	Saisonbereinigung	127
5.3	Aufgaben	130

6	**Grundlagen der Wahrscheinlichkeitsrechnung**	**133**
6.1	Zufallsexperimente und Ereignisse	133
6.1.1	Zufallsexperimente	133
6.1.2	Ereignisse	135
6.2	Wahrscheinlichkeiten	139
6.2.1	Chancen von Ereignissen	139
6.2.2	Häufigkeiten von Ereignissen	140
6.3	Statistische Wahrscheinlichkeit	141
6.3.1	Axiome von Kolmogorov	143
6.3.2	Das Gleichmöglichkeitsmodell	145
6.3.3	Zufallsauswahlen aus endlichen Grundgesamtheiten	147
6.4	Bedingte Wahrscheinlichkeit und Unabhängigkeit	151
6.4.1	Bedingte Wahrscheinlichkeit	151
6.4.2	Unabhängigkeit	155
6.5	Zufallsvariablen	157
6.5.1	Einführendes Beispiel	158
6.5.2	Zufallsvariablen und Wahrscheinlichkeitsverteilungen	158
6.5.3	Verteilungsfunktion	160
6.6	Aufgaben	162

7	**Diskrete Verteilungen**	**165**
7.1	Diskrete Zufallsvariablen	165
7.1.1	Wahrscheinlichkeitsfunktion	165
7.1.2	Bestimmung eines Verteilungsmodells	166
7.1.3	Verteilungsfunktion	168

7.2	Maßzahlen diskreter Verteilungen	170
7.2.1	Erwartungswert diskreter Zufallsvariablen	170
7.2.2	Varianz diskreter Zufallsvariablen	173
7.3	Multivariate diskrete Zufallsvariablen	176
7.3.1	Kovarianz und Korrelation	179
7.4	Aufgaben	181

8	**Diskrete Verteilungsmodelle**	**185**
8.1	Die hypergeometrische Verteilung	186
8.2	Die Binomialverteilung	188
8.2.1	Einführendes Beispiel	188
8.2.2	Herleitung der Verteilung	189
8.2.3	Eigenschaften	191
8.2.4	Anpassung an empirische Verteilungen	193
8.2.5	Die Multinomialverteilung	193
8.3	Die Poisson-Verteilung	194
8.3.1	Problemstellung	194
8.3.2	Ableitung und Eigenschaften	195
8.3.3	Anpassung an empirische Verteilungen	196
8.4	Die geometrische Verteilung	198
8.4.1	Einführendes Beispiel	198
8.4.2	Ableitung und Eigenschaften	198
8.5	Die negative Binomialverteilung	200
8.5.1	Ableitung und Eigenschaften	200
8.5.2	Anpassung an empirische Verteilungen	202
8.6	Zur Auswahl eines diskreten Verteilungsmodells	203
8.6.1	Einführendes Beispiel	203
8.6.2	Das Auswahldiagramm	204
8.7	Aufgaben	207

9	**Stetige Verteilungen**	**211**
9.1	Grundlagen	211
9.1.1	Einführendes Beispiel	211
9.1.2	Stetige Verteilungsfunktionen	212
9.1.3	Dichtefunktion	213
9.1.4	Theoretische Quantile	216
9.2	Maßzahlen stetiger Verteilungen	221
9.2.1	Maßzahlen der Lage	221
9.2.2	Die Varianz	223
9.2.3	Schiefe	224

9.3	Multivariate stetige Verteilungen	227
9.4	Aufgaben	230

10 Stetige Verteilungsmodelle — 233

10.1	Stetige Gleichverteilung	233
10.2	Die Pareto-Verteilung	235
10.2.1	Anpassung an empirische Verteilungen	235
10.3	Die Exponentialverteilung	238
10.3.1	Ableitung und Eigenschaften	238
10.3.2	Anpassung an empirische Verteilungen	240
10.4	Die Laplace-Verteilung	242
10.5	Die Gammaverteilung	244
10.6	Aufgaben	247

11 Die Normalverteilung — 249

11.1	Grundlagen	249
11.1.1	Problemstellung	249
11.1.2	Definition und Bedeutung der Parameter	250
11.1.3	Eigenschaften	251
11.1.4	Anpassung an empirische Verteilungen	254
11.2	Approximation von Verteilungen	258
11.2.1	Problemstellung	258
11.2.2	Der zentrale Grenzwertsatz	258
11.2.3	Approximation der Binomialverteilung	260
11.2.4	Approximation der Poisson-Verteilung	262
11.3	Die logarithmische Normalverteilung	263
11.3.1	Problemstellung	263
11.3.2	Definition und Eigenschaften	264
11.3.3	Anpassung an empirische Verteilungen	265
11.4	Die bivariate Normalverteilung	266
11.4.1	Problemstellung	266
11.4.2	Ableitung und Eigenschaften	267
11.4.3	Anpassung an empirische Verteilungen	269
11.5	Aufgaben	271

12 Stichprobenfunktionen — 275

12.1	Grundlagen	275
12.1.1	Einführendes Beispiel	275
12.1.2	Begriffsfestlegung	276
12.2	Spezielle Stichprobenfunktionen	278
12.2.1	Das arithmetische Mittel	278

12.2.2	Die relative Häufigkeit	280
12.2.3	Die empirische Verteilungsfunktion	282
12.2.4	Monte-Carlo-Simulation	282
12.3	Aufgaben	284

13 Schätzen von Parametern — 285

13.1	Schätzfunktionen und ihre Eigenschaften	285
13.1.1	Problemstellung	285
13.1.2	Schätzfunktionen	286
13.1.3	Mittlerer quadratischer Fehler	287
13.1.4	Erwartungstreue	290
13.1.5	Konsistenz	293
13.1.6	Robustheit	294
13.1.7	Standardfehler	296
13.2	Schätzmethoden	299
13.2.1	Problemstellung	299
13.2.2	Momentenmethode	299
13.2.3	Maximum-Likelihood-Methode	300
13.2.4	Bestimmung des Maximums von $L(\theta)$	304
13.3	Aufgaben	307

14 Konfidenzintervalle — 311

14.1	Problemstellung	311
14.2	Allgemeine Definition eines Konfidenzintervalles	312
14.3	Konfidenzintervalle für Maßzahlen der Lage	316
14.3.1	Konfidenzintervall für μ bei Normalverteilung mit unbekanntem σ^2	316
14.3.2	Approximative Konfidenzintervalle für den Erwartungswert	318
14.3.3	Konfidenzintervall für den Median	321
14.4	Konfidenzintervalle für Maßzahlen der Streuung	323
14.4.1	Konfidenzintervall für σ^2 bei Normalverteilung	324
14.4.2	Konfidenzintervalle für zwei Quartile	326
14.5	Konfidenzintervalle für Wahrscheinlichkeiten und Anteile	328
14.5.1	Problemstellung	328
14.5.2	Approximatives Konfidenzintervall für eine Wahrscheinlichkeit	328
14.5.3	Approximatives Konfidenzintervall für einen Anteil	330
14.5.4	Länge der Konfidenzintervalle für p	331
14.6	Aufgaben	332

15 Testen von Hypothesen — 335

15.1	Reine Signifikanztests	335
15.1.1	Problemstellung	335

15.1.2	Tests auf der Basis von Konfidenzintervallen	335
15.1.3	Tests auf der Basis von Prüfgrößen	336
15.1.4	Der P-Wert	339
15.2	Die Elemente der klassischen Testtheorie	340
15.2.1	Problemstellung	340
15.2.2	Formen von Hypothesen	340
15.2.3	Fehlerarten	342
15.2.4	Die Gütefunktion	343
15.3	Aufgaben	346

16 Spezielle Parametertests — 349

16.1	Einstichprobentests	349
16.1.1	Tests auf μ bei Normalverteilung	349
16.1.2	Approximative Tests auf μ	350
16.1.3	Test auf $\tilde{\mu}$ bei symmetrischen Verteilungen	351
16.1.4	Test auf $\tilde{\mu}$ bei beliebigen stetigen Verteilungen	353
16.1.5	Test auf σ^2 bei Normalverteilung	355
16.1.6	Test auf eine Wahrscheinlichkeit p	356
16.2	Parametervergleiche bei unabhängigen Stichproben	357
16.2.1	Vergleich von μ_X und μ_Y bei Normalverteilung; σ_X^2 und σ_Y^2 bekannt	358
16.2.2	Vergleich von μ_X und μ_Y; σ_X^2 und σ_Y^2 unbekannt; Stichproben groß	358
16.2.3	Vergleich von μ_X und μ_Y bei Normalverteilung; σ_X^2 und σ_Y^2 unbekannt; Stichproben klein	360
16.2.4	Vergleich von $\tilde{\mu}_X$ und $\tilde{\mu}_Y$	361
16.2.5	Vergleich zweier Wahrscheinlichkeiten	363
16.3	Aufgaben	364

17 Varianzanalyse — 369

17.1	Einfache Varianzanalyse	369
17.1.1	Einführendes Beispiel	369
17.1.2	Das Modell	370
17.1.3	Der Test bei Normalverteilung	371
17.1.4	Multiple Vergleiche bei Normalverteilung	374
17.1.5	Ungleiche Streuungen	375
17.1.6	Nicht-normalverteilte Variablen	377
17.2	Zweifache Varianzanalyse	379
17.2.1	Einführendes Beispiel	379
17.2.2	Modell mit Wechselwirkungen	380
17.2.3	Tests bei Normalverteilung	381
17.2.4	Ungleiche Varianzen	384
17.2.5	Nicht-normalverteilte Störungen	386
17.3	Aufgaben	389

18 Anpassungs- und Unabhängigkeitstests — 393

- 18.1 Anpassungstests — 393
- 18.1.1 Problemstellung — 393
- 18.1.2 Der Chi-Quadrat-Anpassungstest für vollständig spezifizierte Verteilungen — 394
- 18.1.3 Der Chi-Quadrat-Anpassungstest für Verteilungen mit unbekannten Parametern — 396
- 18.1.4 Das Chigramm — 399
- 18.1.5 Der Kolmogorov-Smirnov-Test — 401
- 18.1.6 Anpassungstests vom Korrelationstyp — 405
- 18.2 Unabhängigkeitstests — 407
- 18.2.1 Problemstellung — 407
- 18.2.2 Der Chi-Quadrat-Test — 409
- 18.2.3 Tests auf Korrelation — 412
- 18.3 Aufgaben — 414

19 Das Regressionsmodell — 417

- 19.1 Das einfache lineare Regressionsmodell — 417
- 19.1.1 Einführende Beispiele — 418
- 19.1.2 Entwicklung des Modells — 420
- 19.2 Schätzen und Testen im einfachen linearen Regressionsmodell — 421
- 19.2.1 Problemstellung — 421
- 19.2.2 Die Kleinst-Quadrate-Schätzfunktion — 422
- 19.2.3 Eigenschaften der KQ-Schätzer — 423
- 19.2.4 Das Regressionsmodell mit normalverteilten Fehlern — 425
- 19.2.5 Konfidenzintervalle und Tests für die Regressionskoeffizienten — 427
- 19.2.6 Konfidenzintervalle und Konfidenzband für die Regressionsgerade — 429
- 19.2.7 Prognoseintervalle — 431
- 19.3 Residuenanalyse — 431
- 19.3.1 Systematische Änderung des Mittels — 432
- 19.3.2 Inhomogenität der Varianz — 433
- 19.3.3 Ausreißer — 434
- 19.3.4 Verletzung der Normalverteilungsannahme — 437
- 19.4 Linearisieren eines Zusammenhanges — 439
- 19.4.1 Problemstellung — 439
- 19.4.2 Transformationen — 440
- 19.5 Das multiple lineare Regressionsmodell — 442
- 19.5.1 Problemstellung — 443
- 19.5.2 Das Modell und seine Schätzung — 443
- 19.5.3 Koeffizientenschätzer bei zwei erklärenden Variablen — 444
- 19.5.4 Interpretation der Koeffizienten — 446
- 19.5.5 Testen der Koeffizienten — 447
- 19.5.6 Beurteilung der multiplen Regression — 448
- 19.5.7 Überprüfung der Modellannahmen — 449

19.5.8	Multikollinearität	451
19.6	Aufgaben	453

Lösungen zu den Aufgaben mit ungeraden Nummern — 457

Tabellen — 489

Literatur — 515

Index — 521

1 Statistische Daten

Wir beschäftigen uns in diesem Buch mit verschiedenen Ansätzen zur Aufbereitung und Auswertung von statistischen Daten. Auf die vielfältigen praktischen Fragen der Datengewinnung gehen wir dabei nicht ein. In einem kurzen Abschnitt über die Erhebungsarten sollen lediglich einige Begriffe bereitgestellt werden, welche für das Weitere relevant sind. Daten sind auf geeignete Weise ermittelte Zahlen. Diesen ist an sich nicht anzusehen, was sie bedeuten. Mit dem Konzept der statistischen Variablen können Daten aber einfach mit ihrem Inhalt verbunden werden. Auch die Frage, welche Zahlenmanipulationen sinnvoll sind, können wir mittels der Variablen untersuchen.

1.1 Erhebungen

1.1.1 Problemstellung

Die Löhne und Gehälter der Arbeitnehmer in der Bundesrepublik Deutschland werden durch zahlreiche Einflussfaktoren bestimmt. Sie weisen dementsprechend mehr oder weniger starke Schwankungen auf, wenn sie nach verschiedenen Gesichtspunkten, z. B. nach Wirtschaftszweigen und dem Alter, untergliedert werden. Die Kenntnis dieser Gehalts- und Lohnstruktur ist für verschiedene Gruppen der Gesellschaft von Interesse. Dabei führen die unterschiedlichen Interessen auch zu bestimmten Wertungen einer Lohn- und Gehaltsstruktur. Zum Beispiel werden bei der Interpretation durch Gewerkschaften in starkem Maße soziale Gesichtspunkte einfließen, während die Unternehmer den Lohn als Preis für die Ware Arbeitskraft, als Kostenfaktor, unter Optimalitätsgesichtspunkten, als Motor für die Mobilität der Arbeiter usw. ansehen und unter diesen Gesichtspunkten auch die Lohnstruktur diskutieren werden. Angaben für einzelne Arbeitnehmer werden in der *Verdienststrukturerhebung* erfasst. Sie wird als Sondererhebung in vierjähriger Periodizität durchgeführt. Erfasst werden Einzelangaben der Beschäftigten sowie Verdienste und die wichtigsten den Verdienst beeinflussenden Merkmale, wie z. B. Alter, Ausbildungsstand, Unternehmensgröße und Zugehörigkeit. Damit ergibt sich die Möglichkeit, deren Einfluss auf das Verdienstniveau abzuschätzen. Diese Erhebung umfasst die Merkmale einer in allen Mitgliedstaaten der Europäischen Union durchzuführenden Verdienststrukturerhebung; für ihre Hauptergebnisse stehen daher Vergleichswerte für die gesamte Europäische Union zur Verfügung.

1.1.2 Begriffsbildungen

Wie bei der Verdienststrukturerhebung richtet sich das Augenmerk der statistisch Arbeitenden darauf, Strukturen und Gesetzmäßigkeiten in Datensätzen zu finden und zu beschreiben, kurz, sie statistisch zu analysieren. *Datensätze* sind Ansammlungen gleichartiger Daten, den in Zahlenform festgehaltenen Ergebnissen von Befragungen, Beobachtungen oder Experimenten. Die Verdienststrukturerhebung ist ein Beispiel für eine *Befragung*. Um gleichartige Daten zu erhalten, die sinnvoll statistisch analysiert werden können, müssen die Randbedingungen sowie die einzelnen Schritte der Befragung bekannt sein und unter Kontrolle stehen.

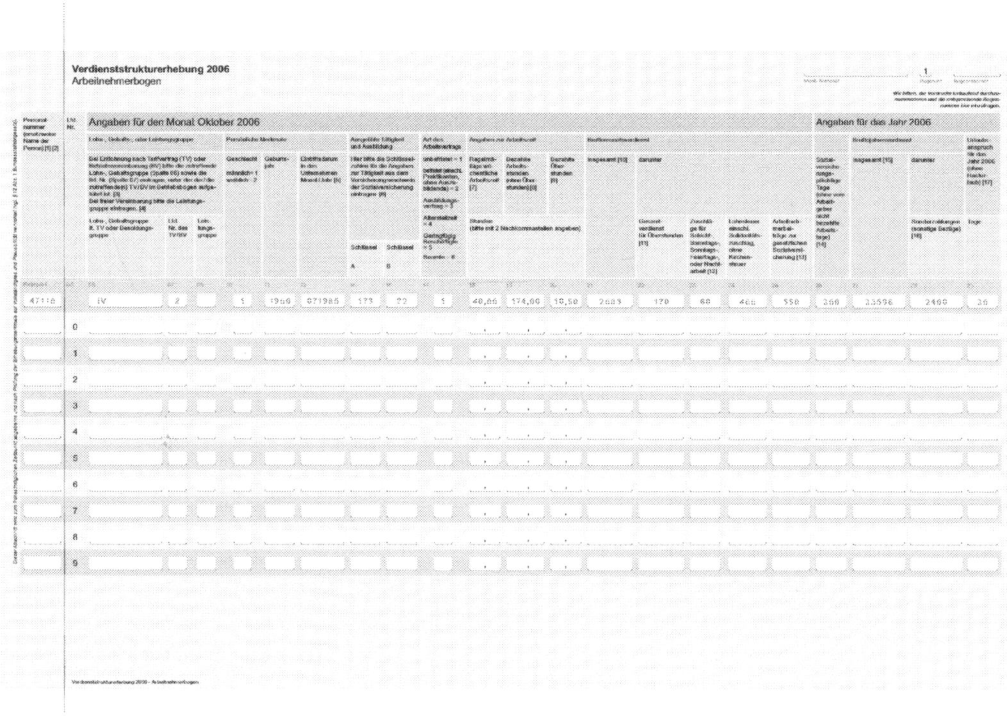
Verdienststrukturerhebung 2006
Arbeitnehmerbogen
Angaben für den Monat Oktober 2006
Angaben für das Jahr 2006

***Abb. 1.1:** Arbeitnehmerbogen für die Verdienststrukturerhebung 2006*

Das erste wichtige Moment der Befragung ist die Festlegung der Grundgesamtheit oder Population. Die Grundgesamtheit besteht aus allen Untersuchungseinheiten, die prinzipiell befragt werden könnten. Bei der Verdienststrukturerhebung z. B. besteht die Grundgesamtheit aus allen Arbeitnehmern in der Industrie, im Groß- und Einzelhandel sowie im Bank- und Versicherungsgewerbe. Zur genaueren Bestimmung der Grundgesamtheit sind noch die Zeit festzulegen, an dem die Arbeitnehmer beschäftigt sein sollten, und eine geographische Abgrenzung vorzunehmen. Die Verdienststrukturerhebung 2006 erfasste alle Arbeitnehmer, die Anfang 2007 eine Beschäftigung in einem der genannten Bereiche hatten, sofern die Betriebe in der Bundesrepublik lagen. Werden von allen Untersuchungseinheiten dieser Grundgesamtheit die gewünschten Angaben festgestellt, so handelt es sich um eine Totalerhebung. Bei einer Teilerhebung oder Stichprobe beschränkt man sich dagegen auf die Erhebung der Angaben eines Teils der Grundgesamtheit. Die in die Stichprobe gelangenden Untersuchungseinheiten werden dann als Erhebungseinheiten bezeichnet. Die Größe der

Stichprobe wird durch den *Auswahlsatz* bestimmt:

$$\text{Auswahlsatz} = \frac{\text{Umfang der Stichprobe}}{\text{Umfang der Grundgesamtheit}} \cdot 100.$$

Ein nicht zu kleiner Auswahlsatz ist eine Maßnahme, um die Repräsentativität der Stichprobe zu sichern. Damit ist gemeint, dass die Stichprobe ein verkleinertes, aber sonst getreues Abbild der Grundgesamtheit darstellt. Das ist eine zentrale Forderung, die von weiteren wichtigen Faktoren abhängt. Wir gehen an späterer Stelle weiter darauf ein. Ausführlich wird das Problem der Repräsentativität von Kruskal & Mosteller (1979) behandelt.

Die *Beobachtung* dient zur Datengewinnung bei Festhalten von zeitlichen Vorgängen sowie bei Erfassen von Sachverhalten, die nicht gesteuert werden. Darunter wollen wir z. B. die Beobachtung des Wohnungsmarktes anhand der Zeitungsannoncen am Wochenende verstehen. Ein anderes Beispiel ist die Zählung der halbstündlich durch einen Straßenabschnitt fahrenden Kraftfahrzeuge. Auf Befragung und Beobachtung wird in Roth (1984) unter sozialwissenschaftlichen Gesichtspunkten ausführlich eingegangen.

Die klassische, in den Naturwissenschaften entwickelte Methode zur Gewinnung von Erkenntnissen ist das *Experiment*. Wir werden hier nur insoweit Experimente betrachten, als es um die Gewinnung von Datensätzen geht. Dazu werden die Experimente jeweils mehrmals unter gleichen Bedingungen durchgeführt. Ziel ist es dann wieder, aus den Daten geeignete Gesetzmäßigkeiten herauszufinden bzw. vorab formulierte Hypothesen zu untersuchen.

Beispiel 1.1 *Sandskorpione*

Durch eine zufällige Beobachtung kam P. H. Brownell zu der Vermutung, dass der in der Mojave-Wüste beheimatete, nur nachts aktive Sandskorpion seine Beute mit den Beinen ortet. (Vgl: Spektrum der Wissenschaft 2/85.) Um diese Vermutung zu untersuchen, führte er einige Experimente durch. Zuerst wurde die Wahrnehmung optischer und akustischer Signale ausgeschlossen. Dann wurde in eine Holzkiste Sand gefüllt. Die Holzkiste war so konstruiert, dass in der Mitte ein Spalt zwei Hälften voneinander trennte. Die Erschütterung des Sandes störte den Skorpion nicht, wenn er sich in der anderen Hälfte aufhielt. Auf Erschütterung in seiner Hälfte reagierte er wohl. Zudem ermittelte Bornwell durch wiederholte Störungen des Skorpions, dass dieser recht genau die Richtung orten konnte, in der die Erschütterung stattfand. Als Versuchsergebnisse wurden dabei jeweils die Richtungen des Ziels (in Grad) und der Reaktionswinkel (in Grad) festgehalten. Diese ergaben zusammen einen Datensatz, der dann statistisch ausgewertet wurde. Das Resultat der Auswertung bestätigte die Ausgangsvermutung.

1.2 Statistische Variablen

1.2.1 Begriffsbildungen

Bei einer Befragung werden den Untersuchungseinheiten formal gesehen jeweils Zahlenwerte zugeordnet. Die beobachteten Werte bilden dann die Basis für die weitere statistische Tätigkeit.

Definition 1.2 *Statistische Variable*

Eine *statistische Variable* X ist eine Zuordnung, die jedem Element einer Grundgesamtheit E genau einen Zahlenwert zuordnet. Formal ist eine Variable X eine Abbildung von E in die Menge $\mathbb{R}$ der reellen Zahlen:

$$X: E \longrightarrow \mathbb{R}, \quad e \mapsto X(e).$$

Die Menge $\{X(e)|e \in E\}$ heißt der *Wertebereich* von X.

Statistische Variablen werden auch kurz als Variablen bezeichnet. Die Werte, die vor einer konkreten Beobachtung einer Variablen X sinnvoll als mögliche Ergebnisse infrage kommen, sind die *Realisationsmöglichkeiten*. Die Menge der Realisationsmöglichkeiten umfasst also stets den Wertebereich.

Die Verbindung zwischen der inhaltlichen Bedeutung der Daten und ihrer nackten Zahlengestalt wird nun durch die Interpretation der Daten als Realisationen einer statistischen Variablen X, als beobachtete Werte von X, hergestellt.

Bisweilen werden in der statistischen Literatur nicht-numerische Zuordnungen betrachtet. Man spricht dann von *Merkmalen* - z. B. dem Merkmal ‚Geschlecht' - und von *Merkmalsausprägungen* - z. B. den Ausprägungen ‚männlich', ‚weiblich' des Merkmals Geschlecht. Merkmale können als allgemeinere Abbildungen aufgefasst werden; der Bildraum muss nicht aus reellen Zahlen bestehen. Da nicht-numerische Ergebnisse aber stets durch Zahlen repräsentiert werden können, werden wir Merkmale nicht weiter betrachten.

Beispiel 1.3 *Verdienststrukturerhebung - Fortsetzung*

Bei der Verdienststrukturerhebung werden mittels des Fragebogens für Arbeiter u. a. die folgenden Variablen erfasst:

Variable	Realisationsmöglichkeiten
X_1 = Geschlecht	1,2
X_2 = Tarifliche Lohngruppe	1,2,3
X_3 = mtl. Bruttoverdienst	0,1,2,3,...,1000,...

Während bei den Variablen X_1 = ‚Geschlecht' und X_2 = ‚tarifliche Lohngruppe' die Wertebereiche mit $\{1,2\}$ bzw. $\{1,2,3\}$ einfach angebbar sind, ist dies bei X_3 = ‚mtl. Bruttoverdienst' nicht so leicht. Sicher gibt es zwei Grenzen a und b, so dass für alle Untersuchungseinheiten e gilt: $a < X_3(e) < b$. Aber zum einen sind die Grenzen nicht bekannt. Zum zweiten braucht auch nicht jede ganze Zahl zwischen a und b tatsächlich ein möglicher Wert von X_3 zu sein. Daher ist es einfacher, Realisationsmöglichkeiten in einer Form anzugeben, die sicherstellt, dass der Wertebereich eingeschlossen wird.

Bei Beobachtungen und Experimenten können zwar i. d. R. interessierende statistische Variablen mit ihren Realisationsmöglichkeiten leicht angegeben werden, aber zugehörige Grundgesamtheiten sind oft nur schwer spezifizierbar. Im Beispiel 1.1 zielt das Experiment auf die Erforschung der Orientierung eines Skorpions über seine Tastsinne: An einem Skorpion wurden hier mehrmals Messungen vorgenommen. Erschütterungen in derselben Richtung ergaben nicht exakt dieselben Reaktionswinkel. Als Ergebnisse des Experimentes können wir die möglichen physischen Stellungen des Skorpions ansehen. Dann liegt es nahe, die Menge der möglichen Ergebnisse mit der Grundgesamtheit zu identifizieren. Von Bedeutung ist aber nur der Wert der Variablen ‚Ausrichtung in Grad'. Daher reicht es, von den Werten dieser Variablen auszugehen. Generell verzichten wir auf die explizite Festlegung einer Grundgesamtheit und betrachten diese eher als Modellvorstellung, wenn es wie bei dem Skorpion-Beispiel um die Struktur der Daten geht und Interpretationen ohne Rückgriff auf die Grundgesamtheit möglich sind. Resümieren wir die bisherigen Ausführungen, so können wir insbesondere festhalten, dass die Datengewinnung sich für unsere Zwecke reduziert auf die wiederholte Beobachtung statistischer Variablen. Auf die umfangreichen praktischen Probleme der Datengewinnung wird in Roth (1984) eingegangen sowie z. B. bei Krug & Nourney (1982), und unter anderen Gesichtspunkten etwa bei Linder (1969).

1.2.2 Klassifikationen

Statistische Variablen werden nach unterschiedlichen Gesichtspunkten eingeteilt. Für verschiedenartige Variablen sind jeweils unterschiedliche Aufbereitungs- und Auswertungsmethoden sinnvoll. Eine Klassifikationsmöglichkeit von statistischen Variablen ist die Unterteilung in diskrete und stetige (kontinuierliche) Variablen.

Als *diskrete Variablen* bezeichnen wir solche, bei denen nur endlich viele oder höchstens abzählbar unendlich viele unterschiedliche Werte möglich sind. Die Realisationsmöglichkeiten diskreter Variablen sind also isolierte Zahlenwerte. In der Verdienststrukturerhebung wurden nur diskrete Variablen betrachtet. Während das Geschlecht nur zwei Realisationsmöglichkeiten besitzt, haben wir im letzten Beispiel für den Bruttoverdienst alle ganzen Zahlen $0, 1, 2, \ldots$ als Realisationsmöglichkeiten zugelassen.

Stetige Variablen sind dadurch gekennzeichnet, dass alle Werte eines Intervalles als Realisationen denkbar sind. Dabei können die Intervallenden auch unendlich sein. Stetige Variablen erhält man i. d. R. bei Messungen. Bei der Untersuchung der Orientierung des Sandskorpions ist eine interessierende Variable die Differenz von Reaktionswinkel und dem Winkel, in dem die Störung verursacht wird. Werden die Winkel in Grad gemessen, so kann die Differenz theoretisch jeden Wert zwischen $-180°$ und $180°$ annehmen. Als Menge der Realisationsmöglichkeiten ist das Intervall $[-180, +180]$ zu wählen.

In der Praxis ist die Unterscheidung von diskreten und stetigen Variablen vielfach willkürlich. So ist die Körpergröße einer Person sicherlich eine stetige Variable. Sie kann aber infolge der begrenzten Messgenauigkeit nur in diskreten Sprüngen erfasst werden. Andererseits ist das Einkommen diskret. Es kann sich nur in Centsprüngen ändern. Derartige feinabgestufte diskrete Variablen lassen sich aber bei der statistischen Auswertung genauso behandeln wie stetige.

Eine andere Unterscheidung von statistischen Variablen geht von den inhaltlich sinnvollen Relationen zwischen den Realisationsmöglichkeiten aus. Diese Unterteilung wird auch als Einteilung nach dem *Skalenniveau* der Variablen bezeichnet.

Die Berücksichtigung des Skalenniveaus einer statistischen Variablen zielt auf die Sinnhaftigkeit von Datenmanipulationen. Die Zahlengestalt der Daten mag dazu verleiten, die üblichen mathematischen Operationen wie Addition, Multiplikation u. a. m. auf sie anzusetzen. Dies ist aber nicht immer sinnvoll. Je höherwertig jedoch das Niveau, desto mehr ‚kann mit den Daten gerechnet werden'.

Wir gehen vom niedrigsten Skalenniveau aus und betrachten die weiteren Niveaus in aufsteigender Rangfolge.

Geschieht durch die Zuordnung von Werten lediglich eine Klassifikation der Untersuchungseinheiten, sprechen wir von einer *nominal skalierten Variablen*. Hier sind die Werte der Variablen X lediglich ‚Nummern', die den Untersuchungseinheiten zugeordnet sind. Reihenfolge und Abstand haben keine inhaltliche Bedeutung. Nur die Alternative

$$X(e_u) = X(e_v) \text{ bzw. } X(e_u) \neq X(e_v)$$

für $e_u, e_v \in E$ ist interpretierbar.

Von den in der Verdienststrukturerhebung berücksichtigten Variablen sind z. B. das Geschlecht und der kodierte Beruf nominal skaliert. Weder lässt sich ein Abstand zwischen den Berufen, etwa 2 (= Bäcker) und 10 (= Maler), interpretieren, noch ist es möglich, für Berufe eine eindeutige Rangfolge anzugeben.

Lässt sich die Anordnung der Werte einer Variablen X sinnvoll interpretieren, so liegt eine *Ordinalskala* vor. Formal formuliert ist also für $e_u, e_v \in E$ jeweils einer der Ausdrücke

$$X(e_u) = X(e_v), \quad X(e_u) < X(e_v) \text{ bzw. } X(e_u) > X(e_v)$$

richtig und bedeutsam.

Die ‚tarifliche Lohngruppe' (mit 1 = Facharbeiter, 2 = angelernter Arbeiter und 3 = ungelernter Arbeiter) ist eine ordinalskalierte statistische Variable. Häufig angeführte ordinalskalierte Variablen sind Schulzensuren. Die Reihenfolge ist bekanntermaßen sinnvoll. Der Abstand von einer Zwei zu einer Vier kann aber nicht als doppelt so groß wie der von einer Zwei zu einer Drei angesehen werden.

Ist nicht nur die Reihenfolge der Werte einer Variablen X sinnvoll interpretierbar, sondern auch der Abstand, so ist die Variable *metrisch skaliert*. Formal formuliert ist also für je zwei $e_u, e_v \in E$ eine der Aussagen

$$X(e_u) = X(e_v), X(e_u) < X(e_v) \text{ bzw. } X(e_u) > X(e_v)$$

richtig und

$$|X(e_u) - X(e_v)| = a$$

hat einen inhaltlichen Sinn.

Bisweilen werden die metrischen Skalen noch weiter in *Intervall-* und *Ratioskalen* unterteilt. Ratioskalen zeichnen sich dabei gegenüber Intervallskalen dadurch aus, dass auch aus Realisationen gebildete Verhältnisse sinnvoll sind. Insbesondere besitzen Ratioskalen auch einen absoluten Nullpunkt.

Von den statistischen Variablen der Verdienststrukturerhebung sind u. a. die bezahlten Stunden und der Bruttoverdienst metrisch skaliert. Sie sind sogar ratio-skaliert, da sie beide einen absoluten Nullpunkt haben: Null Stunden im Betrieb gearbeitet, nichts verdient. Auch die Anzahl der pro halbe Stunde durch einen Straßenabschnitt fahrenden Kraftfahrzeuge ist metrisch und sogar ratioskaliert. Die Temperatur in einem ausgewählten Raum (in °C) ist dagegen nur intervall-skaliert. Diese Temperaturskala hat zwar einen Nullpunkt, aber keinen absoluten. Erst die Temperaturmessung in °Kelvin hat einen solchen.

1.2.3 Transformationen

Für die Interpretation sowie für die Darstellung und die Analyse der Werte einer Variablen ist es bisweilen vorteilhaft, die Variable zu transformieren. Betrachten wir ein Darstellungsproblem: Von der nordrhein-westfälischen Landesanstalt für Immissionsschutz wird im Ballungsgebiet Rhein-Ruhr die Luftqualität systematisch kontrolliert. Der Staubniederschlag (in g/m^2) ist eine der Komponenten, die für Einheitsflächen von 1 km^2 gemessen werden.

Um nun die regionale Verteilung der Staubbelastung kartographisch darstellen zu können, werden die Werte in eine der vier Belastungsstufen transformiert. So ist eine Darstellung mittels unterschiedlicher Einfärbung der Planquadrate möglich. Auf die Notwendigkeit von Transformationen zur Analyse von Daten werden wir noch an verschiedenen Stellen zu sprechen kommen. Hier betrachten wir ein Beispiel, das den Transformationsvorgang verdeutlichen soll.

Beispiel 1.4 *Umrechnung von Preisen*

Eine einfache Transformation wird von vielen Urlaubern in jedem Sommer praktiziert. Es ist die Umrechnung der Preise von einer Währung in eine andere. Stellen wir uns einen bundesdeutschen Türkeiurlauber am 28. Januar des Jahres 2008 bei einem Gang in einem Supermarkt vor. Jede Ware ist in türkischen Neuen Lira ausgepreist. Der Urlauber muss aber die Preise in Euro umrechnen. Dies geschieht, indem er den Lira-Preis x mit einem Faktor, hier mit 0.577, multipliziert. Der Preis in Euro ist dann:

$$y = 0.577 \cdot x.$$

Wir können uns vorstellen, dass der Preis den Waren unmittelbar in Euro zugeordnet wird. Damit haben wir eine neue statistische Variable Y, die den Waren den Preis in Euro zuordnet. Die Zusammenhänge sind in der folgenden Abbildung dargestellt. Dabei sind E die Menge der im Supermarkt vorhandenen Waren, $X(e)$ der Preis der Ware e in türkischen Neuen Lira. Die Umrechnung in Euro entspricht der Abbildung

$$T : \mathbb{R} \longrightarrow \mathbb{R}, \quad x \longmapsto T(x) = \longmapsto x.$$

Damit erhalten wir die neue Variable

$$Y : E \longrightarrow \mathbb{R} \quad e \longmapsto Y(e) = T(X(e)).$$

Definition 1.5 *Transformation*

Eine *Transformation* einer statistischen Variablen X in eine Variable Y wird durch eine Abbildung $T : \mathbb{R}-> \mathbb{R}$ erzeugt. Dabei wird jedem Wert $X(e)$ der Variablen X der Wert $Y(e) := T(X(e))$ zugeordnet.

Bei Transformationen kann Information verloren gehen. Die Staubimmission in g/m^2 gibt eine genauere Aussage als die zugehörige Belastungsstufe. Formal ist dies Ausdruck der Tatsache, dass nicht bei allen Transformationen das Skalenniveau erhalten bleibt. Dabei kann eine transformierte Variable ein niedrigeres Skalenniveau haben, aber kein höheres. - Es kann über eine Transformation keine zusätzliche Information gewonnen werden. In der Tabelle sind Transformationen zusammengestellt, die das jeweilige ursprüngliche Skalenniveau erhalten. Bei den angegebenen Transformationen bleibt neben dem Skalenniveau auch die Bedeutungsebene bestehen. Bei anderen Transformationen kann das Skalenniveau erhalten bleiben, sich aber die Interpretation ändern. So ist die Variable $X = $ ‚Euro pro US-Dollar gemessen an Börsentagen' ratio-skaliert, ebenso wie $Y = 1/X = $ ‚US-Dollar pro Euro'. Der Bezugspunkt ist aber ein anderer.

Tabelle 1.1: Skalenerhaltende Transformationen

Skala	Skalenerhaltende Transformation	Beispiel
Nominal-Skala	eindeutige Transformation $x_1 \neq x_2 \Longleftrightarrow T(x_1) \neq T(x_2)$	Änderung der Telefonnummer
Ordinal-Skala	monotone Transformation $x_1 < x_2 \Longrightarrow T(x_1) < T(x_2)$	Reduzierung der Immissionsbelastung (Stufe 1-4) auf die Relation zum Grenzwert (überschritten/ nicht überschritten)
Intervall-Skala	lineare Transformation $T(x) = a \cdot x + b$	Temperaturumrechnung von °C in °F: $y = 1.8x + 32$
Ratio-Skala	proportionale Transformation $T(x) = a \cdot x$	Währungsumrechnung von türkischen Neuen Lira in Euro: $y = 0.577x$

1.3 Die Datenmatrix

Wurden die ausgefüllten Erhebungslisten für Arbeiter bei der Verdienststrukturerhebung schließlich an die statistischen Landesämter zurückgesandt, und liegen sie dort gesammelt vor, so verfügt jedes Statistische Landesamt über einen Datensatz von Rohdaten. Ein Rohdatensatz besteht aus den noch nicht geordneten, in der Reihenfolge ihrer Erhebung bzw. Beobachtung sortierten Daten. Wir haben Datensätze als Ansammlungen gleichartiger Daten bezeichnet, ohne eine weitere Anforderung daran zu stellen. Um spätere Auswertungen zu ermöglichen, ist aber schon vor der Datengewinnung ein geeignetes Schema festzulegen, dem die zu erfassenden Daten entsprechen sollen.

Beispielsweise ist bei der Verdienststrukturerhebung durch die Erhebungsliste für Arbeiter ein solches Schema bereits vorgegeben: Für die einzelnen Arbeiterinnen und Arbeiter $e_1, e_2, e_3, \ldots$ werden jeweils die Realisationen der Variablen Geschlecht, Geburtsjahr usw. in einer stets gleichen Reihenfolge angeführt. Wenn mehrere Variablen gleichzeitig betrachtet werden, erhalten wir einen *multivariaten Datensatz*, einen, bei dem jede Beobachtung aus mehreren Angaben besteht. Das geeignete Schema dafür ist eine *Datenmatrix*. Die Struktur einer solchen Datenmatrix ist in der folgenden Tabelle angeführt. Dabei steht $x_{\nu j}$ symbolisch für den Wert, den die Variable X_j bei der Erhebungseinheit e_ν angenommen hat.

In der Erhebungsliste für Arbeiter der Verdienststrukturerhebung sei ‚Eva Müller' die Person, deren Angaben unter der laufenden Nummer 5 der 21sten Liste stehen. Dann sind etwa

Tabelle 1.2: *Struktur einer Datenmatrix*

		Variablen					
		X_1	X_2	X_3	... X_j	...	X_k
Unter-	e_1	x_{11}	x_{12}	x_{13}	x_{1j}		x_{1k}
suchungs-	e_2	x_{21}	x_{22}	x_{23}	x_{2j}		x_{2k}
einheiten	e_3	x_{31}	x_{32}	x_{33}	x_{3j}		x_{3k}
	⋮	⋮	⋮	⋮	⋮		⋮
	e_v	x_{v1}	x_{v2}	x_{v3}	x_{vj}		x_{vk}
	⋮	⋮	⋮	⋮	⋮		⋮
	e_n	x_{n1}	x_{n2}	x_{n3}	x_{nj}		x_{nk}

$x_{216,2} = 2$ (= Realisation der Variablen X_2 = Geschlecht),
$x_{216,3} = 59$ (= Realisation der Variablen X_3 = Geburtsjahr),
$x_{216,8} = 1$ (= Realisation der Variablen X_8 = Beschäftigungsmodus).

Die Situation vereinfacht sich, wenn nur eine Variable betrachtet wird. Dann ist der Datensatz *univariat*. Hier kann der die Variable kennzeichnende Index weggelassen werden, und es reicht, die Daten hintereinander aufzuschreiben. Die Daten liegen dann in Form einer *Urliste* vor. Die in der Urliste angegebenen Realisationen der Variablen X bezeichnen wir mit $x_1, \ldots, x_v, \ldots, x_n$. Dabei ist n die Anzahl der Beobachtungswerte; v ist der Laufindex. Beispiele werden wir im folgenden Kapitel betrachten.

1.4 Aufgaben

Aufgabe 1

Füllen Sie die leeren Felder so aus, dass die jeweilige Zeile die angegebenen Charakteristika einer (sinnvollen) Untersuchung ergibt - entsprechend dem Beispiel in der ersten Zeile.

Ziel der Untersuchung	Grundgesamtheit	Beobachtungseinheit	Merkmal bzw. Variable	mögliche Ergebnisse
Feststellung der Publikumswirksamkeit von Katastrophenfilmen	Alle Besucher des Filmes Erdbeben	Ein Besucher des Filmes Erdbeben	X = Beurteilung des Filmes	-2 (sehr schlecht) -1 (schlecht) 0 (uninteressant) 1 (gut) 2 (sehr gut)
Aufschlüsse über die soziale Schicht der Bevölkerung				
		Studierende der Universität Hamburg		

			Ein Klausurteil- nehmer	
				Volkseinkom- men
				alle Zahlen von 0 bis 100

Aufgabe 2

Die Bürgerinitiative ‚STOP dem Durchgangsverkehr' will ihrer Forderung nach Verkehrsberuhigung einer Straße Nachdruck verleihen. Dazu soll die tatsächliche Lärm- und Schadstoffbelastung erhoben werden. Erstellen Sie einen detaillierten Vorschlag, wie die BI die Erhebung durchführen sollte. (Tage, Tageszeiten, Dauer der Messungen, Art der Messungen,...)

Aufgabe 3

Im Folgenden sind verschiedene Sachverhalte angegeben, die Variablen beschreiben. Dazu sind jeweils vereinfachende Beziehungen bzw. andere Variablen angeführt. Geben Sie geeignete Transformationen der Ausgangsvariablen an, die die transformierten Variablen erzeugen. Welches Skalenniveau haben jeweils Ausgangsvariable und transformierte Variable? 1. Niederschlagsmenge; trocken/nass 2. Anzahl gerauchter Zigaretten pro Tag; tägliche Kosten für Zigarettenkonsum 3. Staubniederschlag (in g/m^2); Belastungsstufe.

Aufgabe 4

Den Tasten eines Klaviers entsprechen Tonhöhen. Benachbarte Töne liegen jeweils einen Halbton auseinander. Dabei denken wir ganz natürlich, dass zwei Halbtöne einen ganzen Ton ergeben usw. Akustisch betrachtet lässt sich ein Ton aber besser durch seine Frequenz beschreiben. Eine Oktave (= 12 Halbtöne) ist dann so definiert, dass das Frequenzverhältnis Zwei beträgt. Geben Sie eine geeignete Transformation an, mit der die von einem (korrekt gestimmten) Klavier erzeugbaren Tonfrequenzen auf dessen Tasten abgebildet werden.

2 Darstellung univariater Datensätze

Die Aufbereitung von Daten geschieht üblicherweise in mehreren Schritten. Bei univariaten Datensätzen besteht der erste Schritt in einer Betrachtungsform, welche die in den Daten steckende Struktur möglichst als Gesamtbild erscheinen lässt. Auch bei multivariaten Datensätzen sollten die Variablen zunächst univariat betrachtet werden. Dies ist schon für das Auffinden von Unstimmigkeiten in den Daten anzuraten. Die Datensätze der folgenden Beispiele verdeutlichen einen wesentlichen Unterschied bei der Darstellung, je nachdem die Variablen eher weniger unterschiedliche Realisationsmöglichkeiten hat oder eher viele. Im ersten Fall, bei dem die Variable diskret ist, kommen die einzelnen Realisationsmöglichkeiten meist mehrmals vor; bei feinabstufigen diskreten bzw. bei stetigen Variablen ist das mehrmalige Auftreten eines Wertes eher die Ausnahme.

Aufgrund dieses Unterschiedes, den wir vereinfacht mit ‚diskrete Variablen' und ‚stetige Variablen' titulieren, sind verschiedene Vorgehensweisen bei der weiteren Aufbereitung der Daten angebracht.

2.1 Häufigkeitsverteilungen diskreter Variablen

2.1.1 Problemstellung

Ein großes Industrieunternehmen hat ein Personalbeurteilungssystem eingeführt. Nach eingehender Schulung der Beurteiler wurden sämtliche Mitarbeiter des Unternehmens beurteilt. Die erhaltenen Beurteilungen sollten im Nachhinein auch im Hinblick auf die Effizienz der vorbereitenden Unterweisung untersucht werden. Einer der dabei zu analysierenden Punkte war der sogenannte ‚Milde-Effekt', d.h. die Tendenz, zu gute Beurteilungen abzugeben. Unter anderem wurde die Fähigkeit der Mitarbeiter zu produktivem Denken auf einer zehnstufigen Rating-Skala erfasst. Sie reicht von ‚sehr gering' $= 0$ bis ‚sehr gut ausgeprägt' $= 9$. Die resultierende Variable $X = $ ‚produktives Denken' hat also die Realisationsmöglichkeiten $0, 1, 2, \ldots, 9$. Die Auswertung von 120 Beurteilungsbögen führte nun zunächst zu der in der folgenden Tabelle angegebenen Urliste, siehe Neuberger (1979).

Tab.: *Urliste der Beurteilungswerte ‚produktives Denken'*

5 6 8 7 5 5 8 6 7 6 5 5 4 4 5 7 5 6 5 4 5 6 7 5 8 7 5 3 6 6 7 5 5 7 5 5 6 5 5 4
3 5 5 7 6 5 7 7 5 4 5 6 5 5 6 5 7 3 6 6 7 5 6 7 7 5 7 3 9 7 6 7 7 6 3 6 7 8 6 6
5 5 3 5 5 6 5 4 4 4 5 5 4 6 4 5 5 6 6 6 5 7 6 4 3 8 7 7 8 7 6 7 7 7 7 6 5 4 6 6

Um Tendenzen, wie den angesprochenen ‚Milde-Effekt', erkennen zu können, sind die Daten in eine günstigere Form zu bringen.

2.1.2 Häufigkeiten

Bei verhältnismäßig kleinen Datensätzen können wir als ersten Schritt bei der Aufbereitung eine *Strichliste* anlegen. Dazu tragen wir neben die vorab aufgeschriebenen Realisationsmöglichkeiten jeweils einen Strich ein, wenn in der Urliste dieser Wert auftritt. Dabei werden die Striche in 5er-Blöcken organisiert. Im nächsten Schritt werden die Striche ausgezählt und in Häufigkeitsangaben umgesetzt. X sei eine diskrete statistische Variable mit den Realisationsmöglichkeiten x_j. Die Anzahl des Vorkommens von x_j in einem Datensatz heißt seine *absolute Häufigkeit*. Wir schreiben dafür

$$n(X=x_i) \quad \text{oder kurz} \quad n_i.$$

Die *relative Häufigkeit* von x_i ist $h(X=x_i) = n(X=x_i)/n$ oder kurz h_i. Dabei ist n die Anzahl der im Datensatz insgesamt vorhandenen Werte. Offensichtlich gelten folgende Beziehungen, wenn die Variable X die Realisationsmöglichkeiten $x_1, \ldots, x_k$ besitzt:

$$\sum_{i=1}^{k} n_i = n, \quad \sum_{i=1}^{k} h_i = 1.$$

Die Häufigkeiten werden in Tabellenform zusammengefasst. Die schematische Angabe einer solchen *Häufigkeitstabelle* ist wie folgt:

Tabelle 2.1: Schema einer Häufigkeitstabelle

laufende Nr.	Realisationsmöglichkeit x_i	Häufigkeit $n_i = n(X=x_i)$	relative Häufigkeit $h_i = h(X=x_i)$
1	x_1	n_1	h_1
2	x_2	n_2	h_2
3	x_3	n_3	h_3
$\vdots$	$\vdots$	$\vdots$	$\vdots$
k	x_k	n_k	h_k

Beispiel 2.1 *Produktives Denken - Fortsetzung*

Die in der Problemstellung angegebene Urliste führt zunächst zu einer Strichliste, die dann in eine Häufigkeitstabelle umgesetzt wird. Die Häufigkeitsverteilung lässt erkennen, dass eine Tendenz zu positiven Beurteilungen vorliegt.

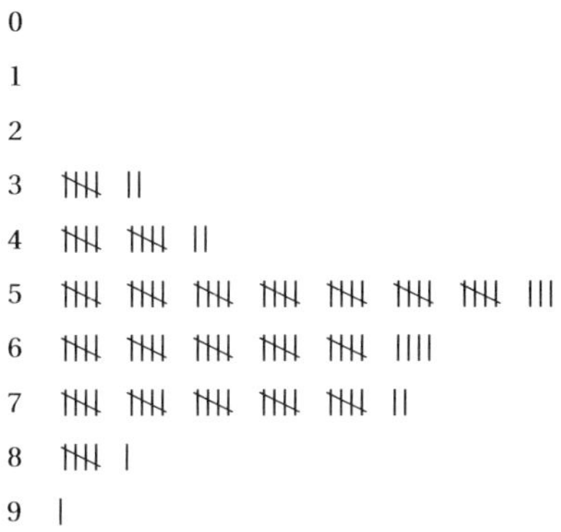

0
1
2
3 ||||| ||
4 ||||| ||||| ||
5 ||||| ||||| ||||| ||||| ||||| ||||| ||||| |||
6 ||||| ||||| ||||| ||||| ||||| ||||
7 ||||| ||||| ||||| ||||| ||||| ||
8 ||||| |
9 |

Abb. 2.1: *Strichliste Beurteilungen Produktives Denken*

Tab.: *Häufigkeitsverteilung der Variablen ‚Produktives Denken'*

i	Skalenwert x_i	$n_i = n(X=x_i)$	$h_i = h(X=x_i)$
1	0	0	0
2	1	0	0
3	2	0	0
4	3	7	0.058
5	4	12	0.100
6	5	38	0.317
7	6	29	0.242
8	7	27	0.225
9	8	6	0.050
10	9	1	0.008
		120	1.000

Relative Häufigkeiten werden oft auch in Prozentsätzen angegeben. Dies sind dann die Werte

$$100 \cdot h(X=x_i) = 100 \cdot h_i.$$

Im obigen Beispiel beträgt z. B. der Anteil der Mitarbeiter mit der schlechtesten Beurteilung, dem Skalenwert 3: $100 \cdot 0.058 = 5.8\%$.

2.1.3 Grafische Darstellungen

Einen schnellen Zugang zu der Struktur einer Häufigkeitstabelle erhalten wir aus einer grafischen Darstellung der Häufigkeiten. Die wesentliche Darstellungsform für diskrete Variablen ist dabei das *Stabdiagramm*. Beim Stabdiagramm werden die (absoluten oder relativen) Häufigkeiten in Abhängigkeit von den Realisationsmöglichkeiten als Stäbe aufgetragen. Die Höhen werden nur zur Verdeutlichung mit eingezeichnet. Die Länge der Stäbe ist proportional zur Häufigkeit. Andere Formen der Darstellung können suggestiver sein, bilden aber nur Varianten.

Beispiel 2.2 *Produktives Denken - Fortsetzung*

Für die Beurteilungen des ‚Produktiven Denkens' erhalten wir aus der obigen Häufigkeitstabelle das in der Abbildung 2.2 dargestellte Stabdiagramm.

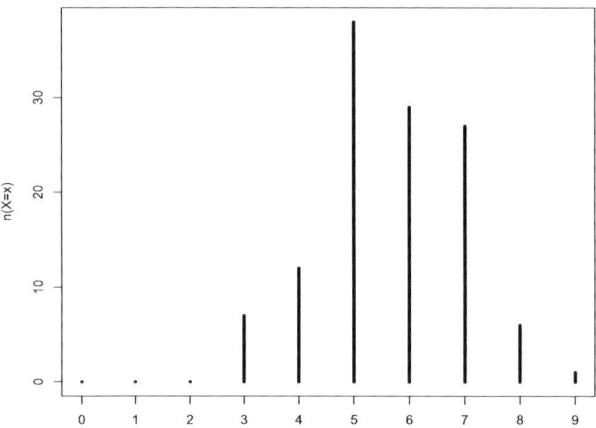

Abb. 2.2: *Stabdiagramm der Skalenwerte ‚Produktives Denken'*

Vor allem bei nominal skalierten Variablen wird anstelle des Stabdiagrammes gerne ein *Säulendiagramm* gezeichnet. Hier werden die Häufigkeiten zur Verdeutlichung durch flächige Säulen dargestellt. Ihr Abstand und ihre Breite sind dann nicht von inhaltlicher Bedeutung. Sie sollten daher zur Vermeidung von Fehlinterpretationen jeweils gleich groß sein. Eine weitere Variante des Stabdiagramms ist das *Kreisdiagramm*, bei dem die Häufigkeiten den Flächenanteilen von Kreissektoren entsprechen. Auch das Kreisdiagramm wird vornehmlich bei nominal skalierten Variablen verwendet. Kreisdiagramme sind allerdings eine sehr schlechte Art, Information zu vermitteln. Das Auge ist gut beim Beurteilen linearer Maße und schlecht beim Beurteilen relativer Flächen. Balkendiagramme sind daher für die grafische Darstellung dieser Art von Daten vorzuziehen.

Beispiel 2.3 *Konsumausgaben*

Die Einkommens- und Verbrauchsstichprobe 2003 ergab die in der Abbildung 2.3 dargestellte Aufteilung der Konsumausgaben Hamburger Privathaushalte nach Bereichen. Dabei wurde von 2127 Euro je Haushalt und Monat in Euro ausgegangen. Fast ein Drittel der Ausgaben entfallen auf ‚Wohnen, Energie, Wohnungsinstandhaltung'. Danach kommen mit deutlich geringerem Anteil ‚Nahrungsmittel, Getränke und Tabakwaren' und ‚Freizeit, Unterhaltung und Kultur'. Die Ausgaben für Bildung sind marginal.

Beispiel 2.4 *Energiebereitstellung aus erneuerbaren Energieträgern*

Anfang dieses Jahrtausends zeichnete sich bei den erneuerbaren Energien ein Aufwärtstrend ab. Der Anteil am gesamten Primärenergieverbrauch betrug insgesamt 4.6%. Bezogen auf den Endenergieverbrauch trugen die erneuerbaren Energien im Jahr 2005 mit

2.2 Häufigkeitsverteilungen stetiger Variablen

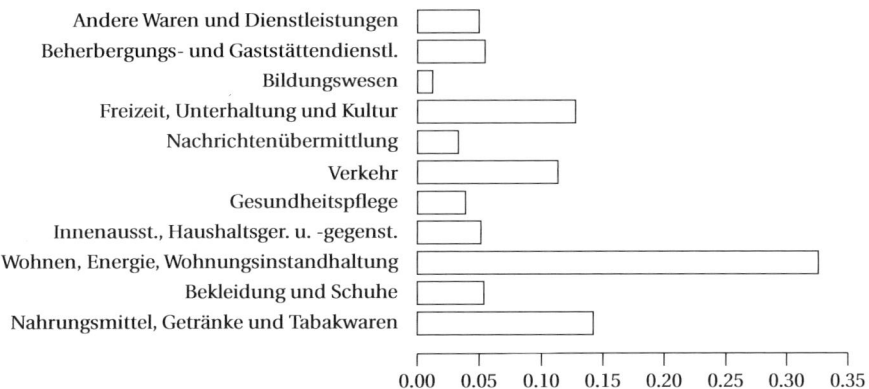

Abb. 2.3: *Aufteilung der Ausgaben je Haushalt und Monat in Euro*

10.2% zur Stromerzeugung, mit 5.3% zur Wärmebereitstellung und mit 3.6% zum Kraftstoffverbrauch bei. Es ist abzusehen, dass sich der positive Trend fortsetzen wird. Die Energiebereitstellung aus erneuerbaren Energieträgern verteilt sich dabei entsprechend der Grafik 2.4. (Entnommen aus: Bundesministerium für Umwelt, Naturschutz und Reaktorsicherheit 2006.)

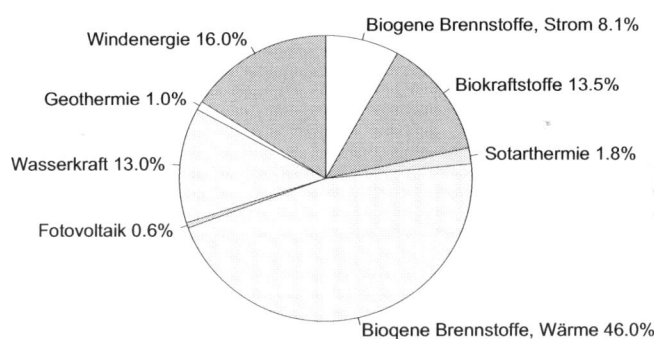

Abb. 2.4: *Energiebereitstellung aus erneuerbaren Energieträgern im Jahr 2005*

2.2 Häufigkeitsverteilungen stetiger Variablen

2.2.1 Problemstellung

Eine Person, die nach Hamburg ziehen und dort eine zentral gelegene Wohnung mieten will, ist an der Struktur des Wohnungsmarktes interessiert. Um sich einen Einblick zu verschaffen, liegt es nahe, sich am Wochenende eine lokale Zeitung zu kaufen und die Mietangebote zu studieren. Eine wesentliche Variable ist die Kaltmiete der angebotenen Wohnungen. Unterstellen wir, dass der wohnungssuchenden Person eine 2-Zimmer-Wohnung vorschwebt, so erhält sie aus einer am 26. Januar 2008 erschienenen lokalen Zeitung die folgende Urliste.

Tab.: *Urliste Kaltmiete der 2-Zimmer Wohnungen (in Euro)*

573	370	590	580	950	1445	630	455	598	545	565	1299	750	555	750
870	825	560	439	465	525	336	995	570	500	640	410	490	645	1200
698	850	640	650	390	571	990	520	640	450	608	568	840	524	625
528	665	450	537											

Um z. B. erkennen zu können, welche Mieten als hoch bzw. niedrig einzustufen sind, ist der vorliegende Datensatz geeignet aufzubereiten.

2.2.2 Geordneter Datensatz

Bei diskreten Variablen mit einer sehr großen Anzahl unterschiedlicher Werte und bei stetigen Variablen ist es i. d. R. ratsam, im ersten Schritt die Beobachtungen aufsteigend der Größe nach zu ordnen. Die geordneten Werte werden auch als *geordneter Datensatz* bezeichnet. Wir schreiben für geordnete Werte $x_{(1)}, x_{(2)}, \ldots, x_{(n)}$. $x_{(1)}$ ist dabei der kleinste, $x_{(2)}$ der zweitkleinste Wert usw. $x_{(n)}$ ist schließlich der größte Wert des Datensatzes.

Aus der Urliste der Kaltmiete der 2-Zimmer-Wohnungen erhalten wir den folgenden geordneten Datensatz.

Tab.: *Geordneter Datensatz Kaltmiete der 2-Zimmer-Wohnungen (in Euro)*

336	370	390	410	439	450	450	455	465	490	500	520	524	525	528	537	545	555	560	565
568	570	571	573	580	590	598	608	625	630	640	640	640	645	650	665	698	750	750	825
840	850	870	950	990	995	1200	1299	1445											

Besonders für Vergleiche mehrerer univariater Datensätze kann auch bei stetigen Variablen die Darstellung in Form eines Stabdiagrammes sinnvoll sein.

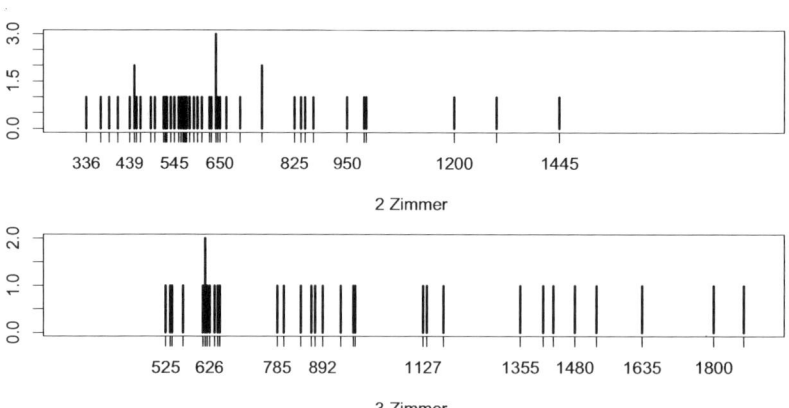

Abb. 2.5: *Stabdiagramme der Kaltmieten für Wohnungen mit zwei und drei Zimmern*

Hier ergibt sich der Eindruck über die Struktur der Häufigkeitsverteilung nicht aus der ‚Länge der Stäbe' über den Realisationsmöglichkeiten; die meisten Beobachtungen kommen ja

2.2 Häufigkeitsverteilungen stetiger Variablen

nur einmal vor. Einen Überblick über die wichtigsten Eigenschaften des Datensatzes erhält man vielmehr daraus, wie dicht die Stäbe jeweils stehen. Die Gegenüberstellung der Kaltmiete für 2- und 3-Zimmer-Wohnungen mittels eindimensionaler Stabdiagramme zeigt eine Verschiebung der Mieten. Allerdings gibt es einen großen Überlappungsbereich. Dieser resultiert aus der sich hier überschneidenden Quadratmeterzahl, der unterschiedlichen Ausstattungen der Wohnungen, der Lage usw.

2.2.3 Stemleaf-Diagramm

Bei großen Datensätzen ist die Auswertung per Hand nicht möglich. Man wird dann die EDV einsetzen. Aber auch schon bei Datensätzen von einem Umfang wie bei den Mieten ist der Aufwand für das Ordnen der Werte reduzierbar. So sieht man leicht, dass das Ordnen vereinfacht wird, wenn die erste oder ggf. die ersten beiden Ziffern vorab geordnet werden und nur die letzte ähnlich wie bei der Strichliste noch extra notiert wird. Dies führt zu einer halbgrafischen Darstellung, die als *Stemleaf-Diagramm* bezeichnet wird. (Genauer heißt es Stem and leaf plot = Stamm-und Blatt-Diagramm.) Bei diesem Diagramm werden meist nur die beiden führenden Ziffern berücksichtigt. Die erste Ziffer wird links von einer senkrecht gezogenen Linie eingetragen. Damit haben wir den Stamm. Die zweiten Ziffern - die Blätter - werden rechts davon notiert, und zwar zeilenweise aufsteigend geordnet. Dabei muss jeder Wert des Datensatzes durch eine zweite Ziffer (ggf. Null!) repräsentiert sein.

Beispiel 2.5 *Mietpreise - Fortsetzung*

Am einfachsten lässt sich die Konstruktion anhand eines konkreten Beispiels darstellen. Wir führen es für die Daten aus der Problemstellung vor. Da bei den Mieten der Bereich der Werte einen Zehnersprung macht, wird er auch hier beim Stamm mit vollzogen.

Der Konstruktionsprozess ist in der folgenden Abbildung veranschaulicht:

(a) Stamm ohne Blätter	(b) Stamm mit der ersten Beobachtung (573)	(c) Komplettes Stemleaf-Diagramm
3 |	3 |	3 | 379
4 |	4 |	4 | 1355569
5 |	5 | 7	5 | 02222345666777899
6 |	6 |	6 | 0234444569
7 |	7 |	7 | 55
8 |	8 |	8 | 2457
9 |	9 |	9 | 599
10 |	10 |	10 |
11 |	11 |	11 |
12 |	12 |	12 | 09
13 |	13 |	13 |
14 |	14 |	14 | 4

***Abb. 2.6:** Konstruktion eines Stemleaf-Diagramms für Mietpreise*

Mit Hilfe eines Stemleaf-Diagramms können wir leicht sehen, in welchem Bereich sich die Daten konzentrieren und welche bemerkenswerten Strukturen die Daten aufweisen. So sehen wir z. B. eine ‚Lücke' bei der 1000 und 1100. Die darüber liegenden drei sind extrem teuer. Außerdem gibt es einen preiswerten Bereich bis unter 700,- Euro und einen teuren ab ca. 700,- Euro.

Das Stemleaf-Diagramm des obigen Beispiels ist noch mit einem Mangel behaftet. Es sollte stets die Einheit der Blätter angegeben werden, damit eine Rückübersetzung leicht möglich ist.

Es gibt Fälle, in denen das Stemleaf-Diagramm stark gedrängt erscheint. Dann erhalten wir eine weniger gedrängte Form durch Aufteilung der Zeilen. Jede führende Ziffer erscheint dabei zweimal. Auf der jeweils oberen Zeile werden dann die Blätter 0 bis 4 und auf der unteren die Blätter 5 bis 9 eingetragen. Die nächste mögliche Aufteilung ist dann die mit je zwei Ziffern als möglichen Blättern, als 0/1, 2/3 bis 8/9.

Einen Anhaltspunkt für die Feinheit eines Stemleaf-Diagrammes bietet die folgende, empirisch gewonnene *Daumenregel für die Zahl der Zeilen*, wenn n die Anzahl der Daten im Datensatz ist:
$$\text{Anzahl der Zeilen} \approx 10 \cdot \log_{10}(n).$$

Tabelle 2.2: Ungefähre Zeilenzahl in einem Stemleaf-Diagramm in Abhängigkeit vom Datenumfang

n	$10 \cdot \log_{10}(n)$	n	$10 \cdot \log_{10}(n)$
10	10.0	75	18.8
20	13.0	100	20.0
30	14.8	200	23.0
40	16.0	300	24.7
50	17.0	500	27.0

Bei den Kaltmieten liegen 49 Werte vor. Nach der Faustregel sollte die Zahl der Zeilen im Stemleaf-Diagramm ungefähr $10 \cdot \log_{10}(49) \approx 17$ betragen. Im Stemleaf-Diagramm sind es etwas weniger, aber eine feinere Aufteilung würde die Empfehlung der Daumenregel nicht besser treffen.

Das angeführte Konzept des Stemleaf-Diagramms lässt sich in vielerlei Hinsicht erweitern und modifizieren. So kann etwa die Anzahl der Blätter pro Stamm, die Tiefe, mit angegeben werden. Bei langen Stemleaf-Diagrammen, bei denen die Daten große Zahlenbereiche umfassen, ist u. U. ein Wechsel der Einheit innerhalb des Diagramms angeraten. Dies ist aber deutlich zu machen; etwa durch die Einführung eines weiteren senkrechten Striches o. a. Siehe dazu Mosteller & Tukey (1977). Eine andere Möglichkeit, vernünftige Darstellungen von Häufigkeitsverteilungen bei großen Zahlenbereichen zu erhalten, besteht in der Transformation der Daten. Eine in diesem Fall übliche Transformation ist der Übergang zu logarithmierten Werten. In der Regel wird dann der natürliche Logarithmus genommen; als Basis dient also die *Eulersche Zahl* $e = 2.71828\ldots$.

2.2.4 Häufigkeitstabelle

Bei großen Datenmengen und im Bereich der schließenden Statistik notieren wir nur die Häufigkeiten, mit denen Werte in festgelegten Bereichen vorgekommen sind. Wir können uns dies auch so vorstellen, dass wir ähnlich wie beim Stemleaf-Diagramm vorgehen, wobei wir auf die Angabe der nach der zweiten Ziffer folgenden Stellen verzichten.

2.2 Häufigkeitsverteilungen stetiger Variablen

Zugrunde liegt dann eine *Klassierung*, d. h. eine Einteilung der Realisationsmöglichkeiten in nichtüberlappende, angrenzende Klassen. Die Endpunkte der Klassen sollen im Folgenden mit $x_0^*, x_1^*, \ldots, x_k^*$ bezeichnet werden.

Definition 2.6 *Häufigkeiten bei Klassierung*

Die Anzahl der Realisationen der Variablen X in der i-ten Klasse, d. h. im Intervall $(x_{i-1}^*, x_i^*]$, ist die absolute Häufigkeit der Klasse (genauer: mit der die Variable X einen Wert aus dieser Klasse angenommen hat). Wir schreiben sie in der Form

$$n(x_{i-1}^* < X \leq x_i^*) = n_i.$$

Die entsprechende relative Häufigkeit der Klasse ist

$$h(x_{i-1}^* < X \leq x_i^*) = \frac{n_i}{n} = h_i.$$

Bei der Angabe von ,$\leq$' ist die jeweilige Grenze mit eingeschlossen, bei ,$<$' ist sie es nicht.

Beispiel 2.7 *Mietpreise - Fortsetzung*

Aus dem Datensatz der Mietpreise für Wohnungen mit zwei Räumen ($= X$) erhalten wir die folgende Häufigkeitstabelle.

Klassen-Nr. i	Mietpreis $x_{i-1}^* < X \leq x_i^*$	Anzahl der Wohnungen $n(x_{i-1}^* < X \leq x_i^*)$	rel. Anteil der Wohnungen $h(x_{i-1}^* < X \leq x_i^*)$
1	300 - 400	3	0.0612
2	400 - 500	8	0.1633
3	500 - 600	16	0.3265
4	600 - 700	10	0.2041
5	700 - 800	2	0.0408
6	800 - 900	4	0.0816
7	900 - 1000	3	0.0612
8	1000 - 1100	0	0.0000
9	1100 - 1200	1	0.0204
10	1200 - 1300	1	0.0204
11	1300 - 1400	0	0.0000
12	1400 - 1500	1	0.0204
		49	0.9999*)

*) Die Abweichung von 1 ist durch Rundungsfehler bewirkt.

Beispiel 2.8 *Europawahlen*

Die Beteiligung an den Europawahlen wird anhand einer Stichprobe der Stimmabgaben ermittelt. Für die Wahlen von 2004 stellt sich eine Aufgliederung nach Altersgruppen wie folgt dar, siehe Statistisches Bundesamt (2007).

Klassen-Nr. i	Alter $x^*_{i-1} \leq X < x^*_i$	Anzahl der Stimmen n_i	Anteil der Stimmen in Prozent
1	18 - 25	1752	6.61
2	25 - 35	2805	10.58
3	35 - 45	4963	18.71
4	45 - 60	6632	25.00
5	60 -	10371	39.10
Insgesamt		26523	100.00

Die Tabelle des letzten Beispiels zeigt zwei bemerkenswerte Unterschiede zur Tabelle des vorletzten:

- In der Tabelle sind die Klassen unterschiedlich breit. Der Grund für die Wahl unterschiedlich breiter Klassen ist offensichtlich: Die Struktur in den unteren Klassen würde bei gröberer Aufteilung verdeckt, eine generell feinere Klasseneinteilung ist andererseits unsinnig wegen der dann zu geringen Besetzung in den oberen Klassen.
- In der Tabelle ist nicht die obere Klassengrenze mit einbezogen, sondern die untere. Diese Darstellungsform ist typisch für die amtliche Statistik. Wir werden aber im Folgenden weitestgehend die andere Form verwenden. Dies entspricht eher den Bedürfnissen der schließenden Statistik, bei der auf wahrscheinlichkeitstheoretischer Basis Rückschlüsse auf Grundgesamtheiten gezogen werden.

2.2.5 Das Histogramm

Die übliche grafische Darstellungsweise der Häufigkeiten von klassierten Daten ist das *Histogramm*. Beim Histogramm werden Blöcke über den Klassen eingezeichnet. Diese repräsentieren die relativen Häufigkeiten der Klassen. Anders als beim Stabdiagramm ist es bei klassierten Daten nicht sinnvoll, die Höhe über einer Klasse als Maß für die Häufigkeit zu wählen. Durch unterschiedliche Klasseneinteilung könnten sonst gänzlich verschiedene Eindrücke über die Struktur der Daten vermittelt werden. Vielmehr wird hier der Flächeninhalt der Blöcke proportional zur relativen Häufigkeit gewählt. Dies wird als *Prinzip der Flächentreue* bezeichnet.

Auf der Ordinate wird also h_i/Δ_i mit $\Delta_i = x^*_i - x^*_{i-1}$ über der i-ten Klasse abgetragen. Die Höhe eines Histogramms hat damit eine Dimension, nämlich 1/(Dimension der Variablen X). Als Funktion von x erhält die Histogrammhöhe einen eigenen Namen.

Definition 2.9 *Häufigkeitsdichte*

Die *Häufigkeitsdichte* ist die Funktion $\hat{f}(x)$, die mit $\Delta_i = x^*_i - x^*_{i-1}$ definiert ist als

$$\hat{f}(x) = \begin{cases} h(x^*_{i-1} < X \leq x^*_i)/\Delta_i & \text{für } x^*_{i-1} < x \leq x^*_i \quad i = 1, \ldots, k \\ 0 & \text{sonst.} \end{cases}$$

2.2 Häufigkeitsverteilungen stetiger Variablen

Beispiel 2.10 *Mieten - Fortsetzung*

Für die Mieten der Zweizimmer-Wohnungen erhalten wir das

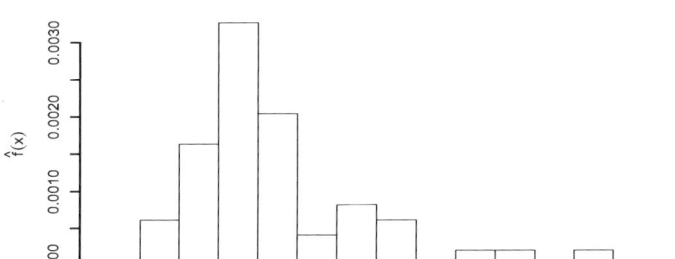

Abb. 2.7: *Histogramm der Mieten für 2-Zimmer-Wohnungen*

Histogramme werden genauso wie Stemleaf-Diagramme erstellt, um die Struktur der Daten hervortreten zu lassen, bzw. um sie herauszuarbeiten. Sofern gleiche Klassenbreiten sinnvoll sind, ist die für das Stemleaf angegebene Faustregel ebenfalls anwendbar, um die Zahl der Klassen bzw. Blöcke zu bestimmen. Allerdings kann es wie im Folgenden Beispiel geeigneter sein, unterschiedliche Klassenbreiten zu wählen.

Beispiel 2.11 *Europawahl*

Wir erstellen ein Histogramm für die Verteilung der abgegebenen Stimmen zu der Europawahl 2004 nach den Altersgruppen. Zunächst sind dazu entsprechend der folgenden Arbeitstabelle die Werte der Häufigkeitsdichte für die einzelnen Klassen zu berechnen. Da die Obergrenze der letzten Klasse nicht bekannt ist, kann sie eigentlich nicht berücksichtigt werden. Sie wird aber mit 90 (willkürlich) geschlossen.

Tab.: *Arbeitstabelle zur Berechnung der Häufigkeitsdichte*

i	x_{i-1}^*	$< X \leq$	x_i^*	n_i	h_i	Δ_i	$\hat{f}(x)$
1	18	-	25	1752	0.0661	7	0.0094
2	25	-	35	2805	0.1058	10	0.0106
3	35	-	45	4963	0.1871	10	0.0187
4	45	-	60	6632	0.2500	15	0.0167
5	60	-		10371	0.3910	30	0.0130

Auch wenn die letzte Klasse die größte Häufigkeit aufweist, zeigt das Histogramm, dass das Schwergewicht der Wahlbeteiligung bei den 35- bis 40-Jährigen liegt.

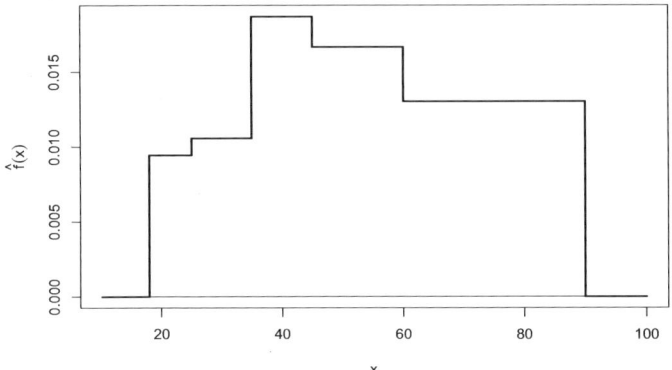

Abb. 2.8: *Histogramm der abgegebenen Stimmen nach Alter*

2.3 Die empirische Verteilungsfunktion

2.3.1 Einführendes Beispiel

Für die wohnungssuchende Person aus der Problemstellung 2.2.1 bieten die bisher behandelten Darstellungen Ansatzpunkte, um die Struktur des Wohnungsmarktes kennen zu lernen. Bei beschränktem Einkommen wird sie nun für sich eine Obergrenze für die Miete festgesetzt haben. Sei diese z. B. 650.- Euro. Dann ist von Bedeutung, wie viele 2-Zimmer-Wohnungen angeboten wurden, die diese Miete nicht übersteigen. Den Wert erhalten wir hier einfach durch Auszählen, z. B. aus dem geordneten Datensatz. Es sind hier 35 Wohnungen. Das sind 71.43%, also der größere Teil.

2.3.2 Empirische Verteilungsfunktion

Wie in dem einführenden Beispiel ist verschiedentlich die Anzahl oder der Anteil der Beobachtungen von Interesse, die einen bestimmten Wert nicht überschreiten. Damit diese Fragestellung sinnvoll ist, muss die zugrunde liegende Variable mindestens ordinal skaliert sein. Bei diskreten Variablen erhalten wir die relevanten Angaben aus der Häufigkeitstabelle durch *Kumulation* - d. h. sukzessives Aufaddieren - der absoluten bzw. relativen Häufigkeiten. Die absoluten *kumulierten Häufigkeiten* geben an, wie viele Beobachtungen jeweils einen vorgegebenen Wert x nicht übertreffen. Wir bezeichnen sie mit $n(X \leq x)$. Die entsprechenden relativen kumulierten Häufigkeiten bezeichnen wir mit $h(X \leq x)$. Um die kumulierten Häufigkeiten grafisch darzustellen, ist $n(X \leq x)$ bzw. $h(X \leq x)$ für jeden Wert x einzuzeichnen. Die Zuordnung der kumulierten relativen Häufigkeiten zu den Realisationsmöglichkeiten führt gerade auf die empirische Verteilungsfunktion.

Definition 2.12 *empirische Verteilungsfunktion*

Die *empirische Verteilungsfunktion* $\hat{F}(x)$ ist definiert durch $\hat{F}(x) = h(X \leq x)$.

Empirische Verteilungsfunktionen sind für alle nichtklassierten Datensätze sinnvoll definiert, sofern die zugrunde liegende Variable mindestens ordinal skaliert ist. Es handelt sich

2.3 Die empirische Verteilungsfunktion

dabei jeweils um Treppenfunktionen.

Unmittelbar aus der Definition erhalten wir folgende einfache Eigenschaften der empirischen Verteilungsfunktion $\hat{F}(x)$:

(i) $x < x' \Longrightarrow \hat{F}(x) \leq \hat{F}(x')$,

(ii) $\hat{F}(x) = 0$ für $x < x_{(1)}$, $\hat{F}(x) = 1$ für $x > x_{(n)}$,

(iii) $0 \leq \hat{F}(x) \leq 1$ für alle x.

Beispiel 2.13 *Mieten - Fortsetzung*

Für die Mietdaten aus der Problemstellung 2.2.1 können wir aus dem geordneten Datensatz leicht die kumulierten Häufigkeiten ermitteln. Wie wir gesehen haben, ist $h(X \leq 650) = 0.7143$.

Es gilt offensichtlich auch $h(X < 655) = 0.7143$, und $h(X \leq 539) = 0.6136$, da zwischen den beiden Werten $x_{(35)} = 650$ und $x_{(36)} = 665$ des geordneten Datensatzes keine weitere Realisation liegt. Die empirische Verteilungsfunktion ist folglich in diesem Bereich konstant. Bei $x_{(36)}$ steigt sie dann aber sprunghaft auf $h(X \leq 665) = 0.7347$ an. Es resultiert die Treppengestalt der empirischen Verteilungsfunktion.

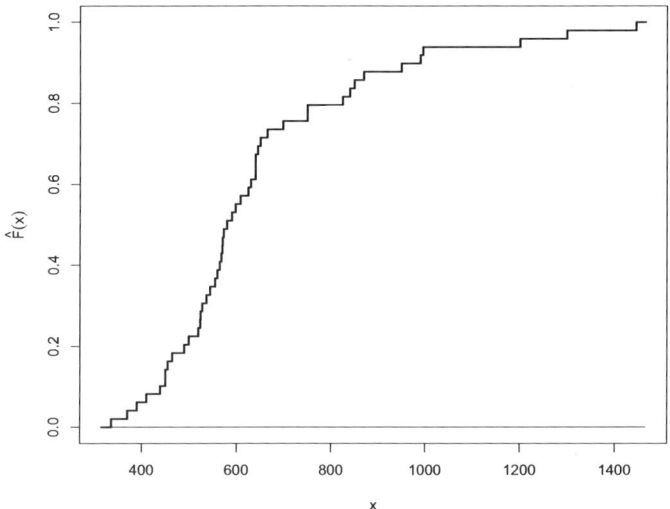

Abb. 2.9: *Empirische Verteilungsfunktion der Kaltmiete für 2-Raum-Wohnungen*

Aus der Darstellung der empirischen Verteilungsfunktion lässt sich für jedes interessierende x auf grafische Weise die zugehörige kumulierte relative Häufigkeit ermitteln. Bei diskreten Variablen konstruieren wir die empirische Verteilungsfunktion sinnvoller Weise auf der Basis der Tabelle der (kumulierten) relativen Häufigkeiten. Dabei ist zu beachten, dass der Sprung, den die empirische Verteilungsfunktion an der Stelle x_i macht, gerade der relativen Häufigkeit $h_i = h(X = x_i)$ entspricht.

Beispiel 2.14 *produktives Denken - Fortsetzung*

Für die in der Problemstellung des Abschnittes 2.1 betrachtete Variable X = ‚produktives Denken' erhielten wir bei 120 bewerteten Mitarbeitern eine Häufigkeitsverteilung, die hier um die Angabe der kumulierten relativen Häufigkeiten ergänzt ist.

Tab.: Häufigkeitsverteilung der Variablen ‚produktives Denken'

i	x_i	h_i	$h(X \leq x_i) = \sum_{j=1}^{i} h_j$	i	x_i	h_i	$h(X \leq x_i) = \sum_{j=1}^{i} h_j$
1	0	0	0	6	5	0.317	0.475
2	1	0	0	7	6	0.242	0.717
3	2	0	0	8	7	0.225	0.942
4	3	0.058	0.058	9	8	0.050	0.992
5	4	0.100	0.158	10	9	0.008	1.000

Die grafische Umsetzung ergibt dann das folgende Bild.

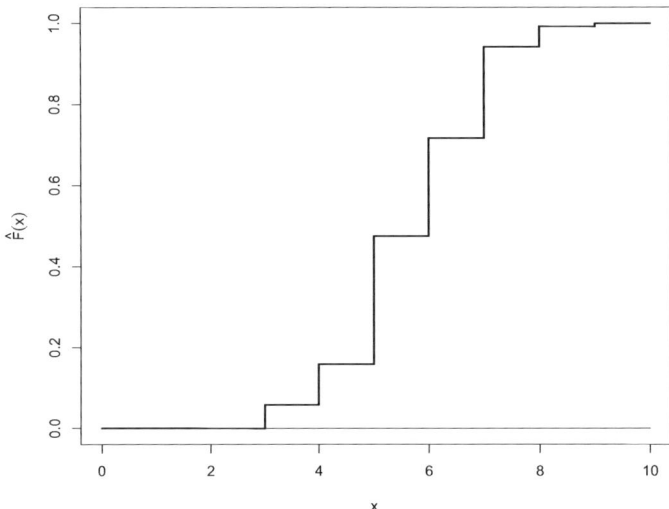

Abb. 2.10: *Empirische Verteilungsfunktion der Bewertungen des produktiven Denkens*

2.3.3 Klassierte Daten

Bei klassierten Daten können wir nur die Klassenhäufigkeiten kumulieren. Damit ist die empirische Verteilungsfunktion aber lediglich an den Klassenobergrenzen x_i^* bekannt. Um für die fehlenden Zwischenwerte Näherungen zu erhalten, greifen wir auf das Prinzip der Flächentreue beim Histogramm zurück. Das sagt, dass der durch zwei Punkte auf der x-Achse begrenzte Flächeninhalt unter der Häufigkeitsdichte der relativen Häufigkeit der Beobachtungen aus diesem Intervall entspricht. Damit können auch für nicht durch die Klassierung vorgegebene Intervalle näherungsweise relative Häufigkeiten bestimmt werden.

Ist also $\hat{F}(x_i^*)$ die aus den Daten ermittelbare Häufigkeit $h(X \leq x_i^*)$, so erhalten wir $\hat{F}(x)$, indem wir einfach den Flächeninhalt hinzuaddieren, der zwischen x_{i-1}^* und x liegt.

2.3 Die empirische Verteilungsfunktion

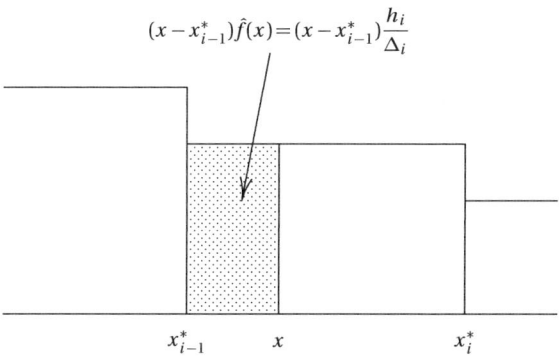

Abb. 2.11: *Zur Bestimmung der empirischen Verteilungsfunktion bei klassierten Daten*

Definition 2.15 *empirische Verteilungsfunktion bei Klassierung*

Die empirische Verteilungsfunktion $\hat{F}(x)$ bei klassierten Daten mit den Klassengrenzen $x_0^*, x_1^*, \ldots, x_k^*$, den Klassenbreiten $\Delta_i = x_i^* - x_{i-1}^*$ und den Klassenhäufigkeiten h_i ist definiert durch

$$\hat{F}(x) = \begin{cases} 0 & \text{für } x < x_0^*, \\ h(X \leq x_i^*) & \text{für } x = x_i^*, \, i = 1, \ldots, k, \\ \hat{F}(x_{i-1}^*) + \dfrac{x - x_{i-1}^*}{\Delta_i} \cdot h_i & \text{für } x_{i-1}^* < x < x_i^*, \\ 1 & \text{für } x > x_k^*. \end{cases}$$

Beispiel 2.16 *Bankberaubungen*

Schubert (nach Mönch, 1978) berichtet über die Beute bei verschiedenen Bankberaubungen in der BRD. Die Fälle, in denen die Täter etwas erbeuteten, lassen sich wie folgt nach der Höhe der Beute ($= X$) aufschlüsseln:

Tab: *Beute bei Bankberaubungen*

i	$x_{i-1}^* < X \leq$	x_i^*	n_i	h_i	$h(X \leq x_i^*) = \sum_{j=1}^{i} h_j$
1	0	1000	12	0.053	0.053
2	1000	5000	71	0.313	0.366
3	5000	10000	63	0.278	0.644
4	10000	20000	49	0.216	0.860
5	20000	50000	26	0.114	0.974
6	50000	120000	6	0.026	1.000
			227	1.000	

Daraus erhalten wir die abschnittweise definierte empirische Verteilungsfunktion:

$$\hat{F}(x) = \begin{cases} 0 & \text{für } x \leq 0, \\ 0 + 0.00005300 \cdot (x - 0) & \text{für } 0 < x \leq 1000, \\ 0.053 + 0.00007825 \cdot (x - 1000) & \text{für } 1000 < x \leq 5000, \\ 0.366 + 0.00000556 \cdot (x - 5000) & \text{für } 5000 < x \leq 10000, \\ 0.644 + 0.00002160 \cdot (x - 10000) & \text{für } 10000 < x \leq 20000, \\ 0.860 + 0.00000380 \cdot (x - 20000) & \text{für } 20000 < x \leq 50000, \\ 0.974 + 0.00000037 \cdot (x - 50000) & \text{für } 50000 < x \leq 120000, \\ 1 & \text{für } x > 120000. \end{cases}$$

Einsetzen spezieller Werte für x ergibt jeweils die zugehörigen Werte von $\hat{F}(x)$. Zum Beispiel ist

$$\hat{F}(4000) = 0.053 + 0.00007825 \cdot (4000 - 1000) = 0.28775.$$

Das Vorgehen zur grafischen Ermittlung von $\hat{F}(x)$ für vorgegebenes x ist offensichtlich.

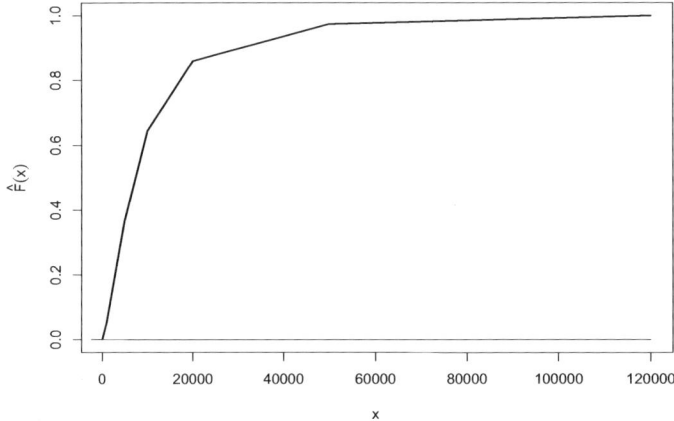

Abb. 2.12: *Empirische Verteilungsfunktion der ‚Beute bei Bankberaubungen'*

2.4 Quantile

2.4.1 Problemstellung

Die Festlegung von Grenzwerten für die von Industriebetrieben in Flüsse einzuleitenden Abwässer ist eine komplexe Aufgabenstellung. Seitens der Einleiter wird oft davon ausgegangen, dass die bisherigen Standards bei regulärem Betrieb beibehalten werden sollten. Nun unterliegt z. B. die Ablaufqualität von Kläranlagen stets Schwankungen, die unterschiedliche Ursachen haben können. Daher ist eine (für die Praxis allerdings zu stark vereinfachte) Vorgehensweise, aus einem Satz zurückliegender Werte für einen Schadstoff denjenigen

Wert zu bestimmen, der von einem vorgegebenen, großen Prozentsatz der Werte nicht überschritten wird. Die Überschreitung dieses Grenzwertes sollte zumindest weitere Schritte zur Sicherung der Umwelt nach sich ziehen.

2.4.2 Bestimmung der Quantile

Zur empirischen Verteilungsfunktion gelangen wir bei der Bestimmung der kumulierten relativen Häufigkeiten $h(X \leq x)$ bei vorgegebenem x. Wie in der Problemstellung können wir umgekehrt einen Anteil p vorgeben und fragen, bei welchem x die kumulierte Häufigkeit diesen Anteil erreicht. Da die empirische Verteilungsfunktion bei nichtklassierten Daten Sprünge aufweist, kann es vorkommen, dass der vorgegebene Anteil gerade übertroffen wird. Die folgende Abbildung verdeutlicht die Situation.

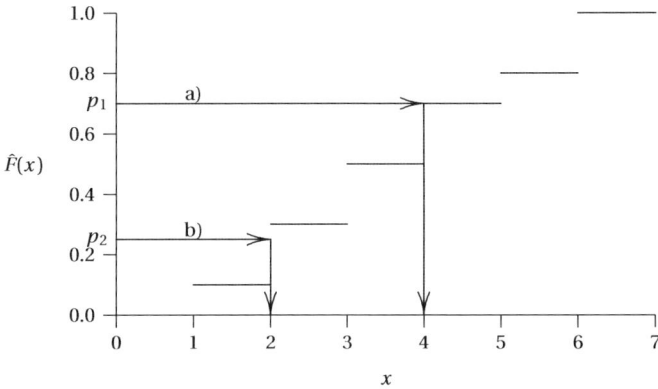

Abb. 2.13: *Zur Bestimmung empirischer Quantile*

Geben wir einen Anteil p vor, so kann es entsprechend der Abbildung vorkommen, dass

- es mehr als einen Wert x gibt, für den $\hat{F}(x) = p$ gilt (vgl. a));
- es keinen Wert x gibt, bei dem $\hat{F}(x) = p$ gilt (vgl. b)). Vielmehr wird p an einer Stelle gerade übertroffen.

Um hier zu einer sinnvollen Regelung zu gelangen, nehmen wir im Fall a) den kleinsten der infrage kommenden Werte an, im Fall b) den, bei dem der Anteil gerade überschritten wird.

Definition 2.17 *empirische Quantile*

Für jeden Anteil p mit $0 < p < 1$ ist das *empirische p-Quantil x_p* des Datensatzes $x_1, \ldots, x_n$ der kleinste x-Wert, für den $F(x) \geq p$ gilt, formal:

$$\hat{F}(x) < p \text{ falls } x < x_p \text{ und } \hat{F}(x_p) \geq p.$$

Wir sprechen auch von dem p-Quantil der empirischen Verteilungsfunktion $\hat{F}(x)$.

Es ist leicht zu sehen, dass das p-Quantil eines Datensatzes $x_1,\ldots,x_n$ der Wert $x_{(k)}$ des geordneten Datensatzes ist, wenn k bestimmt wird aus

$$n \cdot p \leq k < n \cdot p + 1.$$

Mit anderen Worten ist zur Bestimmung von k der Wert $n \cdot p$ aufzurunden.

Beispiel 2.18 *CSB-Gehalt*

Für die Kläranlage eines chemischen Betriebes wurde an 915 Tagen in 24-Stunden-Mischproben der CSB-Gehalt (in mg/l) ermittelt. Die 15 größten Werte des geordneten Datensatzes sind, siehe Haltrich (1981):

462 462 469 471 473 488 500 504 511 515 538 539 554 566 604.

Daraus erhalten wir:

$$\left. \begin{array}{l} p = 0.99: \hat{F}(473) = \dfrac{905}{915} = 0.98907 \\ \hat{F}(488) = \dfrac{906}{915} = 0.99016 \end{array} \right\} \Longrightarrow x_{0.99} = 488.$$

Mit der oben angegebenen Bestimmungsweise ergibt sich dieses ebenfalls aus $0.99 \cdot 915 = 905.85 \Longrightarrow x_{0.99} = x_{(906)} = 488$. Für $p = 2/3$ ergibt sich der 610te Wert des geordneten Datensatzes: $\frac{2}{3} \cdot 915 = 610$.

Bei klassierten Daten kann das empirische p-Quantil nur näherungsweise bestimmt werden. Da die empirische Verteilungsfunktion in diesem Fall keine Sprünge aufweist, gibt es zu jedem p einen Wert x_p mit $\hat{F}(x_p) = p$. Die grafische Bestimmung eines Quantils aus der empirischen Verteilungsfunktion bei Klassierung wird in der Skizze des folgenden Beispiels verdeutlicht. Formelmäßig erhalten wir das p-Quantil aus $\hat{F}(x)$ durch Auflösen der Definitionsgleichung von $\hat{F}(x)$ nach x.

Definition 2.19 *empirische Quantile bei klassierten Daten*

Bei klassierten Daten ergibt sich das p-Quantil, $0 < p < 1$, falls $\hat{F}(x_{i-1}^*) < p < \hat{F}(x_i^*)$ für ein geeignetes i, gemäß der Formel

$$x_p = x_{i-1}^* + \frac{p - \hat{F}(x_{i-1}^*)}{h_i} \Delta_i,$$

wobei Δ_i die Breite und h_i die relative Häufigkeit der entsprechenden Klasse sind.

Beispiel 2.20 *Bankberaubungen - Fortsetzung*

Wir haben in Beispiel 2.16 die Verteilung der Höhe der Beuten bei Bankberaubungen betrachtet. Hier wenden wir uns der Frage zu, mit welcher Beute sich die Räuber bei 75% der ‚erfolgreichen' Überfälle ‚zufrieden geben' mussten.

Das 0.75-Quantil fällt in die 4-te Klasse, die von 10 000 bis 20 000 reicht:

$$\hat{F}(x_3^*) = 0.644 < 0.75 < \hat{F}(x_4^*) = 0.860.$$

Damit erhalten wir:

$$x_{0.75} = 10000 + \frac{0.75 - 0.644}{0.216} \cdot 10000 = 14907.41.$$

75% der Überfälle brachten also näherungsweise nicht mehr als 14907.41 DM.

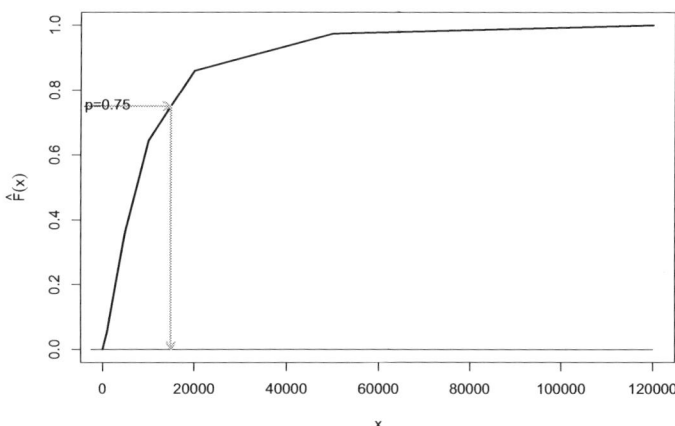

Abb. 2.14: *Zur näherungsweisen Bestimmung eines Quantils aus der emprischen Verteilungsfunktion*

2.4.3 Spezielle Quantile

Einige empirische Quantile tragen besondere Namen:

$x_{0.1}, x_{0.2}, \ldots, x_{0.9}$ heißen *Dezile* und
$x_{0.25}, x_{0.5}, x_{0.75}$ heißen *Quartile*.

Durch die empirischen Quartile werden die Daten (in etwa) in vier gleich große Teile unterteilt.

Anstelle des mittleren Quartils betrachtet man oft den Median, der der Forderung besser gerecht wird, die Daten in zwei gleich große Hälften aufzuteilen.

Definition 2.21 *empirischer Median*

Der *empirische Median* $\tilde{x}$ eines Datensatzes vom Umfang n ist

$$\tilde{x} = \begin{cases} x_{((n+1)/2)} & \text{bei ungeradem } n, \\ \frac{1}{2}\left(x_{(n/2)} + x_{(n/2+1)}\right) & \text{bei geradem } n. \end{cases}$$

Bei klassierten Daten fallen das 0.5-Quantil und der empirische Median zusammen.

Beispiel 2.22   *Mieten - Fortsetzung*

Bei den Mieten für Wohnungen mit zwei Räumen erhalten wir bei den 49 annoncierten Wohnungen: $\tilde{x} = x_{((49+1)/2)} = x_{(25)} = 580$. Bei 580 Euro liegt also die Scheidelinie zwischen der billigen und der teuren Hälfte der angebotenen Wohnungen.

2.4.4 Quantildiagramme

Zum Vergleich zweier Datensätze können wir ihre Häufigkeitsverteilungen in Form von Häufigkeitstabellen, Stemleaf-Diagrammen oder empirischen Verteilungsfunktionen gegenüberstellen. Bei der Verwendung der empirischen Verteilungsfunktionen besteht ein Problem darin, dass der Vergleich durch die Krümmung im Verlauf von $\hat{F}(x)$ wesentlich erschwert wird. Für das Auge ist es nicht leicht, unterschiedliche Krümmungen zu erkennen. Einfach ist lediglich das Erkennen der Abweichungen von einer Geraden. Von den verschiedenen Grafiken, die so konstruiert sind, dass bei Übereinstimmung der Verteilung der Datensätze eine Gerade resultiert und Unterschiede in Form von Abweichungen von der Geraden ihren Niederschlag finden, ist das Quantil-Quantil-Diagramm, kurz QQ- oder Quantildiagramm, das verbreitetste.

Definition 2.23   *empirisches Quantildiagramm*

Seien die Daten des einen Datensatzes mit x_v und die des zweiten mit y_v bezeichnet, die Quantile der beiden Datensätze entsprechend mit x_p und y_p. In einem *empirischen Quantildiagramm*, auch *QQ-Diagramm* genannt, werden für ausgewählte Anteile p die Quantile y_p gegen die Quantile x_p aufgetragen.

Für die Auswahl der Anteile p zur Konstruktion von QQ-Diagrammen gibt es keine verbindliche Regel. Es ist aber geschickt, die Anteile p so zu wählen, dass die Quantile möglichst mit den geordneten Werten der Datensätze übereinstimmen. Seien die Umfänge der beiden Datensätze mit n und m bezeichnet. Bei gleich großen Datensätzen, $n = m$, sind für die Wahl

$$p_i = \frac{i}{n}, \qquad i = 1, \ldots, n,$$

die Quantile gleich den jeweiligen geordneten Werten der Datensätze. Also brauchen nur die $y_{(v)}$ gegen die $x_{(v)}$ aufgetragen zu werden. Sind n und m nicht gleich groß, so wählen wir die Anteile p_i so, dass die geordneten Werte des kleineren Datensatzes mit den Quantilen übereinstimmen. Dann brauchen nur noch die entsprechenden Quantile des größeren Datensatzes bestimmt zu werden.

Beispiel 2.24   *Koffein und Lernerfolg*

In Untersuchungen an Jugendlichen über die Wirkung von Koffein auf Einprägen und Behalten hat Springmeier je vierzehn Schülern vor und nach dem Lernen eines sinnvollen Lernstoffes Kaffee zu trinken gegeben, siehe Krauth & Lienert (1974).

Für die Erstellung des QQ-Diagramms sind hier lediglich die beiden Datensätze zu ordnen und die $y_{(v)}$ gegen die $x_{(v)}$ aufzutragen. Das Diagramm zeigt, dass die Quantile des y-Datensatzes systematisch kleiner sind als die des x-Datensatzes. Die Reproduktionsleistungen waren also besser, wenn vor dem Lernen Kaffee getrunken wurde.

2.4 Quantile

Tab.: *Urlisten der Reproduktionsleistungen von Lernstoff (in geeigneten Punktwerten)*

vorher $(=x_v)$: 37 17 29 33 25 15 24 13 24 13 10 15 9 17
nachher $(=y_v)$: 15 23 22 12 25 14 17 21 11 11 12 17 11 5

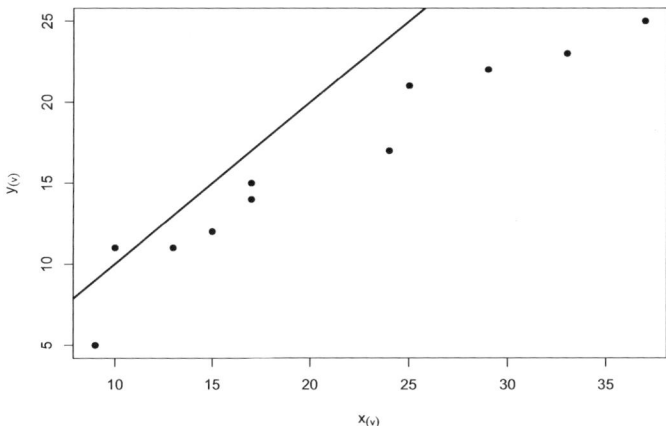

Abb. 2.15: *QQ-Diagramm Reproduktion von Lernstoff unter Koffein-Wirkung*

Weisen die Punkte in einem QQ-Diagramm eine systematische Abweichung von der Winkelhalbierenden auf, so lassen sich entsprechende systematische Unterschiede der Datensätze diagnostizieren.

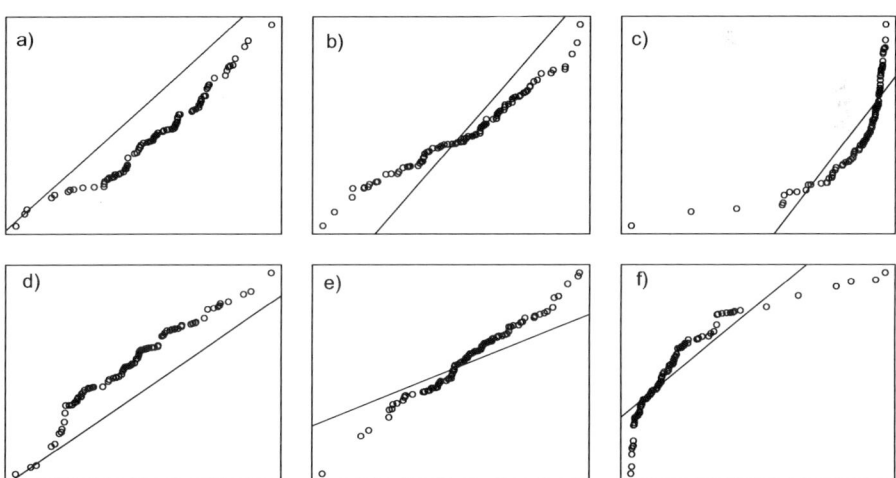

Abb. 2.16: *Schematische Quantildiagramme*

In der Abbildung ist zu erkennen:

a) Die Quantile y_p sind kleiner als die Quantile x_p: Der Y-Datensatz ist gegenüber dem X-Datensatz nach links verschoben.

b) Für kleine p sind die Quantile y_p größer als die x_p; für größere p kehrt sich die Situation um: Die Y-Daten sind stärker konzentriert als die X-Daten.

c) Für kleine und für große p sind die Quantile y_p größer als die x_p; die Y-Daten streuen stärker als die X-Daten.

d) Die Quantile y_p sind durchweg größer als die x_p; der Y-Datensatz ist gegenüber dem X-Datensatz nach rechts verschoben.

e) Die Situation entspricht der unter b); die Rollen der beiden Datensätze sind aber vertauscht.

f) Die Situation entspricht der unter c); die Rollen der beiden Datensätze sind aber vertauscht.

QQ-Diagramme können auch für klassierte Datensätze angefertigt werden. An den Klassenobergrenzen ist die empirische Verteilungsfunktion $\hat{F}(x)$ ja bekannt. Für andere Werte x stellt $\hat{F}(x)$ jeweils nur eine Näherung von $h(X \leq x)$ dar. Deshalb werden die Anteile p so gewählt, dass die Quantile mit den Klassenobergrenzen übereinstimmen. Da systematische Unterschiede erst bei einer größeren Anzahl von Punkten im QQ-Diagramm hervortreten, ist ein solches Diagramm nur bei einer feineren Klasseneinteilung sinnvoll.

2.4.5 5-Zahlen-Zusammenfassung

Der Vergleich zweier Datensätze mittels univariater Stabdiagramme oder QQ-Diagramme basiert jeweils auf allen Werten der Datensätze. Zu einem schnelleren Vergleich ist die Beschränkung auf wesentliche Teile dieser gesamten Information angebracht. Dabei hat sich gezeigt, dass eine vernünftige Zusammenfassung der Daten in der Angabe von relativ wenigen Quantilen besteht.

Die Extrema eines Datensatzes $x_1, \ldots, x_n$ zeigen, in welchem Bereich sich die Daten überhaupt bewegen. Zwischen den Extrema und den benachbarten Quartilen liegen jeweils ca. 25 % der mehr am Rande liegenden Daten. Zwischen $x_{0.25}$ und $x_{0.75}$ befinden sich die 50 % der Daten, die eher den zentralen Bereich ausmachen. Der Median $\tilde{x}$ lokalisiert dieses Zentrum noch weiter. Damit ergeben diese fünf Werte einen knappen, aber informativen Überblick über den Datensatz. Die Angabe der relevanten Werte wird als *5-Zahlen-Zusammenfassung* bezeichnet; schematisch geschieht sie oft in folgender Gestalt.

Tabelle 2.3: *Gerippe der* 5-Zahlen-Zusammenfassung *eines Datensatzes* $x_1, \ldots, x_n$

Umfang des Datensatzes: n		
Median	$\tilde{x}$	
Quartile	$x_{0.25}$	$x_{0.75}$
Extrema	$x_{(1)}$	$x_{(n)}$

In dieser Form wurden 5-Zahlen-Zusammenfassungen von Tukey (1977) zur Exploration von Datensätzen propagiert. Die Form ist natürlich nicht als streng verbindlich zu sehen. Andere Anordnungen dieser Größen geben dieselbe Information.

2.4 Quantile

Beispiel 2.25 *Preise für Tafeläpfel*

Das Statistische Bundesamt gab bis Mitte der 1980er Jahre regelmäßig Übersichten über Preise für ausgewählte Konsumgüter heraus (Statistisches Bundesamt, Fachserie 17: Preise; Reihe 7: Preise und Preisindizes für die Lebenshaltung). Um einen regionalen Vergleich der Verteilungen der Preise zu ermöglichen, wurden die Angaben in Form von 5-Zahlen-Zusammenfassungen getrennt für die Bundesländer gemacht. Für das Jahr 1983 sind in der Tabelle die Angaben zu Tafeläpfeln, Handelsklasse I (in DM pro kg) für die damaligen Bundesländer zusammengestellt. Die jeweils letzten Zeilen sind im Augenblick noch unwichtig. Die 5-Zahlen-Zusammenfassungen zeigen z. B., dass die Preisbereiche umso größer werden, je höher das Gesamtniveau der Preise ist.

Tab.: *5-Zahlen-Zusammenfassungen der Preise von Tafeläpfeln, Handelsklasse I (in DM pro kg) nach Bundesländern*

Bundesland:	SCHH	HMB	NDSA	BRM	NW	HESS	RHPF	BAWÜ	BAY	SAAR	BLN(W)	BUND
Zahl der Preise	46	13	88	12	126	91	65	106	112	43	29	731
Höchster Preis	4.40	4.80	4.40	3.90	6.98	5.60	6.00	4.20	5.80	4.98	4.95	6.98
III. Quartil	3.79	4.00	3.49	2.60	3.98	4.20	3.98	2.98	3.40	3.98	3.98	3.90
II. Quartil	2.99	3.99	2.95	2.20	3.38	3.80	3.20	2.00	2.38	3.58	3.50	2.99
I. Quartil	2.49	2.99	2.40	1.98	2.69	2.99	2.49	1.95	1.80	2.28	2.60	2.20
Niedrigster Preis	1.20	1.95	1.80	1.80	1.14	1.48	1.53	1.38	1.25	1.48	1.40	1.14
(III-I): II × 100	43.5	25.3	36.9	28.2	38.2	31.8	46.6	51.5	67.2	47.5	39.4	56.9

2.4.6 Box-Plots

Illustrativer wird ein Vergleich von Datensätzen, wenn 5-Zahlen-Zusammenfassungen in grafische Darstellungen umgesetzt werden. Die von Tukey wiederentdeckte Darstellungsform ist der sogenannte *Box-Plot* (Schachtelzeichnung). Das Schema dieser Grafik ist in der Abbildung 2.17 wiedergegeben. Der vom unteren bis zum oberen Quartil reichende Kasten symbolisiert die zentralen 50% der Daten. Die aus optischen Gründen durch Querstriche begrenzten Linien links und rechts repräsentieren nochmals jeweils 25% der Daten.

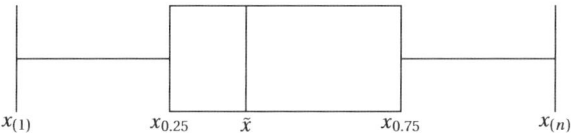

Abb. 2.17: *Grundschema eines Box-Plot*

Beispiel 2.26 *Preise für Tafeläpfel - Fortsetzung*

Die im letzten Beispiel angegebenen 5-Zahlen-Zusammenfassungen der Preise für Tafeläpfel in den Bundesländern einschließlich Berlin (West) führen zu den in der Abbildung 2.18 dargestellten Box-Plots. Der Vergleich ist hier schneller möglich als über die Betrachtung der Zahlen.

Häufig ist das Augenmerk nicht auf den mittleren Datenkörper gerichtet, sondern auf die extremen Werte im unteren und oberen Bereich. Werte, die relativ weit weg vom übrigen

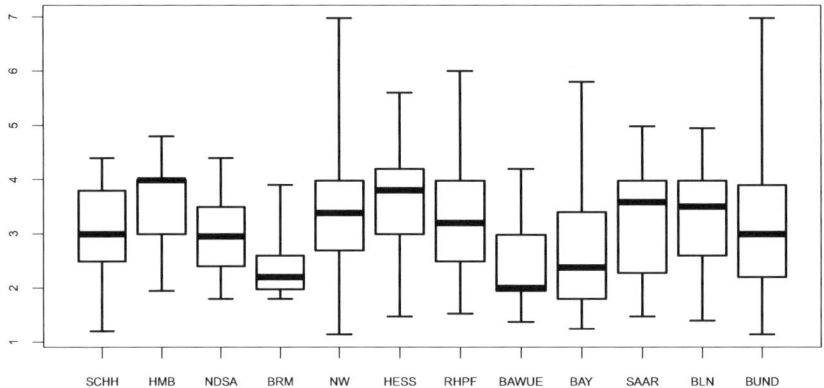

Abb. 2.18: *Box-Plots der Preise für 1 kg Tafeläpfel in den alten Bundesländern*

Datenkörper liegen, können durch Messfehler, falsches Ablesen, Zahlendreher etc. zustande gekommen sein. (Schätzungen besagen, dass häufig bis zu 10% der Werte eines Datensatzes zu dieser Kategorie gehören!) Sie sind dann – soweit möglich – zu berichtigen oder zu eliminieren. Andere können besondere inhaltliche Gegebenheiten widerspiegeln und aus diesem Grund die gesteigerte Aufmerksamkeit verdienen. Insgesamt kann die Beschäftigung mit den extremen Werten zu aufschlussreicheren Erkenntnissen führen als die Betrachtung des zentralen Datenkörpers.

Beispiel 2.27 *Krankheiten und medizinische Versorgung*

Koch, Klopfleisch und Maywald (1986) versuchten eine Bestandsaufnahme über Krankheiten, Krankheitsursachen und medizinische Versorgung in der BRD zu geben. Um aus der Fülle des Datenmaterials das Wichtigste hervortreten zu lassen, führen sie in vielen Fällen jeweils nur die besten und die schlechtesten der 328 Kreise an. Die Säuglingssterblichkeit in den Kreisen reicht von 5.4 bis 21.5 Todesfällen im ersten Lebensjahr pro 1000 Lebendgeborenen.

Die Werte der zehn besten sind:
5.4 6.4 6.6 6.7 6.8 7.0 7.0 7.1 7.2 7.3,
und die der zehn schlechtesten:
15.5 15.6 15.6 15.7 16.0 16.2 16.4 17.0 18.8 21.5.
Während den zehn besten Kreise eine Art Vorbildcharakter zukommt, liegt die Frage nahe, welche Komponenten für das schlechte Abschneiden der ‚letzten Zehn' ausschlaggebend waren und was gerade da getan werden könnte, um die Säuglingssterblichkeit zu senken.

Auch bei der explorativen Analyse von Datensätzen empfiehlt es sich mit den oben angegebenen Begründungen extreme Werte gesondert zu betrachten. Diese Empfehlung führt zu einer *Modifikation des Box-Plot*, bei der die extremen Werte gesondert hervorgehoben werden. Zunächst zeichnen wir wieder den Kasten von $x_{0.25}$ bis $x_{0.75}$ und markieren die Lage von $\bar{x}$. Die angrenzenden Linien werden nun nicht mehr bis zu den Extremwerten durchgezogen. Vielmehr ziehen wir sie bis zu den Werten $x_{(c+1)}$ bzw. $x_{(n-c)}$, wenn jeweils c Werte an beiden Enden hervorgehoben werden sollen. Diese werden nun extra durch Kreuze oder ähnliches markiert. Der Anteil c/n der an den Enden jeweils hervorzuhebenden Werte sollte je nach Größe des Datensatzes bis zu 10% betragen. Bei einem großen Datensatz wird allerdings ein zu großer Anteil schnell unhandlich.

Beispiel 2.28 *CSB-Gehalt - Fortsetzung*

Für die im Beispiel 2.18 erwähnten 915 Werte des CSB-Gehaltes (in mg/l) im Abwasser einer Kläranlage erhalten wir das folgende modifizierte Box-Plot mit $c/n = 0.01$. Der kleine Anteil führt immerhin zur Heraushebung von je 9 Werten an den beiden Rändern.

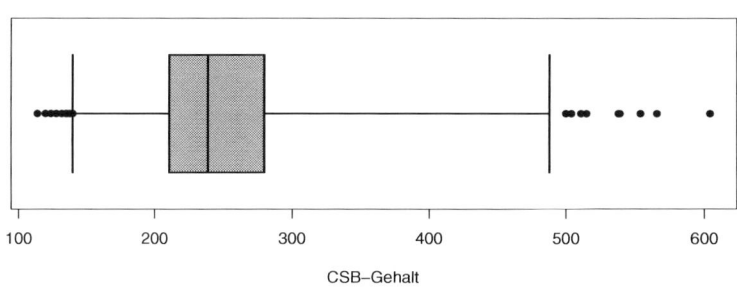

Abb. 2.19: *Modifiziertes Box-Plot für den CSB-Gehalt im Abwasser*

Die Betrachtung der neun kleinsten Werte zeigt lediglich, dass sie eng beim eigentlichen Datenkörper liegen. Im oberen Bereich ist eventuell der größte Wert (604 mg/l) von besonderer ‚Qualität'. Dies lässt sich aber nur durch eine weitergehende Analyse klären.

2.5 Aufgaben

Aufgabe 1

Eine Zufallsauswahl aus den am 26. Januar 2008 in Hamburg in einer Tageszeitung angebotenen Mietwohnungen ergab folgende Raumzahlen:

```
3.5 3 3    2    2.5 4 1 5 3 3 3.5 3 3.5 2 4 2    3      3 3 1
3      2 2 2    2    2 2 2 2 1 2      3 2      2 4 2    1      2 3 3
2      2 3    2.5 2    2 3 3 3 1 4      4 3      2 2 1    2      3 3 2
4      2 1.5 2    2.5 2 1 4 2 3 2      4 2.5 2 2 4      4.5 3 3 5
4      4 2    2.5 4    4 2 2 3 3 2    2 2.5 4 3 3.5 2.5 3 3 3
```

Bereiten Sie die Daten tabellarisch und grafisch auf:

1. Ordnen Sie die Daten geeignet.

2. Geben Sie die Häufigkeitstabelle an und zeichnen Sie ein Stabdiagramm.

3. Geben Sie die empirische Verteilungsfunktion an und zeichnen Sie sie.

4. Wie groß ist der Anteil der Angebote von Wohnungen mit
   a) höchstens 2.5 Zimmern?   b) mehr als 2 und weniger als 4 Zimmern?

Aufgabe 2

Der Besitzer eines kleinen Kinos macht sich Gedanken über die Wirtschaftlichkeit seines Hauses. An 100 Tagen zählt er die Anzahl der Zuschauer; folgende Zahlen liegen ihm vor:

x_i : 41 42 43 44 45 46 47 48 49 50 51
n_i : 1 9 13 13 20 15 10 7 5 4 3

1. Berechnen Sie die relativen und die kumulierten relativen Häufigkeiten.

2. Stellen Sie die relativen und kumulierten relativen Häufigkeiten geeignet grafisch dar. (Achsenbeschriftung!)

3. Zur Existenzerhaltung reicht es aus, wenn an 90% der Tage mindestens 48 Besucher kommen. Hat das Kino eine Überlebenschance?

4. Wie groß ist der Anteil der Tage, an denen der Kinobesitzer weniger als 270.- Euro einnimmt? Dabei wird ein Einheitspreis von 6.- Euro erhoben.

5. An wie viel Prozent der Tage kommen maximal 50, mindestens aber 45 Besucher?

Aufgabe 3

Eine im SS 2001 durchgeführte Befragung ergab folgende Urliste der Körpergröße von Studentinnen:

```
170 177 168 161 170 174 168 162 175 170 168 174 165 162 168 168 172 156
170 172 158 170 170 165 166 158 164 173 170 165 166 168 158 167 170 166
172 174 169 165 175 178 167 168 160 165 162 158 170 172
```

1. Stellen Sie die Daten in einem Stemleaf-Diagramm dar.

2. Berechnen Sie die Werte der empirischen Verteilungsfunktion, und stellen Sie $\hat{F}(x)$ grafisch dar.

3. Wie hoch ist der Anteil der Studentinnen, die
   a) kleiner als 164 cm sind?   b) mindestens 172 cm groß sind?
   c) höchstens 170 cm groß sind?   d) größer als 155 cm sind?

4. Welche Größe wird von
   a) 75% der Studentinnen nicht überschritten? b) 88% der Studentinnen übertroffen?
   c) 36% der Studentinnen nicht erreicht?

Aufgabe 4

Eine Erhebung bei den Bibliotheken von 55 Universitäten in der BRD ergab folgende wöchentliche Öffnungszeiten (in Stunden) (Deutsche Universitätszeitung 20/87, S. 7):

111, 87, 82, 79, 78, 76, 74, 72, 70, 69, 69, 68, 67, 67, 65, 64, 63, 63,
63, 63, 61, 61, 60, 60, 60, 60, 59, 59, 59, 59, 59, 59, 58, 58, 57, 57,
55, 55, 55, 54, 54, 54, 54, 53, 52, 50, 50, 50, 50, 49, 48, 45, 45, 43,
43

1. Stellen Sie die Daten in einem Steamleaf-Diagramm und einem Box-Plot dar.
2. Bestimmen Sie folgende Quantile: $x_{0.3}, x_{0.5}, x_{0.75}, x_{0.95}$.

Aufgabe 5

Zwei der häufigsten Todesursachen unter jungen Amerikanern sind Trauma und Krebs. Trauma bezeichnet dabei eine Verletzung des Körpers durch Gewalteinwirkung von außen. Trunkey (1983) gibt für von 20 bzw. 25 an diesen beiden Ursachen Gestorbenen das Alter der Gestorbenen an.

Todesfälle durch Krebs: 2, 3, 5, 9, 13, 16, 17, 19, 20, 22, 23, 26, 27, 27,
                                         28, 29, 30, 31, 32, 34
Todesfälle durch Trauma: 3, 6, 9, 14, 15, 16, 17, 17, 18, 19, 20, 20, 21,
                                         22, 22, 23, 24, 26, 27, 28, 30, 30, 31, 32, 33

Vergleichen Sie die beiden Altersverteilungen anhand

1. der 5-Zahlen-Zusammenfassungen und der zugehörigen Box-Plots.
2. eines QQ-Diagrammes.

Aufgabe 6

Ein misstrauischer Kunde wog jeweils das von ihm gekaufte 1000-Gramm-Brot der Sorte ‚Krustenstark' nach. Er erhielt folgende Werte x_v:
  990 1020 970 1000 980 1010 1010 980 1000 990

Er beschwerte sich beim Bäcker über zu viele leichtgewichtige Brote. Anschließend erhielt er bei seinen fortgesetzten Wägungen folgende Werte y_v:
  1010 1000 1020 1000 1010 1030 990 990 1010 1000

1. Geben Sie die 5-Zahlen-Zusammenfassungen an und zeichnen Sie die zugehörigen Box-Plots.
2. Vergleichen Sie die beiden Datensätze in einem QQ-Diagramm.

Aufgabe 7

In einer medizinischen Untersuchung wurde an einer Gruppe von 100 Personen eine Schlankheitsdiät getestet. Das Ergebnis, der Gewichtsverlust X in Pfund pro Monat, wurde in nachstehender Tabelle festgehalten.

1. Bestimmen Sie die relativen Häufigkeiten und kumulierten relativen Häufigkeiten.
2. Zeichnen Sie das Histogramm und die empirische Verteilungsfunktion.

3. (a) Wieviel Prozent der Personen nahmen höchstens 15 aber mehr als 11 Pfund pro Monat ab?
   (b) Über welchem Wert liegen die 10% der höchsten Gewichtsverluste?

i	x_{i-1}^*		x_i^*	n_i
1	0	-	2	24
2	2	-	4	32
3	4	-	8	20
4	8	-	12	16
5	12	-	20	8

Aufgabe 8

Vergleichen Sie die beiden folgenden Schadensummenverteilungen (nach Mönch 1978) anhand
a) der Histogramme   b) der empirischen Verteilungsfunktionen
c) der Mediane   d) eines geeigneten QQ-Diagrammes.

	Schadenshöhe in DM						
	Steuerkriminalität				Bankraub		
i	$x_{i-1}^* < X \leq$		x_i^*	n_i	$y_{i-1}^* < Y \leq$	y_i^*	n_i
1	0	-	2000	30	0 -	1000	10
2	2000	-	6000	21	1000 -	2000	36
3	6000	-	10000	15	2000 -	5000	30
4	10000	-	20000	6	5000 -	8000	36
5	20000	-	30000	6	8000 -	15000	24
6	30000	-	40000	3	15000 -	25000	40
7	40000	-	50000	6	25000 -	35000	10
8	50000	-	75000	12	35000 -	50000	8
9	75000	-	100000	12	50000 -	200000	6
10	100000	-	200000	39			
				150			200

3 Maßzahlen für univariate Datensätze

3.1 Maßzahlen der Lage

Bei der Beschreibung empirischer und theoretischer Verteilungen haben wir bisher stets die gesamte Verteilung im Auge gehabt. Bei einer größeren Zahl von zu vergleichenden Datensätzen ist es zweckmäßig, die Datensätze weiter zu verdichten. Dann bleibt der Überblick gewahrt. Die Zurückführung auf wenige Maßzahlen erlaubt die Erfassung und Darstellung wichtiger Charakteristika. Der erste Aspekt, dem wir uns hier zuwenden, ist der der Lage einer Verteilung.

3.1.1 Erfassung des Niveaus

Beispiel 3.1 *Blutparameter*

Chemische Analyseautomaten werden in Krankenhäusern eingesetzt, um die verschiedenen Blutparameter in den anfallenden Proben zu bestimmen. Mit einem solchen Automaten wurde eine Probe mehrmals hintereinander analysiert. Für die Harnsäure ergaben die Messungen folgende Werte (Für die Daten danke ich Prof. Dr. M. Hengst, Berlin).

Tab.: *Urliste der Messungen der Harnsäure [mg/dl]*

7.60	8.15	7.80	7.70	7.40	7.35	7.70	7.60	7.40	7.10	7.60	7.30	7.20	7.70	7.20
7.70	7.80	7.80	7.40	7.90	8.00	8.05	8.05	7.90	8.00	7.50	7.30	8.10	8.05	7.80

Das Ziel einer jeden Messung ist es, den zugrunde liegenden Wert zu messen, hier den Harnsäuregehalt der Probe. Da die Wiederholungen der Messung unterschiedliche Messwerte ergeben haben, stellt sich die Frage, welcher Wert nun als Harnsäuregehalt angegeben werden soll.

Liegt wie in dem Beispiel eine Serie von Messwerten einer Größe vor, so ist es plausibel, als Resultat der Messungen einen Wert zu nehmen, um den sie sich gruppieren. Ein solcher Wert beschreibt das Niveau oder die Lage des Datensatzes als einzelne Maßzahl.

Die selbstverständliche Forderung, dass eine Maßzahl der Lage möglichst zentral, möglichst dicht bei den beobachteten Werten liegen sollte, weist auf einen wichtigen Weg, solche Lagemaße zu definieren: Wir messen die Entfernungen eines Punktes a zu den beobachteten Werten. Der Punkt, bei dem die Entfernungen insgesamt möglichst klein sind, ist dann ein geeigneter Lageparameter. Diese allgemein formulierte Forderung wollen wir im Folgenden auf verschiedene Weise konkretisieren.

3.1.2 Der Median

Die naheliegendste Möglichkeit, die Entfernung zweier Zahlen zu messen, ist der einfache Abstand, der Betrag der Differenz $|x-y|$. Sollen die Entfernungen der Beobachtungen von einem Punkt insgesamt erfasst werden, so bietet sich an, die Summe der einzelnen Abstände zu betrachten. Nun ist diejenige Zahl a als Maßzahl zu nehmen, für die diese Summe, die Gesamtentfernung, am kleinsten ist. Wir erhalten hier den Median, siehe Definition 2.21.

Lemma 3.2 *Minimumeigenschaft des Median*

Der Median minimiert die Summe der Abstände $|x_v - a|$:

$$\sum_{v=1}^{n} |x_v - \tilde{x}| \leq \sum_{v=1}^{n} |x_v - a| \qquad \text{für alle } a.$$

Dass für den Median tatsächlich die Gesamtentfernung am kleinsten ist, erhalten wir folgendermaßen. Sei der Umfang des Datensatzes ungerade, $n = 2m+1$, und sei $x_{(1)}, \ldots, x_{(n)}$ der geordnete Datensatz. Dann gilt wegen $\tilde{x} = x_{(m+1)}$:

$$\begin{aligned}
\sum_{v=1}^{n} |x_v - \tilde{x}| &= \sum_{v=1}^{n} |x_{(v)} - \tilde{x}| \\
&= \tilde{x} - x_{(1)} + \cdots + \tilde{x} - x_{(m)} + \tilde{x} - x_{(m+1)} + x_{(m+2)} - \tilde{x} + \cdots + x_{(n)} - \tilde{x} \\
&= -x_{(1)} - \cdots - x_{(m)} + x_{(m+2)} + \cdots + x_{(n)} \\
&= a - x_{(1)} + \cdots + a - x_{(m)} + x_{(m+2)} - a + \cdots + x_{(n)} - a \\
&\leq |a - x_{(1)}| + \cdots + |a - x_{(m)}| + |x_{(m+2)} - a| + \cdots + |x(n) - a| \\
&\leq |a - x_{(1)}| + \cdots + |a - x_{(m)}| + |a - x_{(m+1)}| + |x_{(m+2)} - a| + \cdots + |x(n) - a| \\
&= \sum_{v=1}^{n} |x_v - a|.
\end{aligned}$$

Für gerade $n = 2m$ erhalten wir auf die gleiche Weise, dass jeder Wert zwischen $x_{(m)}$ und $x_{(m+1)}$ diese Minimum-Eigenschaft erfüllt. Die Wahl von $\tilde{x} = ((x_{(m)} + x_{(m+1)})/2$ ist Konvention.

Bei klassierten Daten erfüllt das 0.5-Quantil eine entsprechende Minimumeigenschaft. Daher wird dann $\tilde{x} = x_{0.5}$ gesetzt.

Als Lagemaßzahl wird der Median bisweilen auch als *Zentralwert* bezeichnet. Er ist offensichtlich erst ab ordinalem Niveau der betrachteten Variablen sinnvoll.

Beispiel 3.3 *Blutparameter - Fortsetzung*

Der Median ist eine mögliche Antwort für den in dem Beispiel 3.1 gesuchten Wert des Harnsäuregehaltes in der Blutprobe. Der angegebene Datensatz besteht aus $n = 30$ Werten. Somit ist

$$\tilde{x} = \frac{1}{2}\left(x_{(15)} + x_{(16)}\right) = \frac{1}{2}(7.70 + 7.70) = 7.70.$$

3.1 Maßzahlen der Lage

Die numerische Bestimmung des Medians wurde für nicht-klassierte Daten bereits im Zusammenhang mit den Box-Plots vorgeführt, für klassierte ist $\tilde{x}$ als 0.5-Quantil aus der empirischen Verteilungsfunktion zu ermitteln, siehe die Definition 2.19.

Der Median hat speziell zwei positive Eigenschaften, die ihn besonders für die Zwecke der explorativen Datenanalyse geeignet machen. Einmal werden bei der Exploration von Datensätzen die Daten häufig einer nichtlinearen monotonen Transformation unterworfen. Beispiele dafür sind die Transformationen $\ln(x), x^2$. Bei monotonen Transformationen geht der Median $\tilde{x}$ in den Median der transformierten Daten über. Zum zweiten ist der Median unempfindlich gegenüber einzelnen extremen Werten: Er ist ein robuster Lageparameter. Dies ist von Bedeutung, da bei empirischen Daten ‚Ausreißer' recht häufig vorkommen. Dann möchte man nicht, dass dadurch die Beschreibung der zentralen Lage des Datensatzes beeinflusst wird.

Beispiel 3.4 *Ferngespräche*

In einer Firma wurden von einer Nebenstelle während eines Monats verschiedene Ferngespräche geführt. Deren Kosten wurden in Gebühreneinheiten aufgezeichnet: Der Median dieser $n = 21$ Werte ist $\tilde{x} = x_{(11)} = 9$. Dieses Niveau wird durch den extremen Wert $x_{(21)} = 79$ nicht beeinflusst.

```
0 | 11122223459
1 | 02448
2 | 79
3 | 0
4 | 8
5 |
6 |
7 | 9
```

Abb. 3.1: Stemleaf Gebühreneinheiten von Ferngesprächen

Die Umrechnung der Einheiten in Euro entspricht einer monotonen Transformation. Entspricht eine Einheit 2.3 Cent, so ist sie $T(x) = 0.023 \cdot x$. Das Niveau der Kosten der Gespräche in Euro wird also durch $\widetilde{T(x)} = T(\tilde{x}) = 0.023 \cdot \tilde{x} = 0.023 \cdot 9 = 0.207$ beschrieben

3.1.3 Das arithmetische Mittel

Die Abstände der Daten $x_1, \ldots, x_n$ von einem Punkt a können auch quadriert zusammengefasst werden; das Quadrieren der Differenzen bewirkt ja wie das Bilden der Beträge, dass sich Abweichungen in verschiedenen Richtungen nicht gegenseitig aufheben. Die Zahl a, für die die Summe der quadrierten Abstände minimal wird, ist das arithmetische Mittel.

Definition 3.5 *arithmetisches Mittel*

Das *arithmetische Mittel* (oder der Durchschnitt) $\bar{x}$ der Zahlen $x_1, \ldots, x_n$ ist

$$\bar{x} = \frac{1}{n}(x_1 + \cdots + x_n) = \frac{1}{n}\sum_{v=1}^{n} x_v.$$

Lemma 3.6 *Minimumeigenschaft des arithmetischen Mittels*

Das arithmetische Mittel minimiert die Summe der quadrierten Abstände $(x_\nu - a)^2$:

$$\sum_{\nu=1}^{n}(x_\nu - \bar{x})^2 \leq \sum_{\nu=1}^{n}(x_\nu - a)^2 \quad \text{für alle } a.$$

Dass $\bar{x}$ die Summe der quadrierten Abweichungen minimiert, erhalten wir folgendermaßen: In dem Ausdruck $\sum_{\nu=1}^{n}(x_\nu - a)^2$ sind die x_ν feste Werte. Wir können ihn also als Funktion von a auffassen:

$$Q(a) = \sum_{\nu=1}^{n}(x_\nu - a)^2.$$

$Q(a)$ nimmt sein Minimum in dem Punkt an, in dem die Ableitung verschwindet. Die Ableitung ist

$$Q'(a) = -2\sum_{\nu=1}^{n}(x_\nu - a).$$

Nullsetzen von Q'(a) ergibt:

$$-2\sum_{\nu=1}^{n}(x_\nu - a) = 0 \iff \sum_{\nu=1}^{n}x_\nu - na = 0 \iff a = \frac{1}{n}\sum_{\nu=1}^{n}x_\nu.$$

Beispiel 3.7 *Harnsäure - Fortsetzung*

Wird das arithmetische Mittel als Lageparameter für die Messserie der Harnsäure in der Blutprobe gewählt, so resultiert

$$\bar{x} = \frac{1}{30}(7.60 + 8.15 + 7.80 + \cdots + 8.10 + 8.05 + 7.80) = \frac{1}{30}230.15 = 7.672.$$

Dieser Wert unterscheidet sich nur geringfügig von dem Median des Datensatzes.

3.1.4 Berechnung des arithmetischen Mittels

Bei der Berechnung des arithmetischen Mittels aus bereits tabellierten Daten ergeben sich leichte Änderungen gegenüber dem Vorgehen, das durch die Definition nahegelegt wird.

Liegt eine Häufigkeitstabelle ohne Klassierung vor, so brauchen wir uns die Daten nur in geordneter Form aufgeschrieben zu denken. Sind $x_1, \ldots, x_k$ die Realisationsmöglichkeiten und $n_1, \ldots, n_k$ die entsprechenden absoluten Häufigkeiten, so gilt:

$$\bar{x} = \frac{1}{n}\Big(\underbrace{x_1 + \cdots + x_1}_{n_1\text{-mal}} + \underbrace{x_2 + \cdots + x_2}_{n_2\text{-mal}} + \cdots\cdots + \underbrace{x_k + \cdots + x_k}_{n_k\text{-mal}}\Big)$$

$$= \frac{1}{n}(x_1 n_1 + x_2 n_2 + \cdots + x_k n_k)$$

3.1 Maßzahlen der Lage

$$= \frac{1}{n}\sum_{i=1}^{k} x_i n_i.$$

Im Fall klassierter Daten kann das arithmetische Mittel nur näherungsweise bestimmt werden. Die genaue Lage der Werte in den jeweiligen Klassen ist ja nicht bekannt. Wir unterstellen daher wie bei der Definition der empirischen Verteilungsfunktion $F(x)$, dass die Werte sich jeweils gleichmäßig über die Klasse verteilen. Mit dieser Annahme ist für die Klasse i das Produkt aus Klassenmitte m_i und Klassenhäufigkeit n_i gleich der Summe der Realisationen in dieser Klasse.

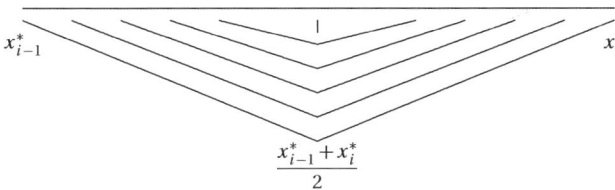

Abb. 3.2: *Zur Bestimmung von $\bar{x}$ aus klassierten Daten*

Die Berechnung geschieht dann wie bei nicht-klassierten Daten, nur dass an die Stelle der Realisationsmöglichkeiten x_i die Klassenmitten m_i treten.

Lemma 3.8 *Berechnung des arithmetischen Mittels*

Die Berechnung des arithmetischen Mittels geschieht über die Formeln

$\bar{x} = \frac{1}{n}\sum_{v=1}^{n} x_v$ \hspace{1cm} bei Vorliegen der ursprünglichen Daten

$\bar{x} = \frac{1}{n}\sum_{i=1}^{k} x_i n_i = \sum_{i=1}^{k} x_i h_i$ \hspace{1cm} bei tabellierten Daten

$\bar{x} = \frac{1}{n}\sum_{i=1}^{k} m_i n_i = \sum_{i=1}^{k} m_i h_i$ \hspace{1cm} bei klassierten Daten. Dabei sind die m_i die Klassenmitten.

Die Darstellung $x = \sum h_i x_i$ zeigt, dass das arithmetische Mittel ein spezielles *gewogenes Mittel* mit Gewichten $g_i > 0$, $\sum g_i = 1$ ist:

$$\bar{x}_{\text{gew}} = \sum g_i x_i.$$

Beispiel 3.9 *Kombinationspräparate*

Weist ein Kombinationspräparat, d. h. ein Medikament mit mehreren Wirkstoffen, vier oder mehr Inhaltsstoffe auf, so ist eine planvolle Überprüfung der Gesamtwirkung mit den Nebenwirkungen kaum mehr möglich. Es interessiert daher auch der Durchschnittswert der Wirkstoffe pro Präparat. Für 336 Präparate eines speziellen Anwendungsbereiches erhielten Greiser & Müller (1981):

Tab.: *Anzahl X von Wirkstoffen in Kombinationspräparaten*

i	x_i	n_i	$n_i x_i$	i	x_i	n_i	$n_i x_i$	i	x_i	n_i	$n_i x_i$
1	2	99	198	7	8	9	72	13	14	3	42
2	3	47	141	8	9	12	108	14	15	1	15
3	4	45	180	9	10	7	70	15	17	3	51
4	5	41	205	10	11	6	66	16	25	1	25
5	6	33	198	11	12	3	36	17	27	1	27
6	7	21	147	12	13	3	39				

Hier ist $\bar{x} = \frac{1}{n}\sum_{i=1}^{k} x_i n_i \frac{1}{335} \cdot 1620 = 4.836$.

3.1.5 Eigenschaften des arithmetischen Mittels

Die Eigenschaften des arithmetischen Mittels lassen sich am besten anhand der Definitionsgleichung zeigen und diskutieren. Zwei wichtige Eigenschaften des arithmetischen Mittels sind in dem folgenden Lemma angegeben.

Lemma 3.10 *Eigenschaften des arithmetischen Mittels*

(1) Werden die Daten $x_1, \ldots, x_n$ linear transformiert,

$$y_\nu = a + b x_\nu,$$

so ist das arithmetische Mittel der transformierten Daten gleich dem transformierten arithmetischen Mittel:

$$\bar{y} = a + b\bar{x}.$$

(2) Sind $(x_1, y_1), \ldots, (x_n, y_n)$ paarweise Beobachtungen inhaltlich korrespondierender Variablen X und Y, so gilt für den Datensatz $z_1, \ldots, z_n$ mit $z_\nu = x_\nu + y_\nu$:

$$\bar{z} = \bar{x} + \bar{y};$$

das arithmetische Mittel einer Summe ist gleich der Summe der arithmetischen Mittel.

Die Eigenschaft (1) ergibt sich sofort aus der Definition:

$$\bar{y} = \frac{1}{n}\sum_{\nu=1}^{n} y_\nu = \frac{1}{n}\sum_{\nu=1}^{n}(a + b x_\nu) = \frac{1}{n} \cdot n \cdot a + b\frac{1}{n}\sum_{\nu=1}^{n} x_\nu = a + b\bar{x}.$$

Die Eigenschaft (2) folgt ebenso einfach:

$$\bar{z} = \frac{1}{n}\sum_{\nu=1}^{n} z_\nu = \frac{1}{n}\sum_{\nu=1}^{n}(x_\nu + y_\nu) = \frac{1}{n}\sum_{\nu=1}^{n} x_\nu + \frac{1}{n}\sum_{\nu=1}^{n} y_\nu = \bar{x} + \bar{y}.$$

Das Verhalten von $\bar{x}$ bei Lineartransformation können wir ausnutzen, um das arithmetische Mittel auf einfachere Art zu berechnen: Wir ziehen von den Originaldaten eine Konstante

3.1 Maßzahlen der Lage

ab, $y = x - a$, berechnen dann $\bar{y}$ und erhalten das gesuchte Mittel durch Addition dieser Konstanten:

$$\bar{y} + a = \bar{x}.$$

Für a wählen wir dabei einen Wert, in dessen Nähe wir bereits das arithmetische Mittel vermuten. Dies vereinfacht die Berechnung.

Beispiel 3.11   *Bruttolöhne und weitere Einkommen*

Bei 20 Arbeiterhaushalten wurden die monatlichen Bruttolöhne des Haushaltsvorstandes ($= X$) sowie die weiteren monatlichen Einnahmen des Haushaltes ($= Y$) festgestellt. (Vgl. Einkommens- und Verbrauchsstichprobe, 1978, Heft 6).

Tab.: *Monatliches Einkommen von Arbeiterhaushalten (DM)*

v	x_v	y_v	$z_v = x_v + y_v$	v	x_v	y_v	$z_v = x_v + y_v$
1	2400	800	3200	11	3900	900	4800
2	3300	600	3900	12	2100	1400	3500
3	2400	200	2600	13	2900	0	2900
4	2300	400	2700	14	1500	500	2000
5	2500	400	2900	15	2700	100	2800
6	1700	800	2500	16	2200	400	2600
7	2100	300	2400	17	2000	100	2100
8	3100	200	3300	18	2500	1200	3700
9	2900	200	3100	19	2600	600	3200
10	1800	700	2500	20	2200	1200	3400
	24500	4600	29100		24600	6400	31000

Der monatliche Durchschnittsbruttoverdienst der 20 Arbeiter betrug:

$$\bar{x} = \frac{1}{20} \sum_{v=1}^{20} x_v = \frac{1}{20}(24500 + 24600) = 2455 \text{ DM}.$$

Die Haushalte hatten im Durchschnitt ein Zusatzeinkommen von

$$\bar{x} = \frac{1}{20} \sum_{v=1}^{20} y_v = \frac{1}{20}(4600 + 6400) = 550 \text{ DM},$$

so dass sich als durchschnittliches Gesamteinkommen der 20 Haushalte ergab:

$$\bar{x} + \bar{y} = 2455 + 550 = 3005 = \frac{1}{20} 460100 = \frac{1}{20}(29100 + 31000) = \frac{1}{20} \sum_{v=1}^{20} z_v = \bar{z}.$$

Anhand der monatlichen Bruttolöhne soll noch die vereinfachte Berechnung des arithmetischen Mittels durch Ausnutzung der Eigenschaft 1) vorgeführt werden. Wir streichen von den x-Werten die Nullen und ziehen dann jeweils den Wert 25 ab. Dies entspricht der Lineartransformation

$$u_v = \frac{1}{100} x_v - 25.$$

Wir erhalten die Werte:

$$-1, +8, -1, -2, 0, -8, -4, +6, +4, -7, +14, -4, +4, -10, +2, -3, -5, 0, +1, -3.$$

Das arithmetische Mittel dieser Werte ist $\bar{u} = -0.45$. Daraus bestimmen wir $\bar{x}$ mittels der Rücktransformation:

$$\bar{x} = 100 \cdot (\bar{u} + 25) = 2455.$$

Bei dem Nachweis der Minimumeigenschaft, d. h. von $\sum_v (x_v - \bar{x})^2 \leq \sum_v (x_v - a)^2$ für alle a, haben wir indirekt schon gezeigt, dass die Summe der Abweichungen von x gleich Null ist:

$$\sum_{v=1}^{n}(x_v - \bar{x}) = 0.$$

Explizit erhalten wir dies so:

$$\sum_{v=1}^{n}(x_v - \bar{x}) = \sum_{v=1}^{n} x_v - \sum_{v=1}^{n} \bar{x} = \sum_{v=1}^{n} x_v - n\bar{x} = n\bar{x} - n\bar{x} = 0.$$

Sofern von den x_v das arithmetische Mittel $\bar{x}$ selbst abgezogen wird, haben die transformierten Werte $y_v = x_v - \bar{x}$ also das arithmetische Mittel Null: $\bar{y} = 0$. Diese Transformation wird auch als *Zentrierung* bezeichnet.

Physikalisch gesprochen beinhaltet $\sum_{v=1}^{n}(x_v - \bar{x}) = 0$, dass das arithmetische Mittel den Schwerpunkt des Datensatzes bildet. Die Schwerpunkteigenschaft wird durch das Diagramm 3.3 illustriert. Denken wir uns etwa jede Beobachtung durch einen Nagel repräsentiert, der auf einer (gewichtslosen) Leiste an einer Stelle angebracht ist, die seinem Wert entspricht. Dann ist die Leiste gerade im Gleichgewicht, wenn sie an der Stelle $\bar{x}$ fixiert wird.

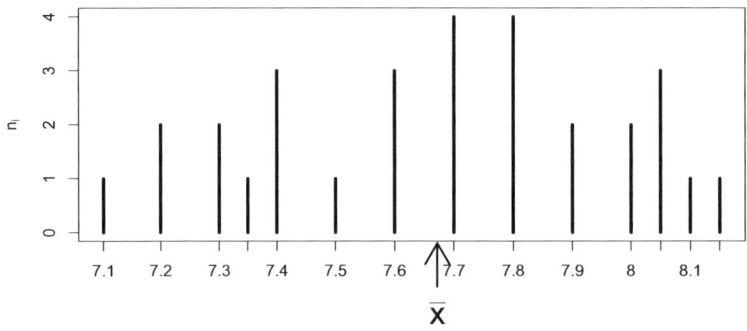

Abb. 3.3: *Zur Schwerpunkteigenschaft des arithmetischen Mittels*

Im Gegensatz zum Median wird das arithmetische Mittel durch einzelne extreme Werte stark beeinflusst; es ist nicht robust. Daher werden bei der Exploration von Datensätzen und bisweilen auch bei Stichproben gerne extreme Werte weggelassen und das arithmetische Mittel nur aus dem Rest der Daten berechnet. Dieses Vorgehen führt auf das *getrimmte arithmetische Mittel*.

3.1 Maßzahlen der Lage

Beispiel 3.12 *Ferngespräche - Fortsetzung*

Für die in Beispiel 3.4 betrachteten Telefongespräche erhalten wir die Durchschnittskosten (in Gebühreneinheiten): $\bar{x} = 14.9$. Der eine extreme Wert $x_{(21)} = 79$ bewirkt eine starke Verschiebung gegenüber dem Median $\tilde{x} = 9$. Schneiden wir an beiden Enden je zwei Werte, d. h. je 10% der Daten, ab, so erhalten wir das 10%-getrimmte Mittel

$$\bar{x}_{0.1} = 10.82.$$

Dieses liegt weitaus näher beim Median als $\bar{x}$.

Wenn verschiedene Datensätze zu einem übergeordneten Datensatz zusammengefasst werden, spricht man von einem *gepoolten Datensatz*. (Vom Englischen pooling = zusammenfassen.) Das arithmetische Mittel eines gepoolten Datensatzes kann aus den einzelnen arithmetischen Mitteln berechnet werden.

Satz 3.13 *arithmetisches Mittel eines gepoolten Datensatzes*

Sind von k Datensätzen die Umfänge n_i und arithmetischen Mittel $\bar{x}_i$, $i = 1, \ldots, k$, gegeben, so ist das arithmetische Mittel des gepoolten Datensatzes, d. h. aller $n = n_1 + \cdots + n_k$ Daten:

$$\bar{x} = \frac{n_1 \bar{x}_1 + n_2 \bar{x}_2 + \cdots + n_k \bar{x}_k}{n_1 + n_2 + \cdots + n_k} = \frac{1}{n} \sum_{i=1}^{k} n_i \bar{x}_i.$$

Dies folgt sofort mit

$$n_i \bar{x}_i = \sum_{v=1}^{n_i} x_{iv},$$

wobei $x_{i1}, \ldots, x_{in_i}$ die Werte des i-ten Datensatzes bezeichnen.

Beispiel 3.14 *Ferngespräche - Fortsetzung*

Die von einer Nebenstelle geführten Ferngespräche kosteten in drei Monaten jeweils im Durchschnitt:

$$\bar{x}_1 = 3.439, \qquad \bar{x}_2 = 4.799, \qquad \bar{x}_3 = 4.715.$$

Die Anzahlen der geführten Ferngespräche betrugen dabei

$$n_1 = 21, \qquad n_2 = 15, \qquad n_3 = 22.$$

Somit ergibt sich der Gesamtdurchschnitt zu:

$$\bar{x} = \frac{1}{21 + 15 + 22}(21 \cdot 3.439 + 15 \cdot 4.799 + 22 \cdot 4.715) = 4.275.$$

3.1.6 Weitere Maßzahlen der Lage

Eine andere Möglichkeit der Abstandsmessung besteht darin, die Übereinstimmung bzw. Nicht-Übereinstimmung der Daten mit einem festen Wert a zu notieren. Setzen wir

$$\delta(x-a) = \begin{cases} 0 & \text{falls } x = a, \\ 1 & \text{falls } x \neq a, \end{cases}$$

so erhalten wir einen Lageparameter, wenn wir a als den Wert wählen, für den die Summe aller $\delta(x_\nu - a)$ minimiert wird:

$$\sum_{\nu=1}^{n} \delta(x_\nu - a) \stackrel{!}{=} \min.$$

Hier ist das gesuchte a offensichtlich gleich derjenigen Realisation, welche die größte Häufigkeit hat. Dieser Wert wird als *Modus* bezeichnet. Wir verwenden für ihn das Symbol $\check{x}$. Der Modus wird i. d. R. als Lageparameter nominal-skalierter Variablen empfohlen. Er kann aber auch bei ordinal und metrisch skalierten Variablen sinnvoll sein.

Beispiel 3.15 *Fischschwarm*

Ein Fischschwarm - das sind bis zu eine Million Fische, die Seite an Seite durchs Wasser ziehen. Der Aufbau eines Fischschwarmes ist dabei nicht streng regelmäßig, sondern lose und Zufallseinflüssen unterworfen. Die folgende Häufigkeitsverteilung gibt an, wie oft der nächste Nachbar eines Köhlers (einer mit dem Dorsch verwandten Fischart) unter einem bestimmten Winkel zu dessen Längsachse angetroffen wurde. Null Grad bedeutet direkt vor dem Fisch, 180 Grad direkt dahinter, siehe Partridge (1982.) Die Messungen konnten nur grob durchgeführt werden. Somit resultierte eine diskrete Variable $X =$ ‚Winkel in Grad' mit den Realisationsmöglichkeiten 10, 30, 50, 70, 90, 110, 130, 150, 170.

Tab.: *Empirische Verteilung der Winkel zum nächsten Nachbarn*

i	x_i	h_i
1	10	0.055
2	30	0.109
3	50	0.118
4	70	0.126
5	90	0.142
6	110	0.134
7	130	0.123
8	150	0.113
9	170	0.069

Der Modus $\check{x}$ beträgt 90 [Grad]; die Fische dieser Art bevorzugen also, direkt nebeneinander zu schwimmen.

Der Modus braucht nicht eindeutig zu sein. Falls mehrere Realisationsmöglichkeiten die gleiche, größte Häufigkeit aufweisen, ist jeder dieser Werte ein Modus. Bei klassierten Daten ist der Modus nicht nach obigem Zielkriterium bestimmbar. Man kennzeichnet dann die *modale Klasse*, d. h. die Klasse mit der größten Häufigkeitsdichte, und nimmt als Modus die Mitte der modalen Klasse.

3.1 Maßzahlen der Lage

Anstatt von der Summe der Abstände der x_ν von einem Punkt a auszugehen, kann auch die Minimierung des größten Abstandes der Beobachtungen x_ν von a Zielkriterium sein. Bei Zugrundelegung des absoluten Abstandes $|x_\nu - a|$ gilt:

$$\max_\nu \left| x_\nu - \frac{x_{(1)} + x_{(n)}}{2} \right| \leq \max_\nu |x_\nu - a|.$$

Dieses Zielkriterium führt also zu dem als *Midrange* bezeichneten Lageparameter

$$\frac{1}{2} \left(x_{(1)} + x_{(n)} \right).$$

Der Midrange wird in der Regel verwendet, um einen ersten, groben Eindruck der Lage eines Datensatzes zu bekommen. Der Midrange ist als Lagemaß nicht unproblematisch. Ein Grund liegt in der starken Anfälligkeit dieser Maßzahl gegen extreme Werte. Ein einzelner extremer Wert kann eine so starke Auswirkung haben, dass ein völlig falsches Bild von der Lage der Verteilung resultiert. Beim Ferngesprächsbeispiel würde etwa $(1 + 79)/2 = 40$ resultieren. Dagegen ist $\tilde{x} = 9$.

Um dem zu begegnen, verwendet man bisweilen die Quartile, um zu einer schnell zu berechnenden Maßzahl der Lage zu gelangen. Dies führt zu dem analog definierten *Quartilsmittel*:

$$\frac{1}{2} (x_{0.25} + x_{0.75}).$$

Für wenige Sonderfälle sind noch andere Lageparameter bedeutsam.

Das *geometrische Mittel* der positiven Werte $x_1, \ldots, x_n$ ist definiert durch

$$\bar{x}_g = \sqrt[n]{x_1 \cdot \ldots \cdot x_n}.$$

Es spielt eine Rolle, wenn relative Änderungen betrachtet werden, etwa bei *Wachstumsraten* wie Steigung der Lebenshaltungskosten, Lohnerhöhungen und Kapitalverzinsungen. In diesen Fällen würde man durch eine Logarithmus-Transformation zu absoluten Änderungen gelangen. Das transformierte geometrische Mittel ist entsprechend gleich dem arithmetischen Mittel der transformierten Werte:

$$\ln \left(\bar{x}_g \right) = \ln \left(\sqrt[n]{x_1 \cdot \ldots \cdot x_n} \right) = \frac{1}{n} \ln(x_1 \cdot \ldots \cdot x_n) = \frac{1}{n} \sum_\nu^n \ln(x_\nu).$$

Beispiel 3.16 *Verschuldung der öffentlichen Haushalte*

Die Verschuldung der öffentlichen Haushalte in der BRD betrug

Jahr	1982	1983	1984	1985	1986	1987	1988
Versch. in Mio DM	614820	671708	717522	760182	800967	848816	903015

Die Wachstumsraten sind die Veränderungen $w_t = (v_t - v_{t-1})/v_t$. Die durchschnittliche Wachstumsrate für den Zeitraum 1982 bis 1988 ist dann die Rate, die jedes Jahr gleichermaßen gegolten hätte um den gleichen Endbetrag von v_t zu ergeben. Dies ist offensichtlich die Lösung von

$$v_{1988} = (1 + w_6)(1 + w_5)(1 + w_4)(1 + w_3)(1 + w_2)(1 + w_1) v_{1982}$$

$$=(1+w)(1+w)(1+w)(1+w)(1+w)(1+w)v_{1982}.$$

Mithin ist
$$1+w = \sqrt[6]{(1+w_6)(1+w_5)(1+w_4)(1+w_3)(1+w_2)(1+w_1)} = 1.066;$$

d. h. w = 0.066 oder 6.6%.

Das *harmonische Mittel*
$$\bar{x}_h = \frac{1}{\frac{1}{n}\sum_{v=1}^{n}\frac{1}{x_v}}$$

ist in einigen wirtschaftsstatistischen Zusammenhängen relevant. Die Fragestellungen ähneln dann der folgenden nach der Durchschnittsgeschwindigkeit, die man für eine gegebene Wegstrecke s [km] bei wiederholtem Befahren benötigt.

Sind $x_1, \ldots, x_n$ die erhobenen Geschwindigkeiten [km/h], so ist die Gesamtzeit für die insgesamt zurückgelegte Strecke
$$\frac{s}{x_1} + \cdots + \frac{s}{x_n},$$
und die Durchschnittsgeschwindigkeit ergibt sich zu
$$\frac{s+\cdots+s}{\frac{s}{x_1}+\cdots+\frac{s}{x_n}} = \frac{n}{\frac{1}{x_1}+\cdots+\frac{1}{x_n}} = \bar{x}_h.$$

3.2 Streuungsmaße

Neben der Lage ist die Streuung das wichtigste Charakteristikum einer Verteilung. Von einer großen Streuung kann aber nur mit Bezug auf einen Vergleichswert gesprochen werden. Streuung ist ein komparativer Begriff; die Werte eines Datensatzes streuen mehr als die eines anderen, wenn sie weiter auseinander liegen. Die Erfassung der Ausbreitung eines Datensatzes basiert auf Abstandsmaßen. Die Streuung ist also an das metrische Skalenniveau der Variablen gebunden.

Oft steigt mit dem Niveau der Daten auch die Streuung. So haben Entfernungsmessungen von mehreren Kilometern eine größere Streuung als Messungen im Zentimeterbereich. Hier ist es nicht sinnvoll, einfach Maßzahlen der Streuung miteinander zu vergleichen. Vielmehr werden die Streuungsmaßzahlen dann auf geeignete Lagemaße bezogen. Die resultierenden Maßzahlen werden als *Dispersionskoeffizienten* bezeichnet. Wir geben die Dispersionskoeffizienten jeweils im Zusammenhang mit den zugrunde liegenden Streuungsmaßen an.

3.2.1 Problemstellung

Zeitstudien dienen der Erstellung von Arbeitsnormen. Dazu wird die für den betreffenden Vorgang benötigte Zeit wiederholt gemessen. Als Norm wird ein geeigneter Lageparameter der gemessenen Zeiten genommen. Ein Problem ist dabei die Genauigkeit solcher Zeitstudien. In einer Studie wurde zehnmal gemessen, wie viel Zeit (in Minuten) für das Verschweißen von vier Bolzen mit einem Träger benötigt wurde, siehe Wygant (1986):

0.30 0.21 0.19 0.27 0.32 0.30 0.26 0.22 0.31 0.20.

Die Frage ist nun, wie gut der verwendete Lageparameter die Messungen repräsentiert. (Üblicherweise wird bei Zeitstudien das arithmetische Mittel genommen.)

3.2.2 Durchschnittliche Abweichung und Standardabweichung

Wir haben den Median und das arithmetische Mittel über die Minimierung von Abständen eingeführt. Es ist naheliegend, die Abstandssummen als Basis von Maßzahlen der Streuung zu nehmen.

Definition 3.17 *durchschnittliche Abweichung, Varianz und Standardabweichung*

Für einen Datensatz $x_1, \ldots, x_n$ mit dem Median $\tilde{x}$ und dem arithmetischen Mittel $\bar{x}$ sind

die *durchschnittliche Abweichung*: $d = \frac{1}{n} \sum_{v=1}^{n} |x_v - \tilde{x}|$,

die *Varianz*: $s^2 = \frac{1}{n} \sum_{v=1}^{n} (x_v - \bar{x})^2$,

die *Standardabweichung*: $s = \sqrt{\frac{1}{n} \sum_{v=1}^{n} (x_v - \bar{x})^2}$.

Die Mittelbildung beseitigt bei den Streuungsmaßzahlen den Effekt, dass sie allein durch eine große Anzahl von Werten aufgebläht würden.

Die Varianz kann inhaltlich als Streuungsmaß aber nicht voll befriedigen; sie hat eine andere Dimension als die Daten selbst. Dieses Problem wird mit dem Übergang zur Standardabweichung behoben. Da andererseits die Standardabweichung durch die Quadratwurzel aus einer Summe zu einem formal eher unhandlichen Gebilde wird, betrachten wir bei allgemeinen Überlegungen meist die Varianz selbst.

Für die Varianz gilt die folgende äquivalente Darstellung. Diese zeigt, dass sie auch auf den Abständen aller Beobachtungen zueinander beruht:

$$s^2 = \frac{1}{2n^2} \sum_{v=1}^{n} \sum_{w=1}^{n} (x_v - x_w)^2 = \frac{1}{n^2} \sum_{v=1}^{n} \sum_{w=v+1}^{n} (x_v - x_w)^2.$$

Somit ist sie auch ohne Rückgriff auf ein Lagemaß interpretierbar.

Häufig wird die Varianz auch in der Form

$$\frac{1}{n-1} \sum_{v=1}^{n} (x_v - \bar{x})^2$$

definiert. Der Faktor $1/(n-1)$ erweist sich für die Schätzung der entsprechenden theoretischen Größe geeigneter als $1/n$. Die Bedeutung dieser Fragestellung wird später offenbar; jedoch lässt sie sich auch daran ermessen, dass die modifizierte Varianz auf vielen Taschenrechnern einprogrammiert ist und der Voreinstellung in Statistik-Programmen entspricht.

Beispiel 3.18 *Zeitmessung - Fortsetzung der Problemstellung*

Für die Daten der Problemstellung dieses Abschnittes erhalten wir d und s entsprechend folgender Arbeitstabelle, wobei $\bar{x} = 0.258$ und $\tilde{x} = 0.265$ sind:

Tab.: *Arbeitstabelle zur Berechnung von d und s*

v	x_v	$\lvert x_v - \tilde{x}\rvert$	$x_v - \bar{x}$	$(x_v - \bar{x})^2$
1	0.30	0.035	0.042	0.001764
2	0.21	0.055	-0.048	0.002304
3	0.19	0.075	-0.068	0.004624
4	0.27	0.005	0.012	0.000144
5	0.32	0.055	0.062	0.003844
6	0.30	0.035	0.042	0.001764
7	0.26	0.005	0.002	0.000004
8	0.22	0.045	-0.038	0.001444
9	0.31	0.045	0.052	0.002704
10	0.20	0.065	-0.058	0.003364
Σ		0.420		0.021960

Damit sind

$$d = \frac{1}{10} \cdot 0.420 = 0.042, \qquad s = \sqrt{\frac{1}{10} \cdot 0.02196} = 0.0469.$$

Die Messwerte unterscheiden sich hier höchstens um das 1.8-fache der Streuungsmaße von den Lageparametern. Die qualitative Einschätzung dieses Ergebnisses sowie der Zahlenwerte der Maßzahlen der Streuung bleibt jedoch dem Standardzeitanalytiker überlassen.

Die sich im Beispiel ergebende Relation $d < s$ gilt in abgeschwächter Form allgemein. Stets ist nämlich $d \leq s$, wenn beide Parameter aus einem Datensatz berechnet werden.

Auf die Berechnung von d und s aus bereits aufbereiteten Daten gehen wir hier nicht ein. Für s behandeln wir diese Frage sowie weitere Eigenschaften von s anhand der Varianz. Für die durchschnittliche Abweichung gelten die dortigen Überlegungen zur Berechnung analog.

Lemma 3.19 *Maßzahlen der Streuung bei linear transformierten Daten*

Die Streuungsmaße d_Y und s_Y eines linear transformierten Datensatzes $y_v = a + bx_v$ hängen von d_X bzw. s_X in folgender Weise ab:

$$d_Y = \lvert b\rvert \cdot d_X, \qquad s_Y = \lvert b\rvert \cdot s_X.$$

Der Nachweis dieser Eigenschaft, die beide Streuungsmaßzahlen besitzen, geschieht praktisch durch Hinschreiben, wobei $\bar{y} = a + b\bar{x}$ sowie $\tilde{y} = a + b\tilde{x}$ zu beachten ist. Für die durchschnittliche Abweichung geht dies so:

$$d_Y = \frac{1}{n}\sum_{v=1}^{n}\lvert y_v - \bar{y}\rvert = \frac{1}{n}\sum_{v=1}^{n}\lvert (a+bx_v) - (a+b\bar{x})\rvert = \frac{1}{n}\sum_{v=1}^{n}\lvert b\cdot(x_v - \bar{x})\rvert = \lvert b\rvert d_x.$$

3.2 Streuungsmaße

Wird für den Faktor b speziell der Wert $1/s_X$ gewählt, so haben die transformierten Werte die Standardabweichung eins. Diese Transformation wird als *Normierung* bezeichnet. Die *Standardisierung* ist diejenige Transformation, die sowohl eine Zentrierung als auch eine Normierung bewirkt. Für den transformierten Datensatz $y_1, \ldots, y_n$ gilt dann: $\bar{y} = 0$, $s_Y = 1$. Dies wird erreicht mit der Wahl

$$a = -\frac{\bar{x}}{s_X}, \quad b = \frac{1}{s_X}.$$

In kompakter Form lässt sich die Standardisierung schreiben als

$$y_v = \frac{x_v - \bar{x}}{s_X}.$$

Beispiel 3.20 *Zeitmessung - Fortsetzung der Problemstellung*

Für die zehn Zeitmessungen erhielten wir: $\bar{x} = 0.258$, $s_X = 0.0469$. Damit ergeben sich die standardisierten Werte $y_v = (x_v - 0.258)/0.0469$:

v	x_v	$x_v - \bar{x}$	y_v
1	0.30	0.042	0.8955
2	0.21	-0.048	-1.0235
3	0.19	-0.068	-1.4499
4	0.27	0.012	0.2559
5	0.32	0.062	1.3220
6	0.30	0.042	0.8955
7	0.26	0.002	0.0426
8	0.22	-0.038	-0.8102
9	0.31	0.052	1.1087
10	0.20	-0.058	-1.2367

Bei Streuungsvergleichen von Datensätzen mit unterschiedlichem Niveau wird die Standardabweichung oft auf das arithmetische Mittel bezogen. Dies macht allerdings nur Sinn für Variablen mit ausschließlich positiven Werten. Der resultierende Parameter

$$v = \frac{s_X}{\bar{x}}$$

wird als *Variationskoeffizient* bezeichnet.

Beispiel 3.21 *Erkennungszeiten von geometrischen Mustern*

Im Rahmen einer Untersuchung über mathematisch-naturwissenschaftliche Hochbegabung, siehe van der Meer (1985), wurden die Erkennungszeiten von geometrischen Mustern bei zwei Gruppen von je 15 Jugendlichen gemessen. Die Messungen ergaben:

Extremgruppe: $\bar{x} = 3695$ [ms], $s_X = 323$ [ms],
Kontrollgruppe: $\bar{y} = 18812$ [ms], $s_Y = 1764$ [ms].

Die Mittelwerte sind sehr verschieden, ebenso die Standardabweichungen. Die Variationskoeffizienten

$$v_X = \frac{s_X}{\bar{x}} = 0.0874, \quad v_Y = \frac{s_Y}{\bar{x}} = 0.0938$$

zeigen aber, dass die Variation in beiden Gruppen als gleich stark einzustufen ist.

3.2.3 Varianz

Da die Berücksichtigung der Quadratwurzel eher zu unhandlichen Ausdrücken führt, wollen wir schon die Varianz s^2 als Streuungsmaß ansehen.

Der Berechnung von s^2 aus bereits aufbereiteten Daten liegen die gleichen Überlegungen wie beim arithmetischen Mittel zugrunde. Seien also $x_1,\ldots,x_k$ die Realisationsmöglichkeiten der Variablen X und $n_1,\ldots,n_k$ die zugehörigen absoluten Häufigkeiten mit $n_1+\cdots+n_k = n$. Dann gilt:

$$s^2 = \frac{1}{n}[\underbrace{(x_1-\bar{x})^2+\ldots+(x_1-\bar{x})^2}_{n_1-\text{mal}}+\ldots\ldots+\underbrace{(x_k-\bar{x})^2+\ldots+(x_k-\bar{x})^2}_{n_k-\text{mal}}]$$

$$= \frac{1}{n}\sum_{i=1}^{k}(x_i-\bar{x})^2\cdot n_i = \sum_{i=1}^{k}(x_i-\bar{x})^2\cdot h_i.$$

Dabei sind die h_i die relativen Häufigkeiten, $h_i = n_i/n$.

Bei klassierten Daten sind in den letzten Formeln die x_i durch die jeweiligen Klassenmitten m_i zu ersetzen. Dann ist

$$s^2 = \frac{1}{n}\sum_{i=1}^{k}(m_i-\bar{x})^2\cdot n_i = \sum_{i=1}^{k}(m_i-\bar{x})^2\cdot h_i.$$

In zahlreichen Fällen erlaubt die nachstehende Darstellung der Varianz eine vereinfachte Berechnung.

Lemma 3.22 *Verschiebungssatz*

Für eine beliebige Konstante c gilt der als *Verschiebungssatz* bezeichnete Zusammenhang:

$$s^2 = \frac{1}{n}\sum_{\nu=1}^{n}(x_\nu-\bar{x})^2 = \frac{1}{n}\sum_{\nu=1}^{n}(x_\nu-c)^2+(\bar{x}-c)^2.$$

Speziell ist für $c = 0$:

$$s^2 = \frac{1}{n}\sum_{\nu=1}^{n}x_\nu^2+\bar{x}^2 = \overline{x^2}-\bar{x}^2.$$

Dabei ist $\overline{x^2}$ das arithmetische Mittel der quadrierten x-Werte.

Die angegebene Beziehung ergibt sich aus

$$\sum_{\nu=1}^{n}(x_\nu-c)^2 = \sum_{\nu=1}^{n}((x_\nu-\bar{x})+(\bar{x}-c))^2 = \sum_{\nu=1}^{n}[(x_\nu-\bar{x})^2+2(x_\nu-\bar{x})(\bar{x}-c)+(\bar{x}-c)^2]$$

$$= \sum_{\nu=1}^{n}(x_\nu-\bar{x})^2+2(\bar{x}-c)\sum_{\nu=1}^{n}(x_\nu-\bar{x})+n(x-c)^2 = \sum_{\nu=1}^{n}(x_\nu-\bar{x})^2+n(\bar{x}-c)^2.$$

3.2 Streuungsmaße

Beispiel 3.23 *Zeiten für Gelderwerb*

Eine Befragung unter den Teilnehmern einer Lehrveranstaltung im Fachbereich Wirtschaftswissenschaften ergab folgende Verteilung der zum Gelderwerb aufgewendeten Zeit im Semester. (Eigene Erhebung.)

Tab.: *Wöchentliche Arbeitszeit während des Semesters (in Std.)*

i	x_{i-1}^*	$< X \leq$	x_i^*	n_i	m_i	$m_i n_i$	$m_i^2 n_i$
1	0	-	5	10	2.5	25.0	62.50
2	5	-	9	11	7.0	77.0	539.00
3	9	-	14	12	11.5	138.0	1587.00
4	14	-	19	8	16.5	132.0	2178.00
5	19	-	24	5	21.5	107.5	2311.25
6	24	-	28	4	26.0	104.0	2704.0
				50		583.5	9381.75

Damit sind

$$\bar{x} = \frac{1}{50} 583.5 = 11.67 \quad \text{und} \quad s^2 = \frac{1}{50} 9381.75 - 11.67^2 = 51.446.$$

Die auf dem Verschiebungssatz basierende Berechnungsweise von s^2 ist hier der anderen Art vorzuziehen, da die Bestimmung von $\bar{x}$ und $\overline{x^2}$ sehr einfach ist, der Übergang zu den zentrierten Werten dagegen zu aufwendigen Ausdrücken $(m_i - \bar{x})^2$ führen würde.

Werden mehrere Datensätze zu einem vereinigt, so lässt sich die Varianz des gepoolten Datensatzes aus den einzelnen Varianzen und arithmetischen Mitteln berechnen.

Lemma 3.24 *Varianz eines gepoolten Datensatzes*

$\bar{x}_1, \ldots, \bar{x}_k, s_1^2, \ldots, s_k^2$ seien die arithmetischen Mittel und Varianzen von k Datensätzen, die jeweils aus $n_1, \ldots, n_k$ Werten derselben Variablen X bestehen. Dann gilt für die Varianz s^2 des zusammengefassten Datensatzes aus $n = n_1 + \cdots + n_k$ Werten, wenn $\bar{x}$ das arithmetische Mittel aller n Werte ist:

$$s^2 = \sum_{j=1}^{k} \frac{n_j}{n} s_j^2 + \sum_{j=1}^{k} \frac{n_j}{n} (\bar{x}_j - \bar{x})^2.$$

Zum Nachweis bezeichnen wir die Werte des j-ten Datensatzes mit x_{vj}, $v = 1, \ldots, n_i$. Nach dem Verschiebungssatz (mit $c = \bar{x}$) gilt für den j-ten Datensatz:

$$\sum_{v=1}^{n_i} (x_{vj} - \bar{x})^2 = \sum_{v=1}^{n_i} (x_{vj} - \bar{x}_j)^2 + n_j (\bar{x}_j - \bar{x})^2 = n_j s_j^2 + n_j (\bar{x}_j - \bar{x})^2.$$

Addition aller k Gleichungen führt auf

$$\sum_{j=1}^{k} \sum_{v=1}^{n_j} (x_{vj} - \bar{x})^2 = \sum_{j=1}^{k} n_j s_j^2 + \sum_{j=1}^{k} n_j (\bar{x}_j - \bar{x})^2.$$

Division durch n ergibt die gewünschte Beziehung.

Die angegebene Beziehung wird auch als Formel der *Streuungszerlegung* bezeichnet. Der Name rührt daher, dass die Gesamtvarianz aller Werte in zwei Komponenten zerlegt ist:

$$\text{Gesamte Varianz} = \text{Varianz innerhalb der Gruppen} + \text{Varianz zwischen den Gruppen}.$$

Dabei ist die Varianz zwischen den Gruppen, d. h. den Einzeldatensätzen, die Summe der gewichteten quadratischen Abweichungen der Gruppenmittelwerte vom Gesamtmittel. Die Streuung der Gesamtheit der Daten basiert also auch darauf, dass die einzelnen Teildatensätze ein unterschiedliches Niveau haben. Wir bezeichnen diesen Anteil der Varianz an der gesamten Varianz als *externen Streuungsanteil* und den anderen Anteil als *internen Streuungsanteil*.

Beispiel 3.25 *Schweißvorgang - Fortsetzung*

Zusätzlich zu den zehn Zeitabnahmen, die in der Problemstellung angegeben sind, wurde weitere siebzigmal die für den Schweißvorgang benötigte Zeit ermittelt.

Tab.: *Häufigkeitsverteilung von Zeiten für einen Schweißvorgang*

i	x_i	n_i	i	x_i	n_i
1	0.19	3	9	0.27	6
2	0.20	8	10	0.28	3
3	0.21	7	11	0.29	1
4	0.22	8	12	0.30	0
5	0.23	6	13	0.31	1
6	0.24	8	14	0.32	1
7	0.25	12	15	0.33	1
8	0.26	4	16	0.34	1

Für diesen Datensatz gilt: $\bar{x} = 0.240$, $s^2 = 0.001071$. Die Vereinigung der beiden Datensätze umfasst $n = 10 + 70 = 80$ Werte. Als Parameter des gesamten Datensatzes erhalten wir:

$$\bar{x} = \frac{10}{80} \cdot 0.258 + \frac{70}{80} \cdot 0.240 = 0.242,$$

$$s^2 = \underbrace{\frac{10}{80} \cdot 0.0021996 + \frac{70}{80} \cdot 0.001071}_{= 0.00121} + \underbrace{\frac{10}{80}(0.258 - 0.242)^2 + \frac{70}{80}(0.240 - 0.242)^2}_{= 0.00004}$$

$$= 0.00125.$$

Der Streuungsanteile betragen:

$$\text{intern:} \quad \frac{0.00121}{0.00125} = 0.968, \quad \text{extern:} \quad \frac{0.00004}{0.00125} = 0.032.$$

Der externe Streuungsanteil ist also sehr gering.

3.2.4 Weitere Streuungsmaßzahlen

Bei der Konstruktion von Streuungsmaßen gibt es im Wesentlichen zwei Ansätze. Einmal bilden die Abweichungen der Werte von einem Lageparameter den Ausgangspunkt. Dies führte uns zur durchschnittlichen Abweichung und zur Standardabweichung. Der andere Ansatz geht von Differenzen zwischen Beobachtungen selbst aus.

5-Zahlen-Zusammenfassungen und Box-Plots sind geeignet, um Datensätze in knapper Form zu beschreiben. Sie erlauben insbesondere, Niveau und Ausbreitung der Daten zu erfassen. Durch sie werden auch zwei einfache Maßzahlen der Streuung nahegelegt: Der Gesamtausdehnungsbereich aller Daten vom Minimum bis zum Maximum und die Ausbreitung des zentralen Bereiches der Daten, d. h. der Abstand zwischen dem unteren und dem oberen Quartil.

Definition 3.26 *Spannweite und Quartilsabstand*

Die *Spannweite* eines Datensatzes $x_1, \ldots, x_n$ ist der Abstand vom minimalen zum maximalen Wert:
$$s_M = x_{(n)} - x_{(1)}.$$

Der *Quartilsabstand* des Datensatzes ist der Abstand zwischen unterem und oberem Quartil:
$$s_Q = x_{0.75} - x_{0.25}.$$

Die Spannweite ist sehr einfach zu ermitteln. Als Streuungsmaß hat sie aber wesentliche Nachteile:

- Sind die Realisationsmöglichkeiten einer Variablen theoretisch nicht begrenzt, so wird bei großem n auch mit ziemlicher Sicherheit die Spannweite groß.
- Die Spannweite reagiert sehr empfindlich auf einzelne extreme Werte.

Der Quartilsabstand wächst dagegen nicht automatisch mit dem Umfang des Datensatzes. Er wird auch nicht von einzelnen extremen Werten beeinflusst. Unter anderem macht dies den Quartilsabstand zu einer beliebten Streuungsmaßzahl im Rahmen der Exploration von Datensätzen.

Beispiel 3.27 *Kaiserschnitte*

Die Bewertung der Kaiserschnitt-Entbindungen führt zu unterschiedlichen Anteilen von Kaiserschnitten in verschiedenen Kliniken. Ein regionaler Vergleich gemäß der Abbildung 3.4 wurde von Hochuli (1986) diskutiert.

Während die Spannweiten auf eine relativ unterschiedliche Einschätzung innerhalb der Länder hindeuten, stimmen die Quartilsabstände fast überein. Dies deutet auf (eine) einzelne extreme Klinik(en) in der Schweiz hin:

	s_M	s_Q
Schweiz:	25.72	6.94
Deutschland:	20.71	6.83

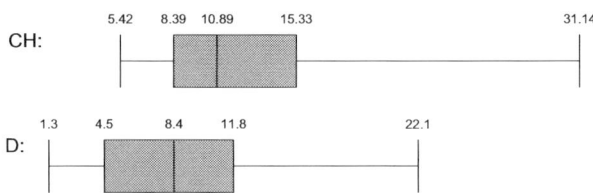

Abb. 3.4: *Kaiserschnittanteile pro Klinik in der Schweiz und in Deutschland*

Spannweite und Quartilsabstand verhalten sich bei Lineartransformationen genauso wie durchschnittliche Abweichung und Standardabweichung: Ist $y_v = a + b \cdot x_v$ der transformierte Datensatz, so gilt:

$$s_M(Y) = |b| s_M(X), \quad s_Q(Y) = |b| s_Q(X).$$

Auf dem Quartilsabstand basiert der *Quartilsdispersionskoeffizient*

$$\frac{x_{0.75} - x_{0.25}}{\tilde{x}}.$$

Dieser wurde z. B. vom Statistischen Bundesamt bei Vergleichen von Streuungen von Preisen unterschiedlicher Gebrauchsgüter verwendet. Im Beispiel 2.25 sind die Quartilsdispersionskoeffizienten für die Äpfelpreise in der letzten Zeile der zugehörigen Tabelle angegeben.

3.2.5 Stabilisierung der Streuung

Der visuelle Vergleich von Datensätzen wird schwieriger, wenn mit dem Niveau der Datensätze auch ihr Streuungsverhalten variiert. Dieser störende Effekt kann oft durch eine geeignete nichtlineare Transformation beseitigt werden. Von diesen sind die Potenztransformationen die einfachsten.

Definition 3.28 *Potenztransformation*

Potenztransformationen haben die Form

$$T_m(x) = \begin{cases} (x+c)^m & \text{für} \quad m \neq 0, \\ \ln(x+c) & \text{für} \quad m = 0. \end{cases}$$

Dabei hat die Konstante c die Aufgabe, alle Werte eines Datensatzes positiv zu machen: $x_v + c > 0, v = 1, \ldots, n$.

Der natürliche Logarithmus ist hier als Grenzfall mit aufgenommen. Für negative Exponenten m wird die Ordnung der Daten umgekehrt. Daher wird bei $m < 0$ bisweilen auch die Transformation $-(x+c)^m$ gewählt.

Soll eine *Varianzstablisierung*, d. h. eine Angleichung der Varianzen, mittels einer solchen Transformation glücken, muss ein entsprechender Zusammenhang von Niveau und Streuung vorherrschen. Um diese Abhängigkeit der Streuung von dem Niveau zu erfassen, gehen

3.2 Streuungsmaße

wir von geeigneten Parametern aus. Der Einfachheit halber wählen wir den Median und den Quartilsabstand. Die folgenden Überlegungen gelten aber entsprechend für das arithmetische Mittel und die Standardabweichung.

Die Relation zwischen Streuung und Lage möge sich darin ausdrücken, dass der Quartilsabstand s_Q proportional zu einer Potenz des Medians $\tilde{x}$ wächst, i. Z.:

$$s_Q = c \cdot \tilde{x}^b.$$

Einfacher zu erkennen ist die äquivalente, durch den Übergang zu Logarithmen gewonnene Beziehung:

$$\ln(s_Q) = \ln(c) + b \cdot \ln(\tilde{x}).$$

Hier erscheint der wesentliche Parameter b als Steigungskoeffizient in einer Geradengleichung. Dies legt nahe, wie b zu bestimmen ist.

Satz 3.29 *Bestimmung einer varianzstabilsierenden Transformation*

Es seien verschiedene Datensätze mit Medianen $\tilde{x}_i$ und Quartilsabstand s_{Qi}, $i = 1, \ldots, k$ gegeben. Liegen die Punkte $(\ln(\tilde{x}_i), \ln(s_{Qi}))$ eines *Lage-Streuungsdiagrammes* in etwa auf einer Geraden mit der Steigung b, so ist die *streuungsstabilisierende Transformation* $T_m(x)$ durch $m = 1 - b$ bestimmt.

Dass die Wahl von $m = 1 - b$ die streuungsstabilisierende Transformation ergibt, erhalten wir aufgrund folgender heuristischer Überlegungen:
Eine nichtlineare Transformation $g(x)$ der Daten können wir entsprechend der Abbildung durch eine lineare approximieren.

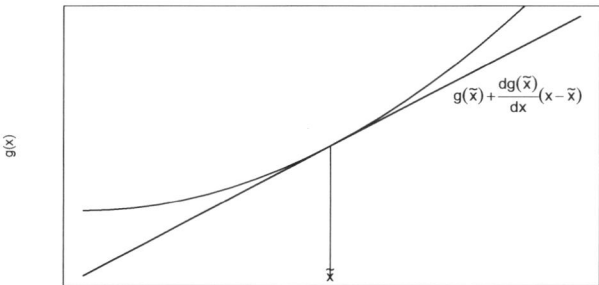

Abb. 3.5: *Zur Approximation einer nichtlinearen Funktion*

Daher gilt mit den Rechenregeln für den Quartilsabstand:

$$s_Q(g(x)) \approx |g'(\tilde{x})| \cdot s_Q(x).$$

Für $g(x) = x^m$ ist speziell:

$$s_Q(x^m) = m \cdot |x^{m-1}| \cdot s_Q(x).$$

Nun soll m so gewählt werden, dass $s_Q(x^m)$ für die verschiedenen Datensätze gleich groß ist, d. h. mit $s_Q(x) = c \cdot \tilde{x}^b$:

$$s_Q(x^m) = m|\bar{x}|^{m-1} \cdot c\tilde{x}^b \stackrel{!}{=} \text{konstant}.$$

Dies ist nur erfüllt, wenn der Exponent von x Null ist. Folglich muss gelten:

$$m - 1 + b = 0 \quad \text{bzw.} \quad m = 1 - b.$$

Beispiel 3.30 *Promotionen an Hochschulen in Nordrhein-Westfalen*

Wir betrachten die in den Jahren 1981-84 bestandenen Promotionen an Hochschulen in Nordrhein-Westfalen. Getrennt nach Fächergruppen ergeben sich die als 5-Zahlen-Zusammenfassungen wiedergegebenen Verteilungen der Promotionen auf Universitäten. (Es werden in jedem Fach nur die Hochschulen mit mindestens einer Promotion berücksichtigt. Quelle: Forschung in Nordrhein-Westfalen, Faktenteil 1986, Hrsg. vom MEW des Landes NRW.)

Tab.: 5-Zahlen-Zusammenfassungen der bestandenen Promotionen an Hochschulen in NRW

	Geistes-wiss.	Sprach-wiss.	Wirtsch.-wiss.	Mathem. Naturwiss.	Human-med.	Ingenieur wiss.
Anz. Hochschulen	11	7	12	11	6	8
$x_{(1)}$	3	30	3	1	310	2
$x_{0.25}$	13	38	5	31	506	5
$\tilde{x}$	72	137	19.5	192	958	25.5
$x_{0.75}$	140	230	74	424	1391	46
$x_{(n)}$	184	255	250	527	1446	944
s_Q	127	192	69	393	885	41

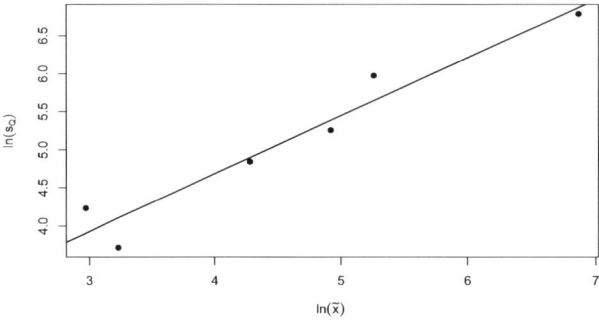

Abb. 3.6: *Lage-Streuungsdiagramm für die Promotionen nach Fächern*

Die Streuung hängt hier offensichtlich stark vom Niveau des jeweiligen Datensatzes ab. Das Lage-Streuungsdiagramm weist eine lineare Tendenz mit der Steigung $b = 0.75$ auf.

Als Transformation wird folglich $T_m(x)$ mit $m = 1 - 0.75 = 0.25$ nahegelegt. Die Darstellung der Box-Plots der transformierten Datensätze zeigt, dass mit dieser Transformation das Ziel, die Streuungsunterschiede zu nivellieren, erreicht wurde.

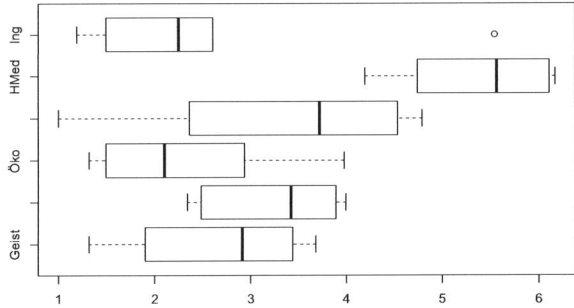

Abb. 3.7: *Box-Plots der transformierten Promotionen an Hochschulen in NRW*

3.3 Schiefe empirischer Verteilungen

3.3.1 Einführendes Beispiel

Einkommensverteilungen weisen in aller Regel eine Form auf, die der der Einpersonenhaushalte in der BRD auf Grundlage der Ergebnisse des Mikrozensus 2005 und 2006 entspricht. Das Histogramm ist in der Abbildung 3.8 dargestellt. Die Ergebnisse des Mikrozensus zum persönlichen Nettoeinkommen wie auch zum Haushaltsnettoeinkommen werden dabei durch eine Selbsteinstufung der Befragten in vorgegebenen Einkommensgruppen ermittelt. Erfragt wird dabei die Gesamthöhe des jeweiligen Nettoeinkommens, siehe Statistisches Bundesamt (2007b).

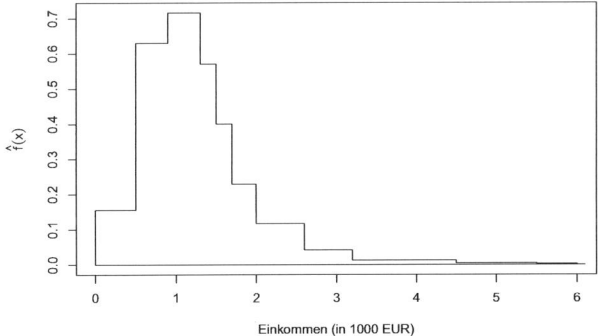

Abb. 3.8: *Nettoeinkommen von Ein-Personenhaushalten (Darstellung ohne die oberste Einkommensklasse)*

Hier ist es nicht so ohne weiteres klar, welcher Lageparameter das Einkommensniveau am besten beschreibt. Das arithmetische Mittel $\bar{x} \approx 1.25$ gibt an, was alle hätten, wenn alle das gleiche Einkommen hätten. Der Median $\tilde{x} = 1.138$ teilt die Einkommensbezieher in eine ‚arme' und eine ‚reiche' Hälfte. Auch der Modus $\check{x} = 1.1$ macht Sinn: Er gibt an, bei welchem Wert sich die meisten Einkommen konzentrieren.

3.3.2 Maßzahlen der Schiefe

Die Unterschiedlichkeit der Lagemaße im einführenden Beispiel resultiert offensichtlich aus der Form der Verteilung. Die Häufigkeitsdichte $\hat{f}(x)$ geht rechts langsamer gegen Null als links. Wir nennen die zugehörige Verteilung *rechtsschief* (oder *linkssteil*). Das gespiegelte Verhalten wird entsprechend als *Linksschiefe* (oder als *Rechtssteilheit*) bezeichnet. *Symmetrisch* ist eine Verteilung, wenn ihr Histogramm sich am Zentrum ‚im Wesentlichen' spiegeln lässt.

Exakte Symmetrie werden wir in empirischen Datensätzen so gut wie nie finden. Daher sprechen wir den empirischen Verteilungen die Schiefe-Eigenschaften zu, wenn sie jeweils ‚in etwa' gelten.

Wie im einführenden Beispiel gibt es eine generelle Tendenz bzgl. der Relationen der Maßzahlen der Lage bei den unterschiedlichen Verteilungen.

Lemma 3.31 *Lageregel*

Bezüglich des Modus, des Median und des arithmetischen Mittels gilt die *Lageregel*:

symmetrische Verteilung: $\check{x} = \tilde{x} = \bar{x}$,
rechtsschiefe Verteilung: $\check{x} < \tilde{x} < \bar{x}$,
linksschiefe Verteilung: $\check{x} > \tilde{x} > \bar{x}$.

Manchmal wird die Lageregel zur Definition für die Schiefe empirischer Verteilungen herangezogen. Dies ist nicht korrekt; sie liefert aber einen Anhaltspunkt zur Einstufung der Verteilungen.

Beispiel 3.32 *Windgeschwindigkeiten*

Das nachstehende Histogramm zeigt die Verteilung der mittleren stündlichen Windgeschwindigkeiten (Medianwerte in Meter pro Sekunde) für die Wintermonate zweier Jahre bei einer Gebirgsstation in Colorado, siehe Berg (1986).

Die Verteilung tendiert offensichtlich zur Rechtsschiefe. Darauf weist auch die Lageregel hin: $\check{x} = 3.75 < \tilde{x} = 12.19 < \bar{x} = 12.41$.

Um die Schiefe zu messen, gibt es verschiedene Ansätze. Ein erster versucht die Beschreibung der Schiefe direkt umzusetzen: Hier wird der Abstand der Quantile vom Median gemessen. Korrespondierende Quantile sollten bei symmetrischen Verteilungen gleich weit vom Median entfernt liegen, bei rechtsschiefen Verteilungen sollten die oberen und bei linksschiefen die unteren Quantile weiter weg vom Median liegen.

Ein anderer Ansatz misst den Abstand vom arithmetischen Mittel. Da die Summe der Abweichungen vom arithmetischen Mittel gleich Null ist, kann eine summarische Maßzahl nicht

3.3 Schiefe empirischer Verteilungen

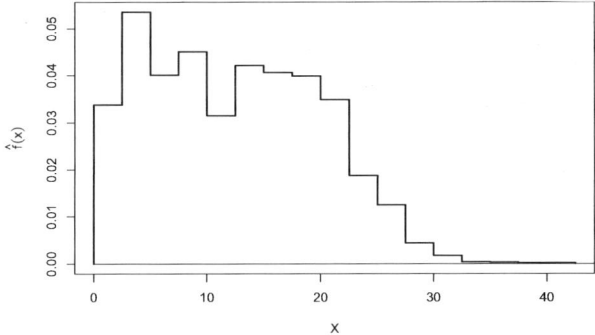

Abb. 3.9: *Histogramm der stündlichen Windgeschwindigkeiten*

einfach auf den Differenzen der Werte und dem arithmetischen Mittel basieren. Stattdessen geht man zu den dritten Potenzen über. Liegen die größeren Werte wesentlich weiter weg als die unteren, so sind die $(x_v - \bar{x})^3$ wesentlich größer als die entsprechenden Werte für Beobachtungen, die kleiner als $\bar{x}$ sind. Da das Vorzeichen bei der dritten Potenz erhalten bleibt, sollte sich bei einer Summierung ein positiver Wert ergeben.

Definition 3.33 *Maßzahlen der Schiefe*

Der *p-Quantilskoeffizient der Schiefe* ist für $0 < p < 0.5$:

$$g_p = \frac{(x_{1-p} - \bar{x}) - (\bar{x} - x_p)}{x_{1-p} - x_p}.$$

$g_{0.25}$ wird als *Quartilskoeffizient der Schiefe* bezeichnet.
Der *Momentenkoeffizient der Schiefe* ist definiert durch

$$g_M = \frac{\frac{1}{n}\sum_{v=1}^{n}(x_v - \bar{x})^3}{s^3}.$$

Positive Werte der Maßzahlen zeigen eine rechtsschiefe Verteilung an. Entsprechend wird eine linksschiefe Verteilung durch negative und eine symmetrische durch Werte angezeigt, die bei Null liegen. Diese Quantilskoeffizienten sind normiert, $|g_p| \leq 1$; der Momentenkoeffizient der Schiefe ist nicht beschränkt.

Beispiel 3.34 *Windgeschwindigkeiten - Fortsetzung*

Die Häufigkeitsverteilung der Windgeschwindigkeiten ist in der folgenden Tabelle angegeben. Wir bestimmen daraus mit der üblichen Näherung den 0.1-Quantilskoeffizienten und den Momentenkoeffizienten der Schiefe.

Tab.: *Häufigkeitsverteilung stündlicher Windgeschwindigkeiten (Medianwerte in m/s) für die Wintermonate zweier Jahre in Colorado*

i	$x^*_{i-1} < X \le x^*_i$			n_i	h_i	$m_i \cdot h_i$	$(m_i - x)^2 \cdot h_i$	$(m_i - x)^3 \cdot h_i$
1	0.0	-	2.5	674	0.0844	0.1055	10.5171	-117.4109
2	2.5	-	5.0	1069	0.1338	0.5019	10.0463	- 87.0391
3	5.0	-	7.5	801	0.1003	0.6268	3.8101	- 23.4848
4	7.5	-	10.0	900	0.1127	0.9860	1.5126	- 5.5417
5	10.0	-	12.5	628	0.0786	0.8846	0.1065	- 0.1239
6	12.5	-	15.0	842	0.1054	1.4495	0.1882	0.2515
7	15.0	-	17.5	811	0.1015	1.6500	1.4943	5.7326
8	17.5	-	20.0	797	0.0998	1.8710	4.0062	25.3845
9	20.0	-	22.5	697	0.0873	1.8544	6.8137	60.2075
10	22.5	-	25.0	375	0.0470	1.1151	6.0337	68.3997
11	25.0	-	27.5	249	0.0312	0.8184	5.9683	82.5789
12	27.5	-	30.0	88	0.0110	0.3168	2.9404	48.0347
13	30.0	-	32.5	35	0.0044	0.1369	1.5548	29.2864
14	32.5	-	35.0	7	0.0009	0.0296	0.3990	8.5127
15	35.0	-	37.5	6	0.0008	0.0272	0.4268	10.1737
16	37.5	-	40.0	4	0.0005	0.0194	0.3474	9.1482
17	40.0	-	42.5	4	0.0005	0.0207	0.4164	12.0086
Summe				7987	1.0000	12.4138	56.5820	126.1187

Das 0.1-Quantil liegt in der zweiten, das 0.9-Quantil in der neunten Klasse. Damit folgt

$$x_{0.1} = 2.5 + \frac{0.1 - 0.0844}{0.1338} \cdot 2.5 = 2.79, \quad x_{0.9} = 20 + \frac{0.9 - 0.8165}{0.0873} \cdot 2.5 = 22.39.$$

Für den in der fünften Klasse liegenden Median $\tilde{x} = x_{0.5}$ erhalten wir ebenso: $\tilde{x} = 12.19$. Der gesuchte Quantilskoeffizient ist somit

$$g_{0.1} = \frac{(22.39 - 12.19) - (12.19 - 2.79)}{22.39 - 2.79} = 0.041.$$

Den Momentenkoeffizienten erhalten wir durch Einsetzen der in der Arbeitstabelle angegebenen Größen:

$$g_M = \frac{\sum (m_i - \bar{x})^3 \cdot h_i}{\left(\sum (m_i - \bar{x})^2 \cdot h_i\right)^{3/2}} = \frac{126.1187}{56.582^{3/2}} = 0.296.$$

Beide Koeffizienten zeigen eine rechtsschiefe Verteilung an. Unter Berücksichtigung der Eigenschaft $|g_p| \le 1$ deutet der 0.1-Quantilskoeffizient auf eine stärkere Ausprägung der Schiefe hin als der nicht beschränkte Momentenkoeffizient.

Einen weitergehenden Eindruck von der Asymmetrie einer empirischen Verteilung können wir uns mit Hilfe einer einfachen Grafik, dem *Symmetrie-Diagramm*, verschaffen. Den Ausgangspunkt dieses Diagramms bildet die Eigenschaft symmetrischer Verteilungen, dass die Quantile x_p und x_{1-p} etwa gleich weit vom Median entfernt sind. Für $p = v/n$, $1 < v < n/2$ stimmen die empirischen Quantile mit Werten des Datensatzes überein: $x_p = x_{(v)}$. Wir können also in einem Diagramm die Werte $x_{(n+1-v)} - \bar{x}$ gegen die Werte $\bar{x} - x_{(v)}$ auftragen. Bei

3.3 Schiefe empirischer Verteilungen

symmetrischen Verteilungen sollten die resultierenden Punkte um die Winkelhalbierende streuen. Bei rechtsschiefen Verteilungen liegen sie oberhalb, bei linksschiefen unterhalb der Winkelhalbierenden. Ein Symmetrie-Diagramm liefert i.a. einen zufriedenstellenderen Einblick in das Schiefe-Verhalten einer empirischen Verteilung als ein einzelner Schiefeparameter g_p.

Beispiel 3.35 *Entfernungsschätzung*

Um herauszufinden, wie gut Personen Entfernungen im Stadtbereich schätzen können, wurden 50 Probanden gebeten, die Entfernung von einem Punkt zu einer 11 m weit weg stehenden Telefonzelle zu schätzen. Die bereits geordneten geschätzten Entfernungen $x_{(\nu)}$ (in m) waren (nach: Frankfurter Allgemeine Zeitung vom 21.3.1987):

4.0 5.0 5.0 5.0 5.5 6.0 6.0 6.5 6.5 7.0 7.5 7.5 8.0 8.0 8.5 9.0 9.0
9.0 9.0 9.5 9.5 9.5 10.0 10.0 10.0 10.0 10.0 10.5 10.5 10.5 10.5 10.5 11.0 11.0
11.5 11.5 12.0 12.0 12.5 12.5 13.0 13.5 14.0 16.0 18.0 20.0 25.0 30.0 40.0 50.0

Der Median ist $\tilde{x} = 10$. Die Darstellung der Punkte $(\tilde{x} - x_{(\nu)}, x_{(n+1-\nu)} - \tilde{x})$, $\nu = 1, \ldots, 25$, lässt am Rande eine starke Tendenz zur Rechtsschiefe erkennen.

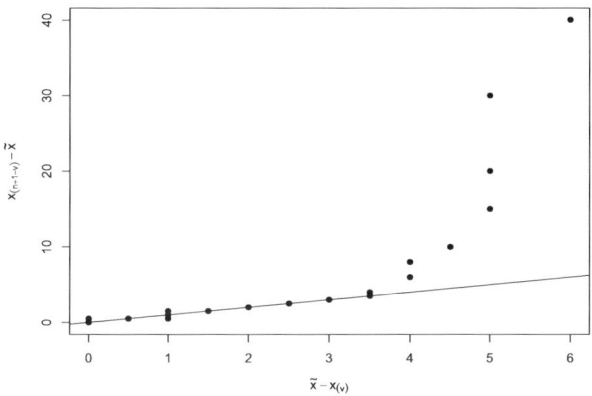

Abb. 3.10: *Symmetrie-Diagramm der geschätzten Entfernungen*

3.3.3 Transformation zur Symmetrisierung

Bei der Analyse empirischer Datensätze steht, wie eingangs erwähnt, oft nicht so sehr die Messung der Schiefe im Vordergrund als vielmehr ihre Beseitigung. Denn bei schiefen Verteilungen taucht eine Anzahl von Problemen auf. Das erste wurde bereits genannt; es betrifft die Beschreibung der Lage eines Datensatzes oder einer Verteilung. Wegen der Unterschiedlichkeit von arithmetischem Mittel, Median und Modus ist dann nicht mehr klar, welcher Parameter die Lage geeignet beschreibt. Das zweite Problem betrifft untypische Werte des Datensatzes. Bei schiefen Verteilungen ergibt sich die Schwierigkeit, Werte als untypisch oder zu extrem zu erkennen. Bei symmetrischen Datensätzen kann leichter entschieden werden, wann ein Wert soweit von den anderen entfernt ist, dass er als Ausreißer besondere Beachtung verdient. Ein drittes Argument zur Beseitigung der Schiefe liegt darin, dass viele statistische Verfahren eine symmetrische Verteilung zur Voraussetzung haben.

Beispiel 3.36   *Niederschlagsmengen*

Die Auswertung der täglichen, von der Wetterstation Essen gemessenen Niederschlagsmengen ergab für die Jahre 1930-38 und 1948-79 die nebenstehende Verteilung der höchsten Tagesmengen. Es stellt sich die Frage, ob der Wert 109 als extrem und nicht mehr der allgemeinen Tendenz folgend angesehen werden muss. Diese Frage ist wegen der Rechtsschiefe der Verteilung nicht ohne weiteres zu beantworten. Bei rechtsschiefen Verteilungen können auch sehr große Werte ‚ins allgemeine Bild passen'.

```
 2 |033444
 2 |556667778999
 3 |00112233
 3 |5556788
 4 |2
 4 |
 5 |14
 5 |
 6 |01
 6 |7
 7 |
 7 |
 8 |1
 8 |
 9 |
 9 |
10 |
10 | 9
```

Abb. 3.11: *Stemleaf-Diagramm der maximalen täglichen Niederschläge für 41 Jahre (in mm)*

Um eine rechtsschiefe Verteilung wie die der im letzte Beispiel betrachteten Niederschlagsmenge in eine symmetrische Verteilung zu transformieren, muss der Abstand zwischen größeren Werten stärker reduziert werden als zwischen kleineren, wo ggf. sogar eine Streckung notwendig wird. Dies verdeutlicht die folgende Abbildung.

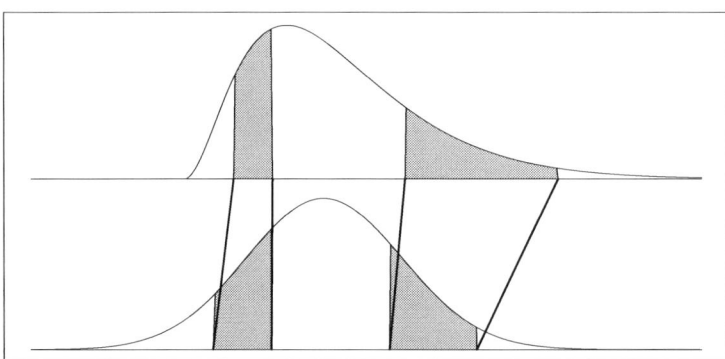

Abb. 3.12: *Zur Symmetrisierung einer rechtsschiefen Verteilung (Die gefüllten Flächen repräsentieren alle die gleiche Häufigkeit.)*

3.3 Schiefe empirischer Verteilungen

Eine Transformation, die dies leistet, ist z. B. die Wurzeltransformation: $x \mapsto \sqrt{x}$. Der Abstand zwischen 81 und 100 wird auf 1 ($= \sqrt{100} - \sqrt{81}$) reduziert. Ebenso groß ist der Abstand von $\sqrt{16}$ und $\sqrt{25}$. Die Quadratwurzeltransformation ist eine spezielle Potenztransformation, vgl. die Definition 3.28.

Für $m < 1$ bewirken die Potenztransformationen, dass große Werte stärker zusammengedrückt werden. Die logarithmische Transformation spielt insofern eine Sonderrolle, als Werte nahe bei Null zusätzlich entzerrt werden. Negative Exponenten haben qualitativ dieselbe Wirkung wie der Logarithmus. Rechtsschiefe Verteilungen werden also tendenziell durch Anwenden einer Potenztransformation mit $m < 1$ symmetrischer. Für $m > 1$ ergibt sich der umgekehrte Effekt. Werte, die im oberen Bereich liegen, werden stärker auseinandergezerrt als Werte, die näher bei Null liegen. Solche Transformationen sind geeigneter, um linksschiefe Verteilungen in symmetrische zu transformieren.

Die Transformationen $T_m(x)$ unterscheiden sich in der Stärke des besprochenen Effektes. Je nach Ausprägung der Schiefe muss dann ein größeres bzw. kleineres m gewählt werden, um die gewünschte Symmetrie zu erreichen.

Die bisherige Diskussion zeigte zwar in die Richtung, in der eine geeignete, symmetrieherstellende Transformation gesucht werden muss. Sie gibt aber noch keine Transformation $T_m(x)$ direkt an. Die Auswahl ist tatsächlich ein ‚trial and error'-Verfahren. Um den Wert m der geeigneten Potenztransformation zu finden, wird die *Leiter der Transformationen* durchstiegen. Dabei reicht es in der Regel, für m einen ‚glatten' Wert zu wählen, d. h. wie angegeben $m = 0.5, 0, -0.5, -1, \ldots$ bzw. $m = 1.5, 2, 2.5, \ldots$.

Tabelle 3.1: Leiter der Transformationen

m	transf. Werte	Bemerkung
⋮	⋮	
3	x^3	für linksschiefe Verteilungen
2	x^2	↑
1	x^1	ohne Effekt
0.5	$\sqrt{x}$	
0	$\ln(x)$	↓
-0.5	$1/\sqrt{x}$	
-1	$1/x$	für rechtsschiefe Verteilungen
-2	$1/x^2$	
⋮	⋮	

Die Interpretierbarkeit auf der transformierten Skala ist keineswegs immer gegeben. Falls also für zwei benachbarte Potenzen die Schiefe vergleichbar gut beseitigt wird, ist natürlich die Transformation zu bevorzugen, die auch inhaltlich interpretierbar ist.

Beispiel 3.37 *Niederschlagsmengen - Fortsetzung*

Die Verteilung der Niederschlagsmengen in Essen ist rechtsschief. Um eine symmetrische Verteilung zu erhalten, wenden wir Potenztransformationen mit $m < 1$ an. Bei

$m = -2$ zeigt das Stemleaf-Diagramm eine in etwa symmetrische Verteilung.

Die Transformationen mit $m < -2$ überführen die Daten dann schon wieder in schiefe Verteilungen. Diese sind linksschief, wenn die alte Anordnung der Werte erhalten bleibt. (Dies erreichen wir wie erwähnt durch Multiplikation mit -1.) Andernfalls werden sie wieder rechtsschief. Dies zeigt auch das folgende Stemleaf-Diagramm für $m = -3$. Insgesamt erhalten wir also bei der höchsten täglichen Niederschlagsmenge eine symmetrische Verteilung, wenn wir jeweils festhalten, auf welche Fläche eine gegebene Menge Regen zu verteilen ist.

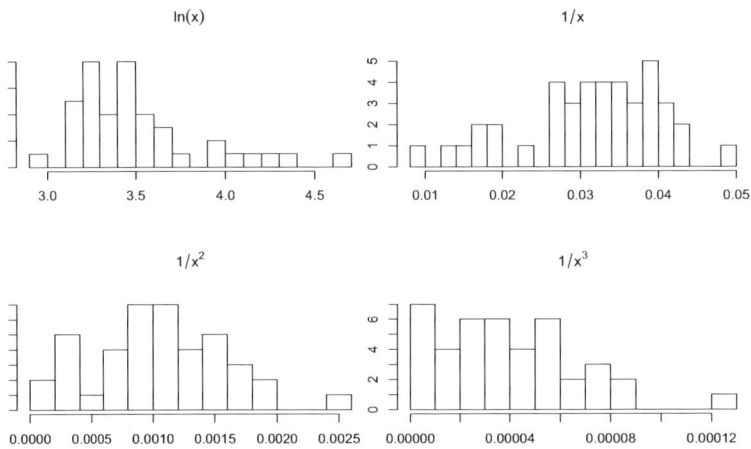

Abb. 3.13: *Histogramme für die verschieden transformierten Niederschlagsmengen*

Bei den symmetrisch transformierten Daten erscheint der Wert $24.0 \cdot 10^{-4}$ als extrem und von den restlichen Werten getrennt. Bei den Originalwerten entspricht ihm der Wert 2.0, der kleinste Wert des Datensatzes! Durch die Transformation wird er zum größten Wert, weil bei negativer Potenz m die Ordnung der Originalwerte x_v durch die Transformation $x \mapsto x^m$ umgekehrt wird. Dass er erst jetzt als ‚ausreißerverdächtig' hervortritt, hängt mit der Asymmetrie der Ausgangsverteilung zusammen. Dort erscheint andererseits der Wert 109 nur wegen der Rechtsschiefe extrem!

Um im konkreten Fall zu entscheiden, welches m jeweils zu nehmen ist, können wir wie im Beispiel für jedes m ein Histogramm oder ein Symmetrie-Diagramm zeichnen. Ein Schnellverfahren benutzt einen p-Quantilskoeffizienten der Schiefe. Dieser wird für den verschieden transformierten Datensatz berechnet. Ein m, bei dem der Quantilskoeffizient nahe bei null liegt, gibt die gewünschte Transformation an.

Der Rechenaufwand wird bei diesem Vorgehen gering. Da alle Potenztransformationen einschließlich des Logarithmus monoton sind.

Lemma 3.38 *Quantilskoeffizient der Schiefe für transformierte Daten*

Der p-Quantilskoeffizient der Schiefe ($0 < p < 0.5$) ist für die transformierten Datensätze $T_m(x_v), v = 1, \ldots, n$:

3.3 Schiefe empirischer Verteilungen

$$g_p^{(m)} = \begin{cases} \dfrac{(x_{1-p}^m - \bar{x}^m) - (\bar{x}^m - x_p^m)}{x_{1-p}^m - x_p^m} & \text{falls } m \neq 0, \\ \dfrac{(\ln(x_{1-p}) - \ln(\bar{x})) - (\ln(\bar{x}) - \ln(x_p))}{\ln(x_{1-p}) - \ln(x_p)} & \text{falls } m = 0. \end{cases}$$

Beispiel 3.39 *Reifenprofile*

Die Messung des Reifenprofils der angetriebenen Räder bei 32 PKW ergab die folgende Verteilung (Verkehrsunf. u. Fahrzeugt. 1986, 1, S. 25):

Tab.: *Profiltiefe bei PKW-Rädern (in mm)*

i	x_{i-1}^*	< X ≤	x_i^*	n_i
1	0	-	1	0
2	1	-	2	1
3	2	-	3	5
4	3	-	4	5
5	4	-	5	9
6	5	-	6	23
7	6	-	7	13
8	7	-	8	8

Hier sind $\bar{x} = 5.52$, $x_{0.1} = 3.08$, $x_{0.9} = 7.20$. Der 0.1-Quantilskoeffizient der Schiefe zeigt mit $g_{0.1} = -0.238$ eine linksschiefe Verteilung an. Das ‚Hinaufsteigen' der Leiter der Transformationen führt auf die folgenden Werte der 0.1-Quantilskoeffizienten der Schiefe:

m	1.0	1.5	2.0	2.5	3	3.5
$g_{0.1}^{(m)}$	-0.184	-0.087	0.009	0.103	0.192	0.276

Dies legt eine Transformation $T_m(x)$ mit $1.5 \leq m \leq 2.0$ nahe. Die Wahl der ‚einfacheren'

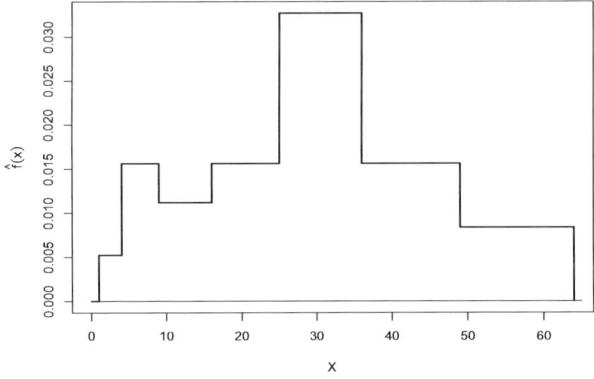

Abb. 3.14: *Histogramm der quadrierten Profiltiefen*

Transformation $T_2(x) = x^2$ ergibt auch ein in etwa symmetrisches Histogramm, siehe die

Abbildung 3.14. Der Vorzug der Quadrattransformation besteht dabei vor allem in der Interpretierbarkeit des Ergebnisses: Wir gehen grob gesprochen vom ‚Durchmesser zur Fläche der Räder' über. Letztere hat eine symmetrische Verteilung.

3.4 Konzentrationsmessung

3.4.1 Problemstellung

Mit der Standardabweichung geht die Vorstellung der Ausbreitung der Daten einher. In wirtschaftlichen Zusammenhängen ist man aber bisweilen am gegenläufigen Phänomen interessiert, nämlich an der Ballung von Merkmalswerten. Dies betrifft inhaltlich die *Konzentration*, genauer die wirtschaftliche Konzentration. Darunter verstehen wir die Ballung ökonomisch relevanter Merkmalsbeiträge bei wenigen Wirtschaftssubjekten. Beispiele für Aussagen, die die Konzentration betreffen, sind etwa:

- Die drei größten Schmierölanbieter Deutschlands hatten 1993 einen gemeinsamen Marktanteil von 46 %.
- Die rd. 5% einkommensstärksten privaten Haushalte verdienten 1988 rd. 23.6% des Gesamteinkommens aller privaten Haushalte.

Die erste Situation betrifft eine Unternehmenskonzentration. Hier ist zu fragen, wie viele Wirtschaftssubjekte es gibt, und wie stark die größten von ihnen sind. Dies ist eine Frage der absoluten Konzentration. Die zweite Situation geht von einer (großen) in etwa festen Grundgesamtheit aus und fragt nach der Verteilung des Einkommens unter den möglichen Merkmalsträgern. Hier interessiert die relative Konzentration oder, wie man auch sagt, die Disparität.

3.4.2 Maße der absoluten Konzentration

Man spricht vom Vorliegen einer absoluten Konzentration, wenn ein großer Teil der Merkmalssumme auf eine kleine Anzahl von Objekten verteilt ist. Dabei ist die Präzisierung von ‚kleine Anzahl' schwierig. Die absolute Untergrenze $n = 1$, die ein absolutes Monopol kennzeichnet, stellt ein Extrem dar. Auch wenn Microsoft nicht der einzige Anbieter von Betriebssystemen im Personalcomputerbereich ist, herrscht auf diesem Markt doch eine hohe Konzentration. Allgemein ist jedenfalls eine Untergrenze für n, bei der von (hoher) Konzentration gesprochen werden kann, nicht angebbar.

Um die Konzentration zu erfassen, werden daher als erste Möglichkeiten Konzentrationsraten betrachtet. Um sie anzugeben, aber auch für die weitere Diskussion benötigen wir einige schreibtechnische Vereinbarungen. Die interessierende Variable X ist das Konzentrationsmerkmal. Sind $x_1, \ldots, x_n$ die Merkmalswerte, so bezeichnen

$$a_v = \frac{x_v}{\sum_{w=1}^{n} x_w} = \frac{x_v}{n \bar{x}}$$

die zugehörigen Merkmalsanteile. Die geordneten Merkmalsanteile $a_{(1)} \leq a_{(2)} \leq \cdots \leq a_{(n)}$

3.4 Konzentrationsmessung

erhalten wir auch über die geordneten Merkmalswerte $x_{(1)} \leq x_{(2)} \leq \cdots \leq x_{(n)}$:

$$a_{(v)} = \frac{x_{(v)}}{\sum_{w=1}^{n} x_{(w)}} = \frac{x_{(v)}}{n\bar{x}}.$$

Konzentrationsraten der Ordnung h, CR_h, $(h = 1, \ldots, n)$ sind nun definiert durch

$$CR_h = \sum_{v=1}^{h} a_{(n+1-v)}.$$

CR_h gibt den gemeinsamen Anteil der h Objekte mit den größten Merkmalsbeiträgen an; die Angabe erfolgt bisweilen auch in Prozent. Der wesentliche Kritikpunkt an den Konzentrationsraten sei schon hier erwähnt. Aus ihnen sind keine Angaben darüber ersichtlich, wie viele Merkmalsträger es insgesamt gibt. Auch um dieser Kritik zu begegnen, werden die Konzentrationsraten häufig für mehrere ausgewählte Ordnungen h angegeben.

Die Konzentrationsrate wird vom Bundeskartellamt nach Maßgabe des Gesetzes gegen Wettbewerbsbeschränkungen angewendet. Umgesetzt in die Konzentrationsraten sagt der erste Punkt des Paragrafen 19, Absatz 3, dass ein Unternehmen marktbeherrschend ist, wenn $CR_1 \geq 33.3\%$. Die beiden weiteren sprechen von Marktbeherrschung einer Gesamtheit von Unternehmen bei $CR_3 \geq 50\%$ bzw. $CR_5 \geq 66.6\%$.

Neben der Angabe einzelner Werte ist die Darstellung als *Konzentrationskurve* gebräuchlich. Dazu werden die CR_h über den h in ein Diagramm eingezeichnet. Zur besseren visuellen Erkennbarkeit werden die Punkte linear verbunden. Weiter wird der Linienzug bei dem Punkt (0,0) begonnen.

Beispiel 3.40 *Deutsche Fluggesellschaften*

Wir betrachten die drei größten deutschen Fluggesellschaften (Stand 2006). Für sie gilt:

Tab.: *Kennzahlen von Fluggesellschaften und Hilfsgrößen zur Berechnung der Konzentrationsraten*

	Flugzeuge	Mitarbeiter	Passagiere (Mio)	a_v	CR
Lufthansa	500	100000	64.0	0.656	0.656
Air Berlin	131	7000	25.7	0.264	0.920
Condor	35	2300	7.8	0.080	1.000
Summe			97.5		

Konzentration kann bzgl. jedes der drei Merkmale betrachtet werden. Wir wählen als Konzentrationsmerkmal die Anzahl der beförderten Passagiere. Da die drei Beobachtungen schon der Größe nach absteigend geordnet sind, ergeben sich die beiden letzten Spalten der Tabelle. Dies führt dann zu der Abbildung 3.15.

Eine summarische Maßzahl, die auf den Beiträgen aller Merkmalsträger basiert, ist der *Herfindahl-Index H*:

$$H = \sum_{v=1}^{n} a_v^2$$

Für die Interpretation des Index sind die folgenden Eigenschaften wesentlich:

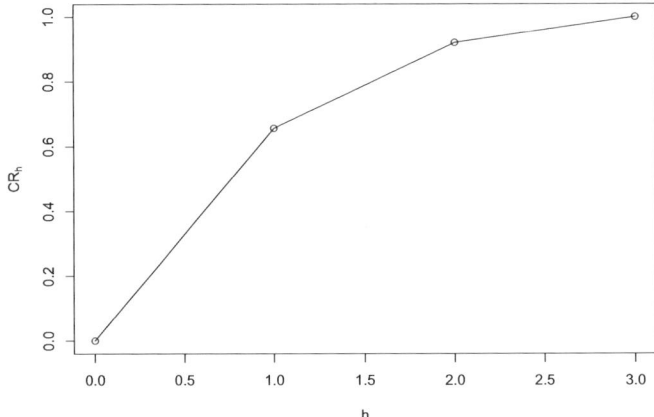

Abb. 3.15: *Konzentrationsraten für die Fluggesellschaften*

1. Stets gilt: $\frac{1}{n} \leq H \leq 1$.

2. Es ist $H = 1$ im Falle vollständiger Konzentration; dies ist so zu interpretieren, dass es nur ein Wirtschaftssubjekt gibt.

3. H nimmt seine untere Grenze an, $H = 1/n$, wenn alle n Einheiten den gleichen Merkmalswert haben. Es liegt also der Fall der geringsten Konzentration bei vorgegebener Anzahl n von Wirtschaftssubjekten vor.

Eine Einschätzung der Stärke der Konzentration wird bei gegebenem Wert H des Herfindahl-Index durch die dritte Eigenschaft ermöglicht. Da nämlich bei $H = 1/n$ alle den gleichen Merkmalswert haben, gibt $1/H = n^*$ die (fiktive) Situation an, dass n^* Wirtschaftssubjekte mit gleichen Merkmalsbeiträgen am Markt sind. Um eine Einschätzung des Zusammenspiels von H und der *Äquivalenzzahl* n^* zu bekommen, ist eine Gegenüberstellung hilfreich. Wie diese zeigt, sind schon bei nicht gerade großen Werten von H die Äquivalenzzahlen recht klein.

H	0.01	0.05	0.1	0.2	0.5	1
n^*	100	20	10	5	2	1

Beispiel 3.41 *Deutsche Fluggesellschaften - Fortsetzung*

Hier ergibt sich:
$$H = a_1^2 + a_2^2 + a_3^2 = 0.4309 + 0.0695 + 0.0064 = 0.5068.$$

Die Äquivalenzzahl n^* der Anzahl der Wirtschaftssubjekte mit gleichen Merkmalsbeiträgen beträgt:
$$n^* = \frac{1}{H} = \frac{1}{0.5068} = 1.973.$$

n^* ist praktisch gleich 2.

3.4 Konzentrationsmessung

H lässt sich auch ohne Berechnung der Merkmalsanteile direkt aus den Merkmalswerten ermitteln. Es gilt nämlich:

$$H = \sum_{v=1}^{n} \left(\frac{x_v}{n \cdot \bar{x}}\right)^2 = \frac{1}{n}\frac{1}{\bar{x}^2}\frac{1}{n}\sum_{v=1}^{n} x_v^2 = \frac{1}{n}\frac{1}{\bar{x}^2}[s^2 + \bar{x}^2] = \frac{1}{n}(1+v^2).$$

Dabei ist v der Variationskoeffizient der Daten. Damit lässt sich der Herfindahl-Index näherungsweise auch für klassierte Daten berechnen.

Der Herfindahl-Index H erfüllt drei Eigenschaften, die an ein gutes Konzentrationsmaß gestellt werden:

1. Transfereigenschaft: Werden Merkmalsbeiträge zusammengefasst, so steigt der Wert des Konzentrationsmaßes.

2. Proportionalitätseigenschaft: Werden Merkmalsbeiträge gleichmäßig aufgeteilt, so nimmt das Konzentrationsmaß ab.

3. Ergänzungseigenschaft: Kommen Wirtschaftssubjekte mit $x_v = 0$ hinzu, so bleibt das Konzentrationsmaß unverändert, obwohl die Disparität zunimmt.

Beispiel 3.42 *Deutsche Fluggesellschaften - Fortsetzung*

Es soll die Transfereigenschaft illustriert werden. Dazu wird die Situation untersucht, dass die beiden kleineren Gesellschaften fusionieren:

	Passagiere (Mio)	a_v	a_v^2
Lufthansa	64.0	0.656	0.4309
Air Berlin + Condor	25.7 + 7.8	0.344	0.1183
Summe	97.5		0.5492

Der neue Wert von H beträgt 0.5492; vorher war er 0.5068.

3.4.3 Relative Konzentration

Für die Messung der *relativen Konzentration* oder *Disparität* ist die Frage zu beantworten, wie sich die gesamte Merkmalssumme verteilt. Dazu wird für die Objekte mit den kleinsten Merkmalsbeiträgen jeweils bestimmt, welcher Anteil an der gesamten Merkmalssumme auf sie entfällt. Da hier i. d. R. viele Objekte beteiligt sind, werden sie nicht einzeln betrachtet. Vielmehr wird auch hier zu Anteilen übergegangen. Dies legt dann zuerst eine grafische Umsetzung nahe.

Die *Lorenzkurve* ergibt sich als Darstellung der kumulierten Merkmalsbeiträge gegen kumulierte Anteile an allen Objekten. Formal werden die Punkte $\left(v/n, \sum_{w=1}^{v} a_{(w)}\right)$, $v = 1, \ldots, n$ in ein Koordinatensystem eingezeichnet. Die Punkte werden linear verbunden. Die Anteile werden dabei oft auch als %-Angaben dargestellt.

Beispiel 3.43 *Stimmenkonzentration*

Bei der Wahl des Aufsichtsrates einer Aktiengesellschaft wird die Anzahl der Stimmen, die eine Person bei einer Aktionärsversammlung zur Verfügung hat, durch die Stärke des Aktienpakets bestimmt, über das diese Person verfügt. Auf einer solchen Versammlung ergab sich folgende Verteilung der Aktien (in tausend Stück):[1]

	Aktien (in tausend Stück)	kum. Anteile Teiln.	Aktien (in tausend Stück)	$a_{(v)}$	$\sum_{w \leq v} a_{(w)}$
Kleinaktionäre	5	0.2	5	0.1	0.1
A-Bank	15	0.4	5	0.1	0.2
B-Bank	15	0.6	10	0.2	0.4
C-Bank	5	0.8	15	0.3	0.7
D-Bank	10	1.0	15	0.3	1.0
			50		

Für die Erstellung der Lorenzkurve sind die Daten zu ordnen. Es ergibt sich die rechts wiedergegebene Arbeitstabelle und die daraus resultierende, in der Abbildung 3.16 dargestellte Lorenzkurve. Die gestrichelt dargestellten Hilfslinien sind momentan noch ohne Bedeutung.

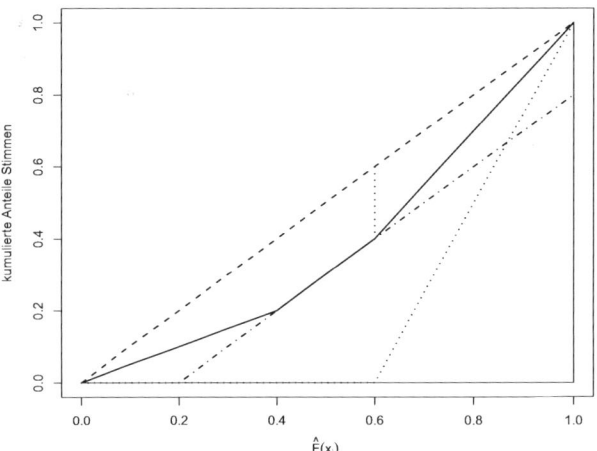

Abb. 3.16: *Lorenzkurve Stimmenkonzentration mit Hilfslinien*

Die Lorenzkurve weist folgende Eigenschaften auf:

1. Sie verläuft unterhalb der Diagonalen.

2. Bei Parität fällt sie mit der Diagonalen zusammen.

3. Bei vollständiger Disparität bei n Merkmalsträgern, d. h. der gesamte Merkmalsbeitrag entfällt auf einen einzigen Merkmalsträger, ist die Lorenzkurve gleich der Nulllinie bis $(n-1)/n$. Der Punkt $(0,(n-1)/n)$ wird dann mit $(1,1)$ verbunden.

---

[1] Das Beispiel ist www2.hsu-hh.de/uebe/Lexikon/L/Lorenz-Bsp09.pdf entnommen.

3.4 Konzentrationsmessung

4. Die durch die Lorenzkurve dargestellte Funktion ist konvex.
5. An der Stelle $\hat{F}(\bar{x})$ weist die Tangente die Steigung 1 auf. Der Punkt ist also ablesbar durch Anlegen einer 45°-Tangente an die Kurve.
6. Der vertikale Abstand der 45°-Linie zu dem Punkt auf der Lorenzkurve an der Stelle $\hat{F}(\bar{x})$ ist der Anteil der Merkmalssumme, der umverteilt werden müsste, um Parität zu erzielen.

Offensichtlich ‚hängt die Lorenzkurve umso mehr durch', je größer die Disparität ist. Schneiden sich zwei Lorenzkurven, so ist ein Vergleich der beiden Gesamtheiten schwierig.

Beispiel 3.44 *Stimmenkonzentration - Fortsetzung*

Anhand des Beispiels sollen die Eigenschaften illustriert werden. Zunächst gehört die bei (0,0.6) ansteigende, in der Abbildung 3.16 gestrichelt eingezeichnete Gerade zu der Lorenzkurve der vollständigen Disparität bei $n = 5$ Merkmalsträgern.

Da in diesem Datensatz $\bar{x} = 10$ gilt, berührt die ebenfalls gestrichelt eingezeichnete 45°-Tangente in dem zugehörigen Punkt (0.6,0.4) die Lorenzkurve. Der vertikale Abstand zwischen Berührungspunkt und der 45°-Linie beträgt 0.2. Zur Herstellung von Parität sind tatsächlich 20% der Merkmalssumme umzuverteilen. Die beiden Aktienpakete mit je 15000 müssten jeweils 5000 an die beiden mit je 5000 abgeben. Dann wären alle Pakete 1000 Aktien stark.

Die Eigenschaften der Lorenzkurve legen nahe, eine Maßzahl der relativen Konzentration durch die von der Lorenzkurve begrenzte Fläche zu konstruieren. Dazu wird der Flächeninhalt zwischen Kurve und Diagonale ins Verhältnis zu der Fläche unter der Diagonalen gesetzt. Dies ergibt den *Gini-Koeffizienten*:

$$G = \frac{1}{n}\left[2 \cdot \sum_{v=1}^{n} v \cdot a_{(v)} - (n+1)\right].$$

Neben der Bestimmung mittels dieser Definitionsgleichung lässt er sich auch über die Formel

$$G = 1 - \frac{1}{n}\sum_{v=1}^{n}(y_v + y_{v-1})$$

berechnen. Die y_v sind die für die Lorenzkurve benötigten Ordinatenwerte: $y_v = \sum_{w=1}^{v} a_{(w)}$; speziell ist $y_0 = 0$ gesetzt.

Beispiel 3.45 *Stimmanteile bei Aufsichtsratswahl*

Um den Gini-Koeffizienten zu bestimmen, wird entsprechend der nebenstehenden Arbeitstabelle vorgegangen.

Wir erhalten den Wert $G = \frac{1}{5}(2 \cdot 3.6 - 6) = 0.24$.

	Aktien	$a_{(v)}$	$v \cdot a_{(v)}$
0.2	5	0.1	0.1
0.4	5	0.1	0.2
0.6	10	0.2	0.6
0.8	15	0.3	1.2
1.0	15	0.3	1.5
	50		3.6

Liegen die Daten klassiert vor, so kann eine näherungsweise Bestimmung von Lorenzkurve und Gini-Koeffizienten erfolgen. Dazu wird von einer Parität in den Klassen ausgegangen. Da alle Merkmalsträger in einer Klasse den gleichen Anteil haben sollen, werden die Werte als auf der Klassenmitte konzentriert angenommen. (Dies unterscheidet sich also von der sonstigen Annahme der Gleichverteilung über die gesamte Klasse.)

Der Merkmalsanteil der $i$ten Klasse wird also als $a_i = \dfrac{m_i \cdot n_i}{n \cdot \bar{x}}$ angenommen. Für die Darstellung sind nun jeweils die Klassenobergrenzen zu verwenden. Damit ergibt sich die Lorenzkurve durch das Zeichnen der Punkte

$$\left(\hat{F}(x_i^*), \sum_{j=1}^{i} \frac{m_j \cdot n_j}{n \cdot \bar{x}} \right)$$

und dem anschließenden linearen Verbinden dieser Punkte.

Für den Gini-Koeffizienten ergibt sich in diesem Fall:

$$G \geq 1 - \sum_{i=1}^{I} (y_i + y_{i-1}) \frac{n_i}{n}.$$

Es gilt das $\geq$-Zeichen, da Parität in den Klassen unterstellt wird. Allerdings ist bei nicht zu grober Klasseneinteilung die untere Grenze ein guter Näherungswert.

Beispiel 3.46 *Haushaltsnettoeinkommen*

Für die Bundesrepublik Deutschland wurde im Jahr 2005 die Verteilung des Haushaltsnettoeinkommens X (in Euro) ermittelt, siehe Statistisches Bundesamt (2005, S. 548). Anhand dieser Daten soll die Einkommenskonzentration bestimmt werden. Hierfür wird die Lorenzkurve gezeichnet und der Gini-Koeffizient (approximativ) berechnet. Es ist zu beachten, dass in der folgenden Tabelle die Häufigkeiten n_i in 1000 angegeben sind.

Die Arbeitstabelle enthält alle für die Darstellung der Lorenzkurve benötigten Eintragungen samt der Zwischenschritte.

Tab.: *Arbeitstabelle zum Erstellen einer Lorenzkurve*

i	$x_{i-1}^* \leq X < x_i^*$		n_i	h_i	$\hat{F}(x_i^*)$	m_i	$n_i m_i$	a_i	$y_i = \sum_{j \leq i} a_j$	$(y_i + y_{i-1}) h_i$
1	0	- 900	3117	0.082	0.082	450	1402650	0.011	0.011	0.001
2	900	- 1300	4801	0.127	0.209	1100	5281100	0.042	0.054	0.008
3	1300	- 1500	2572	0.068	0.277	1400	3600800	0.029	0.083	0.009
4	1500	- 2000	5750	0.152	0.428	1750	10062500	0.081	0.163	0.037
5	2000	- 2600	5672	0.150	0.578	2300	13045600	0.105	0.268	0.064
6	2600	- 3600	6675	0.176	0.754	3100	20692500	0.166	0.434	0.124
7	3600	- 5000	5124	0.135	0.889	4300	22033200	0.177	0.611	0.141
8	5000	-18000	4220	0.111	1.000	11500	48530000	0.389	1.000	0.179
Summe			37931				124648350			0.563

Die Lorenzkurve ist in der Abbildung 3.17 wiedergegeben. Für den Gini-Koeffizienten erhalten wir $G = 1 - 0.563 = 0.437$.

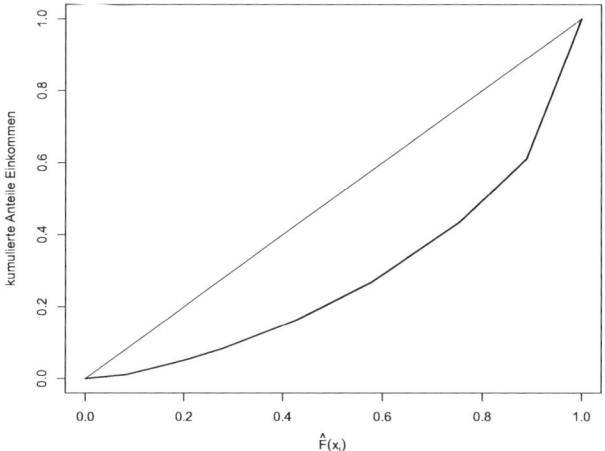

Abb. 3.17: *Lorenzkurve des Haushaltsnettoeinkommens in der BRD*

3.5 Aufgaben

Aufgabe 1

Um zu sehen, welche Fahrtstrecke zur Arbeit die schnellere ist, stoppte Herr Statist mehrmals die benötigten Zeiten:

Route A: 29.5, 32.1, 31.1, 32.5, 28.8, 28.0, 25.0, 30.2, 29.1, 28.0, 30.5
Route B: 29.6, 31.4, 32.1, 31.0, 28.9, 31.4, 30.7, 31.6, 37.0, 31.5, 30.5, 32.3

1. Welche Route ist im Durchschnitt die schnellere? Geben das arithmetische Mittel und der Median unterschiedliche Antworten?
2. Bei welcher Route streuen die Zeiten mehr? Geben die Standardabweichungen und der Quartilsabstand unterschiedliche Antworten?
3. Wie lange hat Herr Statist im Gesamtdurchschnitt für seinen Arbeitsweg gebraucht?
4. Wie stark streuen die Fahrzeiten insgesamt? Welcher Anteil der Streuung resultiert aus der Unterschiedlichkeit der Fahrstrecken?

Aufgabe 2

Die mittlere Alkoholkonzentration im Blut wurde bei je acht Frauen eine halbe Stunde nach Verabreichung einer Menge unterschiedlich starken alkoholischen Getränkes ermittelt. (Nach: Ergonomics, 26 (1983), S. 647-657).

Alkohol-Dosis	Alkoholkonzentration
200 mg/kg	0.024 0.013 0.025 0.017 0.029 0.014 0.023 0.015
400 mg/kg	0.052 0.039 0.049 0.059 0.049 0.061 0.047 0.052

1. Vergleichen Sie das Niveau und die Streuung der Alkoholkonzentration in den beiden Gruppen anhand geeigneter Maßzahlen.
2. Welcher Anteil der Streuung aller Werte resultiert aus der unterschiedlichen Alkohol-Dosis?

Aufgabe 3

Ein Aspekt des kulturellen Geschehens in einer Großstadt in den letzten Jahren ist in der folgenden, etwas vereinfachten Tabelle zusammengefasst; es handelt sich dabei um die Anzahl X der zahlenden Konzertbesucher pro Jahr (in 1000). Dabei wird unterschieden nach den Jahren mit jeweils 30 bzw. 40 Konzerten.

$x^*_{i-1} < X \leq x^*_i$			Konzerte p.a.	
			30	40
24	-	30	5	2
30	-	40	4	4
40	-	46	1	9
46	-	60	0	5
			10	20

Bestimmen Sie jeweils das arithmetische Mittel und die Standardabweichung der Anzahl der Konzertbesucher pro Jahr für die Jahre, in denen 30 bzw. 40 Konzerte gegeben wurden.

Aufgabe 4

Bei der Anwendung der Rohfassung eines psychologischen Tests erzielten die 100 Probanden die folgende Punkteverteilung:

i	x^*_{i-1}		$< X \leq x^*_i$	n_i
1	0	-	4	16
2	4	-	6	31
3	6	-	8	35
4	8	-	10	16
5	10	-	14	2

Der Test soll nun so geeicht werden, dass die Punktewerte das Mittel 20 und die Standardabweichung 5 aufweisen. Wie müssen die Punktewerte hierzu transformiert werden, wenn dies mit einer linearen Transformation geschehen soll?

Aufgabe 5

Bei der XXVII. Internationalen Mathematik-Olympiade erreichten die Mannschaften der teilnehmenden Länder die folgenden Punkte:

203 203 196 177 172 171 161 151 149 146 141 131 127 119 117 112 93 90 85 84 80 79 78 69 68 63 60 58 57 55 54 53 51 49 48 37 22.

Untersuchen Sie die Daten hinsichtlich der Schiefeeigenschaften und möglicher Symmetrisierung.

Aufgabe 6

Für verschiedene Länder Afrikas ergaben sich folgende Medianwerte und Quartilsabstände der Altersdifferenzen zwischen Ehepartnern (Population Studies 40 (1986), S. 353-347):

$\tilde{x}$: 9.7 7.6 7.1 6.9 5.6 9.8 8.4 6.5 6.2 6.1 5.4
s_Q: 9.1 8.0 7.8 8.4 5.5 9.7 7.3 7.0 6.4 7.0 7.0

Welche Transformation hat hier eine streuungsstabilisierende Wirkung?

Aufgabe 7

Für 22 Anbieter von Neureifen hat eine Unternehmensberatungsfirma folgende Marktanteile a_i, $i = 1,\ldots,22$, gemessen am Umsatz, im Jahr t erhoben:

Tabelle: Marktanteile auf dem Markt für Neureifen im Jahr t

Nr. i	1	2	3	4	5	6	7	8	9	10	11	$\cdots$	22
a_i (%)	2	23	11	9	7	2	5	6	5	18	1	$\cdots$	1

1. Berechnen Sie die Konzentrationsraten der Ordnung 4 und 8 und interpretieren Sie kurz die Resultate.
2. Zeichnen Sie die Konzentrationskurve.
3. Berechnen Sie den Herfindahl-Index und die zugehörige Äquivalenzzahl.
4. Auf dem Markt haben sich im Jahre $t+1$ die Unternehmen Nr. 7 und 10 sowie die Unternehmen Nr. 3 und 8 zusammengeschlossen. Bestimmen Sie die Konzentrationsraten, den Herfindahl-Index und die zugehörige Äquivalenzzahl für die Marktsituation nach den erfolgten Zusammenschlüssen (Fusionen).

Aufgabe 8

Tabelle : Immobilienvermögen privater Haushalte in Deutschland 1995, Nettobetrachtung

Vermögenswerte nach Klassen in 1000 DM			Haushalte mit Haus- und Grundbesitz in 1000	Vermögensbestand zum Verkehrswert Mrd. DM
i	$x^*_{i-1} \leq X <$	x^*_i	n_i	$n_i \cdot \bar{x}_i$
1	-	100	2044	89
2	100 -	200	3731	491
3	200 -	300	3929	863
4	300 -	400	3501	1093
5	400 -	500	1668	695
6	500 -	600	628	324
7	600 -	700	628	383
8	700 -	800	291	210
9	800 -	900	458	370
10	900 -	1000	110	102
11	1000 -		752	1080
Insgesamt			17740	5700

Die Tabelle zeigt eine Veröffentlichung des Deutschen Instituts für Wirtschaftsforschung (DIW) zur Verteilung des Immobilienvermögens privater Haushalte im Jahre 1995 in der Bundesrepublik Deutschland. (DIW Berlin, Wochenbericht 35/98, Tabelle 9, www.diw.de/deutsch/98_35_2/30991.html)

1. Zeichnen Sie die Lorenzkurve.
2. Berechnen Sie den Gini-Koeffizienten.
3. Welchen Anteil am Immobilienvermögen besaßen 1993 (approximativ) die bezüglich des Immobilienvermögens
   (a) ‚ärmsten' 50% der Haushalte?   (b) ‚reichsten' 10% der Haushalte?

4 Multivariate Datensätze

Auch bei der Darstellung multivariater Datensätze ist es angebracht, eine Unterteilung in der Form vorzunehmen, dass einmal diskrete Variablen mit nur wenigen unterschiedlichen Realisationen betrachtet werden und zum anderen Variablen mit einer großen Anzahl. Wir beschränken unsere Ausführungen auf solche Fälle, bei denen die zugrunde liegenden Variablen alle der einen oder der anderen Kategorie angehören. In einer nicht ganz zutreffenden Sprechweise titulieren wir die beiden Situationen mit ‚diskrete Datensätze' und ‚stetige Datensätze'.

4.1 Darstellung multivariater diskreter Datensätze

4.1.1 Problemstellung

Der volkswirtschaftliche Schaden, der durch Steuerhinterziehungen verursacht wird, ist nach Einschätzung von Fachleuten beträchtlich. Über die Höhe der durch Steuerkriminalität verursachten Schäden existieren aber nur subjektive Einschätzungen. Um überhaupt einen Einblick in diesen Bereich zu erhalten, betrachtete Mönch (1978) daher die registrierte Steuerkriminalität anhand der Akten der Staatsanwaltschaft einer süddeutschen Großstadt. Die untersuchten Fälle ereigneten sich Anfang der 1970er Jahre.

Einer der untersuchten Fragen war die nach dem Zusammenhang zwischen der Betriebsart ($= X$) und der hinterzogenen Steuerart ($= Y$). Die 115 Akten führten zunächst zu einer Datenmatrix:

Tab.: *Datenmatrix ‚Betriebsart und hinterzogene Steuerart'*

laufende Nummer	Variable X	Y
1	2	3
2	1	1
3	2	4
⋮	⋮	⋮
115	3	2

Dabei bedeuten die Realisationsmöglichkeiten der beiden Variablen:

$X=$‚Betriebsart'
1 = Handelsbetrieb
2 = Freie Berufe und ähnl. Leistungsbetriebe
3 = Fertigungs- und sonstige Betriebe

$Y=$‚Steuerart'
1 = Lohnsteuer durch Arbeitgeber
2 = Einkommenssteuer
3 = Umsatzsteuer
4 = Sonstiges.

Als Frage stellt sich, wie die Beobachtungen der Datenmatrix in eine Form zu bringen sind, so dass sich wesentliche Aspekte leicht erkennen lassen. Eine einfache Auszählung der konkreten Daten ergibt z. B., dass
- 2 Handelsbetriebe Lohnsteuer hinterzogen hatten;
- 15 Betriebe der Kategorie 2 (Freie Berufe und ähnl. Leistungsbetriebe) Umsatzsteuer hinterzogen hatten.

Diese Auszählungen lassen sich in einer Tabelle zusammenfassen.

Tab.: *Häufigkeitstabelle ‚Betriebsart und hinterzogene Steuerart'*

X	Y 1	2	3	4	Summe
1	2	13	9	9	33
2	26	11	15	9	61
3	7	6	5	3	21
Summe	35	30	29	21	115

Aus der Tabelle ist nicht nur ersichtlich, dass die überwiegende Zahl der ertappten Steuerhinterzieher ‚Freie Berufe u. ä. Leistungsbetriebe' waren, sondern auch, dass diese überwiegend Lohnsteuer ihrer Angestellten hinterzogen.

4.1.2 Bivariate Kontingenztabellen

Den Häufigkeiten, mit denen zwei Variablen X und Y die Wertekombinationen x_i, y_j angenommen haben, gilt das Interesse der gemeinsamen Betrachtung zweier Variablen. Um diese Häufigkeiten geeignet darzustellen, gehen wir von einer beschränkten Anzahl von Realisationsmöglichkeiten aus. Die von X seien $x_1, \ldots, x_k$ und die von Y seien $y_1, \ldots, y_m$.

Definition 4.1 *gemeinsame Häufigkeiten*

Wir bezeichnen die *gemeinsame absolute* bzw. *relative Häufigkeit*, mit der X den Wert x_i und gleichzeitig Y den Wert y_j angenommen hat, mit

$$n(X=x_i, Y=y_j) = n_{ij} \quad \text{bzw.} \quad h(X=x_i, Y=y_j) = h_{ij} = \frac{n_{ij}}{n}.$$

Ein Beispiel einer gemeinsamen absoluten Häufigkeitsverteilung ist schon in der Problemstellung gegeben. Dort ist etwa

$$n(X=2, Y=3) = 15 \quad \text{und} \quad h(X=2, Y=3) = \frac{15}{115} = 0.13.$$

Die allgemeine Struktur einer *bivariaten Häufigkeits-, Kontingenz- oder Kreuztabelle* (auch $k \times m$-Felder-Tafel genannt) ist in der Tabelle 4.1 angegeben.

An den Rändern stehen jeweils die Summen, die *Randhäufigkeiten* der einzelnen Variablen:

$$n_{i\bullet} = n_{i1} + \cdots + n_{im} = n(X=x_i) \qquad i=1,\ldots,k,$$
$$n_{\bullet j} = n_{1j} + \cdots + n_{kj} = n(Y=y_j) \qquad j=1,\ldots,m.$$

4.1 Darstellung multivariater diskreter Datensätze

Tabelle 4.1: *Allgemeine bivariate Kontingenztabelle für absolute Häufigkeiten*

X	y_1	y_2		y_j		y_m	Summe
x_1	n_{11}	n_{12}	...	n_{1j}	...	n_{1m}	$n_{1\bullet}$
x_2	n_{21}	n_{22}	...	n_{2j}	...	n_{2m}	$n_{2\bullet}$
⋮	⋮	⋮		⋮		⋮	⋮
x_i	n_{i1}	n_{i2}	...	n_{ij}	...	n_{im}	$n_{i\bullet}$
⋮	⋮	⋮		⋮		⋮	⋮
x_k	n_{k1}	n_{k2}	...	n_{kj}	...	n_{km}	$n_{k\bullet}$
Summe	$n_{\bullet 1}$	$n_{\bullet 2}$		$n_{\bullet j}$		$n_{\bullet m}$	n

Die verschiedenen Häufigkeiten erfüllen folgende Beziehungsgleichungen:

$$\sum_{i=1}^{k}\sum_{j=1}^{m} n_{ij} = \sum_{i=1}^{k} n_{i\bullet} = \sum_{j=1}^{m} n_{\bullet j} = n.$$

Analoge Beziehungen gelten natürlich, wenn in der Häufigkeitstabelle die relativen Häufigkeiten $h_{ij} = n_{ij}/n$ angegeben sind.

4.1.3 Bedingte relative Häufigkeiten

Speziell für Vergleiche betrachten wir gerne die Verteilungen einer diskreten Variablen für jeweils festgehaltene Realisationen einer zweiten diskreten Variablen. So können wir z. B. im Rahmen der Problemstellung nach den Verteilungen der hinterzogenen Steuerart in Abhängigkeit von der jeweiligen Betriebsart fragen. Da die durch das Festhalten der Realisationen der zweiten Variablen charakterisierten Teilgesamtheiten unterschiedlich groß sind, wird der Vergleich am sinnvollsten über relative Häufigkeiten vorgenommen. Dabei sind die gemeinsamen absoluten Häufigkeiten durch die jeweiligen Randhäufigkeiten zu dividieren.

Definition 4.2 *bedingte relative Häufigkeit*

Die *bedingte relative Häufigkeit*, mit der die Variable Y den Wert y_j angenommen hat unter der Bedingung, dass X den Wert x_i angenommen hat, ist

$$h(Y=y_j|X=x_i) = \frac{n(X=x_i, Y=y_j)}{n(X=x_i)} = \frac{n_{ij}}{n_{i\bullet}}.$$

Dabei ist $n(X=x_i) > 0$ vorausgesetzt. Entsprechend ist die bedingte relative Häufigkeit $h(X=x_i|Y=y_j)$ definiert.

Die bedingte relative Häufigkeit $h(Y=y_j|X=x_i)$ gibt also die relative Häufigkeit der Beobachtung y_j in dem durch das Vorkommen des Wertes x_i eingeschränkten Datensatz an.

Wegen

$$\frac{n_{ij}}{n_{i\bullet}} = \frac{n_{ij}/n}{n_{i\bullet}/n} = \frac{h_{ij}}{h_{i\bullet}}$$

lassen sich die bedingten relativen Häufigkeiten auch aus folgender Beziehung bestimmen:

$$h(Y=y_j|X=x_i) = \frac{h_{ij}}{h_{i\bullet}} \quad \text{bzw.} \quad h(X=x_i|Y=y_j) = \frac{h_{ij}}{h_{\bullet j}}.$$

Beispiel 4.3 *Steuerhinterziehungen - Fortsetzung*

Die in der Problemstellung angegebene Häufigkeitstabelle führt zu den bedingten Verteilungen der Variablen $Y =$,hinterzogene Steuerart' in Abhängigkeit von dem jeweils festgehaltenen Wert der Variablen $X =$,Betriebsart'.

Tab.: *Bedingte Verteilungen von Y in Abhängigkeit von X*

X \ Y	1	2	3	4	Summe
1	$h(Y=1\|X=1)$ $=0.061$	$h(Y=2\|X=1)$ $=0.394$	$h(Y=3\|X=1)$ $=0.273$	$h(Y=4\|X=1)$ $=0.273$	1.001*⁾
2	$h(Y=1\|X=2)$ $=0.426$	$h(Y=2\|X=2)$ $=0.180$	$h(Y=3\|X=2)$ $=0.246$	$h(Y=4\|X=2)$ $=0.148$	1.000
3	$h(Y=1\|X=3)$ $=0.333$	$h(Y=2\|X=3)$ $=0.286$	$h(Y=3\|X=3)$ $=0.238$	$h(Y=4\|X=3)$ $=0.143$	1.000

*) Abweichungen von 1.000 aufgrund von Rundungen

Hier ist deutlicher als in der Ausgangstabelle zu sehen, dass
- Umsatzsteuer in allen Betriebsarten mit etwa gleichem Anteil hinterzogen wird.
- Einkommensteuer in Handelsbetrieben ca. doppelt so häufig hinterzogen wird wie bei den Freien Berufen und ähnlichen Leistungsbetrieben.

4.1.4 Mehrdimensionale Kontingenztabellen

Werden mehr als zwei diskrete Variablen gleichzeitig betrachtet, so kann die Datenmatrix auf eine mehrdimensionale Kontingenztabelle reduziert werden. Dazu werden die gemeinsamen Häufigkeiten, mit denen die Variablen die Kombinationen der jeweiligen Realisationsmöglichkeiten angenommen haben, ausgewählt und in einer geeigneten Form tabellarisch dargestellt. Übersichtlich bleibt eine solche Tabelle allerdings nur bis zu einer beschränkten Anzahl von Variablen:

Beispiel 4.4 *Verkauf von Baccara-Rosen*

Eine Reisegewerblerin für das Feilbieten von Blumen und kunstgewerblichen Gegenständen will anhand ihrer bisherigen Erfahrungen ihre weitere Tätigkeit planen. Verkauft hatte sie bisher ausschließlich Baccara-Rosen in vier Speiserestaurants an drei Wochentagen. Sie besuchte die Lokale jeweils zweimal. Festgehalten wurde außerdem, wie die Wetterbedingungen gewesen waren und ob der Verkauf in den einzelnen Restaurants zufriedenstellend verlaufen war, d. h. ob mehr als zwei Rosen pro Besuch verkauft worden waren. Die 192 Abende umfassende Datenmatrix führte dann zu der folgenden Kontingenztabelle, siehe Recke (1979).

Tab.: *Fünfdimensionale Kontingenztabelle: Verkauf von Rosen*

			Wetter									
			trocken					nass				
			Tag					Tag				
		Do		Fr		Sa		Do		Fr		Sa	Σ
		Runde		Runde		Runde		Runde		Runde		Runde	
Verk. Res.		1	2	1	2	1	2		1	2	1	2	1	2	
gut	1	11	10	13	16	12	19	81	14	16	14	15	12	22	93
	2	18	5	16	15	14	13	81	11	9	21	13	18	6	78
	3	15	6	21	9	23	5	79	14	6	19	7	21	7	74
	4	18	12	26	22	28	20	126	15	11	18	10	14	8	76
	Σ	62	33	76	62	77	57		54	42	72	45	65	43	
schl.	1	20	21	29	26	27	20	143	7	5	18	17	15	5	67
	2	13	26	26	27	25	26	143	10	12	11	19	9	21	82
	3	16	25	21	33	16	34	145	7	15	13	26	6	20	86
	4	13	19	16	20	11	19	98	6	10	14	22	13	19	84
	Σ	62	91	92	106	79	99		30	42	56	83	43	65	

Aus der Tabelle ist insbesondere zu erkennen:
- Nur im Restaurant Nummer 4 wurde überwiegend gut verkauft.
- In der ersten Runde erfolgte häufig ein guter Verkauf, in der zweiten hingegen vielfach ein schlechter.
- Bei nassem Wetter wurden überproportional viele gute Ergebnisse erzielt.

Diese und weitere Aspekte können zu einer Verbesserung der Reisegewerbstätigkeit genutzt werden.

4.2 Darstellung bivariater stetiger Datensätze

4.2.1 Streudiagramm

Bei zwei Variablen X und Y, bei denen die Realisationen jeweils überwiegend verschieden sind, ist ein möglicher Zusammenhang am besten aus einem *Streudiagramm* zu ersehen. Dabei werden die Werte der einen Variablen gegen die Werte der anderen in einem Koordinatensystem eingezeichnet. Sofern eine Variable als inhaltlich abhängig von der anderen angesehen wird, werden ihre Werte i. d. R. auf der Ordinate, d. h. der senkrechten Achse, eingetragen. Es resultiert eine *Punktwolke*, die einen Eindruck vom Zusammenspiel der beiden Variablen vermittelt.

Beispiel 4.5 *Körperfett*

Der Gesamtkörperfett-Prozentsatz eines Menschen besteht aus notwendigem Fett und Lagerungsfett. Notwendiges Fett ist das, was für Lebens- und Fortpflanzungsfunktionen notwendig ist. Lagerungsfett besteht aus Anhäufungen im fetthaltigen Gewebe, das innere Organe in der Brust und dem Abdomen schützt. Eine Vielfalt von populären Gesundheitsbüchern schlägt vor, dass die Leser ihre Gesundheit mindestens teilweise bewerten, indem sie ihren Prozentsatz an Körperfett schätzen. Da das Körperfett nicht leicht zu ermitteln ist, werden hierbei Beziehungen verschiedener hautbezogener Maße und auch des Bauchumfanges sowie anderer Abmessungen zum Körperfett verwendet.

Hier wird der Zusammenhang zwischen Körperfett und Bauchumfang betrachtet. Die Daten stammen von Penrose, Nelson & Fisher (1985).

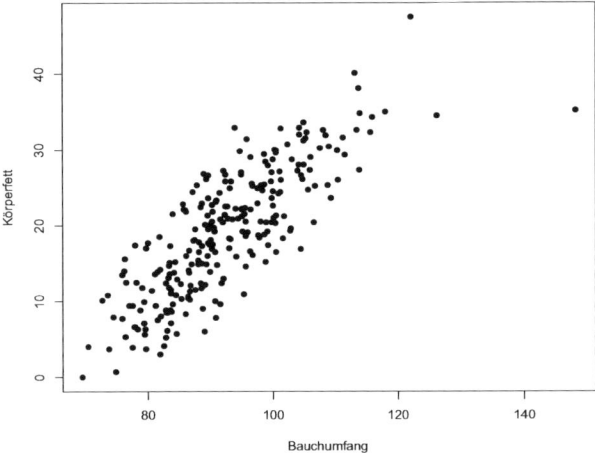

Abb. 4.1: *Streudiagramm von Bauchumfang und Körperfett*

Das Streudiagramm zeigt eine zu erwartende Tendenz des Anstieges der einen Größe mit der anderen. Zudem gibt es eine Person mit extremen Bauchumfang, bei der aber der Fettwert nicht der extremste ist.

4.2.2 Konvexe Hüllen

Bei univariaten Daten erlaubt der Box-Plot eine schnelle Erfassung der Struktur eines Datensatzes, insbesondere des mittleren Teils der Daten und der extremsten Beobachtungen. Dem Box-Plot entspricht bei bivariaten Daten das Konzept der *konvexen Hüllen*. Damit lässt sich die Struktur einer Punktwolke herausarbeiten. Auch die Reduzierung der Punkte auf wenige Kurvenzüge ist damit möglich.

Die Konstruktion lässt sich am einfachsten erläutern, wenn wir uns mit einem durchsichtigen Lineal an ein fertiges Streudiagramm setzen. Das Lineal wird an einen extremen Punkt der Punktwolke gelegt. Es wird um diesen Punkt gedreht, bis eine Verbindung zu einem zweiten Punkt entsteht, so dass alle anderen Punkte auf einer Seite der Verbindungslinie liegen. Der so gefundene und mit dem ersten verbundene Punkt dient als neuer Ausgangspunkt. Die Fortsetzung des Vorgehens liefert einen geschlossenen Streckenzug, der alle nicht-verbundenen Punkte im Innern enthält. Dies ist die äußere konvexe Hülle. Die nächste Hülle erhalten wir auf dieselbe Weise, wenn wir uns die Punkte auf der äußeren Hülle weggenommen denken.

Gezeichnet werden oft nur die äußere konvexe Hülle sowie diejenige, in derem Innern (Rand eingeschlossen!) gerade 50% oder etwas mehr der Datenpunkte liegen. Das Zentrum wird ebenfalls hervorgehoben. Es ist entweder ein einzelner Punkt oder der Schwerpunkt des Gebietes in der innersten konvexen Hülle.

Beispiel 4.6   *Körperfett - Fortsetzung*

Die einzelnen extremen Datenpunkte führen bei der äußeren konvexen Hülle zu einem sehr umfassenden Gebiet. Die innere konvexe Hülle zeigt aber den Zusammenhang von Bauchumfang und Körperfett deutlich.

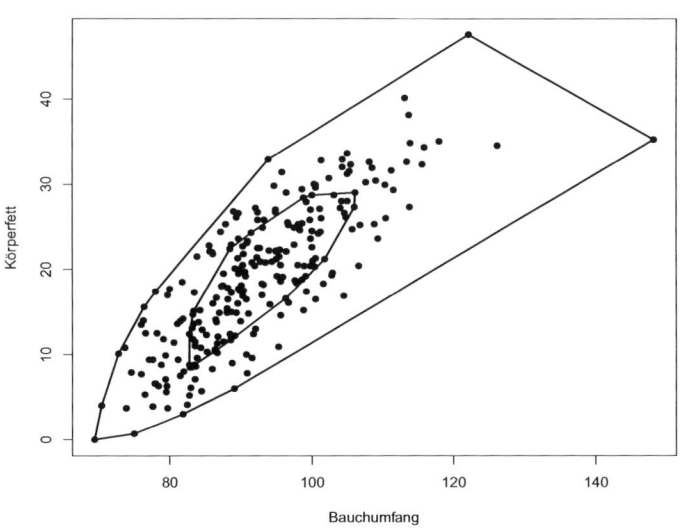

Abb. 4.2: Streudiagramm von Bauchumfang und Körperfett mit konvexen Hüllen

4.2.3   Grafische Darstellung der bivariaten Häufigkeitsverteilung

Zum einen wegen des Aufwandes, zum anderen wegen der Schwierigkeit, alle Einzelheiten darzustellen, werden im bivariaten Fall sehr selten Histogramme konstruiert. Allerdings erlauben es die modernen Statistikumgebungen und Auswertungsprogramme leicht geglättete Versionen des Histogramms für zweidimensionale Daten zu erstellen. Eine besondere Form bilden *Kerndichteschätzungen*, vgl. Schlittgen (2004). Hier sind die Volumina unter der dargestellten Oberfläche proportional zur Häufigkeit.

Beispiel 4.7   *Verkehr in Bottrop*

Als Grundlage für die Verkehrsplanung wurden in Bottrop die pro 1/2-Stunde durch einen Abschnitt der Hauptverkehrsstraße fahrenden Kraftfahrzeuge ermittelt. Es wurden gleichzeitig die nach Norden fahrenden ($= X$) und die nach Süden fahrenden Fahrzeuge ($= Y$) gezählt. Die zugehörigen Daten sind in der folgenden Tabelle angegeben.

Tab.: *Datenmatrix der Verkehrszählung vom Freitag, den 30.04.1983*

v	x_v	y_v	v	x_v	y_v	v	x_v	y_v	v	x_v	y_v	v	x_v	y_v	v	x_v	y_v
1	56	30	9	54	50	17	346	445	25	462	395	33	908	527	41	239	208
2	26	22	10	135	121	18	369	349	26	562	444	34	752	468	42	224	232
3	21	21	11	215	226	19	380	386	27	555	465	35	570	399	43	247	198
4	15	16	12	228	337	20	396	338	28	540	463	36	505	388	44	186	174
5	15	10	13	331	617	21	404	360	29	665	528	37	586	399	45	189	152
6	15	6	14	358	828	22	429	362	30	641	483	38	384	348	46	171	145
7	19	20	15	414	737	23	440	369	31	788	523	39	296	324	47	133	120
8	27	26	16	395	560	24	403	390	32	847	557	40	315	315	48	95	116

Diese Daten ergeben die in der Abbildung 4.3 wiedergegebene Kerndichteschätzung. Hier ist diese Darstellung insofern sinnvoll, als bei der gewählten Perspektive die wesentliche Struktur der Verteilung noch deutlich wird.

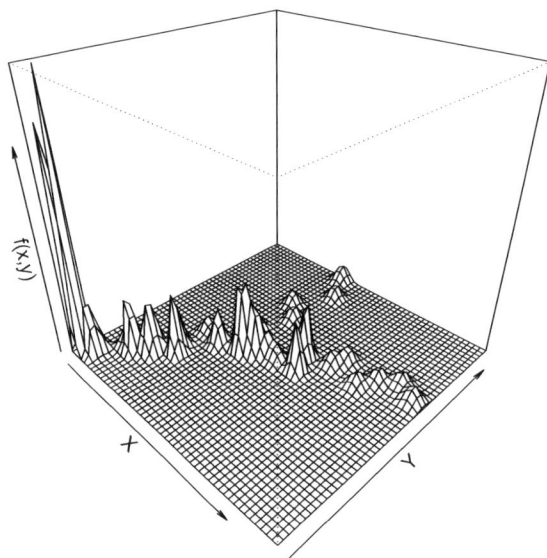

Abb. 4.3: *Kerndichteschätzung des Verkehrsaufkommens in Bottrop*

4.3 Mehrdimensionale Daten

Unsere Wahrnehmungsfähigkeit ist prinzipiell auf drei räumliche Dimensionen beschränkt, eine Buchseite hat nur zwei. Auch wenn mittels perspektivischer Darstellungen dreidimensionale Punktwolken dargestellt werden können und mit dynamischer, farbiger Computergraphik Darstellungen von vier Dimensionen möglich sind, bleiben die Darstellungsmöglichkeiten auf wenige Dimensionen beschränkt. Daher wird bei der Darstellung multivariater Daten stets versucht, sie auf wenige, möglichst eine oder zwei Dimensionen zu redu-

4.3 Mehrdimensionale Daten

zieren. Eine erste Möglichkeit, mit zwei Dimensionen auszukommen, besteht in der paarweisen Betrachtung. Sofern die Anzahl der Variablen überschaubar ist, können dann für je zwei Variablen die *paarweisen Streudiagramme* gezeichnet werden. Dies ist u. U. auch für weitergehende Erkenntnisse hilfreich.

Beispiel 4.8 *Dominanz-Instrument*

In einer Untersuchung wurden bei 20 Personen die Werte eines psychologischen Instrumentes ermittelt. Die jeweils vier Werte geben die Stärke von Wesenszügen wieder, die den beiden Gehirnhälften zugeordnet sind. Dabei ist jede Gehirnhälfte noch einmal bzgl. Intellekt (cerebral) und Verhalten (limbisch) unterteilt. Je höher die Werte sind, desto stärker ist der Wesenszug ausgeprägt. Die folgende Abbildung zeigt die paarweisen Streudiagramme der vier Variablen

X_1 = logisches, analytisches Wesen (links, C)
X_2 = administratives, kontrolliertes Wesen (links, L)
X_3 = konzeptionelles, ganzheitliches Wesen (rechts, C)
X_4 = emotionelles, emphatisches Wesen (rechts, L).

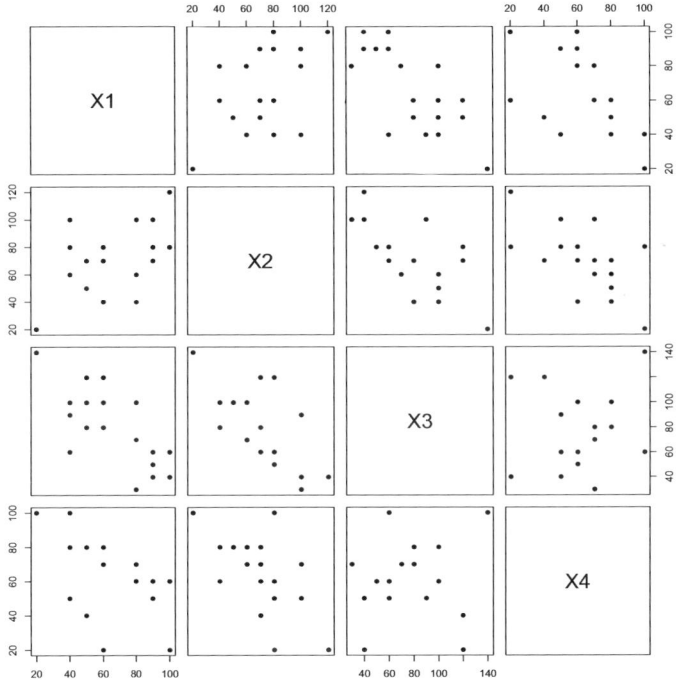

Abb. 4.4: Paarweise Streudiagramme von vier psychologischen Variablen

Das Streudiagramm von X_1 und X_2 zeigt eher eine gleichgerichtete Tendenz der beiden Variablen; wenn die eine einen großen Wert hat, ist es auch bei der anderen so. X_1 und

X_2 weisen jeweils mit X_3 und X_4 eine entgegengesetzte Tendenz auf. Bei X_3 und X_4 ist ein Zusammenhang nicht zu erkennen. Insgesamt ist aber eher eine Dominanz der linken bzw. rechten Gehirnhälfte zu erkennen als eine gemeinsame Ausrichtung von Intellekt bzw. Verhalten.

Die zugrunde liegende Datenmatrix ist (für die Überlassung der Daten danke ich Herrn Prof. Bisani):

Tab.: *Werte des Dominanz-Instrumentes bei 20 Personen*

v	X_1	X_2	X_3	X_4	v	X_1	X_2	X_3	X_4
1	90	100	40	50	11	80	60	70	70
2	90	80	60	50	12	50	70	120	40
3	100	80	60	60	13	80	40	100	60
4	40	80	60	100	14	40	60	100	80
5	90	70	60	60	15	60	80	120	20
6	60	40	100	80	16	50	50	100	80
7	80	100	30	70	17	100	120	40	20
8	60	40	80	80	18	40	100	90	50
9	90	80	50	60	19	20	20	140	100
10	50	70	80	80	20	60	70	80	70

Es gibt bei dem Ansatz der paarweisen Betrachtung zwei Probleme. Zum ersten sind bei k Variablen $k(k-1)/2$ Streudiagramme nötig. Dies bewirkt einen rasch mit k wachsenden Aufwand. Zum zweiten liegt eine Beschränkung offensichtlich darin, dass solche Strukturen nicht erfasst werden können, die sich in mehr als zwei Dimensionen auswirken. Andere zweidimensionale Darstellungen basieren auf Transformationen mehrdimensionaler Datensätze in solche mit einer geringeren Anzahl von Dimensionen. Häufig hängen die ursprünglichen Variablen so zusammen, dass die Daten ohne bedeutsamen Informationsverlust durch nur wenige, im günstigsten Fall eben nur eine oder zwei Variablen beschrieben werden können. Die verbreitetste Methode zu dieser Variablenreduktion ist die Hauptkomponentenanalyse, vgl. Schlittgen (2009b). Aus den so gewonnenen Darstellungen können dann Clusterbildungen und einzelne Extremwerte erkannt werden. *Cluster* sind dabei einzelne zusammenhängende Gruppen von Objekten. Die Darstellung höherdimensionaler Daten in niedrigeren Dimensionen ist auch das Ziel der Multidimensionalen Skalierung. Hier werden die Werte der Variablen dazu benutzt, Abstände zwischen den Erhebungseinheiten zu bestimmen. Dann wird versucht, eine möglichst ein- oder zweidimensionale Punktwolke zu finden, deren Punkte die gleichen Abstände aufweisen. Die Methode ist ebenfalls bei Schlittgen (2009b) beschrieben.

4.4 Maßzahlen des Zusammenhangs

Wie bei univariaten Datensätzen und Variablen sind auch bei bivariaten Verteilungen zusammenfassende Maßzahl, die wesentliche Aspekte beschreiben, von Bedeutung. Es ist naheliegend, auf die Maßzahlen der univariaten Randverteilungen zurückzugreifen. Die getrennte Betrachtung von Eigenschaften zweier Variablen X und Y bzw. ihrer Realisationen

4.4 Maßzahlen des Zusammenhangs

ist aber nicht geeignet, das zentrale gemeinsame Charakteristikum, den Zusammenhang, zu erfassen. Von den verschiedenen Maßzahlen des Zusammenhanges behandeln wir nur den für metrisch skalierte Variablen entwickelten Korrelationskoeffizienten von Bravais-Pearson und die damit zusammenhängende Kovarianz sowie eine für ordinal skalierte Variablen geeignete Variante und eine auf dem Korrelationskoeffizienten basierende Maßzahl für nominal skalierte Variablen.

4.4.1 Problemstellung

Anfang der 80er Jahre nahm das unbeherrschte Fahrverhalten zu. Dadurch wurde eine Analyse der im Februar 1984 in Duisburg festgestellten Ordnungswidrigkeiten veranlasst. Hierbei stellte sich u. a. die Frage nach dem Zusammenhang von Alter der Fahrer und Höhe der Geschwindigkeitsüberschreitung. (Nur bei Geschwindigkeitsüberschreitungen um mehr als 20 km/h erfolgen Anzeigen und liegen die Altersangaben vor.) Eine Stichprobe von $n = 40$ der 429 männlichen Fahrer, gegen die Anzeige erfolgte, ergab folgende Verteilung.

Tab.: *Alter X und Höhe der Geschwindigkeitsüberschreitung Y (in km/h)*

v	x_v	y_v	v	x_v	y_v	v	x_v	y_v	v	x_v	y_v
1	19	22	11	24	40	21	29	23	31	38	27
2	19	29	12	24	43	22	30	22	32	40	27
3	20	22	13	25	22	23	30	29	33	41	21
4	20	25	14	26	22	24	31	25	34	43	28
5	20	29	15	26	22	25	31	48	35	44	23
6	23	22	16	26	23	26	32	22	36	47	22
7	23	28	17	26	27	27	32	22	37	52	21
8	24	21	18	26	31	28	35	22	38	55	23
9	24	21	19	28	22	29	36	29	39	55	34
10	24	40	20	29	21	30	36	30	40	59	23

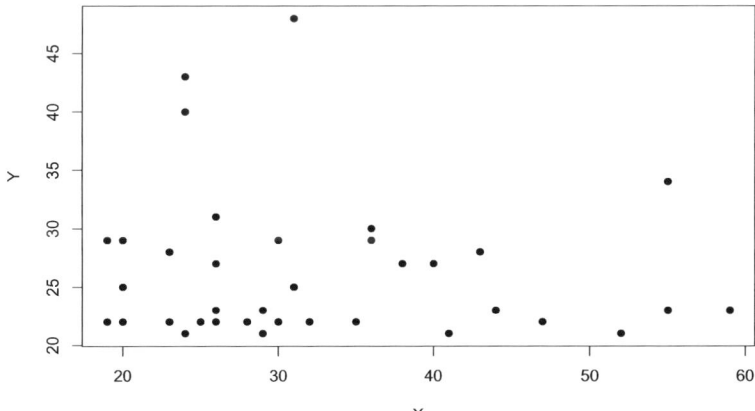

Abb. 4.5: *Streudiagramm ‚Alter und Geschwindigkeitsüberschreitung'*

Die Maßzahlen der Lage und Streuung der Randverteilungen von X und Y sind:

$$\begin{aligned} \bar{x} &= 31.8, & s_X^2 &= 110.56, \\ \bar{y} &= 26.325, & s_Y^2 &= 41.92. \end{aligned}$$

Damit ist noch nichts über den Zusammenhang gesagt, dem hier das Augenmerk gilt. Das Streudiagramm zeigt einige höhere Geschwindigkeiten bei jüngeren Fahrern, siehe Abbildung 4.5. Ob dies aber ausreicht, um von einem wirklichen Zusammenhang zu sprechen, ist zweifelhaft.

4.4.2 Die Kovarianz

Um ein Maß für den Zusammenhang der x- und der y-Werte in einem Datensatz $(x_1, y_1), \ldots, (x_n, y_n)$ zu motivieren, betrachten wir verschiedene Streudiagramme.

Die Diagramme b) und c) zeigen jeweils eine gemeinsame Tendenz der x- und der y-Werte. In b) gehen große y-Werte mit großen x-Werten einher und kleine y-Werte mit kleinen x-Werten. Dies wollen wir als positiven Zusammenhang bezeichnen. In c) ist die Tendenz umgekehrt. Es herrscht ein negativer Zusammenhang. In a) lässt sich dagegen kein Zusammenhang erkennen: Bei kleinen x-Werten sind genauso wie bei großen x-Werten sowohl kleine als auch große y-Werte zu beobachten.

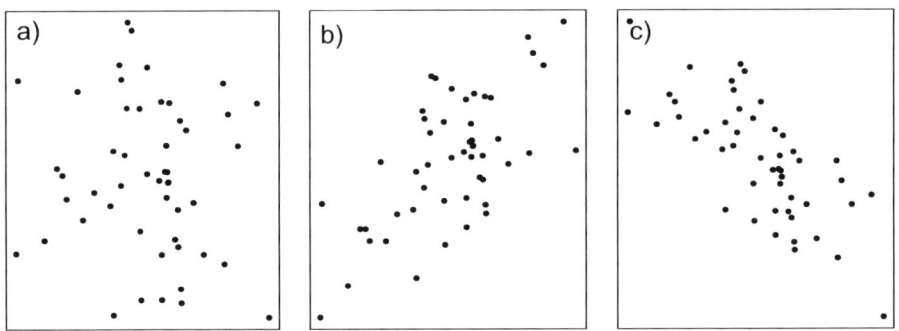

Abb. 4.6: Verschiedene Streudiagramme

Die Titulierungen ‚groß' und ‚klein' sind natürlich relativ bzgl. der Lage aller Punkte des Streudiagramms gemeint. Um den Zusammenhang zu erfassen, beschreiben wir die Lage eines Beobachtungspunktes mit Bezug auf den Schwerpunkt $(\bar{x}, \bar{y})$ der bivariaten Daten. Um dies zu verdeutlichen, betrachten wir die Abbildung 4.7. Die eingezeichneten Hilfslinien gehen gerade durch den Schwerpunkt des Datensatzes.

Nach der oben eingeführten Sprechweise deuten Punkte im ersten und im dritten Quadranten (I und III) auf einen positiven Zusammenhang hin; Punkte im zweiten und vierten Quadranten (II, IV) dagegen auf einen negativen. Formal wird dies für jeden Punkt durch das

4.4 Maßzahlen des Zusammenhangs

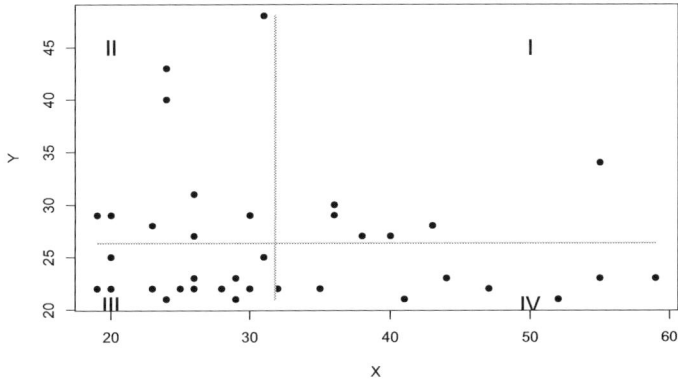

Abb. 4.7: *Streudiagramm Alter u. Geschwindigkeitsüberschreitung mit Hilfslinien*

Produkt $(x_\nu - \bar{x})(y_\nu - \bar{y})$ erfasst. Es gilt nämlich:

$$\begin{aligned}
\text{Quadrant I:} \quad & x_\nu > \bar{x},\ y_\nu > \bar{y} \Rightarrow (x_\nu - \bar{x})(y_\nu - \bar{y}) > 0 \\
\text{Quadrant II:} \quad & x_\nu < \bar{x},\ y_\nu > \bar{y} \Rightarrow (x_\nu - \bar{x})(y_\nu - \bar{y}) < 0 \\
\text{Quadrant III:} \quad & x_\nu < \bar{x},\ y_\nu < \bar{y} \Rightarrow (x_\nu - \bar{x})(y_\nu - \bar{y}) > 0 \\
\text{Quadrant IV:} \quad & x_\nu > \bar{x},\ y_\nu < \bar{y} \Rightarrow (x_\nu - \bar{x})(y_\nu - \bar{y}) < 0.
\end{aligned}$$

Das arithmetische Mittel dieser Produkte ist daher ein plausibles Zusammenhangsmaß:

- Liegen die Punkte hauptsächlich in den Quadranten I und III, so ist die Summe der Produkte stark positiv.

- Liegen die Punkte hauptsächlich in den Quadranten II und IV, so ist sie stark negativ.

- Sind die Punkte gleichmäßig verteilt, so heben sich positive und negative Summanden weitgehend auf. Die Summe der Produkte wird ungefähr Null.

Definition 4.9 *Kovarianz*

Die *Kovarianz* der Variablen X und Y ist der aus den Daten (x_ν, y_ν), $\nu = 1,\ldots,n$, berechnete Maßzahl

$$s_{XY} = \frac{1}{n} \sum_{\nu=1}^{n} (x_\nu - \bar{x})(y_\nu - \bar{y}).$$

Bei Vorliegen einer Kontingenztafel wird s_{XY} bestimmt gemäß

$$s_{XY} = \frac{1}{n} \sum_{i,j} (x_i - \bar{x})(y_j - \bar{y}) n_{ij} = \sum_{i,j} (x_i - \bar{x})(y_j - \bar{y}) h_{ij}.$$

Wir nennen s_{XY} auch die Kovarianz der x- und y-Werte.

Wie die Varianz wird auch die Kovarianz häufig mit dem Faktor $1/(n-1)$ anstelle von $1/n$ definiert.

Beispiel 4.10 *Preise für gebrauchte PKW*

Im Jahre 1984 galten für gebrauchte PKW eines speziellen Typs folgende Händlerverkaufspreise:

v	Alter x_v (in J)	Preis y_v (in 1000 DM)	$x_v - \bar{x}$	$y_v - \bar{y}$	$(x_v - \bar{x})(y_v - \bar{y})$
1	2	11.70	-2	3.03	-6.06
2	3	10.30	-1	1.63	-1.63
3	4	8.35	0	-0.32	0.00
4	5	7.10	1	-1.57	-1.57
5	6	5.90	2	-2.77	-5.54
Σ	20	43.35	0	0	-14.80

Die Kovarianz beträgt

$$s_{XY} = \frac{1}{5}\sum_{v=1}^{5}(x_v - \bar{x})(y_v - \bar{y}) = \frac{1}{5}\cdot(-14.80) = -2.96.$$

Hier ist schon den Daten selbst ein starker negativer Zusammenhang anzusehen.

Lemma 4.11 *Eigenschaften der Kovarianz*

Die Kovarianz besitzt folgende Eigenschaften:

1. Für die Kovarianz gilt die Zerlegungsformel
$$s_{XY} = \overline{xy} - \bar{x}\cdot\bar{y}.$$
Dabei ist $\overline{xy} = \frac{1}{n}\sum_{v=1}^{n} x_v \cdot y_v$.

2. Werden die Daten (x_v, y_v) transformiert gemäß $x_v \mapsto a + b\cdot x_v, y_v \mapsto c + d\cdot y_v$, so ist die Kovarianz der linear transformierten Daten gegeben durch
$$s_{a+bX,c+dY} = b\cdot d\cdot s_{XY}.$$

Die Zerlegungsformel erhalten wir aus

$$\sum(x_v - \bar{x})(y_v - \bar{y}) = \sum(x_v y_v - \bar{x} y_v - x_v \bar{y} + \bar{x}\bar{y}) = \sum x_v y_v - \bar{x}\sum y_v - \sum x_v \bar{y} + n\bar{x}\bar{y}$$
$$= \sum x_v y_v - n\bar{x}\bar{y} - n\bar{x}\bar{y} + n\bar{x}\bar{y} = \sum x_v y_v - n\bar{x}\bar{y}.$$

Für die zweite Beziehung erinnern wir uns, dass $\overline{a+bx} = a + b\bar{x}$ sowie $\overline{c+dy} = c + d\bar{y}$. Damit folgt:

$$\frac{1}{n}\sum(a+bx_v - \overline{a+bx})(c+dy_v - \overline{c+dy}) = \frac{1}{n}\sum(a+bx_v - a - b\bar{x})(c+dy_v - c - d\bar{y})$$
$$= \frac{1}{n}\sum(bx_v - b\bar{x})(dy_v - d\bar{y}) = bd\frac{1}{n}\sum(x_v - \bar{x})(y_v - \bar{y}).$$

4.4 Maßzahlen des Zusammenhangs

Beispiel 4.12 *Geschwindigkeitsüberschreitung - Fortsetzung*

Aus der in der Problemstellung angegebenen Tabelle erhalten wir

$$\overline{xy} = \frac{1}{40}\sum_{\nu=1}^{40} x_\nu y_\nu = 829.675,$$

und für die Kovarianz von Alter und Höhe der Geschwindigkeitsüberschreitung:

$$s_{XY} = \overline{xy} - \bar{x}\cdot\bar{y} = 829.675 - 31.8\cdot 26.325 = -7.46.$$

Die Kovarianz zeigt also einen negativen Zusammenhang an.

4.4.3 Der Korrelationskoeffizient von Bravais-Pearson

Das Verhalten der Kovarianz bei Lineartransformationen zeigt, dass sie als Maß für den Zusammenhang noch nicht ganz geeignet ist. Durch Veränderung der Einheit kann sie größer bzw. kleiner werden. Um die Skalenabhängigkeit zu beseitigen, beziehen wir die Kovarianz auf die Standardabweichungen.

Definition 4.13 *Korrelationskoeffizient (von Bravais-Pearson)*

Der *Korrelationskoeffizient* (von Bravais-Pearson) r_{XY} der Variablen X und Y ist die aus den Werten (x_ν, y_ν), $\nu = 1,\ldots,n$, berechnete Maßzahl

$$r_{XY} = \frac{s_{XY}}{s_X\cdot s_Y} = \frac{\frac{1}{n}\sum_{\nu=1}^n (x_\nu - \bar{x})(y_\nu - \bar{y})}{\sqrt{\frac{1}{n}\sum_{\nu=1}^n(x_\nu-\bar{x})^2}\sqrt{\frac{1}{n}\sum_{\nu=1}^n(y_\nu-\bar{y})^2}}.$$

r_{XY} nennen wir auch den Korrelationskoeffizienten der x- und der y-Werte.

Bevor wir auf die Eigenschaften und Interpretationsmöglichkeiten des Korrelationskoeffizienten eingehen, wollen wir verschiedene Berechnungsmöglichkeiten angeben.

Lemma 4.14 *Berechnungsformeln für den Korrelationskoeffizienten*

Für den Korrelationskoeffizienten gelten die Berechnungsformeln

$$\begin{aligned}r_{XY} &= \frac{\frac{1}{n}\sum_{\nu=1}^n (x_\nu - \bar{x})(y_\nu - \bar{y})}{\sqrt{\frac{1}{n}\sum_{\nu=1}^n(x_\nu-\bar{x})^2}\cdot\sqrt{\frac{1}{n}\sum_{\nu=1}^n(y_\nu-\bar{y})^2}}\\ &= \frac{\overline{xy}-\bar{x}\cdot\bar{y}}{\sqrt{\overline{x^2}-\bar{x}^2}\sqrt{\overline{y^2}-\bar{y}^2}} = \frac{\sum x_\nu y_\nu - n\cdot\bar{x}\cdot\bar{y}}{\sqrt{\sum x_\nu^2 - n\cdot\bar{x}^2}\sqrt{\sum y_\nu^2 - n\cdot\bar{y}^2}}\\ &= \frac{n\cdot\sum x_\nu y_\nu - \sum x_\nu\sum y_\nu}{\sqrt{n\cdot\sum x_\nu^2 - \left(\sum x_\nu\right)^2}\sqrt{n\cdot\sum y_\nu^2 - \left(\sum y_\nu\right)^2}}.\end{aligned}$$

Die Umrechnungen ergeben sich jeweils durch Erweiterung von Zähler und Nenner mit dem Faktor n.

Beispiel 4.15   *Gebrauchtwagenpreise - Fortsetzung*

Für die Gebrauchtwagenpreise erhielten wir:
$$\bar{x} = 4, \quad \bar{y} = 8.67, \quad s_{XY} = -2.96.$$
Zur Ermittlung von r_{XY} benötigen wir noch die Werte von $\sum x_v^2$ und $\sum y_v^2$:
$$\sum_{v=1}^{5} x_v^2 = 90, \quad \sum_{v=1}^{5} y_v^2 = 397.923.$$

Damit ist
$$r_{XY} = \frac{5 \cdot (-2.96)}{\sqrt{90 - 5 \cdot 4^2}\sqrt{397.923 - 5 \cdot 8.67^2}} = \frac{-14.8}{\sqrt{10}\sqrt{22.078}} = -0.99605.$$

Lemma 4.16   *Eigenschaften des Korrelationskoeffizienten*

(x_v, y_v), $v = 1, \ldots, n$ sei ein bivariater Datensatz. Dann hat der Korrelationskoeffizient r_{XY} folgende Eigenschaften:

1. $-1 \leq r_{XY} \leq 1$
2. $r_{XY} = \pm 1$ gilt genau dann, wenn alle Punkte (x_v, y_v) auf einer Geraden liegen, wenn es also zwei Zahlen a und b gibt, so dass für $v = 1, \ldots, n$ gilt: $y_v = a + bx_v$.
3. $r_{a+bX, c+dY} = \frac{bd\, s_{XY}}{|b| \cdot s_X \cdot |d| \cdot s_Y}$, d.h. der Korrelationskoeffizient ist invariant gegen lineare Transformationen.

Die Eigenschaft (3) ergibt sich sofort aus denen von Varianz und Kovarianz. Speziell ist
$$r_{a+bX, c+dY} = \begin{cases} r_{XY} & \text{falls} \quad bd > 0 \\ -r_{XY} & \text{falls} \quad bd < 0. \end{cases}$$

Bei $bd > 0$ bleibt die ‚Zusammenhangsrichtung' bestehen, bei $bd < 0$ dreht sie sich unter Beibehaltung der absoluten Stärke um.
Die Eigenschaften (1) und (2) erhalten wir im folgenden Abschnitt über eine andere Fragestellung ganz zwanglos.

Die Beziehung $-1 \leq r_{XY} \leq 1$ lässt sich auch in der Form
$$s_{XY} \leq s_X \cdot s_Y$$
schreiben. Das ist die *Cauchy-Schwarzsche Ungleichung*.

Die ersten beiden Eigenschaften des Korrelationskoeffizienten zeigen, dass er ein Maß für den linearen Zusammenhang darstellt, $r = \pm 1$ bedeutet ‚perfekter' linearer Zusammenhang, $r = 0$ heißt, dass kein linearer Zusammenhang vorliegt; $r = 0$ ist nicht als Abwesenheit jeglichen Zusammenhanges zu interpretieren!
Dies verdeutlicht das folgende Beispiel.

4.4 Maßzahlen des Zusammenhangs

Beispiel 4.17 *nichtlinearer Zusammenhang*

Es sei folgender Datensatz gegeben:

x_ν	-4	-3	-2	-1	0	1	2	3	4
y_ν	16	9	4	1	0	1	4	9	16

Die Daten weisen einen perfekten Zusammenhang auf; es ist $y_\nu = x_\nu^2$. Jedoch gilt hier:

$$s_{XY} = \frac{1}{9}\sum_{\nu=1}^{9} x_\nu y_\nu - \bar{x} \cdot \bar{y} = 0 - 0 = 0$$

und somit $r_{XY} = 0$.

Bedeutet $r = 0$, dass kein linearer Zusammenhang vorliegt, folgt andererseits aus $r \approx \pm 1$ nicht zwangsläufig ein kausaler Zusammenhang. Das beliebteste Beispiel, um dies zu verdeutlichen, basiert auf einer Untersuchung schwedischer Landkreise. Hier war X die Fruchtbarkeit (Kindergeburten pro 1000 gebärfähiger Frauen) und Y die Anzahl der jährlich beobachteten Störche. Die hohe Korrelation hatte natürlich keine sachliche Ursache. Vielmehr reduzierte die zunehmende Verstädterung sowohl die Fruchtbarkeit als auch die Zahl der Störche. Die Sprechweise, ausgehend von einem Wert eines Korrelationskoeffizienten etwas über den Zusammenhang zweier Variablen zu sagen, deutet darauf hin, dass die Korrelation vornehmlich mit Blick auf den entsprechenden Populationsparameter berechnet wird. Daher begnügen wir uns mit folgender, grober Einteilung des Bereiches, in dem der Korrelationskoeffizient liegt:

Tabelle 4.2: Zur Interpretation des Korrelationskoeffizienten

Korrelationskoeffizient $|r|$	Interpretation
0	keine Korrelation
0 - 0.5	schwache Korrelation
0.5 - 0.8	mittlere Korrelation
0.8 - 1	starke Korrelation
1	perfekte Korrelation

In dem Gebrauchtwagen-Beispiel erhielten wir $r = 0.9961$. Es liegt bei diesen Daten eine starke, fast perfekte Korrelation vor.

Für den Datensatz der Problemstellung beträgt die Korrelation zwischen Alter und Höhe der Geschwindigkeitsüberschreitung $r = -0.11$. Sie ist also sehr schwach. Da das Streudiagramm auch keinen Anhaltspunkt auf eine andere Form des Zusammenhanges gibt, darf – zumindest auf Basis der vorliegenden Daten – an einem generellen Zusammenhang zwischen Alter und Höhe der Geschwindigkeitsüberschreitung gezweifelt werden.

Die Abhängigkeitsstruktur mehrdimensionaler Datensätze wird i. d. R. auf die paarweisen Abhängigkeitsstrukturen zurückgeführt. Die gebräuchlichste Form besteht dabei in der Berechnung der paarweisen Kovarianzen bzw. Korrelationskoeffizienten und ihrer Anordnung in einer sogenannten *Kovarianz*- bzw. *Korrelationsmatrix*. Diese entsprechen den paarweisen Streudiagrammen. Wegen $s_{XY} = s_{YX}$ bzw. $r_{XY} = r_{YX}$ reicht es, jeweils nur einen Teil der Matrix auszufüllen. Zudem ist $r_{XX} = 1$; bei der Korrelationsmatrix können wir also auch auf die Angabe der Diagonalelemente verzichten.

4.4.4 Der Rangkorrelationskoeffizient von Spearman

Der Korrelationskoeffizient r_{XY} von Bravais-Pearson misst den linearen Zusammenhang von zwei Variablen. Eine Konsequenz aus diesem Sachverhalt besteht darin, dass einzelne Ausreißer, d. h. einzelne extreme Datenpunkte, einen starken, unerwünschten Effekt auf den numerischen Wert von r_{XY} haben können. Hohe Korrelationen können als gering erscheinen und umgekehrt.

Als eine günstige, von Ausreißern wesentlich weniger beeinflusste Variante bietet sich der *Rangkorrelationskoeffizient r_s von Spearman* an. Wie aus der gleich zu beschreibenden Vorgehensweise zur Berechnung von r_s deutlich wird, misst r_s den monotonen Zusammenhang zweier Variablen. Gehen mit steigenden x-Werten also auch steigende y-Werte einher, so nimmt r_s tendenziell einen großen Wert an.

Die Messung lediglich des monotonen Zusammenhanges bringt es auch mit sich, dass r_s auch für ordinal skalierte Variablen sinnvoll bestimmt werden kann.

r_s basiert auf den *Rängen* der Beobachtungen. Die beobachteten Werte werden bei Rangbildung durch ihre Platznummern, eben die Ränge, ersetzt. Das Konzept der Ränge lässt sich am einfachsten anhand eines Beispieles verdeutlichen: Seien die Beobachtungen

$$x_1 = 7.1, \; x_2 = 5.7, \; x_3 = 8.4, \; x_4 = 7.6$$

gegeben. Der kleinste Wert erhält den Rang 1, der zweitkleinste den Rang 2 usw. Dann werden die x_ν durch ihre Ränge $R(x_\nu)$ ersetzt. Dies ergibt die rangtransformierten Werte $R(x_1)$, ..., $R(x_n)$. Für unsere vier Beobachtungen lautet sie:

$$2, \; 1, \; 4, \; 3.$$

Kommen gleiche Werte, auch *Bindungen* genannt, vor, so werden mittlere Ränge vergeben.
Z. B. werden aus der Beobachtungsserie 7.1 5.7 8.4 7.6 7.1 8.9 7.1 5.7
dann die rangtransformierten Werte: 4   1.5   7   6   4   8   4   1.5.

Definition 4.18 *Rangkorrelationskoeffizient*

Der Rangkorrelationskoeffizient r_s von Spearman ist der für die getrennt bestimmten Rangwerte $R(x_\nu), R(y_\nu)$ ermittelte Korrelationskoeffizient:

$$r_s = \frac{\sum_{\nu=1}^{n} \left(R(x_\nu) - \overline{R(x)}\right) \left(R(y_\nu) - \overline{R(y)}\right)}{\sqrt{\sum_{\nu=1}^{n} \left(R(x_\nu) - \overline{R(x)}\right)^2} \sqrt{\sum_{\nu=1}^{n} \left(R(y_\nu) - \overline{R(y)}\right)^2}}.$$

Falls keine Bindungen in einem Datensatz vorliegen, sind die Ränge stets die ganzen Zahlen von 1 bis n. Daher vereinfacht sich in diesen Fällen die Berechnung. Sofern alle x-Werte und alle y-Werte in sich unterschiedlich sind, gilt

$$r_s = \frac{\sum_{\nu=1}^{n} R(x_\nu) R(y_\nu) - \frac{n(n+1)^2}{4}}{n(n^2-1)/12} = 1 - 6 \cdot \frac{\sum_{\nu=1}^{n} \left(R(x_\nu) - R(y_\nu)\right)^2}{n(n^2-1)}.$$

4.4 Maßzahlen des Zusammenhangs

Beispiel 4.19 *Nahrungsfett und Brustkrebs*

Ein starker Zusammenhang zeigt sich bei der Betrachtung der Daten für Nahrungsfettaufnahme und der Todesfälle durch Brustkrebs (nach Spektrum der Wissenschaft 1/1988).

Tab.: *Fettverzehr und Todesfälle mit rangtransformierten Werten*

Land	Fettverzehr in Gramm X	Todesfälle je 100.000 Einw. Y	$R(x_v)$	$R(Y_v)$
Kolumbien	48.00	5.97	1	2
Mexiko	59.20	4.78	2	1
Südafrika	66.67	22.96	3	8
Italien	86.40	15.93	4	5
Griechenland	95.47	8.63	5	3
Ungarn	100.27	13.81	6	4
BRD	134.40	17.79	7	6
USA	149.33	21.24	8	7
Neuseeland	154.67	23.36	9	9
Dänemark	157.87	24.03	10	10

Da die Daten bzgl. der Werte von X schon geordnet sind, erscheinen die zugehörigen Rangwerte $R(x_v)$ nur als Folge der Zahlen $1,\ldots,10$. Die extra zu bestimmenden Ränge der Variablen Y sind in der letzten Spalte eingetragen.

Da keine Bindungen auftreten, kann r_s nach den zuletzt angegebenen Formeln berechnet werden:

$$r_s = \frac{\sum_{v=1}^{10} R(x_v)R(y_v) - \frac{10(10+1)^2}{4}}{10(10^2-1)/12} = \frac{366 - \frac{10 \cdot 11^2}{4}}{10(100-1)/12} = 0.77.$$

Offensichtlich ist der dritte Wert als ‚Ausreißer' anzusehen. Weglassen dieses Wertes erhöht r_s auf 0.933.

Die entsprechenden Werte von r_{XY} sind extremer: Im vollen Datensatz erhalten wir $r_{XY} = 0.725$, im reduzierten $r_{XY} = 0.942$. Dies illustriert die stärkere Beeinflussbarkeit des Korrelationskoeffizienten von Bravais-Pearson durch einzelne extreme Punkte.

4.4.5 Der Phi-Koeffizient

Ein wichtiger Spezialfall nominal skalierter Variablen sind diejenigen, die nur zwei Realisationsmöglichkeiten aufweisen. Sie treten auch auf, wenn nur nach dem Vorliegen einer Eigenschaft oder eines Tatbestandes gefragt wird: Verheiratet? Zu schnell gefahren? Student? Wie bezeichnen die Realisationsmöglichkeiten solcher Variablen im Folgenden mit 0 und 1. Die gleichzeitige Betrachtung zweier derartiger Variablen führt dann zu einer 2×2-Felder-Tafel mit den Eintragungen

$$n_{ij} = n(X=i, Y=j), \quad n_{i\bullet} = n(X=i), \quad n_{\bullet j} = n(Y=j)$$

für $i,j = 0,1$.

Tab.: *Schema einer 2 × 2-Felder-Tafel*

X \ Y	0	1	
0	n_{00}	n_{01}	$n_{0\bullet}$
1	n_{10}	n_{11}	$n_{1\bullet}$
	$n_{\bullet 0}$	$n_{\bullet 1}$	n

Rein formal können wir den Korrelationskoeffizienten r der beiden Variablen bestimmen. Das Vorzeichen von r hängt dann von der u. U. willkürlichen Zuordnung der Werte 0 und 1 der Variablen X zu den Beobachtungen ab. Eine Vertauschung der Zeilen der 2 × 2-Tafel entspricht einer bei nominal skalierten Variablen erlaubten eindeutigen Transformation. Diese ändert aber lediglich das Vorzeichen. Das eigentliche *Assoziationsmaß* ist hier also der vorzeichenfreie quadrierte Korrelationskoeffizient. Er wird als *Phi-Koeffizient* bezeichnet:

$$\widehat{\Phi}^2 = r_{XY}^2 \quad \text{bzw.} \quad \Phi = \sqrt{r_{XY}^2}.$$

Darstellungsweisen des Phi-Koeffizienten in einer 2 × 2-Felder-Tafel erhalten wir durch Umformungen der Ausgangsbeziehungen. Die Umformungen führen wir lediglich für die ersten Schritte aus.

$$\widehat{\Phi}^2 = r_{XY}^2 = \frac{s_{XY}^2}{s_X^2 s_Y^2} = \frac{(\overline{xy} - \bar{x}\cdot\bar{y})^2}{(\overline{x^2} - \bar{x}^2)(\overline{y^2} - \bar{y}^2)} = \frac{\left(\dfrac{n_{11}}{n} - \dfrac{n_{1\bullet}}{n}\cdot\dfrac{n_{\bullet 1}}{n}\right)^2}{\left(\dfrac{n_{1\bullet}}{n} - \left(\dfrac{n_{1\bullet}}{n}\right)^2\right)\left(\dfrac{n_{\bullet 1}}{n} - \left(\dfrac{n_{\bullet 1}}{n}\right)^2\right)}$$

$$= \frac{\left(\dfrac{n_{11}}{n} - \dfrac{n_{1\bullet}}{n}\cdot\dfrac{n_{\bullet 1}}{n}\right)^2}{\left(\dfrac{n_{1\bullet}}{n}\cdot\dfrac{n_{0\bullet}}{n}\right)\left(\dfrac{n_{\bullet 1}}{n}\cdot\dfrac{n_{\bullet 0}}{n}\right)} = \sum_{i=0}^{1}\sum_{j=0}^{1}\frac{\left(\dfrac{n_{ij}}{n} - \dfrac{n_{i\bullet}}{n}\cdot\dfrac{n_{\bullet j}}{n}\right)^2}{\dfrac{n_{i\bullet}}{n}\cdot\dfrac{n_{\bullet j}}{n}} = \frac{(n_{00}n_{11} - n_{01}n_{10})^2}{n_{0\bullet}n_{1\bullet}n_{\bullet 0}n_{\bullet 1}}.$$

Hier ist die letzte Form offensichtlich die für die Berechnung bei zwei binären Variablen geeigneteste.

Beispiel 4.20 *Arbeitslosigkeit und Wahlen*

Die Auswirkung der Arbeitslosigkeit Jugendlicher auf ihre Einschätzung der Wahlen als wirkungsvoller Form politischer Betätigung ist Gegenstand der folgenden Tabelle, siehe SINUS-Institut (1983).

Tab.: *Arbeitslosigkeit und Bedeutung von Wahlen*

Einschätzung von Wahlen	Arbeitslosigkeit		
	noch nie	länger als 1/2 Jahr	
wirkungsvoll	130	89	219
nicht wirkungsvoll	30	34	64
	160	123	

Einschätzbar wird die Auswirkung anhand des Phi-Koeffizienten:

$$\widehat{\Phi}^2 = \frac{(130\cdot 34 - 30\cdot 89)^2}{219\cdot 64\cdot 160\cdot 123} = 0.105.$$

Der Einteilung des Korrelationskoeffizienten entsprechend ist der Zusammenhang als gering einzuschätzen.

Verallgemeinerungsfähig auf $I \times J$-Felder-Tafeln ist die vorletzte der verschiedenen Darstellungsweisen von $\widehat{\Phi}^2$. Dazu werden die Realisationsmöglichkeiten mit $i = 1, \ldots, k$ und $j = 1, \ldots, m$ durchnummeriert. Eine weitere Umformung des sich dann ergebenden Ausdruckes (Multiplikation von Zähler und Nenner mit $n^2/n_{i\bullet}^2$) zeigt dann eine Interpretationsmöglichkeit:

$$\widehat{\Phi}^2 = \sum_{i=1}^{k} \sum_{j=1}^{m} \frac{\left(\frac{n_{ij}}{n} - \frac{n_{i\bullet}}{n} \cdot \frac{n_{\bullet j}}{n}\right)^2}{\frac{n_{i\bullet}}{n} \cdot \frac{n_{\bullet j}}{n}} = \sum_{i=1}^{k} n_{i\bullet} \sum_{j=1}^{m} \frac{1}{n_{\bullet j}} \left(\frac{n_{ij}}{n_{i\bullet}} - \frac{n_{\bullet j}}{n}\right)^2.$$

Es werden also die quadrierten Differenzen aller bedingten Häufigkeitsverteilungen von Y bei jeweils gegebenen Werten von X und der Randverteilung von Y in gewichteter Form aufsummiert. Sind die Verteilungen alle gleich, so ist $\widehat{\Phi}^2$ Null. Je unterschiedlicher sie sind, desto größer wird $\widehat{\Phi}^2$. Dann ist auch die Auswirkung der Bedingung von X stärker. Da in der gleichen Weise die Umformung bzgl. der bedingten Verteilungen von X erfolgen kann, wird tatsächlich ein Zusammenhang gemessen.

Die obere Grenze von $\widehat{\Phi}$ beträgt $\sqrt{\min\{k-1, m-1\}}$. Um auch im allgemeinen Fall eine Normierung auf das Intervall [0;1] zu erreichen, wird eine Normierung vorgenommen. Es wurden diesbezüglich verschiedene Vorschläge gemacht. Einer davon ist der *normierte Phi-Koeffizient* oder *Cramérs Koeffizient* V^2:

$$V^2 = \widehat{\Phi}' = \sqrt{\frac{\widehat{\Phi}^2}{\min\{k-1, m-1\}}}.$$

4.5 Elementare Regressionsrechnung

In vielen Situationen können wir davon ausgehen, dass eine metrisch skalierte Variable Y von einer anderen Variablen X abhängt. Beispiele dafür sind

- die Sparquote steigt mit der Höhe des Einkommens;
- der Bremsweg eines Kraftfahrzeuges wird mit höherer Geschwindigkeit länger;
- die Miethöhe steigt mit der Größe der Wohnung.

Wenn allgemeine Vorüberlegungen oder systematisch angelegte Versuche ergeben haben, dass es bei zwei Variablen eine Einflussrichtung gibt, können wir versuchen, den Zusammenhang anhand einer geeigneten Funktion zu beschreiben. Die Form des Zusammenhangs können wir dabei anhand der Punktwolke eines Streudiagramms ersehen. Häufig wird von einer linearen Form der Abhängigkeit ausgegangen. Zum einen ist dies die einfachste Abhängigkeitsform. Zum anderen lassen sich auch andere Formen der Abhängigkeit vielfach auf einen linearen Zusammenhang zurückführen.

4.5.1 Problemstellung

In den Ländern mit freier Marktwirtschaft werden Steuern und Sozialabgaben i. d. R. als prozentuale Abgaben vom Bruttolohn bzw. -gehalt erhoben. Von Interesse ist es dann, nach einer Gesetzmäßigkeit zu suchen, die beschreibt, wie interregional die Höhe der Abgaben von der Höhe der Einkommen bestimmt wird. Wir betrachten dazu die Jahresverdienste von Abteilungsleitern. Anstelle der Abgaben untersuchen wir die Abhängigkeit der Nettoeinkommen von den Bruttoverdiensten.

Tab.: *Jahreseinkommen von Abteilungsleitern [in 1000 sFr.]*

v	Brutto x_v	Netto y_v	v	Brutto x_v	Netto y_v	v	Brutto x_v	Netto y_v	v	Brutto x_v	Netto y_v	v	Brutto x_v	Netto y_v
1	95.0	57.4	15	98.3	75.0	29	9.5	8.5	43	66.6	45.2	57	75.1	49.4
2	59.8	46.8	16	84.8	84.8	30	9.7	8.3	44	5.6	5.2	58	56.7	43.3
3	49.5	33.2	17	114.4	79.0	31	21.5	15.7	45	5.3	4.2	59	10.8	7.5
4	13.4	11.5	18	99.7	58.9	32	41.8	22.4	46	7.5	6.2	60	72.1	41.5
5	34.9	27.9	19	102.7	72.9	33	82.1	53.5	47	112.9	73.6	61	52.3	30.8
6	103.7	73.6	20	87.5	52.0	34	90.3	66.0	48	82.8	55.0	62	90.8	67.5
7	90.7	47.3	21	60.9	53.4	35	100.0	73.0	49	87.9	62.6	63	25.5	18.1
8	22.9	18.9	22	29.3	19.8	36	102.8	72.2	50	18.9	14.3	64	66.8	44.2
9	21.6	14.8	23	10.3	9.2	37	31.3	25.2	51	19.9	14.4	65	122.1	87.7
10	89.5	49.8	24	56.4	36.8	38	33.4	22.7	52	18.8	14.5	66	65.1	45.6
11	25.3	16.9	25	17.7	14.6	39	67.0	65.0	53	35.2	25.2	67	18.7	12.2
12	13.3	11.1	26	11.1	8.6	40	12.6	10.9	54	17.8	14.9	68	22.4	14.4
13	18.4	10.9	27	91.2	46.4	41	21.9	10.1	55	31.3	24.2	69	96.7	55.3
14	24.1	20.7	28	37.9	33.5	42	67.5	50.3	56	25.6	17.9	70	140.5	110.2

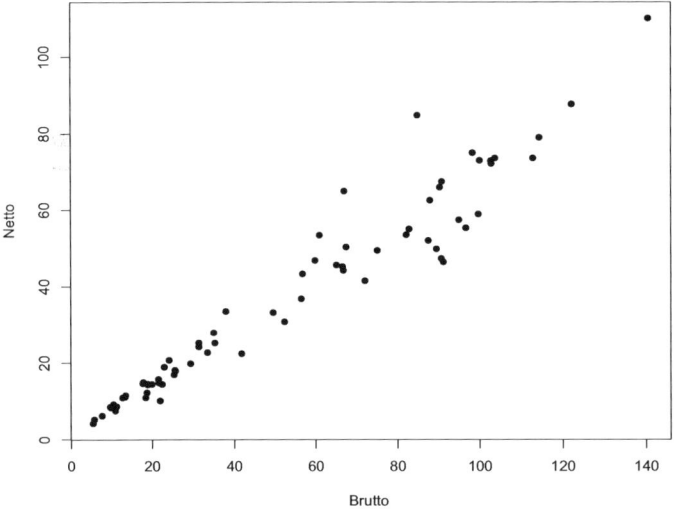

Abb. 4.8: *Nettoeinkommen von Abteilungsleitern in Abhängigkeit von ihrem Brutto-Verdienst [in 1000 sFr] in 70 Städten; die Daten stammen aus UBS (2003).*

Unter Abteilungsleitern sind genauer zu verstehen: Technische Betriebsleiter einer Produktionsabteilung mit über 100 Beschäftigten in einem größeren Unternehmen der metallverarbeitenden Industrie; mit abgeschlossener Berufsausbildung und langjähriger Berufserfahrung; zirka 40 Jahre, verheiratet, ohne Kinder.

Das Streudiagramm 4.8 weist auf eine lineare Abhängigkeit hin: Der Anteil, der vom Bruttogehalt übrigbleibt, ist im Wesentlichen in allen Städten gleich. Von Bedeutung ist nun, diese qualitative Einschätzung zu präzisieren. Es gilt also, eine lineare Funktion zu bestimmen, die die gegebenen Daten möglichst gut beschreibt. Grafisch gesehen lautet die Aufgabe, eine geeignete Ausgleichsgerade

$$f(x) = a + b \cdot x$$

durch die Punkte (x_v, y_v), $v = 1, \ldots, n$, des Streudiagramms zu legen. Mit anderen Worten sind a und b so zu bestimmen, dass die resultierende Gerade ‚gut durch die Punktwolke' geht. Wir sprechen dann auch von einer *Regressionsgeraden*, vgl. die Abbildung 4.9.

4.5.2 Bestimmung der Regressionsgeraden

Durch die Punkte (x_v, y_v), $v = 1, \ldots, n$, soll eine Ausgleichsgerade gelegt werden, die diese Punkte im Wesentlichen beschreibt. Eine Gerade nach Augenmaß durch die Punkte zu legen reicht im Allgemeinen nicht aus. Um zu einer objektiven Ausgleichsgeraden zu gelangen, ist es nötig, den Terminus ‚im Wesentlichen' zu präzisieren.

Die gesuchte Gerade $y = a + bx$ soll die lineare Abhängigkeit der Variablen Y von der Variablen X möglichst gut beschreiben. Bezüglich der Ausgangspunkte gilt dann die Beziehung

$$y_v = a + b \cdot x_v + u_v \qquad v = 1, \ldots, n.$$

Es ist plausibel von den Abweichungen oder Fehlern u_v, also von den Differenzen zwischen den tatsächlichen Werten y_v und den zugehörigen, auf der Gerade liegenden Werten $a + bx_v$ auszugehen. Dies ist in der Abbildung 4.9 skizziert.

Möglichst gut beschrieben eine Gerade die Punkte dann, wenn die Fehler insgesamt klein sind. Es gibt dabei verschiedene Ansätze, die Fehler zusammenzufassen. Dabei ist so vorzugehen, dass sich positive und negative Fehler nicht gegeneinander aufheben.

Das Kriterium der kleinsten absoluten Abweichungen fordert, die gesuchten Koeffizienten $\hat{a}$ und $\hat{b}$ so zu bestimmen, dass

$$\sum_{v=1}^{n} |y_v - (\hat{a} + \hat{b}x_v)| \leq \sum_{v=1}^{n} |y_v - (a + bx_v)| \quad \text{für alle } a, b.$$

Dieses ist historisch gesehen das wohl älteste objektive Anpassungskriterium für eine Regressionsgerade. Wegen der beträchtlichen formalen Schwierigkeiten, die Koeffizienten a und b nach diesem Ansatz zu bestimmen, trat es aber über lange Zeit in den Hintergrund. Neuerdings findet es wieder verstärktes Interesse im Zusammenhang mit der robusten Regression. Darauf gehen wir später noch ein.

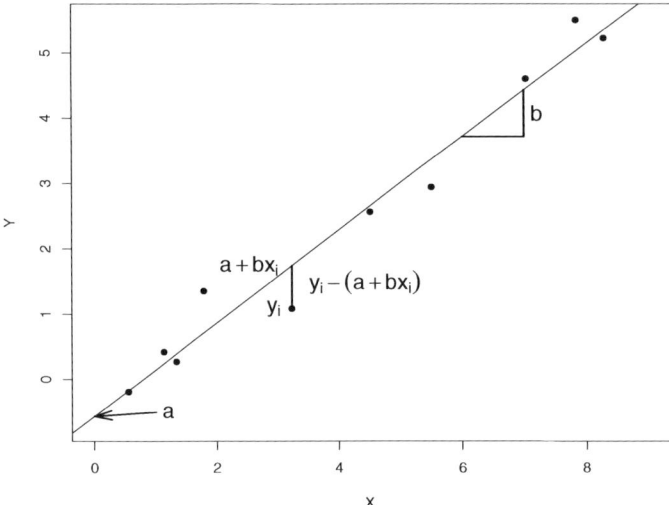

Abb. 4.9: *Zur Bestimmung einer Regressionsgeraden*

Allgemein verbreitet ist die Bestimmung der Regressionsgeraden nach der *Kleinste-Quadrate-Methode (KQ-Methode)*, bei der von dem Zielkriterium

$$\sum_{v=1}^{n}(y_v - (\hat{a} + \hat{b}x_v))^2 \leq \sum_{v=1}^{n}(y_v - (a + bx_v))^2 \quad \text{für alle } a, b$$

ausgegangen wird. Es bildet gewissermaßen das Fundament der gesamten Regressionsrechnung.

Durch die Zielkriterien werden genauer gesprochen die beiden Koeffizienten a und b der Ausgleichsgeraden festgelegt. Für die resultierende Regressionsgerade schreiben wir

$$\hat{y} = \hat{a} + \hat{b}x.$$

$\hat{a}$ gibt dabei den Achsenabschnitt auf der y-Achse an und $\hat{b}$ die Steigung der Geraden. $\hat{a}$ wird auch Regressionskoeffizient genannt.

Zu x_v gehört nun nicht nur ein empirischer Wert y_v, sondern auch ein ‚theoretischer', nämlich $y_v = \hat{a} + \hat{b}x_v$. Der zugehörige Fehler ist die Differenz

$$\hat{u}_v = y_v - \hat{y} = y_v - (\hat{a} + \hat{b}x_v);$$

sie wird als *Residuum* bezeichnet.

Lemma 4.21 *KQ-Koeffizienten der linearen Regression*

Die Kleinste-Quadrate-Methode ergibt folgende Werte der *Koeffizienten* $\hat{a}, \hat{b}$ der Regressionsgeraden $\hat{y} = \hat{a} + \hat{b}x$ bei einem gegebenen Datensatz (x_v, y_v), $v = 1, \ldots, n$:

$$\hat{a} = \bar{y} - \hat{b}\bar{x}, \qquad \hat{b} = \frac{\overline{xy} - \bar{x} \cdot \bar{y}}{\overline{x^2} - \bar{x}^2} = \frac{s_{XY}}{s_X^2}.$$

4.5 Elementare Regressionsrechnung

Das Minimum von $\sum (y_v - (a+bx_v))^2$ in Abhängigkeit von a und b finden wir durch Nullsetzen der partiellen Ableitungen dieses Ausdruckes nach a und b. Die Ableitungen sind:

$$\frac{\partial}{\partial a} \sum_{v=1}^{n}(y_v - a - bx_v)^2 = \sum_{v=1}^{n} 2(y_v - a - bx_v) \cdot (-1),$$

$$\frac{\partial}{\partial b} \sum_{v=1}^{n}(y_v - a - bx_v)^2 = \sum_{v=1}^{n} 2(y_v - a - bx_v) \cdot (-x_v).$$

Nullsetzen der Ableitungen führt auf die *Normalgleichungen* mit den angegebenen Lösungen für $\hat{a}$ und $\hat{b}$:

$$n \cdot \hat{a} + \sum_{v=1}^{n} x_v \cdot \hat{b} = \sum_{v=1}^{n} y_v,$$

$$\sum_{v=1}^{n} x_v \cdot \hat{a} + \sum_{v=1}^{n} x_v^2 \cdot \hat{b} = \sum_{v=1}^{n} x_v y_v.$$

Die Bestimmungsgleichung für $\hat{a}$ zeigt, dass die nach der Kleinste-Quadrate-Methode ermittelte Gerade stets durch $(\bar{x}, \bar{y})$, den Schwerpunkt des Datensatzes, verläuft.

Beispiel 4.22 *Brutto- und Nettoeinkommen von Abteilungsleitern - Fortsetzung*

Um die Berechnungen nachvollziehbar zu machen, reduzieren wir den Datensatz. Die Werte werden zudem auf volle Tausend (sFr) gerundet.

Tab.: *Arbeitstabelle zur Bestimmung der Regressionsgeraden*

v	x_v	y_v	x_v^2	$x_v y_v$	$\hat{y}_v$	$\hat{u}_v$
1	52	31	2704	1612	37.323	-6.323
2	75	49	5625	3675	53.694	-4.694
3	31	24	961	744	22.375	1.625
4	65	46	4225	2990	46.576	-0.576
5	90	66	8100	5940	64.370	1.630
6	98	75	9604	7350	70.065	4.935
7	38	34	1444	1292	27.358	6.642
8	26	18	676	468	18.816	-0.816
9	103	72	10609	7416	73.624	-1.624
10	33	23	1089	759	23.799	-0.799
$\sum$	611	438	45037	32246	438	0

Dies ergibt:

$$\bar{x} = 61.1, \ \bar{y} = 43.8, \ \overline{x^2} = 4503.7, \ \overline{xy} = 3224.6.$$

Daraus erhalten wir:

$$\hat{b} = \frac{3224.6 - 61.1 \cdot 43.8}{4503.7 - 61.1^2} = 0.7118, \quad \hat{a} = 43.8 - 0.7118 \cdot 61.1 = 0.309.$$

Die Regressionsgerade hat also die Gestalt

$$\hat{y} = 0.309 + 0.7118 \cdot x.$$

Die ‚theoretischen' Werte $\hat{y}_\nu$ und die Residuen $\hat{u} = y_\nu - \hat{y}_\nu$ sind in der Arbeitstabelle mit angegeben.

Bei der grafischen Darstellung nutzen wir aus, dass die nach der Kleinste-Quadrate-Methode bestimmte Regressionsgerade stets durch $(\bar{x}, \bar{y})$ geht. Dies legt einen Punkt der Geraden fest. Ein zweiter ist durch den Achsenabschnitt $\hat{a}$ bestimmt.

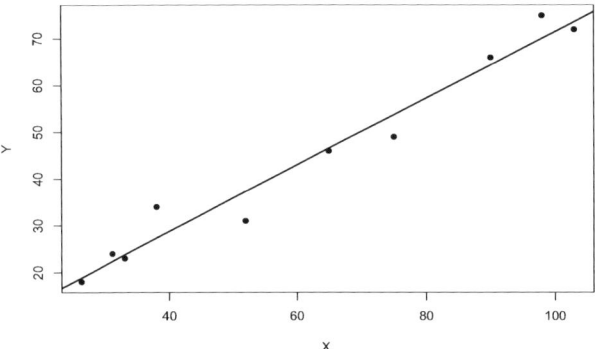

Abb. 4.10: *Regressionsgerade ‚Nettoeinkommen in Abhängigkeit vom Bruttoeinkommen' (reduzierte Daten)*

Für den vollen Datensatz ergibt sich die Regressionsgerade $\hat{y} = 0.1217 + 0.677 \cdot x$.

4.5.3 Das Bestimmtheitsmaß

Unter der Voraussetzung, dass die Beschreibung der Punkte (x_ν, y_ν) durch eine Gerade überhaupt sinnvoll ist, stellt sich die Frage, wie gut sie dies tut. Das wollen wir mit einer Maßzahl erfassen. Dazu können wir naheliegend von der mittleren Summe der quadrierten Residuen $\frac{1}{n}\sum u_\nu^2$ ausgehen. Die Summe kann jedoch nicht direkt als Maßzahl genommen werden, da die Residuen von der Maßeinheit der y-Werte abhängen. So ergäbe der Übergang von Schweizer Franken zu Rappen beim Nettoeinkommen eine ganz andere Größenordnung. Diese Schwierigkeit ist aber durch die Standardisierung mit der Varianz der y-Werte leicht zu beseitigen. Um schließlich ein Maß zu erhalten, das bei ‚guter Beschreibung' einen großen Wert annimmt und bei ‚schlechter' einen kleinen, nutzen wir noch die folgenden Beziehungen aus.

Lemma 4.23 *Eigenschaften der KQ-Regressionsgeraden*

Für die nach der Kleinste-Quadrate-Methode bestimmten theoretischen Regressionspunkte $\hat{y}_\nu = \hat{a} + \hat{b}x_\nu$ gilt:

$$\frac{1}{n}\sum_{\nu=1}^{n}\hat{y}_\nu = \bar{y},$$

4.5 Elementare Regressionsrechnung

$$\frac{1}{n}\sum_{v=1}^{n}(\hat{y}_v - \bar{y})^2 = \hat{b}^2 s_X^2,$$

$$\frac{1}{n}\sum_{v=1}^{n}(y_v - \hat{y}_v)^2 = \frac{1}{n}\sum_{v=1}^{n}(y_v - \bar{y})^2 - \frac{1}{n}\sum_{v=1}^{n}(\hat{y}_v - \bar{y})^2.$$

Diese Beziehungen erhalten wir folgendermaßen. $\hat{y}_v = \hat{a} + \hat{b}x_v$, $v = 1,\ldots,n$ ergibt mit $\hat{a} = \bar{y} - \hat{b}\bar{x}$:

$$\overline{\hat{y}} = \hat{a} + \hat{b}\bar{x} = (\bar{y} - \hat{b}\bar{x}) + \hat{b}\bar{x} = \bar{y}.$$

Das ist die erste Gleichung. Die zweite Gleichung folgt aus dem Verhalten der Varianz bei Lineartransformationen. Die dritte erhalten wir, indem wir $\hat{a} = \bar{y} - \hat{b}\bar{x}$ zuerst in $\hat{y}_v = \hat{a} + \hat{b}x_v$ einsetzen. Das ergibt $\hat{y}_v = \bar{y} + \hat{b}(x_v - \bar{x})$; dies wird nun in die Summe der quadrierten Residuen eingesetzt:

$$\frac{1}{n}\sum_{v=1}^{n}(y_v - \hat{y}_v)^2 = \frac{1}{n}\sum_{v=1}^{n}\left((y_v - \hat{y}_v) - \hat{b}(x_v - \bar{x})\right)^2$$

$$= \frac{1}{n}\sum_{v=1}^{n}(y_v - \hat{y}_v)^2 - 2\hat{b}\frac{1}{n}\sum_{v=1}^{n}(x_v - \hat{x}_v)(y_v - \hat{y}_v) + \hat{b}^2\frac{1}{n}\sum_{v=1}^{n}(x_v - \bar{x})^2$$

$$= s_Y^2 - 2\frac{s_{XY}}{s_X^2}s_{XY} + \hat{b}^2 s_X^2 = s_Y^2 - 2\hat{b}^2 s_X^2 + \hat{b}^2 s_X^2 = s_Y^2 - \hat{b}^2 s_X^2$$

$$= s_Y^2 - s_{\hat{Y}}^2.$$

Die dritte Gleichung des Lemmas wird auch als *Varianzzerlegung der Regressionsrechnung* bezeichnet.

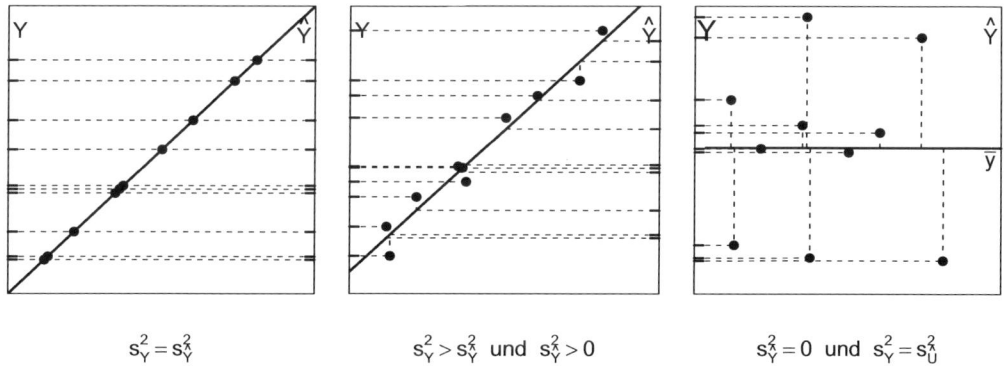

Abb. 4.11: *Zur Varianzzerlegung bei der Regressionsgeraden*

Die Varianzzerlegung sagt, dass sich die Gesamtstreuung der y-Werte aus zwei Komponenten zusammensetzt: Aus der Streuung der Werte um die Regressionsgerade und aus der Streuung, die durch die Regressionsgerade bewirkt wird. Sofern die Regressionsgerade eine von null verschiedene Steigung hat, weisen die durch die Gerade bestimmten Werte y_v

immer eine positive Varianz auf. Da dieser Teil der Streuung allein aus der Steigung der Geraden resultiert, spricht man von dem *erklärten Teil der Varianz*.

Anstelle der standardisierten Summe der quadrierten Residuen wählen wir das gleichwertige Verhältnis der erklärten Varianz zur Gesamtvarianz als Maßzahl für die Güte der Beschreibung der Punkte durch die Regressionsgeraden.

Definition 4.24   *Bestimmtheitsmaß*

Das *Bestimmtheitsmaß* R^2 ist der Anteil der durch die Regressionsgeraden erklärten Varianz an der gesamten Varianz der y-Werte:

$$R^2 = \frac{\frac{1}{n}\sum_{v=1}^{n}(\hat{y}_v - \bar{y})^2}{\frac{1}{n}\sum_{v=1}^{n}(y_v - \bar{y})^2} = 1 - \frac{\frac{1}{n}\sum_{v=1}^{n}(y_v - \hat{y}_v)^2}{\frac{1}{n}\sum_{v=1}^{n}(y_v - \bar{y})^2} = \hat{b}^2 \frac{s_X^2}{s_Y^2}.$$

Aus der Konstruktion des Bestimmtheitsmaßes ist klar, dass $0 < R^2 < 1$ und $R^2 = 1$ genau dann, wenn $\hat{y}_v = y_v$, d. h. alle beobachteten Punkte auf einer Geraden liegen. Zwischen den Variablen besteht dann ein perfekter linearer Zusammenhang. Das Bestimmtheitsmaß ist andererseits null, wenn $\sum_{v=1}^{n}(\hat{y}_v - \bar{y})^2 = 0$ gilt. Dies ist nur dann der Fall, wenn alle $\hat{y}_v$ gleich sind, wenn also die Gerade die Steigung 0 hat. In diesem Fall erklärt die Regressionsgerade nichts, zwischen den Merkmalen besteht keinerlei linearer Zusammenhang.

R^2 ist eine relative Größe. Daher kann es auch groß sein, wenn die Punkte relativ stark um die Gerade streuen, sofern nur die Steigung groß ist. Insgesamt kann von einem Wert des Bestimmtheitsmaßes nicht auf die Form zurückgeschlossen werden. Wir können das Bestimmtheitsmaß deshalb nur in Verbindung mit dem Streudiagramm interpretieren.

Die Wahl des Symbols R^2 für das Bestimmtheitsmaß resultiert aus dem Zusammenhang mit dem Korrelationskoeffizienten:

$$R^2 = \hat{b}^2 \frac{s_X^2}{s_Y^2} = \frac{s_{XY}^2}{s_X^2 s_Y^2} = r_{XY}^2.$$

Aus der Beziehung $R^2 = r_{XY}^2$ erhalten wir auch die in Abschnitt 4.4.3 angegebene Eigenschaft des Korrelationskoeffizienten, dass er genau dann Eins ist, wenn eine perfekte lineare Beziehung vorliegt.

Die große Bedeutung des Bestimmtheitsmaßes liegt darin, dass das zugrunde liegende Prinzip generell, z. B. auch bei der multiplen Regression, bei der mehrere unabhängige Variablen zugelassen sind, anwendbar ist. Genauer formuliert kann die Eignung vieler Modelle aufgrund des Verhältnisses

$$\frac{\text{erklärte Varianz}}{\text{gesamte Varianz}}$$

eingeschätzt werden. Der Korrelationskoeffizient ist dagegen nur ein Maß für den (linearen) Zusammenhang zweier Variablen. Der Zusammenhang von Bestimmtheitsmaß und Korrelation ist auf den Fall der einfachen linearen Regression beschränkt.

Beispiel 4.25 *Brutto- und Nettoeinkommen von Abteilungsleitern - Fortsetzung*

Für den reduzierten Datensatz des Brutto- und Nettoeinkommens erhalten wir
$$s_X^2 = 770.49, \ s_Y^2 = 404.36$$
und damit
$$R^2 = 0.7118^2 \cdot 770.49/404.36 = 0.965.$$
Der Korrelationskoeffizient ist $r = \sqrt{R^2} = 0.983$. Die Korrelation ist als stark zu bezeichnen. Bei dem vollen Datensatz hat das Bestimmtheitsmaß den Wert $R^2 = 0.935$; es ist also fast genauso hoch wie bei dem reduzierten Datensatz.

4.6 Aufgaben

Aufgabe 1

Bei 150 Akten zu Steuerhinterziehungen fand Mönch die folgende gemeinsame Häufigkeitsverteilung der Variablen $X = $ ‚Schulabschluss' und $Y = $ ‚Entdeckungszeitraum'.

Schulabschluss	Entdeckungszeitraum			
	bereits bei Versuch	innerhalb eines Jahres	nach einem Jahr	
Volksschule	36	30		120
höhere Schule		16		
	40			150

1. Vervollständigen Sie die Tabelle.
2. Ist der Anteil der erst nach einem Jahr entdeckten Steuerhinterziehungen bei den Tätern mit höherem Schulabschluss größer als bei den Volksschülern?
3. Wie groß ist der Anteil der spätestens bis Ende eines Jahres ertappten Steuersünder?
4. Haben die Volksschüler unter denen, die bereits beim Versuch ertappt wurden, einen größeren Anteil als unter allen Steuersündern?

Aufgabe 2

Im Abschlussbericht über die Gehalts- und Lohnstrukturerhebung 1966 (WiSta 69, 144) wird folgende Tabelle der Verteilung der männlichen Arbeiter auf Alters- und Leistungsgruppen angegeben (absolute Häufigkeiten in 1.000)

Leistungsgruppe	Altersgruppe			
	unter 30	30-55	55 u. älter	insgesamt
Leistungsgruppe 1 (Facharbeiter)	745	1490	365	2600
Leistungsgruppe 2, 3 (angelernte u. ungelernte Arbeiter)	490	1130	405	2025
insgesamt	1235	2620	770	4625

1. Stellen Sie die Daten in einer Form dar, die Ihnen den Vergleich der verschiedenen Altersgruppen ermöglicht.
2. Was ist über die Altersstruktur in den Leistungsgruppen zu sagen?
3. Wie würden Sie diese Ergebnisse erklären?

Aufgabe 3

In Kanada wurde während einiger Sommertage die Verdunstung in einem Feuchtgebiet und an der Oberfläche eines nahegelegenen Sees gemessen. In einem in der Veröffentlichung wiedergegebenen Stabdiagramm wurden die folgenden Werte (in cm) ausgemessen, siehe Roulet & Woo (1986). Nach der Skala entsprechen 3.2 cm in der Abbildung 8 mm Verdunstung am Tag.

Tab.: Verdunstung im Feuchtgebiet (X) und an der Seeoberfläche (Y)

v	1	2	3	4	5	6	7	8	9	10	11	12	13	14	15	16	17
x_v	2.20	2.50	1.80	1.60	1.80	0.85	1.40	1.95	1.60	1.30	1.80	1.70	2.05	2.85	1.70	2.80	1.10
y_v	1.80	2.00	2.15	1.80	0.95	0.90	1.40	2.00	1.15	1.70	1.70	2.35	2.70	2.65	2.00	2.50	0.80

1. Wie groß ist der Korrelationskoeffizient von Bravais-Pearson und der Rangkorrelationskoeffizient der Verdunstung im Feuchtgebiet und an der Seeoberfläche? Interpretieren Sie die Werte.
2. Stellen Sie die Daten in einem Streudiagramm dar.

Aufgabe 4

Die Tabelle enthält Ergebnisse der Goldmedaillengewinner bei den Olympischen Spielen von 1900 bis 1984. Angegeben sind die Werte für die Disziplinen Hochsprung X und Weitsprung Y (jeweils in Inches).

Jahr	X	Y	Jahr	X	Y
0	74.8000	282.8750	52	80.3200	298.0000
4	71.0000	289.0000	56	83.2500	308.2500
8	75.0000	294.5000	60	85.0000	319.7500
12	76.0000	299.2500	64	85.7500	317.7500
20	76.2500	281.5000	68	88.2500	350.5000
24	78.0000	293.1250	72	87.7500	324.5000
28	76.3750	304.7500	76	88.5000	328.5000
32	77.6250	300.7500	80	92.7500	336.2500
36	79.9375	317.3125	84	92.5000	336.2500
48	78.0000	308.0000			

1. Zeichnen Sie das Streudiagramm der Y gegen die X-Werte und lokalisieren Sie den Effekt der Spiele in Mexiko Stadt im Jahr 1968.

2. Bestimmen Sie den Korrelationskoeffizienten und den Rangkorrelationskoeffizienten. Wie ist die Korrelation zu bewerten?

Aufgabe 5

In einem Test von Audio-Kassetten wurden 23 Kassetten einbezogen. Unter anderem wurden als Testergebnisse die jeweils erreichten Punkte für die Höhen- und Tiefendynamik angegeben. Die Punkte stellen transformierte Dezibel-Werte dar. (Daten aus Audio 1/1986.)

Höhen-dynamik	\ Tiefendynamik 9	10	11	12	13	14	15
6				1			
7		1	1				
8	1		1	3		1	
9			1	3	1	1	1
10	1						
11			1		2	1	
12						2	

Wie stark sind die Punktewerte der Höhen- und der Tiefendynamik korreliert?

Aufgabe 6

Die Dauer des Klinik-Aufenthaltes von 132 Schizophrenie-Patienten, aufgeschlüsselt nach der Häufigkeit, mit der sie Besuch erhielten, ist in der folgenden Tabelle angegeben. (Nach Goodman 1983)

	Dauer des Klinik-Aufenthaltes	
	2-10 Jahre	mehr als 10 Jahre
regelmäßiger Besuch; oder Patient ging auch nach Hause	43	19
unregelmäßiger oder kein Besuch; Patient ging nicht nach Hause	13	55

Bestimmen Sie den Phi-Koeffizienten. Wie lässt er sich hier interpretieren?

Aufgabe 7

Von besonderem Interesse für Automobilversicherer ist die Abhängigkeit des Risikos von der Fahrleistung. Auf schwedischen Daten basiert die folgende, vereinfachte Tabelle über die jährliche Fahrleistung X (in 1000 km) und die Schadenfrequenz Y (in %) (Mitt. Verein. Schweiz. Vers. Math. 1962, S. 118).

x_v	5	10	15	20	25	30	40	50
y_v	9	10	14	18	22	24	29	29

1. Stellen Sie die Punkte in einem Streudiagramm dar.
2. Ermitteln Sie die Regressionsgerade und zeichnen Sie sie in das Diagramm ein.
3. Berechnen Sie das Bestimmtheitsmaß.
4. Welche Schadenfrequenz ist bei Autofahrern mit 35.000 km jährlicher Fahrleistung zu unterstellen?

Aufgabe 8

Eine glückliche Person hat die Möglichkeit, sich ein Auto anzuschaffen; keinen Neuwagen zwar, aber ein vernünftiges gebrauchtes Fahrzeug, beispielsweise einen VW Golf. Nun hat sie die Qual der Wahl. In der Tabelle sind die Angebote der Wochenendausgabe einer regionalen Tageszeitung aufgelistet. Was sind nun die potentiellen Schnäppchen, was die übertriebenen Preisvorstellungen? Das hängt sicher von dem Alter des Autos und den gefahrenen Kilometern ab.

Bauj.	km	Preis	Bauj.	km	Preis	Bauj.	km	Preis
86	78.00	1.250	94	33.00	9.250	96	39.00	8.475
89	75.00	3.450	94	58.00	6.450	96	64.00	12.442
90	20.00	3.950	94	75.00	9.950	96	80.00	7.450
90	116.00	2.825	94	95.00	8.950	97	9.40	21.990
91	106.00	4.975	95	36.00	14.280	97	22.90	12.995
92	60.00	6.900	95	50.00	7.450			
92	80.00	4.450	95	62.00	10.500			
92	107.00	6.250	95	79.00	6.750			
93	57.00	7.400	95	111.50	6.725			
93	82.00	6.475	96	30.00	12.450			

1. Betrachten Sie die Abhängigkeit des Preises (in 1000 Euro) getrennt von Baujahr und von den gefahrenen 1000 Kilometern und ermitteln Sie die Parameter der linearen Regression.
2. Welche der beiden Größen erklärt den Preis besser?
3. Wie ändern sich die Regressionsparameter und die Erklärungswerte, wenn Sie das Angebot mit der höchsten Preisvorstellung herausnehmen? Erläutern Sie die Effekte dieses Datenpunktes für die beiden Regressionen.

5 Indexzahlen und Zeitreihenanalyse

Im letzten Kapitel wurden multivariate Daten betrachtet, Beobachtungen mehrerer Variablen. Werden Beobachtungen nur einer Variablen über die Zeit erhoben, so liegt zwar nur ein univariater Datensatz vor, jedoch ist es in vielen Überlegungen sinnvoll oder sogar notwendig, den Zeitindex als weitere Variable anzusehen. Wir wollen solche Beobachtungsfolgen als Zeitreihen bezeichnen. Einen Einstieg in die Beschreibung und einfache Modellierung wird im zweiten Abschnitt gegeben. Der erste Abschnitt dieses Kapitels ist Indexzahlen gewidmet. Dies ist eine im ökonomischen Bereich wichtige Gruppe von Maßzahlen, die vor allem für die zeitliche Untersuchung ökonomischer Sachverhalte relevant ist. Sie bilden wesentliche Anwendungsobjekte für ökonomische Zeitreihenanalysen.

5.1 Indexzahlen[1]

In der Ökonomie interessieren Fragen wie:

- Es soll die Preisniveauänderungsrate (Inflationsrate) vom Mai des Jahres $t-1$ bis zum Mai des Jahres t für die ‚Güter für die Lebenshaltung' in Hamburg gemessen werden, um die Änderung des ‚Geldwertes' oder der ‚Kaufkraft' des Geldes zu messen.
- Man möchte Aufschluss über die relative Änderung der Tiefbauleistungen im Bundesgebiet vom Jahre 2000 bis 2007 erhalten.
- Sind die Waren und Dienstleistungen, die mit dem Halten eines PKW verbunden sind, in Italien im Vergleich zu Deutschland insgesamt teurer oder billiger?

Diese Fragen zielen auf den zeitlichen oder regionalen Vergleich von Variablen oder Gruppen von Variablen unterschiedlicher Art. Um sie zu beantworten, sind die verschiedenen Variablen jeweils geeignet zusammenzufassen.

Definition 5.1

Ein ‚Gut' ist eine Ware oder Dienstleistung. Eine sinnvoll zusammengefasste Menge von n Gütern (Güterbündel) heißt *Warenkorb*.

Weiter werden folgende Bezeichnungen verwendet:

---

[1] Dieser Abschnitt basiert wesentlich auf: Hofmann, H.-J.: Einführung in die Wirtschaftsstatistik; Skriptum an der Universität Hamburg, o. J. Für die Erlaubnis dazu danke ich ihm herzlich.

p_{it} Preis des Gutes i in der Periode t [Geldeinheit/Mengeneinheit],
q_{it} Menge des Gutes i in der Periode t [Mengeneinheiten],
$u_{it} = p_{it} \cdot q_{it}$,Umsatz' (,Ausgabe') des Gutes i in der Periode t [Geldeinheiten].

$i = 1,\ldots,n$ ist der Laufindex für die Güterbezeichnung, t bezeichnet die Periode (anstatt 1991, 1992, ..., 2003 schreiben wir kurz $t = 0,1,2,\ldots$ oder $t = 1,2,3,\ldots$ usw.).

5.1.1   Messziffern

Wir beschränken uns zunächst auf ein einzelnes Gut und die beiden Jahre $t = 0,1$. p_0 und p_1 seien die Preise des Gutes in den beiden Jahren. Die relative Preisänderung lässt sich leicht mit Hilfe der Quotienten p_1/p_0 ermitteln, indem man gedanklich „zu 1 ergänzt". Formal ist sie gleich $(p_1/p_0 - 1) \cdot 100$. Das Ergebnis kann als Dezimal- oder Prozentzahl angegeben werden. Die Quotienten p_1/p_0 sind Preismessziffern. Für einzelne Güter sind die Messziffern gute Indikatoren zum intertemporalen Vergleich von Preisen, Kaufkraft und Mengen.

Definition 5.2   *Messziffern*

Sei $t = t_0$ die Periode, von der ausgehend die Preisänderung betrachtet wird; man nennt t_0 die *Basisperiode*. Im Folgenden wird in den überwiegenden Fällen die Basisperiode mit 0 bezeichnet. Die *Berichtsperiode* ist dann diejenige, für die die relative Preisänderung von der Basisperiode aus betrachtet wird.

Es heißen:

$\dfrac{p_{1i}}{p_{0i}}$ *Preismessziffer* für Gut i mit der Basisperiode 0 und der Berichtsperiode t;

$\dfrac{q_{1i}}{q_{0i}}$ *Mengenmessziffer* für Gut i mit der Basisperiode 0 und der Berichtsperiode t;

$\dfrac{u_{1i}}{u_{0i}}$ *Umsatzmessziffer* für Gut i mit der Basisperiode 0 und der Berichtsperiode t.

Beispiel 5.3   *Bier und Zigaretten*

Wir betrachten zwei Güter, Bier und Zigaretten, und die beiden Jahre $t = 0,1$. In der folgenden Tabelle stehen die Preise für Bier in Euro/0.5 Liter ($i = 1$) und Zigaretten in Euro/Packung ($i = 2$).

Tab.: *Preise und Kaufkraft für Bier ($i = 1$) und Zigaretten ($i = 2$)*

Jahr	Preise		Kaufkraft	
t	p_{t1}	p_{t2}	$\dfrac{1}{p_{t1}}$	$\dfrac{1}{p_{t2}}$
0	0.8	5.0	1.25	0.20
1	1.0	4.0	1.00	0.25

Die relativen Preisänderungen von Periode 0 bis 1 für beide Güter sind:

$$\left(\frac{p_{11}}{p_{01}} - 1\right) \cdot 100 = \left(\frac{1}{0.8} - 1\right) \cdot 100 = 0.25 \cdot 100 = 25\%$$

5.1 Indexzahlen

$$\left(\frac{p_{12}}{p_{02}} - 1\right) \cdot 100 = \left(\frac{4}{5} - 1\right) \cdot 100 = -0.20 \cdot 100 = -20\%$$

Für Bier ist die Preismessziffer 1.25; das bedeutet eine Preiserhöhung von 25% von Periode 0 bis 1.

Die *Kaufkraft* des Geldes, d. h. einer Geldeinheit, ist beim Kauf eines einzelnen Gutes durch den Kehrwert des Preises gegeben. Beispielsweise ist die Kaufkraft einer Geldeinheit beim Kauf von Zigaretten in $t = 0$: $1/5 = 0.20$ Zigarettenpackungen und in $t = 1$ 0.25 Zigarettenpackungen. Die Kaufkraft hat wegen $0.25/0.20 = 5/4 = 1.25$ um 25% beim Kauf von Zigaretten zugenommen.

Um die Eigenschaften von Messziffern anzugeben, seien sie zur Vereinfachung der Schreibweise im Folgenden mit

$$MP_{0t} = \frac{p_t}{p_0}, \quad MQ_{0t} = \frac{q_t}{q_0}, \quad MU_{0t} = \frac{u_t}{u_0}$$

bezeichnet. (Der Güterindex i wird also weggelassen.)

Die Messziffern $M_{\bullet\bullet}$ haben folgende Eigenschaften:

1. *Identitätseigenschaft*: Es gilt $MP_{tt} = MQ_{tt} = MU_{tt} = 1$.
   Stimmen Basis- und Berichtsperiode überein, dann haben die Messziffern den Wert 1 oder 100%. Daher schreibt man z. B. beim Basisjahr 2008: 2008=100.

2. *Dimensionswechseleigenschaft*: Messziffern sind invariant bezüglich eines Wechsels der Dimension, in der Preise, Mengen und Umsätze gemessen werden.

3. *Zeitumkehreigenschaft*: Es gilt für jede Messziffer M_{0t}: $M_{0t} = \dfrac{1}{M_{t0}}$.

4. *Zirkular- oder Rundeigenschaft*: Es gilt für jede Messziffer: $M_{0s} \cdot M_{st} = M_{0t}$.

5. Es gilt die *Faktorumkehreigenschaft*: $MP_{0t} \cdot MQ_{0t} = MU_{0t}$.

Eigenschaft 5. bedeutet, dass man mit Preis-, Mengen- und Umsatzmessziffern rechnen kann wie mit Preisen, Mengen und Umsätzen. Die Zirkulareigenschaft 4. ermöglicht eine einfache multiplikative Verknüpfung von Messziffern mit unterschiedlichen Basisperioden; man nennt diese Verknüpfung auch *Verkettung*. (Die Zeitumkehreigenschaft 3. ist ein Spezialfall von Eigenschaft 4.)

Beispiel 5.4 *Verbrauch an Geflügelfleisch*

Der Verbrauch ausgewählter Konsumgüter wird im Statistischen Jahrbuch angegeben. Hier entnehmen wir eine Position, um die Berechnungen und Eigenschaften der Messziffern zu illustrieren.

Tab.: *Verbrauch an Geflügelfleisch (kg je Einwohner und Jahr), siehe Statistisches Bundesamt (2007, S. 559)*

Jahr	t	q_t	$\frac{q_t}{q_0} \cdot 100\%$	$\frac{q_t}{q_3} \cdot 100\%$	jährl. Änderung (%)
1997	0	14.8	100.00	92.50	0.00
1998	1	15.2	102.70	95.00	2.70
1999	2	15.3	103.38	95.62	0.68
2000	3	16.0	108.11	100.00	4.73
2001	4	18.2	122.97	113.75	14.86
2002	5	17.2	116.22	107.50	-6.76
2003	6	17.6	118.92	110.00	2.70
2004	7	17.8	120.27	111.25	1.35
2005	8	17.5	118.24	109.38	-2.03

In der Tabelle sind die Mengenmessziffernreihen auf Basis 1997 und 2000 aufgeführt. Wegen Eigenschaft 3. gilt etwa:

$$\frac{q_4}{q_0} = 1.2297 = \frac{1}{0.8132} = \frac{1}{\frac{q_0}{q_4}},$$

und wegen Eigenschaft 4. gilt beispielsweise:

$$\frac{q_5}{q_0} = \frac{q_3}{q_0} \cdot \frac{q_5}{q_3} = 1.0811 \cdot 1.0750 = 1.162182.$$

5.1.2 Indizes

Bei unterschiedlichen Preismessziffern (Preisänderungen) lässt sich die relative Preis- und Kaufkraftänderung nicht ohne weiteres für einen ganzen Warenkorb angeben. Die Preis- und Kaufkraftänderung ist abhängig von den Gütern, die jeweils betrachtet werden. Im obigen Beispiel 5.3 gilt etwa:
- Besteht der Haushalt aus nichtrauchenden Abstinenzlern, dann sind beide Preisänderungen für ihn irrelevant.
- Wird im Haushalt viel Bier getrunken und wenig geraucht, dann trifft ihn die 25% Preissteigerung bei Bier in negativer Weise stärker als ihn die 20% Preissenkung bei Zigaretten erfreuen kann.

Bei einer zielgerechten Konstruktion eines Preisindexes in diesem Beispiel sollten daher die Konsum- bzw. Kaufgewohnheiten, also insbesondere die Anteile der Konsumausgaben des Haushalts für die einzelnen Güter, berücksichtigt werden. Diese Konsumgewohnheiten sind bei den Haushalten i. a. verschieden.

Für die Zusammenführung verschiedener Preismessziffern sind verschiedene Vorschläge gemacht worden. Sie gehen von *gewichteten* oder *gewogenen arithmetischen Mitteln* aus:

$$P_{01} = \sum_{i=1}^{n} \frac{p_{1i}}{p_{0i}} w_i^* = \sum_{i=1}^{n} \frac{p_{1i}}{p_{0i}} \frac{w_i}{\sum_{i=1}^{n} w_i}.$$

5.1 Indexzahlen

Die zweite Form zeigt, dass die Gewichte $wi^* = w_i / \sum_{i=1}^{n} w_i$ in der Gesamtsumme 1 ergeben. Das Problem liegt nun in der Bestimmung geeigneter Gewichte w_i.

Mit der Gewichtung der Preisänderungen bzw. Preismessziffern soll der jeweiligen Ausgabenbedeutung Rechnung getragen werden. Dies geschieht entsprechend den Vorschlägen von Laspeyres (1864) und Paasche (1874), indem dafür die Ausgaben für die einzelnen Güter zur Basiszeit $p_{0i}q_{0i}$ oder zur Berichtszeit $p_{0i}q_{ti}$ gewählt werden. Preisindizes nach Laspeyres und Paasche haben sich in der Praxis der amtlichen Statistik durchgesetzt.

Definition 5.5 *Preisindizes*

Der *Preisindex nach Laspeyres* ist: $\quad P_{0t}^{L} = \sum_{i=1}^{n} \frac{p_{ti}}{p_{0i}} \cdot \frac{p_{0i}q_{0i}}{\sum_{i=1}^{n} p_{0i}q_{0i}} = \frac{\sum_{i=1}^{n} p_{ti}q_{0i}}{\sum_{i=1}^{n} p_{0i}q_{0i}},$

und der *Preisindex nach Paasche*: $\quad P_{0t}^{P} = \sum_{i=1}^{n} \frac{p_{ti}}{p_{0i}} \cdot \frac{p_{0i}q_{ti}}{\sum_{i=1}^{n} p_{0i}q_{ti}} = \frac{\sum_{i=1}^{n} p_{ti}q_{ti}}{\sum_{i=1}^{n} p_{0i}q_{ti}}.$

Der Laspeyres-Preisindex gibt an, um wieviel sich die Preise zur Berichtsperiode (gegenüber früher) für die Mengen der Basisperiode geändert haben. Der Preisindex von Paasche beantwortet dagegen die Frage: ‚Wie haben sich die Preise gegenüber früher für die Mengen der Berichtsperiode (und Waren) geändert?'

Beispiel 5.6 *fiktiver Warenkorb*

Für einen Warenkorb mit drei Gütern seien Preise und Mengen zu zwei Perioden bekannt:

Gut i	Preis (Euro pro Stück) Zeitp. 0	Preis (Euro pro Stück) Zeitp. 1	Menge (Stück) Zeitp. 0	Menge (Stück) Zeitp. 1	Ausgaben (Euro) Zeitp. 0	Ausgaben (Euro) Zeitp. 1
1	4	6	5	4	20	24
2	6	8	10	15	60	120
3	10	12	8	16	80	192

Die Preisentwicklung stellt sich dann wie folgt dar:

$$P_{01}^{L} = \frac{6 \cdot 5 + 8 \cdot 10 + 12 \cdot 8}{4 \cdot 5 + 6 \cdot 10 + 10 \cdot 8} = 1.2875 = 128.75\%,$$

$$P_{01}^{P} = \frac{6 \cdot 4 + 8 \cdot 15 + 12 \cdot 16}{4 \cdot 4 + 6 \cdot 15 + 10 \cdot 16} = 1.2632 = 126.32\%$$

Der Preisindex nach Paasche hat noch eine Darstellung als gewogenes harmonisches Mittel der Preismessziffern. Die Gewichte sind dabei die Ausgabenanteile der Berichtsperiode:

$$P^P_{0t} = \frac{\sum\limits_{i=1}^{n} p_{ti} q_{ti}}{\sum\limits_{i=1}^{n} p_{0i} q_{ti}} = \left\{ \sum_{i=1}^{n} \frac{1}{\frac{p_{ti}}{p_{0i}}} w_i^* \right\}^{-1} \quad \text{mit} \quad w_i^* = \frac{p_{ti} q_{ti}}{\sum\limits_{i=1}^{n} p_{ti} q_{ti}}.$$

Für den Preisindex von Laspeyres im Vergleich zu dem von Paasche gelten die folgenden Gesichtspunkte. Als Vorteil ist zu werten, dass beim Laspeyres-Index bei der Berechnung längerer Indexzeitreihen die Mengen nur einmal zu erheben sind, nämlich in der Basisperiode. Das ist im Vergleich zum Paasche-Preisindex kostengünstiger. Ein Nachteil besteht darin, dass bei der Berechnung längerer Indexzeitreihen die Mengen der Basisperiode immer schlechter die aktuell in der Berichtsperiode gekauften Mengen widerspiegeln. Beim Preisindex von Paasche werden sie dagegen berücksichtigt. Es ist davon auszugehen, dass z. B. Haushalte durch Mengensubstitution versuchen werden, den Kauf von Gütern mit relativ hohen Preissteigerungen einzuschränken zugunsten von substituierbaren Gütern mit relativ geringen Preissteigerungen. Der Paasche-Preisindex erfasst diese Substitution, der Laspeyres-Preisindex dagegen nicht. Es resultiert im Allgemeinen eine Überzeichnung des Preisniveauanstiegs.

Der erstgenannte praktische Aspekt hat zur Konsequenz, dass der Laspeyres-Index mit Abstand der gebräuchlichere der beiden Indizes ist.

Preisindizes dienen nicht nur zum intertemporalen Kaufkraftvergleich, sondern auch speziell zur Preisbereinigung von Wert- oder Umsatzgrößen. Zur Ermittlung des Wirtschaftswachstums einer Volkswirtschaft beispielsweise muss die jährliche Wachstumsrate des realen Sozialproduktes bestimmt werden. Das in der Volkswirtschaftlichen Gesamtrechnung berechnete nominale Sozialprodukt (zu jeweiligen Preisen des Berichtsjahres) wird mit Hilfe eines Preisindexes, der in diesem Zusammenhang Deflator heißt, von reinen Preisschwankungen bereinigt. Das nominale Sozialprodukt eines Jahres t wird durch den Deflator für t dividiert. Im Resultat ergibt sich als Konstrukt das Sozialprodukt in t zu konstanten Preisen eines Basisjahres 0, kurz mit ‚reales Sozialprodukt' bezeichnet.

Ein weiterer Anwendungsbereich von Preisindizes bildet die Bestimmung von jährlichen *Inflationsraten*. Diese ‚Rate' ist nicht eindeutig bestimmbar; sie hängt vom Messkonzept ab. In der Praxis der amtlichen Statistik basiert die Messung von Inflationsraten (beispielsweise der Preise des Warenkorbes für die Lebenshaltung eines repräsentativen Haushaltes) auf dem Quotienten

$$\frac{P^L_{0t}}{P^L_{0(t-1)}} = \hat{P}^L_{(t-1)t}.$$

$\hat{P}^L_{(t-1)t}$ zeigt die Preisänderungsrate der für alle Berichtsperioden konstanten Mengen der Basisperiode an.

Eine Inflationsratenmessung von Monat $(t-1)$ zu Monat t ist problematisch. So sind beispielsweise die Konsummengen an ‚Erdbeeren' im Mai und Juni wegen der Saisonabhängigkeit der Ernte stark unterschiedlich. Die monatlich ausgewiesene jährliche Inflationsrate bezieht sich daher auf die Preisniveauänderungsrate desselben Monats vom Vor- bis zum Berichtsjahr.

5.1 Indexzahlen

Analog zu den Preisindizes lassen sich Mengenindizes angeben. Weiter sind Umsatzindizes von Interesse.

Definition 5.7 *Mengen- und Umsatzindizes*

Der *Mengenindex nach Laspeyres* ist: $\quad Q_{0t}^L = \sum_{i=1}^{n} \frac{q_{ti}}{q_{0i}} \cdot \frac{q_{0i}p_{0i}}{\sum_{i=1}^{n} q_{0i}p_{0i}} = \frac{\sum_{i=1}^{n} q_{ti}p_{0i}}{\sum_{i=1}^{n} q_{0i}p_{0i}},$

und der *Mengenindex nach Paasche*: $\quad Q_{0t}^P = \sum_{i=1}^{n} \frac{q_{ti}}{q_{0i}} \cdot \frac{q_{0i}p_{ti}}{\sum_{i=1}^{n} q_{0i}p_{ti}} = \frac{\sum_{i=1}^{n} q_{ti}p_{ti}}{\sum_{i=1}^{n} q_{0i}p_{ti}}.$

Ein *Umsatzindex* ist gegeben durch: $\quad U_{0t} = \dfrac{\sum_{i=1}^{n} p_{ti}q_{ti}}{\sum_{i=1}^{n} p_{0i}q_{0i}}.$

Der Mengenindex von Paasche ist ähnlich wie der Paasche-Preisindex als gewogenes harmonisches Mittel darstellbar:

$$Q_{0t}^P = \frac{\sum_{i=1}^{n} q_{ti}p_{ti}}{\sum_{i=1}^{n} q_{0i}p_{ti}} = \left\{ \sum_{i=1}^{n} \frac{1}{\frac{q_{ti}}{q_{0i}}} w_i^* \right\}^{-1} \quad \text{mit} \quad w_i^* = \frac{p_{ti}q_{ti}}{\sum_{i=1}^{n} p_{ti}q_{ti}}.$$

Beispiel 5.8 *fiktiver Warenkorb - Fortsetzung*

Hier ergeben sich aus der nochmals wiedergegebenen Tabelle die nebenstehend aufgeführten Mengen- und Umsatzindizes.

Gut	Preis		Menge		Ausgaben	
i	(Euro pro Stück)		(Stück)		(Euro)	
	Zeitp.		Zeitp.		Zeitp.	
	0	1	0	1	0	1
1	4	6	5	4	20	24
2	6	8	10	15	60	120
3	10	12	8	16	80	192

$$Q_{01}^L = \frac{4\cdot 4 + 15\cdot 6 + 16\cdot 10}{5\cdot 4 + 10\cdot 6 + 8\cdot 10} = 1.663 = 166.3\%,$$

$$Q_{01}^P = \frac{4\cdot 6 + 15\cdot 8 + 16\cdot 12}{5\cdot 6 + 10\cdot 8 + 8\cdot 12} = 1.631 = 163.1\%,$$

$$U_{01} = \frac{6\cdot 4 + 8\cdot 15 + 12\cdot 16}{4\cdot 5 + 6\cdot 10 + 10\cdot 8} = 2.10 = 210\%.$$

Lemma 5.9 *Beziehungen zwischen den Indizes*

Wichtige Beziehungen zwischen Umsatz-, Mengen- und Preisindizes sind:

$$U_{0t} = P_{0t}^L \cdot Q_{0t}^P = P_{0t}^P \cdot Q_{0t}^L.$$

Der Umsatzindex (zum Zeitpunkt t, zur Basis 0) ist gleich dem Produkt aus dem Preisindex nach Laspeyres und dem Mengenindex nach Paasche oder dem Preisindex nach Paasche und dem Mengenindex nach Laspeyres.

5.1.3 Rechnen mit Indizes

Es werden nur zwei wichtige, eher formale Aspekte des Rechnens mit Indizes besprochen, die Umbasierung und die Verkettung. Die beiden Operationen werden zunächst definiert.

Definition 5.10 *Umbasierung und Verkettung*

Wird eine Indexzeitreihe mit der Basisperiode t_0 auf eine andere Basisperiode t_1 rechnerisch umgestellt, so nennt man diesen Vorgang *Umbasierung*. Werden zwei oder mehr Indexzeitreihen mit unterschiedlichen Basisperioden rechnerisch so kombiniert, dass eine fortlaufende Indexzeitreihe mit einheitlicher Basisperiode entsteht, so nennt man diesen Vorgang *Verkettung* oder Verknüpfung der Indexzeitreihen.

Sei als erstes beispielsweise eine Preisindexzeitreihe

$$P_{00}, P_{01}, P_{02}, P_{03}, P_{04}, \ldots, P_{0t}$$

gegeben, die auf die Basisperiode 3 umbasiert werden soll. Wenn der Preisindex die Eigenschaft $P_{0s} \cdot P_{st} = P_{0t}$ besitzt, den sogenannten *Zirkulartest* besteht, dann lässt sich aus $P_{0t} = P_{03} \cdot P_{3t}$ durch Division der Preisindexzeitreihe mit P_{03} die umbasierte Zeitreihe P_{3t} leicht errechnen. Weder der Preisindex von Laspeyres noch der von Paasche besitzt jedoch diese Eigenschaft. Preisindizes (und entsprechend Mengenindizes) nach Laspeyres und Paasche können daher nur ‚rein rechnerisch' in dieser Weise umbasiert werden. Um diese ‚rein rechnerische' Umbasierung zu kennzeichnen, wird die entstehende Indexzeitreihe mit einem ‚^' versehen:

$$\hat{P}^L_{3t} = \frac{P^L_{0t}}{P^L_{03}}.$$

Beispiel 5.11 *Metalle und Halbzeug daraus*

Am Beispiel der Daten des Index der Erzeugerpreise gewerblicher Produkte für ‚Metalle und Halbzeug daraus' soll die ‚rein rechnerische' Umbasierung demonstriert werden. Aus dem Statistischen Jahrbuch 2002 erhalten wir:

Jahr	1995	1996	1997	1998	1999	2000	2001
Index	100	95	96.6	98	93.1	102.1	101.4

Die Umbasierung auf das Jahr 2000 führt zu der mittleren Zeile der folgenden Tabelle. Die unterste listet die im Statistischen Jahrbuch 2007 angegebenen Werte des Index auf.

Jahr	1995	1996	1997	1998	1999	2000	2001	2002	2003	2004	2005	2006
Umbas. Index	97.9	93.0	94.61	95.98	91.18	100	99.5					
Veröff. Index						100	99.5	97.8	100.4	113.8	126.5	142.4

Die *Verkettung* wird u. a. dadurch nötig, dass, wie bereits erwähnt, das Wägungsschema des Laspeyres-Index nach einiger Zeit veraltet. Im Abstand von mehreren Jahren wird dementsprechend das Wägungsschema, im Falle der Lebenshaltungskosten beispielsweise der Warenkorb, an die neue Entwicklung angepasst. Für eine gewisse Zeit, meist das Basisjahr des

5.1 Indexzahlen

neuen Index, werden alter und neuer Index berechnet. Dann wird der alte Index eingestellt. Um daraus eine lange Zeitreihe zu konstruieren, sind die beiden Abschnitte zu verbinden.

Gegeben seien beispielsweise zwei Preisindexzeitreihen

P_{00} P_{01} P_{02} P_{03} P_{04} $-$ $-$ $-$
$-$ $-$ $-$ P_{33} P_{34} P_{35} $\ldots$ P_{3t}

Um eine durchgehende Preisindexzeitreihe mit einheitlicher Basis zu gewinnen, gibt es zwei Möglichkeiten; der alte Index kann fortgeschrieben oder der neue Index zurückgerechnet werden. Dies führt auf:

I. Die Indexzeitreihe mit alter Basis 0 wird ‚fortgeschrieben' für $t = 5, \ldots$:
   $P_{0t} = P_{03} P_{3t}$ für $t = 5, 6, \ldots$ (Verkettung)
II. Die Indexzeitreihe mit neuer Basis 3 wird ‚rückgerechnet' für $t = 2, 1, 0$:
   $P_{3t} = P_{0t} / P_{03}$ für $t = 2, 1, 0$. (Umbasierung)

Voraussetzung für die Anwendung der beiden Rechnungen ist, dass der Index P den Zirkulartest besteht. Die Preisindizes von Laspeyres und von Paasche bestehen diesen, wie bereits erwähnt, nicht. Mit den amtlich veröffentlichten Preisindizes lassen sich daher die Verkettungen I. und II. nicht ohne weiteres durchführen. In II. liegt - im Gegensatz zu I. - deswegen eine Umbasierung vor, weil ausschließlich die Indexzeitreihe auf Basis ‚0' verwendet wird.

Man kann also nur eine ‚rein rechnerische' Verkettung der Preisindizes von Laspeyres bzw. von Paasche vornehmen. Für eine Laspeyres-Preisindex-Zeitreihe erhält man also:

zu I. (Hilfslösung): $\hat{P}^L_{0t} = \hat{P}^L_{03} \hat{P}^L_{3t}$ für $t = 5, 6, \ldots$
zu II. (Hilfslösung): $\hat{P}^L_{3t} = \hat{P}^L_{0t} / \hat{P}^L_{03}$ für $t = 2, 1, 0$. .

Beispiel 5.12 *Preisindex für die Lebenshaltung*

Es seien zwei Zeitreihen für den Preisindex für die Lebenshaltung gegeben. Die erste Reihe hat als Basis das Jahr 1995 und geht bis zum Jahr 2000; die zweite startet mit dem Basiszeitraum 2000.

	Jahr	alt 1995 = 100	neu 2000 = 100
$t_0 = 1995$	1995	100.00	*93.55*
	1996	101.40	*94.86*
	1997	103.30	*96.63*
	1998	104.30	*97.57*
	1999	104.90	*98.13*
$t_1 = 2000$	2000	106.90	100.0
	2001	*109.04*	102.0
	2002	*110.53*	103.4
	2003	*111.71*	104.5
	2004	*113.53*	106.2

In der Tabelle sind die Ergebnisse der beiden Möglichkeiten, die Reihen zu ergänzen, kursiv mit angegeben. Die Fortführung des alten Index gemäß $\hat{P}_{t_0 t} = P_{t_0 t_1} P_{t_1 t}$ gibt z. B:

$$\hat{P}_{1995,2002} = 106.90 \cdot 103.47/100 = 110.53 \, .$$

Die Rückrechnung des neuen Index nach der Formel $\hat{P}_{t_1 t} = P_{t_0 t} / P_{t_0 t_1}$ ergibt für $t = 1996$:

$$\hat{P}_{2000,1996} = 101.40/106.9 \cdot 100 = 94.86\,.$$

5.2 Elementare Zeitreihenanalyse

Ein relevanter Teil der statistischen Daten besteht aus statistischen *Zeitreihen*, zeitlich geordneten Beobachtungen jeweils derselben statistischen Variablen. Meistens, aber nicht immer, liegen gleiche Zeitabstände zwischen aufeinanderfolgenden Zahlenangaben vor. Zeitabstände, die im Rahmen ökonomischer Erhebungen bedeutsam sind, sind vor allem Monats- und Quartalsabstände und ganze Jahre. Aber auch andere Zeitabstände sind von Interesse; so werden die Stromdurchleitungen viertelstündlich erhoben, das Handelsgeschehen an Börsen wird im Sekundentakt verfolgt.

Wesentlich für die folgenden Ausführungen ist es, dass von einem gleichbleibenden zeitlichen Beobachtungsabstand ausgegangen wird. Die Zeitpunkte können dann einfach mit $t = 0, 1, 2, \ldots$ oder $t = 1, 2, 3, \ldots$ durchnummeriert werden. Eine Zeitreihe wird dementsprechend mit $X_1, X_2, \ldots, X_n$ bezeichnet; als Laufindex wird t verwendet.

Beispiele für Zeitreihen sind:

- Monatliche Auftragseingänge (in Währungseinheiten) für eine Fertigungsstätte eines Unternehmens;
- Tägliche Niederschlagsmenge (in mm) an einer Messstelle;
- Anzahl der pro Kalenderjahr lebendgeborenen Kinder in einem Land;
- Tagesschlusskurs einer Aktie;
- Bruttoinlandsprodukt pro Monat.

An Zeitreihen geht man mit unterschiedlichen Fragestellungen heran. Die beiden wichtigsten lauten:

- Wie sind die vorliegenden Daten zu interpretieren; welche Diagnose einer aktuellen Lage erlauben diese Daten?
- Welche Prognosen können aufgrund der vorhandenen Daten der Zeitreihe gemacht werden; welche Weiterentwicklung ist zu erwarten?

Die Beantwortung solcher Fragen setzt die Feststellung von Regelmäßigkeiten und Strukturen voraus. Die Zeitreihenanalyse umfasst gerade das Instrumentarium, um Gesetzmäßigkeiten in den vorliegenden Verläufen der Zeitreihen zu erkennen. Dass es natürlich auch externe Gründe für Entwicklungen gibt, die zur Interpretation und Prognose herangezogen werden können, soll hier außen vor gelassen werden.

In wirtschaftlichen Zeitreihen beobachtet man vielfach ein sich änderndes Niveau der Reihenwerte; ist diese Änderung ein sich fortsetzendes Ansteigen bzw. Fallen, so spricht man von einem Trend. Trends sind speziell für Prognosen von entscheidender Bedeutung. Weiter weisen ökonomische Zeitreihen oft saisonale Regelmäßigkeiten auf. Die Saison verdeckt andererseits Entwicklungstendenzen, die etwa für die Beurteilung der konjunkturellen Entwicklung von Bedeutung sind. Daher gilt es diese zu bestimmen und ggf. herauszurechnen. Insgesamt wird ein Modell benötigt.

5.2 Elementare Zeitreihenanalyse

Definition 5.13 *Komponentenmodell*

Ein additives *Komponentenmodell* für (ökonomische) Zeitreihen ist gegeben durch den Ansatz
$$x_t = m_t + s_t + u_t, \quad t = 1, 2, \ldots, n.$$

Dabei sind die x_t die beobachteten Werte; m_t stellt die *glatte Komponente* oder den *Trend* dar. Damit wird die langfristige Veränderung des Mittels erfasst. s_t ist die *Saisonkomponente*, eine jahreszeitlich bedingte, relativ regelmäßige Struktur. In der *Restkomponente* u_t sind die unregelmäßigen Abweichungen von den beiden Komponenten subsumiert.

Für die Saisonkomponente wird speziell unterstellt, dass die Summe der Saisonausschläge über eine Saisonperiode d (in etwa) Null ist:

$$\sum_{r=t+1}^{t+d} s_r \approx 0 \quad \text{für alle } t.$$

Neben dem additiven Modell sind multiplikative Komponentenmodelle verbreitet:

$$x_t = m_t \cdot s_t \cdot u_t.$$

Diese lassen sich aber leicht in additive überführen:

$$x_t = m_t \cdot s_t \cdot u_t \implies \ln(x_t) = \ln(m_t) + \ln(s_t) + \ln(u_t).$$

Daher wird hier nur die additive Form betrachtet.

5.2.1 Trendbestimmung

Wir unterstellen zunächst, dass die Zeitreihe als Überlagerung einer glatten Komponente und der Restkomponente angesehen werden kann. Speziell ist also $s_t = 0$. Die Betrachtung einer grafischen Darstellung einer Zeitreihe legt dann oft eine bestimmte Form eines Trends nahe. Am einfachsten ist natürlich ein *linearer Trend*. Dann ist

$$x_t = a + b \cdot t + u_t.$$

Offensichtlich handelt es sich um einen Regressionsansatz; die Trendermittlung kann demnach mit der Methode der Kleinsten Quadrate erfolgen.

Beispiel 5.14 *Privathaushalte in der BRD*

Die Entwicklung der Zahl der Privathaushalte in Deutschland (in 1000) ist durch die nachfolgenden Daten gegeben.

Tab.: *Entwicklung der Anzahl der Privathaushalte in der BRD (in 1000)*

Jahr	Anzahl Haushalte	Jahr	Anzahl Haushalte
1991	35256	1999	37795
1993	36230	2000	38124
1994	36695	2001	38456
1995	36938	2002	38720
1996	37281	2003	38944
1997	37457	2004	39122
1998	37532	2005	39178

Es wird zuerst der Zeitraum 1993 bis 2005 betrachtet. Das Streudiagramm legt einen linearen Trend nahe. Die KQ-Methode ergibt die Koeffizienten $a = -437567.2$, $b = 245.9$. Die Trendgerade ist in der Abbildung mit eingezeichnet.

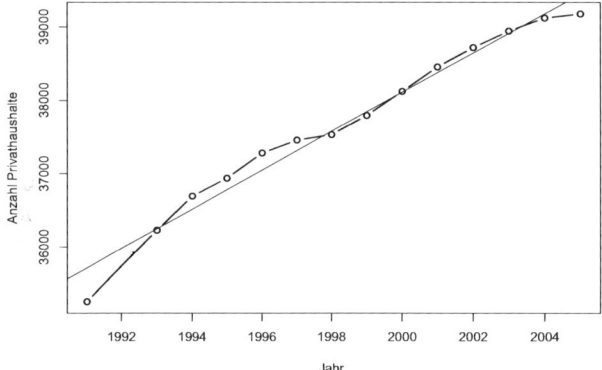

Abb. 5.1: *Privathaushalte mit Trendgerade*

Eine Erweiterung des linearen Trends ist der *polynomiale Trend*:

$$m_t = a + b_1 \cdot t + b_2 \cdot t^2 + \ldots + b_p \cdot t^p.$$

Auch hier kann die Kleinste-Quadrate-Methode zur Bestimmung der Koeffizienten eingesetzt werden. Näheres wird im Abschnitt 19.5 ausgeführt.

Beispiel 5.15 *Privathaushalte in der BRD - Fortsetzung*

Im letzten Beispiel wurde die Entwicklung in den Jahren 1993 bis 2005 betrachtet. Nun wird zusätzlich die Anzahl der Privathaushalte (in 1000) des Jahres 1991 berücksichtigt. (Dass der Wert für das Jahr 2002 fehlt, ist für die Trendbestimmung unproblematisch.)

Die Darstellung der verlängerten Zeitreihe legt nun keinen linearen Trend mehr nahe, siehe die Abbildung 5.2. Eher ist ein quadratischer Trend angebracht. Die KQ-Methode ergibt hierfür:

$$x_t = -3.2570000 + 32370 \cdot t - 8.033 \cdot t^2 + u_t.$$

5.2 Elementare Zeitreihenanalyse

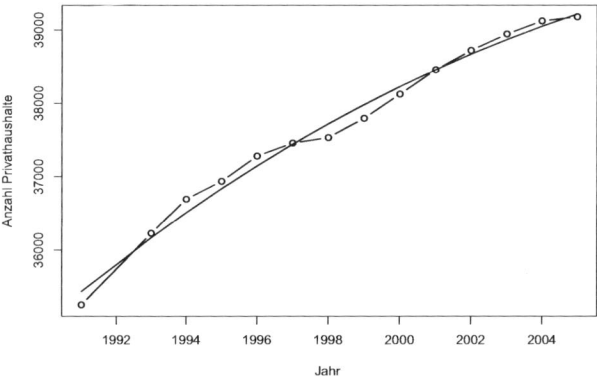

Abb. 5.2: *Privathaushalte mit quadratischem Trend*

Von den Methoden, die für die Bestimmung der glatten Komponente bei einem nicht durch ein Polynom oder eine andere einfach zu erkennende Funktion erfassbaren Verlauf geeignet sind, betrachten wir nur die *gleitenden Durchschnitte*.

Die Idee der gleitenden Durchschnitte ist dabei sehr einfach: Da die glatte Komponente glatt sein soll, ist sie in einem nicht zu langen Teilstück ‚praktisch konstant'. Dementsprechend werden jeweils gleich lange Reihensegmente gebildet; für Zeitreihenwerte eines jeden Segmentes wird das arithmetische Mittel gebildet und als Näherungswert für die glatte Komponente dem zeitlichen Mittelpunkt des Segmentes zugeordnet.

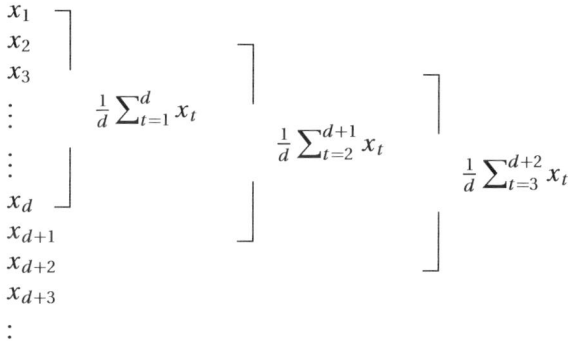

Abb. 5.3: *Zu den gleitenden Durchschnitten*

Auch wenn gleitende Durchschnitte von der Idee her sehr elementar sind, gibt es zwei Punkte, die der näheren Beachtung bedürfen. So ist einmal der zeitliche Mittelpunkt eines Segments klar, wenn es sich um einen gleitenden Durchschnitt ungerader Länge oder Ordnung handelt. Bei geradem d, $d = 2q$, ist die Zuordnung zum mittleren Zeitpunkt nicht sinnvoll. Als Ausweg wird die Länge um eins erhöht, die Randpunkte gehen dann aber nur mit dem halben Gewicht ein.

Definition 5.16 *gleitender Durchschnitt*

Die Folge der arithmetischen Mittel der Zeitreihenwerte $x_t, t = 1, \ldots, N$

$$y_t = \begin{cases} \frac{1}{d} \sum_{u=-q}^{q} x_{t+u} & \text{falls } d \text{ ungerade, } d = 2q+1 \\ \frac{1}{d} \left(\frac{1}{2} x_{t-q} + \sum_{u=-q+1}^{q-1} x_{t+u} + \frac{1}{2} x_{t+q} \right) & \text{falls } d \text{ gerade, } d = 2q \end{cases}$$

wird als *gleitender Durchschnitt der Ordnung d* bezeichnet.

Wie die Mittelwertbildung allgemein extreme Werte ‚nivelliert', so werden mit einem gleitenden Durchschnitt die durch die Restkomponente erfassten Irregularitäten herausgefiltert. Allerdings gehen jeweils q Zeitpunkte an den Rändern verloren, wenn über den ganzen Bereich mit einer konstanten Ordnung gearbeitet wird. Dies ist der zweite angesprochene Problempunkt. Insbesondere zeigt dies, dass gleitende Durchschnitte für Prognosen ungeeignet sind.

Beispiel 5.17 *Index der Erzeugerpreise*

Der Index der Erzeugerpreise gewerblicher Produkte (Inlandsabsatz) für die Produkte ‚Elektrischer Strom, Gas, Fernwärme, Wasser' nahm in den Jahren 1976 bis 2007 die folgenden Werte an (mit dem Basisjahr 2000):

68.9	70.3	72.9	74.2	82.0	98.0	110.5	112.0	115.6	119.8	115.5
99.7	99.2	101.1	104.6	109.0	108.2	107.7	107.9	106.8	101.2	105.1
103.6	98.6	100.0	112.2	107.0	115.8	117.1	132.8	157.6	157.2	

Dies ergibt die Darstellung der Zeitreihe und die Verläufe der beiden gleitenden Durchschnitte der Länge $d = 4$ und $d = 9$.

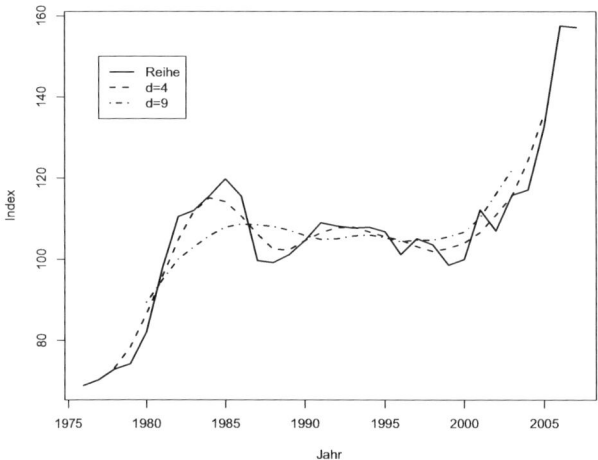

Abb. 5.4: *Index der Erzeugerpreise gewerblicher Produkte und gleitende Durchschnitte*

5.2 Elementare Zeitreihenanalyse

Als eine weitere Methode der Trendbereinigung sei die *Differenzenbildung* erwähnt. Hierbei werden sukzessive Differenzen aufeinanderfolgender Zeitreihenwerte gebildet:

$$y_t = x_t - x_{t-1} \quad t = 2, 3, \ldots, n.$$

Liegt etwa eine Reihe mit linearem Trend vor, $x_t = a + b \cdot t + u_t$, so führt die Differenzenbildung zu

$$y_t = x_t - x_{t-1} = (a + b \cdot t + u_t) - (a + b \cdot (t-1) + u_{t-1}) = b + u_t - u_{t-1}.$$

y_t weist dann keinen Anstieg bzw. Fallen des Niveaus mehr auf.

Genauso erhält man, dass ein Trend höherer Ordnung durch mehrfaches Differenzenbilden eliminiert werden kann.

Beispiel 5.18 *Index der Erzeugerpreise - Fortsetzung*

Bei dem Index der Erzeugerpreise gewerblicher Produkte für die Produkte ‚Elektrischer Strom, Gas, Fernwärme, Wasser' ist es nicht eindeutig, ob die einmalige Differenzenbildung schon den Trend völlig eliminiert. Auf alle Fälle ist er nach dem zweiten Anwenden der Differenzenbildung bereinigt.

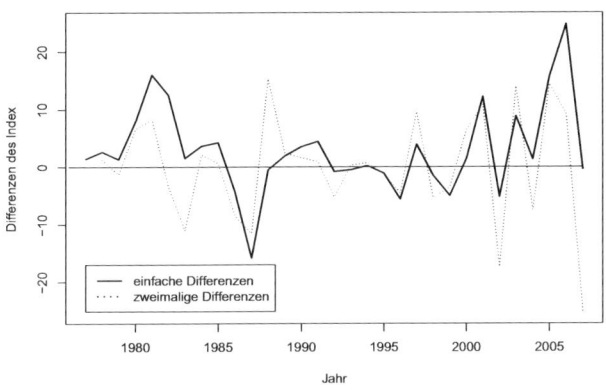

Abb. 5.5: *Differenzen der Reihe ‚Index der Erzeugerpreise gewerblicher Produkte'*

5.2.2 Saisonbereinigung

Nun werden Zeitreihen mit einer Saisonkomponente, einer jahreszeitlich bedingten Struktur betrachtet. Als Saisonperiode d wird die Anzahl der aufeinanderfolgenden Zeitpunkte bezeichnet, bis sich die Figur wiederholt. Bei Monatsdaten ist also $d = 12$, bei Quartalsdaten gilt $d = 4$. Liegen die Daten wie im Beispiel 5.17 jahresweise vor, so kann es gemäß der Definition keine Saisonfigur in der Zeitreihe geben.

Bei der Saison wird unterschieden zwischen einer konstanten Saisonfigur, $s_t = s_{t+d} = s_{t+2d} = \ldots$ und einer variierenden, bei der die Saisonausschläge sich (langsam) über die Zeit ändern: $s_t \approx s_{t+d} \approx s_{t+2d} \approx \ldots$.

Beispiel 5.19 *Flugpassagiere*

Eine berühmte Zeitreihe ist die Reihe der Anzahlen von Passagieren auf internationalen Flügen ab Januar 1949. Diese Reihe verdeutlicht eine variierende Saisonfigur.

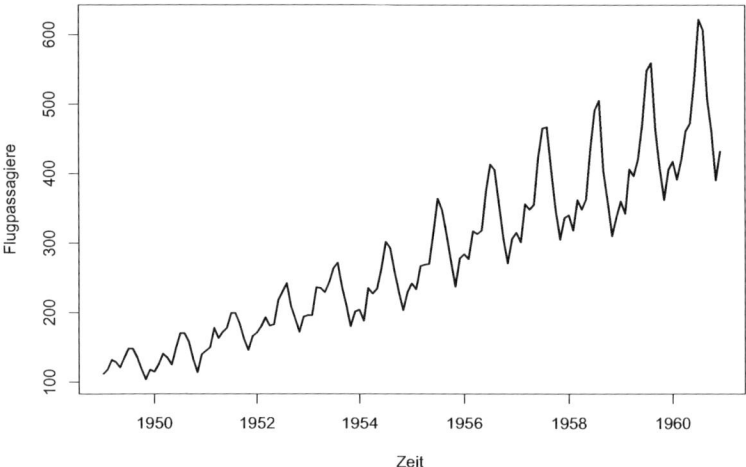

Abb. 5.6: *Flugpassagiere auf internationalen Flügen, Januar 1949 bis Dezember 1960*

Weist eine Zeitreihe eine Saisonkomponente auf, so ist es in der Regel das Ziel eine *Saisonbereinigung* durchzuführen, d. h. diese Struktur herauszurechnen. Für die Saisonbereinigung sind viele aufwändige Verfahren entwickelt worden. Da eine adäquate Darstellung hier nicht möglich ist, beschränken wir uns auf den einfachsten Fall einer konstanten Saisonfigur. Dies sollte wenigstens einen Eindruck von den grundlegenden Ideen vermitteln.

Wir unterstellen also, dass die Saisonausschläge, die d Zeiteinheiten auseinander liegen, gleich sind:
$$s_t = s_{t+d} = s_{t+2d} = \cdots.$$
Zudem ist die Summe von d aufeinanderfolgenden Saisonausschlägen Null:
$$s_t + s_{t+1} + \cdots + s_{t+d-1} = 0$$
für alle t, für die die volle Summe gebildet werden kann. Diese Forderung erklärt die Saison als systematische Abweichungen vom Niveau.

Zu bestimmen sind nun $s_1, \ldots, s_d$. Dies kann mit geeigneten Durchschnitten geschehen, wenn die Reihe keinen Trend aufweist. Das Vorgehen umfasst zwei Schritte:

1. Die Reihe wird mittelwertbereinigt. Das Ergebnis sei x_t.
2. Für $i = 1, \ldots, d$ werden die Saisonausschläge bestimmt gemäß
$$s_i = \frac{1}{n_i}(x_i + x_{d+i} + x_{2d+i} + \cdots).$$
Dabei ist n_i die Anzahl der Summanden, die jeweils zu berücksichtigen sind.

5.2 Elementare Zeitreihenanalyse

Beispiel 5.20 *Speiseeis*

Der Speiseeisverbrauch pro Kopf x_t wurde über 30 Vier-Wochen-Perioden ermittelt, siehe Koteswara, Rao, Kadiyala (1970).

Tab.: *Speiseeisverbrauch*

t	x_t	t	x_t	t	x_t	t	x_t	t	x_t	t	x_t
1	0.386	6	0.344	11	0.286	16	0.381	21	0.319	26	0.359
2	0.374	7	0.327	12	0.298	17	0.470	22	0.307	27	0.376
3	0.393	8	0.288	13	0.329	18	0.443	23	0.284	28	0.416
4	0.425	9	0.269	14	0.318	19	0.386	24	0.326	29	0.437
5	0.406	10	0.256	15	0.381	20	0.342	25	0.309	30	0.548

Während dieser Zeit weist die Zeitreihe keinen Trend auf, vgl. Abbildung 5.7. Für die Bestimmung der Saisonkomponente wird dementsprechend die Reihe zentriert, von den Beobachtungen wird das arithmetische Mittel $\bar{x} = 0.359$ abgezogen. Dann werden die s_t über die Durchschnittsbildung berechnet. Dabei ist von einer Saisonperiode von $d = 13 \, (= 52/4)$ auszugehen.

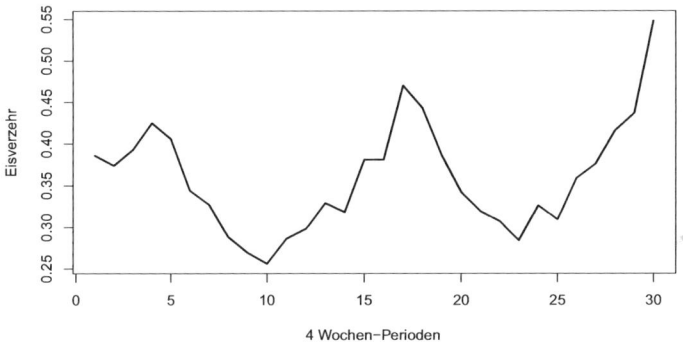

Abb. 5.7: *Vier-Wochen-weiser Speiseeisverbrauch*

Beispiele für die Berechnung sind etwa:

$$s_1 = ((0.386 - 0.359) + (0.318 - 0.359) + (0.376 - 0.359))/3 = 0.001,$$
$$s_{13} = ((0.329 - 0.359) + (0.359 - 0.359))/2 = -0.015.$$

Die Zerlegung der Reihe in Trend (hier: konstantes Niveau), Saison und Rest ist in der folgenden Abbildung 5.8 dargestellt. Zu beachten ist insbesondere die Skalierung der Ordinate. Die Restkomponente ist zwar um eine Zehnerpotenz kleiner als die Ursprungsreihe, jedoch sind die Reste im gleichen Bereich wie die Ausschläge der Saison. Da sie zudem einen gewissen Trend zeigen und nicht um Null schwanken, kann hier nicht von einer zufriedenstellenden Zerlegung gesprochen werden.

Bei Reihen mit Trend oder glatter Komponente ist erst diese Komponente zu eliminieren und dann eine Saisonbereinigung vorzunehmen. Hier zeigt sich der Hintergrund für die Bestimmung des gleitenden Durchschnittes bei einer geradzahligen Ordnung. Wird nämlich die Ordnung als Vielfaches der Saisonkomponente gewählt, so werden durch die Verlängerung

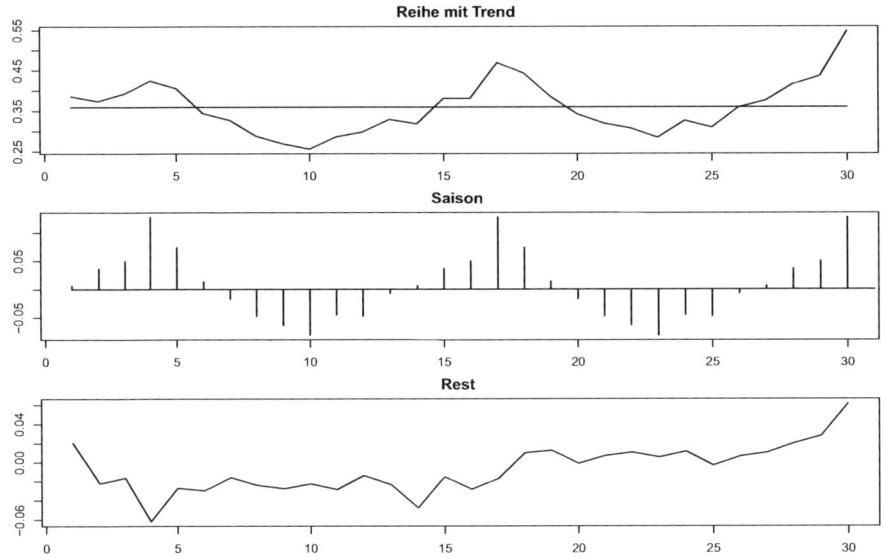

Abb. 5.8: *Zerlegung des Speiseeisverbrauchs*

um eins jeweils gleiche Saisonperioden berücksichtigt. Durch die Gewichtung der beiden Ränder mit 1/2 geschieht dies in angemessener Weise.

5.3 Aufgaben

Aufgabe 1

Für einen Warenkorb mit vier Gütern $i = 1, 2, 3, 4$ sind für zwei Perioden $t = 0, 1$ folgende Preise (in Euro/Mengeneinheit) und Mengen gegeben:

i	p_{0i}	p_{1i}	q_{0i}	q_{1i}
1	26	28	201	198
2	25	30	60	52
3	5	4	1210	1350
4	9	13	18	16

1. Berechnen Sie

   (a) die Preismessziffern,

   (b) die Mengenmessziffern sowie

   (c) die Umsatz- (Ausgaben-)Messziffern

   für alle vier Güter mit der Basisperiode 0 und der Berichtsperiode 1.

2. Berechnen Sie mit der Basisperiode 0 und der Berichtsperiode 1 den
   (a) Laspeyres-Preisindex   (b) Paasche-Preisindex
   (c) Laspeyres-Mengenindex   (d) Paasche-Mengenindex .

Aufgabe 2

In der folgenden Tabelle finden Sie zwei kurze Zeitreihen für Laspeyres-Preisindizes mit der Basisperiode 0 und der Basisperiode 3 (in %):

t	0	1	2	3	4	5	6	7
P^L_{0t}	100	102	105	107	-	-	-	-
P^L_{3t}	-	-	-	100	105	107	110	112

1. Errechnen Sie durch Verkettung ‚durchgehende' Zeitreihen sowohl mit der einheitlichen Basisperiode 0 als auch mit der einheitlichen Basisperiode 3.
2. Errechnen Sie anschließend die Inflationsraten auf Basis der Periode 0.
3. Wie hoch ist die durchschnittliche Inflationsrate (Basisperiode 0) im Gesamtzeitraum?

Aufgabe 3

Im Jahresgutachten 2007/8 des Sachverständigenrates sind die folgenden Werte des Index der Verbraucherpreise für alkoholische Getränke und Tabakwaren entnommen (Basis 2000).

Jahr	Quartal			
	I	II	III	IV
2004	114.3	119.7	119.8	122.5
2005	127.5	127.7	129.3	132.4
2006	132.3	132.5	132.8	137.3
2007	137.5	137.7	137.8	

1. Stellen Sie den Verlauf der Zeitreihe y_t grafisch dar.
2. Bestimmen Sie den Trend mit einem gleitenden Durchschnitt der Länge 4 und führen Sie eine Trendbereinigung durch.
3. Ermitteln Sie die Saisonkomponente aus der trendbereinigten Reihe.

Aufgabe 4

Die Daten sind vierteljährliche Geräteverkäufe von Spülmaschinen y_t vom ersten Quartal 1978 bis viertem Quartal 1985.

841 957 999 960 894 851 863 878 792 589 657 699 675 652 628 529
480 530 557 602 658 749 827 858 808 840 893 950 838 884 905 909

1. Stellen Sie den Verlauf der Zeitreihe y_t grafisch dar.
2. Formulieren Sie unter dem visuellen Eindruck der Zeitreihe ein geeignetes Komponentemodell.
3. Bestimmen Sie das Niveau bzw. den Trend und eliminieren Sie ggf. die saisonalen Einflüsse!

6 Grundlagen der Wahrscheinlichkeitsrechnung

Wir haben bis jetzt die Aufbereitung von Datensätzen unter der Zielvorstellung betrachtet, die Daten zu beschreiben und damit ggf. vorhandene Strukturen sichtbar zu machen. Diese Zielvorstellung erweist sich für weitere Auswertungsschritte, die von der Art der Datengewinnung abhängen, als zu eng. Stammen die Daten aus einer Totalerhebung, so geht es um nichts anderes als um die Herausarbeitung und Darstellung der in den Daten steckenden Details. Die ‚Analyse' hört i. d. R. mit der Beschreibung der Ergebnisse auf. Teilerhebungen dienen meist ebenfalls dazu, Informationen über die Grundgesamtheit zu gewinnen. Wegen der im Vergleich zur Totalerhebung verringerten Information wird eine Stichprobe aber nur ein unscharfes Abbild der Grundgesamtheit liefern. Details können dann nicht von zentraler Bedeutung, und die einfache Darstellung wird nicht das Ziel der Analyse sein. Damit Rückschlüsse von einer Stichprobe auf die Grundgesamtheit möglich sind, muss die Stichprobe ein unverzerrtes Abbild von ihr darstellen. Dies ist nur bei Zufallsstichproben gewährleistet. Die ‚Erfassung' des Zufalls ist aber Gegenstand der Wahrscheinlichkeitsrechnung.

6.1 Zufallsexperimente und Ereignisse

6.1.1 Zufallsexperimente

Wie wir in den Beispielen der vorangegangenen Kapitel gesehen haben, ergeben die wiederholten Beobachtungen eines Sachverhaltes oder Vorganges keineswegs immer dieselben Werte. Tatsächlich ist es vor jeder einzelnen Beobachtung ungewiss, welchen Wert die Beobachtung erbringen wird. Dies ist ein Grund für die Erhebung von Daten überhaupt. Ohne diese Ungewissheit wäre das Ergebnis ja schon vorher bekannt und die reale Durchführung wäre überflüssig. Nicht nur bei der Datengewinnung ist das Ergebnis der bevorstehenden Beobachtung unsicher. Jeder Mensch wird an zahlreichen Stellen des täglichen Lebens mit Vorgängen konfrontiert, deren Ausgänge ungewiss sind und die auch bei Kenntnis aller erfassbaren Randbedingungen nicht sicher vorhersehbar sind. So ist es z. B. jeweils nicht gewiss, ob die favorisierte Fußballmannschaft das nächste Spiel gewinnen wird; ob die anstehende Prüfung bestanden wird; ob der Besuch im Spielkasino erfolgreich sein wird; ob das Kino noch rechtzeitig vor Beginn des Spielfilmes erreicht wird.

Bei diesen Beispielen ist zwar stets bekannt, welche Möglichkeiten überhaupt eintreten können. Es ist aber nicht mit Gewissheit vorhersagbar, welche der Möglichkeiten am Ende eingetroffen sein wird. Wir bezeichnen einen Vorgang mit ungewissem Ausgang als Zufallsvorgang. Von den angesprochenen Alltagsgegebenheiten unterscheidet die Datengewinnung, dass sie planvoll mit dem Ziel durchgeführt wird, das Ergebnis jeweils festzuhalten.

Zudem soll das Ergebnis der Datengewinnung und -auswertung bei Stichproben verallgemeinerbar sein. Dazu muss die Gewinnung der Daten unter den gleichen Randbedingungen wiederholt durchgeführt werden können. Damit können wir sie als eine spezielle Form eines Experimentes ansehen. Um den Unterschied zum naturwissenschaftlichen Experiment mit der dort zum Teil vorliegenden eindeutigen Ursache-Wirkung-Beziehung herzustellen, sprechen wir von einem Zufallsexperiment.

In einigen Fällen kann die Menge der möglichen Ergebnisse eines Zufallsvorganges genau angegeben werden. Dies gilt z. B. für das Roulette-Spiel, bei dem nach dem Stillstand des Roulette-Rades die Kugel in einem der Fächer mit der Nummer 0,1,..., 36 liegt. Ebenso gilt es für die Wettervorhersage. Es ist sicher, dass es regnen wird oder nicht. In anderen Fällen können wir nur eine die tatsächlich möglichen Ergebnisse umfassende Menge angeben. So wäre es z. B. nicht sinnvoll, eine obere Grenze für die Zahl der Versuche einer Person zum Bestehen der Fahrprüfung vorab anzugeben. Es soll Personen geben, die es 25 mal probiert haben. Vielleicht gibt es auch Kandidaten mit noch mehr Versuchen? Die Menge der Zahlen 0, 1, 2, 3,... umfasst aber alle möglichen Ergebnisse. Für die Erfassung des Zufallsvorganges ‚Erwerb eines Führerscheins' unter dem Gesichtspunkt der Anzahl der benötigten Prüfungen ist diese Kenntnis auch ausreichend.

Definition 6.1 *Zufallsexperiment und Ergebnismenge*

Ein *Zufallsexperiment* ist durch folgende Eigenschaften gekennzeichnet:

- Es gibt mehrere mögliche Ergebnisse des Vorganges.
- Bei einer Durchführung ist das Ergebnis nicht mit Sicherheit vorhersagbar.
- Der Vorgang ist unter den gleichen Randbedingungen wiederholbar.

Als *Ergebnismenge* oder Stichprobenraum eines Zufallsexperimentes wird eine Menge E bezeichnet, die alle tatsächlich möglichen Ergebnisse des Zufallsexperimentes enthält. Wir sagen im Folgenden kurz, dass die Ergebnismenge aus den möglichen Ergebnissen des Zufallsexperimentes besteht: $E = \{e \mid e$ ist mögliches Ergebnis des Zufallsexperimentes$\}$.

Die unter Umständen zu E gehörenden Elemente, welche nicht tatsächliche Ergebnisse des Zufallsexperimentes sein können, werden uns im Folgenden nicht weiter stören.

Beispiel 6.2 *Therapiestudie*

In einer medizinischen Studie soll die Wirksamkeit eines in Tablettenform zu verabreichenden Medikamentes analysiert werden. Dazu wird jeder der infrage kommenden Patienten - soweit einverstanden - durch Losentscheid einer von zwei Gruppen zugeordnet. Die Patienten der einen Gruppe erhalten das Medikament, die der anderen erhalten ein Placebo, d. h. eine Tablette aus einer harmlosen Substanz, die genauso aussieht und schmeckt wie die richtige Tablette. Die Frage ist natürlich, ob das Medikament eine echte Wirkung aufweist, oder ob schon der Glaube daran den Therapieerfolg bewirkt. Die möglichen Ergebnisse bei diesem ‚Behandlungsplan' sind durch die beiden Komponenten Gruppenzuordnung und Therapieerfolg gekennzeichnet. Wir schreiben

m   falls die Zuordnung zu der Gruppe mit dem echten Medikament erfolgt,
p   für die Zuordnung zur Placebo-Gruppe,
+   falls die Therapie erfolgreich ist und
−   falls sie es nicht ist.

Der Stichprobenraum als Menge der möglichen Ergebnisse ist damit

$$E = \{(m,+), (m,-), (p,+), (p,-)\}.$$

Die Behandlung jedes Patienten stellt eine Wiederholung des Vorganges ‚Behandlung im Rahmen der Studie' dar. Das Ergebnis kann bei den einzelnen Patienten nicht vorhergesagt werden. Weder ist vorab bekannt, wer welcher Gruppe zugeteilt wird, noch ist vorab sicher, ob die Therapie erfolgreich sein wird.

Die festgelegte Behandlungsweise erfüllt insgesamt die Charakteristika eines Zufallsexperimentes.

Beispiel 6.3   *Telefonzentrale*

Die Telefonzentrale eines Betriebes erfasst für jeden Nebenanschluss die Gebühreneinheiten pro Gespräch. Dies können wir als Zufallsexperiment betrachten:
- Jedes von dem Betrieb ausgehende Gespräch stellt eine Durchführung des Zufallsexperimentes dar.
- Es kann nicht mit Sicherheit vorhergesagt werden, wie teuer das nächste, vom Betrieb aus geführte Gespräch sein wird.
- Die möglichen Ergebnisse sind die Gebühreneinheiten pro Gespräch.

Als Stichprobenraum dieses Zufallsexperimentes erhalten wir die Menge $E = \{1, 2, \ldots\}$.

6.1.2   Ereignisse

Oft oder sogar in der Mehrzahl der Fälle ist man nicht so sehr an dem Eintreffen eines speziellen Ergebnisses interessiert, sondern daran, ob das Zufallsexperiment eines aus einer geeigneten Teilmenge von *E* hervorbringt.

So wartet ein Roulette-Spieler, der auf die vier Zahlen 20, 21, 23, 24 im Viereck (Carré) gesetzt hat, ob eine dieser vier Zahlen kommt. Zum Gewinn braucht er nur eine der vier - egal welche es genau ist.

Für die Telefonzentrale im letzten Beispiel ist von besonderer Bedeutung, ob ein Gespräch teurer als zehn Gebühreneinheiten ist. Denn dann muss das Gespräch nachträglich als dienstlich notwendig begründet werden. Dabei ist es egal, ob es gerade 11 oder etwa 84 Einheiten gekostet hat.

Definition 6.4   *Ereignis*

Eine Teilmenge *A* der Ergebnismenge E, $A \in E$, heißt *Ereignis*. Das Ereignis *A* tritt ein, wenn ein Ergebnis *a* beobachtet wird, das zu *A* gehört, für das mit anderen Worten $a \in A$ gilt.

Beispiel 6.5 *Therapiestudie - Fortsetzung*

Bei der im Beispiel 6.2 betrachteten Therapiestudie besteht das Ereignis $A =$ ‚Therapieerfolg' aus den beiden Ergebnissen $(m,+)$ und $(p,+)$: $A = \{(m,+),(p,+)\}$. A tritt ein, wenn ein Patient die Therapie erfolgreich abschließt, egal ob aufgrund der medikamentösen Behandlung oder wegen des Placebo-Effektes. Das Ereignis $B =$ ‚Therapieerfolg bei Medikation' besteht nur aus einem Ergebnis: $B = \{(m,+)\}$. Wir unterscheiden zwischen dem Ergebnis $(m,+)$ und dem Ereignis $\{(m,+)\}$. Ergebnisse werden beobachtet, Ereignisse treten ein.

Im Rahmen der Wahrscheinlichkeitsrechnung werden also Teilmengen von E als Ereignisse bezeichnet. Die üblichen mengentheoretischen Operationen und Sprechweisen erhalten ebenfalls eine Umdeutung und Umformulierung. Wir geben die wichtigsten Begriffsbildungen zusammen mit ihrer Darstellung im *Venn-Diagramm* an. Beim Venn-Diagramm wird die Ergebnismenge E durch die Punkte eines Rechteckes charakterisiert.

Ereignisse werden durch geeignet angegebene Teilflächen repräsentiert. Wie hier das Ereignis A sind im Folgenden die interessierenden Flächen schraffiert.

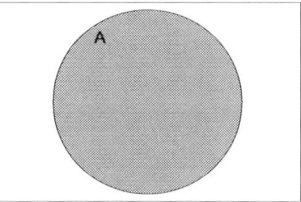

Gleichheit zweier Ereignisse A und B liegt vor, i. Z. $A = B$, wenn jedes Ergebnis, das zu A gehört, auch zu B gehört und umgekehrt. Formal heißt dies: $e \in A \Leftrightarrow e \in B$.

B ist ein Teilereignis von A, wenn nur die eine Richtung gilt: Jedes Ergebnis aus B gehört auch zu A: $e \in B \Rightarrow e \in A$. Wir sagen auch, dass das Ereignis B das Ereignis A nach sich zieht. Tritt nämlich B ein, so tritt auch A ein.

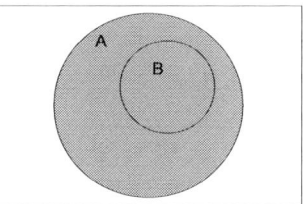

Das Komplementärereignis $\bar{A}$ des Ereignisses A besteht aus allen Ergebnissen von E, die nicht zu A gehören. $\bar{A}$ tritt genau dann ein, wenn A nicht eintritt.

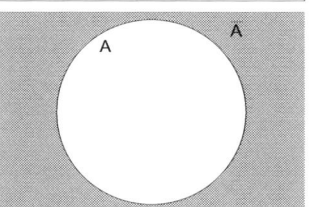

Sind A und B zwei Ereignisse, so ist $A \cap B$ als Teilmenge von E wieder ein Ereignis, der sogenannte Durchschnitt von A und B. Das Ereignis $A \cap B$ besteht aus den Ergebnissen, die in A und B vorkommen:
$A \cap B = \{e | e \in A \text{ und } e \in B\}$.
Das Eintreten von $A \cap B$ bezeichnen wir auch mit ‚A und B treten zugleich ein'.

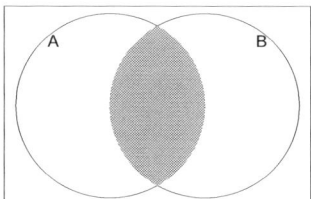

6.1 Zufallsexperimente und Ereignisse

Die Vereinigung $A \cup B$ zweier Ereignisse A und B besteht aus allen Ergebnissen die zu A oder zu B gehören. Dabei sind die eingeschlossen, die zu beiden Ereignisse gleichzeitig gehören. ‚Oder' ist in diesem Zusammenhang also im nicht-ausschließenden Sinn gemeint. Wir sagen auch A oder B tritt ein, wenn $A \cup B$ eintritt.

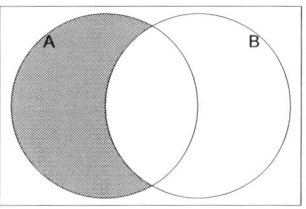

Als Differenz $A \setminus B$ zweier Ereignisse wird das Ereignis $A \cap \bar{B}$ bezeichnet. $A \setminus B$ tritt ein, wenn A, aber nicht B eintritt.

Die relevanten Begriffsbildungen sind noch einmal in der Übersichtstabelle 6.1 zusammengestellt.

Tabelle 6.1: Übersetzung mengentheoretischer Sprechweisen und Operationen in Sprechweisen und Operationen mit Ereignissen

Mengen-theoretische Schreibweise	Mengentheoretische Sprechweise	Bezeichnung im Rahmen von Ereignissen	Beschreibung im Rahmen der Ereignisse
E	Grundmenge	sicheres Ereignis	E tritt immer ein.
$\{\}, \emptyset$	leere Menge	unmögliches Ereignis	$\emptyset$ tritt nie ein.
$A \subset B$	A ist Teilmenge von B	A ist Teilereignis von B	Wenn A eintritt, tritt auch B ein.
$A = B$	identische Mengen	äquivalente Ereignisse	A tritt genau dann ein, wenn B eintritt.
$A \cap B$	Durchschnittsmenge	Durchschnitt der Ereignisse A und B	A und B treten gleichzeitig ein.
$A \cap B = \emptyset$	disjunkte Teilmengen	disjunkte Ereignisse	A und B schließen sich aus.
$A \cup B$	Vereinigungsmenge	Vereinigung der Ereignisse A und B	Mindestens eines der Ereignisse A oder B tritt ein.
$\bar{A}$	Komplementmenge	das zu A komplementäre Ereignis	A tritt nicht ein.
$A \setminus B$	A minus B, Differenzmenge	Differenz der Ereignisse A und B	A aber nicht B tritt ein.
$e \in A$	e ist Element von A	Das Ergebnis e gehört zu A	Wenn e beobachtet wird, tritt A ein.
$e \notin A$	e ist kein Element von A	Das Ergebnis e gehört nicht zu A	Wenn e beobachtet wird, tritt A nicht ein.

Zur Verdeutlichung der aufgeführten Beziehungen betrachten wir als Zufallsexperiment das Roulette-Spiel. Der Vorteil der Betrachtung von Glücksspielen wie Roulette, Würfeln, Münzwerfen und Kartenziehen ist die formale Einfachheit dieser Zufallsexperimente. Sie erlaubt, die wichtigen Gedankenvorgänge herauszuarbeiten, ohne auf sonst notwendige substanzwissenschaftliche Überlegungen Rücksicht nehmen zu müssen. Auch in der Entwicklung der Wahrscheinlichkeitsrechnung stand zu Beginn die Behandlung von Glücksspielberechnungen. Ohne weitere gesellschaftlich relevantere Fragestellungen, z. B. aus dem Bereich der Lebens- und Rentenversicherungen, wäre aus der Glücksspielrechnung aber kaum die Wahrscheinlichkeitsrechnung erwachsen.

Beispiel 6.6 *Roulette*

Die Einsatz-Möglichkeiten beim Roulette-Spiel sind vielfältig. Der Setz-Plan verdeutlicht dies. Die Zahlen in den hellen Kreisen tragen die Farbe rot, die anderen tragen die Farbe schwarz.

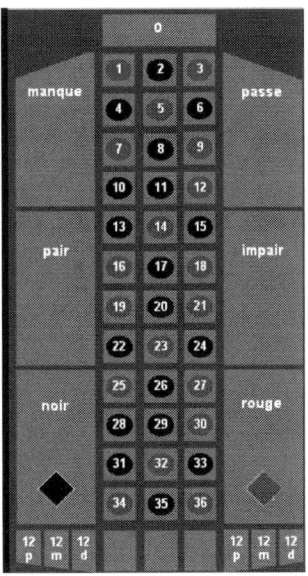

Abb. 6.1: *Setz-Plan des Roulette-Spiels*

Die physikalischen Ergebnisse des Spieles bestehen darin, dass die Kugel in einem der 37 Fächer des Roulette liegen bleibt. Diese Ergebnisse identifizieren wir mit den Zahlen, welche die Fächer tragen. Das sichere Ereignis lautet dann:

$$E = \{e | e \text{ ist eine ganze Zahl mit } 0 < e < 36\} = \{0, 1, 2, 3, ..., 35, 36\}.$$

Die folgenden Ereignisse hängen mit verschiedenen Setzungsmöglichkeiten zusammen:

$A_1 = \{3\}$
$A_2 = \{2, 3, 5, 6\}$
$A_3 = $ erstes Dutzend
$A_4 = \{1, 2, 3, 4, 5, 6, 7, 8, 9, 10, 11, 12\}$
$A_5 = $ die ersten vier Zahlen
$A_6 = \{e | e \text{ ist eine ganze Zahl und } 0 < e < 3\}$

A_7 = die dritte Längsreihe (Colonne)
$A_8 = \{e | e \text{ ist eine Zahl mit } 1 < e < 36 \text{ und } e \text{ ist durch 3 teilbar}\}$.

Es gilt offensichtlich
$$A_1 \subset A_2 \quad \text{und} \quad A_2 \subset A_3.$$

Die Ereignisse A_3 und A_4 sind äquivalent: A_3 tritt ein, wenn eine der Zahlen 1 bis 12 kommt. Genau dann tritt aber auch A_4 ein.
Ebenfalls sind A_5 und A_6 äquivalent. A_6 ist auf etwas formalere Art angegeben als A_5, besteht aber aus genau denselben Ergebnissen.
Das gleiche gilt für A_7 und A_8.
Weiter erhalten wir:

$A_3 \cap A_8 = \{e | e \text{ gehört zum ersten Dutzend und } e \text{ ist durch 3 teilbar}\} = \{3, 6, 9, 12\}$;
$A_2 \cup A_6 = \{2, 3, 5, 6\} \cup \{0, 1, 2, 3\} = \{0, 1, 2, 3, 5, 6\}$;
$\bar{A}_5 = \{e | e \in E \text{ und } e \notin A_5\} = \{e | e \in E \text{ und } e > 3\} = \{4, 5, 6, ..., 36\}$.

Schließlich tritt etwa A_3 ein, wenn die Kugel in dem Fach mit der 2 zur Ruhe kommt, kurz die 2 kommt. Wenn die 31 kommt, tritt A_3 dagegen nicht ein. Vielmehr tritt $\bar{A}_3$ ein.

6.2 Wahrscheinlichkeiten

6.2.1 Chancen von Ereignissen

Bei einem Zufallsexperiment kann nicht vorhergesagt werden, ob ein Ereignis eintreten wird oder nicht. Oft ist es jedoch möglich, die Chance für das Eintreffen des Ereignisses vorab anzugeben. Bei Glücksspielen ist die Angabe der Chancen von Ereignissen i. d. R. besonders leicht, weil kein Ergebnis bevorzugt wird. So wird bei einem Roulette darauf geachtet, dass es vollständig symmetrisch gebaut ist und beim Drehen einen geeignet ruhigen Verlauf zeigt, um die Gleichwertigkeit aller Fächer zu gewährleisten. Die Chance für das Eintreten eines Ereignisses dient hier zur Einschätzung des Risikos für das einmalige Setzen.

In anderen Fällen ist es gerade das Ziel, die Wahrscheinlichkeiten von Ereignissen bei bestimmten Zufallsexperimenten zu ermitteln. Wenn diese nämlich festgestellt sind, können sie bei weiteren Durchführungen der Zufallsexperimente für die Einschätzung des Eintreffens von Ereignissen genutzt werden. Ein Beispiel stellen die Sterbetafeln dar, die Lebensversicherungen als Grundlage ihrer Beitragsberechnungen dienen. Die Tafeln enthalten u.a. Angaben über die Chancen, dass Personen in ihrem kommenden Lebensjahr sterben. Diese Angaben basieren auf umfangreichen Beobachtungen. Benötigt werden die Chancen nicht für jeweils eine einzelne vertragsschließende Person. Vielmehr wird damit die zu erwartende Verteilung der weiteren Lebensjahre vieler Vertragsabschließender bestimmt.

Entscheidend ist also, dass aufgrund von Modellüberlegungen auf der Basis von durchgeführten Zufallsexperimenten Aussagen über noch nicht durchgeführte Zufallsexperimente gewonnen werden. Dies berührt das eigentliche Anliegen der sogenannten ‚Schließenden Statistik'. Wir wollen diesen Aspekt hier nur soweit verfolgen, wie es für die Definition der Wahrscheinlichkeit als Chance für das Eintreten eines Ereignisses nötig ist.

6.2.2 Häufigkeiten von Ereignissen

Führen wir ein Zufallsexperiment mehrmals durch, so können wir feststellen, wie oft ein bestimmtes Ereignis A eintritt. Nach Beendigung der Versuchsserie kennen wir die Häufigkeit, mit der das Ereignis A eingetreten ist.

Definition 6.7 *Häufigkeiten von Ereignissen*

Das Ereignis A sei bei $n(A)$ von insgesamt n Durchführungen eines Zufallsexperimentes eingetreten. Dann heißt $n(A)$ die *absolute Häufigkeit* von A und $h(A) = \dfrac{n(A)}{n}$ die *relative Häufigkeit* von A.

Beispiel 6.8

Bei einem Roulette-Spiel wurde jeweils beobachtet, ob das Ereignis $A =$ ‚erstes Dutzend' eintrat. 30 Wiederholungen ergaben folgende Zahlen:

```
19, 3, 36, 36, 18, 12, 32, 26, 18, 13, 9, 34, 8, 18, 27,
25, 9, 34, 4, 0, 30, 17, 31, 18, 29, 35, 28, 35, 12, 33.
```

Hier sind also $n(A) = 7$ und $h(A) = \dfrac{7}{20} = 0.233$.

Aus den relativen Häufigkeiten von Ereignissen können die relativen Häufigkeiten daraus abgeleiteter Ereignisse wie Durchschnitt, Komplement usw. ermittelt werden.

Lemma 6.9 *Rechenregeln für relative Häufigkeiten*

A, B seien Ereignisse, E sei der zugrunde liegende Stichprobenraum eines Zufallsexperimentes, das n mal durchgeführt werde. Dann gelten die Rechenregeln für relative Häufigkeiten:

1) $0 < h(A) < 1$
2) $h(E) = 1$
3) $h(0) = 0$
4) $h(\bar{A}) = 1 - h(A)$
5) $h(A \cup B) = h(A) + h(B)$ falls $A \cap B = \emptyset$;
6) $h(A \cup B) = h(A) + h(B) - h(A \cap B)$.

Die Eigenschaften lassen sich leicht ableiten. So gilt z. B. 4), da in jeder Durchführung entweder A oder $\bar{A}$ eintritt. Folglich ist

$$n(A) + n(\bar{A}) = n$$

und der Übergang zu den relativen Häufigkeiten ergibt schon 4).
6) erhalten wir so: $A \cup B$ wird beobachtet, wenn A oder B beobachtet werden. Bei der Summe $n(A) + n(B)$ werden die Durchführungen doppelt gezählt, bei denen A und B gleichzeitig eingetreten sind. Diese Zahl $n(A \cap B)$ muss subtrahiert werden, um $n(A \cup B)$ zu erhalten.

Beispiel 6.10 *Roulette - Fortsetzung*

Wir setzen das letzte Roulette-Beispiel fort. Aus der angegebenen Beobachtungsserie erhalten wir für das Ereignis B = ‚rote Zahl':

$$h(B) = \frac{18}{30} = 0.6.$$

Also hat das Ereignis $\bar{B}$ = ‚nicht-rote Zahl', d. h. schwarze Zahl oder Zero, die relative Häufigkeit

$$h(B) = 1 - \frac{18}{30} = 0.4.$$

Da unter den ersten Dutzend Zahlen auch rote sind, kann $h(A \cup B)$ nur bei Kenntnis von $h(A \cap B)$ angegeben werden. Mit $h(A \cap B) = 5/30 = 0.167$ erhalten wir:

$$h(A \cup B) = h(A) + h(B) - h(A \cap B) = 0.233 + 0.6 - 0.167 = 0.667.$$

6.3 Statistische Wahrscheinlichkeit

Es ist eine Erfahrungstatsache, dass sich bei wachsender Zahl von Wiederholungen eines Zufallsexperimentes die relativen Häufigkeiten von Ereignissen jeweils um einen festen Wert stabilisieren. Dieses *Prinzip der großen Zahlen* wurde erstmalig von Cardano (1501-1576) in seiner Schrift ‚De ludo aleae' (Über das Würfelspiel) formuliert. Darin gibt er u. a. auch Ratschläge, worauf zu achten ist, wenn man beim Spiel nicht betrogen werden möchte. Diese Ratschläge basieren auf der (eigenen) Beobachtung, dass sich bei nicht-regulären Würfeln die Chancen verschlechtern können.

Beispiel 6.11 *Münzwurf*

Speziell für Münzwurfexperimente ist das Prinzip der großen Zahlen mehrfach nachvollzogen worden. Wir zitieren eine Versuchsreihe aus Noether (1971). Das Ereignis ‚Kopf' beim Münzwurf tritt ein, wenn die Münze mit der Kopfseite nach oben zu liegen kommt.

Tab.: Häufigkeiten des Ereignisses ‚Kopf' beim Werfen einer Münze

n	n(Kopf)	h(Kopf)	n	n(Kopf)	h(Kopf)
10	7	0.700	600	348	0.580
20	11	0.550	800	404	0.505
40	17	0.425	1000	492	0.492
60	24	0.400	2000	1010	0.505
80	34	0.425	3000	1530	0.510
100	47	0.470	4000	2032	0.508
200	92	0.460	5000	2515	0.503
400	204	0.510			

Die Tabelle zeigt, dass bei wachsender Zahl von Würfen die relativen Häufigkeiten sich beim Wert 0.5 stabilisieren. Auf andere Weise lässt sich dies weiter verdeutlichen. Mittels Simulationen können Münzwürfe auch am Computer durchgeführt werden. Das ergibt beispielsweise die folgenden fünf Pfade für die Entwicklung der relativen Häufigkeiten. Diese lassen deutlich erkennen, was mit ‚Stabilisierung der relativen Häufigkeiten' gemeint ist.

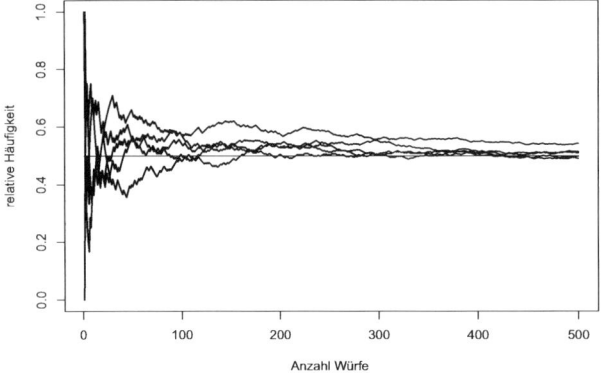

Abb. 6.2: *Relative Häufigkeiten bei Serien von Münzwürfen*

Gleichmäßig gearbeitete Münzen werden gerne verwendet, wenn es um eine faire -d. h. unvoreingenommene Entscheidung zwischen zwei Alternativen geht. Aufgrund des im Beispiel anhand einer Münze aufgezeigten Verhaltens billigt jeder beiden Alternativen die gleiche Chance zu.

Beispiel 6.12 *Jungengeburten*

Auch der Anteil der Jungengeburten in einem Land stabilisiert sich bei einem festen Wert, wenn die Zahl der lebendgeborenen Kinder vergrößert wird. Jede Geburt können wir als Durchführung eines Zufallsexperimentes ansehen. Das interessierende Ereignis tritt ein, wenn das neugeborene Kind ein Junge ist. Der Anteil der Jungengeburten an allen Lebendgeburten überhaupt ist von Jahr zu Jahr recht konstant.

Tab.: *Geburtenzahlen in Deutschland*

Jahr	insgesamt	männlich (absolut)	(Anteil)
1990	727199	373727	0.5139
1991	722250	371056	0.5138
1992	720794	369499	0.5126
1993	717915	368563	0.5134
1994	690905	355403	0.5144
1995	681374	349563	0.5130
1996	796013	409213	0.5141
1997	812173	4l7006	0.5134
1998	785034	402865	0.5132
1999	770744	396296	0.5142

Wie die Daten der Tabelle zeigen, stabilisiert sich in der Bundesrepublik der Anteil bei dem Wert 0.5136. (In allen Ländern sind die Anteile der Jungengeburten größer als die der

Mädchengeburten.) Dieser Wert spielt dann eine Rolle bei Bevölkerungsprognosen. Dort wird unterstellt, dass auch in Zukunft die Chance für eine Jungengeburt 0.5136 beträgt, d. h. dass von 1000 lebendgeborenen Kindern in etwa 514 Jungen sein werden.

Die vielfache Erfahrung der ‚Stabilisierung der relativen Häufigkeiten' führt nun allgemein zur Festlegung der Chancen für das Eintreten von Ereignissen.

Definition 6.13 *statistische Wahrscheinlichkeit*

Die *statistische Wahrscheinlichkeit* für das Eintreten eines Ereignisses A ist der Wert $P(A)$, bei dem sich die relative Häufigkeit $h(A)$ bei wachsender Zahl von Versuchswiederholungen stabilisiert.

Das Stabilisierungsverhalten der relativen Häufigkeiten bildet die Grundlage für die statistischen Rückschlüsse. Dabei interessieren wir uns i. d. R. für die Wahrscheinlichkeiten verschiedener Ereignisse bei einem Zufallsexperiment. Wir brauchen natürlich nicht für alle Ereignisse bei einem Zufallsexperiment die jeweiligen relativen Häufigkeiten festzuhalten, wenn wir an statistischen Wahrscheinlichkeiten interessiert sind. Die Rechenregeln für relative Häufigkeiten gelten nämlich auch für die statistischen Wahrscheinlichkeiten. Das ist einsichtig, da die relativen Häufigkeiten bei genügend großer Zahl von Versuchswiederholungen als Näherungswerte für die zugrunde liegenden Wahrscheinlichkeiten dienen können.

6.3.1 Axiome von Kolmogorov

In der Praxis können nur in einzelnen Fällen die Chancen für das Eintreffen von Ereignissen tatsächlich über den Weg der Durchführung einer genügend großen Zahl von entsprechenden Zufallsexperimenten bestimmt werden. Daher sucht man nach Modellen, d. h. nach einfachen Vorschriften, wie Wahrscheinlichkeiten zu berechnen sind.

Damit dies überhaupt erfüllbar ist, müssen die modellmäßig festgelegten Wahrscheinlichkeiten einige zentrale Eigenschaften aufweisen. Die Eigenschaften entsprechen weitgehend denen, die wir für die relativen Häufigkeiten festgehalten haben.

Definition 6.14 *Wahrscheinlichkeitsmaß*

Ein *Wahrscheinlichkeitsmaß* P ist eine Abbildung, die allen Ereignissen $A \subset E$ eines Zufallsexperimentes eine Zahl $P(A)$ zuordnet, und die folgende Bedingungen erfüllt:

1) $0 < P(A) < 1$
2) $P(E) = 1$
3) $P(A_1 \cup A_2) = P(A_1) + P(A_2)$ falls $A_1 \cap A_2 = \emptyset$.

$P(A)$ heißt die Wahrscheinlichkeit des Ereignisses A.

Die in der Definition geforderten Eigenschaften werden als *Axiomensystem von Kolmogorov* bezeichnet. Kolmogorov hat es 1933 in dieser Form als Grundlage der elementaren Wahrscheinlichkeitsrechnung vorgeschlagen. Aus formalen Gründen werden wir später eine Erweiterung des dritten Axioms benötigen. Die Erweiterung sagt, dass 3) richtig bleibt, wenn wir Folgen von Ereignissen haben:

3') $P(A_1 \cup A_2 \cup A_3 \cup \ldots) = P(A_1) + P(A_2) + P(A_3) + \ldots$
falls die Ereignisse paarweise disjunkt sind, d. h. falls $A_i \cap A_j = \emptyset$ für $i \neq j$.

Beispiel 6.15 *Geschlecht eines Neugeborenen*

Mädchen oder Junge? Diese Frage stellen sich wohl alle werdenden Eltern. Betrachten wir dies als Zufallsexperiment. Hier ist die Ergebnismenge $E = \{w, m\}$, wobei w für weiblich und m für männlich steht. Die entsprechenden Ereignisse bezeichnen wir mit $W = \{w\}$ und $M = \{m\}$. Unvorbelastete Eltern legen i. d. R. die folgenden Wahrscheinlichkeiten fest: $P(W) = P(M) = 0.5$. Zusätzlich sind noch die Wahrscheinlichkeiten für E und $\emptyset$ festzulegen: $P(E) = 1$, $P(\emptyset) = 0$. Das Zufallsexperiment hat nur diese vier Ereignisse. Da die Rechenregeln erfüllt sind, ist damit ein Wahrscheinlichkeitsmaß definiert.

Das betrachtete Wahrscheinlichkeitsmaß kennzeichnet die subjektive Erwartung der Eltern. Als Modell für den Zufallsvorgang ,Geburt' z. B. in der BRD ist es aber nicht geeignet. Wie erwähnt gilt nämlich $h(W)$ stabilisiert sich um den Wert 0.486. Ein objektives Wahrscheinlichkeitsmaß, das mit der statistischen Wahrscheinlichkeit übereinstimmt, ist dann gegeben durch die Festlegungen

$$P(E) = 1, \; P(0) = 0, \; P(W) = 0.486, \; P(M) = 0.514.$$

Beispiel 6.16 *Münzwurf*

Aus Symmetriegründen wird beim Werfen einer Münze den beiden Ereignissen $K = $,Die Kopfseite liegt oben' und $Z = $,Die Zahlseite liegt oben' die gleiche Wahrscheinlichkeit zugeordnet. Das Ereignis $A = $,Die Münze bleibt auf der Kante stehen' wird äußerst selten beobachtet. Es ist aber nicht unmöglich. Bei der Auslosung der Seiten bei Fußballspielen ist es schon eingetreten. Obwohl es nicht unmöglich ist, treffen wir die Zuordnung

$$P(A) = 0.$$

Damit erfassen wir die äußerst geringe Chance dieses Ereignisses. Im Sinn der statistischen Wahrscheinlichkeit ist die Zuordnung mit dem Hinweis gerechtfertigt, dass der Anteil der ,Kante'-Würfe bei wachsendem n praktisch Null wird.

Den Ereignissen Kopf und Zahl wird die Wahrscheinlichkeit 0.5 zugeordnet: $P(K) = P(Z) = 0.5$. Damit P ein Wahrscheinlichkeitsmaß wird, müssen den Ereignissen

$$K \cup A, \; K \cup Z, \; Z \cup A, \; E = K \cup Z \cup A \text{ und } \emptyset$$

noch Wahrscheinlichkeiten zugeordnet werden. Diese Zuordnung erfolgt so, dass die Axiome erfüllt sind:

$$P(E) = 1, \; P(\emptyset) = 0, \; P(K \cup A) = 0.5, \; P(K \cup Z) = 1, \; P(Z \cup A) = 0.5.$$

Ohne konkret zu wissen, welche Werte im Einzelnen hinter den Symbolen P(A) etc. stehen, lassen sich verschiedene Rechenregeln schon aus den festgelegten Eigenschaften folgern.

6.3 Statistische Wahrscheinlichkeit

Lemma 6.17 *Rechenregeln für Wahrscheinlichkeiten*

Aus den Axiomen erhalten wir folgende Rechenregeln für Wahrscheinlichkeiten:
1) $P(\bar{A}) = 1 - P(A)$
2) $P(\emptyset) = 0$
3) $P(A \setminus B) = P(A) - P(A \cap B)$
4) $B \subset A \Rightarrow P(B) \leq P(A)$
5) $P(A \cup B) = P(A) + P(B) - P(A \cap B)$
6) $P(A \cup B \cup C) = P(A) + P(B) + P(C) - P(A \cap B) - P(A \cap C) - P(B \cap C) + P(A \cap B \cap C)$
7) $P(A_1 \cup A_2 \cup ... \cup A_k) = P(A_1) + P(A_2) + ... + P(A_k)$ falls die Ereignisse $A_1, A_2, ..., A_k$ paarweise disjunkt sind, d. h. $A_i \cap A_j = \emptyset$ für $i \neq j$.
8) $P(A \cap B) > 1 - (P(\bar{A}) + P(\bar{B}))$ (*Bonferroni-Ungleichung*)

Die Ableitungen dieser Rechenregeln seien hier in knapper Form angegeben.
zu 1) Wegen $A \cup \bar{A} = E$ und $A \cap \bar{A} = \emptyset$ gilt $1 = P(E) = P(A \cup \bar{A}) = P(A) + P(\bar{A})$.
zu 2) Regel 1) auf $A = E$ anwenden.
zu 3) Es ist $A \setminus B = A \cap \bar{B}$. Wegen $A = (A \cap B) \cup (A \cap \bar{B})$ folgt mit Axiom 3:
$P(A) = P(A \cap B) + P(A \cap \bar{B}) = P(A \cap B) + P(A \setminus B)$.
zu 4) Anwenden von 3) führt hier wegen $A \cap B = B$ auf $P(A \setminus B) = P(A) - P(B)$. Die Differenz ist wegen Axiom 1 größer oder gleich Null.
zu 5) Es ist $A \cup B = A \cup (B \cap \bar{A})$.
Somit ist die Vereinigung als Vereinigung zweier disjunkter Ereignisse dargestellt.
Mit Axiom 3 und Rechenregel 3) erhalten wir wegen $B \cap \bar{A} = B \setminus A$:
$P(A \cup B) = P(A \cup (B \cap)) = P(A) + P(B \cap) = P(A) + P(B) - P(A \cap B)$.
zu 6) Hier führt mehrfaches Anwenden von 5) zum Ziel.
zu 7) Für drei Ereignisse folgt dies unmittelbar aus 6).
Das Resultat folgt insgesamt mit der Beobachtung, dass wegen der paarweisen Disjunktheit auch $A_i \cap (A_{i+1} \cup \cdots \cup A_k) = \emptyset$ gilt.
zu 8) Die Bonferroni-Ungleichung erhalten wir unter Ausnutzung von 1), 5) und Axiom 1):
$P(A \cap B) = 1 - P(\overline{A \cap B}) = 1 - P(\bar{A} \cup \bar{B}) = 1 - (P(\bar{A}) + P(\bar{B}) - P(\bar{A} \cap \bar{B})) > 1 - (P(\bar{A}) + P(\bar{B}))$.

Das Axiomensystem von Kolmogorov gibt einen allgemeinen Rahmen an, der erfüllt sein muss, wenn auf irgendeine Weise ein Wahrscheinlichkeitsmaß festgelegt wird. Jede konkrete, zahlenmäßige Bestimmung von Wahrscheinlichkeiten ist dabei unter Berücksichtigung des jeweiligen sachlogischen Zusammenhanges vorzunehmen. Auf diese Weise wird der Rahmen ausgefüllt. Eine der Möglichkeiten bietet die statistische Definition der Wahrscheinlichkeit. Sie zeigt, wie mittels langer Versuchsserien Wahrscheinlichkeiten numerisch bestimmt werden können.

6.3.2 Das Gleichmöglichkeitsmodell

Besonders einfach lassen sich modellmäßig Wahrscheinlichkeiten festlegen, wenn die Zufallsexperimente so angelegt sind, dass die Anzahl der zu einem Ereignis gehörenden Ergebnisse proportional zu seiner Chance ist. In dieser Weise sind zahlreiche Glücksspiele aufgebaut: Roulette, Münzwurf, Würfeln. Darüber hinaus stellt die zufällige Auswahl einer Anzahl von Einheiten aus einer endlichen Grundgesamtheit ein wichtiges Anwendungsfeld solcher Zufallsexperimente dar.

Wir gehen zur Formulierung des Modells von einer speziellen Form des *Urnenmodells* aus. Dieses ist (in seiner einfachsten Variante) durch folgende Situation gegeben:

In einer Urne befinden sich N gleichartige Kugeln, die verschiedene Nummern tragen. Die Kugeln werden gut gemischt und eine der Kugeln wird blind herausgegriffen. Gegebenenfalls wird dies Herausgreifen wiederholt. Falls die gezogene Kugel jeweils wieder zurückgelegt wird, soll durch erneutes Mischen die Ausgangssituation wieder hergestellt werden.

Das Wesentliche beim Urnenmodell besteht darin, dass bei diesem Zufallsexperiment bei jedem Zug die Chance jeder noch in der Urne befindlichen Kugel gleich groß ist. Wird aus einer Urne mit N Kugeln, die von 1 bis N durchnummeriert sind, eine Kugel gezogen, so gilt, wenn wir die Kugel mit ihrer Nummer identifizieren:

$$P(\{i\}) = i \quad \text{für} \quad i = 1, \ldots, N.$$

Damit daraus ein Wahrscheinlichkeitsmaß wird, ist allen Teilmengen eine Wahrscheinlichkeit zuzuordnen. Wegen

$$\{i_1, i_2, \ldots, i_k\} = \{i_1\} \cup \{i_2\} \cup \cdots \cup \{i_k\}$$

wird dafür einfach die Anzahl der zu dem Ereignis gehörenden Ergebnisse durch die Anzahl aller Ergebnisse dividiert.

Definition 6.18 *Gleichmöglichkeitsmodell*

Das *Gleichmöglichkeitsmodell* ist ein Modell für ein Zufallsexperiment mit N möglichen Ergebnissen und dem Wahrscheinlichkeitsmaß

$$P(A) = \frac{N(A)}{N},$$

wobei $N(A)$ die Anzahl der Ergebnisse ist, die zu A gehören.

Häufig wird für die so festgelegten Wahrscheinlichkeiten auch

$$P(A) = \frac{\text{Anzahl der für } A \text{ günstigen Ergebnisse}}{\text{Anzahl der gleich möglichen Ergebnisse}}$$

geschrieben. Dies ist die sogenannte *Laplacesche ‚Definition' der Wahrscheinlichkeit* (nach Pierre Simon Laplace, 1749 bis 1827).

Wenn also das Gleichmöglichkeitsmodell vorliegt, so reduziert sich die Bestimmung der Wahrscheinlichkeiten auf das Auszählen der möglichen und der günstigen Ergebnisse.

Beispiel 6.19 *klassische Glücksspiele*

Die Übersetzungen einiger klassischer Glücksspiele in Urnenmodelle sind:
(1) Würfeln: In der Urne sind 6 Kugeln. Die Zahl auf der gezogenen Kugel wird als Augenzahl des Würfels interpretiert. Bei mehrmaligem Würfeln wird die gezogene Kugel vor jedem neuen Zug wieder zurückgelegt.
(2) Münzwurf: Die Urne enthält 2 Kugeln. Die Zahl 1 entspricht der Kopfseite, die Zahl 2 der Zahlseite.
(3) Roulette: Die 37 Kugeln in der Urne werden mit den Zahlen von 0 bis 36 des Roulette-Spiels gleichgesetzt.

Für die im Roulette-Beispiel des Abschnittes 4.1 angegebenen Ereignisse erhalten wir unmittelbar mit dem Gleichmöglichkeitsmodell durch Auszählen die Wahrscheinlichkeiten:

$P(A_1) = 1/37 \quad P(A_3) = 12/37 \quad P(A_5) = 4/37 \quad P(A_7) = 12/37$
$P(A_2) = 4/37 \quad P(A_4) = 12/37 \quad P(A_6) = 4/37 \quad P(A_8) = 12/37$

6.3.3 Zufallsauswahlen aus endlichen Grundgesamtheiten

Das Urnenmodell aus dem vorigen Abschnitt hat als sehr wichtiges Anwendungsgebiet die zufällige Ziehung von Stichproben aus vorgegebenen Gesamtheiten. Dies kann die Auswahl von 2000 Personen aus der Bevölkerung der Bundesrepublik im Rahmen einer Meinungsumfrage sein oder auch die zufällige Auswahl von 50 Produkten aus der laufenden Produktion eines Massenartikels zur Kontrolle der Qualität der Produkte. Bei diesen Anwendungen wird von (einfachen) *Zufallsstichproben* gesprochen, wenn alle Stichproben die gleiche Chance haben, gezogen zu werden. Bezeichnen wir also die Anzahl der möglichen Stichproben mit N^*, so hat eine einzelne Stichprobe nach dem Gleichmöglichkeitsmodell die Ziehungswahrscheinlichkeit $1/N^*$. Das Problem besteht folglich darin, N^* zu bestimmen. Dabei ist zu berücksichtigen, dass es verschiedene Vorgehensweisen bei der Zufallsauswahl gibt.

Beispiel 6.20 *Ziehen ohne und mit Zurücklegen*

Oben sind schon zwei Beispiele angesprochen worden. Das erste lässt sich beschreiben durch eine Urne mit N Kugeln, welche von 1 bis N durchnummeriert sind. Hier werden n Kugeln aus der Urne gezogen. Die Zufallsauswahl ergibt dann die Stichprobe $(x_1, \ldots, x_n)$. Allerdings ist die Reihenfolge nicht von Bedeutung. Die gezogene Stichprobe ist als gleichwertig mit $(x_{(1)}, \ldots, x_{(n)})$ anzusehen, wenn $x_{(v)}$ den v-ten geordneten Wert darstellt.

Das zweite Beispiel ist eine Ziehung einer sehr großen Gesamtheit von Massenprodukten, wobei nur die Eigenschaft der Qualitätseinhaltung (ja/nein) von Interesse ist. Dies kann in die Form eines Urnenmodells gebracht werden, indem in einer Urne mit N Kugeln M dieser Kugeln mit einer Eins markiert werden und die anderen $N-M$ mit einer Null. Ist n im Verhältnis zu N und M sehr klein, so lässt sich das Vorgehen durch das Ziehen von n Kugeln mit Zurücklegen annähern. Dabei stellt man sich vor, dass vor jedem neuen Zug die Ausgangssituation wieder hergestellt wird. Insbesondere ist dann auch hier die Anordnung ohne Bedeutung. Die Stichproben $(1,0,0,0,1,0,0)$ und $(0,0,0,0,0,1,1)$ sind gleichwertig. Wie wir sehen werden, ist diese Annäherung mit gewissen Vereinfachungen verbunden.

Anders als bei den Situationen des Beispiels gibt es auch Varianten, bei denen die Reihenfolge der Ziehung bedeutsam ist. Im Rahmen von Intelligenzuntersuchungen von Affen stellte sich die Frage, mit welcher Wahrscheinlichkeit gewisse Worte, die das Versuchstier auf einer Schreibmaschine schrieb, rein zufällig zusammengesetzt wurden. Betrachtet man alle Wörter aus neun Buchstaben, so ist etwa die Chance, das Wort ‚Statistik' zufällig zu erhalten, von Interesse. Das lässt sich darstellen als eine einfache Zufallsauswahl im Sinne des Ziehens mit Zurücklegen von neun Kugeln aus einer Urne mit 26 unterschiedlich gekennzeichneten Kugeln.

Insgesamt gibt es vier mögliche Situationen für das Ziehen aus einer endlichen Grundgesamtheit:

Berücksichtigung der Anordnung	Zurücklegen mit	ohne
ja	I	II
nein	III	IV

Für diese ergeben sich jeweils unterschiedliche Anzahlen von möglichen Stichproben. Die Situation I ist dabei einfach. Man zieht eine Kugel zufällig, notiert ihre Nummer und legt sie wieder zurück. An der ersten Stelle kann also jede der N Kugeln stehen. Für die zweite Stelle wiederholt sich dieser Vorgang. Zu jeder der N Möglichkeiten an der ersten Stelle gibt es wieder N Möglichkeiten für die zweite. Insgesamt gibt es $N \cdot N$ Möglichkeiten von Zweier-Stichproben. Die Weiterführung dieser Überlegung ergibt dann N^n verschiedene Stichproben.

Die Anzahl der verschiedenen Stichproben mit Berücksichtigung der Anordnung ohne Zurücklegen lässt sich ebenfalls über die sukzessive Besetzung der einzelnen Plätze ermitteln. Für eine Urne mit 4 Kugeln, aus der 2 zufällig gezogen werden, ist die Situation in der folgenden Skizze dargestellt.

```
1. Zug   2. Zug   1. Zug   2. Zug   1. Zug   2. Zug   1. Zug   2. Zug
  1  ⟨    2        2   ⟨    1        3   ⟨    1        4   ⟨    1
       3                 3                 2                 2
       4                 4                 4                 3
```

Jede mögliche Stichprobe ist durch zwei miteinander verbundene Zahlen dargestellt. Es sind $4 \cdot 3 = 12$ verschiedene Stichproben. Wie man sich in Verallgemeinerung dieses Falles leicht überlegt, gibt es i. A. $N \cdot (N-1) \cdot \ldots \cdot (N-n+1)$ unterschiedliche Stichproben dieser Art.

Das Ziehen von allen N Kugeln läuft gerade auf die Anzahl der unterschiedlichen Anordnungen von N unterscheidbaren Objekten, den *Permutationen* von N Objekten, hinaus. Diese Anzahl ist $N \cdot (N-1) \cdot \ldots \cdot 2 \cdot 1$.

Für die Situation IV gehen wir von dem Resultat für die Situation II aus. Da nun die Anordnung keine Rolle mehr spielt, sind alle Stichproben zusammenzufassen, welche sich nur durch die Anordnung der gezogenen Nummern unterscheiden. Da sich jeweils $n \cdot (n-1) \cdot \ldots \cdot 1$ Stichproben vom Umfang n nur durch die Anordnung unterscheiden, ist die in Situation II erhaltene Zahl lediglich dadurch zu dividieren:

$$N^* = \frac{N \cdot (N-1) \cdot \ldots \cdot (N-n+1)}{n \cdot (n-1) \cdot \ldots \cdot 2 \cdot 1}.$$

Definition 6.21 *N-Fakultät und Binomialkoeffizient*

Die Anzahl von Anordnungen von N unterscheidbaren Objekten (Permutationen) ist:

$$N! := N \cdot (N-1) \cdot \ldots \cdot 2 \cdot 1.$$

6.3 Statistische Wahrscheinlichkeit

$N!$ wird als *N-Fakultät* bezeichnet. Speziell wird $0! = 1$ gesetzt.
Weiter wird der *Binomialkoeffizient* ‚N über n' definiert durch

$$\binom{N}{n} := \frac{N!}{n!(N-n)!} = \frac{N \cdot (N-1) \cdot \ldots \cdot (N-n+1)}{n \cdot (n-1) \cdot \ldots \cdot 2 \cdot 1}.$$

Insbesondere ist $\binom{N}{0} = 1$.

Schwierig ist die Bestimmung der Anzahl N^* für die Situation III. Wir bestimmen sie nur für die Stichprobenumfänge $n = 1, 2, 3$ und geben noch das allgemeine Resultat an. Für $n = 1$ ist sicher $N^* = N$. Bei $n = 2$ gibt es $N \cdot (N-1)$ Stichproben, deren Elemente verschieden sind und N Stichproben mit gleichen Elementen. Je zwei Stichproben mit unterschiedlichen Elementen sind als gleichwertig aufzufassen, so dass

$$N^* = \frac{N(N-1)}{2} + N = \frac{N(N+1)}{2}.$$

Für den Fall $n = 3$ halten wir das erste Stichprobenelement, das ja eine der Zahlen 1 bis N sein kann, fest. Es trage die Nummer i. Nun betrachten wir das typische Schema, in dem nur noch die zweiten und dritten Plätze variieren.

$i,1,1$	$i,1,2$		$i,1,i$		$i,1,N$
$i,i,1$	$i,i,2$		i,i,i		i,i,N
$i,N,1$	$i,N,2$		i,N,i		i,N,N

In diesem Block gibt es eine Zelle, in der alle Elemente gleich sind, die mit der Besetzung (i,i,i). Genau zwei gleiche Elemente gibt es in der i-ten Spalte, der i-ten Zeile und der Hauptdiagonalen. Das sind $3 \cdot (N-1)$ Zellen - die eine Zelle mit der Besetzung (i,i,i) muss ja herausgenommen werden. Es bleiben $(N-1)(N-2)$ Zellen, bei denen alle drei Elemente verschieden sind. Da es N solcher Blöcke gibt und die Anordnung nicht berücksichtigt werden soll, erhalten wir

$$N^* = N \cdot \left\{ \frac{(N-1)(N-2)}{3!} + \frac{3(N-1)}{3} + 1 \right\} = \frac{(N+2)(N+1)N}{3!} = \binom{N+2}{3}.$$

Die allgemeine Formel lässt sich daraufhin erahnen.

Satz 6.22 *Anzahlen unterschiedlicher Stichproben*

Gegeben sei eine Urne mit N Kugeln, welche von 1 bis N durchnummeriert seien. Es werden n Kugeln entnommen. Dann sind die Anzahlen N^* der unterschiedlichen Stichproben gegeben durch:

Ziehen mit Zurücklegen, mit Berücksichtigung der Anordnung (Situation I):

$$N^* = N^n;$$

Ziehen ohne Zurücklegen, mit Berücksichtigung der Anordnung (Situation II):

$$N^* = N \cdot (N-1) \cdot (N-2) \cdot \ldots \cdot (N-n+1);$$

Ziehen mit Zurücklegen, ohne Berücksichtigung der Anordnung (Situation III):

$$N^* = \frac{(N+n-1)\cdot(N+n-2)\cdot\ldots\cdot(N+1)\cdot N}{n\cdot(n-1)\cdot\ldots\cdot 3\cdot 2\cdot 1} = \binom{N+n-1}{n};$$

Ziehen ohne Zurücklegen, ohne Berücksichtigung der Anordnung (Situation IV):

$$N^* = \frac{N\cdot(N-1)\cdot(N-2)\cdot\ldots\cdot(N-n+1)}{n\cdot(n-1)\cdot 3\cdot 2\cdot 1} = \binom{N}{n}.$$

Beispiel 6.23 *Anzahl von Computerprogrammen*

Unter einem Computerprogramm versteht man mit dem Mathematiker Turing nichts anderes als eine Folge von Nullen und Einsen. Wie viele Programme der Länge 10 gibt es?

Die Frage läuft auf die Anzahl der Stichproben vom Umfang $n = 10$ aus einer Urne mit den beiden Elementen ‚0' und ‚1' hinaus. Dabei findet die Ziehung mit Zurücklegen statt; die Reihenfolge ist von Bedeutung. Also gibt es $2^{10} = 1024$ mögliche Programme.

In verschiedenen Anwendungen fragt man sich nach der Anzahl von Stichproben, die eine feste Anzahl von Objekten mit einer vorgegebenen Eigenschaft aufweisen. Dies ist etwa beim Lotto (6 aus 49) gegeben, wo nur die Übereinstimmung der gezogenen Zahl mit einer der auf dem Tipp-Schein angekreuzten interessiert. Diese Fragestellung soll im allgemeinen Rahmen behandelt werden.

In einer Urne befinden sich N Kugeln. M davon seien mit einer ‚1' markiert und die anderen $N-M$ mit einer ‚0'. Aus der Urne werden n Kugeln mit Zurücklegen gezogen. Wie viele Stichproben gibt es, die genau x Einsen haben? Wir gehen von der Stichprobe vom Umfang n aus und stellen uns die Plätze mit Nummern versehen vor. Dann gibt es $n!$ unterschiedliche Anordnungen der Plätze. Nun sind die Vertauschungen mit gleichartig besetzten Plätzen (Ersetzung von ‚1' durch ‚1' sowie ‚0' durch ‚0') nicht relevant. Die Anzahlen davon sind $x!$ bzw. $(n-x)!$. Folglich gibt es

$$\frac{n!}{x!(n-x)!} = \binom{n}{x}$$

verschiedene Stichproben vom Umfang n mit genau x Einsen und $n-x$ Nullen.

Man beachte, dass hier die Anzahlen N und M nicht eingehen. Das kommt durch das Zurücklegen. Wie ist die Frage zu beantworten, wenn das Ziehen ohne Zurücklegen erfolgt? Zunächst einmal ist nun $x \leq M$ und $n-x \leq N-M$ zu fordern, damit das Ergebnis sinnvoll ist. Dann denken wir uns die Kugeln in der Urne durchnummeriert. Die mit den Nummern 1 bis M sind zusätzlich mit einer ‚1' versehen, die mit den Nummern $M+1$ bis N zusätzlich mit einer ‚0'. Von den ‚1'-Kugeln sind nun x zu ziehen und aus den ‚0' Kugeln $n-x$. Das geht auf $\binom{M}{x}$ bzw. $\binom{N-M}{n-x}$ Weisen, insgesamt also auf $\binom{M}{x} \cdot \binom{N-M}{n-x}$ Weisen.

Beispiel 6.24 *Drei Richtige beim Lotto*

Die Bestimmung der Chance für drei Richtige beim Lotto ‚6 aus 49' ist nach dem eben Gesagten leicht. Die Anzahl aller Stichproben ist hier, da die Reihenfolge irrelevant ist:

$$\binom{49}{6} = \frac{49 \cdot 48 \cdot 47 \cdot 46 \cdot 45 \cdot 44}{1 \cdot 2 \cdot 3 \cdot 4 \cdot 5 \cdot 6} = 13983816.$$

Die Zahl der Stichproben mit genau drei Richtigen beträgt

$$\binom{6}{3} \cdot \binom{43}{3} = \frac{6 \cdot 5 \cdot 4}{1 \cdot 2 \cdot 3} \cdot \frac{43 \cdot 42 \cdot 41}{1 \cdot 2 \cdot 3} = 246820.$$

Die gesuchte Chance ist folglich

$$\binom{6}{3} \cdot \binom{43}{3} / \binom{49}{3} = \frac{246820}{13983816} = 0.0176504.$$

Die Ausführungen in diesem Abschnitt stellen einen Ausflug in die *Kombinatorik* dar. Bzgl. weiterer Aspekte sei auf Engel (1973) verwiesen.

6.4 Bedingte Wahrscheinlichkeit und Unabhängigkeit

6.4.1 Bedingte Wahrscheinlichkeit

Im Beispiel 6.2 haben wir eine Studie zur Untersuchung der Wirksamkeit eines Medikamentes betrachtet. Die möglichen Ergebnisse bei diesem Zufallsexperiment haben wir mit $(m,+), (m,-), (p,+)$ und $(p,-)$ bezeichnet. Dabei bedeutet m, dass der Patient das echte Medikament und p, dass er ein Placebo erhält. $+$ heißt, dass die Therapie erfolgreich verläuft, und $-$, dass sie es nicht tut.

In der Studie sollte untersucht werden, ob die Chance für eine erfolgreiche Therapie bei Verabreichung des Medikamentes größer ist als wenn der Patient nur ein Placebo erhält. Diese Fragestellung legt nahe, die beiden Patientengruppen getrennt zu betrachten und die Erfolgschancen der beiden Gruppen gegenüberzustellen.

Die Situation entspricht der, die wir bei den bedingten relativen Häufigkeiten vorfanden. Die bedingte relative Häufigkeit gibt die relative Häufigkeit einer Realisationsmöglichkeit in einem eingeschränkten Datensatz an. Hier fragen wir nach der Wahrscheinlichkeit eines Ereignisses A in dem durch ein anderes Ereignis B eingeschränkten Stichprobenraum.

Bei dem betrachteten Beispiel kann die Wahrscheinlichkeit höchstens im Sinne der statistischen Wahrscheinlichkeit ermittelt werden. Allgemein formuliert: In einer Versuchsserie vom Umfang n wird bei jeder Durchführung notiert, ob die Ereignisse A und B eingetreten sind. Dann ist

$$h(A|B) = \frac{n(A \cap B)}{n(B)}$$

der relative Anteil der Versuche, bei denen A eingetreten ist, mit Bezug auf die Teilfolge von Versuchen, bei denen B beobachtet wurde.

Wegen

$$h(A|B) = \frac{n(A \cap B)}{n(B)} = \frac{n(A \cap B)/n}{n(B)/n} = \frac{h(A \cap B)}{h(B)}$$

ist unter Berufung auf das Prinzip der großen Zahlen die folgende Definition sinnvoll.

Definition 6.25 *bedingte Wahrscheinlichkeit*

Die *bedingte Wahrscheinlichkeit* eines Ereignisses A unter der Bedingung des Eintretens des Ereignisses B (mit $P(B) > 0$) ist

$$P(A|B) = \frac{P(A \cap B)}{P(B)}.$$

Den Sachverhalt illustriert die Grafik 6.3. Die Gesamtheit der Ergebnisse, E, wird auf die eingeschränkt, die zu B gehören. Wenn dann nach dem Eintreten auch des Ereignisses A gefragt wird, so kann das nur dann eintreten, wenn ein Ergebnis beobachtet wird, das sowohl zu B als auch zu A gehört. Die Chance ist dann als Flächenanteil des Ereignisses $A \cap B$ an dem von B zu sehen. Die unbedingte Wahrscheinlichkeit von A ist der Flächenanteil des Ereignisses an dem von E; dieser ist ja gleich eins.

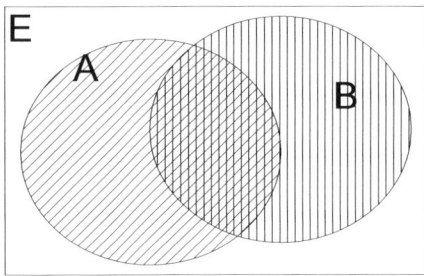

Abb. 6.3: *Zur bedingten Wahrscheinlichkeit*

Aus der Festlegung der bedingten Wahrscheinlichkeit folgt unmittelbar

$$P(A \cap B) = P(A|B) \cdot P(B).$$

Diese als *Multiplikationssatz für zwei Ereignisse* bezeichnete Beziehung ist bisweilen nützlich zur Bestimmung der Wahrscheinlichkeit des Durchschnitts.

Beispiel 6.26 *Batterien*

Eine Frau bewahrt Batterien in einer Schachtel auf. Umweltbewusst werden verbrauchte Batterien nicht weggeworfen, sondern ebenfalls in die Schachtel gelegt. Nun werden von

6.4 Bedingte Wahrscheinlichkeit und Unabhängigkeit

ihr zwei Batterien für eine Taschenlampe benötigt. Sie weiß, dass von den sechs Batterien in der Schachtel zwei leer sind. Wie groß ist die Wahrscheinlichkeit, dass gleich die ersten beiden Batterien, die sie herausnimmt, noch unverbraucht sind?

Seien A und B die Ereignisse $A =$ ‚Die erste Batterie ist gut', $B =$ ‚Die zweite Batterie ist gut'. Die Wahrscheinlichkeit, dass die erste Batterie unverbraucht ist, beträgt $P(A) = 4/6$. Die Wahrscheinlichkeit, dass die zweite Batterie gut ist, wenn beim ersten Zug eine unverbrauchte herausgenommen wurde, ist $P(B|A) = 3/5$. Die gesuchte Wahrscheinlichkeit, dass beide geladen sind, ist die Wahrscheinlichkeit des Ereignisses $A \cap B$:

$$P(A \cap B) = P(B|A)P(A) = \frac{3}{5} \cdot \frac{4}{6} = 0.4.$$

Eine weitere Anwendung des Multiplikationssatzes ergibt sich aus der Beziehung $A = (A \cap B) \cup (A \cap \bar{B})$. Sie führt nämlich zu

$$P(A) = P(A \cap B) + P(A \cap \bar{B}) = P(A|B) \cdot P(B) + P(A|\bar{B}) \cdot P(\bar{B}).$$

Dabei ist natürlich $0 < P(B) < 1$ vorausgesetzt. Weiteres Ausnutzen dieser Beziehung führt uns auf die *Formel von Bayes* für zwei Ereignisse:

$$P(B|A) = \frac{P(A \cap B)}{P(A)} = \frac{P(A|B) \cdot P(B)}{P(A|B) \cdot P(B) + P(A|\bar{B}) \cdot P(\bar{B})}.$$

Diese Identitäten gelten nicht nur für den Fall, dass das sichere Ereignis E in zwei disjunkte Mengen (B und $\bar{B}$) zerlegt wird, sondern entsprechend für allgemeinere Zerlegungen von E. Es gilt der *Satz von der totalen Wahrscheinlichkeit*

$$P(A) = P(A|B_1) \cdot P(B_1) + \ldots + P(A|B_k) \cdot P(B_k),$$

wobei $B_1, \ldots, B_k$ eine Zerlegung von E ist, d. h. es gilt $B_1 \cup B_2 \cup \cdots \cup B_k = E$, und $B_i \cap B_j = \emptyset$ für $i \neq j$, und zudem $P(B_i) > 0$ für alle i.

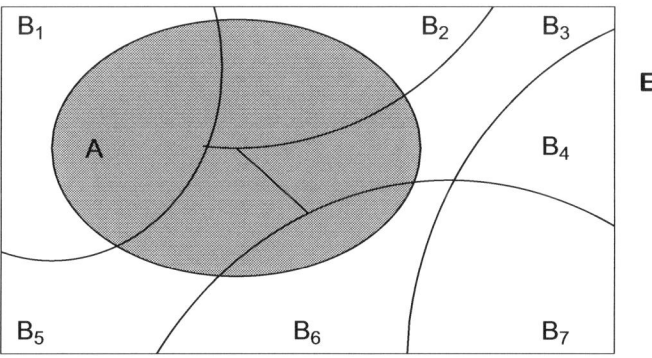

Abb. 6.4: *Zerlegung des sicheren Ereignisses E und des Ereignisses A*

Dieser Satz der totalen Wahrscheinlichkeit bildet die Grundlage für einen wichtigen Zusammenhang. Nehmen wir an, wir kennen vor Beginn eines Experiments a priori die Wahrscheinlichkeiten P(B_i) der Ereignisse B_i, die einander ausschließen und zusammen das sichere Ereignis bilden. Nun können wir die B_i aber nicht beobachten. Stattdessen beobachten wir ein Ereignis A mit P(A) > 0 und kennen die Wahrscheinlichkeiten, mit denen A unter der Annahme auftritt, dass B_i eingetreten ist. Dann können wir nach Abschluss des Experiments a posteriori die Information, dass A eingetreten ist, verwenden, um eine modifizierte Aussage über die Wahrscheinlichkeit von B_i zu machen, nämlich durch Angaben der A-posteriori-Wahrscheinlichkeiten P($B_i|A$). Diese bedingte Wahrscheinlichkeit ist nach Definition zunächst

$$P(B_i|A) = \frac{P(A \cap B_i)}{P(A)}.$$

Den Zähler formen wir entsprechend dem Multiplikationssatz um und den Nenner unter Verwendung des Satzes der totalen Wahrscheinlichkeit. Damit erhalten wir den Satz von Bayes.

Satz 6.27 *Formel von Bayes*

$B_1, \ldots, B_k$ sei eine Zerlegung von E, d. h. es gelte $B_1 \cup B_2 \cup \cdots \cup B_k = E$ und $B_i \cap B_j = \emptyset$ für $i \neq j$. Zudem sei P(B_i) > 0 für alle i und P(A) > 0. Dann gilt die *Formel von Bayes*:

$$P(B_i|A) = \frac{P(A|B_i)P(B_i)}{P(A|B_1) \cdot P(B_1) + \ldots + P(A|B_k) \cdot P(B_k)}.$$

Beispiel 6.28 *Der Elisa-Test auf HIV*

Eine Anwendung des Satzes von Bayes ist der Elisa-Test auf HIV. In der Wochenzeitung ‚Die Zeit' vom 11.8.1989 wurde über einen Aidstest bei indischen Blutspendern berichtet. Dabei ging es um die Verwendung von fraglich infiziertem Blut zur Herstellung von Blutprodukten in den Vereinigten Staaten. Das ‚Serum Institute of India Ltd.', ein privates Labor zur Herstellung von Blutprodukten, hatte Probleme damit. Der Direktor des Unternehmens hatte offensichtlich dem Indien-Korrespondenten der medizinischen Fachzeitschrift Lancet mitgeteilt, dass bei Tausenden auf HIV getesteten Blutspendern wiederholt falsch-negative Ergebnisse bei seropositiven Spendern aufgetreten seien. ‚Falschnegativ' bedeutet dabei, dass eine HIV-Infektion nicht erkannt wurde. Während der aktuelle Fall die in ‚Die Zeit' angesprochenen eigenen Problempunkte aufweist, soll hier auf die Problematik von Screening-Tests in solchen Situationen eingegangen werden. Der in der Diskussion befindliche Elisa-Test hat zwei Kennzeichen: Eines ist die Sensitivität; das ist die Wahrscheinlichkeit, mit der der Test korrekterweise ein positives Ergebnis liefert (Aids anzeigt), sofern die Person infiziert ist. Diese Wahrscheinlichkeit beträgt 99.9%. Das zweite Kennzeichen ist die Spezifität, die Wahrscheinlichkeit, dass der Test ebenfalls korrekterweise kein positives Ergebnis liefert, wenn die Person nicht infiziert ist. Beim Elisa-Test beträgt sie 99.5%. Diese Angaben scheinen eine große Sicherheit für die Vorhersage zu bedeuten. Diese hängt aber davon ab, wie hoch die Prävalenz tatsächlich ist, also die Häufigkeit der HIV-Infektion in einer bestimmten Bevölkerungsgruppe. Ist sie gering, etwa 0.1% bis 0.2%, so beträgt der Vorhersagewert für ein positives Testergebnis

6.4 Bedingte Wahrscheinlichkeit und Unabhängigkeit

nur rund 20%. Mit anderen Worten: Bei einem positiven Testergebnis beträgt die Wahrscheinlichkeit nur ca. 20%, dass tatsächlich eine Infektion vorliegt. Um das formal zu fassen, übersetzen wir die Angaben im Artikel in formale Schreibweisen. Gegeben sind zwei Ereignisse:

$$B_1 = B : \text{Person ist infiziert}$$
$$B_2 = \bar{B} : \text{Person ist nicht infiziert}$$
$$A : \quad \text{Positives Testergebnis}$$

Für diese Ereignisse sind folgende Wahrscheinlichkeiten bekannt:

$$P(B) = 0.001 \quad \text{Prävalenz}$$
$$P(A|B) = 0.999 \quad \text{Sensitivität}$$
$$P(\bar{A}|\bar{B}) = 0.995 \quad \text{Spezifität}$$

Mit $P(\bar{A}|\bar{B}) = 0.995$ ergibt sich $P(A|\bar{B}) = 0.005$ und für die Wahrscheinlichkeit für das Vorliegen einer Infektion bei positivem Testergebnis erhalten wir:

$$P(B|A) = \frac{P(A|B) \cdot P(B)}{P(A|B) \cdot P(B) + P(A|\bar{B}) \cdot P(\bar{B})} = \frac{0.999 \cdot 0.001}{0.999 \cdot 0.001 + 0.005 \cdot 0.999} = 0.167.$$

Allein durch die geringe Prävalenz kommt eine relativ geringe Wahrscheinlichkeit zustande, dass jemand tatsächlich infiziert ist, wenn er ein positives Testresultat hat. Andersherum wird er mit großer Wahrscheinlichkeit zu Unrecht beunruhigt:

$$P(\bar{B}|A) = 1 - P(B|A) = 1 - 0.167 = 0.833$$

6.4.2 Unabhängigkeit

In der im Beispiel 6.2 erwähnten Studie zur Wirksamkeit eines Medikamentes zielte die Frage auf eine Gegenüberstellung der beiden bedingten Wahrscheinlichkeiten $P(A|B)$ und $P(A|\bar{B})$, wobei die Ereignisse definiert waren durch

$A =$ ‚Therapieerfolg'
$B =$ ‚Das echte Medikament wird verabreicht'.

Das Medikament hat nun keine spezifische Wirkung, wenn die Chancen für einen Therapieerfolg in beiden Gruppen gleich groß sind, wenn also $P(A|B) = P(A|\bar{B})$. Wir sagen dann, A ist von B (stochastisch) unabhängig.

Für eine formale Fassung der Unabhängigkeit formen wir diese Gleichung um:

$$P(A|B) = P(A|\bar{B}) \iff \frac{P(A \cap B)}{P(B)} = \frac{P(A \cap \bar{B})}{P(\bar{B})}$$
$$\iff P(A \cap B) P(\bar{B}) = P(A \cap \bar{B}) P(B)$$
$$\iff P(A \cap B)(1 - P(B)) = P(A \cap \bar{B}) P(B)$$
$$\iff P(A \cap B) = (P(A \cap B) + P(A \cap \bar{B})) P(B) = P(A) P(B).$$

Diese in A und B symmetrische Beziehung verwenden wir zur Definition.

Definition 6.29 *Unabhängigkeit*

Zwei Ereignisse A und B heißen *stochastisch unabhängig*, wenn gilt:
$$P(A \cap B) = P(A) \cdot P(B).$$

Beispiel 6.30

Immer wieder behaupten Leute, sie hätten ein Gewinnsystem für das Roulette-Spiel gefunden. Warum können sie nicht Recht haben? Betrachten wir den Fall, dass jemand zweimal hintereinander auf einzelne Zahlen setzt. Dieses Spiel lässt sich in das zweimalige Ziehen einer Kugel aus einer Urne übersetzen, wobei die erste Kugel wieder zurückgelegt wird. Wir definieren zwei Ereignisse durch

$A_i =$ Beim i-ten Zug wird die Kugel mit der Zahl x_i gezogen, $i = 1, 2$.

Der Stichprobenraum mit den beiden Ereignissen lässt sich folgendermaßen veranschaulichen:

$$
\begin{array}{ccccc}
 & & A_2 & & \\
(0,0) & (0,1) & \ldots \;\boxed{(0,x_2)}\; \ldots & (0,36) \\
(1,0) & (1,1) & \ldots \;(1,x_2)\; \ldots & (1,36) \\
\vdots & \vdots & \vdots & \vdots \\
A_1\;|(x_1,0) & (x_1,1) & \ldots \;\boxed{(x_1,x_2)}\; \ldots & (x_1,36)\;| \\
\vdots & \vdots & \vdots & \vdots \\
(36,0) & (36,1) & \ldots \;(36,x_2)\; \ldots & (36,36)
\end{array}
$$

Bei Unterstellung des Gleichmöglichkeitsmodells erhalten wir durch Abzählen:

$$P(A_1) = \frac{37}{37^2} = \frac{1}{37}, \quad P(A_2) = \frac{37}{37^2} = \frac{1}{37}, \quad P(A_1 \cap A_2) = \frac{1}{37^2}.$$

Somit sind A_1 und A_2 unabhängig: $P(A_1 \cap A_2) = P(A_1) \cdot P(A_2)$. Dies stimmt mit der Anschauung überein, dass durch das Zurücklegen der Ausgangszustand wieder hergestellt wird und somit das Resultat des ersten Zuges das des zweiten nicht beeinflusst. Damit ist auch eine Prognose des zukünftigen Ergebnisses auf der Basis des beobachteten nicht besser als das einfache Raten.

Auch in anderen Situationen als der unabhängigen Versuchswiederholung kommt die Unabhängigkeit vor. Zur Verdeutlichung gehen wir davon aus, dass zwei Ereignisse unabhängig sind, wenn $P(A|B) = P(A)$ und $P(B|A) = P(B)$, d. h. wenn die bedingten Wahrscheinlichkeiten gleich den nicht-bedingten Wahrscheinlichkeiten sind. Dazu müssen bei der grafischen Darstellung im Venn-Diagramm die Ereignisse gerade so überlappen, dass der Anteil der Fläche des Ereignisses $A \cap B$ an der Fläche von B gleich dem Flächenanteil von A an der Gesamtfläche von E ist.

Die (stochastische) Unabhängigkeit ist aus zwei Gründen bedeutsam. Zum einen führt der Nachweis, dass zwei Ereignisse stochastisch abhängig sind, oft dazu, auch nach einem kausalen Zusammenhang zu suchen. Eine wichtige Frage ist daher, ob die (modellmäßige) Unabhängigkeit von Ereignissen mit konkret vorliegenden Beobachtungen verträglich ist. Diese Frage werden wir im Kapitel 18 weiter verfolgen. Der andere Grund ist formaler Natur:

6.5 Zufallsvariablen

Bei unabhängigen Ereignissen sind die Wahrscheinlichkeiten für Durchschnitte auf einfache Weise aus den Wahrscheinlichkeiten der einzelnen Ereignisse zu bestimmen.

Bei mehr als zwei Ereignissen liegt es nahe von Unabhängigkeit zu sprechen, wenn jeweils das Eintreten eines Teils der Ereignisse die Chance für die restlichen Ereignisse nicht verändert. Auch diese Forderung lässt sich in die Form bringen, dass die Wahrscheinlichkeiten von Durchschnitten gleich den Produkten der Einzelwahrscheinlichkeiten sind.

Definition 6.31

Die Ereignisse $A_1, A_2, \ldots, A_k$ heißen *stochastisch unabhängig*, wenn für jede Auswahl $A_{i_1}, A_{i_2}, \ldots, A_{i_m}$ mit $m \leq k$ gilt:

$$P(A_{i_1} \cap A_{i_2} \cap \cdots \cap A_{i_m}) = P(A_{i_1}) \cdot P(A_{i_2}) \cdot \ldots \cdot P(A_{i_m}).$$

Das folgende Beispiel zeigt, dass für die Unabhängigkeit tatsächlich jede Teilauswahl von Ereignissen bedeutsam ist. Sofern nur bei einer Kombination von Ereignissen die Wahrscheinlichkeit des Durchschnittes von dem Produkt der Einzelwahrscheinlichkeiten verschieden ist, lassen sich ‚Informationen' aus dem Eintreten von Ereignissen ziehen.

Beispiel 6.32

Vier Spielkarten mögen wie rechts stehend markiert sein. Das Zufallsexperiment bestehe aus dem Ziehen einer der Karten. Es interessieren die Ereignisse:
$A =$ An oberster Stelle steht eine 0;
$B =$ an mittlerer Stelle steht eine 0;
$C =$ an unterster Stelle steht eine 0.

$$\begin{array}{|c|}\hline 0 \\ 0 \\ 1 \\\hline\end{array} \quad \begin{array}{|c|}\hline 0 \\ 1 \\ 0 \\\hline\end{array} \quad \begin{array}{|c|}\hline 1 \\ 0 \\ 0 \\\hline\end{array} \quad \begin{array}{|c|}\hline 1 \\ 1 \\ 1 \\\hline\end{array}.$$

Die Ereignisse A, B und C sind paarweise unabhängig, d. h. je zwei sind voneinander unabhängig:

$$P(A \cap B) = \frac{1}{4} = \frac{1}{2} \cdot \frac{1}{2} = P(A) \cdot P(B),$$
$$P(A \cap C) = \frac{1}{4} = \frac{1}{2} \cdot \frac{1}{2} = P(A) \cdot P(C),$$
$$P(C \cap B) = \frac{1}{4} = \frac{1}{2} \cdot \frac{1}{2} = P(C) \cdot P(B).$$

Insgesamt sind A, B und C jedoch abhängig, da

$$P(A \cap B \cap C) = 0 \neq P(A) \cdot P(B) \cdot P(C).$$

C kann z. B. nicht eintreten, wenn A und B eintreten: $P(C|A \cap B) = 0$.

6.5 Zufallsvariablen

Die Ergebnisse von Befragungen, Beobachtungen und Experimenten werden i. d. R. durch Zahlen repräsentiert. Die Zuordnung der Zahlen zu den möglichen Ergebnissen geschieht mittels geeigneter Variablen. Zufallsexperimente zeichnen sich im Vergleich zu den genannten Erhebungsverfahren dadurch aus, dass der Mechanismus hervorgehoben wird, der das jeweilige Ergebnis liefert. Es bleibt weiterhin sinnvoll, Ergebnisse durch Zahlen zu repräsentieren. Die Variablen bekommen aber mit Rücksicht auf den Generierungsprozess der Ergebnisse den Namen Zufallsvariablen. Mittels der Werte, welche eine Zufallsvariable annehmen kann, lassen sich auf einfache Weise Ereignisse beschreiben. Den empirischen Häufigkeitsverteilungen können wir somit Wahrscheinlichkeitsverteilungen gegenüberstellen. Dies ist aus mehreren Gründen von Bedeutung. Theoretische Verteilungen liefern oft einfache Beschreibungen empirischer Datensätze. Die üblichen Verteilungsmodelle sind u. a. dadurch gekennzeichnet, dass sie in geeigneter Weise ‚glatt' sind. Somit werden unwichtige Details in empirischen Datensätzen eliminiert. Eine Beschreibung mittels theoretischer Verteilungsmodelle ist also insbesondere nur bei Stichproben relevant, vgl. die Einführung zu Kapitel 4. Lässt sich eine empirische Häufigkeitsverteilung gut durch eine theoretische Verteilung beschreiben, so lassen sich unter Umständen Rückschlüsse auf den Entstehungsmechanismus der Daten ziehen. Umgekehrt werden auch theoretische Modelle mittels empirischer Verteilungen überprüft.

Wir behandeln hier zunächst die Grundlagen der theoretischen Verteilungen und betrachten die skizzierten Problembereiche anhand einiger einfacher Beispiele.

6.5.1 Einführendes Beispiel

Die von der amtlichen Statistik durchgeführte Mikrozensus-Erhebung ist eine Zufallsstichprobe. Hier ist die Variable $X = $ ‚Größe der privaten Haushalte', gemessen durch die Anzahl der im Haushalt lebenden Personen, von Bedeutung, u. a. um Aufschlüsse über veränderte Lebensgewohnheiten zu erhalten. Jedem Haushalt weist die Variable X einen bestimmten Wert zu. Dabei gibt es in jedem Einzelfall sachliche Gründe, warum gerade soundso viele Personen zum Haushalt gehören. Wird aber ein Haushalt aus der Grundgesamtheit aller privaten Haushalte zufällig ausgewählt, so ist der beobachtete Wert von X Resultat eines Zufallsexperimentes. Der Zufall kommt über den Auswahlmechanismus ins Spiel.

Stellen wir uns der Einfachheit halber vor, dass das Auswahlverfahren dem einmaligen Ziehen einer Kugel aus einer Urne entspricht. Dann können wir mit dem Gleichmöglichkeitsmodell die Chance dafür angeben, dass der zu ziehende Haushalt ein 1-Personen-, 2-Personen-Haushalt usw. ist: Dazu brauchen wir nur die Anzahl der k-Personen-Haushalte durch die Anzahl aller Haushalte zu dividieren. Die Betrachtung der Variablen X führt also zur Auszeichnung spezieller Ereignisse. Es sind gerade solche, die sich in naheliegender Weise durch die Wertezuordnungen charakterisieren lassen. Zudem können wir diesen Ereignissen bei Unterstellung eines geeigneten Zufallsvorganges auch Wahrscheinlichkeiten zuordnen.

6.5.2 Zufallsvariablen und Wahrscheinlichkeitsverteilungen

Wir bezeichnen eine Variable X, die jedem möglichen Ergebnis eines Zufallsexperimentes eine (reelle) Zahl zuordnet, als Zufallsvariable. Zufallsvariablen scheinen damit nur spezielle statistische Variablen zu sein. Mit ihnen ist aber eine neue Betrachtungsweise verbunden: Bei Zufallsexperimenten interessieren vor allem die Chancen für das Eintreten von Ereignissen. Durch die Zufallsvariablen werden nun spezielle Ereignisse festgelegt; dazu gehören z. B. solche, die wir mit ‚X nimmt einen Wert aus einem bestimmten Bereich an' beschreiben

6.5 Zufallsvariablen

können. Da die Situation vor der Durchführung des Zufallsexperimentes betrachtet wird, liegt der Wert der Zufallsvariablen noch nicht konkret vor. ==Zufallsvariablen stehen also für potentielle Beobachtungen==. Das Ereignis ‚X nimmt den Wert x an' besteht aus allen Ergebnissen, denen die Variable X den Wert x zuordnet. Wir schreiben dafür:

$$\{X = x\} = \{e | e \in E \text{ und } X(e) = x\}.$$

Weitere Ereignisse lassen sich entsprechend angeben.

Definition 6.33 *Zufallsvariable*

Eine Variable X, die jedem möglichen Ergebnis $e \in E$ eines Zufallsexperimentes eine Zahl $X(e)$ zuordnet, wird als *Zufallsvariable* bezeichnet. Durch die Zufallsvariable X werden u. a. folgende Ereignisse festgelegt:

$$\{X = x\} = \{e | e \in E \text{ und } X(e) = x\}$$
$$\{X < x\} = \{e | e \in E \text{ und } X(e) < x\}$$
$$\{x_1 < X \leq x_2\} = \{e | e \in E \text{ und } x_1 < X(e) \leq x_2\}$$
$$\{X \neq x\} = \{e | e \in E \text{ und } X(e) \neq x\}.$$

Analog werden weitere Ereignisse gebildet.

Wir betrachten zur Illustration die Situation des einführenden Beispiels 6.5.1 mit der interessierenden Variablen $X = $ ‚Haushaltsgröße'. ==X habe die Realisationsmöglichkeiten $x = 1, 2, 3, 4, 5$==; dabei ist x für $x \leq 4$ die Anzahl der im Haushalt lebenden Personen, $x = 5$ heißt, dass zum Haushalt mindestens 5 Personen gehören.

Das Ereignis

$$\{X = 2\} = \{e | e \in E \text{ und } X(e) = 2\}$$

tritt ein, wenn zu dem gezogenen Haushalt zwei Personen gehören. Andernfalls tritt das zu $\{X = 2\}$ komplementäre Ereignis ein, das sich in der Form

$$\{X \neq 2\} = \{e | e \in E \text{ und } X(e) \neq 2\}$$

angeben lässt. Weiterhin sind etwa

$$\{X < 3\} = \{e | e \in E, X(e) < 3\}, \quad \{X > 3\} = \{e | e \in E, X(e) > 3\}.$$

Beispiel 6.34 *Warten auf die nächste S-Bahn*

Herr Jedermann gehe ohne auf den Fahrplan zu schauen und ohne sonstige Vorkenntnisse zur S-Bahn. Von Interesse ist dann die Variable $X = $ ‚Wartezeit (in Minuten) auf die nächste S-Bahn'. Aufgrund des unkoordinierten Vorgehens kann X als Zufallsvariable aufgefasst werden. Hier ist es zwar nicht so leicht, den zugrundeliegenden Stichprobenraum genauer anzugeben. Die interessierenden Ereignisse lassen sich aber unmittelbar mit Hilfe von X beschreiben:

$\{X \leq 5\} = $ Die Wartezeit beträgt höchstens 5 Minuten.
$\{X > 15\} = $ Die Wartezeit beträgt mindestens 15 Minuten.

Bei der Betrachtung von Zufallsvariablen sind die Wahrscheinlichkeiten der durch sie festgelegten Ereignisse von zentraler Bedeutung. Dies wird durch die Definition hervorgehoben.

Definition 6.35 *Wahrscheinlichkeitsverteilung*

Die *Wahrscheinlichkeitsverteilung* einer Zufallsvariablen X ist die Zuordnung der Wahrscheinlichkeiten zu allen durch X festgelegten Ereignissen.

Da wir im einführenden Beispiel 6.5.1 das Gleichmöglichkeitsmodell unterstellt haben, können wir für die angegebenen Ereignisse leicht die Wahrscheinlichkeiten bestimmen. So gilt etwa

$$P(X=2) = \frac{\text{Anzahl der 2-Personen-Haushalte}}{\text{Anzahl aller Haushalte}}$$
$$P(X \geq 3) = \frac{\text{Anzahl der Haushalte mit mindestens 3 Personen}}{\text{Anzahl aller Haushalte}}.$$

6.5.3 Verteilungsfunktion

Wegen der Rechenregeln brauchen nur die Wahrscheinlichkeiten für ausgewählte Ereignisse bekannt zu sein, um auch die Wahrscheinlichkeiten anderer, durch die Zufallsvariablen festgelegter Ereignisse ermitteln zu können. Für alle Zufallsvariablen sind Ereignisse der Form $\{X \leq x\}$ wichtig. Daraus lassen sich alle bedeutsamen Ereignisse gewinnen:

$$\{X > x\} = \overline{\{X \leq x\}}$$
$$\{x_1 < X \leq x_2\} = \{X \leq x_2\} \setminus \{X \leq x_1\} = \{X \leq x_2\} \cap \overline{\{X \leq x_1\}}$$
$$\{X < x\} = \{X \leq x-1\} \cup \{x-1 < X \leq x-1/2\} \cup \{x-1/2 < X \leq x-1/3\} \cup \ldots$$
$$\cup \{x-1/n < X \leq x-1/(n+1)\} \cup \ldots$$
$$\{X = x\} = \{X \leq x\} \setminus \{X < x\} = \{X \leq x\} \cap \overline{\{X < x\}}.$$

Sind also für alle x die Wahrscheinlichkeiten $P(X \leq x)$ bekannt, so sind sie es auch für die anderen Ereignisse.

Definition 6.36 *Verteilungsfunktion*

X sei eine Zufallsvariable. Die *theoretische Verteilungsfunktion* $F(x)$ von X, ist die Funktion, die jedem x die Wahrscheinlichkeit $P(X \leq x)$ zuordnet:

$$F(x) = P(X \leq x).$$

Die Verteilungsfunktion $F(x)$ ist das theoretische Gegenstück zur empirischen Verteilungsfunktion $\hat{F}(x)$. Sie besitzt daher vergleichbare Eigenschaften, siehe Abschnitt 2.3.

Lemma 6.37 *wesentliche Eigenschaften von $F(x)$*

Die Verteilungsfunktion $F(x)$ einer Zufallsvariablen X hat die wesentlichen Eigenschaften:

6.5 Zufallsvariablen

(1) $F(x)$ nimmt nur Werte zwischen 0 und 1 an, d. h. es ist
$0 < F(x) < 1$ für alle $x \in \mathbb{R}$.
(2) $F(x)$ steigt für wachsendes x monoton an (oder bleibt zumindest auf gleicher Höhe):
$x_1 < x_2 \Rightarrow F(x_1) \leq F(x_2)$
(3) $F(x) \to 1$ für $x \to \infty$
(4) $F(x) \to 0$ für $x \to -\infty$.

Beispiel 6.38 *Haushaltsgröße - Fortsetzung der Problemstellung*

Für die Situation der Bundesrepublik im Jahr 2005 hat die ordinal skalierte Zufallsvariable $X = $,Haushaltsgröße' mit den Realisationsmöglichkeiten $x = 1, 2, 3, 4, 5$ ($5 \cong$ fünf oder mehr Personen im Haushalt) die folgende Verteilungsfunktion:

$$F(x) = \begin{cases} 0.000 & x < 1 \\ 0.375 & 1 \leq x < 2 \\ 0.714 & 2 \leq x < 3 \\ 0.853 & 3 \leq x < 4 \\ 0.961 & 4 \leq x < 5 \\ 1.000 & 5 \leq x \end{cases}.$$

Daraus erhalten wir z. B.:

$P(X > 3.5) = P(\overline{\{X \leq 3.5\}}) = 1 - P(X \leq 3.5) = 1 - F(3.5) = 1 - 0.853 = 0.147;$
$P(2 < X \leq 4) = P(\{X \leq 4\} \setminus \{X \leq 2\}) = P(X \leq 4) - P(X \leq 2) = F(4) - F(2) = 0.247;$
$P(X < 3) = P(X \leq 2) = 0.714;$
$P(X = 3) = P(X \leq 3) - P(X < 3) = 0.853 - 0.714 = 0.139.$

Wir geben noch an, wie allgemein aus einer Verteilungsfunktion Wahrscheinlichkeiten von Ereignissen, die nicht die Form $\{X \leq x\}$ haben, bestimmt werden können.

Satz 6.39 *Rechenregeln*

X sei eine Zufallsvariable mit der Verteilungsfunktion $F(x)$. Dann gelten die Rechenregeln

(1) $P(X = a) = $ Höhe des Sprunges von $F(x)$ im Punkt a
(2) $P(X \leq a) = F(a)$
(3) $P(X < a) = F(a) - P(X = a)$
(4) $P(X > a) = 1 - F(a)$
(5) $P(X \geq a) = 1 - F(a) + P(X = a)$
(6) $P(a < X \leq b) = F(b) - F(a)$
(7) $P(a \leq X \leq b) = F(b) - F(a) + P(X = a)$
(8) $P(a < X < b) = F(b) - F(a) - P(X = b)$
(9) $P(a \leq X < b) = F(b) - F(a) + P(X = a) - P(X = b)$.

Eine theoretische Verteilungsfunktion erlaubt wie eine empirische, auf zwei Weisen Informationen abzulesen. Einmal kann zu einem vorgegebenen x die Wahrscheinlichkeit bestimmt werden, dass die Zufallsvariable X einen Wert annimmt, der kleiner oder gleich x ist:

$$F(x) = P(X \leq x).$$

Zum anderen kann aber auch zu einer vorgegebenen Wahrscheinlichkeit p der Wert x_p bestimmt werden, so dass X mit der Wahrscheinlichkeit p diesen Wert nicht überschreitet. Formal handelt es sich hierbei um die Inversion der Verteilungsfunktion. Wie bei den empirischen Quantilen braucht es zu einem vorgegebenen p kein x_p zu geben, für das $F(x_p) = p$ gilt. Überhaupt entsprechen die Probleme genau denen, die bei den empirischen Quantilen vorlagen. Die Definition erfolgt daher ganz analog.

Definition 6.40 *Theoretische Quantile*

Für jedes p mit $0 < p < 1$ ist das *p-Quantil* der Verteilungsfunktion $F(x)$ (oder kurz der entsprechenden Verteilung) der Wert x_p, für den gilt:

$$F(x_p) \geq p \quad \text{und} \quad F(x) < p \quad \text{für } x < x_p.$$

6.6 Aufgaben

Aufgabe 1

Als Ergebnismenge E betrachten wir die Beteiligten einer Statistik-Veranstaltung. Es seien

$S=$ Menge der Lernenden aus E;
$T=$ Menge der Lehrenden aus E;
$B=$ Menge der Trunkenbolde aus E;
$F=$ Menge der freundlichen Personen aus E.

Versuchen Sie, die folgenden Aussagen (die nicht unbedingt mit der Wirklichkeit übereinstimmen müssen) mit umgangssprachlichen Formulierungen wiederzugeben:

a) Aus einer Boulevard-Zeitung: $S \cap B = \emptyset$;
b) Etwas Nettes über die Statistiker: $T \subset (F \cap \bar{B})$;
c) Die Aussage eines Alkoholikers: $((S \cup T) \cap B) \subset F$;
d) Ein ehrliches Bekenntnis: $T \cup (S \cap T) = S$.

Aufgabe 2

Stellen Sie die folgenden Aussagen über Ereignisse in Venn-Diagrammen und in symbolischer Schreibweise dar:

a) Die Ereignisse A und B schließen sich aus;
b) Immer wenn sich A ereignet, ereignet sich auch B;
c) B ereignet sich nur, wenn sich auch A ereignet;
d) C ereignet sich nur dann, wenn sich sowohl A als auch B ereignen;
e) C ereignet sich genau dann, wenn sich zwar A, aber nicht B ereignet.

Aufgabe 3

Da die Realisierung von reinen Zufallsstichproben oft sehr aufwändig ist, behilft man sich bei vielen Anwendungen mit anderen Lösungen, von denen man sich ‚in etwa gleich gute' Ergebnisse erhofft. Die Positionsstichprobe wird häufig eingesetzt, wenn die Daten über die Personen schon EDV-mäßig abgespeichert vorliegen (z. B. Einwohnermelderegister).

Es mögen die Daten von 10000 Personen sequentiell angeordnet sein. Die Personen seien entsprechend durchnummeriert. Von diesen sollen 500 ausgewählt werden. Dazu wird eine der Zahlen $1,\ldots,20$ zufällig gezogen. Die Person mit der gezogenen Nummer, die 20 Nummern darauf folgende Person etc. bilden die Stichprobe. Formal sind die Nummern, die die Stichprobe bilden $x, x+20, x+40, \ldots, x+9980$ mit $1 \leq x \leq 20$. Zeigen Sie:

1. Alle Personen haben dieselbe Chance in die Stichprobe zu gelangen.
2. Bei diesem Verfahren haben nicht alle möglichen Stichproben (= Teilmengen) vom Umfang n = 500 dieselbe Wahrscheinlichkeit. (Es bildet also keine reine Zufallsauswahl.)

Aufgabe 4

Ein Zufallsexperiment hat 10 verschiedene Ergebnisse: $1, 2, \ldots, 10$. Aus inhaltlichen Überlegungen weiß man, dass Ereignis $\{2\}$ gerade doppelt so wahrscheinlich ist wie $\{1\}$, das Ereignis $\{3\}$ dreimal so wahrscheinlich wie $\{1\}$ usw. Wie groß ist die Wahrscheinlichkeit des Ereignisses $\{1\}$?
Wie groß ist sie, wenn es N Ergebnisse gibt bei Fortsetzung dieser Regel?

Aufgabe 5

Ein Koch-Lehrling versalzt seine Suppe mit einer Wahrscheinlichkeit von 0.5. Wenn er verliebt ist – ein Zustand, in dem er sich mit Wahrscheinlichkeit 0.4 befindet – ist es ganz schlimm: Dann versalzt er nämlich 80 % seiner Suppen.

1. Wie groß ist die Wahrscheinlichkeit, dass der Lehrling nicht verliebt ist und die Suppe versalzt?
2. Wie groß ist die Wahrscheinlichkeit, dass er verliebt ist, wenn die Suppe nicht versalzen schmeckt?
3. Wie groß ist die Wahrscheinlichkeit, dass er weder verliebt ist noch die Suppe versalzt?

Aufgabe 6

Der begeisterte schottische Spaziergänger McGo geht stets mit einem Regenschirm bewaffnet auf seine Ein-Stunden-Spaziergänge, ohne auf die Wetterprognose zu achten. Tatsächlich gelten die folgenden Wahrscheinlichkeiten für das Einsetzen von Regen bei Ein-Stunden-Spaziergängen:

	kein Regen	Regen	Σ
kein Regen angesagt	0.066	0.156	0.222
Regen angesagt	0.014	0.764	0.778
Σ	0.08	0.92	1

Angenommen, McGo würde sich vor dem Losgehen über die Prognose informieren und bzgl. der Mitnahme seines Regenschirmes danach richten.

1. Wie wahrscheinlich ist es, dass er den Regenschirm umsonst mitnimmt?
2. Mit welcher Wahrscheinlichkeit wird er dem Wetter entsprechend ausgestattet sein?
3. Wie wahrscheinlich ist es, dass er den Regenschirm benötigt, auch wenn kein Regen angesagt ist?

7 Diskrete Verteilungen

7.1 Diskrete Zufallsvariablen

Die im letzten Kapitel eingeführten Zufallsvariablen haben spezifische Charakteristiken, je nachdem ob sie diskret sind oder stetig. Zunächst wenden wir uns hier den diskreten Zufallsvariablen zu. In diesem Kapitel werden die wesentlichen Begriffe für die Verteilungen dieser Zufallsvariablen eingeführt.

7.1.1 Wahrscheinlichkeitsfunktion

Diskrete Variablen sind dadurch gekennzeichnet, dass die Realisationsmöglichkeiten eine diskrete Menge bildet. Die einzelnen Werte kommen bei wiederholter Beobachtung i. d. R. mehrmals vor. Da bei Zufallsvariablen nur die Charakteristik der Zufallsbeobachtung hinzukommt, gilt auch bei diskreten Zufallsvariablen, dass die Menge der Realisationsmöglichkeiten endlich oder höchstens abzählbar unendlich ist. Die einzelnen Werte werden mit einer positiven Wahrscheinlichkeit angenommen.

Definition 7.1 *Wahrscheinlichkeitsfunktion*

Die Funktion $f(x)$, die jeder reellen Zahl $x \in \mathbb{R}$ die Wahrscheinlichkeit $P(X = x)$ zuordnet, heißt *Wahrscheinlichkeitsfunktion* der Zufallsvariablen X:

$$f(x) = P(X = x).$$

Sind $x_1, x_2, \ldots, x_i, \ldots$ die Realisationsmöglichkeiten der diskreten Zufallsvariablen X, so wird die Wahrscheinlichkeitsfunktion i. d. R. in der folgenden Form angegeben:

$$f(x_i) = P(X = x_i) = p_i \qquad i = 1, 2, \ldots$$

Die Wahrscheinlichkeitsfunktion ist für alle reellen Zahlen definiert. Ist aber x keine Realisationsmöglichkeit von X, so ist $\{X = x\} = \emptyset$ und es gilt $f(x) = P(X = x) = 0$.

Die Angabe aller einzelnen Wahrscheinlichkeiten $P(X = x_i)$ reicht bei diskreten Zufallsvariablen aus, um deren Wahrscheinlichkeitsverteilung festzulegen. Für Ereignisse anderer Gestalt brauchen ja nur geeignete Vereinigungen bzw. Summen gebildet zu werden. Zum Beispiel gilt, wenn $x_1, \ldots, x_k$ gerade die Realisationsmöglichkeiten mit $x_i \leq x$ sind:

$$\{X \leq x\} = \{X = x_1\} \cup \{X = x_2\} \cup \cdots \cup \{X = x_k\}.$$

Damit folgt aus den Eigenschaften eines Wahrscheinlichkeitsmaßes:

$$P(X \leq x) = P(X = x_1) + P(X = x_2) + \ldots + P(X = x_k).$$

Hat die Zufallsvariable X die Realisationsmöglichkeit $x_i, i = 1, 2, 3, \ldots$, so gilt:

$$\sum_i p_i = \sum_i P(X = x_i) = P(\{X = x_1\} \cup \{X = x_2\} \cup \ldots) = P(E) = 1.$$

Die Summe aller p_i ergibt also stets eins.

Beispiel 7.2 *Haushaltsgröße - Fortsetzung*

Wir setzen das einführende Beispiel des Abschnitts 6.5.1 fort und unterstellen wieder die Verhältnisse von 2005. Wir erhalten die folgende Wahrscheinlichkeitsfunktion für die diskrete Zufallsvariable $X = $ ‚Haushaltsgröße‘, wenn als Zufallsexperiment die einfache Zufallsauswahl eines Haushaltes aus der Gesamtheit unterstellt wird.

Tab.: *Wahrscheinlichkeitsfunktion von $X = $ ‚Haushaltsgröße‘*

x_i	$P(X = x_i)$
1	0.375
2	0.339
3	0.140
4	0.108
5	0.039

Mit der Wahrscheinlichkeitsfunktion lassen sich auch die Wahrscheinlichkeiten der anderen Ereignisse bestimmen. So sind:

$$P(X \neq 2) = 1 - P(X = 2) = 1 - 0.339 = 0.661,$$
$$P(X < 3) = P(X = 1) + P(X = 2) = 0.375 + 0.339 = 0.714,$$
$$P(X > 3) = P(X = 4) + P(X = 5) = 0.108 + 0.039 = 0.147.$$

7.1.2 Bestimmung eines Verteilungsmodells

So wie in dem vorstehenden Beispiel ergibt sich die modellmäßige Wahrscheinlichkeitsverteilung einer diskreten Zufallsvariablen bisweilen direkt aus dem unterstellten Mechanismus, der dem Zufallsexperiment zugrunde liegt. In anderen Fällen erhalten wir sie mittels komplizierterer Modellannahmen.

Eine weitere Möglichkeit, die Wahrscheinlichkeitsfunktion einer Zufallsvariablen zu erhalten, basiert auf dem Prinzip der großen Zahlen. Bei genügend großem Stichprobenumfang können danach die relativen Häufigkeiten $h(X = x_i)$ der Ereignisse $\{X = x_i\}$ als Näherungswerte für die Wahrscheinlichkeiten $p_i = P(X = x_i)$ genommen werden. In der Regel wird anstelle der relativen Häufigkeiten eine einfach angebbare Funktion verwendet, die an den Stellen x_i hinreichend gut mit den relativen Häufigkeiten übereinstimmt. Damit erhalten wir zugleich einen Ansatz, eine empirische Verteilung durch eine theoretische zu beschreiben.

Wir betrachten je ein Beispiel für die beiden Methoden, eine Wahrscheinlichkeitsverteilung festzulegen.

7.1 Diskrete Zufallsvariablen

Beispiel 7.3

Ein Angestellter, der seinen Arbeitsplatz in der neunten Etage eines zehnstöckigen Bürohauses hat, überlegt sich beim Betreten des Fahrstuhles, wie viele von den vier mitfahrenden Personen wohl in derselben Etage aussteigen werden wie er:
Jeder hat dieselbe Chance von $p = 1/10$, in seiner Etage auszusteigen. Auch gehören sie offenbar nicht zusammen, so dass Unabhängigkeit unterstellt werden kann.

Sei also A_i das Ereignis, dass die Person Nr. i in der neunten Etage aussteigt. Dann gilt für die relevante Zufallsvariable X = ‚Anzahl der mit ihm aussteigenden Personen':

$$P(X=4) = P(A_1 \cap A_2 \cap A_3 \cap A_4) = P(A_1)P(A_2)P(A_3)P(A_4) = p \cdot p \cdot p \cdot p = p^4.$$
$$P(X=0) = P(\bar{A}_1 \cap \bar{A}_2 \cap \bar{A}_3 \cap \bar{A}_4) = (1-p) \cdot (1-p) \cdot (1-p) \cdot (1-p) = (1-p)^4.$$
$$P(X=1) = P(A_1 \cap \bar{A}_2 \cap \bar{A}_3 \cap \bar{A}_4) + P(\bar{A}_1 \cap A_2 \cap \bar{A}_3 \cap \bar{A}_4)$$
$$= P(\bar{A}_1 \cap \bar{A}_2 \cap A_3 \cap \bar{A}_4) + P(\bar{A}_1 \cap \bar{A}_2 \cap \bar{A}_3 \cap A_4) = 4p \cdot (1-p)^3.$$

Analog erhält er: $P(X=3) = 4 \cdot p^3(1-p)$.
Da die Summe der Wahrscheinlichkeiten $P(X=x_i)$ für $x_i = 0, 1, \ldots, 4$ den Wert 1 ergibt, folgt weiter:

$$P(X=2) = 6p^2(1-p)^2.$$

Dies ist die theoretische Wahrscheinlichkeitsverteilung der Zufallsvariablen X:

i	x_i	p_i	p_i
1	0	$(1-p)^4$	0.6561
2	1	$4p(1-p)^3$	0.2916
3	2	$6p^2(1-p)^2$	0.0486
4	3	$4p^3(1-p)$	0.0036
5	4	p^4	0.0001

Die letzte Spalte ergibt sich dabei durch Einsetzen des konkreten Wertes $p = 0.1$.

Beispiel 7.4 *Fischschwarm - Fortsetzung*

Im Beispiel 3.15 haben wir den Aufbau eines Fischschwarmes betrachtet. Dieser ist ja nicht streng regelmäßig, sondern lose und Zufallseinflüssen unterworfen. Ermittelt wurde für einen Schwarm Köhler (einer mit dem Dorsch verwandten Fischart) jeweils der Winkel zum nächsten Nachbarn eines Fisches. Das Stabdiagramm der Häufigkeitsverteilung der diskreten Variablen X = ‚Winkel in Grad' mit den Realisationsmöglichkeiten 10, 30, 50, 70, 90, 110, 130, 150, 170 zeigt, dass die Spitzen der Stäbe in etwa auf einer parabelförmigen Kurve liegen. Wir wählen als Modell eine entsprechende Wahrscheinlichkeitsfunktion:

$$f(x) = a + b \cdot x + c \cdot x^2.$$

Mit den Forderungen

$$f(90) = 0.14, \qquad f(10) + f(30) + \ldots + f(170) = 1, \qquad f(90-x) = f(90+x),$$

die eine Übereinstimmung mit der Häufigkeitsverteilung erzwingen sollen, erhalten wir die konkrete Wahrscheinlichkeitsfunktion:

$$f(x) = \begin{cases} 0.14 - \dfrac{1.3}{3}\left(\dfrac{x-90}{200}\right)^2 & \text{für } x = 10, 30, \ldots, 170 \\ 0 & \text{sonst.} \end{cases}$$

Die Übereinstimmung ist als erste Annäherung akzeptabel:

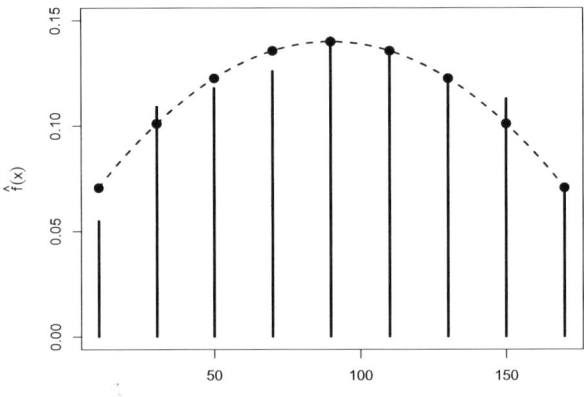

i	x_i	h_i	$p_i = f(x_i)$
1	10	0.055	0.070
2	30	0.109	0.101
3	50	0.118	0.123
4	70	0.126	0.136
5	90	0.142	0.140
6	110	0.134	0.136
7	130	0.123	0.123
8	150	0.113	0.101
9	170	0.069	0.070

Abb. 7.1: *Empirische und theoretische Verteilung der Winkel zum nächsten Nachbarn*

7.1.3 Verteilungsfunktion

Die (theoretische) Verteilungsfunktion $F(x)$ einer diskreten Zufallsvariablen X ist eine Treppenfunktion. Sie weist bei den Realisationsmöglichkeiten x_i Sprünge der Höhe $p_i = P(X = x_i)$ auf.

Lemma 7.5 *Verteilungs- und Wahrscheinlichkeitsfunktion*

Formal lauten die Zusammenhänge von Verteilungsfunktion $F(x)$ und Wahrscheinlichkeitsfunktion $f(x)$ der diskreten Zufallsvariablen X mit den Realisationsmöglichkeiten $x_1, x_2, \ldots, x_i, \ldots$:

(1) $F(x) = \sum\limits_{x_i \leq x} f(x_i)$.

(2) $F(x_i) - F(x_{i-1}) = f(x_i)$.

(3) $F(x_i) = P(X \leq x_i) = P(X < x_i) + P(X = x_i) = F(x_{i-1}) + P(X = x_i)$.

An der Sprungstelle gehört also nach (3) der Punkt der oberen Treppenstufe zur Funktion.

7.1 Diskrete Zufallsvariablen

Beispiel 7.6 *Fischschwarm - Fortsetzung*

Wir führen das Beispiel 3.15 fort. Aus der ersten Beziehung zwischen der Verteilungsfunktion $F(x)$ und der Wahrscheinlichkeitsfunktion $f(x)$ erhalten wir aus den angegebenen Werten von $f(x)$:

Tab.: *Verteilungsfunktion von X = ‚Winkel zum nächsten Nachbarn eines Köhlers'*

$x < 10$:	$F(x) = 0.000$
$10 \leq x < 30$:	$F(x) = f(10) = 0.070$
$30 \leq x < 50$:	$F(x) = f(10) + f(30) = 0.171$
$50 \leq x < 70$:	$F(x) = f(10) + f(30) + f(50) = 0.294$
$70 \leq x < 90$:	$F(x) = f(10) + f(30) + f(50) + f(70) = 0.430$
$90 \leq x < 110$:	$F(x) = f(10) + f(30) + f(50) + f(70) + f(90) = 0.570$
$110 \leq x < 130$:	$F(x) = f(10) + f(30) + f(50) + f(70) + f(90) + f(110) = 0.706$
$130 \leq x < 150$:	$F(x) = f(10) + f(30) + f(50) + f(70) + f(90) + f(110) + f(130) = 0.829$
$150 \leq x < 170$:	$F(x) = f(10) + f(30) + f(50) + f(70) + f(90) + f(110) + f(130) + f(150)$ $= 0.930$
$170 \leq x$:	$F(x) = f(10) + f(30) + f(50) + f(70) + f(90) + f(110) + f(130) + f(150)$ $+ f(170) = 1$

Daraus lassen sich die Wahrscheinlichkeiten $P(X \leq x)$ direkt ersehen. Zum Beispiel sind

$$P(X \leq 55) = 0.294, \quad P(X \leq 129) = 0.706.$$

Aber auch andere Wahrscheinlichkeiten erhalten wir leicht mittels $F(x)$:

$$P(X = 70) = F(70) - F(50) = 0.430 - 0.294 = 0.136$$
$$P(33 < X \leq 160) = F(60) - F(33) = 0.930 - 0.171 = 0.759$$
$$P(X > 90) = 1 - P(X \leq 90) = 1 - F(90) = 1 - 0.570 = 0.430.$$

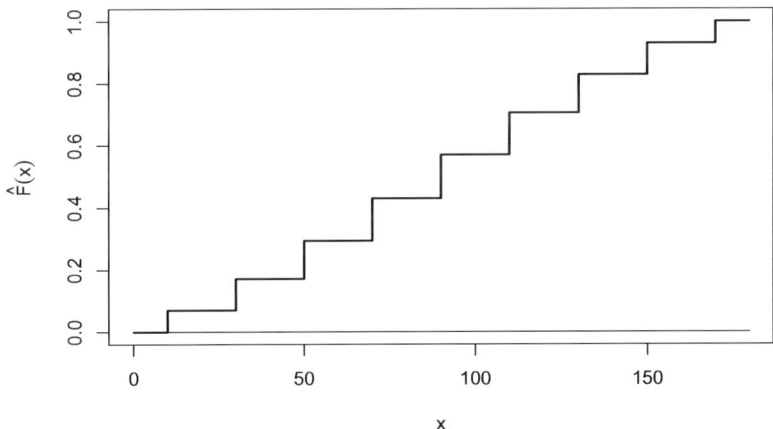

Abb. 7.2: *Verteilungsfunktion der Variablen X = ‚Winkel zum nächsten Nachbarn'*

7.2 Maßzahlen diskreter Verteilungen

Die empirischen Maßzahlen repräsentieren verschiedene Charakteristiken der Daten oder, anders gesprochen, der empirischen Verteilung. Hierzu gehören das Niveau und die Streuung. Zu entsprechenden Maßzahlen für theoretische Wahrscheinlichkeitsverteilungen gelangen wir durch Ausnutzen der Entsprechung von Häufigkeiten und Wahrscheinlichkeiten. Dieses Vorgehen haben wir schon bei der Einführung anderer theoretischer Konzepte bereits mehrmals praktiziert.

7.2.1 Erwartungswert diskreter Zufallsvariablen

Das arithmetische Mittel der Werte einer wiederholt beobachteten diskreten Variablen X ist gegeben durch

$$\bar{x} = \frac{1}{n}\sum_{i=1}^{k} x_i n_i = \sum_{i=1}^{k} x_i h_i.$$

Es gibt insbesondere den Schwerpunkt der Häufigkeitsverteilung $h_i = h(X = x_i), i = 1,\ldots,k$ an.

Bei einer diskreten Zufallsvariablen X mit der Wahrscheinlichkeitsfunktion $p_i = P(X = x_i), i = 1, 2,\ldots$ wird der Schwerpunkt der Wahrscheinlichkeitsverteilung durch die analog gebildete Größe $\sum_i x_i p_i$ erfasst.

Definition 7.7 *Erwartungswert einer diskreten Zufallsvariablen*

X sei eine diskrete Zufallsvariable mit den Realisationsmöglichkeiten x_i und der zugehörigen Wahrscheinlichkeitsfunktion $p_i = P(X = x_i), i = 1, 2,\ldots$. Dann heißt

$$E(X) = \mu = \sum_i x_i p_i$$

der *Erwartungswert* von X oder der Verteilung von X.

Zunächst soll zur Verdeutlichung der Interpretation von $\sum_{i=1}^{k} x_i p_i$ die stark vereinfachte Situation einer Versicherung betrachtet werden, bei der nur eine begrenzte Anzahl von Schäden auftreten können. Für die Schäden gelte die folgende Verteilung:

Schadenshöhe	Wahrscheinlichkeit
0	0.984
1000	0.010
2000	0.003
3000	0.002
4000	0.001

Bei insgesamt 1000 Verträgen wird die Versicherung dann mit folgendem Geschehen rechnen müssen:

7.2 Maßzahlen diskreter Verteilungen

Schadenshöhe	Erwartete Anzahl von Schäden bei 1000 Verträgen	Gesamtschaden
0	984	0
1000	10	10000
2000	3	6000
3000	2	6000
4000	1	4000
		26000

Insgesamt ist also mit einer Summe von 26000 Euro zu rechnen, die voraussichtlich zur Schadensdeckung nötig wird. Bei einer gleichmäßigen Aufteilung auf alle Verträge führt dies zu einem erwarteten Schaden von 26 Euro pro Vertrag.

Der Erwartungswert wird allgemein als derjenige Wert interpretiert, mit dessen Eintreffen vor der Durchführung des Zufallsexperimentes zu rechnen ist. Genauer ausgedrückt führt mehrmalige Versuchswiederholung i. d. R. zu einem Datensatz mit diesem Niveau. Wie auch die Konstruktion der Maßzahl zeigt, ist der Erwartungswert als ‚potentielles arithmetisches Mittel' interpretierbar.

Beispiel 7.8 *Lebenserwartung*

Welche weitere Lebenserwartung hat ein Mann, der seinen zwanzigsten Geburtstag feiert, in der BRD? Aus der Sterbetafel, siehe Statistisches Bundesamt (2007, S. 54), erhalten wir die Wahrscheinlichkeitsverteilung der Zufallsvariable $X = $ ‚Lebensdauer in Dekaden'. $X=1$ bedeutet z. B., dass der Mann eine Dekade überlebt, also das 30ste Lebensjahr erreicht, aber vor Erreichen des 40sten stirbt. (Die Wahrscheinlichkeit für die Überschreitung von 100 Jahren wird zur Vereinfachung mit null angesetzt.)

i	1	2	3	4	5	6	7	8
x_i	0	1	2	3	4	5	6	7
p_i	0.007	0.010	0.028	0.066	0.139	0.273	0.341	0.135

Der gesuchte Erwartungswert ist somit:

$$E(X) = \sum_{i=1}^{8} x_i p_i$$
$$= 0 \cdot 0.007 + 1 \cdot 0.010 + 2 \cdot 0.028 + 3 \cdot 0.066 + 4 \cdot 0.139 + 5 \cdot 0.273 + 6 \cdot 0.341 + 7 \cdot 0.135$$
$$= 5.176.$$

Ein gerade 20 Jahre alt gewordener Mann kann danach erwarten, weitere 5.176 Dekaden zu leben, ca. 71 Jahre alt zu werden.

Die Eigenschaften des arithmetischen Mittels übertragen sich naheliegenderweise auf den Erwartungswert. Insbesondere erhalten wir bei einer nichtlinearen Transformation i. d. R. den Erwartungswert der transformierten Variablen nicht aus dem der ursprünglichen. Jedoch lässt sich die Berechnung unter Verwendung der Verteilung der Ausgangsvariablen durchführen. Zusammengefasst gilt:

Lemma 7.9 *Eigenschaften des Erwartungswertes*

X und Y seien zwei Zufallsvariablen mit den Erwartungswerten $E(X)$ und $E(Y)$. Dann gilt:

1) $E(a+bX) = a + bE(X)$ für beliebige Zahlen a,b;
2) $E(X+Y) = E(X) + E(Y)$;
3) $E(g(X)) = \sum_i g(x_i) P(X=x_i)$ falls X die Realisationsmöglichkeiten $x_1, x_2, \ldots$ mit den Wahrscheinlichkeiten $p_1, p_2, \ldots$ annimmt und $Y = g(X)$ eine Transformation von X ist.

Wir führen den einfacheren Beweis von 1) vor: Sei $Y = a + bX$ mit $b \neq 0$. Dann gilt

$$\{Y = a + bx\} = \{X = x\}$$

und es folgt:

$$E(Y) = \sum_i y_i P(Y=y_i) = \sum_i (a+bx_i) P(Y = a+bx_i)$$
$$= \sum_i (a+bx_i) P(X=x_i) = a \cdot \sum_i P(X=x_i) + b \cdot \sum_i x_i P(X=x_i)$$
$$= a \cdot 1 + b \cdot E(X).$$

Für $b = 0$ ist $P(Y=a) = 1$ und damit $E(Y) = a = a + 0 \cdot E(X)$.

Beispiel 7.10 *Mädchengeburt*

Die Wahrscheinlichkeit für eine Mädchengeburt ist ca. 0.48. Die mittlere Anzahl der Mädchen in einer Familie mit 3 Kindern wird dann wie folgt berechnet.

Jede Geburt stellt einen Zufallsvorgang (in Bezug auf das Geschlecht) dar. Daher haben wir 3 Zufallsvariablen X, Y, Z:

$$X = \begin{cases} 0 & \text{wenn das erste Kind ein Junge ist;} \\ 1 & \text{wenn das erste Kind ein Mädchen ist.} \end{cases}$$

Analog sind Y und Z für das zweite und das dritte Kind definiert.

Die Summe $X + Y + Z$ gibt dann die Anzahl der Mädchen in der Familie an. Nun ist

$$E(X) = 0 \cdot 0.52 + 1 \cdot 0.48. = 0.48.$$

Ebenso gilt

$$E(Y) = E(Z) = 0.48.$$

Folglich erhalten wir:

$$E(X+Y+Z) = 0.48 + 0.48 + 0.48 = 1.44.$$

(Man beachte, dass es nicht richtig ist, einfach $E(3X)$ zu berechnen. X bezieht sich nur auf das erste Kind!)

7.2.2 Varianz diskreter Zufallsvariablen

Die theoretische Varianz ist die bei weitem wichtigste Maßzahl für die Streuung theoretischer Verteilungen. Wir beschränken uns daher auf ihre Behandlung.

So wie der Erwartungswert ausgehend vom arithmetischen Mittel als Lageparameter von Wahrscheinlichkeitsverteilungen eingeführt wurde, so können wir auch die theoretische Varianz in Analogie zur empirischen Varianz gewinnen.

Die **empirische Varianz** eines Datensatzes, der in tabellierter Form vorliegt, ist $s^2 = \sum_{i=1}^{k}(x_i - \bar{x})^2 \cdot h_i$. Ersetzen wir die relativen Häufigkeiten durch Wahrscheinlichkeiten und das arithmetische Mittel durch den Erwartungswert, so erhalten wir die theoretische Varianz.

Definition 7.11 *theoretische Varianz*

X sei eine diskrete Zufallsvariable mit der Wahrscheinlichkeitsfunktion $p_i = P(X = x_i)$, $i = 1, 2, \ldots$. Der Erwartungswert von X sei $E(X) = \mu$. Die (theoretische) *Varianz* von X (oder von der Verteilung von X) ist dann

$$V(X) = \sigma^2 = \sum_i (x_i - \mu)^2 p_i.$$

Die *Standardabweichung* von X ist $\sigma = \sqrt{\sigma^2}$.

Wie im empirischen Fall ist es eher die Standardabweichung, welche die Ausbreitung der Wahrscheinlichkeitsverteilung von X charakterisiert.

Beispiel 7.12 *Fischschwarm - Fortsetzung*

Im Beispiel 7.6 haben wir als Modell für die Zufallsvariable $X = $ ‚Winkel zum nächsten Nachbarn eines Köhlers' die Wahrscheinlichkeitsfunktion

$$f(x) = \begin{cases} 0.14 - \dfrac{1.3}{3}\left(\dfrac{x-90}{200}\right)^2 & x = 10, 30, \ldots, 170 \\ 0 & \text{sonst} \end{cases}$$

betrachtet. Wir erhalten leicht: $E(X) = 90$. Die Varianz dieser Verteilung ist

$$\begin{aligned} V(X) &= \sum_{i=1}^{9}(x_i - 90)^2 f(x_i) \\ &= (10-90)^2 \cdot 0.070 + (30-90)^2 \cdot 0.101 + (50-90)^2 \cdot 0.123 + (70-90)^2 \cdot 0.136 \\ &\quad + (90-90)^2 \cdot 0.140 + (110-90)^2 \cdot 0.136 + (130-90)^2 \cdot 0.123 \\ &\quad + (150-90)^2 \cdot 0.101 + (170-90)^2 \cdot 0.070 \\ &= 2125.6. \end{aligned}$$

Die Standardabweichung beträgt $\sigma = 46.1$.

Der Erwartungswert einer beliebig transformierten diskreten Variablen $Y = g(X)$ lautet nach Abschnitt 7.2.1:
$$E(Y) = \sum_i g(x_i) P(X = x_i).$$
Wählen wir die spezielle Transformation $g(X) = (X - \mu)^2$, so sehen wir, dass gilt:
$$E((X - \mu)^2) = V(X).$$

Die Varianz ist also die erwartete quadratische Abweichung der Variablen X von ihrem Erwartungswert $\mu = E(X)$. Diese Formulierung weist noch einmal auf die inhaltliche Bedeutung der Varianz hin. Außerdem haben wir damit eine einfache Schreibweise für die Varianz. Zudem erlaubt diese Schreibweise die Ausnutzung der Rechenregeln für den Erwartungswert bei dem Nachweis von Eigenschaften der Varianz.

Lemma 7.13   *Eigenschaften der Varianz*

Die Varianz $V(X)$ einer Zufallsvariablen X besitzt die folgenden Eigenschaften.

1. $V(X) = E(X^2) - E(X)^2$.
2. Die Varianz einer linear transformierten Variablen $Y = a + bX$ ist:
   $V(Y) = V(a + bX) = b^2 V(X)$.
3. Die Varianz der Summe zweier Zufallsvariablen $Z = X + Y$ ist nur unter Zusatzvoraussetzungen gleich der Summe der Varianzen:
   $V(Z) = V(X + Y) = V(X) + V(Y)$, falls X und Y unabhängig oder wenigstens unkorreliert sind. (Diese Begriffe werden im Abschnitt 7.3 erklärt.)

Der Nachweis der ersten beiden Eigenschaften erfolgt so:
Zu 1). Mit $\mu = E(X)$ ist $V(X) = E((X - \mu)^2) = V(X) = E(X^2 - 2\mu X + \mu^2)$. Anwenden der Rechenregeln für den Erwartungswert ergibt:
$$V(X) = E(X^2) - 2\mu E(X) + \mu^2 = E(X^2) - 2\mu^2 + \mu^2 = E(X^2) - \mu^2.$$

Zu 2). Es ist $E(Y) = E(a + bX) = a + b\mu$, wenn μ der Erwartungswert von X ist. Somit folgt:
$$V(Y) = V(a + bX) = E((a + bX - a - b\mu)^2) = E((bX - b\mu)^2) = b^2 E((X - \mu)2) = b^2 V(X).$$

Die Eigenschaften (1) und (2) entsprechen denen der empirischen Varianz:
$$s^2 = \overline{x^2} - \bar{x}^2 \quad \text{und} \quad s^2_{a+bX} = b^2 s_X.$$

Wie bei den empirischen Varianzen ist auch bei den theoretischen die Varianz einer Summe nicht stets gleich der Summe der Varianzen.

Die *Standardisierung* einer Zufallsvariablen X mit Erwartungswert μ und Varianz σ^2 ist analog zur Standardisierung eines Datensatzes die Transformation $T(X) = (X - \mu)/\sigma$. Für die standardisierte Zufallsvariable $Y = T(X)$ gilt:
$$E(Y) = 0, \quad V(Y) = 1.$$

7.2 Maßzahlen diskreter Verteilungen

Die Standardabweichung ist ein Streuungsmaß der Zufallsvariablen X, genauer ein Maß der Streuung um den Erwartungswert μ von X. Dies legt die Interpretation nahe, dass bei einer kleinen Standardabweichung extreme Abweichungen von μ seltener zu erwarten sind als bei einer großen. ‚Seltener zu erwarten' heißt aber eine geringere Wahrscheinlichkeit zu haben. In diesem Sinn gilt die Interpretation tatsächlich. Dies folgt aus der Ungleichung von Bienayme-Tschebyschev, kurz Tschebyschev-Ungleichung genannt. Sie gibt eine Abschätzung für die Wahrscheinlichkeit an, dass die Variable X einen Wert innerhalb eines Bereiches um den Erwartungswert annimmt.

Um dies zu fassen, betrachten wir die zentralen Intervalle um μ

$$[\mu - k \cdot \sigma; \mu + k \cdot \sigma].$$

Hier werden zentrale Bereiche um den Erwartungswert μ in Abhängigkeit von der Standardabweichung σ angegeben.

Satz 7.14 *Tschebyschev-Ungleichung*

Für eine Zufallsvariable X mit Erwartungswert μ und Varianz σ^2 gilt bei beliebigem $k > 0$ die *Tschebyschev-Ungleichung*

$$P(\mu - k \cdot \sigma \leq X \leq \mu + k \cdot \sigma) \geq 1 - \frac{1}{k^2}.$$

Zu dieser Form der Tschebyschev-Ungleichung gibt es verschiedene gleichwertige Varianten:

$$a) \quad P(\mu - a \leq X \leq \mu + a) \geq 1 - \frac{\sigma^2}{a^2}$$

$$b) \quad P(|X - \mu| > k \cdot \sigma) \leq \frac{1}{k^2}$$

$$c) \quad P(|X - \mu| > a) \leq \frac{\sigma^2}{a^2}$$

Wir überlegen uns zunächst, dass die vier Ungleichungen gleichwertig sind.

Dass die Ungleichung a) mit der Ausgangsformulierung äquivalent ist, ergibt sich einfach, indem $k = a/\sigma$ gesetzt wird. Weiter erhalten wir mit dem Übergang zu komplementären Ereignissen sofort eine Abschätzung für die Wahrscheinlichkeit, dass die Zufallsvariable X einen Wert außerhalb des k-fachen zentralen Bereiches um μ annimmt. Dieses Ereignis ist

$$\overline{\{\mu - k \cdot \sigma \leq X \leq \mu + k \cdot \sigma\}} = \overline{\{|X - \mu| \leq k \cdot \sigma\}} = \{|X - \mu| > k \cdot \sigma\}.$$

Daher gelten b) und c).

Nun skizzieren wir den Nachweis der Ungleichung, da er zum Verständnis beitragen kann. Dazu betrachten wir die Variante c). Sei X eine diskrete Zufallsvariable mit der Wahrscheinlichkeitsfunktion $p_i = P(X = x_i)$, $i = 1, 2, \ldots$.

Nach Definition ist

$$\sigma^2 = \sum_i (x_i - \mu)^2.$$

Wir wählen ein $a > 0$ fest und zerlegen die Summe in drei Teilsummen, je nachdem, ob für die Realisationsmöglichkeiten $x_i < \mu - a$, $\mu - a \leq x_i \leq \mu + a$ oder $x_i > \mu + a$ gilt:

$$\sigma^2 = \underbrace{\cdots + (x_i - \mu)^2 \cdot p_j}_{x_i < \mu - a} + \underbrace{(x_{j+1} - \mu)^2 \cdot p_{j+1} + \cdots + (x_{j+k} - \mu)^2 \cdot p_{j+k}}_{\mu - a \leq x_i \leq \mu + a}$$

$$+ \underbrace{(x_{j+k+1} - \mu)^2 \cdot p_{j+k+1} + \cdots}_{x_i > \mu + a}$$

$$\geq \cdots + (x_i - \mu)^2 \cdot p_j + (x_{j+k+1} - \mu)^2 \cdot p_{j+k+1} + \cdots$$

$$\geq \cdots + (\mu - a - \mu)^2 \cdot p_j + (\mu + a - \mu)^2 \cdot p_{j+k+1} + \cdots$$

$$= a^2 \sum_{x_i < \mu - a} p_i + a^2 \sum_{x_i > \mu + a} p_i$$

$$= a^2 \mathrm{P}(|X - \mu| > a).$$

Der Übergang zur zweiten Zeile geschieht einfach durch Weglassen der mittleren Teilsumme. Da die Summanden dieser Teilsumme größer oder gleich Null sind, kann der Gesamtausdruck nur kleiner werden. Bei der dritten Zeile wurde ausgenutzt, dass mit $a > 0$ aus $x_i < \mu - a$ und auch aus $x_i > \mu + a$ folgt: $a^2 < (x_i - \mu)^2$.

Die resultierende Ungleichung $\sigma^2 \geq a^2 \mathrm{P}(|X - \mu| > a)$ braucht abschließend nur noch durch a^2 dividiert zu werden.

Einen Eindruck von den durch die Tschebyschev-Ungleichung gegebenen Mindestwahrscheinlichkeiten für die zentralen Bereiche vermittelt die folgende Tabelle.

Tabelle 7.1: Abschätzungen für die Wahrscheinlichkeiten zentraler Bereiche um μ

k	untere Grenze für $\mathrm{P}(|X - \mu| < k\sigma)$
1	0
2	$3/4 = 0.7500$
3	$8/9 = 0.8889$
4	$15/16 = 0.9375$

Die wahren Wahrscheinlichkeiten der Ereignisse $\{|X - \mu| > k\sigma\}$ und $\{|X - \mu| \leq k\sigma\}$ hängen von der Verteilung von X ab. Die Abschätzung kann ggf. recht grob sein. Für $k < 1$ ist sie sogar ohne Wert, da Wahrscheinlichkeiten stets zwischen 0 und 1 liegen. Auf der anderen Seite gehen in die Tschebyschev-Ungleichung keine Voraussetzungen außer der Existenz des Erwartungswertes und der Varianz von X ein. Sie kann auch nur durch Einbeziehung weiterer Annahmen über die Verteilung von X verschärft werden.

7.3 Multivariate diskrete Zufallsvariablen

Die gleichzeitige Betrachtung mehrerer Variablen führt bei einem Zufallsexperiment zu ganz entsprechenden Übertragungen der empirischen Konzepte, wie wir sie bei nur einer Zufallsvariablen vorgenommen haben.

Bei zwei diskreten Variablen X und Y wird die gemeinsame Verteilung in Analogie zu den

7.3 Multivariate diskrete Zufallsvariablen

Häufigkeiten in der Kontingenztabelle in Abschnitt 4.1.2 durch die Wahrscheinlichkeiten

$$p_{ij} = P(X = x_i, Y = y_j)$$

erfasst, wobei die Ereignisse in ausgeschriebener Form lauten:

$$\{X = x_i, Y = y_j\} = \{e | e \in E, X(e) = x_i, \text{ und } Y(e) = y_j\}.$$

Beispiel 7.15 *zwei Würfel*

Wir betrachten das Zufallsexperiment des Werfens zweier unterscheidbarer Würfel. Der Stichprobenraum ist hier

$$E = \{(i,j) | i, j = 1, 2, 3, 4, 5, 6\}.$$

Die erste Komponente des Ergebnisses $e = (i,j)$ ist dabei die Augenzahl des einen, die zweite Komponente die Augenzahl des anderen Würfels. Damit sind

$$X : E \to \mathbb{R}, \quad e = (i,j) \mapsto X(e) = i \quad \text{und} \quad Y : E \to \mathbb{R}, \quad e = (i,j) \mapsto Y(e) = j$$

zwei Zufallsvariablen, die auf E definiert sind.

Bei Gültigkeit des Gleichmöglichkeitsmodells erhalten wir, da E aus 36 Ergebnissen besteht:

$$P(X = i, Y = j) = P(\{(i,j)\}) = \frac{1}{36}.$$

Definition 7.16 *gemeinsame Wahrscheinlichkeitsfunktion*

Die Funktion, die bei zwei Zufallsvariablen X und Y jedem Paar von Realisationsmöglichkeiten (x_i, y_j) die Wahrscheinlichkeit $P(X = x_i, Y = y_j) = p_{ij}$ zuordnet, wird als *gemeinsame Wahrscheinlichkeitsfunktion* bezeichnet.

Beispiel 7.17 *drei Ereignisse*

Bei einem Zufallsexperiment interessieren drei Ereignisse A_1, A_2 und A_3, die eine Zerlegung des sicheren Ereignisses E bilden. Seien p_1, p_2 und p_3 die zugehörigen Wahrscheinlichkeiten mit $p_i > 0$. Dann gilt für die Zufallsvariablen

$$X = \begin{cases} 1 & \text{falls } A_1 \text{ eintritt} \\ 0 & \text{falls } A_1 \text{ nicht eintritt} \end{cases} \quad Y = \begin{cases} 1 & \text{falls } A_2 \text{ eintritt} \\ 0 & \text{falls } A_2 \text{ nicht eintritt} \end{cases} :$$

$$P(X = 0, Y = 0) = p_3 = 1 - p_1 - p_2, \quad P(X = 0, Y = 1) = p_2, \quad P(X = 1, Y = 0) = p_1.$$

Dadurch ist die gemeinsame Wahrscheinlichkeitsfunktion gegeben. Diese kann analog zu den Häufigkeitstabellen als Tafel dargestellt werden.

X	Y: 0	1
0	$1 - p_1 - p_2$	p_2
1	p_1	0

Wie bei den relativen Häufigkeiten können wir aus der tabellarisch angegebenen gemeinsamen Wahrscheinlichkeitsfunktion zweier Zufallsvariablen die Randverteilungen durch zeilenweise bzw. spaltenweise Summation der gemeinsamen Wahrscheinlichkeiten gewinnen. Auch das Konzept der bedingten Verteilungen findet seine Entsprechung.

Definition 7.18 *Randverteilung und bedingte Verteilung*

X und Y seien zwei diskrete Zufallsvariablen mit der gemeinsamen Wahrscheinlichkeitsfunktion $f(x,y) = P(X=x, Y=y)$. Dann ist die Wahrscheinlichkeitsfunktion der *Randverteilungen* von X gegeben durch

$$P(X=x) = f(x) = \sum_y f(x,y).$$

Die Summe wird dabei über die Realisationsmöglichkeiten von Y gebildet.

Die Wahrscheinlichkeitsfunktion der *bedingten Verteilung* von X bei gegebenem $\{Y=y\}$, wobei $f(y) = P(Y=y) > 0$ gilt, lautet

$$f(x|y) = P(X=x|Y=y) = \frac{f(x,y)}{f(y)}.$$

Analog werden die Randverteilung von Y und die bedingten Verteilungen von Y bei gegebenem $\{X=x\}$ definiert.

Beispiel 7.19 *drei Ereignisse - Fortsetzung*

Für die Situation des letzten Beispiels erhalten wir die Randverteilung von X zu:

$$P(X=0) = 1 - p_1 - p_2 + p_2 = 1 - p_1, \quad P(X=1) = p_1 + 0 = p_1;$$

und für die von Y:

$$P(Y=0) = 1 - p_1 - p_2 + p_1 = 1 - p_2, \quad P(Y=1) = p_2 + 0 = p_2.$$

Für die bedingte Verteilung von X bei gegebenem $\{Y=0\}$ folgt:

$$P(X=0|Y=0) = \frac{1 - p_1 - p_2}{1 - p_2} = 1 - \frac{p_1}{1 - p_2}, \quad P(X=1|Y=0) = \frac{p_1}{1 - p_2}.$$

Ganz entsprechend ergeben sich die anderen bedingten Verteilungen.

Das Konzept der Unabhängigkeit von Zufallsvariablen entsteht aus der Übertragung der Unabhängigkeit von Ereignissen. Durch Zufallsvariablen werden jeweils eine Vielzahl von Ereignissen festgelegt. Damit zwei Variablen X und Y unabhängig sind, ist zu fordern, dass alle durch X festgelegten Ereignisse unabhängig sind von denen, die durch Y beschrieben werden.

7.3 Multivariate diskrete Zufallsvariablen

Definition 7.20 *Unabhängigkeit diskreter Zufallsvariablen*

Zwei diskrete Zufallsvariablen X und Y mit der gemeinsamen Wahrscheinlichkeitsfunktion $f(x,y)$ heißen *unabhängig*, wenn für alle x und y gilt:

$$P(X=x, Y=y) = P(X=x)P(Y=y).$$

Beispiel 7.21 *zwei Würfel - Fortsetzung*

Beim Werfen zweier Würfel erhalten wir für die beiden Zufallsvariablen $X =$ ‚Augenzahl des Würfels 1' und $Y =$ ‚Augenzahl des Würfels 2', wenn alle Ereignisse der Form $\{(i,j)\}$ die gleiche Wahrscheinlichkeit haben:

$$P(X=i, Y=j) = \frac{1}{36} = \frac{1}{6} \cdot \frac{1}{6} = P(X=i) \cdot P(Y=j).$$

Die Einzelwahrscheinlichkeiten ergeben sich dabei durch einfaches Auszählen. So gehören z. B. zu dem Ereignis $\{X=i\}$ sechs Ergebnisse $(i,1),\ldots,(i,6)$.

Die beiden Zufallsvariablen sind also unabhängig.

7.3.1 Kovarianz und Korrelation

Wir nehmen die bei Einführung des Erwartungswertes und der Varianz geübte Praxis auf und leiten die Kovarianz zweier Zufallsvariablen in Analogie zum empirischen Parameter her. Die empirische Kovarianz zweier Variablen X und Y ist definiert als

$$s_{XY} = \frac{1}{n}\sum_{v=1}^{n}(x_v - \bar{x})(y_v - \bar{y}) = \frac{1}{n}\sum_{i,j}(x_i - \bar{x})(y_j - \bar{y})\frac{n_{ij}}{n}.$$

Dabei ergibt sich die zweite Form, wenn Beobachtungspaare (x_i, y_j) n_{ij}-mal vorkommen. Diese Darstellung legt nun die Definition der theoretischen Kovarianz für diskrete Zufallsvariablen nahe. Hat X die Realisationsmöglichkeiten $x_1,\ldots,x_I$ und Y die Realisationsmöglichkeiten $y_1,\ldots,y_J$, so ist mit der gemeinsamen Wahrscheinlichkeitsfunktion $p_{ij} = P(X=x_i, Y=y_j)$

$$\sum_{i=1}^{I}\sum_{j=1}^{J}(x_i - \mu_X)(y_j - \mu_Y)p_{ij}$$

eine Maßzahl, die sich auf die gemeinsame Wahrscheinlichkeitsverteilung von X und Y bezieht. Sie ist gleich dem Erwartungswert des Produktes $(X - \mu_X)(Y - \mu_Y)$.

Definition 7.22 *Kovarianz und Korrelationskoeffizient*

X und Y seien zwei Zufallsvariablen mit Erwartungswerten μ_X und μ_Y sowie mit den Standardabweichungen σ_X und σ_Y. Dann ist

$$\text{Cov}(X, Y) = \sigma_{XY} = E((X - \mu_X)(Y - \mu_Y))$$

die *Kovarianz* von X und Y.
Der *Korrelationskoeffizient* der beiden Variablen ist

$$\rho_{XY} = \frac{\sigma_{XY}}{\sigma_X \cdot \sigma_Y}.$$

Die Kovarianz lässt sich leicht umformen zu

$$\sigma_{XY} = \mathrm{E}((X-\mu_X)(Y-\mu_Y)) = \mathrm{E}(XY - \mu_X Y - X\mu_Y + \mu_X \mu_Y) = \mathrm{E}(XY) - \mu_X \mu_Y.$$

Dies ist das theoretische Analogon zu der für die empirische Kovarianz geltenden Beziehung $s_{XY} = \overline{xy} - \bar{x}\bar{y}$.

Lemma 7.23 *Eigenschaften des Korrelationskoeffizienten*

Für den Korrelationskoeffizienten ρ_{XY} zweier Zufallsvariablen X und Y gilt

1. $-1 \leq \rho_{XY} \leq 1$

2. $\rho_{XY} \pm 1$ gilt genau dann, wenn X und Y linear abhängig sind, wenn $Y = a + bX$ bzw. $X = a' + b'Y$.

3. Falls X und Y stochastisch unabhängige Zufallsvariablen sind, so ist $\rho_{XY} = 0$.

Die Umkehrung der Eigenschaft (3) gilt nicht. Da auch die theoretische Korrelation ein Maß für den linearen Zusammenhang darstellt, kann bei einer nichtlinearen Form der Abhängigkeit durchaus $\rho_{XY} = 0$ sein.

Beispiel 7.24 *Roulette*

Ein Roulette-Spieler setzt zweimal hintereinander eine Einheit auf Rot. Die Zufallsvariablen X = ‚Gewinn nach dem ersten Spiel' und Y = ‚Gewinn nach dem zweiten Spiel' haben die folgende gemeinsame Wahrscheinlichkeitsverteilung (wobei ‚Zero' vernachlässigt wird):

X	Y -2	0	2	
-1	1/4	1/4	0	1/2
1	0	1/4	1/4	1/2
	1/4	1/2	1/4	

X und Y können sich nur um eine Einheit unterscheiden. Falls der Spieler beim ersten Mal verloren hat, kann er bestenfalls seinen Verlust wieder wettmachen. Hier gilt nun:

$$\mathrm{E}(X) = 0,\ \mathrm{V}(X) = 1,\ \mathrm{E}(Y) = 0,\ \mathrm{V}(Y) = 2$$

$$\mathrm{E}((X-\mu_X)(Y-\mu_Y)) = \sum(x_i - \mu_X)(y_j - \mu_Y)\mathrm{P}(X=x_i, Y=y_j)$$

$$= (-1)\cdot(-2)\cdot\frac{1}{4} + (-1)\cdot 0 \cdot \frac{1}{4} + (-1)\cdot 2 \cdot 0 + 1\cdot(-2)\cdot 0 + 1\cdot 0 \cdot \frac{1}{4} + 1\cdot 2 \cdot \frac{1}{4}\cdot 0 = 1.$$

Damit erhalten wir:
$$\rho_{XY} = \frac{1}{\sqrt{1}\sqrt{2}} = 0.707.$$

Die Kovarianz ist auch eine entscheidende Größe bei der Bestimmung der Varianz einer Summe von Zufallsvariablen:

$$\begin{aligned}V(X+Y) &= E(X+Y-\mu_{X+Y})^2 = E((X-\mu_X)+(Y-\mu_Y))^2 \\ &= E(X-\mu_X)^2 + E(Y-\mu_Y)^2 + 2E((X-\mu_x)(Y-\mu_Y)) \\ &= V(X) + V(Y) + 2\text{Cov}(X,Y).\end{aligned}$$

Somit können wir festhalten: Die Varianz $V(X+Y)$ der Summe zweier Zufallsvariablen X und Y ist genau dann gleich der Summe $V(X)+V(Y)$ der einzelnen Varianzen, wenn X und Y unkorreliert sind.

7.4 Aufgaben

Aufgabe 1

Beim ‚Mensch-ärgere-Dich-nicht'-Spiel darf man, wenn eine Figur im Spiel ist, so viele Felder vorrücken, wie der Würfel jeweils angibt. Nach jeder ‚Sechs' darf man noch einmal würfeln. Man betrachte die Zahl der Felder, die ein Spieler, der noch 18 Felder von dem Ziel entfernt ist, bei einem Würfel-Durchgang vorrücken kann.

1. Geben Sie die interessierende Zufallsvariable X mit den Realisationsmöglichkeiten an.
2. Bestimmen Sie die Wahrscheinlichkeits- und die Verteilungsfunktion von X.
3. Wie groß ist der Erwartungswert der Zufallsvariablen X?
4. Wie groß ist im Vergleich dazu die zu erwartende Zahl der Felder, die sich ergibt, wenn man bei einer Sechs nicht noch einmal würfeln darf?

Aufgabe 2

In einem Betrieb lässt sich die Anzahl der Unfälle pro Arbeiter pro Jahr ($=X$) nach den bisherigen Erfahrungen durch folgende Wahrscheinlichkeitsverteilung beschreiben:

i	Anzahl der Unfälle x_i	Wahrscheinlichkeit p_i
1	0	0.50
2	1	0.20
3	2	0.15
4	3	0.10
5	4	0.05

1. Zeichnen Sie die Wahrscheinlichkeits- und die Verteilungsfunktion.
2. Wie viele Unfälle wird ein Arbeiter mit Wahrscheinlichkeit 0.75 im kommenden Jahr höchstens haben?
3. Wie groß ist die erwartete Zahl der Unfälle und wie stark streuen die Unfallszahlen um diesen Wert?
4. Mit welcher Wahrscheinlichkeit liegt die Zahl der Unfälle eines zufällig ausgewählten Arbeiters innerhalb der Grenzen des Intervalles $[\mu - 1.75\sigma\,;\,\mu + 1.75\sigma]$?

Aufgabe 3

Ein roter und ein weißer Würfel werden gleichzeitig geworfen.

1. Geben Sie den Stichprobenraum E an.
2. Geben Sie an, welche Werte der Zufallsvariablen $X=$ ‚Augensumme der beiden Würfel' den einzelnen Ergebnissen des Stichprobenraumes zugeordnet sind.
3. Berechnen Sie die Wahrscheinlichkeitsfunktion von X unter der Annahme der Gleichmöglichkeit der Augenzahlen bei jedem Würfel und der Unabhängigkeit der Augenzahlen der beiden Würfel.
4. Wie groß ist die Wahrscheinlichkeit, dass die Augensumme beider Würfel
   - 4 ist?   - mindestens 10 erreicht?
   - größer als 10 ist?   - 5 nicht übersteigt?
   - höchstens 12 ist?   - größer als 3 und höchstens 7 ist?

Aufgabe 4

In der Situation der Aufgabe 2 wird zusätzlich die Zufallsvariable $Y=$ ‚kleinere Augenzahl der beiden Würfel' betrachtet.

1. Bestimmen Sie die gemeinsame Wahrscheinlichkeitsfunktion von X und Y.
2. Bestimmen Sie die Randverteilungen. Sind X und Y unabhängig?
3. Bestimmen Sie die bedingte Verteilung von Y unter der Bedingung $\{X=6\}$.

Aufgabe 5

Die nebenstehende Tabelle gibt die empirische Verteilung der durch Pferdehufschlag gestorbenen Soldaten in 10 Regimentern der preußischen Armee in 20 Jahren (1875-1894) an.

Todesfälle pro Jahr und Regiment x_i	Anzahl der Beobachtungen n_i
0	109
1	65
2	22
3	3
>4	1

7.4 Aufgaben

Als mögliche Modelle werden folgende Wahrscheinlichkeitsfunktionen in Betracht gezogen:

$$i) \quad f_1(x) = \begin{cases} -\frac{1}{10}x + \frac{4}{10} & \text{für } x = 0, 1, 2, 3, 4 \\ 0 & \text{sonst} \end{cases}$$

$$ii) \quad f_2(x) = \begin{cases} 0.04x^2 - 0.29x + 0.54 & \text{für } x = 0, 1, 2, 3, 4 \\ 0 & \text{sonst} \end{cases}$$

Stellen Sie die empirischen und die erwarteten Häufigkeiten in einer Tabelle gegenüber. Würden Sie eine der vorgeschlagenen Wahrscheinlichkeitsfunktionen als sinnvolles Modell akzeptieren?

Aufgabe 6

Beim Auszählen des Inhaltes von 96 Streichholzschachteln erhielt man folgende Häufigkeitsverteilung für die Variable $X =$ ‚Anzahl der Streichhölzer pro Schachtel‘:

x_i :	36	37	38	39	40	41	42	43	44
n_i :	1	7	10	16	25	17	11	7	2

Das Stabdiagramm legt nahe, als theoretisches Modell eine diskrete, um 40 symmetrische Dreiecksverteilung zu wählen. Deren funktionale Form lautet:

$$f(x) = a - b|x - 40| \quad \text{für} \quad x = 36, 37, \ldots, 44.$$

1. Für welche a und b ist $f(x)$ eine Wahrscheinlichkeitsfunktion?
2. Wählen Sie a und b so, dass die zugehörige Wahrscheinlichkeitsfunktion eine akzeptable Übereinstimmung zwischen den Wahrscheinlichkeiten $f(x_i)$ und den relativen Häufigkeiten h_i ergibt.

Aufgabe 7

Seien $X =$ ‚Augenzahl der ersten Kugel‘, $Y =$ ‚Augenzahl der zweiten Kugel‘ beim Lotto ‚6 aus 49‘. Berechnen Sie die Korrelation zwischen X und Y!

Hinweise: $P(X = x, Y = y) = P(Y = y | X = x) \cdot P(X = x)$, $\sum_{y=1, y \neq x}^{49} \sum_{x=1}^{49} x \cdot y = 596$.

Aufgabe 8

Der Heimweg eines Betrunkenen lässt sich nur noch als ‚Irrfahrt‘ beschreiben: Bei jedem Schritt setzt er mit gleicher Wahrscheinlichkeit das linke oder das rechte Bein nach vorn. Er landet dann eine Einheit weiter links bzw. weiter rechts.

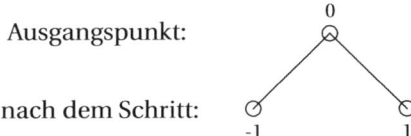

Jeder Schritt passiert unabhängig von dem vorangegangenen. Sei X die Position nach dem ersten und Y die Position nach dem zweiten Schritt. Ermitteln Sie den Korrelationskoeffizienten von X und Y.

Aufgabe 9

Ein Freiberufler verfügt in seinem neuen Büro über zwei Telefonleitungen und eine Telefonschaltung, die es ermöglicht, maximal 3 Anrufer pro Leitung zu bedienen. (Bis zu 2 können also jeweils warten.) Für eine bestimmte Tagesperiode gilt für die Wahrscheinlichkeitsverteilungen der auf beiden Leitungen ankommenden Gespräche:

$X =$ Kunde auf Leitung 1	$Y =$ Kunde auf Leitung 2			
	0	1	2	3
0	0.100	0.200	0.000	0.000
1	0.200	0.250	0.050	0.000
2	0.000	0.050	0.050	0.025
3	0.000	0.000	0.025	0.050

1. Bestimmen Sie die Randverteilungen von X und Y.

2. Geben Sie an, wie bei diesen Randverteilungen die gemeinsame Verteilung von X und Y bei Unabhängigkeit aussehen würde.

3. Bestimmen Sie den Korrelationskoeffizienten von X und Y.

4. Bestimmen Sie die Verteilung der Summe $X + Y$.

8 Diskrete Verteilungsmodelle

Wir haben bereits an verschiedenen Stellen die Anpassung theoretischer Verteilungen an empirische Datensätze diskutiert. Dabei wurden recht einfache Modelle verwendet, um die jeweiligen Hauptpunkte der Diskussion nicht durch ‚technische' Probleme zu verdunkeln. Wir wollen nun einige häufig eingesetzte Verteilungsmodelle im Einzelnen besprechen. Diese haben sich in der Praxis aus einem der beiden folgenden Gründe bewährt:

- Das Verteilungsmodell resultiert aus Anforderungen an ein Zufallsexperiment, die zumindest näherungsweise von einer Vielzahl von Zufallsvorgängen erfüllt werden.

- Die theoretische Verteilung ist geeignet, eine große Anzahl empirischer Verteilungen hinreichend gut zu approximieren.

Die Anpassung eines Verteilungsmodells an verschiedene Datensätze ist dabei nur möglich, wenn das Verteilungsmodell flexibel ist. Die Flexibilität wird i. a. dadurch erreicht, dass die jeweilige Wahrscheinlichkeitsfunktion einer theoretischen Verteilung noch von einem oder mehreren Parametern abhängen. Parameter sind einzelne numerische Werte, die in der Formel der Wahrscheinlichkeits- bzw. Verteilungsfunktion auftauchen. Sie erlauben die Feinjustierung der Verteilung für die jeweilige Anwendungssituation. Ihre numerischen Werte werden jeweils so festgelegt, dass die spezifizierte theoretische Verteilung möglichst gut mit der empirischen Verteilung übereinstimmt.

Um den Begriff des Parameters zu verdeutlichen, betrachten wir zwei einfache Zufallsexperimente und interpretieren die entsprechenden Verteilungen als Spezialfälle eines übergeordneten Verteilungsmodells: Beim Würfeln interessiert die Augenzahl X. Bei einem fairen Würfel gilt $P(X = x) = 1/6$ für $x = 1,\ldots,6$. Beim Roulette hat die erzielte Nummer Y eine Wahrscheinlichkeitsfunktion ähnlicher Bauart: $P(Y = y) = 1/37$ für $y = 0,1,2,\ldots,36$. Beide Zufallsvariablen sind (diskret) gleichverteilt.

Definition 8.1 *diskrete Gleichverteilung*

Die Wahrscheinlichkeitsfunktion der *diskreten Gleichverteilung* ist gegeben durch

$$f(x) = f(x; M, N) = \frac{1}{N+1-M} \qquad x = M, M+1, \ldots, N.$$

M und N sind die Parameter der diskreten Gleichverteilung. Hat eine Zufallsvariable X die Wahrscheinlichkeitsfunktion $f(x; M, N)$ so heißt X (diskret) gleich-(oder Rechteck-)verteilt, i. Z. $X \sim \mathcal{DR}(M, N)$.

Für die oben beschriebenen Zufallsvariablen gilt also: $X \sim \mathcal{DR}(1,6)$, $Y \sim \mathcal{DR}(0,36)$.

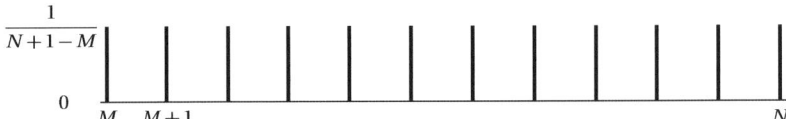

Abb. 8.1: *Wahrscheinlichkeitsfunktion der diskreten Gleichverteilung*

8.1 Die hypergeometrische Verteilung

Lotto ist ein Glücksspiel, das um etliches komplizierter ist als Roulette. Das hängt auch damit zusammen, dass jeweils sechs Kugeln aus 49 gezogen werden, bevor feststeht, ob ein Tipp gewonnen hat und in welcher Gewinnklasse er ggf. liegt. Zudem gibt es Extras wie Zusatzzahl, Systemspiele etc. Diese werden hier außen vor gelassen. Es soll nur die einfachste Situation betrachtet werden, dass auf einem Tippschein sechs der 49 Zahlen 1, 2, ..., 49 angekreuzt werden. Für jeden Lotto-Spieler stellt sich bei einer Ziehung dann natürlich die Frage, wie viele der sechs von ihm angekreuzten Zahlen gezogen werden, wie viele Richtige er hat.

Wie beim Lotto ist beim Ziehen aus einer endlichen Grundgesamtheit häufig nur von Interesse, ob das gezogene Objekt ein bestimmtes Merkmal besitzt oder nicht. So wird etwa bei der statistischen Qualitätskontrolle im Rahmen der Gut-Schlecht-Prüfung nur untersucht, ob eines der entnommenen Massenprodukte normgerecht ist oder nicht. Wir sprechen kurz von den *markierten Objekten*, wenn wir diejenigen meinen, welche die interessierende Eigenschaft aufweisen. Ist X die Anzahl der markierten unter den n gezogenen Objekten, und beträgt in der Grundgesamtheit vom Umfang N die Anzahl der markierten Objekte M, so hat X eine hypergeometrische Verteilung.

Wie wir am Ende des Abschnittes 6.3.3 gesehen haben, gibt es

$$\binom{M}{x} \cdot \binom{N-M}{n-x}$$

mögliche Stichproben, bei denen sich genau x markierte unter den n gezogenen befinden. Daraus ergibt sich die Wahrscheinlichkeitsfunktion von X.

Definition 8.2 *hypergeometrische Verteilung*

Die Zufallsvariable X heißt *hypergeometrisch verteilt* mit den Parametern N, M und n, i. Z. $X \sim \mathcal{H}(N, M, n)$, wenn die Wahrscheinlichkeitsfunktion von X gegeben ist durch

$$f(x) = P(X = x) = \frac{\binom{M}{x} \cdot \binom{N-M}{n-x}}{\binom{N}{n}} \qquad \text{für } \max\{0, n-(N-M)\} \leq x \leq \min\{n, M\}.$$

(Ansonsten ist $f(x)$ gleich null.)

Die Bedingung $\max\{0, n-(N-M)\} \leq x \leq \min\{n, M\}$ resultiert daraus, dass bei entsprechender Zusammensetzung der Elemente in der Urne die Anzahl der markierten unter den gezogenen Objekten eine Mindestzahl nicht unterschreiten kann. Dass sie weder die Anzahl n der gezogenen Objekte noch die Anzahl M aller markierten Objekte übersteigen kann, ist dabei offensichtlich.

8.1 Die hypergeometrische Verteilung

Erwartungswert und Varianz der hypergeometrischen Verteilung erhalten wir mit einem Trick relativ leicht. Es ist, wenn wir die Summationsgrenzen großzügig unterschlagen:

$$E(X) = \sum x \cdot \frac{\binom{M}{x} \cdot \binom{N-M}{n-x}}{\binom{N}{n}} = n \cdot \frac{M}{N} \cdot \sum \frac{\binom{M-1}{x-1} \cdot \binom{N-M}{n-x}}{\binom{N-1}{n-1}} = n \cdot \frac{M}{N}.$$

Die letzte Summe ist dabei gleich eins, weil über alle Einzelwahrscheinlichkeiten der $\mathcal{H}(N-1, M-1, n-1)$-Verteilung summiert wird. Unter Verwendung von

$$V(X) = E(X(X-1)) - E(X) \cdot (E(X) - 1)$$

folgt analog:

$$V(X) = n \cdot \frac{M}{N} \cdot \left(1 - \frac{M}{N}\right) \cdot \frac{N-n}{N-1}.$$

Der Anteil der markierten Objekte in der Grundgesamtheit beträgt M/N. Unter den n gezogenen Objekten werden wir einen entsprechenden Anteil an markierten erwarten, insgesamt also nM/N. Dies ist auch der Erwartungswert. Für die Varianz erhalten wir einen Wert, der von den beiden Anteilen der markierten und der nicht-markierten Objekte, dem Umfang der Grundgesamtheit und der Anzahl der gezogenen Objekte abhängt.

Beispiel 8.3 *Lotto*

Die Anzahl X der Richtigen auf einem Tippschein unter den sechs gezogenen Zahlen beim Lotto ‚6 aus 49' hat eine $\mathcal{H}(49,6,6)$-Verteilung. Damit ist die Wahrscheinlichkeitsfunktion:

Tab.: *Wahrscheinlichkeitsfunktion ‚Anzahl der Richtigen'*

x	P(X = x)
0	0.43596498
1	0.41301945
2	0.13237803
3	0.017650404
4	0.0009686197
5	0.0000184499
6	0.0000000715

Der Erwartungswert ist $6 \cdot \frac{6}{49} = 0.7347$. Damit können wir bei einem einzelnen Tipp kaum mit einer einzigen Richtigen rechnen.

Die hypergeometrische Verteilung ist i. d. R. keine Verteilung zur Modellierung empirischer Daten. Ihre Bedeutung ist weitgehend auf den Bereich beschränkt, der auch durch die Ableitung gegeben ist: Dies sind die Stichproben aus endlichen, nicht zu großen Grundgesamtheiten. Solche kommen vielfach bei der Gut-Schlecht-Prüfung im Rahmen der statistischen Qualitätskontrolle bei Massenfertigungen vor. In der Biologie spielt sie eine Rolle bei Capture-Recapture Modellen. Ein einfaches Modell dieser Art betrachten wir im Folgenden Beispiel.

Beispiel 8.4 *Bestand an Rotwild*

Ein Förster möchte den Bestand an Rotwild in seinem Revier ermitteln. Dazu fängt er soviele Tiere wie möglich ein, markiert sie und lässt sie wieder laufen. Nach einer Zeitspanne, in der die M markierten Tiere sich wieder gut mit den nicht-markierten vermengt haben, fängt er erneut eine gewisse Anzahl, sagen wir n, von Tieren. Die relative Häufigkeit x/n der markierten unter den beim zweiten Mal gefangenen Tieren ist dann eine plausible Schätzung für den Anteil M/N der markierten Tiere am gesamten Bestand. Diese Näherung führt nun sofort auf die Schätzung

$$N \approx M \cdot \frac{n}{x}.$$

8.2 Die Binomialverteilung

8.2.1 Einführendes Beispiel

Bei der Erforschung der außersinnlichen Wahrnehmung (ASW) werden Experimente der folgenden Art durchgeführt: Ein ‚Sender' deckt in einem Raum Karten auf und betrachtet diese intensiv. Der ‚Empfänger', das in einem anderen Raum sitzende Medium, muss dann angeben, welche Karte jeweils aufgedeckt worden ist. Der Anteil der richtig angegebenen Karten wird als Maß für die telepathischen Fähigkeiten des Mediums gewertet.

Zur Einschätzung werden die Chancen für die verschiedenen Trefferzahlen bei zufälligem Raten herangezogen. Nur eine Trefferzahl, die zu erreichen oder zu übertreffen eine sehr geringe Chance hat, deutet auf erhöhte ASW-Fähigkeit hin. Bei den ASW-Experimenten werden häufig spezielle Karten, sogenannte Zener-Karten, mit den fünf Zeichen Kreis, Quadrat, Kreuz, Stern und Wellenlinie benutzt. Die Chance beträgt bei zufälligem Raten pro Karte jeweils $p = 0.2$.

Es mögen nun vier Karten nacheinander aufgedeckt werden. Die Frage ist dann, wie die Wahrscheinlichkeiten für die verschiedenen Trefferzahlen bei diesen vier Karten sind, wenn zufällig geraten wird.

Es ist plausibel, die Ereignisse $R_i = $ ‚Die i-te Karte wird richtig geraten', für $i = 1, 2, 3, 4$ als unabhängig zugrunde zu legen. Dann erhalten wir die gesuchten Wahrscheinlichkeiten, indem wir alle Möglichkeiten, die bei den vier Ereignissen vorkommen können, systematisch aufschreiben. Eine der Möglichkeiten ist etwa $R_1 \cap \bar{R}_2 \cap \bar{R}_3 \cap R_4$. Dieses Ereignis bedeutet, dass die erste und die vierte Karte richtig geraten werden, die zweite und dritte jedoch falsch.

Wegen der Unabhängigkeit erhalten wir die Wahrscheinlichkeiten für diese Ereignisse als Produkte der Einzelwahrscheinlichkeiten:

$$P(R_1 \cap \bar{R}_2 \cap \bar{R}_3 \cap R_4) = P(R_1) P(\bar{R}_2) P(\bar{R}_3) P(R_4).$$

Zudem können wir aus diesen Ereignissen die uns interessierenden Ereignisse $\{X = x\}$ zusammensetzen.

8.2 Die Binomialverteilung

Tabelle 8.1: Zur Entwicklung der Wahrscheinlichkeitsverteilung der Anzahl richtig angegebener Karten

Wahrscheinlichkeit des Einzelereignisses	Einzelereignis	Vereinigung von Einzelereignissen $= \{X = x\}$	Wahrscheinlichkeit der Vereinigung $P(X = x)$
$(1-0.2)^4$	$\bar{R}_1 \cap \bar{R}_2 \cap \bar{R}_3 \cap \bar{R}_4$	$\{X = 0\}$	$(1-0.2)^4$
$0.2^1 \cdot (1-0.2)^3$	$\bar{R}_1 \cap \bar{R}_2 \cap \bar{R}_3 \cap R_4$		
$0.2^1 \cdot (1-0.2)^3$	$\bar{R}_1 \cap \bar{R}_2 \cap R_3 \cap \bar{R}_4$	$\{X = 1\}$	$4 \cdot 0.2^1 \cdot (1-0.2)^3$
$0.2^1 \cdot (1-0.2)^3$	$\bar{R}_1 \cap R_2 \cap \bar{R}_3 \cap \bar{R}_4$		
$0.2^1 \cdot (1-0.2)^3$	$R_1 \cap \bar{R}_2 \cap \bar{R}_3 \cap \bar{R}_4$		
$0.2^2 \cdot (1-0.2)^2$	$\bar{R}_1 \cap \bar{R}_2 \cap R_3 \cap R_4$		
$\vdots$	$\vdots$	$\{X = 2\}$	$6 \cdot 0.2^2 \cdot (1-0.2)^2$
$0.2^2 \cdot (1-0.2)^2$	$R_1 \cap R_2 \cap \bar{R}_3 \cap \bar{R}_4$		
$0.2^3 \cdot (1-0.2)^1$	$\bar{R}_1 \cap R_2 \cap R_3 \cap R_4$		
$0.2^3 \cdot (1-0.2)^1$	$R_1 \cap \bar{R}_2 \cap R_3 \cap R_4$	$\{X = 3\}$	$4 \cdot 0.2^3 \cdot (1-0.2)^1$
$0.2^3 \cdot (1-0.2)^1$	$R_1 \cap R_2 \cap \bar{R}_3 \cap R_4$		
$0.2^3 \cdot (1-0.2)^1$	$R_1 \cap R_2 \cap R_3 \cap \bar{R}_4$		
0.2^4	$R_1 \cap R_2 \cap R_3 \cap R_4$	$\{X = 4\}$	0.2^4

8.2.2 Herleitung der Verteilung

Die letzte Spalte der obigen Tabelle gibt die Werte der Wahrscheinlichkeitsfunktion von X an. Ihr liegen wesentlich die Voraussetzungen, die an die Abfolge der Einzelversuche gestellt wurden, zugrunde: Konstante Trefferwahrscheinlichkeit und Unabhängigkeit. Sie werden durch folgende Begriffsbildung hervorgehoben.

Definition 8.5 *Bernoulli-Prozess*

Als *Bernoulli-Prozess* wird eine wiederholte Durchführung eines Zufallsvorganges (Bernoulli-Experiment) bezeichnet, wobei gilt:

- Bei jeder Wiederholung interessiert nur, ob ein bestimmtes Ereignis A eintritt oder nicht.
- Die Wiederholungen sind unabhängig.
- Die Erfolgswahrscheinlichkeit $P(A) = p$ bleibt konstant.

Eine Möglichkeit, einen solchen Bernoulli-Prozess zu illustrieren, ist das *Galton-Brett*. Hier fällt eine Kugel auf einen Nagel; dadurch wird sie nach rechts bzw. links abgelenkt. Eine Ablenkung nach rechts stellt das Eintreten des interessierenden Ereignisses dar. Dies geschieht also mit der Wahrscheinlichkeit p. Mit der restlichen Wahrscheinlichkeit $1-p$ wird sie nach links abgelenkt. Danach trifft die Kugel auf einen der beiden Nägel der folgenden Reihe. Mit gleichen Wahrscheinlichkeiten wird sie wieder jeweils nach rechts bzw. links abgelenkt. Dies geht dann so weiter. Jede Nagelreihe steht für eine Wiederholung des Zufallsvorganges.

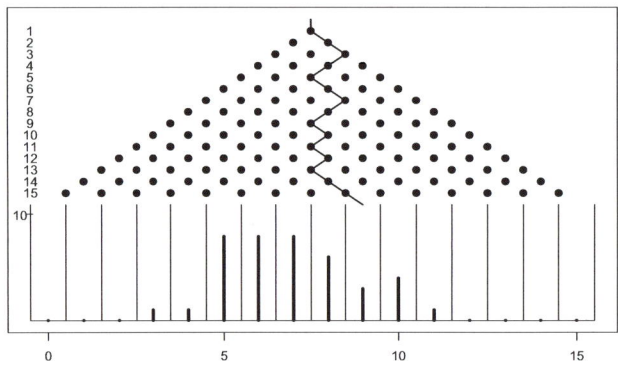

Abb. 8.2: *Galton-Brett mit $n = 15, p = 0.5$ und mit einem möglichen Pfad einer Kugel durch die Nagelreihe*

Wir betrachten nun den allgemeinen Fall. Dazu setzen wir wie oben die Zahl n der Durchführungen bei einem Bernoulli-Prozess als fest voraus. Die Wahrscheinlichkeitsfunktion der Zufallsvariablen $X = $ ‚Anzahl der Durchführungen, bei denen das interessierende Ereignis A eintritt', erhalten wir folgendermaßen:

Sei $\bar{A} \cap A \cap \bar{A} \cap \cdots \cap A \cap \bar{A}$ der Durchschnitt von n Ereignissen, wobei gerade x mal das Ereignis A und $(n-x)$ mal das Ereignis $\bar{A}$ auftritt. Wegen der Unabhängigkeit der einzelnen Versuche gilt:

$$P(\bar{A} \cap A \cap \bar{A} \cap \cdots \cap A \cap \bar{A}) = P(\bar{A}) \cdot P(A) \cdot P(\bar{A}) \cdots P(A) \cdot P(\bar{A}) = p^x (1-p)^{n-x}.$$

Bei der hier betrachteten Fragestellung interessieren wir uns nur für die Anzahl der Durchführungen, bei denen A eintritt, nicht aber für die konkrete Anordnung dieser erfolgreichen Durchführungen. Wie im einführenden Beispiel sind also die Wahrscheinlichkeiten $p^x(1-p)^{n-x}$ noch mit der Anzahl der möglichen Anordnungen, in denen sich die Versuchsserien unterscheiden, zu multiplizieren. Nach den Überlegungen im Abschnitt 6.3.3 beträgt diese Anzahl $\binom{n}{x}$. Damit haben wir die Verteilung der Zufallsvariablen erhalten, welche die Zahl der ‚Erfolge' bei n Durchführungen eines Bernoulli-Experimentes angibt.

Definition 8.6 *Binomialverteilung*

Die Zufallsvariable X heißt *binomialverteilt* mit den Parametern n und p, i. Z. $X \sim \mathscr{B}(n,p)$, wenn die Wahrscheinlichkeitsfunktion von X gegeben ist durch

$$f(x) = \binom{n}{x} p^x (1-p)^{n-x} \quad x = 0, 1, \ldots, n.$$

8.2 Die Binomialverteilung

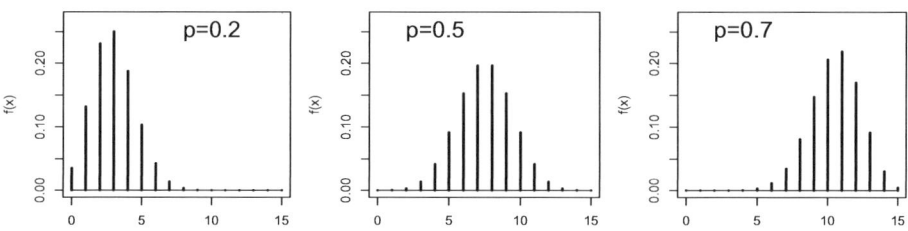

Abb. 8.3: *Wahrscheinlichkeitsfunktion der Binomialverteilung für $n = 15$*

Für das praktische Arbeiten kann fast jedes Statistikprogramm verwendet werden. Die im Anhang beigefügte Tabelle enthält für verschiedene p und n die Verteilungsfunktion $F(x;n,p)$ der zugehörigen $\mathcal{B}(n,p)$-Verteilung. Bei der Tabellierung wurde die Beziehung zwischen den Zufallsvariablen X und $Y = n - X$ ausgenutzt. Mit $X \sim \mathcal{B}(n,p)$ gilt nämlich $Y \sim \mathcal{B}(n,q)$, wobei $q = 1 - p$ ist; das ergibt sich wie folgt, wenn $y = n - x$ gesetzt wird:

$$P(X=x) = \binom{n}{x} p^x (1-p)^{n-x} = \binom{n}{n-x}(1-q)^x q^{n-x} = \binom{n}{y}(1-q)^{n-y} q^y = P(Y=y).$$

Also reicht es, die Tabelle für Wahrscheinlichkeiten anzulegen, welche kleiner oder gleich 0.5 sind. Für $p > 0.5$ ergibt sich dann

$$F(x;n,p) = P(X \leq x | n,p) = P(Y \geq n - x | n, 1-p) = 1 - P(Y \leq n - x - 1 | n, 1-p)$$
$$= 1 - F(n - x - 1 | n, 1 - p).$$

Beispiel 8.7 *ASW-Experiment - Fortsetzung*

Die Wahrscheinlichkeit, dass bei einem ASW-Experiment mit Zener-Karten genau 6 von 10 Karten durch zufälliges Raten vom ‚Empfänger' richtig genannt werden, erhalten wir zu

$$P(X = 6) = F(6;10,0.2) - F(5;10,0.2) = 0.9991 - 0.9936 = 0.0055.$$

Die Chance, von 10 Karten 6 oder mehr richtig zu erraten, beträgt

$$P(X \geq 6) = 1 - P(X < 5) = 1 - 0.9936 = 0.0064.$$

Die Chance ist also sehr gering. Dennoch wird dieses Ereignis bei ca. 64 von 10.000 Personen eintreten. (Ohne dass außersinnliche Kräfte am Werk sein müssten.)

8.2.3 Eigenschaften

Erwartungswert und Varianz der Binomialverteilung erhalten wir am einfachsten über einen Umweg. Dieser benutzt die Darstellung der Zufallsvariablen X als Summe von sogenannten Indikatorvariablen. Das zugrunde liegende Ereignis sei A mit $P(A) = p$. Wir definieren für $i = 1, \ldots, n$ die Indikatorvariablen

$$X_i = \begin{cases} 1 & \text{falls im } i\text{-ten Versuch } A \text{ eintritt}, \\ 0 & \text{falls im } i\text{-ten Versuch } \bar{A} \text{ eintritt}. \end{cases}$$

Für diese gilt:

- $P(X_i = 1) = p$ und $P(X_i = 0) = 1 - p$.
- Die X_i sind unabhängig.
- $X = \sum_{i=1}^{n} X_i$, d. h. X ist gerade die Summe der einzelnen X_i.

Daraus erhalten wir mit $E(X_i) = p, V(X_i) = p(1-p)$:

$$E(X) = E\left(\sum_{i=1}^{n} X_i\right) = \sum_{i=1}^{n} E(X_i) = n \cdot p,$$

$$V(X) = V\left(\sum_{i=1}^{n} X_i\right) = \sum_{i=1}^{n} V(X_i) = n \cdot p(1-p).$$

Schließlich lässt sich aus dieser Darstellung noch eine Additivitätseigenschaft der Binomialverteilung folgern.

Lemma 8.8 *Eigenschaften der Binomialverteilung*

Erwartungswert und Varianz einer Zufallsvariablen X, die binomialverteilt ist mit den Parametern n und p, sind:

$$E(X) = np, \quad V(X) = np(1-p).$$

Sind X und Y unabhängige, binomialverteilte Zufallsvariablen mit dem gleichen p, $X \sim \mathcal{B}(n,p)$ und $Y \sim \mathcal{B}(m,p)$, so ist die Summe ebenfalls binomialverteilt:

$$Z = X + Y \sim \mathcal{B}(n+m,p).$$

Die Binomialverteilung kann verwendet werden, um die hypergeometrische Verteilung zu approximieren. Dies ist möglich, wenn der Umfang N der Grundgesamtheit wesentlich größer ist als die Anzahl n der zu ziehenden Elemente. Zudem sollte M, die Zahl der markierten Elemente in der Grundgesamtheit, weder zu klein sein, noch zu dicht bei N liegen. Dass die Binomialverteilung tatsächlich für große N und M eine gute Näherung der hypergeometrischen Verteilung ergibt, folgt mit $p = M/N$ aus

$$P(X = x) = \frac{\binom{M}{x} \cdot \binom{N-M}{n-x}}{\binom{N}{n}} = \frac{M!(N-M)!n!(N-n)!}{x!(M-x)!(n-x)!(N-M-(n-x))!N!}$$

$$= \binom{n}{x} \cdot \underbrace{\frac{M}{N}}_{=p} \cdot \underbrace{\frac{M-1}{N-1}}_{\approx p} \cdots \underbrace{\frac{M-x+1}{N-x+1}}_{\approx p} \cdot \underbrace{\frac{N-M}{N-x}}_{\approx 1-p} \cdots \underbrace{\frac{N-n+1-(M-x)}{N-n-1}}_{\approx 1-p}$$

$$\approx \binom{n}{x} \cdot p^x (1-p)^{n-x}.$$

8.2 Die Binomialverteilung

8.2.4 Anpassung an empirische Verteilungen

Häufig tritt bei Anwendungen das Problem auf, dass aufgrund der Versuchsbedingungen (zumindest in guter Näherung), eine Binomialverteilung als Modell unterstellt werden kann, die Wahrscheinlichkeit p aber nicht bekannt ist. Sofern das Zufallsexperiment bereits vorab schon durchgeführt wurde, so kann für die Wahrscheinlichkeit aufgrund des Prinzips der großen Zahlen die entsprechende relative Häufigkeit genommen werden.

Beispiel 8.9 *Mädchengeburten*

In der BRD betrug im Jahr 1997 der Anteil der Mädchen an den Lebendgeborenen 0.4866, siehe Statistisches Bundesamt; FS 1, Reihe 1. Dieser Anteil wird als Schätzwert für die Wahrscheinlichkeit des Ereignisses ‚Das Geschlecht eines Neugeborenen ist weiblich' verwendet. Die Zufallsvariable $X =$ ‚Anzahl der Mädchen bei n Geburten' ist dann $\mathscr{B}(n, 0.4866)$-verteilt.

8.2.5 Die Multinomialverteilung

Beispiel 8.10 *Astragali*

Das Würfelspiel war schon lange vor unserer Zeitrechnung bekannt. Als Würfel verwendete man damals spezielle Tierknochen, sogenannte Astragali. Solche Würfel können auf vier Seiten zu liegen kommen. Aus Experimenten in Museen kennt man die (statistischen) Wahrscheinlichkeiten für die vier Seiten spezieller Astragali. Werden sie durchnummeriert, so sind sie für einen speziellen $p_1 = p_2 = 0.4, p_3 = p_4 = 0.1$. Diese Wahrscheinlichkeiten wollen wir generell unterstellen.

Die Frage ist nun, wie die Anzahlen der Würfe mit den verschiedenen Seiten verteilt ist, wenn ein derartiger Würfel insgesamt n mal geworfen wird. Seien die Zufallsvariablen, die die Anzahlen für die vier Seiten angeben, mit X_1, X_2, X_3, X_4 bezeichnet. Wie bei der Binomialverteilung erhalten wir für eine spezielle Serie, in der x_1, x_2, x_3 und x_4 mal die entsprechenden Seiten nach oben zu liegen kommen, die Wahrscheinlichkeit

$$p_1^{x_1} p_2^{x_2} p_3^{x_3} p_4^{x_4}.$$

Nun ist diese Wahrscheinlichkeit noch mit der Anzahl der möglichen Anordnungen zu multiplizieren, um die gewünschte Wahrscheinlichkeit zu erhalten. In Fortsetzung der Überlegungen, die der Binomialverteilung zugrunde liegen, ergibt sich die Wahrscheinlichkeitsfunktion

$$P(X_1 = x_1, X_2 = x_2, X_3 = x_3, X_4 = x_4) = \frac{n!}{x_1! x_2! x_3! x_4!} p_1^{x_1} p_2^{x_2} p_3^{x_3} p_4^{x_4}.$$

Speziell ist etwa die Wahrscheinlichkeit, dass bei 12 Würfen alle Seiten gleich häufig nach oben zu liegen kommen:

$$P(X_1 = 3, X_2 = 3, X_3 = 3, X_4 = 3) = \frac{12!}{3!3!3!3!} 0.4^3 0.4^3 0.1^3 0.1^3 = 0.0015.$$

Allgemein lautet die Situation, dass k disjunkte Ereignisse $A_1, A_2, \ldots, A_k$ betrachtet werden, die den gesamten Stichprobenraum aufspannen, $A_1 \cup A_2 \cup \cdots \cup A_k = E$. Hier wird nun die gemeinsame Verteilung der Anzahlen des Eintretens aller Ereignisse bei n Versuchswiederholungen betrachtet.

Definition 8.11   *Multinomialverteilung*

Die Zufallsvariablen $X_1, X_2, \ldots, X_k$ heißen *multinomialverteilt* mit den Parametern $n, p_1, p_2, \ldots, p_k$, i. Z. $(X_1, X_2, \ldots, X_k) \sim \mathcal{M}(n, p_1, p_2, \ldots, p_k)$, wenn die zugehörige Wahrscheinlichkeitsfunktion die folgende Gestalt hat:

$$P(X_1 = x_1, X_2 = x_2, \ldots, X_k = x_k) = \frac{n!}{x_1! x_2! \cdot \ldots \cdot x_k!} p_1^{x_1} p_2^{x_2} \cdot \ldots \cdot p_k^{x_k}.$$

wobei $x_1, x_2, \ldots, x_k \geq 0$ und $x_1 + x_2 + \cdots + x_k = n$.

Die einzelnen Variablen X_i haben als Randverteilungen Binomialverteilungen. Dies ergibt sich schon daraus, dass X_i für die Anzahl des Eintretens eines einzelnen Ereignisses A_i steht. Damit haben die X_i die Erwartungswerte und Varianzen:

$$E(X_i) = n p_i, \qquad V(X_i) = n p_i (1 - p_i).$$

Allerdings sind die einzelnen Zufallsvariablen korreliert. Das muss so sein, da die Summe aller Komponenten ja gerade n ist. Konkret gilt:

$$\text{Cov}(X_i, X_j) = -n p_i p_j \quad \text{für } i \neq j.$$

8.3   Die Poisson-Verteilung

8.3.1   Problemstellung

Für die Verkehrsplanung einer Stadt, die z. B. die Ampelschaltung beinhaltet, wird u. a. die Verteilung der Anzahl der Kraftfahrzeuge, die während eines festgelegten Zeitabschnittes durch eine Straße fahren, benötigt. Wir wollen mit plausiblen Überlegungen eine geeignete Verteilung herleiten.

Gegeben sei ein festes Zeitintervall, für das jeweils an einem Werktag die Anzahl X der durch die Straße fahrenden Kraftfahrzeuge beobachtet wird. X ist offensichtlich als Zufallsvariable aufzufassen, kann X doch im Prinzip jeden Wert $0, 1, 2, \ldots$ annehmen. Das Zeitintervall unterteilen wir nun in n gleichlange Teilintervalle der Länge δ_t. Sie seien so kurz, dass die Wahrscheinlichkeit für die Beobachtung von mehr als einem Fahrzeug praktisch null ist. Weiter soll die Wahrscheinlichkeit für ein Fahrzeug gleich $\lambda \cdot \delta_t$ sein und die Wahrscheinlichkeit für kein Fahrzeug gleich $1 - \lambda \cdot \delta_t$. Schließlich unterstellen wir die Unabhängigkeit zwischen den Teilintervallen.

Mit den Annahmen hat X dann eine Binomialverteilung:

$$P(X = x) = \binom{n}{x} (\lambda \cdot \delta_t)^x (1 - \lambda \cdot \delta_t)^{n-x}.$$

Allerdings haben wir noch zu beachten, dass δ_t gegen null gehen soll und damit einhergehend n gegen ∞.

8.3.2 Ableitung und Eigenschaften

Hat in der Problemstellung das Zeitintervall einfach die Länge eins, so ergibt sich $\delta_t = 1/n$. Damit wird nahegelegt zu untersuchen, was passiert, wenn bei der Binomialverteilung n sehr groß und p sehr klein wird, genauer, wenn

$$n \longrightarrow \infty, \quad p \longrightarrow 0 \quad \text{und} \quad n \cdot p = \lambda \quad (= \text{konstant}).$$

Hier gilt:

$$P(X=x) = \binom{n}{x} p^x (1-p)^{n-x} = \frac{n!}{x!(n-x)!} \left(\frac{\lambda}{n-\lambda}\right)^x \left(1 - \frac{\lambda}{n-\lambda}\right)^n$$

$$= \underbrace{\frac{n}{n-\lambda}}_{\to 1} \cdot \underbrace{\frac{n-1}{n-\lambda}}_{\to 1} \cdot \ldots \cdot \underbrace{\frac{n-x+1}{n-\lambda}}_{\to 1} \cdot \frac{\lambda^x}{x!} \cdot \underbrace{\left(1 - \frac{\lambda}{n-\lambda}\right)^n}_{\to e^{-\lambda}}$$

$$\longrightarrow e^{-\lambda} \frac{\lambda^x}{x!}.$$

Dabei ist e die *Eulersche Zahl* $e = 2.7182818284590\ldots$. Die Grenzwertbetrachtung führt wegen $\sum_{x=0}^{\infty} e^{-\lambda} \frac{\lambda^x}{x!} = 1$ wieder zu einer Wahrscheinlichkeitsfunktion.

Definition 8.12 *Poisson-Verteilung*

Eine Zufallsvariable X mit der Wahrscheinlichkeitsfunktion

$$f(x) = P(X=x) = e^{-\lambda} \frac{\lambda^x}{x!} \quad x = 0, 1, 2, \ldots, \quad \lambda > 0$$

heißt *Poisson-verteilt* mit dem Parameter λ, kurz $X \sim \mathscr{P}(\lambda)$.

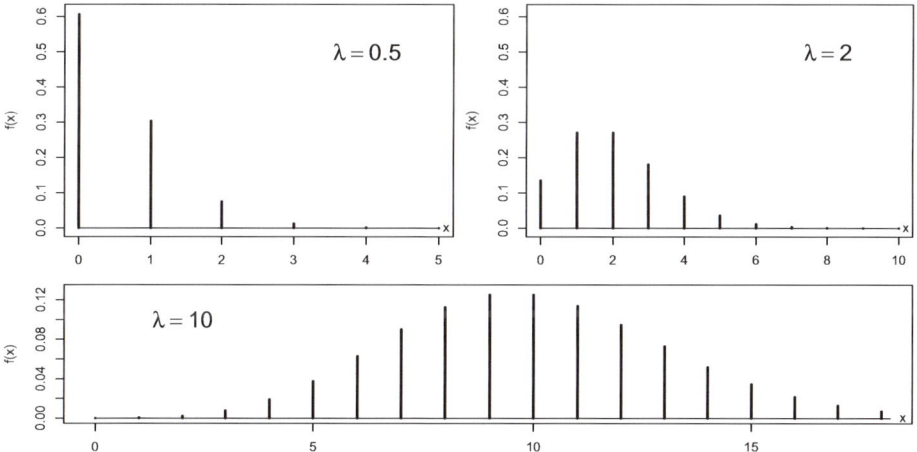

Abb. 8.4: *Wahrscheinlichkeitsfunktion der Poisson-Verteilung.*

Auch die Poisson-Verteilung ist in fast allen Statistik-Programmen implementiert. Zudem ist im Anhang eine Tabelle für einige Parameter λ angegeben.

Die Poisson-Verteilung wird wegen der oben dargestellten Approximation – großes n und kleines p bei der Binomialverteilung – auch als Verteilung der seltenen Ereignisse bezeichnet. Dabei ist es nicht so, dass X nur kleine Werte annehmen kann; vielmehr bezieht sich das ‚selten' auf die Anzahl der Versuche, die man sich als sehr groß denkt.

Der Ableitung entsprechend wird die Verteilung häufig als Modell herangezogen, wenn die Zufallsvariable X die Anzahl von Vorkommnissen einer bestimmten Art in einem festen Zeitintervall angibt. Beispiele dafür sind etwa die Anzahlen der pro Minute in einem Land geborenen Kinder, der pro Zeiteinheit von einer Versicherung zu regulierenden Schadenfälle oder der werktags von 9.00 bis 9.15 Uhr in einer Telefonzentrale eintreffenden Gespräche.

Aus der Ableitung der Poisson-Verteilung erhalten wir sofort aufgrund der entsprechenden Eigenschaften der Binomialverteilung den Erwartungswert und die Varianz.

Lemma 8.13 *Eigenschaften der Poisson-Verteilung*

Erwartungswert und Varianz einer Zufallsvariablen X, die Poisson-verteilt ist mit dem Parameter λ, sind:
$$E(X) = \lambda, \quad V(X) = \lambda.$$

Sind X und Y unabhängige, Poisson-verteilte Zufallsvariablen, $X \sim \mathcal{P}(\lambda)$ und $Y \sim \mathcal{P}(\mu)$, so ist die Summe $X + Y$ ebenfalls Poisson-verteilt:
$$Z = X + Y \sim \mathcal{P}(\lambda + \mu).$$

Die beiden Maßzahlen erhalten wir mit der obigen Situation ($n \to \infty, p \to 0, n \cdot p = \lambda$):
$$E(X) = n \cdot p = \lambda, \quad V(X) = n \cdot p(1-p) = \lambda \cdot \left(1 - \frac{\lambda}{n}\right) \longrightarrow \lambda.$$

Die zweite Eigenschaft ist aufgrund der Herleitung zumindest plausibel.

Die Ableitung der Poisson-Verteilung über die Anzahl der in einem Zeitintervall zu beobachtenden Ereignisse legt eine Verallgemeinerung nahe. Wird nicht nur das Intervall der Länge eins betrachtet, sondern wird entsprechend für alle Intervalle der Länge Δ_t die zugehörige Grenzverteilung für die Anzahl der Vorkommnisse gefordert, so erhalten wir einen *Poisson-Prozess* mit der *Rate* λ. Die zugehörige Wahrscheinlichkeitsfunktion ist dann
$$f(x) = e^{-\lambda \Delta_t} \frac{(\lambda \Delta_t)^x}{x!} \quad x = 0, 1, 2, \dots .$$

8.3.3 Anpassung an empirische Verteilungen

Wollen wir einem Datensatz eine Poisson-Verteilung als Modell anpassen, so müssen wir den i. d. R. unbekannten Parameter λ durch einen empirischen Näherungswert ersetzen. Wegen $\lambda = E(X)$ bietet sich hierfür das arithmetische Mittel als empirisches Gegenstück zum Erwartungswert an.

8.3 Die Poisson-Verteilung

Beispiel 8.14 *α-Partikel*

Ein klassisches Beispiel für eine Poisson-verteilte Zufallsvariable ist die Anzahl X der pro Zeitintervall emittierten α-Partikel einer radioaktiven Substanz. Ein Klumpen entsprechenden Materials besteht aus sehr vielen Atomen. Jedes zerfällt aber nur mit einer geringen Wahrscheinlichkeit.

Messungen an einem Stück Americium-241 (Halbwertszeit 458 Jahre) ergaben für 1-Sekunden-Intervalle die folgende Verteilung, siehe Berkson (1966).

Tab.: *α-Partikel pro Sekunde*

x	$n(X=x)$	$n \cdot P(X=x)$
0	5267	5268.7
1	4436	4410.5
2	1800	1846.0
3	534	515.1
4	111	107.8
≥ 5	21	20.9
Σ	12169	12168.9

Aus den ersten beiden Spalten erhalten wir $\bar{x} \approx 0.8371$. Dieser Wert wird für λ in $n \cdot e^{-\lambda} \lambda^x / x!$ eingesetzt; das ergibt die dritte Spalte. Wie die einfache Gegenüberstellung zeigt, ist die Übereinstimmung von empirischer und theoretischer Verteilung ausgezeichnet.

Bei der Poisson-Verteilung stimmen Erwartungswert und Varianz überein. Dies gibt Anlass, die Poisson-Verteilung als Modell infrage zu stellen, wenn sich $\bar{x}$ und s^2 in einem Datensatz wesentlich unterscheiden.

Beispiel 8.15 *Verwechselungen bei Münzen*

In Großbritannien wurde im Zusammenhang mit der Einführung der Ein-Pfund-Münze eine Serie von Untersuchungen durchgeführt, um eine geeignete Form für die neue Münze zu ermitteln.

In einem Versuch sortierten n = 24 Personen mit verbundenen Augen jeweils zehn Münzen zweier Arten: Einmal eine in Erwägung gezogene Form der Ein-Pfund-Münze, zum anderen eine Form der 20-Pence-Münze. Dabei erhielt man eine Fehlerverteilung, vgl. v. Bruce u. a. (1983).

Tab.: *Häufigkeitsverteilung der fehlerhaften Zuordnungen X und Arbeitsschritte zur Bestimmung von $\bar{x}$ und s^2*

i	x_i	n_i	$x_i \cdot n_i$	x_i^2	$x_i^2 \cdot n_i$
1	0	3	0	0	0
2	1	9	9	1	9
3	2	6	12	4	24
4	3	3	9	9	27
5	4	2	8	16	32
6	5	1	5	25	25
		24	43		117

Damit sind

$$\bar{x} = \frac{1}{24} 43 = 1.792, \qquad s^2 = \frac{1}{24} 117 - 1.792^2 = 1.665.$$

Der Vergleich von $\bar{x} = 1.79$ mit $s^2 = 1.67$ zeigt die mögliche Eignung der Poisson-Verteilung für diese Daten. Später werden wir sehen, wie dieser Vergleich quantitativ zu erfassen ist.

8.4 Die geometrische Verteilung

8.4.1 Einführendes Beispiel

In Nassstadt gibt es während einer bestimmten Jahreszeit viel Regen. Die Sonne zeigt sich an einem Tag nur mit einer Wahrscheinlichkeit von 0.2. Zudem ist der Sonnenschein des einen Tages unabhängig davon, ob am Vortage die Sonne schien. Für die Bewohner stellt sich dann die Frage, wie lange wohl eine Regenperiode dauert, mit anderen Worten, wie groß die Wahrscheinlichkeit ist, dass es x Tage regnet, bis es am $x+1$-ten wieder einmal nicht regnet.
(Anders als es das Bildchen suggeriert, heißt eine Regenwahrscheinlichkeit von 0.8 nicht, dass 80% der Menschen im Regen stehen.)

Um nun die Verteilung von X zu bestimmen, betrachten wir die Ereignisse R_i und T_i, die kennzeichnen sollen, dass es am Tage i regnet bzw. trocken ist ($R_i = \bar{T}_i$). Dann erhalten wir dafür, dass es die ersten x Tage regnet und dann der $x+1$-te trocken ist:

$$\begin{aligned}
\mathrm{P}(T_1) &= 0.2 &&= 0.2 \\
\mathrm{P}(R_1 \cap T_2) &= 0.8 \cdot 0.2 &&= 0.16 \\
\mathrm{P}(R_1 \cap R_2 \cap T_3) &= 0.8 \cdot 0.8 \cdot 0.2 &&= 0.128 \\
\mathrm{P}(R_1 \cap R_2 \cap R_3 \cap T_4) &= 0.8 \cdot 0.8 \cdot 0.8 \cdot 0.2 &&= 0.1024.
\end{aligned}$$

Die Fortsetzung dieses Vorgehens ergibt die Wahrscheinlichkeitsfunktion der Zufallsvariablen X.

8.4.2 Ableitung und Eigenschaften

Der allgemeine Rahmen für die angerissene Problemstellung wird wieder durch einen Bernoulli-Prozess gegeben, bei dem die Versuche so lange durchgeführt werden, bis zum ersten Mal das interessierende Ereignis eintritt. Die Eintrittswahrscheinlichkeit sei p.

Es ist also die Verteilung der Zufallsvariablen $X = $ ‚Anzahl der Versuche, bevor das interessierende Ereignis A zum ersten Mal eintritt' zu bestimmen. Dies ist eine einfache *Wartezeitverteilung*. Unter Verzicht auf eine Indizierung schreiben wir wie oben dafür, dass erst x-mal das Ereignis $\bar{A}$ und dann das Ereignis A eintritt:

$$\underbrace{\bar{A}\bar{A}\ldots\bar{A}}_{x-\text{mal}} A.$$

8.4 Die geometrische Verteilung

Da das Eintreten dieses Ereignisses gleichwertig ist mit dem Eintreten von $\{X = x\}$, folgt:
$$P(X = x) = P(\bar{A}\bar{A} \ldots \bar{A}A) = P(\bar{A})P(\bar{A}) \cdot \ldots \cdot P(\bar{A})P(A) = (1-p)^x p.$$

Definition 8.16 *geometrische Verteilung*

Eine Zufallsvariable X heißt *geometrisch verteilt* mit dem Parameter p, i. Z. $X \sim \mathcal{G}(p)$, wenn ihre Wahrscheinlichkeitsfunktion gegeben ist durch
$$f(x) = P(X = x) = p(1-p)^x \quad \text{für} \quad x = 0, 1, 2, \ldots.$$

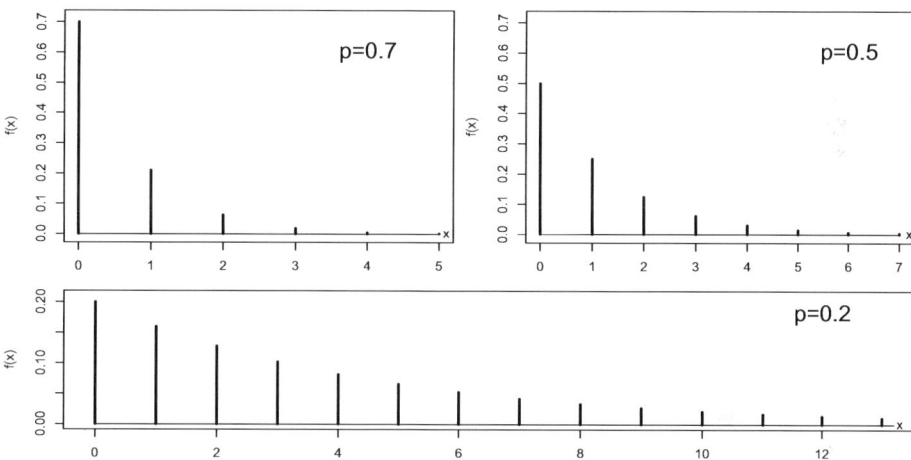

Abb. 8.5: *Wahrscheinlichkeitsfunktion der geometrischen Verteilung*

Lemma 8.17 *Eigenschaften der geometrischen Verteilung*

Der Erwartungswert und die Varianz einer $\mathcal{G}(p)$-verteilten Zufallsvariablen sind
$$E(X) = \frac{1}{p} - 1 = \frac{1-p}{p}, \quad V(X) = \frac{1-p}{p^2}.$$

Die Verteilungsfunktion der geometrischen Verteilung ist:
$$F(x) = P(X \leq x) = 1 - P(X > x) = 1 - (1-p)^{x+1}.$$

Zur Herleitung der Verteilungsfunktion betrachten wir das Ereignis $\{X > x\}$. Dies heißt nichts anderes, dass in den ersten $x + 1$ Versuchen jeweils das komplementäre Ereignis $\bar{A}$ eintritt. Was ab dem $(x + 2)$-ten Versuch passiert, ist egal. Also gilt:
$$P(X > x) = P(\underbrace{\bar{A}\bar{A} \ldots \bar{A}}_{x+1-\text{mal}}) = (1-p)^{x+1}.$$

Damit erhalten wir unmittelbar die angegebene Form der Verteilungsfunktion.

Anders als bei der Binomial- und der Poisson-Verteilung hat die Verteilungsfunktion einer geometrischen Verteilung also eine einfache Form. Wegen der einfachen Berechnungsmöglichkeit ist sie nicht vertafelt; auch in Programmen ist sie selten vorhanden.

Beispiel 8.18 *sechs Richtige im Lotto*

Die Wahrscheinlichkeit für 6 Richtige im Lotto beträgt $p = 1/13983816$. Im Mittel muss man also

$$\mathrm{E}(X) = \frac{1-p}{p} = 13983815$$

mal tippen, bevor man zum ersten Mal sechs Richtige hat.

Die Streuung um $\mathrm{E}(X)$ ist allerdings von derselben Größenordnung wie $\mathrm{E}(X)$ selbst:

$$\mathrm{V}(X) = \frac{1-p}{p^2} \approx \frac{1}{p^2} = 1.955 \cdot 10^{14} \implies \sqrt{\mathrm{V}(X)} \approx \frac{1}{p} = 13983816.$$

Die mittlere Wartezeit sagt also recht wenig darüber aus, mit welcher Zahl von Einsätzen ein einzelner Spieler rechnen muss.

8.5 Die negative Binomialverteilung

8.5.1 Ableitung und Eigenschaften

Eine naheliegende Verallgemeinerung der Fragestellung, die zur geometrischen Verteilung führte, ist die Frage nach der benötigten Zahl von Versuchen bis zum k-ten Erfolg, d. h. bis zum k-ten Eintreten des Ereignisses A. Zugrunde liege wieder ein Bernoulli-Prozess.

Die relevante Zufallsvariable ist hier X = ‚Anzahl der Misserfolge vor dem k-ten Erfolg'.

Die Wahrscheinlichkeitsfunktion von X erhalten wir dann durch Zerlegen der Versuchsserie bis zum $(x+k)$-ten Versuch. Dass genau $(x+k)$ Versuche durchgeführt werden, ist gleichwertig mit dem Eintreten von $\{X = x\}$.

Die ersten $(x+k-1)$ Versuche	Der $(x+k)$-te Versuch
Hier treten genau $(k-1)$ Erfolge und x Misserfolge auf. Wahrscheinlichkeit dafür: $\binom{x+k-1}{x} p^{k-1}(1-p)^x$	Hier tritt Erfolg ein. Wahrscheinlichkeit dafür: p

Die Wahrscheinlichkeit, dass bei $(x+k-1)$ Versuchen genau $(k-1)$ Erfolge erzielt werden, ergibt sich dabei entsprechend der Ableitung der Binomialverteilung.

Definition 8.19 *negative Binomialverteilung*

Eine Zufallsvariable X heißt *negativ binomialverteilt* mit den Parametern k und p, i. Z. $X \sim \mathcal{NB}(k,p)$, wenn ihre Wahrscheinlichkeitsfunktion $f(x)$ gegeben ist durch

$$f(x) = \binom{x+k-1}{x} p^k (1-p)^x \qquad x = 0, 1, 2, 3, \ldots.$$

Dabei erfüllen die Parameter k und p die Bedingungen $k > 0, 0 < p < 1$.

8.5 Die negative Binomialverteilung

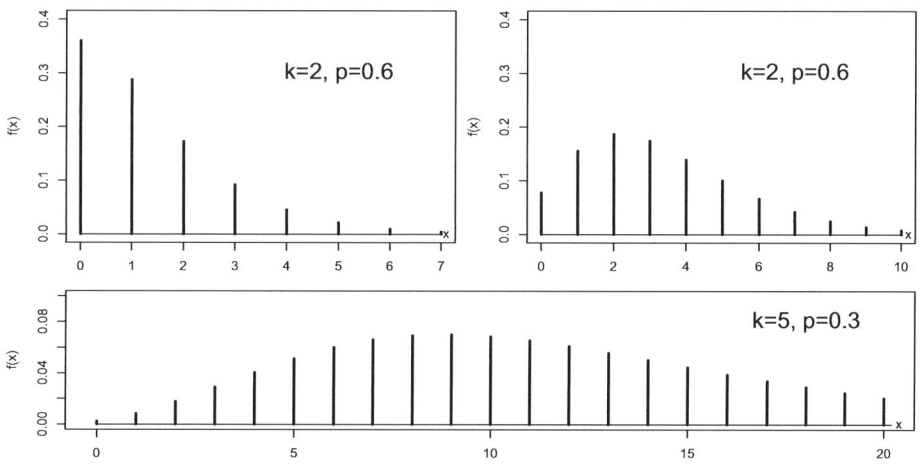

Abb. 8.6: *Wahrscheinlichkeitsfunktion der negativen Binomialverteilung*

In der Definition wird nicht verlangt, dass k eine ganze Zahl ist. Damit die Definition sinnvoll bleibt, müssen wir den Binomialkoeffizienten entsprechend verallgemeinern. Wir definieren für beliebige Zahlen k und ganze Zahlen $x > 0$ den *verallgemeinerten Binomialkoeffizienten* durch
$$\binom{x+k-1}{x} = \frac{(x+k-1)\cdot(x+k-2)\cdot\ldots\cdot(k+1)\cdot k}{1\cdot 2\cdot\ldots\cdot x}.$$
Zusätzlich setzen wir fest: $\binom{k-1}{0} = 1$.

Es lässt sich zeigen, dass damit die in der Definition angegebene Funktion tatsächlich eine Wahrscheinlichkeitsfunktion ist. Dies soll hier nicht vorgeführt werden. Von Interesse ist aber, warum eine Verallgemeinerung auf alle $k > 0$ vorgenommen wurde. Der Grund ist folgender: Zu der allgemeinen Form der negativen Binomialverteilung gelangt man auch aufgrund gänzlich anderer Überlegungen. Dabei geht man von Poisson-verteilten Zufallsvariablen mit unterschiedlichen Parametern aus. Der eigentliche Zufallsvorgang bestehe nun in der zufälligen Auswahl einer dieser Zufallsvariablen und der Beobachtung ihrer Realisation. Als Verteilung der globalen Zufallsvariablen resultiert unter gewissen Annahmen die negative Binomialverteilung. Sie ist also auch eine *MischVerteilung*. Diese Herleitung lässt vermuten, dass in der Praxis eine größere Zahl von empirischen Verteilungen besser durch eine negative Binomialverteilung beschrieben werden kann als durch die Binomialverteilung oder die Poisson-Verteilung. Dafür spricht auch, dass die Wahrscheinlichkeitsfunktion von zwei Parametern abhängt. Daher kann sie besser mit empirischen Verteilungen in Übereinstimmung gebracht werden.

Lemma 8.20 *Eigenschaften der negativen Binomialverteilung*

Für eine negativ binomialverteilte Zufallsvariable X, $X \sim \mathcal{NB}(k,p)$, gilt:
$$E(X) = \frac{k(1-p)}{p}, \qquad V(X) = \frac{k(1-p)}{p^2}.$$

Es ist $f(0) = p^k$ und für $x \geq 0$ gilt die folgende, für die Berechnung geeignete Rekursionsformel:
$$f(x+1) = f(x) \cdot (1-p) \frac{x+k}{x+1}.$$

Die Rekursionsformel erhalten wir durch Division der Wahrscheinlichkeitsfunktion für zwei aufeinanderfolgende Realisationsmöglichkeiten:

$$\frac{f(x+1)}{f(x)} = \frac{\binom{x+1+k-1}{x+1} p^k (1-p)^{x+1}}{\binom{x+k-1}{x} p^k (1-p)^x}$$
$$= (1-p) \frac{(x+k)(x+k-1) \cdot \ldots \cdot (k+1)k}{1 \cdot 2 \cdot \ldots \cdot (x+1)} \cdot \frac{1 \cdot 2 \cdot \ldots \cdot x}{(x+k-1) \cdot \ldots \cdot (k+1)k}.$$

Kürzen ergibt die angegebene Beziehung.

8.5.2 Anpassung an empirische Verteilungen

Um die negative Binomialverteilung einer Häufigkeitsverteilung anzupassen, setzen wir für $E(X)$ und $V(X)$ die empirischen Größen $\bar{x}$ und s^2 ein:

$$\bar{x} = \frac{\hat{k}(1-\hat{p})}{\hat{p}}, \qquad s^2 = \frac{\hat{k}(1-\hat{p})}{\hat{p}^2}.$$

Division der Gleichungen ergibt:
$$\hat{p} = \frac{\bar{x}}{s^2}.$$

Auflösen der ersten Gleichung nach $\hat{k}$ liefert:
$$\hat{k} = \bar{x} \frac{\hat{p}}{1-\hat{p}}.$$

Um die Eignung des Modells abzuschätzen, wird man die empirischen Häufigkeiten den erwarteten Wahrscheinlichkeiten $n \cdot f(x; \hat{k}, \hat{p})$ gegenüberstellen. Letztere lassen sich mit der Rekursionsformel bestimmen. Diese vereinfacht oftmals das Arbeiten mit der nicht vertafelten negativen Binomialverteilung wesentlich. Allerdings ist auch sie in vielen Statistikprogrammen implementiert.

Beispiel 8.21 *Arbeitsunfähigkeitsmeldungen*

Für die Anzahl von Erkrankungen einer Person während eines bestimmten Zeitraumes ist die Poisson-Verteilung ein plausibles Modell. Werden mehrere Personen betrachtet, so kommt die unterschiedliche ‚Erkrankungsneigung' zum Tragen. Dann sollte die negative Binomialverteilung für solche Daten ein besseres Modell sein.

In der folgenden Tabelle ist die Verteilung der Anzahl X der Arbeitsunfähigkeitsmeldungen pro Versicherten der AOK München für die Jahre 1980/81 angegeben. (Erhoben von der BASIG Berlin; Persönliche Mitteilung.)

Tab.: *Verteilung der AU-Meldungen pro Versicherten*

i	x_i	n_i	$n \cdot p_i$
1	0	176122	172219
2	1	106702	113886
3	2	61069	59778
4	3	30899	28667
5	4	13631	13097
6	5	5605	5806
7	6	2337	2521
8	7	896	1078
9	8	364	456
10	9	168	191
11	10	73	79
12	11	37	33
13	12	17	14
14	13	5	6
15	14	3	2
16	15	3	1
17	≥ 16*)	3	0
Σ		397934	397934

*) Die Werte sind im Einzelnen: 16, 19, 21

Hier erhalten wir: $\bar{x} = 1.0815$ und $s^2 = 1.7697$. Damit ergeben sich die Näherungswerte für die Parameter p und k zu

$$\hat{p} = \frac{\bar{x}}{s^2} = \frac{1.0815}{1.7697} = 0.611, \quad \hat{k} = \bar{x}\frac{\hat{p}}{1-\hat{p}} = 1.0815 \cdot \frac{0.611}{1-0.611} = 1.70.$$

Die unter Verwendung der Rekursionsformel berechneten erwarteten Häufigkeiten zeigen eine erstaunlich gute Übereinstimmung mit den empirischen. Besonders der große Umfang des Datensatzes ist dabei zu beachten. Wie wir noch sehen werden, treten bei wachsendem Umfang eines Datensatzes die Abweichungen der empirischen Verteilung von der theoretischen immer stärker hervor, falls dieses kein adäquates Modell darstellt.

8.6 Zur Auswahl eines diskreten Verteilungsmodells

8.6.1 Einführendes Beispiel

Um die krankheitsbedingte Abwesenheitshäufigkeit von Betriebsangehörigen in einer gegebenen Zeitspanne prognostisch richtig einschätzen zu können, reicht die Angabe von Mittelwert und Streuung nicht aus. Vielmehr wird ein geeignetes Verteilungsmodell benötigt.

Dies soll auf der Basis der Verteilung der Abwesenheit in vergangenen Perioden ermittelt werden, vgl. Arbous & Sichel (1954).

Tab.: *Häufigkeiten von Betriebsangehörigen mit x Abwesenheitszeiten*

i	x_i	n_i	i	x_i	n_i	i	x_i	n_i
1	0	28	9	8	11	17	16	4
2	1	39	10	9	10	18	17	2
3	2	47	11	10	10	19	18	0
4	3	40	12	11	6	20	19	0
5	4	35	13	12	8	21	20	0
6	5	26	14	13	8	22	21	2
7	6	20	15	14	7	23	22	1
8	7	11	16	15	3	24	≥23	0

8.6.2 Das Auswahldiagramm

Als Hauptinstrument zur Auswahl eines Verteilungsmodells diente bisher der Vergleich von empirischen Häufigkeiten mit den erwarteten. Zur Bestimmung der erwarteten Häufigkeiten wurden Näherungswerte für Parameter des jeweiligen Modells aus den Daten ermittelt und in die entsprechende Formel der Wahrscheinlichkeitsfunktion eingesetzt. Eine gemeinsame Eigenschaft aller besprochenen diskreten Verteilungen erlaubt nun die Auswahl eines Verteilungsmodells mittels eines einfachen Auswahldiagramms ohne Schätzung irgendwelcher Parameter. Die angesprochene Eigenschaft bezieht sich auf die Quotienten der Wahrscheinlichkeitsfunktion für aufeinanderfolgende x-Werte. Die mit x multiplizierten Quotienten liegen jeweils auf einer Geraden mit einer für die Verteilung spezifischen Kombination von Achsenabschnitt und Steigung. Diese sind in der folgenden Tabelle zusammengestellt.

Tabelle 8.2: *Eigenschaften aufeinanderfolgender Wahrscheinlichkeiten bei diskreten Verteilungen*

Nr.	Verteilung	$q_x = x \cdot f(x)/f(x-1)$	Achsenabschnitt	Steigung
1	Gleichv.	x	0	1
2	Binomialv.	$(n+1)\dfrac{p}{1-p} - \dfrac{p}{1-p}x$	+	−
3	Poissonv.	λ	+	0
4	geometrische	$(1-p)\cdot x$	0	+
5	negative Binomialv.	$(1-p)\cdot(k-1)+(1-p)\cdot x$	±	+

Über die in der Tabelle angegebene Kombination der Vorzeichen bzw. Werte von Achsenabschnitt und Steigung einer geeignet durch die Punkte (x, q_x) mit $q_x = x \cdot f(x)/f(x-1)$ gelegten Geraden kann also der Verteilungstyp bestimmt werden. Die Abbildung 8.7 zeigt die typischen Verläufe für die Verteilungen.

Werden also die mit x multiplizierten Quotienten aufeinanderfolgender Häufigkeiten über x in einem Diagramm aufgetragen, so sollte sich bei nicht zu kleinem Stichprobenumfang für jede der Verteilungen in etwa eine Gerade ergeben. Wegen der Quotientenbildung ist es dabei gleich, ob bei der Bestimmung der benötigten Werte die relativen oder die absoluten Häufigkeiten verwendet werden:

$$x \cdot \frac{h(X=x)}{h(X=x-1)} = x \cdot \frac{n(X=x)}{n(X=x-1)}.$$

8.6 Zur Auswahl eines diskreten Verteilungsmodells

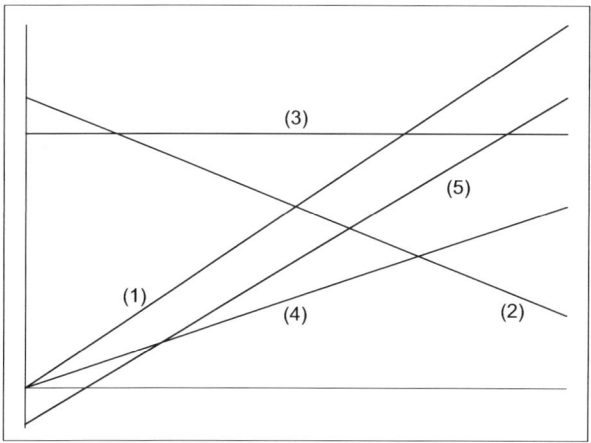

Abb. 8.7: *Typische Verläufe im Auswahldiagramm. Die Nummern entsprechen denen in der obigen Tabelle*

Das *Auswahldiagramm* erlaubt aber nur, das günstigste der fünf Modelle auszuwählen. Es ist dann noch nicht gesagt, wie gut die Daten durch das entsprechende Modell jeweils beschrieben werden. Dieser Frage wenden wir uns in Kapitel 18 zu. Sofern eine der beiden Häufigkeiten n_{i-1} bzw. n_i gleich null ist, sollte der entsprechende Quotient $q_i = x_i n_i / n_{i-1}$ außer Acht gelassen werden. Auch die auf sehr kleinem n_i beruhenden Werte sind kritisch zu betrachten und ggf. zu vernachlässigen. Zu Modifikationen des Diagramms und bzgl. der Einbeziehung weiterer diskreter Verteilungsmodelle sei auf Ord (1972) verwiesen.

Beispiel 8.22 *krankheitsbedingte Abwesenheit - Fortsetzung*

Die Daten des Eingangsbeispiels ergeben die folgende Arbeitstabelle und die daraus resultierende Grafik.

Tab.: *Arbeitstabelle zur Erstellung des Auswahldiagramms für die Abwesenheitshäufigkeiten*

x_i	n_i	$q_i = \frac{x_i n_i}{n_{i-1}}$	x_i	n_i	$q_i = \frac{x_i n_i}{n_{i-1}}$	x_i	n_i	$q_i = \frac{x_i n_i}{n_{i-1}}$
0	28	-	8	11	8.000	16	4	21.333
1	39	1.393	9	10	8.182	17	2	8.500
2	47	2.410	10	10	10.000	18	0	-
3	40	2.553	11	6	6.600	19	0	-
4	35	3.500	12	8	16.000	20	0	-
5	26	3.714	13	8	13.000	21	2	-
6	20	4.615	14	7	12.250	22	1	11.000
7	11	3.850	15	3	6.429	23	0	-

Die eingezeichnete Gerade, welche die Punkte in etwa beschreibt, hat einen positiven Achsenabschnitt (=0.39) und eine positive Steigung (=0.82). Damit erscheint hier das Modell der negativen Binomialverteilung am geeignetesten.

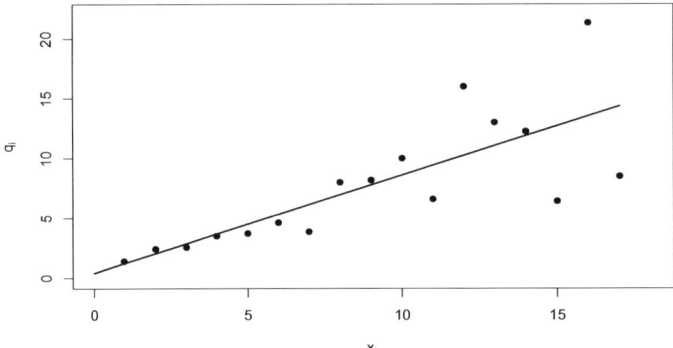

Abb. 8.8: *Auswahldiagramm für die Abwesenheitshäufigkeiten*

Beispiel 8.23   *Leukozyten-Zählungen*

Im Rahmen einer Diskussion über die Zuverlässigkeit medizinischer Befunde wurde auch die Frage gestellt, ob bestimmte Ziffern bei der Ablesung von Skalen wie etwa des Fieberthermometers zur Feststellung der Körpertemperatur bevorzugt würden.

Für die 733 Zählungen eines Doktoranden von Leukozyten-Anzahlen wurde folgende Verteilung der Endziffern ermittelt, siehe Wagner (1986). In der letzten Zeile sind die zur Erstellung des Auswahldiagramms benötigten Werte $q_x = x \cdot h_x / h_{x-1}$ angegeben.

Endziffer x	0	1	2	3	4	5	6	7	8	9
Häufigkeit (in %)	14.5	8.2	12.5	9.9	9.9	8.0	8.5	8.8	9.5	10.2
q_x	-	0.57	3.05	2.38	4.00	4.04	6.38	7.25	8.64	9.66

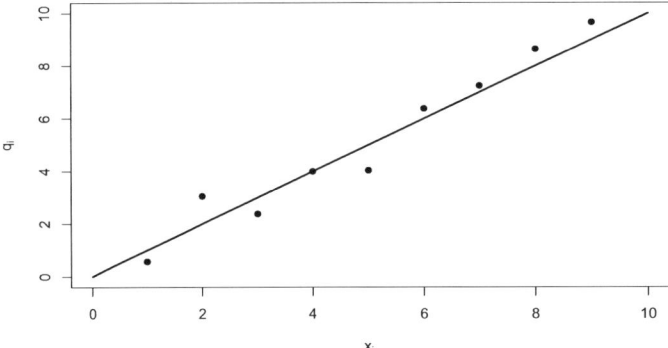

Abb. 8.9: *Auswahldiagramm für die Endziffern bei der Leukozytenzählung*

Die resultierenden Punkte liegen um die für die Gleichverteilung typische Gerade gestreut. Von den besprochenen Modellen ist also die Gleichverteilung das geeigneteste. Ob es aber wirklich adäquat ist, und ob folglich die Abweichungen der Häufigkeiten von 10% als zufällig anzusehen sind, bedarf einer weiteren Analyse. 733 Zählungen bilden nämlich eine stattliche Anzahl, so dass wir nach dem Prinzip der großen Zahlen mit einer recht guten Übereinstimmung von empirischen und erwarteten Häufigkeiten rechnen können. Diese Überlegung deutet darauf hin, dass z. B. die Endziffer ‚0' deutlich zu oft angegeben wurde.

8.7 Aufgaben

Aufgabe 1

In einer der ‚Wetten, dass… ?'-Fernsehsendungen, moderiert von Thomas Gottschalk, gab es eine sehr interessante Wette, die vom Wettpaten als unlösbar bewertet wurde:

Von 20 Schreibtischlampen waren vier Lampen am Stromnetz angeschlossen. Es gab keine Möglichkeit durch Beobachtungen festzustellen, welche Lampen am Netz angeschlossen waren. Der Wettende behauptete, nur durch Fühlen herausfinden zu können, welche Lampen am Netz angeschlossen waren. Dabei galt es, mindestens drei von vier Lampen richtig zu benennen. Der Literaturkritiker Marcel Reich-Ranicki war ‚Wettpate' und sagte: ‚Ich glaube nicht an Wunder, also auch nicht an diese Wette!'

Um überprüfen zu können, ob die Wette auch durch Raten mit großer Wahrscheinlichkeit zu gewinnen ist, lohnt sich eine Berechnung dieser Eintrittswahrscheinlichkeiten.

1. Berechnen Sie die Wahrscheinlichkeit für das Ereignis ‚alle vier angeschlossenen Lampen werden richtig erkannt' unter der Voraussetzung, dass der pure Zufall am Werke ist.
2. Ermitteln Sie unter der gleichen Zufallsvoraussetzung die Wahrscheinlichkeit dafür, dass drei der vier angeschlossenen Lampen richtig ausgewählt werden.
3. Welche Anzahl richtig ausgewählter angeschlossener Lampen ist bei purem Zufall zu erwarten?

(Die Wette wurde übrigens gegen alle Erwartungen gewonnen.)

Aufgabe 2

Die Luftwaffe eines bestimmten Landes kauft 10 Überschalljäger vom Typ 'Fast Fall': Die Wahrscheinlichkeit, dass ein Jäger bei einem Flug abstürzt, ist recht hoch: $p = 0.4$. Sie ändert sich aufgrund der vorzüglichen Wartung nicht.

1. Mit welcher Wahrscheinlichkeit kommen beim ersten Flug mehr als die Hälfte der 10 Jäger wieder heil zurück?
2. Welche Anzahl von Jägern kann man von einem Trainingsflug zurückerwarten, an dem alle teilnehmen?
3. Wie groß ist die Wahrscheinlichkeit, dass der Jäger mit der Ordnungsnummer 3 beim vierten Flug abstürzt?
4. Wie groß ist die Wahrscheinlichkeit, dass der Jäger mit der Ordnungsnummer 3 mehr als 8 mal startet?

Aufgabe 3

Markforschungsinstitute kaufen Adressenlisten, um bei Stichproben geeignete Hochrechnungen durchführen zu können. Die Liste von Uhrengeschäften in einer Region umfasst 50 Adressen. Von denen sind 10% fehlerhaft. (Z. B. existieren Geschäfte wegen Geschäftsaufgabe nicht mehr.) Eine Mitarbeiterin eines solchen Institutes soll 10 zufällig aus der Liste gezogene Geschäfte aufsuchen.

1. Geben Sie die Wahrscheinlichkeit dafür an, dass sie (i) 0, (ii) 2, (iii) 6 mal eine fehlerhafte Adresse erwischt.
2. Mit welcher Anzahl von fehlerhaften Adressen muss sie rechnen?
3. Wie groß ist die Wahrscheinlichkeit, dass die Anzahl der fehlerhaften Adressen um nicht mehr als die einfache Standardabweichung von der erwarteten Anzahl abweichen wird?

Aufgabe 4

Viele Studenten halten es für effizient und zeitsparend, auf Lücke zu lernen. In dieser Aufgabe wollen wir überprüfen, ob es wirklich sinnvoll ist, sich lückenhaft vorzubereiten oder ob das traditionelle Lernen doch die überlegene Variante ist. Unser Student hat sich auf nur neun Themenbereiche vorbereitet, obwohl 15 prüfungsrelevant sind. Aus den 15 Themenbereichen werden sechs verschiedene für die Prüfung ausgewählt. Die sechs Prüfungsbereiche werden den 15 Themen zufällig entnommen. Wir nehmen weiterhin an, dass unser Student alle Themenbereiche, auf die er sich vorbereitet hat, erfolgreich bearbeiten wird, und Themen, auf die er nicht vorbereitet war, nicht lösen kann. Um die Prüfung zu bestehen, muss er mindestens drei der sechs Aufgaben richtig lösen.

1. Berechnen Sie die Wahrscheinlichkeit, dass unser Student die Prüfung besteht.
2. Auf wie viele Themen muss sich unser Student vorbereiten, wenn er unter den getroffenen Annahmen mit Sicherheit die Prüfung bestehen möchte?
3. Wie ändert sich die Wahrscheinlichkeit aus Teil 1, wenn die sechs verschiedenen Aufgaben nicht aus verschiedenen Bereichen stammen müssen, sondern im Rahmen einer einfachen Zufallsstichprobe aus den 15 Themenbereichen ausgewählt werden? (Es können mehrere Aufgaben aus denselben Themengebieten ausgewählt werden).

Aufgabe 5

Eine kleine Insel wird als Geheimtipp von nur wenigen Individualtouristen besucht. Dementsprechend gibt nur einmal im Monat jeweils am 1. eine Schiffsverbindung. Dabei verlassen alle auf der Insel weilenden Gäste diese und machen den Neuankömmlingen Platz.

Die Anzahl der Touristen auf der Insel kann als Poisson-verteilte Zufallsvariable angesehen werden, die den Erwartungswert 10 hat. Wie groß ist die Wahrscheinlichkeit, dass

1. mit dem letzten Schiff gar kein Tourist gekommen ist?

2. genau die erwartete Anzahl von Touristen auf der Insel weilt?
3. höchstens 10 Gäste da sind?
4. die Anzahl der Touristen sich von der erwarteten Anzahl um weniger als die einfache Standardabweichung unterscheidet?

Aufgabe 6

Sie kommen an einen Fahrkartenschalter, an dem sich eine lange Schlange gebildet hat. Vor Ihnen stehen bereits 10 Kunden, bis zur Abfahrt Ihres Zuges verbleiben Ihnen aber nur noch 20 Minuten. Die Anzahl der Kunden, die innerhalb von 5 Minuten (nach ihrer Bedienung) den Schalter verlassen, genüge einem Poisson-Prozess mit Rate $\lambda = 2$.

1. Wie groß ist die Wahrscheinlichkeit, dass Sie innerhalb der verbleibenden Zeit bis zur Abfahrt Ihres Zuges bedient worden sind?
2. Angenommen, die beiden vor Ihnen stehenden Personen lassen Ihnen den Vortritt. Wie verbessert sich Ihre Chance?
3. Wie viel Minuten beträgt die mittlere Bedienungszeit eines Kunden?

Aufgabe 7

Oskar geht gerne angeln. Bei seinem Stamm-Teich beträgt die Wahrscheinlichkeit $p = 0.2$, dass der Petri-Jünger bei einem Besuch erfolgreich ist. (Am Stamm-Tisch hört sich das wesentlich besser an. Aber das tut hier nichts zur Sache.)

1. Mit welcher Wahrscheinlichkeit ist er an 5 Tagen

    (a) genau 3-mal erfolgreich?
    (b) überhaupt nicht erfolgreich?
    (c) mehr als 1-mal erfolgreich?

2. Wie groß ist seine Chance, höchstens 4-mal zum Teich marschieren zu müssen, bis er zum ersten Mal Erfolg hat? (Erfolgreicher Versuch eingeschlossen)

3. Eines Tages sieht er staunend, dass sich eine sehr große Zahl von Anglern an ‚seinem' alten Stamm-Teich versammelt hat. Aufgrund des Gedränges ist die Wahrscheinlichkeit für einen Erfolg pro Angler sehr klein geworden. Die mittlere Zahl der erfolgreichen Angler beträgt aber immerhin noch 8. Wie groß ist dann die Wahrscheinlichkeit, dass mindestens 10 Petri-Jünger erfolgreich nach Hause gehen?

Aufgabe 8

Ein Einzelhändler macht eine Reklamekampagne. Jede Kundin erhält bei einem Einkauf (im Wert über 10 Euro) von der Kassiererin eine zufällig gezogene Karte mit einem der

Buchstaben **A, I, M, P, R**. Wenn sie das Wort **PRIMA** zusammen hat, erhält sie einen Gutschein in Höhe von 10 Euro. Die Urne wird immer wieder aufgefüllt, so dass alle 5 Buchstaben in gleichen Anzahlen in der Urne vorhanden sind.

1. Wie groß ist die Wahrscheinlichkeit, dass eine Kundin bei 5 Einkäufen

    (a) alles verschiedene Buchstaben (und somit einen Gutschein) bekommt?

    (b) immer den Buchstaben **A** bekommt?

    (c) genau dreimal den Buchstaben **A** bekommt?

2. Eine Kundin hat schon die ersten vier Buchstaben **P, R, I** und **M**. Welches ist die Verteilung der Anzahl der Einkäufe, die sie noch machen muss, bis sie auch den letzten Buchstaben **A** hat (Typ, Parameter)? Welches ist die erwartete Anzahl der noch zu tätigenden Einkäufe (einschließlich des letzten, einen Gutschein bringenden)?

3. Gegen Schluss der Kampagne befinden sich in der Urne, die nun nicht mehr gefüllt wird, noch 20 Karten, darunter 5 mit dem Buchstaben **M**.

    (a) Geben Sie die Verteilung für die Anzahl der Karten mit dem Buchstaben **M** bei den nächsten 3 Ziehungen an (Typ, Parameter).

    (b) Wie groß ist die Wahrscheinlichkeit, dass bei den nächsten 3 Zügen

        i. keinmal der Buchstabe **M** gezogen wird?

        ii. der Buchstaben **M** genau 2 mal gezogen wird?

Aufgabe 9

Ein Bestand von 23589 Fahrzeugen einer Sachversicherung wies nach einem Jahr folgende Unfallzahlen auf; die Daten stammen aus Derron (1962).

Anzahl Schäden :	0	1	2	3	4	5	6
Anzahl Verträge :	20592	2651	297	41	7	0	1

Passen Sie den Daten ein geeignetes diskretes Verteilungsmodell an.

Aufgabe 10

In einer Pilotstudie zum Innovationsmarketing in Maschinenbau und Elektroindustrie wurden in entscheidungsorientierten Betrieben 110 Beschäftigte nach der Zahl der Stellenwechsel im bisherigen Berufsleben befragt:

Anzahl Stellenw. :	0	1	2	3	4	5	≥ 6
Anzahl Besch. :	23	17	27	20	17	3	3

Welches der behandelten Verteilungsmodelle ist zur Beschreibung dieses Datensatzes am geeignetesten?

9 Stetige Verteilungen

9.1 Grundlagen

9.1.1 Einführendes Beispiel

Der Geschäftsführer einer Reparaturwerkstatt interessiert sich für die Verteilung der Reparaturzeiten der bei ihm in Auftrag gegebenen PKW. Die Erkenntnisse sollen bei der Optimierung der Betriebsabläufe helfen. Dabei ist eine Übersicht von Interesse, die möglichst von zufälligen Aspekten bereinigt ist. Eine Stichprobe von 100 zufällig gezogenen Karteikarten, auf denen alte Aufträge vermerkt sind, ergab entsprechend viele Werte der Variablen $X =$ ‚Reparaturdauer' in 1/100 Stunden. (Für die Daten danke ich dem Autohaus Müller, Essen.)

Wie hier ist bei stetigen Variablen jede Zahl aus einem Intervall eine Realisationsmöglichkeit. Dies führt bei wiederholter Beobachtung dazu, dass i. d. R. die beobachteten Werte alle unterschiedlich sind. Die resultierende empirische Verteilungsfunktion hat dann entsprechend sehr viele Sprungstellen, die Sprünge sind andererseits klein, die meisten sind nur von der Höhe $1/n$. Bei einer großen Anzahl n von Beobachtungen wird der Eindruck einer stetigen Verteilungsfunktion vermittelt. Dementsprechend bilden stetige Funktionen eine geeignete Basis, um Modelle für theoretische Verteilungen für Variablen mit sehr vielen unterschiedlichen Realisationsmöglichkeiten zu bestimmen.

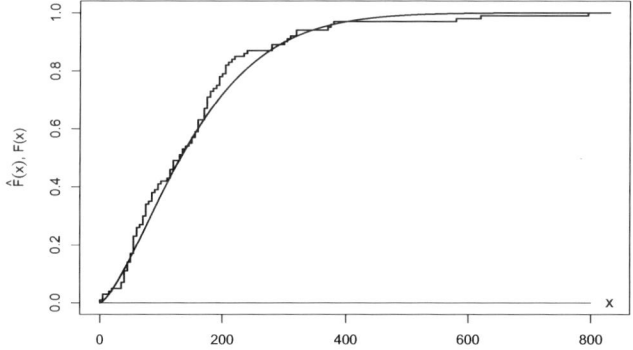

Abb. 9.1: *Empirische Verteilungsfunktion mit stetiger Approximation*

In der Abbildung 9.1 ist die empirische Verteilungsfunktion $\hat{F}(x)$ der Reparaturzeiten dargestellt; diese ist durch eine stetige Funktion $F(x)$ approximiert worden. Offensichtlich kann mit der approximierenden Funktion das Wesentliche der Verteilung der Reparaturzeiten erfasst werden.

9.1.2 Stetige Verteilungsfunktionen

Eine stetige Funktion, die als *stetige Verteilungsfunktion* $F(x)$ verwendet werden soll, muss offensichtlich drei Eigenschaften besitzen. Diese Eigenschaften sind schon im Kapitel als Eigenschaften theoretischer Verteilungsfunktionen genannt worden:

$$x_1 < x_2 \Rightarrow F(x_1) \leq F(x_2),$$
$$F(x) \to 1 \quad \text{für} \quad x \to \infty,$$
$$F(x) \to 0 \quad \text{für} \quad x \to -\infty.$$

Natürlich darf $F(x)$ schon an irgendeiner Stelle x_1 null sein bzw. an einer Stelle x_2 den Wert eins annehmen. Allerdings ist $F(x)$ dann aufgrund dieser Eigenschaften links von x_1 ebenfalls null bzw. rechts von x_2 konstant eins.

Wahrscheinlichkeiten für Intervalle ergeben sich bei stetigen Verteilungsfunktionen gemäß $P(x_1 < X \leq x_2) = F(x_2) - F(x_1)$; dabei ist $x_1 < x_2$ vorausgesetzt. Die Wahrscheinlichkeit, dass die Zufallsvariable X, für die eine stetige Verteilungsfunktion als Modell sinnvoll ist, einen speziellen Wert x_0 annimmt, ist null:

$$P(X = x_0) = F(x_0) - \lim_{x \uparrow x_0} F(x) = F(x_0) - F(x_0) = 0.$$

Hier müssen wir uns klarmachen, dass ‚ein spezieller Wert' beispielsweise nicht einfach $x = 10$ bedeutet. Vielmehr ist dies die 10 mit allen Nachkommastellen: $x = 10.00000\ldots$. Folglich wird ein solches Ereignis $\{X = x_0\}$ auch bei langen Versuchsserien eine verschwindende relative Häufigkeit aufweisen; die statistische Wahrscheinlichkeit ist null.

Beispiel 9.1 *Bogenschütze*

Wir betrachten einen ungeübten Bogenschützen, der auf eine kreisrunde Zielscheibe vom Radius 1 m schießt. (Der Sicherheit halber sei die Zielscheibe an einem Scheunentor befestigt.) Nur Versuche, bei denen der ‚Schütze' die Zielscheibe trifft, werden berücksichtigt. Wegen der mangelnden Übung können wir davon ausgehen, dass jedes Flächenstück der Zielscheibe mit einer Wahrscheinlichkeit getroffen wird, die ihrem Flächeninhalt entspricht.

Nun interessieren wir uns für die Zufallsvariable $X=$ ‚Abstand zum Mittelpunkt der Scheibe'. Mit den Voraussetzungen gilt:

$$P(X \leq x) = \frac{\text{Flächeninhalt des Kreises mit dem Radius } x}{\text{Flächeninhalt der Zielscheibe}} = \frac{\pi x^2}{\pi \cdot 1^2} = x^2.$$

Damit haben wir schon die Verteilungsfunktion von X:

$$P(X \leq x) = \begin{cases} 0 & \text{für } x \leq 0 \\ x^2 & \text{für } 0 < x \leq 1 \\ 1 & \text{für } x > 1 \end{cases}.$$

Wie bei diskreten gibt es auch bei stetigen Zufallsvariablen verschiedene Ansätze zur Bestimmung einer Verteilung. Das Beispiel des Bogenschützen veranschaulicht, wie wir über

9.1 Grundlagen

Annahmen zu einem Modell gelangen. Häufig anzutreffen ist das Vorgehen, zu einem vorgegebenen Datensatz eine geeignete Verteilungsfunktion zu suchen, welche die empirische Verteilung hinreichend gut beschreibt. Dieser Ansatz wird durch das einführende Beispiel illustriert.

9.1.3 Dichtefunktion

Wie wir gesehen haben, gilt für jedes einzelne x_0: $P(X = x_0) = 0$. Daher ist bei stetigen Verteilungen eine Wahrscheinlichkeitsfunktion nicht sinnvoll. Auf der anderen Seite gibt die Differenz $F(x_2) - F(x_1)$ für $x_1 < x_2$ die Wahrscheinlichkeit dafür wieder, dass X einen Wert aus dem Intervall $(x_1; x_2]$ annimmt. Die Differenz entspricht gerade dem Flächeninhalt unter der Kurve, die durch die Ableitung von $F(x)$ begrenzt ist. Flächeninhalte werden mathematisch durch Integrale dargestellt. Damit ergibt sich für eine geeignete Funktion $f(x)$:

$$P(a < X \leq b) = \int_a^b f(x)\,dx.$$

Mit der Verteilungsfunktion ausgedrückt ist die Wahrscheinlichkeit $P(a < X \leq b)$ gleich $F(b) - F(a)$. Beides zusammen ergibt:

$$P(a < X \leq b) = \int_a^b f(x)\,dx = F(b) - F(a).$$

Die Wahrscheinlichkeit $P(X \leq b)$ wird durch den Inhalt der gesamten Fläche unter der Funktion $f(x)$, die links von b liegt, dargestellt. Formal ist dies das Integral von $-\infty$ bis b.

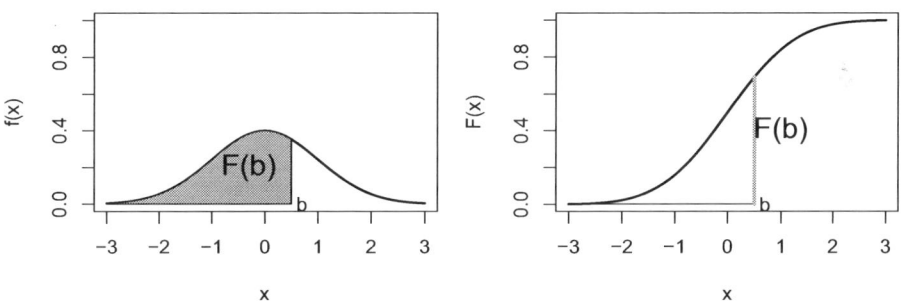

Abb. 9.2: *Zusammenhang von Dichte und Verteilungsfunktion*

Definition 9.2 *Dichtefunktion*

X sei eine Zufallsvariable mit der stetigen Verteilungsfunktion $F(x)$. Es gebe eine Funktion $f(x)$, so dass

$$P(X \leq x) = \int_{-\infty}^x f(u)\,du \quad \text{für alle } x.$$

Dann heißt die Funktion $f(x)$ *Wahrscheinlichkeitsdichte* oder *Dichtefunktion* bzw. kurz *Dichte* der Verteilung von X.

Der Flächeninhalt unter einer Dichtefunktion ist also gleich der Wahrscheinlichkeit, dass die Zufallsvariable einen Wert aus dem entsprechenden Intervall annimmt. Dies ist das theoretisches Gegenstück zum Histogramm; bei dem der Flächeninhalt unter der Häufigkeitsdichte gleich der relativen Häufigkeit der Beobachtungen aus diesem Intervall ist.

Für die Dichte wurde das gleiche Symbol gewählt wie für die Wahrscheinlichkeitsfunktion. Dies führt an verschiedenen Stellen zu schreibtechnischen Vereinfachungen. Es ist aber zu beachten, dass die Interpretationen der beiden Funktionen sich grundlegend unterscheiden. Der Wert der Wahrscheinlichkeitsfunktion $f(x)$ an der Stelle x gibt direkt die Wahrscheinlichkeit dafür an, dass die diskrete Zufallsvariable X diesen Wert annimmt. Der Wert der Dichte an der Stelle x ist nicht direkt als Wahrscheinlichkeit interpretierbar. Nur die durch die Dichte begrenzten Flächen über Intervallen $(a;b]$ entsprechen den Wahrscheinlichkeiten $P(a < X \leq b)$.

Damit eine Funktion $f(x)$ Dichte einer Wahrscheinlichkeitsverteilung sein kann, muss sichergestellt sein, dass der Flächeninhalt unter dem Graphen von $f(x)$ stets nicht negativ ist. Das ist erfüllt, wenn $f(x)$ selbst stets größer oder gleich null ist. Außerdem muss die Gesamtfläche den Inhalt eins haben, denn durch $\{-\infty < X < \infty\}$ wird das sichere Ereignis beschrieben.

Lemma 9.3 *Eigenschaften einer Dichtefunktion*

Eine Wahrscheinlichkeitsdichte $f(x)$ hat die beiden Eigenschaften:

$$f(x) \geq 0 \quad \text{und} \quad \int_{-\infty}^{\infty} f(x)\,dx = 1.$$

Beispiel 9.4 *Warten auf die nächste S-Bahn - Fortsetzung*

Bei der im Beispiel 6.34 betrachteten Wartezeit auf die nächste S-Bahn haben wir vorausgesetzt, dass Herr Statist ohne auf die Uhr zu sehen zur S-Bahn get. Die S-Bahn fahre im 20-Minuten-Takt. Die Zufallsvariable $X =$ ‚Wartezeit in Minuten' kann dann jeden Wert aus dem Intervall $[0;20]$ annehmen.

Zunächst gilt $P(0 \leq X \leq 20) = 1$, da die S-Bahn im 20-Minuten-Takt fährt (Verspätungen und zu frühes Kommen werden ausgeschlossen.) Aufgrund des unkoordinierten Vorgehens erscheint es außerdem plausibel, gleich langen Teilintervallen gleiche Wahrscheinlichkeiten zuzuordnen. Also ist die Wahrscheinlichkeit, eine Wartezeit zwischen a und b, $0 < a < b < 20$, zu erhalten, proportional zu der Länge des Intervalles $[a;b]$:

$$P(a < X \leq b) = k \cdot (b - a).$$

Nun gilt

$$k \cdot (b - a) = \int_a^b k\,dx.$$

Somit ist die Dichtefunktion von X über dem Intervall $[0;20]$ konstant, $f(x) = k$. Aus

$$P(0 < X \leq 20) = k \cdot 20 = 1$$

9.1 Grundlagen

folgt $k = 1/20$. Die Dichtefunktion von X lautet vollständig:

$$f(x) = \begin{cases} 1/20 & \text{für } 0 < x < 20, \\ 0 & \text{sonst}. \end{cases}$$

Integration liefert die Verteilungsfunktion:

$$F(x) = \begin{cases} 0 & \text{für } x < 0, \\ \frac{1}{20}x & \text{für } 0 < x \leq 20, \\ 1 & \text{für } x > 20. \end{cases}$$

Beispiel 9.5 *Bogenschütze - Fortsetzung*

Für die Treffergenauigkeit des ungeübten Bogenschützen haben wir die folgende Verteilungsfunktion erhalten:

$$F(x) = \begin{cases} 0 & \text{für } x \leq 0, \\ x^2 & \text{für } 0 < x \leq 1, \\ 1 & \text{für } x > 1. \end{cases}$$

Mit der Beziehung $F'(x) = f(x)$ bekommen wir die Dichte:

$$f(x) = F'(x) = \begin{cases} 2x & \text{für } 0 < x \leq 1, \\ 0 & \text{sonst}. \end{cases}$$

Beispiel 9.6 *Pareto-Verteilung*

Vilfredo Pareto formulierte in seiner 1897 erschienenen Schrift ‚Cours d'Economie Politique' ein von ihm gefundenes empirisches Gesetz über die Verteilung des Einkommens in einer Nation. Er glaubte gleichwohl an die universelle Gültigkeit der Beziehung

$$N_x = A x^{-\alpha},$$

bei der N_x die Anzahl der Personen mit einem Einkommen von mindestens x Einheiten ist. A und α sind geeignete positive Zahlen, sogenannte Parameter.

Gehen wir von einer unteren Einkommensgrenze k aus, und betrachten wir den Anteil N_x/N_k, so erhalten wir die Verteilungsfunktion der Pareto-Verteilung:

$$\mathrm{P}(X \geq x) = \frac{N_x}{N_k} = \frac{A x^{-\alpha}}{A k^{-\alpha}} \Longrightarrow F(x) = \begin{cases} 1 - \left(\dfrac{k}{x}\right)^{\alpha} & \text{für } x \geq k \\ 0 & \text{für } x < k. \end{cases}$$

$F(x)$ ist also ein Modell für die Verteilung des Einkommens X in einer Population mit dem Mindesteinkommen k.

Die zugehörige Dichte ergibt sich durch Differenzieren von $F(x)$:

$$f(x) = F'(x) = \begin{cases} \alpha \dfrac{k^\alpha}{x^{\alpha+1}} & \text{für } x \geq k \\ 0 & \text{für } x < k. \end{cases}$$

Um das Modell in einem angewandten Kontext zu betrachten, werden Einkommensdaten des Jahres 2004 verwendet. Zur Verfügung steht die Verteilung des monatlichen Haushaltsnettoeinkommens in Euro, ohne Selbstständige in der Landwirtschaft und ohne Haushalte, die keine Angaben zum Einkommen machten. Es werden dann nur die Einkommen für die neuen Länder und Berlin-Ost genommen und hier die Einkommen betrachtet, die 1500 Euro übersteigen. (Quelle: Statistisches Bundesamt (2006), S. 111.) Die Anpassung der Pareto-Verteilung ergibt für α den Näherungswert $\hat{\alpha} = 2.234$; auf die Bestimmung wird später eingegangen. Damit erhalten wir die letzte Spalte der Tabelle. Offensichtlich ist die Übereinstimmung nicht sehr gut. Dabei ist aber zu bedenken, dass gerade Bezieher größerer Einkommen eher dazu tendieren, keine Angaben zu machen.

Tab.: *monatliches Haushaltsnettoeinkommen in Euro*

i	$x_{i-1} \leq X <$	x_i	h_i	$F(x_i, \hat{\alpha}) - F(x_{i-1}, \hat{\alpha})$
1	1500	-	2000	0.389	0.474
2	2000	-	2600	0.296	0.233
3	2600	-	3200	0.148	0.109
4	3200	-	4500	0.121	0.098
5	4500	-	-	0.047	0.086
				1.001	

9.1.4 Theoretische Quantile

Theoretische Quantile wurden allgemein in der Definition 6.40 festgelegt. Für eine stetige und streng monotone Verteilungsfunktion $F(x)$ (streng monoton heißt: $x_1 < x_2 \Rightarrow F(x_1) < F(x_2)$) ist aber für jedes p, $0 < p < 1$, das zugehörige p-*Quantil* x_p durch

$$F(x_p) = p$$

eindeutig definiert.

Quantile sind u. a. bedeutsam, um die Anpassung von theoretischen Verteilungen an empirische Daten zu überprüfen. Die Gegenüberstellung von empirischen und theoretischen Verteilungsfunktionen lässt ja wegen der Krümmung der beiden Kurven eventuell vorhandene, leichte Unterschiede nicht gut erkennen.

Beispiel 9.7 *Stellungskräfte an Hebeln*

In Hinblick auf die Ermittlung zulässiger Betätigungskräfte an Zentralverschlüssen von Schutzhütten wurde von Rühmann u. a. (1983) eine Untersuchung über die maximalen isometrischen Stellungskräfte an Hebeln durchgeführt. Die Studie diente der Datengewinnung für ausgewählte Betätigungsfälle eines Hebels. Bei 404 männlichen Personen

9.1 Grundlagen

erhielten die Autoren die in der Abbildung wiedergegebene empirische Verteilungsfunktion für die Druckkräfte bei linkshändiger Frontalbedienung. Zudem ist in der Abbildung die theoretische Verteilungsfunktion des von ihnen ausgewählten theoretischen (Normal-) Verteilungsmodells eingezeichnet.

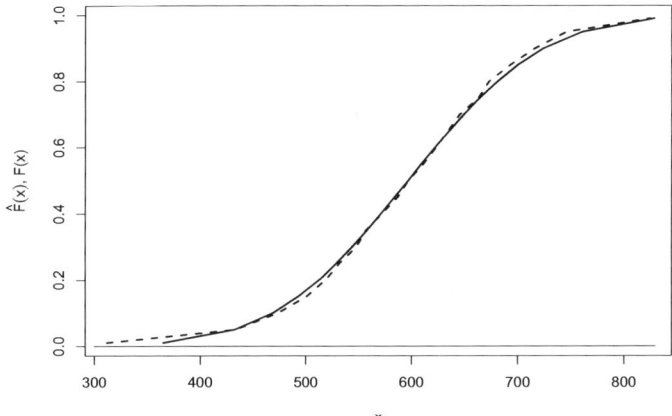

Abb. 9.3: *Empirische (- -) und theoretische (—) Verteilung von Druckkräften*

Die Autoren beurteilten die Übereinstimmung der theoretischen mit der empirischen Verteilung als gut.

Die gleichgelagerte Problematik führte bei dem Vergleich zweier Datensätze zu empirischen Quantildiagrammen. Auch für die vorliegende Situation gelten die dort angestellten Überlegungen. Wir wollen sie übertragen.

Beschreibt das Modell mit der theoretischen Verteilungsfunktion $F(x)$ den Datensatz mit der empirischen Verteilungsfunktion $\hat{F}(x)$ hinreichend gut, so gilt

$$F(x) \approx \hat{F}(x) \quad \text{für alle } x.$$

Das ist aber gleichbedeutend damit, dass für die empirischen Quantile x_p und die theoretischen Quantile t_p gilt:

$$x_p \approx t_p \quad \text{für alle } p \text{ mit } 0 < p < 1.$$

Dies ist in der Abbildung 9.4 illustriert.

Werden also die empirischen Quantile x_p für verschiedene $p, 0 < p < 1$, in Abhängigkeit von den theoretischen t_p in ein Diagramm eingetragen, so sollten die resultierenden Punkte unsystematisch um die Winkelhalbierende streuen, wenn das Modell die Daten gut beschreibt.

Die empirischen Quantile brauchen nicht mehr berechnet zu werden, wenn die v/n-Quantile, $v = 1, 2, \ldots, n$ für die Erstellung eines Quantildiagramms verwendet werden. Die geordneten Werte $x_{(1)}, x_{(2)}, \ldots, x_{(n)}$ fallen dann nämlich mit den p-Quantilen für $p = 1/n, 2/n, \ldots, n/n$ zusammen:

$$\hat{F}(x_{(v)}) = \frac{v}{n} \quad v = 1, 2, \ldots, n.$$

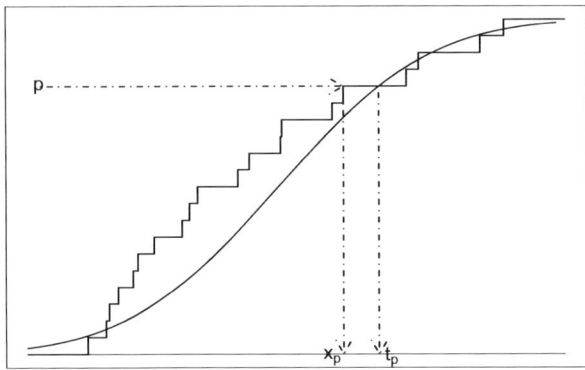

Abb. 9.4: *Zur Übereinstimmung von empirischen und theoretischen Quantilen*

Bei der Bestimmung der theoretischen Quantile wird allerdings gerne eine *Stetigkeitskorrektur* vorgenommen. Anstatt von der Gleichung $\hat{F}(x_{v/n}) = v/n$ auszugehen, werden die $t_{v/n}$ aus

$$F(t_{v/n}) = \frac{v - 0.5}{n} \qquad v = 1, 2, \ldots, n$$

bestimmt. Dies hat zwei Vorteile:
Einmal stimmen in vielen Anwendungen die empirischen und die theoretischen Quantile dann besser überein. Wir können uns die Situation anhand der Abbildung 9.4 verdeutlichen. Im unteren Bereich stimmten empirische und theoretische Verteilungsfunktion augenscheinlich recht gut überein. Da aber dieser Eindruck auch deswegen entsteht, weil die stetige Kurve die empirische in der Mitte der Sprünge schneidet, muss jeweils etwa die Hälfte der Sprunghöhe abgezogen werden, um zum gleichen Wert auf der x-Achse zu gelangen. Zum anderen kann dann auch der größte Wert des Datensatzes bei der Erstellung des Quantildiagramms verwendet werden. Da bei vielen Modellen $F(x) < 1$ für $x < \infty$ gilt, gibt es keine für die Erstellung eines Quantildiagramms verwendbare Lösung von $n/n = F(x_{n/n})$.

Definition 9.8 *QQ-Diagramm*

In einem *theoretischen Quantil-* oder *QQ-Diagramm* mit Stetigkeitskorrektur werden die geordneten Daten $x_{(v)}$ gegen die $(v - 0.5)/n$-Quantile $t_{v/n}$ der theoretischen Verteilung aufgetragen. Statt $t_{v/n}$ schreiben wir auch kurz t_v.

Systematische Unterschiede treten i. a. erst bei einem genügend großen Umfang des Datensatzes hervor. Es sollten daher mindestens 20 Beobachtungen für die Konstruktion eines QQ-Diagrammes vorliegen.

Beispiel 9.9 *Wartezeit auf die S-Bahn - Fortsetzung*

Bei 25-maligem ‚Blind-zur-S-Bahn-Gehen' notierte Herr Statist die Wartezeiten. Als Mo-

9.1 Grundlagen

dell steht die Verteilungsfunktion

$$F(x) = \frac{1}{20}x \quad \text{für} \quad 0 < x \leq 20$$

zur Diskussion. Die theoretischen Quantile erhalten wir somit zu:

$$\frac{v - 0.5}{n} = \frac{1}{20} t_v \Longrightarrow t_v = 0.8 \cdot v - 0.4, v = 1, \ldots, 25.$$

Tab.: *Empirische und theoretische Quantile der Wartezeiten*

v	$x_{(v)}$	t_v	v	$x_{(v)}$	t_v	v	$x_{(v)}$	t_v	v	$x_{(v)}$	t_v	v	$x_{(v)}$	t_v
1	0	0.4	6	2.3	4.4	11	6.3	8.4	16	10.6	12.4	21	11.8	16.4
2	0	1.2	7	2.9	5.2	12	7.1	9.2	17	10.9	13.2	22	12.7	17.2
3	0	2.0	8	4.2	6.0	13	8.9	10.0	18	11.0	14.0	23	16.1	18.0
4	2.0	2.8	9	4.7	6.8	14	9.1	10.8	19	11.1	14.8	24	16.1	18.8
5	2.1	3.6	10	5.6	7.6	15	9.3	11.6	20	11.2	15.6	25	19.0	19.6

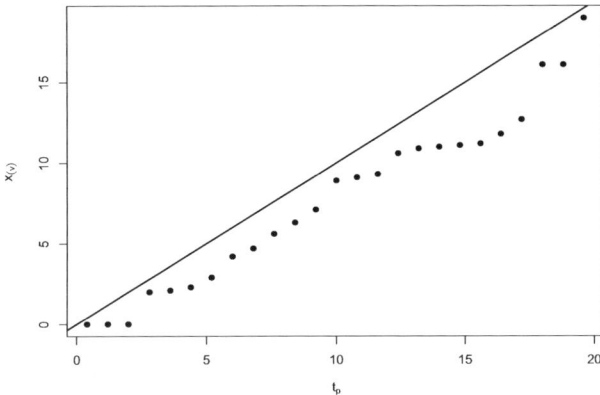

Abb. 9.5: *QQ-Diagramm Wartezeiten auf S-Bahn*

Die Punkte streuen nicht um die Winkelhalbierende. Dies deutet auf einen systematischen Unterschied zwischen der Verteilung der empirischen Daten und dem theoretischen Modell hin. Da die empirischen Quantile durchweg kleiner als die theoretischen sind, ist die tatsächliche Wartezeit tendenziell geringer als man bei dem Modell erwarten würde. (Insgesamt hat also das ‚unkoordinierte Losgehen' nicht ganz funktioniert. Die drei ‚Null-Zeiten' sind zudem ‚Spurts' bei nahender S-Bahn zu verdanken.)

Theoretische QQ-Diagramme können auch für klassierte Datensätze angefertigt werden. Die empirische Verteilungsfunktion $\hat{F}(x)$ ist an den Klassenobergrenzen x_i^*, $i = 1, \ldots, k$, bekannt. Werden die zugehörigen p-Werte genommen, $p_i = \hat{F}(x_i^*)$ so können für diese p_i die modellmäßigen theoretischen Quantile t_i^* aus $p_i = F(t_i^*)$ bestimmt werden. Die Stetigkeitskorrektur wird hier natürlich nicht vorgenommen.

Systematische Unterschiede, d. h. systematische Abweichungen von der Winkelhalbierenden sind i. d. R. erst bei einer feineren Klasseneinteilung zu erkennen.

Beispiel 9.10 *Stellungskräfte an Hebeln - Fortsetzung*

In der eingangs zitierten Studie über die Betätigungskräfte an einem Türhebel sind auch ausgewählte Quantile angegeben. (Ohne Stetigkeitskorrektur. Bei n = 404 würde sich diese auch nur sehr wenig bemerkbar machen.)

Tab.: *Empirische und theoretische Quantile der linkshändigen Druckkraft [N]*

p_i :	.01	.05	.10	.15	.20	.25	.30	.35	.40	.45	.50
x_i^* :	312	434	474	501	519	532	548	557	572	587	597
t_i^* :	365	433	469	493	513	529	544	558	571	584	597
p_i :	.55	.60	.65	.70	.75	.80	.85	.90	.95	.99	
x_i^* :	611	623	634	645	663	673	693	716	746	825	
t_i^* :	609	622	635	649	664	681	700	724	761	829	

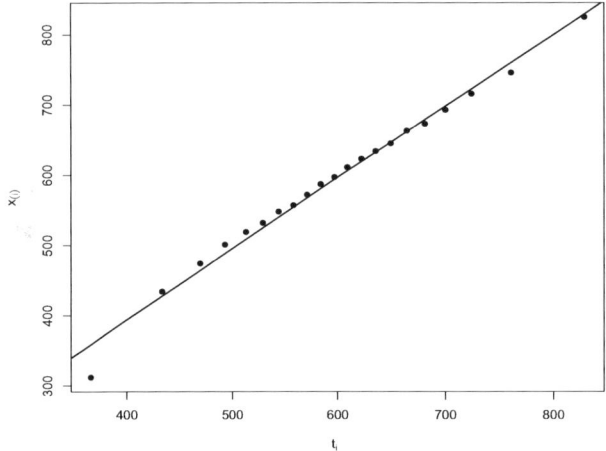

Abb. 9.6: *Quantildiagramm ‚Druckkraft'*

Das QQ-Diagramm zeigt deutlich, dass (bis auf den ganz extremen Bereich) im unteren Teil die empirischen Quantile größer als die theoretischen sind. Diese Tendenz kehrt sich im oberen Teil um. Somit ist eine leichte systematische Abweichung von der Winkelhalbierenden zu erkennen.

Über Quantile werden auch zentrale Schwankungsintervalle definiert.

Definition 9.11 *Zentrale Schwankungsintervalle*

Zentrale Schwankungsintervalle sind dadurch festgelegt, dass die Wahrscheinlichkeit gleich groß ist, dass die Zufallsvariable einen Wert links bzw. rechts außerhalb annimmt. Für eine Wahrscheinlichkeit p ist das zugehörige Schwankungsintervall

$$[x_{p/2}; x_{1-p/2}].$$

9.2 Maßzahlen stetiger Verteilungen

9.2.1 Maßzahlen der Lage

Wir haben gesehen, dass für $X=$ ‚Reparaturdauer' ein stetiges Verteilungsmodell sinnvoll ist, da wir bei weiteren Beobachtungen eher damit rechnen, dass es noch mehr unterschiedliche Werte gibt. Die Frage, welche Reparaturdauer wir denn bei der nächsten Reparatur erwarten, ist wie bei den diskreten Verteilungen die Frage nach dem Erwartungswert. Bei diesen ist er durch $E(X) = \sum_i x_i p_i$ gegeben. Bei stetigen Verteilungen haben wir nun keine sinnvolle Wahrscheinlichkeitsfunktion. Wahrscheinlichkeiten werden vielmehr durch Flächeninhalte unter der Dichtefunktion angegeben. Daher ist eine Annäherung an die Formel für den Erwartungswert bei diskreten Verteilungen:

$$E(X) \approx \sum_i x_i P(x_{i-1}^* < X \leq x_i^*) \approx \sum_i x_i f(x_i) \Delta_i.$$

Dabei ist durch die x_i^* eine Klasseneinteilung der x-Achse mit der Klassenbreite Δ_i gegeben. Je feiner diese Klasseneinteilung wird, desto besser ist sicherlich die Annäherung. Im Grenzübergang sind wir damit aber beim Integral.

Definition 9.12 *Erwartungswert einer stetigen Verteilung*

Der *Erwartungswert* einer Zufallsvariablen X mit einer stetigen Verteilung mit der Dichte $f(x)$ ist definiert durch:

$$E(X) = \mu = \int_{-\infty}^{\infty} x f(x) \, dx.$$

Vorausgesetzt ist dabei, dass das Integral sinnvoll berechnet werden kann.

Beispiel 9.13 *Warten auf die S-Bahn - Fortsetzung*

Für die bereits häufiger betrachtete Zufallsvariable $X =$ ‚Wartezeit auf den nächsten S-Bahn-Zug' ist eine Gleichverteilung über dem Intervall [0;20] ein plausibles Modell. X hat also die Dichte

$$f(x) = \frac{1}{20} \quad \text{für } 0 < x < 20 \quad \text{und } = 0 \quad \text{sonst.}$$

Der Erwartungswert von X ist dann

$$E(X) = \int_{-\infty}^{\infty} x f(x) \, dx = \int_0^{20} x \frac{1}{20} \, dx = \frac{1}{20} \left[\frac{1}{2} x^2 \right]_0^{20} = \frac{1}{20} \left[\frac{1}{2} 20^2 - \frac{1}{2} 0^2 \right] = \frac{20}{2} = 10.$$

Wenn er sich nicht besser orientiert, muss Herr Statist mit einer Wartezeit von 10 Minuten rechnen.

Die Eigenschaften des Erwartungswertes für stetige Verteilungen sind die gleichen wie für diskrete. Sie seien hier noch einmal zusammengestellt.

Lemma 9.14 *Eigenschaften des Erwartungswertes*

X und Y seien zwei Zufallsvariablen mit den Erwartungswerten $E(X)$ und $E(Y)$. Dann gilt:
1) $E(a+bX) = a + bE(X)$ für beliebige Zahlen a, b;
2) $E(X+Y) = E(X) + E(Y)$;
3) $E(g(X)) = \int_{-\infty}^{\infty} g(x) f(x) dx$ bei geeigneten Transformationen $g(x)$:

Beispiel 9.15 *Warten auf die S-Bahn - Fortsetzung*

Herr Statist interessiert sich bei seiner Ankunft auf dem S-Bahnhof für die mittlere Zeit zum näherliegenden Zug. Trifft er also in der ersten Hälfte des Intervalles [0;20] ein, so nimmt er die seit Abfahrt des letzten Zuges verflossene Zeit. In der zweiten Hälfte ist dies die Wartezeit bis zum nächsten S-Bahn-Zug. Formal ist der Erwartungswert von $Y = g(X)$ gefragt, wobei

$$g(x) = \begin{cases} x & \text{für } 0 \leq x \leq 10, \\ 20-x & \text{für } 10 < x \leq 20. \end{cases}$$

Mit der Gleichverteilung der Zufallsvariablen X erhalten wir:

$$E(Y) = E(g(X)) = \int_0^{20} g(x) \frac{1}{20} dx = \int_0^{10} x \frac{1}{20} dx + \int_0^{10} (20-x) \frac{1}{20} dx$$
$$= \frac{1}{20}\left(\frac{10^2}{2} - \frac{0^2}{2}\right) + \frac{1}{20}(20-10) - \frac{1}{20}\left(\frac{20^2}{2} - \frac{10^2}{2}\right)$$
$$= 5.$$

Der Erwartungswert des Abstandes zum näherliegenden Zug beträgt also 5 Minuten.

Das theoretische Gegenstück zum empirischen Median ist der theoretische Median. Als Verteilungsparameter wird der Median praktisch nur bei stetigen Variablen und bei feinabgestuften diskreten Variablen betrachtet.

Definition 9.16 *Median*

Der *theoretische Median* ist das 0.5-Quantil der theoretischen Verteilung. Er wird mit $\tilde{\mu}$ bezeichnet.

Bei stetigen Zufallsvariablen gilt $P(X \leq \tilde{\mu}) = 0.5 = P(X \geq \tilde{\mu})$. Die Wahrscheinlichkeit, dass X einen Wert annimmt, der kleiner ist als $\tilde{\mu}$, ist also genauso groß wie die Wahrscheinlichkeit, dass X einen größeren Wert als $\tilde{\mu}$ annimmt.

Beispiel 9.17 *Pareto-Verteilung*

Im Beispiel 9.6 haben wir die Pareto-Verteilung als Modell für die Einkommensverteilung der Bezieher höherer Einkommen kennengelernt. Die Verteilungsfunktion der Pareto-Verteilung lautet:

$$F(x) = \begin{cases} 1 - \left(\frac{k}{x}\right)^\alpha & \text{für } x \geq k, \\ 0 & \text{für } x < k. \end{cases}$$

9.2 Maßzahlen stetiger Verteilungen

Den Median dieser Verteilung erhalten wir über den Ansatz

$$0.5 = F(\tilde{\mu}) = 1 - \left(\frac{k}{\tilde{\mu}}\right)^\alpha \Rightarrow \frac{k^\alpha}{\tilde{\mu}^\alpha} = \frac{1}{2} \Rightarrow \tilde{\mu}^\alpha = 2k^\alpha$$
$$\Rightarrow \tilde{\mu} = k \cdot 2^{1/\alpha}.$$

Der Median hängt noch von den beiden Parametern k und α ab. Für die im Beispiel 9.6 betrachteten Parameter $k = 6, \alpha = 4.8$ beträgt er $\tilde{\mu} = 6.932$.

Bei Zufallsvariablen bezeichnet man jede Stelle, an der die zugehörige Dichtefunktion $f(x)$ ein lokales Maximum hat, als *Modus*. Besitzt $f(x)$ nur ein lokales Maximum, so heißt $f(x)$ *unimodal* und der Modus wird mit $\breve{\mu}$ bezeichnet. Ist $f(x)$ zwei- oder mehrgipflig, so spricht man von einer bimodalen bzw. *multimodalen Dichte*. Diese treten häufig bei Mischungen von verschiedenen Grundgesamtheiten auf.

Als Maßzahl der Lage wird der Modus aber nur selten verwendet.

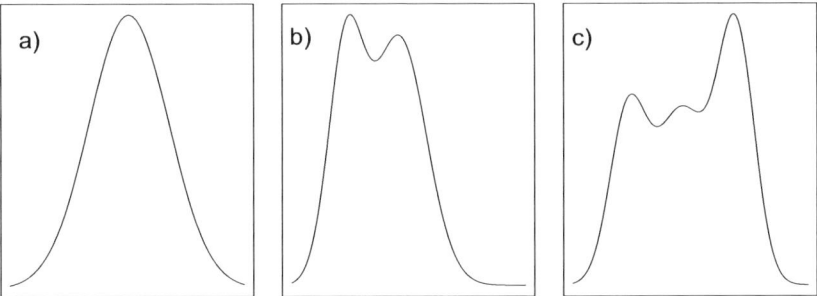

Abb. 9.7: *Verschiedene Dichtefunktionen: a) unimodal, b) bimodal c) trimodal*

9.2.2 Die Varianz

Wie die Übertragung von Erwartungswert von diskreten auf stetige Verteilungen kann bei der Varianz vorgegangen werden. Hier lässt sich dies vereinfachen, wenn wir uns erinnern, dass die Varianz der Erwartungswert einer speziellen nichtlinearen Funktion von X ist.

Definition 9.18 *Varianz einer stetigen Verteilung*

Die *Varianz* einer Zufallsvariablen X mit einer stetigen Verteilung mit der Dichte $f(x)$ und dem Erwartungswert μ ist

$$V(X) = \sigma^2 = E((X-\mu)^2) = \int_{-\infty}^{\infty} (x-\mu)^2 f(x)\,dx.$$

Vorausgesetzt ist dabei, dass das Integral sinnvoll berechnet werden kann.

Die Eigenschaften sind genau die gleichen wie bei den diskreten Verteilungen, vgl. den Abschnitt 7.2.2. Sie seien hier nur noch einmal in Kurzform rekapituliert.

Lemma 9.19 *Eigenschaften der Varianz*

X und Y seien zwei Zufallsvariablen. Dann gilt:
1) $V(X) = E(X^2) - E(X)^2$,
2) $V(a + bX) = b^2 V(X)$,
3) $V(X + Y) = V(X) + V(Y)$ falls X und Y unabhängig oder wenigstens unkorreliert sind.

Beispiel 9.20 *Warten auf die S-Bahn - Fortsetzung*

Die Varianz der Verteilung der Wartezeit X auf die nächste S-Bahn ergibt sich mit der Gleichverteilung von X unter Ausnutzen der Zerlegung $V(X) = E(X^2) - E(X)^2$ und mit $E(X) = 10$ so:

$$E(X^2) = \int_0^{20} x^2 \frac{1}{20} dx = \frac{1}{20}\left(\frac{20^3}{3} - \frac{0^3}{3}\right) = \frac{400}{3} = 133.33.$$
$$\implies V(X) = 133.33 - 10^2 = 33.33.$$

Damit beträgt die Standardabweichung als eigentliche Maßzahl der Streuung 5.773.

9.2.3 Schiefe

Beispiel 9.21 *Quasare*

Quasare, quasi stellar radio sources, sind kosmische Gebilde, die eine kaum vorstellbare Energie auf kleinem Raum repräsentieren. Zufällig mit einem Röntgendetektor entdeckte Quasare weisen hinsichtlich der optischen Leuchtkraft eine andere Verteilung auf, als Quasare, die mit optischen oder Radioteleskopen aufgefunden wurden.

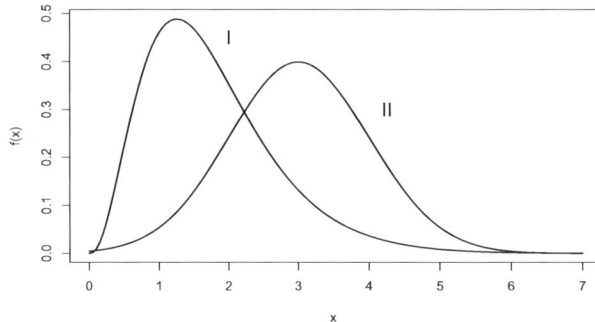

Abb. 9.8: *Optische Leuchtkraft von Quasaren in Zehnerpotenzen des Vielfachen der Leuchtkraft unserer Milchstraße, Modell (I): zufällig entdeckte Quasare, Modell (II): Optisch gefundene Quasare; nach Margon (1983)*

Die beiden Verteilungen stimmen nicht nur in Lage und Streuung nicht überein, sie unterscheiden sich in ihrer Gestalt noch grundsätzlicher. Das Modell (II) für die ‚optisch ermittelten' Quasare weist vom Zentrum aus gesehen an beiden Seiten die gleiche Form

9.2 Maßzahlen stetiger Verteilungen

auf, nur gespiegelt. Die Dichte (I) geht dagegen links vom Zentrum schneller gegen null als rechts. An der unterschiedlichen Gestalt der Verteilungen knüpft sich die astrophysikalische Frage nach einer Theorie zur Erklärung der Unterschiede an. Die Antwort steht aber noch aus.

Eine Möglichkeit, die unterschiedliche Form der beiden Dichten des Beispiels zu erfassen, bieten die Quantile. Bei der Dichte II, siehe die Abbildung 9.8, liegen die Quantile x_p und x_{1-p} gleichweit vom Zentrum der Verteilung entfernt. Die Quantile y_p der Verteilung I liegen dagegen (für $0 < p < 0.5$) offensichtlich dichter beim Zentrum als die Quantile y_{1-p}; mit Zentrum ist bei dieser Aussage der Median gemeint. Er ist die geeignete Maßzahl der Lage für diese Betrachtungen.

Andersherum können wir die eben formulierte Aussage auch so ausdrücken: Tragen wir jeweils dieselbe Strecke links und rechts vom Median ab, so sind bei der Verteilung die Wahrscheinlichkeiten in den Flanken jeweils gleich. Bei der Verteilung I ist die Wahrscheinlichkeit in der unteren Flanke jeweils geringer als in der oberen.

Definition 9.22 *Schiefe*

Sei X eine Zufallsvariable mit dem Median $\tilde{\mu}$. Dann heißt die Verteilung von X

symmetrisch, wenn $\quad P(X < \tilde{\mu} - a) = P(X > \tilde{\mu} + a)$,
rechtsschief, wenn $\quad P(X < \tilde{\mu} - a) \leq P(X > \tilde{\mu} + a)$,
linksschief, wenn $\quad P(X < \tilde{\mu} - a) \geq P(X > \tilde{\mu} + a)$

jeweils für alle $a > 0$ gilt und bei der Rechts- bzw. Linksschiefe mindestens für ein a das echte ‚<'- bzw. ‚>'-Zeichen gültig ist.
Rechtsschiefe Verteilungen heißen auch linkssteil, linksschiefe auch rechtssteil. Eine nichtsymmetrische Verteilung wird auch asymmetrisch genannt.

In der obigen Abbildung 9.8 ist also die Dichte I rechtsschief, die Dichte II symmetrisch.

Die Schiefe einer Verteilung zieht eine Regel für die Relationen der Lagemaße nach sich; diese *Lageregel* entspricht der für empirische Lagemaße.

Lemma 9.23 *Quantilsrelationen und Lageregel*

Für $0 < p < 0.5$ gilt bzgl. der Quantile einer stetigen Verteilung einer Zufallsvariablen X und bzgl. des Modus, des Median und des Erwartungswertes, wenn die Verteilung unimodal ist:

Tabelle 9.1: Verteilungsform und Relationen von Quantilen und Maßzahlen der Lage

Verteilungsform	Quantilsrelation	Lageregel der Lagemaße
symmetrisch	$\tilde{\mu} - x_p = x_{1-p} - \tilde{\mu}$	$\check{\mu} = \tilde{\mu} = \mu$,
rechtsschief	$\tilde{\mu} - x_p \leq x_{1-p} - \tilde{\mu}$	$\check{\mu} < \tilde{\mu} < \mu$,
linksschief	$\tilde{\mu} - x_p \geq x_{1-p} - \tilde{\mu}$	$\check{\mu} > \tilde{\mu} > \mu$.

Beispiel 9.24 *Dreiecksverteilung*

Die Zufallsvariable X habe die Dichte

$$f(x) = \begin{cases} 2x & \text{für } 0 < x < 1, \\ 0 & \text{sonst.} \end{cases}$$

Die Verteilung ist linksschief. Es soll die Lageregel nachvollzogen werden.

Da die Dichte monoton im Intervall ansteigt, ist offensichtlich $\breve{\mu} = 1$.

Den Median erhalten wir über die Verteilungsfunktion. Im Intervall $[0;1]$ ist diese gleich $F(x) = x^2$. Das führt auf:

$$0.5 = F(\tilde{\mu}) = \tilde{\mu}^2 \Longrightarrow \tilde{\mu} = \sqrt{0.5}.$$

Den Erwartungswert bekommen wir durch Integration:

$$\mu = \int_0^1 x \cdot 2x \, dx = \frac{2}{3}.$$

Somit ist hier die Lageregel nachvollzogen: $\breve{\mu} > \tilde{\mu} > \mu$.

Die empirischen Maßzahlen der Schiefe führen wie schon mehrfach praktiziert zu entsprechenden theoretischen Maßzahlen.

Definition 9.25 *theoretische Maßzahlen der Schiefe*

Sei X eine Zufallsvariable, deren Verteilung für $0 < p < 0.5$ die p-Quantile x_p, x_{1-p} hat. Der *p-Quantilskoeffizient der Schiefe* ist dann definiert durch

$$\gamma_p = \frac{(x_{1-p} - \tilde{\mu}) - (\tilde{\mu} - x_p)}{x_{1-p} - x_p}.$$

$\gamma_{0.25}$ heißt *Quartilskoeffizient der Schiefe*.

Hat X den Erwartungswert μ und die Standardabweichung σ, so ist der *Momentenkoeffizienten der Schiefe*

$$\gamma_M = \frac{\mathrm{E}((X-\mu)^3)}{\sigma^3}.$$

Bei symmetrischen Verteilungen nehmen die Quantilskoeffizienten der Schiefe γ_p den Wert null an. Bei rechtsschiefen Verteilungen sind sie größer, bei linksschiefen Verteilungen kleiner als null. Offensichtlich gilt dabei stets $-1 \leq \gamma_p \leq 1$. Die extremen Werte $+1$ bzw. -1 werden im Fall $x_p = \tilde{\mu}$ bzw. $x_{1-p} = \tilde{\mu}$ angenommen.

Beim Momentenkoeffizienten gehen weit weg von μ liegende Werte in den Erwartungswert $\mathrm{E}((X-\mu)^3)$ mit einem großen Gewicht ein, falls sie eine relativ große Wahrscheinlichkeit aufweisen. Da bei der dritten Potenz das Vorzeichen erhalten bleibt, wird γ_M positiv, wenn die Werte überwiegen, die größer als μ sind. Bei symmetrischen Verteilungen heben sich die positiven gegen die negativen auf, bei linksschiefen Verteilungen kehren sich die skizzierten Verhältnisse um. Die Normierung mit σ^3 sichert, dass diese Maßzahl eine dimensionslose Vergleichsgröße darstellt. Sie ist nicht beschränkt.

Da die Schiefemaße γ_p und γ_M auf unterschiedlichen Konzepten beruhen, sind sie nicht miteinander vergleichbar. Nur Vergleiche von Verteilungen anhand gleichartiger Maßzahlen sind sinnvoll.

Beispiel 9.26 *Dreiecksverteilung - Fortsetzung*

Wie den Median als 0.5-Quantil erhalten wir generell für die Quantile der Verteilung:

$$x_p = \sqrt{p}.$$

Damit ergibt sich der Quartilskoeffizient der Schiefe zu

$$\gamma_{0.25} = \frac{(x_{1-p} - \widetilde{\mu}) - (\widetilde{\mu} - x_p)}{x_{1-p} - x_p} = \frac{\left(\sqrt{0.75} - \sqrt{0.5}\right) - \left(\sqrt{0.5} - \sqrt{0.25}\right)}{\left(\sqrt{0.75} - \sqrt{0.25}\right)} = -0.13.$$

Weiter gilt:

$$V(X) = E(X^2) - E(X)^2 = \int_0^1 x^2 2x\, dx - \left(\frac{2}{3}\right)^2 = \frac{2}{4} - \frac{4}{9} = \frac{1}{18},$$

d.h. $\sigma = 1/\sqrt{18} = 0.2375$.

Außerdem erhalten wir mit $E(X^3) = 2/5$:

$$E((X-\mu)^3) = E(X^3 - 3\mu X^2 + 3\mu^2 X - \mu^3) = E(X^3) - 3\mu E(X^2) + 3\mu^2 E(X) - \mu^3$$
$$= \frac{2}{5} - 3 \cdot \frac{2}{3} \cdot \frac{2}{4} + 3\left(\frac{2}{3}\right)^2 \frac{2}{3} - \left(\frac{2}{3}\right)^3 = -0.0074.$$

Das ergibt:

$$\gamma_M = \frac{E((X-\mu)^3)}{\sigma^3} = \frac{-0.0074}{0.2375^3} = -0.565.$$

Beide Maßzahlen zeigen eine linksschiefe Verteilung an.

9.3 Multivariate stetige Verteilungen

Ebenfalls auf den bivariaten Fall ist das Konzept der Dichte verallgemeinerbar. Dem bivariaten Histogramm entsprechend ist die gemeinsame Dichte $f(x,y)$ zweier stetiger Zufallsvariablen X und Y dadurch definiert, dass das durch die Funktion $f(x,y)$ begrenzte Volumen über einem Rechteck gleich der Wahrscheinlichkeit ist, dass X und Y Werte x und y annehmen, so dass (x,y) in diesem Rechteck liegt.

Beispiel 9.27 *ungeübter Schütze*

Ein ungeübter Schütze schießt auf eine kreisrunde Zielscheibe mit dem Radius $r = 1$. Die Zielscheibe werde bei jedem Versuch getroffen. (Vorbeischießen wird also nicht als Durchführung des Zufallsexperimentes angesehen.)
Wir betrachten die beiden Zufallsvariablen X und Y, die die Koordinaten des Einschlagpunktes (x,y) auf der Scheibe markieren. Der Ursprung ist dabei in den Mittelpunkt der Scheibe gelegt.

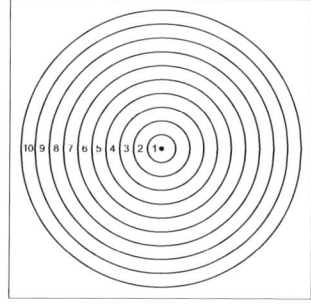

Bei einem ungeübten Schützen ist es sinnvoll, gleichgroßen Flächen die gleiche Wahrscheinlichkeit zuzuordnen. Da die Gesamtfläche der Scheibe $\pi \cdot r^2 = \pi$ beträgt, erhalten wir für die gemeinsame Dichte von X und Y:

$$f(x,y) = \begin{cases} \dfrac{1}{\pi} & x^2 + y^2 < 1, \\ 0 & \text{sonst}. \end{cases}$$

Randdichten und bedingte Dichten lassen sich analog zum diskreten Fall definieren. An die Stelle der Summen treten hier jedoch Integrale.

Definition 9.28 *Randdichte und bedingte Dichte*

X und Y seien zwei Zufallsvariablen mit der gemeinsamen Dichtefunktion $f(x,y)$. Die *Randdichten* von X und Y sind dann

$$f(x) = \int_{-\infty}^{\infty} f(x,y)\,dy \quad \text{bzw.} \quad f(y) = \int_{-\infty}^{\infty} f(x,y)\,dx.$$

Die *bedingte Dichte* von X bei gegebenem $\{Y = y\}$ ist für den Fall $f(y) > 0$ gegeben durch

$$f(x|y) = \frac{f(x,y)}{f(y)}.$$

Entsprechend ist $f(y|x)$ definiert.

Beispiel 9.29 *ungeübter Schütze - Fortsetzung*

Für die Randverteilung von X, dem horizontalen Teil der Einschlagskoordinate, setzen wir der Definition gemäß an:

$$f(x) = \int_{-\infty}^{\infty} f(x,y)\,dy.$$

Dass $f(x,y)$ nur für den Bereich $x^2 + y^2 < 1$ von null verschieden ist, zeigt zum ersten, dass auch $f(x)$ nur für $x^2 < 1$ ungleich null ist. Also braucht das Integral auch nur für solche x betrachtet zu werden. Wegen

$$x^2 + y^2 < 1 \leq 1 \iff -\sqrt{1-x^2} \leq y \leq \sqrt{1-x^2}$$

gilt weiter

$$f(x) = \int_{-\sqrt{1-x^2}}^{\sqrt{1-x^2}} \frac{1}{\pi}\,dy = 2\frac{1}{\pi}\sqrt{1-x^2} \quad \text{für } -1 < x < 1.$$

Die Randdichte von X hat also eine parabelförmige Gestalt. Aus Symmetriegründen erhalten wir die gleiche Dichte für Y.

Die bedingte Dichte von X bei gegebenem $\{Y = y\}$ ist nun einfach

$$f(x|y) = \frac{f(x,y)}{f(x)} = \frac{1}{2\sqrt{1-x^2}} \quad \text{für } -\sqrt{1-y^2} \le x \le \sqrt{1-y^2}.$$

$f(x|y)$ weist eine U-Form auf.

Wie bei den diskreten Zufallsvariablen wird für die Unabhängigkeit stetiger Zufallsvariablen X und Y gefordert, dass alle durch X bestimmten Ereignisse von denen unabhängig sind, die durch Y bestimmt werden. Um dies im Fall stetiger Zufallsvariablen X und Y sicherzustellen, ist zu fordern, dass die gemeinsame Dichte sich als Produkt der einzelnen Dichtefunktionen darstellen lässt.

Definition 9.30 *Unabhängigkeit*

Zwei Zufallsvariablen X und Y mit der gemeinsamen Dichtefunktion $f(x,y)$ heißen *unabhängig*, wenn für alle x und y gilt:

$$f(x,y) = f_X(x) \cdot f_Y(y).$$

Dabei sind $f_X(x)$ und $f_Y(y)$ die Dichten von X bzw. Y.

Beispiel 9.31 *ungeübter Schütze - Fortsetzung*

Die Koordinaten X und Y des Einschlagpunktes sind nicht unabhängig. Dies ergibt sich aus der Randbedingung $x^2 + y^2 < 1$. Die Bedingung führt dazu, dass die Variable Y nur große Werte annehmen kann, wenn X Werte in der Nähe von Null annimmt und umgekehrt. Daher lässt sich die gemeinsame Dichte $f(x,y)$ nicht einfach als Produkt zweier Randdichten schreiben, egal wie diese definiert sind.

Wie bei der Übertragung von Erwartungswert und Varianz von diskreten auf stetige Verteilungen kann bei der *Kovarianz* vorgegangen werden. Dies lässt sich wie schon bei der Varianz vereinfachen, wenn von der Angabe mittels Erwartungswerten ausgegangen wird. Die Kovarianz zweier stetiger Zufallsvariablen X und Y mit der gemeinsamen Dichte $f(x,y)$, den Erwartungswerten μ_X und μ_Y und den Varianzen V(X) und V(Y) ist dann

$$\text{Cov}(X,Y) = \sigma_{XY} = \text{E}((X-\mu_X)(Y-\mu_Y)) = \int_{-\infty}^{\infty} \int_{-\infty}^{\infty} (x-\mu_X)(y-\mu_Y)f(x,y)\,dx\,dy.$$

Der *Korrelationskoeffizient* ist

$$\rho_{XY} = \frac{\sigma_{XY}}{\sqrt{\sigma_X^2}\sqrt{\sigma_Y^2}}.$$

Die Eigenschaften sind genau die gleichen wie bei den diskreten Verteilungen, siehe den Abschnitt 7.3.1.

Beispiel 9.32 *ungeübter Schütze - Fortsetzung*

Es soll anhand dieses Beispiels illustriert werden, dass Variablen zwar abhängig, aber dennoch unkorreliert sein können. Die Abhängigkeit der Koordinaten X und Y wurde oben konstatiert. Wir wollen noch die Unkorreliertheit zeigen.

Wegen
$$\text{Cov}(X,Y) = \text{E}(XY) - \text{E}(X)\text{E}(Y)$$
braucht nur der Erwartungswert des Produktes bestimmt zu werden. Auf Grund der Symmetrie der Verteilungen von X und Y gilt nämlich $\text{E}(X) = \text{E}(Y) = 0$.

Es ist
$$\text{E}(XY) = \int_{-1}^{1} \int_{-\sqrt{1-x^2}}^{\sqrt{1-x^2}} xy \frac{1}{\pi} \, dy \, dx.$$

Berechnen wir zuerst das innere Integral:

$$\int_{-\sqrt{1-x^2}}^{\sqrt{1-x^2}} xy \frac{1}{\pi} \, dy = x \cdot \int_{-\sqrt{1-x^2}}^{\sqrt{1-x^2}} y \frac{1}{\pi} \, dy = x \cdot \left[\frac{1}{\pi} \frac{y^2}{2} \right]_{-\sqrt{1-x^2}}^{\sqrt{1-x^2}} = x \cdot \frac{1}{2\pi} \left[(1-x^2) - (1-x^2) \right] = 0.$$

Damit ist auch das Doppelintegral gleich null und die Kovarianz ist
$$\text{Cov}(X,Y) = 0.$$

X und Y sind mithin unkorreliert.

9.4 Aufgaben

Aufgabe 1

Die Zufallsvariable X besitze eine Dichtefunktion der Gestalt
$$f(x) = \begin{cases} x^2/c & 0 \leq x \leq 2 \\ 0 & \text{sonst} \end{cases}.$$

1. Wie groß muss c sein, damit $f(x)$ die Voraussetzungen einer Dichte einer Zufallsvariablen erfüllt?
2. Ermitteln Sie die Verteilungsfunktion $F(x)$ (als mathematische Funktion).
3. Stellen Sie $f(x)$ und $F(x)$ grafisch dar.
4. Bestimmen Sie $\text{E}(X), \text{E}(X^2)$ und $\text{V}(X)$.
5. Errechnen Sie folgende Wahrscheinlichkeiten: $\text{P}(X=1)$, $\text{P}(X \leq 0.5)$, $\text{P}(X < 1)$, $\text{P}(0.7 < X < 1.5)$.

Aufgabe 2

Die Verteilung des Einkommens (in 1000 Euro) in einer Gemeinde lässt sich vereinfacht durch die folgende Dichte beschreiben:

$$f(x) = \begin{cases} x/6 & \text{für } 0 \leq x < 2 \\ (6-x)/12 & \text{für } 2 < x < 6 \\ 0 & \text{sonst.} \end{cases}$$

Bestimmen Sie Modus, Median und Erwartungswert sowie die Varianz dieser Verteilung.

Aufgabe 3

Für den Preis X (in Euro) einer bestimmten Ware entwickelte ein Statistiker ein Verteilungsmodell, das durch die folgende Dichtefunktion erfasst wird:

$$f(x,y) = \begin{cases} 0 & \text{für } x \leq 1.0 \\ -2h + 2h \cdot x & \text{für } 1.0 < x \leq 1.5 \\ h & \text{für } 1.5 < x \leq 3.0 \\ 7h - 2h \cdot x & \text{für } 3.0 < x \leq 3.5 \\ 0 & \text{für } x > 3.5 \end{cases}$$

1. Wie groß muss h gewählt werden, damit $f(x)$ eine Dichte ist?
2. Berechnen Sie die Verteilungsfunktion von X.
3. Wie groß ist die Wahrscheinlichkeit, dass
   - der Preis 2 Euro beträgt?
   - der Preis von 2 Euro überschritten wird?
   - der Preis höchstens 1 Euro beträgt?
   - der Preis zwischen 2 und 3 Euro liegt?
4. Überprüfen Sie die Eignung des Modells für den folgenden Datensatz anhand des Vergleichs der theoretischen mit der empirischen Verteilungsfunktion sowie anhand eines QQ-Diagramms:

3.30	1.95	1.10	1.40	2.55	1.50	2.25	1.95	1.80	3.10	2.85	2.10
1.65	1.95	1.80	2.40	2.70	2.25	2.55	1.25	2.40	3.05	2.10	2.70

Aufgabe 4

Der Bahnhof einer Stadt ist zur Spitzenzeit vollständig ausgelastet, so dass es häufig zu Verspätungen kommt. Bevor eine komplizierte Fahrplanänderung vorgenommen wird, sollen Aufschlüsse über die Verspätungen X (in Min.) gewonnen werden.

1. Der hinzugezogene Statistiker schlägt als Modell für die Verteilung von X folgende Verteilungsfunktion vor:
   $F(x) = 0$ für $x < 0$, $\quad F(x) = a \cdot x - 0.0025 \cdot x^2$ für $0 \leq x \leq 20$, $\quad F(x) = 1$ für $x > 20$.

Wie groß muss a gewählt werden, damit $F(x)$ eine Verteilungsfunktion ist?

2. Eine Erhebung von $n = 20$ Beobachtungen ergab folgende Werte:
   0.20 0.61 2.45 2.56 2.68 3.39 3.51 3.75 4.25 4.90
   5.86 6.50 8.00 9.80 10.20 10.41 12.05 14.54 16.00 18.54
   Stellen Sie das Modell den Daten in einem QQ-Diagramm gegenüber!

3. Eine umfangreichere Erhebung von $n = 200$ Beobachtungen ergab die folgende Verteilung:

$x_{i-1}^* < X \leq x_i^*$	n_i	$x_{i-1}^* < X \leq x_i^*$	n_i
0 - 2	44	10 - 12	11
2 - 4	32	12 - 14	15
4 - 6	28	14 - 16	9
6 - 8	36	16 - 18	2
8 - 10	21	18 - 20	2

   Stellen Sie das Histogramm der theoretischen Dichtefunktion gegenüber!

Aufgabe 5

X und Y seien zwei stetige Zufallsvariablen, deren gemeinsame Dichtefunktion folgende Form hat:
$$f(x,y) = \begin{cases} c \cdot (x + y + x \cdot y) & \text{für } 0 < x, y < 1 \\ 0 & \text{sonst} \end{cases}.$$

1. Wie groß muss c sein, damit $f(x,y)$ eine Dichte ist?
2. Wie lauten die Randverteilungen von X und Y?
3. Wie lauten die bedingten Verteilungen?

10 Stetige Verteilungsmodelle

Die im Kapitel 8 eingangs gemachten Bemerkungen zu Verteilungsmodellen gelten natürlich auch für stetige Verteilungen. Allerdings ist es hier i. d. R. schwieriger als bei diskreten Variablen, aus modellmäßigen Überlegungen heraus auf einen Verteilungstyp zu schließen. Daher sind informelle Methoden, um die Anpassungsgüte eines theoretischen Modells an eine empirische Verteilung zu überprüfen, von großer Bedeutung.

Wir behandeln in diesem Kapitel einige stetige Verteilungen, die auch vielfach gute Beschreibungen empirischer Häufigkeitsverteilungen liefern. Die Normalverteilung wird in einem eigenen Kapitel behandelt.

10.1 Stetige Gleichverteilung

Im Beispiel 9.4 haben wir als Modell für die Verteilung der Wartezeiten auf die nächste S-Bahn die Dichte

$$f(x) = \begin{cases} 1/20 & \text{für } 0 < x < 20, \\ 0 & \text{sonst} \end{cases}$$

gewählt. Ihre Gestalt ist durch ein Rechteck über dem Intervall [0;20] charakterisiert:

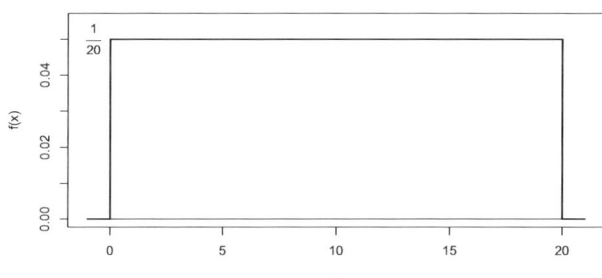

Abb. 10.1: *Dichte einer Rechteck-Verteilung*

Werden Anfangs- oder Endpunkt anders festgelegt - z. B. durch Änderung der Taktzeiten - so ist auch die Höhe der Dichte zu ändern. Die spezielle Gestalt eines Rechtecks bleibt aber erhalten.

Definition 10.1 *stetige Gleichverteilung*

Eine Zufallsvariable X heißt *gleichverteilt* oder *rechteckverteilt* über dem Intervall [a;b],

i. Z. $X \sim \mathcal{R}(a,b)$, wenn ihre Dichte die folgende Form hat:

$$f(x) = \begin{cases} \dfrac{1}{b-a} & \text{für} \quad a \leq x \leq 20, \\ 0 & \text{sonst}. \end{cases}$$

Für eine Zufallsvariable X mit $X \sim \mathcal{R}(a,b)$ gilt:

$$\mathrm{E}(X) = \frac{a+b}{2}, \quad \mathrm{V}(X) = \frac{(b-a)^2}{12}.$$

Die Gleichverteilung ist von so einfacher Bauart, dass sie nur in wenigen Fällen eine Rolle als Verteilungsmodell spielt. Die $\mathcal{R}(0,1)$-Verteilung bildet aber das Grundmodell für viele computermäßig erzeugte (Pseudo-) Zufallszahlen. Der Hintergrund besteht darin, dass eine einfache Transformation aus einer gleichverteilten Zufallszahl solche mit einer anderen Verteilungsfunktion hervorbringt.

Satz 10.2 *Inversionsmethode*

Sei $F(x)$ eine stetige Verteilungsfunktion mit einer Inversen $F^{-1}(u)$. Sind $u_1, \ldots, u_n$ gleichverteilte Zufallszahlen, so bilden $x_1, \ldots, x_n$ mit $x_v = F^{-1}(u_v)$ eine Zufallsstichprobe aus einer Verteilung mit der Verteilungsfunktion $F(x)$.

Beispiel 10.3 *Monatsrenditen*

Im Management von Geldanlagen ist die zukünftige Kursentwicklung von besonderem Interesse. Die Rendite der Geldanlage über einen in der Zukunft liegenden Planungshorizont wird als zufällige Größe aufgefasst. Aufgrund der Komplexität der Einflussgrößen ist die Vorhersage von Kursentwicklungen äußerst problematisch. Um dennoch Aussagen treffen zu können, werden für die Entwicklung Modelle aufgestellt. Für die Monatsrendite einer speziellen Anlage wird aufgrund der Erfahrung eine symmetrische Dreiecksverteilung unterstellt. Da sich die Renditen um den Wert eins zentrierten, wird für die Dichte der Ansatz

$$f(x) = \begin{cases} \tfrac{1}{3} - \tfrac{1}{9}|x-1| & \text{für} \quad -2 \leq x \leq 4, \\ 0 & \text{sonst}. \end{cases}$$

gewählt. Die zugehörige Verteilungsfunktion ist

$$F(x) = \begin{cases} 0 & \text{für} \quad x \leq -2, \\ \tfrac{4}{18} + \tfrac{4}{18}x + \tfrac{1}{18}x^2 & \text{für} \quad -2 < x \leq 1, \\ \tfrac{2}{18} + \tfrac{8}{18}x - \tfrac{1}{18}x^2 & \text{für} \quad 1 < x \leq 4, \\ 1 & \text{für} \quad x > 4. \end{cases}$$

Mit der Umkehrfunktion von $F(x)$,

$$x = F^{-1}(u) = \begin{cases} \sqrt{18u} - 2 & \text{für} \quad 0 < u \leq 0.5, \\ -\sqrt{18(1-u)} + 4 & \text{für} \quad 0.5 < u < 1, \end{cases}$$

erhalten wir daraufhin eine Zufallsstichprobe gemäß:

10.2 Die Pareto-Verteilung

1. Erzeugung von gleichverteilten Zufallszahlen $u_1, \ldots, u_n$.
2. Transformation der u_ν in x_ν mittels $x_\nu = F^{-1}(u_\nu)$.

Um zu verdeutlichen, dass dieses Vorgehen korrekt ist, stellen wir der theoretischen Dichte ein Histogramm aus 10000 Zufallszahlen gegenüber.

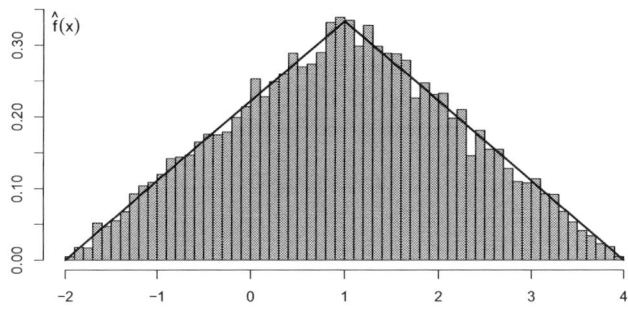

Abb. 10.2: *Simulierte Monatsrenditen und unterstellte Modelldichte*

10.2 Die Pareto-Verteilung

Die Pareto-Verteilung wurde bereits im Beispiel 9.6 eingeführt.

Definition 10.4 *Pareto-Verteilung*

Eine Zufallsvariable X heißt *Pareto-verteilt* mit den Parametern $k, a > 0$, i. Z. $X \sim \mathscr{PA}(k, a)$, wenn ihre Dichte gegeben ist durch

$$f(x) = \begin{cases} a \dfrac{k^a}{x^{a+1}} & \text{für } x \geq k \\ 0 & \text{für } x < k. \end{cases}$$

Erwartungswert und Varianz der Pareto-Verteilung sind

$$E(X) = \frac{\alpha}{\alpha - 1} \cdot k \qquad \text{falls} \quad a > 1,$$
$$V(X) = \frac{\alpha}{(\alpha - 1)^2 (\alpha - 2)} \cdot k^2 \qquad \text{falls} \quad a > 2.$$

10.2.1 Anpassung an empirische Verteilungen

Wollen wir einem Datensatz eine Pareto-Verteilung anpassen, so benötigen wir Näherungswerte für die unbekannten Parameter. Ist k bekannt, so erhalten wir einen Näherungswert

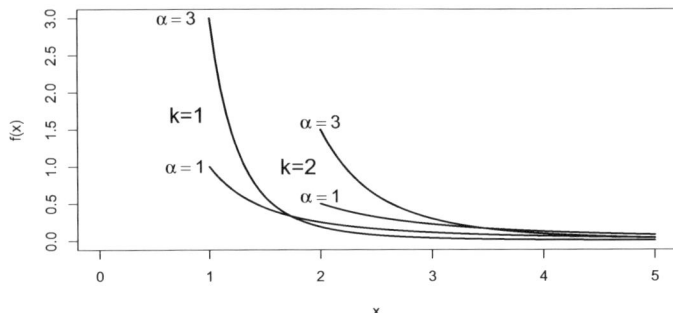

Abb. 10.3: *Dichten der Pareto-Verteilung*

für α dadurch, dass wir die Beziehung zwischen Erwartungswert und den Parametern ausnutzen und darin E(X) durch $\bar{x}$ ersetzen. Dies ergibt:

$$\hat{\alpha} = \frac{\bar{x}}{\bar{x} - k}.$$

Ist auch k unbekannt, so brauchen wir eine weitere Gleichung, um eine empirische Größe mit den Parametern in Verbindung zu bringen. Die Ersetzung von V(X) durch s^2 führt dann zu

$$\hat{k} = \frac{\hat{\alpha} - 1}{\hat{\alpha}} \bar{x}, \quad \hat{\alpha} = 1 + \sqrt{1 + \frac{\bar{x}}{s^2}}.$$

Insgesamt ist dieser Zugang aber unbefriedigend, da E(X) und V(X) nicht für alle Parameterwerte existieren. Befriedigende Schätzwerte erhalten wir mit der im Kapitel ‚Schätzen von Parametern' zu besprechenden Maximum-Likelihood-Methode.

Die Überprüfung der Eignung der Pareto-Verteilung als Modell für empirische Daten kann mittels eines geeigneten Diagramms erfolgen. Es ist kein standardmäßiges QQ-Diagramm; vielmehr wird die Verteilungsfunktion so transformiert, dass wir eine lineare Beziehung erhalten. Denn es ist ja das Wesentliche auch beim QQ-Diagramm, dass wir eine lineare Beziehung haben, die uns als Maßstab zur Beurteilung der Eignung dienen kann.

Im Beispiel 9.6 haben wir bereits die Verteilungsfunktion kennengelernt:

$$F(x) = 1 - \left(\frac{k}{x}\right)^{\alpha} \quad \text{für} \quad x \geq k.$$

Daraus erhalten wir durch Umordnen und Logarithmieren:

$$\ln(1 - F(x)) = \alpha \ln(k) - \alpha \ln(x).$$

Tragen wir also die Werte $\ln(1 - F(x_{(v)}))$ in Abhängigkeit der logarithmierten Quantile $\ln(x_{(v)})$ in einem Diagramm ein, so sollten die resultierenden Punkte um eine Gerade streuen. Die Steigung entspricht $-\alpha$ und der Achsenabschnitt $\alpha \cdot \ln(k)$.

10.2 Die Pareto-Verteilung

Beispiel 10.5 *Verteilung von Schadenssummen*

Bei zwei Versicherungsunternehmen waren im Kalenderjahr 1979 insgesamt 24726 Jahreseinheiten der Gruppe Krafträder und Kraftroller mit mehr als 50 ccm Hubraum (ohne Leichtkrafträder) versichert. Von Interesse ist hier eine Analyse und Modellierung der Schadenssummenverteilung. Darauf basiert u. a. die Reservenbildung. Die Verteilung der Schadenssumme X stellt sich gemäß Diekmann (1985) wie folgt dar.

Tab.: *Verteilung von Versicherungsschäden bei Motorrädern*

$x_{i-1}^* < X \leq x_i^*$			n_i	$\ln(x_i)$	$\ln(1 - \hat{F}(x_i^*))$
0	-	1000	827	6.91	-0.454
1000	-	2000	544	7.60	-0.927
2000	-	3000	401	8.00	-1.520
3000	-	4000	132	8.29	-1.829
4000	-	5000	100	8.52	-2.150
5000	-	6000	54	8.70	-2.378
6000	-	8000	49	8.99	-2.644
8000	-	10000	31	9.21	-2.858
10000	-	15000	45	9.62	-3.281
15000	-	20000	17	9.90	-3.503
20000	-	50000	35	10.82	-4.220
50000	-	100000	15	11.51	-4.816
100000	-	200000	10	12.21	-5.599
200000	-	300000	4	12.61	-6.266
300000	-	400000	1	12.90	-6.502
400000	-	600000	2	13.30	-7.916
600000	-	700000	1	13.46	-

Die zur Erstellung des Diagramms benötigten Werte sind in der Tabelle ebenfalls angegeben. Wie beim QQ-Diagramm reicht bei nicht zu kleiner Klassenzahl die Verwendung der Klassenobergrenzen.

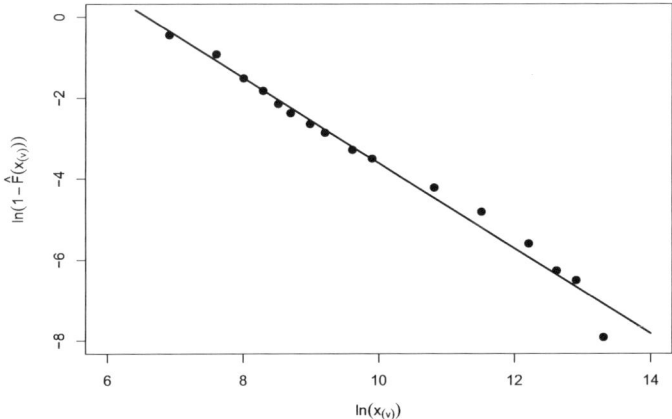

Abb. 10.4: *Diagramm zur Anpassung einer Pareto-Verteilung*

Die Punkte liegen in befriedigender Weise um eine Gerade konzentriert. Dies weist auf die gute Approximation der empirischen Verteilung durch die Pareto-Verteilung hin. Die Steigung der Regressionsgeraden beträgt $\hat{a}=1.053$. Der Achsenabschnitt ist 6.915. Aus $\hat{a} \cdot \ln(\hat{k})=6.915$ erhalten wir $\hat{k}=711.2$. Dies kann als Grenze interpretiert werden, von der ab Schäden überhaupt gemeldet werden.

10.3 Die Exponentialverteilung

10.3.1 Ableitung und Eigenschaften

Die Exponentialverteilung wird häufig eingesetzt, um die Dauer von kontinuierlichen Vorgängen (z. B. von Telefongesprächen) bzw. Wartezeiten (bis zur Bedienung in einem Geschäft, bis zum Ausfall einer Komponente eines technischen Systems) zu modellieren. Die Bevorzugung dieses Einsatzbereiches wird plausibel anhand des Zusammenhanges mit der Poisson-Verteilung.

Sei genauer ein Poisson-Prozess spezifiziert, vgl. Seite 196. Dieser erfasst die Anzahl Y der Vorkommnisse eines bestimmten Phänomens (wie Telefonanrufe, Eintreffen von Besuchern) im Zeitintervall Δ_t mit der Intensität λ, wenn der stochastische Mechanismus folgende Eigenschaften aufweist:

- Die Anzahlen des Eintretens des ‚Phänomens' in nicht-überlappenden Zeitintervallen sind unabhängig.

- Die Wahrscheinlichkeit für das Auftreten des ‚Phänomens' in einem Intervall der (kleinen) Länge δ_t ist etwa gleich $\lambda \delta_t$.

- Mit der Länge des Zeitintervalles geht auch die Wahrscheinlichkeit für das mehrmalige Auftreten des Phänomens gegen Null (und zwar schneller als die Intervalllänge).

Die Wahrscheinlichkeitsfunktion ist dann

$$f(y) = e^{-\lambda \Delta_t} \frac{(\lambda \Delta_t)^y}{y!} \qquad y = 0, 1, 2, \dots .$$

Sei nun X die Zufallsvariable, die den zeitlichen Abstand zwischen zwei aufeinanderfolgenden Beobachtungen des interessierenden Phänomens angibt. Dann gilt

$$P(X \leq x) = 1 - P(\text{Kein Vorkommnis im Intervall der Länge } x) = 1 - e^{-\lambda x}.$$

Das ist die Verteilungsfunktion der Exponentialverteilung. Die Dichte ergibt sich durch Differenzieren:

$$\frac{d}{dx}\left(1 - e^{-\lambda x}\right) = \lambda e^{-\lambda x}.$$

10.3 Die Exponentialverteilung

Definition 10.6 *Exponentialverteilung*

Eine stetige Zufallsvariable X heißt *exponentialverteilt* mit dem Parameter $\lambda > 0$, i. Z. $X \sim \mathcal{E}(\lambda)$, wenn ihre Dichte gegeben ist durch

$$f(x) = \begin{cases} \lambda e^{-\lambda x} & x \geq 0 \\ 0 & x < 0 \end{cases}.$$

Die $\mathcal{E}(1)$-Verteilung wird auch als *Standardexponentialverteilung* bezeichnet.

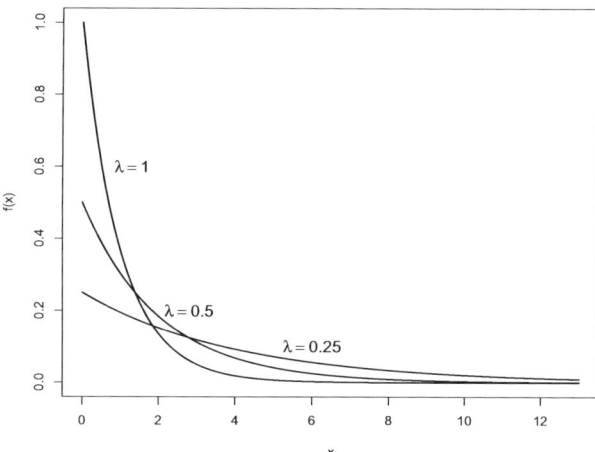

Abb. 10.5: *Dichten der Exponentialverteilung*

Lemma 10.7 *Eigenschaften der Exponentialverteilung*

- Erwartungswert und Varianz der $\mathcal{E}(\lambda)$-Verteilung sind

$$E(X) = \frac{1}{\lambda}, \quad V(X) = \frac{1}{\lambda^2}.$$

- Ist X $\mathcal{E}(\lambda)$-verteilt, so ist $Z = \lambda \cdot X$ $\mathcal{E}(1)$-verteilt.

- Die Exponentialverteilung ist eine Verteilung ohne Gedächtnis, formal:

$$P(X > x + y \mid X > x) = P(X > y).$$

Die vorletzte Aussage ergibt sich so:

$$P(Z \leq z) = P(\lambda \cdot X \leq z) = P\left(X \leq \frac{z}{\lambda}\right) = 1 - e^{-\lambda(z/\lambda)} = 1 - e^{-z}.$$

Und die letzte erhalten wir, da ja $y > 0$ gelten muss, gemäß:

$$P(X > x + y \mid X > x) = \frac{P(X > x + y, X > x)}{P(X > x)} = \frac{P(X > x + y)}{P(X > x)} = \frac{e^{-\lambda(x+y)}}{e^{-\lambda x}}$$
$$= e^{-\lambda y} = P(X > y).$$

Die Transformation $Z = \lambda X$ überführt die $\mathcal{E}(\lambda)$-verteilte Zufallsvariable X in die $\mathcal{E}(1)$-verteilte Z. Diese hat den Erwartungswert und die Varianz 1. Das erklärt den Namen Standardexponentialverteilung. Zudem erhalten wir daraus die Beziehung zwischen den Quantilen z_p von $Z = \lambda X$ und x_p von X:

$$z_p = \lambda \cdot x_p \quad \text{bzw.} \quad x_p = \frac{1}{\lambda} z_p.$$

Als Illustration für die Eigenschaft, gedächtnislos zu sein, können wir uns einen Angler vorstellen. Die Zeit, die er am Fluss verbringt, bis der nächste Fisch anbeißt, wird als exponentialverteilte Zufallsvariable aufgefasst. Dann ist die Wahrscheinlichkeit, dass er noch mindestens y Zeiteinheiten bis zum nächsten Fang warten muss, gleich groß, egal ob er schon x Zeiteinheiten auf das Anbeißen eines Fisches gewartet hat oder ob er gerade gekommen ist.

Unter Umständen ergeben Beobachtungen einer Variablen X ein Histogramm, das bis auf eine Verschiebung eine Exponentialverteilung als Modell nahelegt. D. h. die Form ist gleich, es treten aber nur Werte auf, die größer sind als ein Wert $k > 0$. Hier hilft die einfache Modifikation weiter, dass für die Variable $Y = X - k$ eine Exponentialverteilung als Modell angesetzt wird. Aus $Y \sim \mathcal{E}(\lambda)$ folgt für die ursprüngliche Variable X:

$$P(X \leq x) = P(X - k \leq x - k) = P(Y \leq x - k) = 1 - e^{-(x-k)}.$$

Man sagt, dass X eine *verschobene Exponentialverteilung* besitzt.

10.3.2 Anpassung an empirische Verteilungen

Die Beziehung zwischen Erwartungswert und Parameter der Exponentialverteilung legt nahe, bei der Anpassung dieser Verteilung für den Parameter λ den Wert $\hat{\lambda} = 1/\bar{x}$ einzusetzen.

Beispiel 10.8 *Übertretungen der Höchstgeschwindigkeiten*

Im Rahmen einer Sondererfassung wurden in Nordrhein-Westfalen in der Zeit vom 1.5. bis 31.7.1984 die Übertretungen der zulässigen Höchstgeschwindigkeiten registriert. Von ca. 100 000 Krafträdern überschritten 9851 die zulässige Höchstgeschwindigkeit (gemäß § 3 StVO Abs. 3 Nr. 1). Die Messwerte der Überschreitungsgeschwindigkeit X sind in der folgenden Tabelle wiedergegeben.

Unterstellen wir eine maximale Überschreitung von 100 km/h, so erhalten wir eine mittlere Überschreitungsgeschwindigkeit von $\bar{x} = 16$. Dies führt zu dem Näherungswert

$$\hat{\lambda} = \frac{1}{\bar{x}} = \frac{1}{16} = 0.0625.$$

Dieser Wert wird für λ in die Verteilungsfunktion $F(x; \lambda)$ eingesetzt. Damit erhalten wir die letzte Spalte in der Tabelle. Der Vergleich mit der empirischen Verteilungsfunktion zeigt, dass bei Gültigkeit der theoretischen Verteilung noch etwas größere Werte zu erwarten wären.

10.3 Die Exponentialverteilung

Tab.: *Überschreitung der Höchstgeschwindigkeit (nur überschreitende Krafträder)*

i	$x^*_{i-1} < X \leq x^*_i$			h_i	$\hat{F}(x^*_i)$	$F(X^*_i; \hat{\lambda})$
1	0	-	20	0.709	0.709	0.713
2	20	-	30	0.187	0.896	0.847
3	30	-	40	0.071	0.967	0.918
4	40	-	50	0.021	0.988	0.956
5	50	-	60	0.010	0.998	0.976
6	60	-		0.002	1.000	0.996

Zur Überprüfung des Vorliegens einer Exponentialverteilung anhand eines QQ-Diagramms können wir uns die angegebene Beziehung zwischen den Quantilen x_p einer $\mathcal{E}(\lambda)$- und denen der $\mathcal{E}(1)$-Verteilung zunutze machen. Wegen $x_p = \lambda^{-1} z_p$ können wir auf der Abszisse die theoretischen Quantile der $\mathcal{E}(1)$-Verteilung abtragen. Dann ist ein $\mathcal{E}(\lambda)$-Modell sinnvoll, sofern sich die entsprechend eingetragenen Punkte um eine Gerade mit dem Anstieg $1/\lambda$ gruppieren.

Beispiel 10.9 α-Partikel - Fortsetzung

Zwischen der Exponentialverteilung und der Poisson-Verteilung besteht wie erwähnt ein enger Zusammenhang. Daher ist die Exponentialverteilung ein naheliegendes Modell für die Verteilung der Zeiten zwischen jeweils zwei Emissionen von α-Partikeln einer radioaktiven Substanz. Dies soll anhand der Daten, die schon dem Beispiel 8.14 zugrunde lagen, überprüft werden. In derselben Veröffentlichung ist die folgende klassierte Verteilung der Zwischenzeiten angegeben.

Tab.: *Verteilung der Zeit X zwischen der Emission von α-Partikeln in 1/500 Sekunden*

$x^*_{i-1} < X \leq x^*_i$			$\hat{F}(x^*_i)$	z_i	$x^*_{i-1} < X \leq x^*_i$			$\hat{F}(x^*_i)$	z_i	$x^*_{i-1} < X \leq x^*_i$			$\hat{F}(x^*_i)$	z_i
0	-	25	.047	.048	450	-	475	.542	.781	925	-	975	.808	1.599
25	-	50	.084	.088	475	-	500	.552	.803	975	-	1025	.812	1.619
50	-	75	.129	.138	500	-	525	.575	.856	1025	-	1075	.822	1.726
75	-	100	.159	.173	525	-	550	.595	.904	1075	-	1125	.841	1.839
100	-	125	.190	.211	550	-	575	.601	.919	1125	-	1175	.857	1.945
125	-	150	.233	.265	575	-	600	.620	.968	1175	-	1225	.867	2.017
150	-	175	.262	.304	600	-	625	.636	1.011	1225	-	1275	.880	2.120
175	-	200	.313	.375	625	-	650	.642	1.027	1275	-	1350	.888	2.189
200	-	225	.341	.417	650	-	675	.648	1.044	1350	-	1425	.900	2.303
225	-	250	.364	.452	675	-	700	.671	1.112	1425	-	1500	.914	2.453
250	-	275	.391	.496	700	-	725	.677	1.130	1500	-	1600	.926	2.604
275	-	300	.413	.533	725	-	750	.691	1.174	1600	-	1700	.933	2.703
300	-	325	.427	.550	750	-	775	.708	1.231	1700	-	1825	.947	2.937
325	-	350	.460	.616	775	-	800	.720	1.273	1825	-	1975	.955	3.101
350	-	375	.483	.660	800	-	825	.740	1.347	1975	-	2175	.973	3.612
375	-	400	.499	.691	825	-	850	.744	1.363	2175	-		1.000	-
400	-	425	.515	.724	850	-	875	.751	1.390					
425	-	450	.528	.751	875	-	925	.775	1.424					

Für das QQ-Diagramm verwenden wir die Klassenobergrenzen x^*_i als empirische Quantile. Die zugehörigen theoretischen Quantile z_i der $\mathcal{E}(1)$-Verteilung erhalten wir gemäß

$$p_i = \hat{F}(x_i^*) = 1 - e^{-z_i} \Longrightarrow z_i = -\ln(1-p_i).$$

Das daraus konstruierte QQ-Diagramm, siehe Abbildung 10.6, zeigt, dass die Zeiten zwischen der Emission von α-Partikeln tatsächlich als exponentialverteilt angesehen werden können.

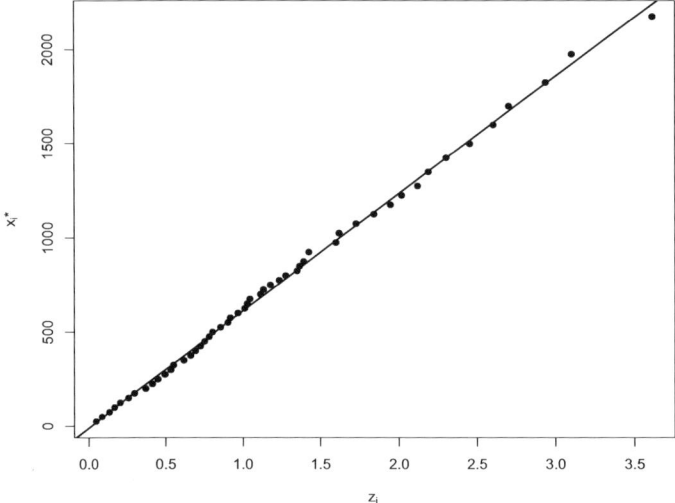

Abb. 10.6: *QQ-Diagramm für die Zeiten zwischen der Emission von α-Partikeln*

Für die Regressionsgerade erhalten wir die Steigung 623.32. Dies ergibt als Schätzwert für den Parameter: $1/623.32 = 0.0016$. Die Schätzung auf der Basis des arithmetischen Mittels steht uns als Vergleichswert nicht zur Verfügung, da die oberste Klasse nicht geschlossen ist.

10.4 Die Laplace-Verteilung

Die Differenz zweier unabhängiger exponentialverteilter Zufallsvariablen mit demselben Parameter λ hat die Dichte

$$f(x) = \frac{\lambda}{2} \exp[-\lambda |x|].$$

Es lässt sich leicht ein Lageparameter μ einführen; damit resultiert die Laplace-Verteilung.

Definition 10.10 *Laplace-Verteilung*

Eine stetige Zufallsvariable X heißt *Laplace-verteilt* mit den Parametern μ und $\lambda > 0$, i. Z. $X \sim \mathscr{L}(\mu, \lambda)$, wenn ihre Dichte gegeben ist durch

$$f(x) = \frac{\lambda}{2} \exp[-\lambda |x - \mu|].$$

10.4 Die Laplace-Verteilung

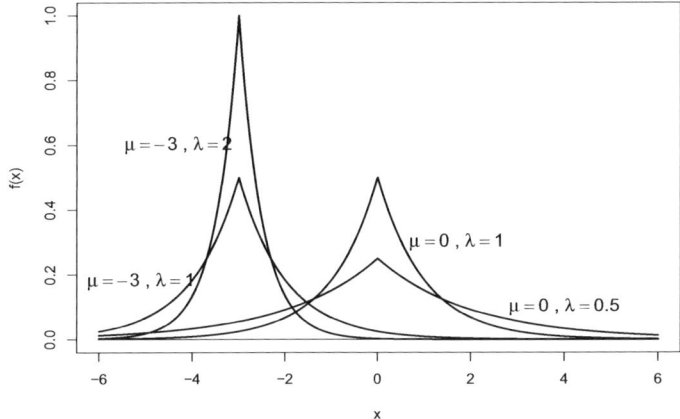

Abb. 10.7: *Dichten der Laplace-Verteilung*

Erwartungswert und Varianz der $\mathscr{L}(\mu, \lambda)$-Verteilung sind gegeben durch:

$$E(X) = \mu, \qquad V(X) = \frac{2}{\lambda^2}.$$

Die Verteilungsfunktion der Laplace-Verteilung lässt sich explizit angeben:

$$F(x) = \begin{cases} \frac{1}{2} \cdot e^{-\lambda|x-\mu|} & \text{für } x \leq \mu \\ 1 - \frac{1}{2} \cdot e^{-\lambda|x-\mu|} & \text{für } x > \mu \end{cases}.$$

Damit erhalten wir auch die Quantile, die wir zur Erstellung von QQ-Diagrammen nutzen können. Wir brauchen sie nur für die $\mathscr{L}(0,1)$-Verteilung anzugeben, da sich die für andere Laplace-Verteilungen dann ergeben gemäß

$$x_p = \mu + \frac{1}{\lambda} z_p.$$

Die Quantile der $\mathscr{L}(0,1)$-Verteilung sind nun:

$$z_p = \begin{cases} \ln(2p) & \text{für } p \leq 0.5 \\ -\ln(2(1-p)) & \text{für } p > 0.5 \end{cases}.$$

Beispiel 10.11 *Stromzähler*

Zähler für den Verbrauch von elektrischem Strom, wie sie in jedem Haushalt zu finden sind, arbeiten mit einem gewissen Fehler. Um diesen zu schätzen, wurden 144 Zähler jeweils außen am Gebäude angebracht und somit normalen klimatischen Bedingungen ausgesetzt. In Serie geschaltete Kontrollinstrumente maßen den Stromverbrauch unter stabilen Labor-Bedingungen. Nach einem Jahr ergab sich die folgende Fehlerverteilung, vgl. Romanowski (1979).

Tab.: *Messfehler von 144 Stromzählern (in % der verbrauchten Kilowatt-Stunden)*

i	x_{i-1}^*	$<X\leq$	x_i^*	n_i	i	x_{i-1}^*	$<X\leq$	x_i^*	n_i	i	x_{i-1}^*	$<X\leq$	x_i^*	n_i
1	-0.95	-	-0.85	2	13	0.25	-	0.35	14	25	1.45	-	1.55	0
2	-0.85	-	-0.75	0	14	0.35	-	0.45	15	26	1.55	-	1.65	0
3	-0.75	-	-0.65	1	15	0.45	-	0.55	10	27	1.65	-	1.75	1
4	-0.65	-	-0.55	0	16	0.55	-	0.65	20	28	1.75	-	1.85	0
5	-0.55	-	-0.45	1	17	0.65	-	0.75	13	29	1.85	-	1.95	0
6	-0.45	-	-0.35	3	18	0.75	-	0.85	8	30	1.95	-	2.05	0
7	-0.35	-	-0.25	1	19	0.85	-	0.95	7	31	2.05	-	2.15	0
8	-0.25	-	-0.15	5	20	0.95	-	1.05	5	32	2.15	-	2.25	0
9	-0.15	-	-0.05	5	21	1.05	-	1.15	2	33	2.25	-	2.35	0
10	-0.05	-	0.05	9	22	1.15	-	1.25	4	34	2.35	-	2.45	0
11	0.05	-	0.15	9	23	1.25	-	1.35	0	35	2.45	-	2.55	1
12	0.15	-	0.25	7	24	1.35	-	1.45	1					

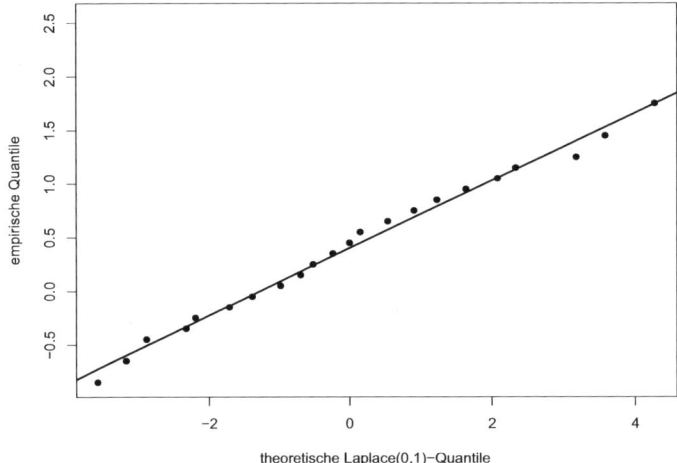

Abb. 10.8: *QQ-Diagramm für die Messfehler von Stromzählern*

Das QQ-Diagramm der Laplace-Verteilung zeigt eine zufriedenstellende Anpassung.

10.5 Die Gammaverteilung

Die Exponentialverteilung kann aus der geometrischen Verteilung gewonnen werden, indem ein Zeitintervall immer weiter in Teilintervalle zerlegt wird und gleichzeitig die Wahrscheinlichkeit für das Eintreten des interessierenden Ereignisses immer weiter verkleinert wird. Auf genau dieselbe Weise lässt sich der Grenzübergang von der negativen Binomialverteilung zur Gammaverteilung vollziehen. Diese Ableitung der Gammaverteilung zeigt ih-

10.5 Die Gammaverteilung

re Bedeutung als ein stetiges Modell für *Wartezeitverteilungen*. Aber auch andere empirische Verteilungen lassen sich gut durch eine Gammaverteilung approximieren. Die Entwicklung aus der negativen Binomialverteilung resultiert zunächst in einer Dichte der Form

$$f(x) = \frac{\lambda^k}{(k-1)!} x^{k-1} e^{-\lambda x} \quad \text{für } x > 0.$$

Es ist noch möglich, auf einfache Weise eine Verallgemeinerung der Dichte einzuführen. Diese besteht darin, dass der Parameter k nicht mehr als ganzzahlig vorausgesetzt wird. Bei dem Term $x^{k-1} e^{-\lambda x}$, der die Gestalt der Dichte bestimmt, ändert sich dann offensichtlich nichts. Lediglich beim Normierungsfaktor ist $(k-1)!$ durch einen Ausdruck zu ersetzen, der garantiert, dass die Fläche unterhalb der Dichte auf eins normiert ist. Dies führt auf die Gammafunktion.

Definition 10.12 *Gammaverteilung*

Eine Zufallsvariable X heißt *gammaverteilt* mit den Parametern k und λ, $k, \lambda > 0$, kurz $X \sim \mathcal{GA}(k, \lambda)$, wenn ihre Dichtefunktion gegeben ist durch

$$f(x) = \frac{\lambda^k}{\Gamma(k)} x^{k-1} e^{-\lambda x} \quad \text{für } x > 0.$$

Dabei ist $\Gamma(k)$ die *Gammafunktion*; sie ist für jede reelle Zahl $k > 0$ definiert durch

$$\Gamma(k) = \int_0^\infty x^{k-1} e^{-x} dx.$$

Für sie gilt: $\Gamma(1) = 1$, $\Gamma(k+1) = k \cdot \Gamma(k)$ für alle $k > 0$ und $\Gamma(k+1) = k!$ für $k = 1, 2, 3, \ldots$.

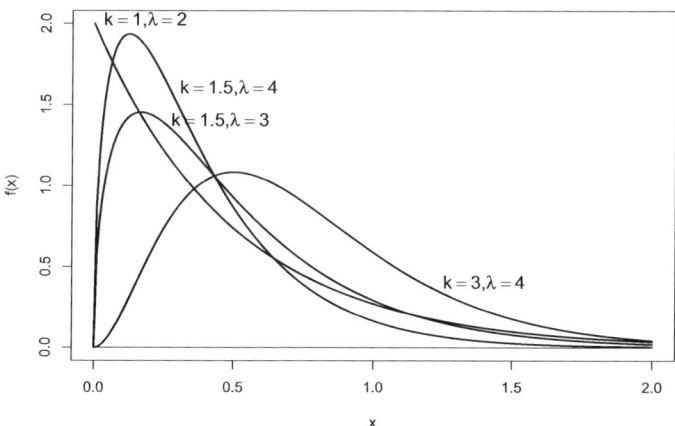

Abb. 10.9: *Dichten der Gammaverteilung*

Erwartungswert und Varianz der $\mathcal{GA}(k, \lambda)$-Verteilung sind gegeben durch:

$$E(X) = \frac{k}{\lambda}, \quad V(X) = \frac{k}{\lambda^2}.$$

Beispiel 10.13 *Wirbelstürme*

Tropische Wirbelstürme kommen über vielen Gebieten tropischer Meere vor. Zuständig für die Aufzeichnung der Wege der beobachteten und die Vorhersage des jeweiligen zukünftigen Kurses solcher Stürme sind verschiedene meteorologische Stationen. Diese benutzen für die Prognose dynamische Modelle, die u. a. die Häufigkeitsverteilungen der Entfernungen, die die Sturmzentren in 24 Stunden zurücklegten, einbeziehen. Dabei werden nicht die originalen empirischen Verteilungen verwendet, sondern geeignete theoretische Verteilungen. Hier ist die Gammaverteilung ein gutes Modell, wie die Gegenüberstellung des nach Neumann (1985) rekonstruierten Histogramms mit der entsprechenden Gammaverteilungsdichte in der Abbildung 10.10 zeigt.

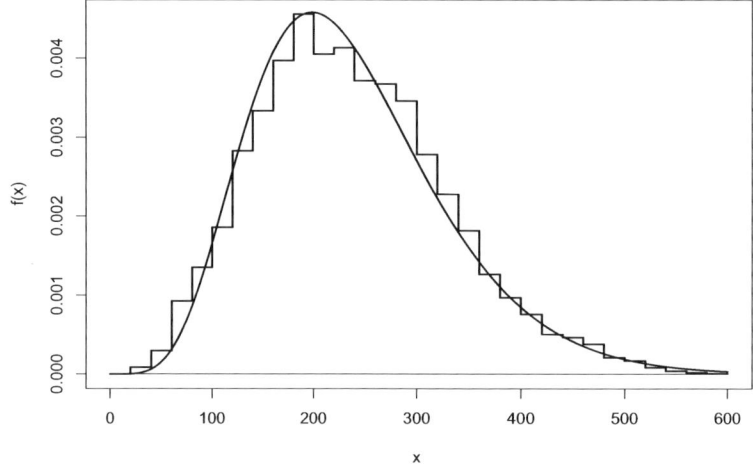

Abb. 10.10: *Verteilung der 24-Stunden Bewegung (in nautischen Meilen) von 9564 tropischen Wirbelstürmen mit angepasster Gammaverteilung*

Die Parameter der angepassten Gammaverteilung erhalten wir dabei aus den angegebenen Werten, indem E(X) und V(X) durch die entsprechenden empirischen Größen ersetzt werden:

$$\frac{\hat{k}}{\hat{\lambda}} = \bar{x} = 237, \qquad \frac{\hat{k}}{\hat{\lambda}^2} = s^2 = 94^2.$$

Dies ergibt:

$$\hat{\lambda} = \frac{\bar{x}}{s^2} = \frac{237}{94^2} = 0.027, \qquad \hat{k} = \bar{x} \cdot \hat{\lambda} = 237 \cdot 0.027 = 6.357.$$

Die Konstruktion von QQ-Diagrammen für die Gammaverteilung ist nur unter Verwendung von Approximationen möglich. Der interessierte Leser sei diesbezüglich auf Chambers et. al. (1983) verwiesen.

10.6 Aufgaben

Aufgabe 1

Überprüfen Sie die Eignung eines Pareto-Verteilungsmodells für die empirische Verteilung der Schadenersatzzahlungen X amerikanischer Krankenhäuser aus dem Jahre 1975. Die Daten sind Hogg & Klugman (1983) entnommen.

i	$x_{i-1} \leq X <$		x_i^*	n_i	i	$x_{i-1} \leq X <$		x_i^*	n_i
1	1	-	1000	465	13	30000	-	40000	24
2	1000	-	2000	281	14	40000	-	50000	19
3	2000	-	3000	202	15	50000	-	60000	15
4	3000	-	4000	102	16	60000	-	70000	11
5	4000	-	5000	64	17	70000	-	80000	13
6	5000	-	6000	78	18	80000	-	90000	11
7	6000	-	7000	65	19	90000	-	100000	2
8	7000	-	8000	59	20	100000	-	200000	31
9	8000	-	9000	26	21	200000	-	300000	13
10	9000	-	10000	20	22	300000	-	400000	5
11	10000	-	20000	164	23	400000	-	1000000	2
12	20000	-	30000	67					

Aufgabe 2

Die Dauer von Telefongesprächen wird häufig als exponentialverteilte Zufallsvariable X aufgefasst. Überprüfen Sie die Eignung des Exponentialverteilungsmodells für die folgenden 20 Telefongesprächsdauern mit einem QQ-Diagramm (Daten nach Molina 1927).

1.72 0.51 0.66 4.14 2.92 2.82 7.71 1.33 3.51 13.13
3.90 1.42 0.26 0.76 1.99 4.23 1.57 1.06 4.60 8.17

Aufgabe 3

Bei einer Feuerwehrstation ergaben sich bei 50 aufeinanderfolgenden Einsätzen die folgenden Zeiten (in Min.) für die Einsatzdauer:

20 48 19 71 162 37 203 332 16 68 50 242 37 35 136 19 32 35 12 106
51 62 69 15 32 21 18 32 79 110 136 30 82 139 36 121 11 22 57 41
94 181 37 42 27 93 47 10 38 21

Bestimmen Sie ein für diesen Datensatz geeignetes Exponentialverteilungsmodell. Berücksichtigen Sie dabei, dass die kleinste Einsatzdauer 10 Min. betrug. (Die Einsätze haben eine von Null verschiedene Mindest-Dauer!) Überprüfen Sie die Eignung des von Ihnen ausgewählten Modells mittels eines QQ-Diagramms.

Aufgabe 4

Sprachwissenschaftler interessieren sich unter anderem für die Häufigkeiten einzelner Buchstaben in verschiedenen Texten. Auch der Abstand zwischen dem Auftreten des jeweils gleichen Buchstabens ist von Interesse. Der Abstand zwischen zwei gleichen Buchstaben kann dabei als ‚Warten' auf den nächsten gleichen Buchstaben interpretiert werden. Somit ist zu vermuten, dass der Abstand ebenfalls durch eine Exponentialverteilung modelliert werden kann. Unter diesem Vorzeichen wurde in dem Buch ‚The Sexual Wilderness' von Vance Packard jeweils die Länge von Zeilenanfang ($=X$) bis zum ersten Auftreten des Buchstabens ‚a' ausgemessen. Kam in einer Zeile kein ‚a' vor, so wurde die gesamte Zeilenlänge (3.3 inch) der Strecke der folgenden Zeile hinzuaddiert. Insgesamt erhielt man 1980 Werte, siehe Griffin, Smith & Watts (1982).

Stellen Sie dem Histogramm eine geeignete Exponentialverteilungsdichte gegenüber und erstellen Sie ein geeignetes QQ-Diagramm.

$x^*_{i-1} < X \leq x^*_i$			n_i	$x^*_{i-1} < X \leq x^*_i$			n_i	$x^*_{i-1} < X \leq x^*_i$			n_i
0.0	-	0.1	134	1.0	-	1.1	90	2.0	-	2.5	90
0.1	-	0.2	246	1.1	-	1.2	59	2.5	-	3.0	40
0.2	-	0.3	174	1.2	-	1.3	61	3.0	-	3.5	46
0.3	-	0.4	116	1.3	-	1.4	53	3.5	-	4.0	11
0.4	-	0.5	154	1.4	-	1.5	64	4.0	-	4.5	9
0.5	-	0.6	102	1.5	-	1.6	42	4.5	-	5.0	2
0.6	-	0.7	99	1.6	-	1.7	34	5.0	-	5.5	1
0.7	-	0.8	96	1.7	-	1.8	30	5.5	-	6.0	1
0.8	-	0.9	100	1.8	-	1.9	22	6.0	-	6.5	2
0.9	-	1.0	73	1.9	-	2.0	29				

11 Die Normalverteilung

11.1 Grundlagen

Die Normalverteilung stellt ein nützliches Modell für empirische Verteilungen dar. Allerdings hat sich erwiesen, dass die lang gehegte Einschätzung, die Normalverteilung sei eine Art natürliches Verteilungsmodell für empirische Phänomene, heutzutage nicht mehr zu halten ist. Zwar gibt es immer noch viele Datensätze, die sich gut damit approximieren lassen, ihre Bedeutung resultiert aber noch stärker aus theoretischen Ergebnissen, vor allem aus dem Zentralen Grenzwertsatz.

11.1.1 Problemstellung

Ausstattungsdesigner müssen beim Entwerfen die Maße der jeweiligen Zielpopulation berücksichtigen. So sind z. B. die Maße der Sitze eines neuen Personenautos so festzulegen, dass möglichst wenige Käufer Probleme damit haben. Als Grundlage dienen den Designern dabei die Ergebnisse größerer anthropometrischer Surveys, bei denen die Maße vieler Personen festgehalten werden. Das Ziel, möglichst wenige Personen aus dem festzulegenden Maßbereich herausfallen zu lassen, lenkt das Augenmerk auf die extremen Quantile, wie etwa das 0.95-Quantil der männlichen Autofahrer.

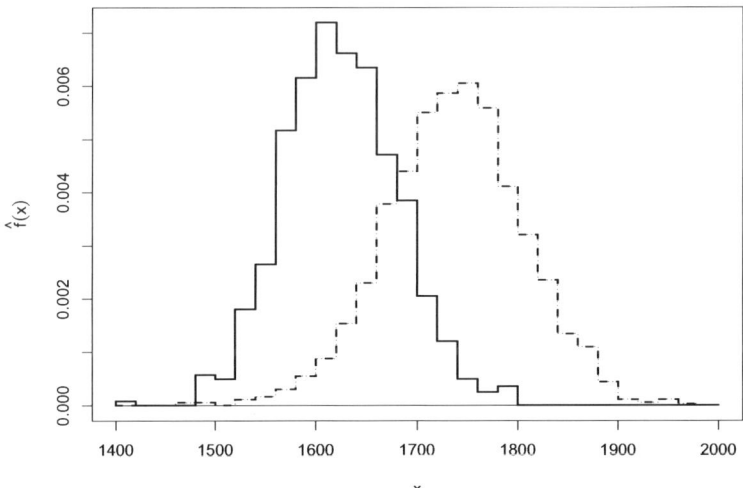

Abb. 11.1: *Körpergrößen von Frauen (durchgezogen) und Männern (gestrichelt), nach Haslegrave (1986)*

Wie die in der Abbildung wiedergegebenen Verteilungen der Körpergrößen von 416 weiblichen und 1584 männlichen Autofahrern aus Großbritannien exemplarisch zeigt, sind gerade die extremen Quantile aus empirischen Verteilungen nur unzuverlässig zu entnehmen. Bessere Ergebnisse lassen sich erzielen, wenn ein geeignetes theoretisches Verteilungsmodell gefunden wird, das die empirische Verteilung gut beschreibt. Dann können die theoretischen Quantile des Modells verwendet werden.

Es stellt sich also die Frage nach einer Verteilung, die ein gutes Modell für die Körpergrößen darstellt.

11.1.2 Definition und Bedeutung der Parameter

So wie die Körpergrößen der britischen Autofahrerinnen und Autofahrer weisen viele Datensätze Häufigkeitsverteilungen auf, die (annähernd) symmetrisch um den Modus sind, und bei denen die Werte im mittleren Bereich konzentriert sind. Für derartige Häufigkeitsverteilungen ist die Normalverteilung ein aussichtsreicher Modellkandidat. Genauer erweisen sich Zufallsvariablen, bei denen einer der folgenden Sachverhalte zutrifft, oft als normalverteilt:

- Die Variable beschreibt eine natürliche Variation wie Körpergröße, Gewicht, Länge der Blätter eines Baumes.

- Die Variable beschreibt das Ergebnis einer Messung einer physikalischen Größe wie z. B. der Länge eines Raumes oder das Gewicht einer Person.

- Die Variable entsteht durch die Summe unterschiedlicher Zufallseinflüsse. Dies gilt etwa für den Intelligenzquotienten, der sich aus den Punkten vieler einzelner Fragen ergibt, sowie für den Benzinverbrauch pro 100 km im Stadtverkehr, auf den u. a. die Temperatur, die Zahl der roten Ampeln und die Verkehrsdichte einwirken.

Die Normalverteilung hat aus zwei weiteren Gründen ein besonderes Gewicht in der Statistik bekommen. Einmal kann die Normalverteilung bei einer Vielzahl von statistischen Maßzahlen als Verteilungsmodell unterstellt werden, wenn nur die Stichproben genügend groß sind. Darauf gehen wir im nächsten Kapitel ein. Zum Zweiten weist die Normalverteilung einige formale Eigenschaften auf, die das Arbeiten mit ihr sehr angenehm machen. Dies werden wir im Folgenden sehen.

Definition 11.1 *Normalverteilung*

Die Zufallsvariable X heißt *normalverteilt* mit den Parametern μ und σ^2, $X \sim \mathcal{N}(\mu, \sigma^2)$, wenn ihre Dichte gegeben ist durch

$$f(x) = \frac{1}{\sqrt{2\pi}\sigma} \exp\left(-\frac{(x-\mu)^2}{2\sigma^2}\right).$$

$\exp(x)$ ist dabei die andere Schreibweise der e-Funkton, $\exp(x) = e^x$. Die Normalverteilung mit $\mu = 0$ und $\sigma^2 = 1$ heißt *Standardnormalverteilung*; ihre Verteilungsfunktion wird mit $\Phi(z)$ und die Dichte mit $\phi(z)$ bezeichnet. (Sprich: ‚Groß-Phi von z' bzw. ‚Klein-Phi von z'.)

11.1 Grundlagen

Die folgende Abbildung macht deutlich, dass der Parameter μ die Lage der Verteilung beeinflusst. Dies lässt sich formal an der Dichte erkennen: Für $x = \mu$ ist der Exponent null. Sonst ist er wegen des negativen Vorzeichens kleiner als null. Also hat die Dichte an der Stelle μ ihr Maximum. Die Höhe an dieser Stelle ist proportional zu $1/\sigma$. Je größer σ^2 ist, desto flacher ist folglich die Kurve und desto größer ist auch die Streuung.

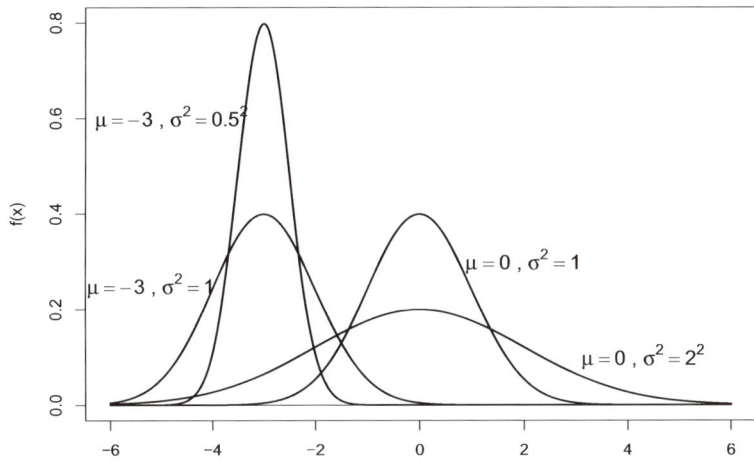

Abb. 11.2: *Dichte der Normalverteilung für verschiedene Parameter*

11.1.3 Eigenschaften

Der folgende Zusammenhang der Parameter mit den Maßzahlen ist nach den obigen Bemerkungen nicht verwunderlich: Die Parameter μ und σ^2 einer normalverteilten Zufallsvariablen X, $X \sim \mathcal{N}(\mu, \sigma^2)$, sind gleich dem Erwartungswert und der Varianz:

$$\mathrm{E}(X) = \mu, \qquad \mathrm{V}(X) = \sigma^2.$$

Eine wichtige Eigenschaft der Normalverteilung besteht in ihrem Verhalten bei Lineartransformationen $Y = a + bX$. Hier ändert sich nämlich der Verteilungstyp nicht. Die Werte der Parameter der transformierten Variablen ergeben sich dabei aus den Rechenregeln für den Erwartungswert und die Varianz:

$$\mathrm{E}(a + bX) = a + b\mathrm{E}(X), \qquad \mathrm{V}(a + bX) = b^2 \mathrm{V}(X).$$

Neben der Stabilität bzgl. der Lineartransformationen ist auch die Stabilität bzgl. der Summe von unabhängigen Zufallsvariablen bedeutsam.

Satz 11.2 *Lineartransformation und Linearkombination bei Normalverteilung*

Sei X normalverteilt, $X \sim \mathcal{N}(\mu, \sigma^2)$, und Y die durch eine Lineartransformation erhaltene Zufallsvariable $Y = a + bX$ mit $b \neq 0$. Dann gilt:

$$Y \sim \mathcal{N}(a + b\mu, b^2 \sigma^2).$$

Die Standardisierung von X führt speziell auf eine standardnormalverteilte Zufallsvariable:
$$Z = \frac{X-\mu}{\sigma} \sim \mathcal{N}(0,1).$$

Die Linearkombination unabhängiger, normalverteilter Zufallsvariablen $X_1, \ldots, X_n$, $X_i \sim \mathcal{N}(\mu_i, \sigma_i^2)$ ist wieder normalverteilt:

$$\sum_{i=1}^{n} a_i X_i \sim \mathcal{N}\left(\sum_{i=1}^{n} a_i \mu_i, \sum_{i=1}^{n} a_i^2 \sigma_i^2\right).$$

Die Gewichte $a_1, \ldots, a_n$ dürfen dabei nicht alle gleich null sein.

Die Erhaltung des Verteilungsgesetzes bei Lineartransformationen hat eine weitgehende Konsequenz. Um nämlich mit der Normalverteilung zu rechnen, d. h. Wahrscheinlichkeiten von Ereignissen zu bestimmen, reicht es, für eine Parameterkonstellation die Werte der Verteilungsfunktion zu tabellieren. Man wählt dazu die Standardnormalverteilung.

Beispiel 11.3   *Berechnung einer Wahrscheinlichkeit*

Es sei $X \sim \mathcal{N}(2, 1/9)$. Die Wahrscheinlichkeit $P(1.5 < X \leq 2.2)$ erhalten wir folgendermaßen:

$$P(1.5 < X \leq 2.2) = P(1.5 - 2 < \underbrace{X - 2}_{= Y \sim \mathcal{N}(0, 1/9)} \leq 2.2 - 2) = P\left(\frac{1.5 - 2}{1/3} < \underbrace{\frac{X - 2}{1/3}}_{= Z \sim \mathcal{N}(0,1)} \leq \frac{2.2 - 2}{1/3}\right)$$
$$= \Phi(0.6) - \Phi(-1.5) = 0.726 - 0.067 = 0.659.$$
(Tabelle!)

Die im Beispiel vorgeführte Beziehung zwischen den Quantilen wollen wir allgemein hervorheben. Zudem ergibt sich aus der Symmetrie-Eigenschaft der Dichte eine weitere Erleichterung für das Arbeiten mit der Normalverteilung.

Lemma 11.4   *Eigenschaften der Quantile der Normalverteilung*

- Zwischen dem p-Quantil x_p der $\mathcal{N}(\mu, \sigma^2)$-Verteilung und dem Quantil z_p der Standardnormalverteilung besteht die Beziehung:

$$z_p = \frac{x_p - \mu}{\sigma} \quad \text{bzw.} \quad x_p = \mu + \sigma \cdot z_p.$$

Damit gilt insbesondere: $F(x) = P(X \leq x) = \Phi\left(\frac{x - \mu}{\sigma}\right).$

- Die p- und die $(1-p)$-Quantile der Standardnormalverteilung liegen symmetrisch um null:
$$z_{1-p} = -z_p.$$

11.1 Grundlagen

Wir haben in Kapitel 2 ausgeführt, dass es sich bei der explorativen Analyse von Datensätzen empfiehlt, extreme Werte gesondert zu betrachten. Dies gilt insbesondere für sogenannte Ausreißer, Werte, die relativ weit weg vom übrigen Datenkörper liegen.

Die Einschätzung, wann ein Wert als Ausreißer anzusehen ist, wird nun (unausgesprochen) i. d. R. anhand dessen getroffen, was bei der Normalverteilung als untypisch anzusehen ist. Hier wirkt die intensive Anwendung der Normalverteilung über einen beträchtlichen Zeitraum fort. Eine von Tukey (1977) vorgeschlagene *Ausreißerregel* geht aus von dem Quartilsabstand $s_Q = x_{0.75} - x_{0.25}$ der empirischen Daten. Es werden dann alle Werte zu Ausreißern erklärt, die mehr als $1.5 \cdot s_Q$ vom unteren bzw. vom oberen Quartil entfernt sind. Diese Regel ist so formuliert, dass sie einfach zu handhaben ist. Sie basiert auf praktischen Erfahrungen über die zu erwartende Anzahl von Ausreißern in einem Datensatz, der der wiederholten Beobachtung einer normalverteilten Zufallsvariablen entspricht. Bei der Normalverteilung gilt nämlich, wenn x_α das theoretische α-Quantil ist:

$$P(X < x_{0.25} - 1.5 \cdot (x_{0.75} - x_{0.25})) = P(X > x_{0.75} + 1.5 \cdot (x_{0.75} - x_{0.25})) = 0.0035.$$

Bei Gültigkeit des Normalverteilungsmodells werden mit dieser Regel nur 70 von 10000 Werten falsch klassifiziert. Als Ausreißer eingestufte Werte sollten genauer inspiziert werden; der mit dieser Regel verursachte ungerechtfertigte Aufwand ist also sehr gering. Andererseits werden erfahrungsgemäß tatsächliche Ausreißer mit genügender Sicherheit auch als solche entdeckt.

Wie wir noch sehen werden, sind häufig Wahrscheinlichkeiten von Ereignissen der Form $\{\mu - c \leq X \leq \mu + c\}$ zu bestimmen. Daher werden die Intervalle $[\mu - c; \mu + c]$ begrifflich hervorgehoben. Wegen der Symmetrie der Normalverteilung sind sie *zentrale Schwankungsintervalle* oder Streubereiche. Die Summe der an beiden Enden außerhalb eines zentralen Schwankungsintervalles liegenden Wahrscheinlichkeiten wird meist mit α bezeichnet. Dann betragen die beiden Randwahrscheinlichkeiten jeweils $\alpha/2$. Die Wahrscheinlichkeit, dass eine Realisation der Zufallsvariablen innerhalb des zentralen Schwankungsintervalles liegt, ist somit $1 - \alpha$. Dies verdeutlicht die folgende Abbildung.

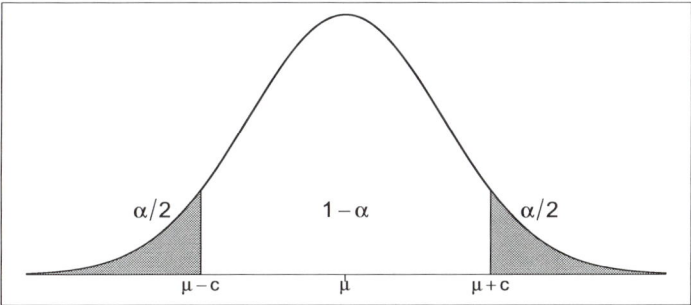

Abb. 11.3: *Zentrales Schwankungsintervall einer normalverteilten Zufallsvariablen*

Wir können die Grenzen des Intervalles für X auf Quantile der standardisierten Normalverteilung zurückführen. Die Wahrscheinlichkeit eines zentralen Schwankungsintervalles bei einer Normalverteilung mit den Parametern μ und σ^2 ist gegeben durch:

$$P(\mu - z_{1-\alpha/2}\sigma \leq X \leq \mu + z_{1-\alpha/2}\sigma) = 1 - \alpha,$$

vgl. Lemma 11.4. Bei $z_{1-\alpha/2} = k$ sprechen wir auch vom *k-fachen Schwankungsintervall*.

Wegen seiner Bedeutung ist das zentrale Schwankungsintervall häufig gesondert tabelliert, indem den Wahrscheinlichkeiten α die Obergrenzen $z_{1-\alpha/2}$ für die standardisierte Normalverteilung zugeordnet werden. Eine derartige Tabelle wird hier auszugsweise wiedergegeben.

Tabelle 11.1: Zentrale Schwankungsintervalle (Obergrenzen) der Standardnormalverteilung

α	$z_{1-\alpha/2}$	α	$z_{1-\alpha/2}$
0.0027	3.000	0.05	1.960
0.005	2.807	0.1	1.645
0.01	2.576	0.1336	1.500
0.0124	2.500	0.2	1.282
0.0455	2.000	0.3173	1.000

Beispiel 11.5 *Ausstattungsdesign - Fortsetzung*

Bei den Ausstattungsdesignern ist es üblich, Abmessungen so vorzunehmen, dass 90% der potentiell Betroffenen berücksichtigt werden. Daher werden am oberen und am unteren Ende der Verteilung jeweils 5% abgeschnitten.

Nehmen wir die Körpergröße der Männer der Problemstellung. Dafür ist die $\mathcal{N}(1738.1, 68^2)$-Verteilung ein gutes Modell. Wir erhalten für das 0.95-Quantil:

$$x_{0.95} = \mu + z_{0.95}\sigma = 1738.1 + 1.645 \cdot 68 = 1849.96.$$

Das untere 0.05-Quantil erhalten wir dann wegen $z_{0.05} = -z_{1-0.05} = -z_{0.95}$ zu

$$x_{0.05} = \mu - z_{0.95}\sigma = 1738.1 - 1.645 \cdot 68 = 1626.24.$$

Das zentrale Schwankungsintervall ist daher:

$$[\mu - z_{0.95}\sigma\,;\,\mu + z_{0.95}\sigma] = [1626.25\,;\,1849.95].$$

11.1.4 Anpassung an empirische Verteilungen

Wollen wir einer empirischen Häufigkeitsverteilung eine Normalverteilung anpassen, so ist es naheliegend, für μ das arithmetische Mittel und für σ^2 die Varianz des Datensatzes zu wählen.

Beispiel 11.6 *Ausstattungsdesign - Fortsetzung*

Bei der Abbildung der Verteilungen der Körpergrößen von Autofahrerinnen und Autofahrern sind auch die Werte für $\bar{x}$ und s^2 angegeben. Für die Körpergrößen der Männer erhalten wir damit als Modell eine $\mathcal{N}(1738.1, 68^2)$-Verteilung. Die Übereinstimmung von Histogramm und theoretischer Dichte ist recht gut.

11.1 Grundlagen

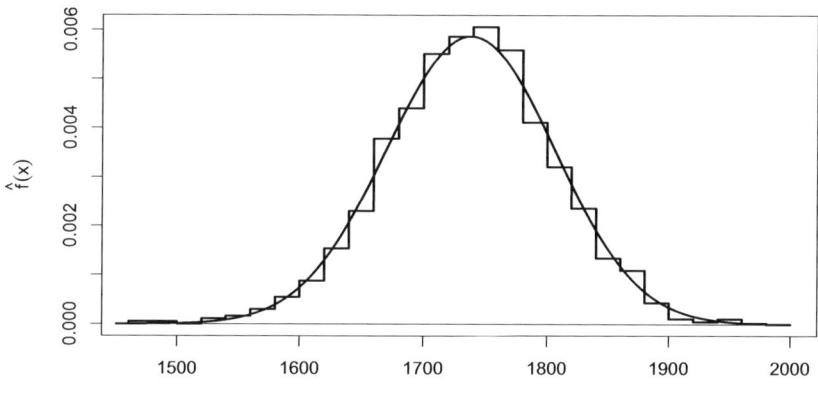

Abb. 11.4: *Körpergrößen von Autofahrern und angepasste Normalverteilung*

Wenn wir eine normalverteilte Zufallsvariable wiederholt beobachten, so werden nach dem Prinzip der großen Zahlen die Häufigkeiten für die zentralen Schwankungsintervalle in etwa mit den Wahrscheinlichkeiten übereinstimmen. Falls umgekehrt ein Datensatz vorliegt mit der Eigenschaft:

ca. 68 % der Daten liegen im einfachen,
ca. 95 % der Daten liegen im zweifachen,
ca. 99.7 % der Daten liegen im dreifachen

zentralen Schwankungsintervall $[\bar{x} - k \cdot s; \bar{x} + k \cdot s]$, so wird die Normalverteilung i. a. ein akzeptables Modell für diese Daten ergeben. Dabei ist das dreifache Schwankungsintervall nur bei sehr großen Datensätzen relevant. Damit haben wir eine erste *Abschätzungsmöglichkeit für die Eignung der Normalverteilung* als Modell.

Beispiel 11.7 *Schließungsfehler*

In einer Triangulation Zentraleuropas ergaben sich Schließungsfehler bei den $n = 914$ Vermessungsdreiecken, mit denen das zu vermessende Gebiet überzogen wurde. Die Verteilung der Fehler ist in der folgenden Tabelle zusammengefasst. (Nach Kreissl 1953.)

Tab.: *Schließungsfehler X von Vermessungsdreiecken (in Bogensekunden)*

i	$x^*_{i-1}<X\leq$		x^*_i	n_i	i	$x^*_{i-1}<X\leq$		x^*_i	n_i	i	$x^*_{i-1}<X\leq$		x^*_i	n_i	i	$x^*_{i-1}<X\leq$		x^*_i	n_i
2	-3.1	-	-2.9	3	10	-1.5	-	-1.3	15	18	0.1	-	0.3	105	26	1.7	-	1.9	11
3	-2.9	-	-2.7	2	11	-1.3	-	-1.1	26	19	0.3	-	0.5	67	27	1.9	-	2.1	7
4	-2.7	-	-2.5	1	12	-1.1	-	-0.9	40	20	0.5	-	0.7	73	28	2.1	-	2.3	1
5	-2.5	-	-2.3	5	13	-0.9	-	-0.7	48	21	0.7	-	0.9	57	29	2.3	-	2.5	3
6	-2.3	-	-2.1	0	14	-0.7	-	-0.5	51	22	0.9	-	1.1	35	30	2.5	-	2.7	0
7	-2.1	-	-1.9	5	15	-0.5	-	-0.3	86	23	1.1	-	1.3	24	31	2.7	-	2.9	1
8	-1.9	-	-1.7	9	16	-0.3	-	-0.1	87	24	1.3	-	1.5	20	32	2.9	-	3.1	2
9	-1.7	-	-1.5	14	17	-0.1	-	0.1	105	25	1.5	-	1.7	10	33	3.1	-		1

(Die erste Zeile der Tabelle hat die Häufigkeit 0; sie wurde daher weggelassen.) Setzen wir den größten Wert gleich 3.2, so sind $\bar{x} = 0.0102$ und $s^2 = 0.7341$; daraus erhalten wir:

k	empirisches Schwankungs-intervall $[\bar{x}-ks;\bar{x}+ks]$	Anteil der Werte im Schwankungsintervall in %
1	[-0.847; 0.867]	71.87
2	[-1.703; 1.724]	94.55
3	[-2.560; 2.581]	98.87

Der Anteil der Werte im einfachen Schwankungsintervall ist größer als bei der Normalverteilung zu erwarten wäre. Bei dem zweifachen stimmt der empirische Anteil mit dem theoretischen recht gut überein. Bei dem dreifachen Schwankungsintervall ist dann der empirische Anteil geringer als der zu erwartende. Solche empirischen Befunde weisen auf *leptokurtische* Verteilungen hin. Das sind Verteilungen, die stärker um den Mittelwert konzentriert sind als die Normalverteilung. Verteilungen, deren Dichten beim Modus abgeflachter sind als die Normalverteilung, heißen *platykurtisch*.

Zur genaueren Überprüfung der Eignung der Normalverteilung als Modell für einen Datensatz bietet sich wieder das QQ-Diagramm an. Aufgrund der Beziehung $x_p = \mu + \sigma z_p$, bei der x_p das p-Quantil der $\mathcal{N}(\mu,\sigma^2)$-Verteilung und z_p das p-Quantil der Standardnormalverteilung ist, können die Werte $x_{(v)}$ direkt gegen die theoretischen Quantile der Standardnormalverteilung aufgetragen werden. Dann sollten die Punkte um eine Gerade mit dem Achsenabschnitt μ und der Steigung σ streuen. Dieser Ansatz kann offensichtlich auch zur Schätzung von μ und σ verwendet werden: Von der durch die Punkte $(z_v, x_{(v)})$ gelegten Geraden sind einfach Steigung und Achsenabschnitt abzulesen. (Hierbei bezeichnet z_v das $(v-0.5)/n$-Quantil der Standardnormalverteilung.) Andererseits können auch die empirischen Daten standardisiert werden und die geordneten Werte $(x_{(v)} - \bar{x})/s$ gegen die theoretischen $(v-0.5)/n$-Quantile der Standardnormalverteilung aufgetragen werden. Die Punkte sollten dann um die Winkelhalbierende streuen.

Beispiel 11.8 *Körpertemperatur*

In Mackowiak, Wasserman & Levine (1992) sind Abbildungen veröffentlicht, aus denen die Körpertemperaturen von Männern rekonstruiert wurden. Auch wenn die Normalver-

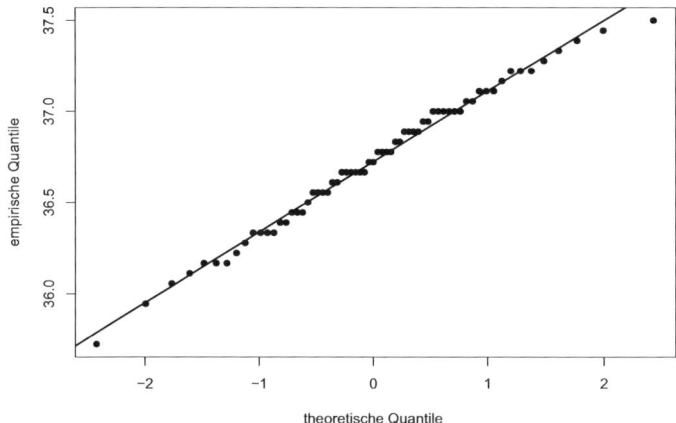

Abb. 11.5: *Normalverteilungs-QQ-Diagramm für die Körpertemperaturen von 65 Männern*

11.1 Grundlagen

teilung in der Quelle nicht das Anliegen war, wollen wir untersuchen, inwieweit sie ein akzeptables Modell darstellt. Das QQ-Diagramm zeigt, dass die (in °C transformierte) Körpertemperatur als normalverteilt angesehen werden kann. Der Achsenabschnitt beträgt 36.72. Damit liegt er unter dem Wert von 37 °C, der nach der zitierten Veröffentlichung lange als ‚Naturkonstante' galt.

Beispiel 11.9 *Schließungsfehler - Fortsetzung*

Wir wollen die im Beispiel 11.7 vorgestellte empirische Fehlerverteilung hinsichtlich der Abweichung von der Normalverteilung etwas genauer untersuchen. Dazu erstellen wir ein QQ-Diagramm für die klassierten Daten. Die theoretischen Quantile z_i^* bestimmen wir dabei wegen der Klassierung ohne Stetigkeitskorrektur: $z_i^* = \Phi(\hat{F}(x_i^*))$.

Tab.: *Arbeitstabelle zur Erstellung eines QQ-Diagramms*

i	x_i^*	$\hat{F}(x_i^*)$	z_i^*	i	x_i^*	$\hat{F}(x_i^*)$	z_i^*	i	x_i^*	$\hat{F}(x_i^*)$	z_i^*	i	x_i^*	$\hat{F}(x_i^*)$	z_i^*
1	-3.1	0.0000	-	9	-1.5	0.0427	-1.720	17	0.1	0.5438	0.110	25	1.7	0.9716	1.905
2	-2.9	0.0033	-2.718	10	-1.3	0.0591	-1.563	18	0.3	0.6586	0.408	26	1.9	0.9836	2.135
3	-2.7	0.0055	-2.545	11	-1.1	0.0875	-1.356	19	0.5	0.7319	0.618	27	2.1	0.9912	2.374
4	-2.5	0.0066	-2.480	12	-0.9	0.1313	-1.120	20	0.7	0.8118	0.884	28	2.3	0.9923	2.425
5	-2.3	0.0120	-2.257	13	-0.7	0.1838	-0.901	21	0.9	0.8742	1.146	29	2.5	0.9956	2.621
6	-2.1	0.0120	-2.257	14	-0.5	0.2396	-0.707	22	1.1	0.9125	1.356	30	2.7	0.9956	2.621
7	-1.9	0.0175	-2.108	15	-0.3	0.3337	-0.430	23	1.3	0.9387	1.544	31	2.9	0.9967	2.728
8	-1.7	0.0274	-1.919	16	-0.1	0.4289	-0.179	24	1.5	0.9606	1.757	32	3.1	0.9989	3.090

Das QQ-Diagramm mit der eingezeichneten Regressionsgeraden zeigt deutlich, dass die empirische Verteilung ein systematisch anderes Verhalten als die Normalverteilung aufweist: Im mittleren Bereich sind die empirischen Quantile enger um das Zentrum der Verteilung gruppiert als die theoretischen; an den Rändern haben sie die umgekehrte Tendenz.

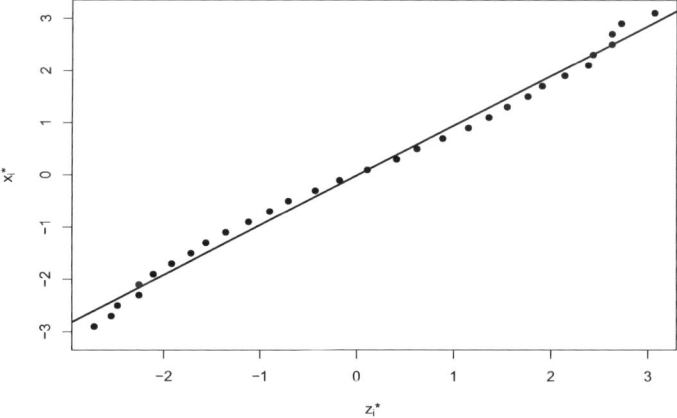

Abb. 11.6: *QQ-Diagramm für die Schließungsfehler der Vermessungsdreiecke gegen die Standardnormalverteilung*

11.2 Approximation von Verteilungen

11.2.1 Problemstellung

C. F. Gauß, nach dem die Normalverteilung bisweilen auch benannt wird, (obwohl sie von De Moivre entdeckt wurde,) verwandte zu Anfang des 19ten Jahrhunderts die Normalverteilung als Modell für die Verteilung von Messfehlern. Wir wollen hier nicht seine Begründung nachvollziehen, sondern einer Variante der erstmals von Thomas Young 1819 aufgestellten Hypothese der Elementarfehler nachgehen.

Die einfachste Vorstellung der Verteilung eines Messfehlers geht davon aus, dass positive und negative Abweichungen gleichwahrscheinlich sind. In einer stetigen Version unterstellen wir einfach eine Rechteckverteilung über einem Intervall $[-c; +c]$. Etwas plausibler ist es zu unterstellen, dass große Fehler seltener auftreten als kleine.

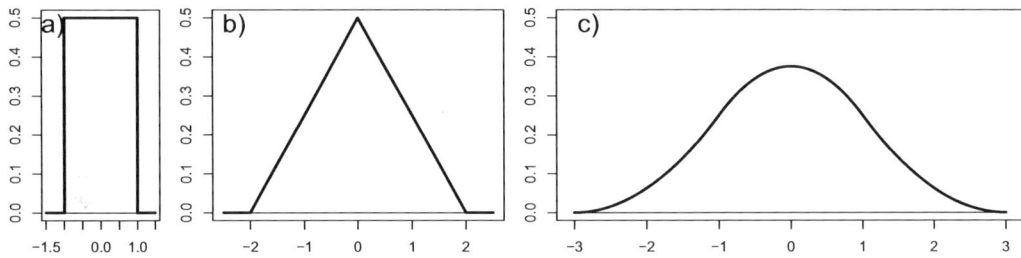

Abb. 11.7: *a) Dichte von X_1 b) Dichte von $X_1 + X_2$ c) Dichte von $X_1 + X_2 + X_3$*

Dies kann durch eine (dreieckförmige) *Simpson-Verteilung* über dem Intervall $[-c'; +c']$ erfasst werden. Nun ist die Summe $X = X_1 + X_2$ zweier rechteckverteilter Zufallsvariablen Simpson-verteilt. Daher können wir die Fehlerverteilung von Simpson so auffassen, dass sie den Gesamtfehler beschreibt, der sich aus zwei elementaren Fehlern zusammensetzt. Warum bei zwei elementaren Fehlern stehenbleiben? Warum nicht drei oder mehr Elementarfehler zulassen?

11.2.2 Der zentrale Grenzwertsatz

Wie die obige Abbildung der Dichte von $X_1 + X_2 + X_3$ nahelegt, tendiert die Verteilung von $\sum X_i$ mit wachsender Zahl von Summanden gegen die Normalverteilung. Dies gilt nicht nur für rechteckverteilte Zufallsvariablen.

Satz 11.10 *Zentraler Grenzwertsatz*

$X_1, X_2, \ldots, X_n$ seien identisch verteilte, unabhängige Zufallsvariablen mit $E(X_i) = \mu$ und $V(X_i) = \sigma^2 > 0$.

Dann konvergiert die Verteilung der standardisierten Summe dieser Zufallsvariablen,

$$Z_n = \frac{\sum_{i=1}^{n} X_i - n\mu}{\sqrt{n\sigma^2}} = \frac{1}{\sqrt{n}} \sum_{i=1}^{n} \frac{X_i - \mu}{\sigma},$$

11.2 Approximation von Verteilungen

mit steigender Summandenzahl gegen eine standardisierte Normalverteilung:

$$\lim_{n\to\infty} P(Z_n \leq z) = \Phi(z).$$

Dafür schreiben wir auch $Z_n \stackrel{.}{\sim} \mathcal{N}(0,1)$.

Die Standardisierung der Summen ist nötig, weil sonst bei $\mu \neq 0$ die Dichte verschoben und wegen $\sigma^2 > 0$ immer flacher würde, vgl. die Abbildung 11.7.

Die Konvergenz gegen die Normalverteilung ist dann besonders schnell, wenn die Ausgangsverteilung symmetrisch ist, und um so langsamer, je schiefer die Ausgangsverteilung ist.

Die praktische Bedeutung des Zentralen Grenzwertsatzes liegt vor allem darin, dass eine (endliche!) Summe von identisch verteilten, unabhängigen Zufallsvariablen in guter Näherung als normalverteilt angesehen werden kann. Davon wird in den nachfolgenden Kapiteln noch häufig Gebrauch gemacht werden.

Beispiel 11.11 *Rundungsfehler*

Um den beim Einkauf in einem Lebensmittelgeschäft zu zahlenden Endbetrag wenigstens überschlägig vorher zu bestimmen, summiert eine Kundin die jeweils auf zehn Cent gerundeten Einzelbeträge. Wie groß ist die Chance, dass die überschlägig ermittelte Gesamtsumme bei zwanzig Einzelposten nicht mehr als 25 Cent vom tatsächlichen Endbetrag abweicht?

Um diese Frage zu beantworten, benötigen wir zuerst die Verteilung der Einzelpreise bzw. der Rundungsfehler. Auf einer umfangreichen Erhebung (Auswertung von Kassenzetteln) basiert die folgende Verteilung für den Rundungsfehler, das ist der gerundete Preis minus dem wahren Preis.

Tab.: *Wahrscheinlichkeitsverteilung ‚Rundungsfehler'*

wahrer Preis	4	3	2	1	0	9	8	7	6	5
Fehler	-4	-3	-2	-1	0	1	2	3	4	5
Wahrscheinlichkeit	0.02	0.02	0.02	0.01	0.12	0.62	0.01	0.02	0.02	0.14

Daraus folgt für die Rundungsfehler X_i bei den einzelnen Waren, die wir uns als zufällig herausgegriffen denken:

$$\mu = E(X_i) = 1.29, \qquad \sigma^2 = V(X_i) = 3.586.$$

Nun unterstellen wir noch, dass die einzelnen Waren unabhängig (bzgl. des Preises!) voneinander gekauft werden. Dann gilt mit dem Zentralen Grenzwertsatz:

$$P\left(-25 \leq \sum_{i=1}^{20} X_i \leq 25\right) = P\left(\frac{-25 - 20 \cdot 1.29}{\sqrt{20 \cdot 3.586}} \leq \frac{\sum_{i=1}^{20} X_i - 20 \cdot \mu}{\sqrt{20 \cdot 3.586}} \leq \frac{25 - 20 \cdot 1.29}{\sqrt{20 \cdot 3.586}}\right)$$

$$= P\left(-5.9985 \leq \frac{\sum_{i=1}^{20} X_i - 20 \cdot \mu}{\sqrt{20 \cdot 2.977}} \leq -0.0945\right)$$

$$= \Phi(-0.0945) - \Phi(-5.9985) = 0.462 - 0.000 = 0.462.$$

Die Chance beträgt also 46 %. Die starke Vertretung der Endziffern 5 und 9 macht sich hier bemerkbar. Wenn wir etwas großzügiger sind und einen Bereich von ±50 Cent akzeptieren, so beträgt dessen Chance: $P(-50 \leq \sum X_i \leq 50) \approx 0.999$.

11.2.3 Approximation der Binomialverteilung

Als einen wichtigen Spezialfall des Zentralen Grenzwertsatzes betrachten wir die Approximation der Binomialverteilung durch die Normalverteilung. Die Approximation der Binomialverteilung durch die Normalverteilung ist vor allem für mittlere und große n von Bedeutung. Dafür sind die Wahrscheinlichkeiten nicht mehr vertafelt und ihre direkte Bestimmung ist kaum mehr praktikabel. Wir haben gesehen, dass für X mit $X \sim \mathscr{B}(n,p)$ gilt:

$$X = X_1 + \cdots + X_n,$$

wobei die X_i unabhängig und identisch $\mathscr{B}(1,p)$ verteilt sind. Der Erwartungswert und die Varianz sind jeweils:

$$E(X_i) = p, \qquad V(X_i) = p(1-p).$$

Also erfüllt eine binomialverteilte Zufallsvariable die Voraussetzung des Zentralen Grenzwertsatzes, eine Summe unabhängiger, identisch verteilter Zufallsvariablen zu sein. Daher gilt:

Satz 11.12 *Grenzwertsatz von Laplace und De Moivre*

Falls X binomialverteilt ist mit Parametern n und p, so ist $(X - np)/\sqrt{np(1-p)}$ approximativ $\mathscr{N}(0,1)$-verteilt:

$$\frac{X - np}{\sqrt{np(1-p)}} \dot{\sim} \mathscr{N}(0,1).$$

Beispiel 11.13 *Approximation einer Binomialverteilung*

Es sei $X \sim \mathscr{B}(10, 0.4)$. Dann sind $E(X) = 4$ und $V(X) = 2.4$. Falls die standardisierte Variable $(X-4)/\sqrt{2.4}$ approximativ $\mathscr{N}(0,1)$-verteilt ist, so ist X selbst approximativ $\mathscr{N}(4, 2.4)$-verteilt.

Die Abbildung zeigt, dass $P(X \leq x) \approx F_N(x; 4, 2.4)$, wenn F_N die Verteilungsfunktion der entsprechenden Normalverteilung ist. Schon bei diesem kleinen n ist die Approximation offensichtlich zufriedenstellend.

Wie in der Abbildung 11.8 zu erkennen ist, werden die Treppenstufen der diskreten Binomialverteilung von der stetigen Verteilungsfunktion ungefähr in der Mitte getroffen. Von Interesse ist aber die Approximation der Binomialverteilung an den Stellen $x = 0, 1, 2, \ldots, n$, also jeweils am Beginn der Treppenstufen. Es ist daher günstiger, die Verteilungsfunktion der Normalverteilung an den Stellen $x + 0.5$ zu bestimmen und diese Werte als Näherungen für die Wahrscheinlichkeiten $P(X \leq x)$ zu verwenden.

11.2 Approximation von Verteilungen

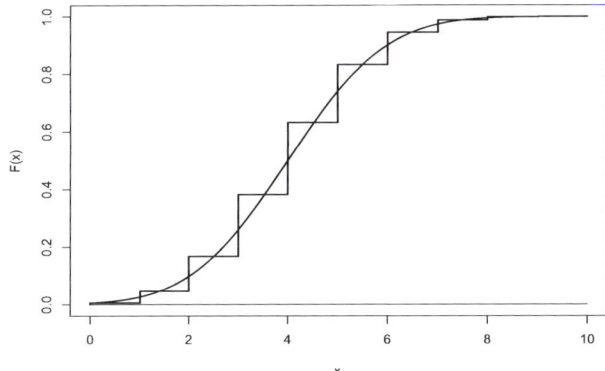

Abb. 11.8: $\mathcal{B}(10,0.4)$-Verteilung und approximierende $\mathcal{N}(4,2.4)$-Verteilung

Lemma 11.14 *Approximation der Binomialverteilung (mit Korrektur)*

Für die $\mathcal{B}(n,p)$-Verteilung gilt folgende Approximation durch die Normalverteilung (mit Korrektur):

$$P(X \leq x) \approx \Phi\left(\frac{x + 0.5 - n \cdot p}{\sqrt{n \cdot p \cdot (1-p)}}\right),$$

$$P(X = x) \approx \Phi\left(\frac{x + 0.5 - n \cdot p}{\sqrt{n \cdot p \cdot (1-p)}}\right) - \Phi\left(\frac{x - 0.5 - n \cdot p}{\sqrt{n \cdot p \cdot (1-p)}}\right).$$

Die zweite Beziehung in der Approximationsaussage ergibt sich dabei aus der ersten unmittelbar mit $P(X = x) = P(X \leq x) - P(X \leq x - 1)$.

Die Qualität der Approximation hängt weitgehend von n und p ab. Sie ist um so besser, je größer n und je näher p an $1/2$ liegt, da dann die Binomialverteilung symmetrischer ist. Dem versucht folgende Daumenregel Rechnung zu tragen: Es kann davon ausgegangen werden, dass die Approximation der Binomialverteilung hinreichend gut ist, wenn

$$n \cdot p \geq 10 \quad \text{und} \quad n \cdot (1-p) \geq 10.$$

Beispiel 11.15 *Ist der Euro fair?*

Im Zusammenhang mit der Einführung des Euro als gemeinsame europäische Währung berichteten polnische Mathematiker, dass die 1-Euro-Münze nicht fair sei. Die Wahrscheinlichkeiten seien verschieden, dass sie auf die Zahl- bzw. auf die Symbolseite falle. Muss daraufhin auf den Münzwurf zur objektiven, fairen Entscheidungsfindung verzichtet werden? (Beispielsweise beim Auslosen der Seiten beim Fußball.)

Im Sinne der statistischen Wahrscheinlichkeit stabilisiert sich der Anteil der Zahlseiten bei dem wahren Wert, der Chance für das Eintreffen des Ereignisses ‚Die Zahlseite zeigt nach oben'. Nun stellt sich die Frage, ob die von den Mathematikern festgestellte Ungleichheit der Chancen für die beiden Seiten relevant ist, d. h. ob wir sie tatsächlich bemerken können, oder ob sie so gering ist, dass wir die Ungleichheit getrost vergessen können.

Die Ungleichheit der Chancen macht sich ggf. in dem zu geringen bzw. zu häufigen Beobachten einer Zahlseite bemerkbar. Wir betrachten die Situation einer zu kleinen Wahrscheinlichkeit und bestimmen für verschiedene n und p die Wahrscheinlichkeiten, dass die Anzahl der Würfe, bei denen die Zahlseite nach oben zu liegen kommt, unter der bei $p = 0.5$ erwarteten Anzahl $n/2$ bleibt. Dazu nutzen wir natürlich aus, dass die Zufallsvariable $X = $ ‚Anzahl der Zahlseiten' bei n Würfen binomialverteilt mit den Parametern n und p ist und wir die Normalapproximation zur Berechnung verwenden können.

n	p			
	0.4500	0.4750	0.4900	0.4950
100	0.8426	0.6917	0.5793	0.5398
500	0.9877	0.8685	0.6727	0.5885
1000	0.9993	0.9433	0.7365	0.6241
10000	1.0000	1.0000	0.9773	0.8414
100000	1.0000	1.0000	1.0000	0.9992

Bei einer kleineren Anzahl von Würfen macht sich eine von $p = 0.5$ abweichende Wahrscheinlichkeit nur bemerkbar, wenn die Abweichung sehr deutlich ist. Aber bei vielen Würfen ist auch bei geringeren Abweichungen davon auszugehen, dass die Gesamtzahl der Zahlseiten geringer ist als die Hälfte der durchgeführten Würfe.

Insgesamt wird deutlich, dass eine sehr große Anzahl von Würfen mit einer 1-Euro-Münze notwendig ist, um kleinere Abweichungen von der 50:50-Chance der Zahlseite zu erkennen. Da man aber diese Art der Entscheidungsfindung jeweils nach dem Einzelfall beurteilen wird, wird wohl der Euro weiterhin als ‚Entscheidungshilfe' in Zweifelsfällen eingesetzt werden.

11.2.4 Approximation der Poisson-Verteilung

Die Herleitung der Poisson-Verteilung aus der Binomialverteilung legt nahe, dass sie für großes λ ebenfalls durch die Normalverteilung approximiert werden kann. Denn dann entspricht wegen $n \cdot p = \lambda$ die Poisson-Verteilung einer Binomialverteilung mit großem n und nicht so kleinem p.

Lemma 11.16 *Approximation der Poisson-Verteilung (mit Korrektur)*

Für die $\mathscr{P}(\lambda)$-Verteilung gilt bei großem λ folgende Approximation durch die Normalverteilung (mit Korrektur):
$$P(X \leq x) \approx \Phi\left(\frac{x + 0.5 - \lambda}{\sqrt{\lambda}}\right).$$

Aus der Daumenregel für die Binomialverteilung folgern unterschiedliche Autoren, dass

$\lambda (= n \cdot p)$ größer als 10 sein muss, um die Poisson-Verteilung geeignet durch die Normalverteilung zu approximieren. Dies scheint aber eher optimistisch.

Beispiel 11.17 *Kraftfahrzeuge pro Zeitintervall*

Im Stadtplanungsamt einer Kleinstadt wird über die zeitlich beschränkte Aufhebung eines Parkverbotes in einem Straßenabschnitt beraten. Zur Entscheidungsfindung wird u. a. die Anzahl der Kraftfahrzeuge, die in der relevanten Zeit von 9.30 bis 12.30 Uhr durchfahren, herangezogen. An einem Werktag ergaben Zählungen folgende Werte für 1/2-Stunden-Intervalle:
$$763, 752, 825, 762, 769, 800.$$

Um die Wahrscheinlichkeit für mehr als 850 Kraftfahrzeuge pro 1/2-Stunde zu bestimmen, wird eine Poisson-Verteilung als Modell unterstellt. Der Parameter λ wird durch $\bar{x} = 778.5$ geschätzt. Dann gilt mit der Normalapproximation:

$$P(X > 850) = 1 - P(X \leq 850) \approx 1 - \Phi\left(\frac{850 + 0.5 - 778.5}{\sqrt{778.5}}\right)$$
$$= 1 - \Phi(2.58) = 1 - 0.995 = 0.005.$$

Die Chance ist also nicht sehr groß.

11.3 Die logarithmische Normalverteilung

11.3.1 Problemstellung

In Ländern mit freier Marktwirtschaft beobachtet man häufig rechtsschiefe Einkommensverteilungen. So auch beim Haushaltsnettoeinkommen von Einpersonenhaushalten. Es wurde bereits im Beispiel 3.3.1 betrachtet. Das dort wiedergegebene Histogramm wie auch die Häufigkeitstabelle zeigen eine deutliche Rechtsschiefe der Verteilung.

Tab.: *Haushaltsnettoeinkommen von Einpersonenhaushalten 2005*

i	$x_{i-1}^* \leq X <$		x_i^*	n_i	$100 \cdot h_i$
1	0	-	500	1020	7.8
2	500	-	900	3310	25.2
3	900	-	1300	3769	28.7
4	1300	-	1500	1501	11.4
5	1500	-	1700	1054	8.0
6	1700	-	2000	903	6.9
7	2000	-	2600	924	7.0
8	2600	-	3200	328	2.5
9	3200	-	4500	210	1.6
10	4500	-	5500	56	0.4
11	5500	-	6000	14	0.1
12	6000	-		56	0.4
				13145	

Für dieses Erscheinungsbild der Einkommensverteilungen gibt es einen hübschen theoretischen Erklärungsansatz. In den meisten Jahren wurde über die Gewerkschaften eine prozentuale Lohnerhöhung durchgesetzt. Ein Ausgangseinkommen x_0 ändert sich dann bis zu dem Zeitpunkt n zu

$$x_n = x_0 \cdot (1+u_1) \cdot \ldots \cdot (1+u_n).$$

Dabei ist u_i der Anteil, um den das Einkommen in der Periode i steigt. Der Übergang zu logarithmierten Werten führt auf

$$y_n = \ln(x_n) = \ln(x_0) + \ln(1+u_1) + \cdots + \ln(1+u_n).$$

Fassen wir die u_i als Realisationen unabhängiger identisch verteilter Zufallsvariablen auf, so ist die Zufallsvariable $\ln(X_n)$ nach dem Zentralen Grenzwertsatz approximativ normalverteilt. Wenn nun $Y_n = \ln(X_n)$ normalverteilt ist, dann hat die Zufallsvariable X_n selbst eine rechtsschiefe Verteilung. Denn wie wir im Abschnitt 3.3 gesehen haben, werden rechtsschiefe Verteilungen gern mit der logarithmischen Transformation in symmetrische Verteilungen überführt.

11.3.2 Definition und Eigenschaften

Definition 11.18 *logarithmische Normalverteilung*

Eine Zufallsvariable X, die nur Werte größer als null annehmen kann, heißt *logarithmisch normalverteilt* mit den Parametern μ_L und σ_L^2, wenn die transformierte Zufallsvariable $Y = \ln(X)$ normalverteilt ist mit den Parametern μ_L und σ_L^2.
Wir schreiben kurz

$$X \sim \mathscr{LN}(\mu_L, \sigma_L^2)$$

und sagen kurz, X ist *lognormalverteilt*. Die Verteilung werden wir auch als *Lognormalverteilung* bezeichnen.

Die Berechnung der Wahrscheinlichkeiten bei der logarithmischen Normalverteilung erfolgt über die Beziehung zur Normalverteilung. Für die Verteilungsfunktion erhalten wir etwa mit $\ln(X) = Y \sim \mathscr{N}(\mu_L, \sigma_L^2)$:

$$F(x) = P(X \leq x) = P(\ln(X) \leq \ln(x)) = P(Y \leq \ln(x)) = \Phi\left(\frac{\ln(x) - \mu_L}{\sigma_L}\right).$$

Daraus erhalten wir durch Differenzieren die Dichte. Weitere Berechnungen ergeben den Erwartungswert und die Varianz.

Lemma 11.19 *Eigenschaften der logarithmischen Normalverteilung*

Eine lognormalverteilte Zufallsvariable X, $X \sim \mathscr{LN}(\mu_L, \sigma_L^2)$, hat die Dichte

$$f(x) = \begin{cases} 0 & \text{für } x \leq 0, \\ \dfrac{1}{\sqrt{2\pi}\sigma_L} \cdot \dfrac{1}{x} \exp\left[-\dfrac{(\ln(x) - \mu_L)^2}{2\sigma_L^2}\right] & \text{für } x > 0, \end{cases}$$

11.3 Die logarithmische Normalverteilung

und es sind

$$E(X) = \exp\left[\mu_L + \frac{\sigma_L^2}{2}\right], \quad V(X) = \exp\left[2\mu_L + \sigma_L^2\right] \cdot \left(\exp\left[\sigma_L^2\right] - 1\right).$$

11.3.3 Anpassung an empirische Verteilungen

Um eine Lognormalverteilung einem Datensatz anzupassen, kann von dem Zusammenhang mit der Normalverteilung Gebrauch gemacht werden. Da die logarithmierten Werte einer Normalverteilung folgen, können dafür die oben besprochenen Vorgehensweisen verwendet werden. Speziell lassen sich QQ-Diagramme erstellen und daraus Näherungswerte für μ_L und σ_L^2 ermitteln.

Beispiel 11.20 *Haushaltsnettoeinkommen - Fortsetzung*

Wir untersuchen die Eignung einer Lognormalverteilung für die oben angegebenen Einkommensdaten (in 1000 EURO). Da die oberste Klasse nicht geschlossen ist, erstellen wir ein QQ-Diagramm und ermitteln daraus Näherungswerte für μ_L und σ_L. Dazu benötigen wir die kumulierten relativen Häufigkeiten und die transformierten Werte der Klassenobergrenzen. Die letzte Klasse wird dabei nicht verwendet.

Tab.: *Arbeitstabelle zur Erstellung eines QQ-Diagramms für Einkommensdaten*

i	Klassenobergrenze x_i^*	kumulierte relative Häufigkeit $\hat{F}(x_i^*) = p_i$	transformierte Klassenobergrenze $y_i^* = \ln(x_i^*)$	theoretische Quantile der $\mathcal{N}(0,1)$-Vert. z_i^*
1	0.5	0.078	-0.693	-1.419
2	0.9	0.329	-0.105	-0.443
3	1.3	0.616	0.262	0.295
4	1.5	0.730	0.405	0.613
5	1.7	0.810	0.531	0.878
6	2.0	0.879	0.693	1.170
7	2.6	0.949	0.956	1.635
8	3.2	0.974	1.163	1.943
9	4.5	0.990	1.504	2.326
10	5.5	0.995	1.705	2.576
11	6.0	0.996	1.792	2.652

Die im QQ-Diagramm eingezeichnete Regressionsgerade hat in etwa einen Achsenabschnitt von 0.085 und eine Steigung von 0.595. Diese Werte können wir als Näherungswerte für μ_L und σ_L ansehen. Mit diesen Näherungswerten für die Parameter bestimmen wir die Dichte und stellen sie dem Histogramm gegenüber. Die Überlagerung von Histogramm und Dichtefunktion, Abbildung 11.9 rechts, zeigt, dass die Dichte im mittleren Bereich gegenüber dem Histogramm eine Verschiebung aufweist. Das Modell erfasst die Daten nicht so recht. Bzgl. der einführenden Motivation sei aber darauf hingewiesen, dass das monatliche Nettoeinkommen alle Einkommensquellen erfasst, also nicht nur Löhne und Gehälter.

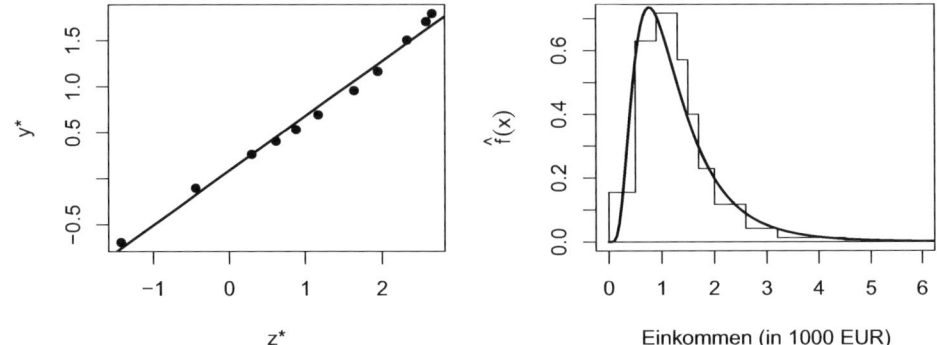

Abb. 11.9: *QQ-Diagramm ,logarithmiertes monatliches Einkommen' gegen Standardnormalverteilung (links) und Histogramm mit approximierender Dichte (rechts)*

Bei der Beurteilung des QQ-Diagramms, Abbildung 11.9 links, ist zu beachten, dass relativ wenige Klassen aus einer großen Zahl von Beobachtungen gebildet wurden. Auch kleine Abweichungen sind daher eher als systematisch anzusehen.

11.4 Die bivariate Normalverteilung

11.4.1 Problemstellung

In der zu Beginn des Abschnittes 11.1.1 ausgeführten Problemstellung ist nicht nur die Körpergröße als einzelne Variable von Interesse. Vielmehr werden die relevanten Abmessungen durch etliche weitere anthropometrische Größen bestimmt. So wurden in der zitierten Stu-

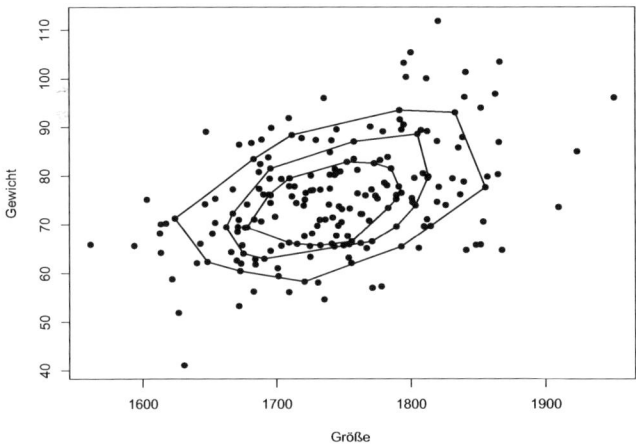

Abb. 11.10: *Streudiagramm der Größe (X) und des Gewichts (Y) von 200 Männern mit konvexen Hüllen, nach Haslegrave (1980)*

11.4 Die bivariate Normalverteilung

die noch das Gewicht, die Augenhöhe, Schulter-Breite und andere, die Körperproportionen charakterisierende Variablen erhoben. Viele dieser Variablen können wieder als normalverteilt angesehen werden. Von Bedeutung sind dann nicht nur die univariaten Randverteilungen, sondern auch die gemeinsamen Verteilungen mehrerer Zufallsvariablen. Hier soll aus Vereinfachungsgründen nur der bivariate Fall behandelt werden. Dazu wird zusätzlich zur Körpergröße X das Gewicht Y der untersuchten Männer betrachtet.

Die Abbildung 11.10 zeigt den Zusammenhang für 200 zufällig aus den über 1500 erhobenen Wertepaaren ausgewählte (nach Haslegrave 1980). Um die Struktur hervorzuheben, wurden konvexe Hüllen eingezeichnet; diese enthalten gerade noch 75%, 50% und 25% der Wertepaare (x_v, y_v). Um diese Daten modellmäßig zu beschreiben, ist nun ein sinnvoller Ansatz für die gemeinsame Dichte von X und Y gesucht.

11.4.2 Ableitung und Eigenschaften

Liegen zwei unabhängige, normalverteilte Zufallsvariablen X, Y vor, $X \sim \mathcal{N}(\mu_1, \sigma_1^2)$ und $Y \sim \mathcal{N}(\mu_2, \sigma_2^2)$, so ist die gemeinsame Dichte sofort angebbar:

$$f(x,y) = f(x) \cdot f(y) = \frac{1}{\sqrt{2\pi}\sigma_1} \cdot \exp\left[-\frac{(x-\mu_1)^2}{2\sigma_1^2}\right] \cdot \frac{1}{\sqrt{2\pi}\sigma_2} \cdot \exp\left[-\frac{(y-\mu_2)^2}{2\sigma_2^2}\right]$$

$$= \frac{1}{2\pi\sigma_1\sigma_2} \exp\left[-\frac{1}{2}\left\{\left(\frac{x-\mu_1}{\sigma_1}\right)^2 + \left(\frac{y-\mu_2}{\sigma_2}\right)^2\right\}\right].$$

Die Struktur der Dichte wird durch den Exponenten der e-Funktion bestimmt. Die Kurven konstanter Dichte erfüllen jeweils die Bedingung

$$\left(\frac{x-\mu_1}{\sigma_1}\right)^2 + \left(\frac{y-\mu_2}{\sigma_2}\right)^2 = c^2.$$

Durch diese Gleichung wird eine Ellipse, die den Mittelpunkt (μ_1, μ_2) hat und deren Achsen parallel zu den Koordinaten verlaufen, festgelegt. Diese Form der gemeinsamen Dichte impliziert, dass Streudiagramme zweier unabhängiger, normalverteilter Zufallsvariablen ein entsprechendes, ellipsenförmiges Muster erkennen lassen.

Die in dem Streudiagramm in Abbildung 11.10 eingezeichneten konvexen Hüllen zeigen, dass die Vorstellung einer Ellipsenstruktur bei der den Daten zugrunde liegenden Dichte durchaus akzeptabel ist, diese jedoch noch gegen die Achsen zu drehen wäre. Eine solche Dichte genügt folgender Beziehung, die wir gleich in der für uns geeigneten Form formulieren:

$$\left(\frac{x-\mu_1}{\sigma_1}\right)^2 - 2\rho \cdot \left(\frac{x-\mu_1}{\sigma_1}\right)\left(\frac{y-\mu_2}{\sigma_2}\right) + \left(\frac{y-\mu_2}{\sigma_2}\right)^2 = c^2.$$

Mit den geeigneten Normierungen erhalten wir daraus die Definition der bivariaten Normalverteilung.

Definition 11.21 *bivariate Normalverteilung*

Seien X und Y zwei Zufallsvariablen mit der gemeinsamen Dichte $f(x,y)$. X und Y heißen gemeinsam oder *bivariat normalverteilt*, falls $f(x,y)$ die folgende Form hat, wobei für den Parameter ρ die Bedingung $|\rho|<1$ gilt:

$$f(x,y) = \frac{1}{2\pi\sigma_1\sigma_2\sqrt{1-\rho^2}}$$
$$\cdot \exp\left[-\frac{1}{2(1-\rho^2)}\left\{\left(\frac{x-\mu_1}{\sigma_1}\right)^2 - 2\rho \cdot \left(\frac{x-\mu_1}{\sigma_1}\right)\left(\frac{y-\mu_2}{\sigma_2}\right) + \left(\frac{y-\mu_2}{\sigma_2}\right)^2\right\}\right].$$

Der neue Parameter ρ hat nicht nur eine geometrische, sondern auch eine statistische Bedeutung: Er ist der Korrelationskoeffizient der beiden Zufallsvariablen mit der entsprechenden Dichte. Eine maximale Korrelation von ± 1 ist bei der angegebenen Form der Dichte nicht möglich. (Im Nenner käme der Wert 0 vor!) Dann wäre aber die Dichte auch auf eine Gerade in der x-y-Ebene konzentriert, vgl. Abschnitt 7.3.1.

Die Quadratwurzel aus dem Exponenten - ohne den Faktor $-1/2$ - kann als Abstand interpretiert werden. Er wird als *Mahalanobis-Abstand* bezeichnet. Die auf einer Ellipse liegenden Punkte haben dann den gleichen Mahalanobis-Abstand vom Zentrum (μ_1,μ_2). Die Ellipsen bilden die *Konturlinien* der bivariaten Normalverteilung. Die Konturlinien sind ge-

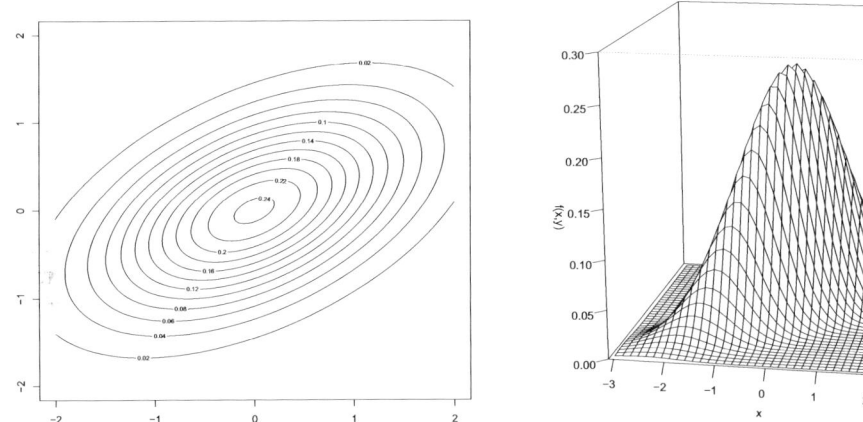

Abb. 11.11: *Kontur-Plot und perspektivische Darstellung der Dichte für* $\mu_1 = \mu_2 = 0$, $\sigma_1^2 = 1$, $\sigma_2^2 = 0.75^2$, $\rho = 0.8$

nauso zu interpretieren wie die Höhenlinien einer Wanderkarte. Da der Abstand wertemäßig gleich ist, deuten enger beieinander liegende Linien einen steileren Anstieg an.

11.4 Die bivariate Normalverteilung

Satz 11.22 *Eigenschaften der bivariaten Normalverteilung*

X und Y seien gemeinsam normalverteilt mit den Parametern $\mu_1, \mu_2, \sigma_1^2, \sigma_2^2$ und ρ. Dann gilt:

1. Aus der Unkorreliertheit folgt auch die Unabhängigkeit.
2. X ist univariat normalverteilt mit den Parametern μ_1 und σ_1^2 und Y entsprechend mit den Parametern μ_2 und σ_2^2.
3. Die bedingten Dichten $f(x|y)$ sind Normalverteilungsdichten mit den Parametern $\mu = \mu_1 + \frac{\sigma_1}{\sigma_2}\rho(y - \mu_2)$ und $\sigma^2 = \sigma_1^2(1 - \rho^2)$.
4. Jede Linearkombination Z von X und Y, $Z = aX + bY$, ist univariat normalverteilt.
5. Die aus X und Y gewonnene Zufallsvariable

$$D^2 = \frac{1}{1-\rho^2}\left(\frac{X-\mu_1}{\sigma_1}\right)^2 - 2\rho \cdot \left(\frac{X-\mu_1}{\sigma_1}\right)\left(\frac{Y-\mu_2}{\sigma_2}\right) + \left(\frac{Y-\mu_2}{\sigma_2}\right)^2$$

ist exponentialverteilt mit dem Parameter $\lambda = 1/2$.

Dass im Spezialfall der bivariaten Normalverteilung aus der Unkorreliertheit die Unabhängigkeit folgt, sieht man sofort, wenn $\rho = 0$ eingesetzt wird und die verschwindenden Terme weggelassen werden.

Bei der Eigenschaft (2) ist zu beachten, dass es univariate normalverteilte Zufallsvariablen gibt, die zusammen nicht bivariat normalverteilt sind.

Die Eigenschaft (4) verallgemeinert die bereits bekannte Aussage, dass die Summe unabhängiger, normalverteilter Zufallsvariablen wieder normalverteilt ist, auf den abhängigen Fall. Die Aussage (5) über die Verteilung der Abstände wird sich schließlich bei der Anpassung an empirische Verteilungen als nützlich erweisen. Die Bedeutung der Eigenschaft (3) wird im Kapitel 19 klar werden.

Es sei mit Nachdruck darauf hingewiesen, dass es nicht möglich ist, aus den Randverteilungen auf die gemeinsame Verteilung zu schließen. Speziell folgt aus den univariaten Normalverteilungen zweier Zufallsvariablen X und Y nicht die gemeinsame bivariate Normalverteilung von (X, Y).

11.4.3 Anpassung an empirische Verteilungen

Um bei einem bivariaten Datensatz zu überprüfen, ob die bivariate Normalverteilung ein geeignetes Modell darstellt, wird man die unbekannten Parameter durch die entsprechenden empirischen Größen ersetzen. Dann müssen sich zunächst die beiden Randverteilungen durch univariate Normalverteilungen modellieren lassen. Dies kann mit den oben ausgeführten Vorgehensweisen geschehen. Das gemeinsame Verhalten, das sich im Streudiagramm ausdrückt, ist durch die Kurven konstanter Dichte und die Eigenschaft (5) geprägt. Einmal muss das Streudiagramm den Eindruck einer ellipsenförmigen Anordnung machen. Dann kann die Verteilungseigenschaft (5) der Quadrate der empirischen Mahalanobis-Distanzen zum Abschätzen der Eignung der bivariaten Normalverteilung als Modell ausgenutzt werden. Denn daraufhin können die geordneten Werte $\frac{1}{2}d_{(1)}, \frac{1}{2}d_{(2)}, \ldots, \frac{1}{2}d_{(n)}$ in Abhängigkeit von den theoretischen $(v - 0.5)/n$-Quantilen der $\mathscr{E}(1)$-Verteilung in ein Diagramm eingetragen werden. Das resultierende Streudiagramm sollte Punkte wiedergeben, die keine systematische Abweichung von der 45°-Achse zeigen. Andernfalls ist bzgl. der Eignung der bivariaten Normalverteilung zur Modellierung der Daten Skepsis angebracht. Für die Bestimmung der $d_{(v)}$ sind natürlich die theoretischen Maßzahlen durch ihre empirischen Gegenstücke zu ersetzen.

Beispiel 11.23 *Kräfte der rechten und linken Hände*

In einer groß angelegten Untersuchung hat Galton im Jahre 1884 ca. 7000 Männer anthropometrisch erfasst. Unter der wenig spezifischen Fragestellung nach Beziehungen zwischen Rechts- und Linkshändigkeit wurde ein Teil dieser Daten von Woo und Pearson (1927) ausgewertet. Dabei interessierten sie sich unter anderem für die Kräfte der rechten und linken Hände (X und Y, in pounds). Eine Zufallsauswahl daraus ist in der folgenden Tabelle angegeben.

Tab.: *Verteilung der Kräfte der rechten (X) und der linken (Y) Hand bei 30 Männern (in pounds) sowie die empirischen Abstände vom Schwerpunkt*

v	x_v	y_v	$\frac{1}{2}z_v$	v	x_v	y_v	$\frac{1}{2}z_v$	v	x_v	y_v	$\frac{1}{2}z_v$	v	x_v	y_v	$\frac{1}{2}z_v$
1	65	57	2.636	9	75	72	0.322	17	81	84	0.431	25	93	69	3.823
2	69	63	1.410	10	75	78	0.582	18	84	81	0.063	26	93	93	1.372
3	69	69	1.167	11	75	78	0.582	19	87	75	0.659	27	96	90	1.547
4	69	72	1.301	12	75	84	1.523	20	87	81	0.223	28	99	90	2.242
5	69	81	2.725	13	78	57	3.152	21	87	84	0.261	29	99	96	2.473
6	72	69	0.692	14	78	75	0.093	22	87	84	0.261	30	99	102	3.385
7	72	69	0.692	15	78	78	0.179	23	90	72	1.911				
8	75	66	0.742	16	81	78	0.007	24	90	84	0.523				

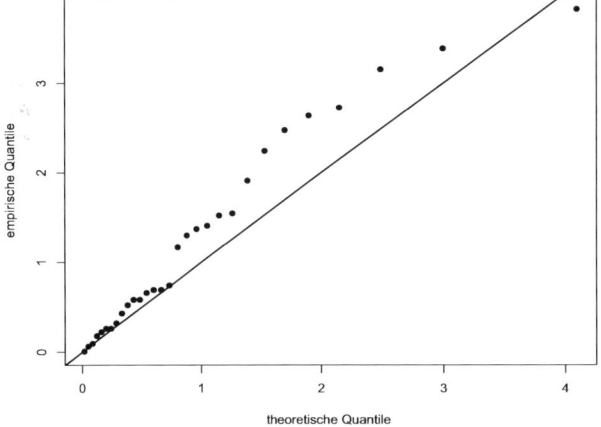

Abb. 11.12: *QQ-Diagramm zur Überprüfung der bivariaten Normalverteilung der Kräfte der rechten und linken Hände*

Da 30 Punkte nicht ausreichen, um im Streudiagramm eine etwaige Ellipsen-Struktur deutlich zu machen, wird gleich das QQ-Diagramm für die Abstände gezeichnet. Dieses zeigt im oberen Bereich eine systematische Abweichung von der 45°-Achse. Das legt eine genauere Überprüfung der bivariaten Normalverteilung nahe.

11.5 Aufgaben

Aufgabe 1

Ein Hersteller von Autoreifen untersucht die Lebensdauer eines neu entwickelten Reifens. Dabei zeigt sich, dass die ermittelte Lebensdauer der Reifen gut durch eine Normalverteilung mit den Parametern $\mu = 36000$ km und $\sigma = 4000$ km angenähert werden kann.

1. Wie groß ist die Wahrscheinlichkeit dafür, dass ein zufällig ausgewählter Reifen höchstens 40000 km hält?
2. Welche Lebensdauer wird von genau 95 % der Reifen nicht überschritten?
3. Wie groß ist die Wahrscheinlichkeit dafür, dass ein zufällig ausgewählter Reifen mehr als 28000 km hält?
4. Welche Lebensdauer wird von genau 90 % der Reifen überschritten?
5. Welches sind die Grenzen für das zweifache zentrale Schwankungsintervall?
6. Wie groß ist die Wahrscheinlichkeit dafür, dass ein zufällig ausgewählter Reifen länger als 28000 km und weniger als 44000 km hält?
7. Berechnen Sie das zentrale Schwankungsintervall, in das die Lebensdauer von 95 % der Reifen fällt.
8. Die Firma ist in der Lage, den Herstellungsprozess der Reifen so zu steuern, dass $\mu = 36000$ km konstant bleibt, aber die Standardabweichung σ veränderbar ist. Bei welcher Standardabweichung σ muss der Produktionsprozess ablaufen, wenn die Firma wie vorher eine Mindestlebensdauer von 30000 km garantieren will und durchschnittlich 2 % der Reifen diese garantierte Mindestlebensdauer unterschreiten dürfen?

Aufgabe 2

Intelligenztests sind i. d. R. so konstruiert, dass die IQ-Punkte angenähert einer Normalverteilung folgen. Bei einem bestimmten Test sind die Parameter $\mu = 100$ und $\sigma^2 = 100$.

1. (a) Wie groß ist die Wahrscheinlichkeit dafür, dass eine zufällig ausgewählte Person einen IQ von 130 oder mehr hat?
   (b) Welcher IQ wird von 97.5% der Personen nicht erreicht?
   (c) Welcher IQ wird von 80% der Personen übertroffen?
   (d) Welches sind die Grenzen für das 3-fache zentrale Schwankungsintervall?

1. (e) Welcher Prozentsatz der Personen fällt in das 2.5-fache zentrale Schwankungsintervall?
   (f) Berechnen Sie das zentrale Schwankungsintervall, in das 98% der Personen fallen!
   (g) Wie groß ist die Wahrscheinlichkeit, dass jemand einen IQ hat, der größer als 85 und kleiner als 120 ist?

2. Rohfassungen von Intelligenztests weisen oft noch nicht die gewünschten Parameterwerte auf. Sie müssen dann noch geeicht werden, d. h. die Punktezahlen sind einer geeigneten Lineartransformation zu unterwerfen.

   (a) Welche Normalverteilung hatten die IQ's bei einer Rohfassung eines solchen Tests, wenn 2% der Personen damit einen IQ von höchstens 105 erreichten? Dabei sei die Forderung $\sigma^2 = 100$ schon erfüllt.
   (b) Bei einer anderen Rohfassung haben 5% weniger als 104 und 50% mehr als 120 IQ-Punkte erreicht. Welche Normalverteilung hatten die IQ's dann?

Aufgabe 3

Die Verteilung der Körpergröße (in cm) von 85 männlichen Studenten stellt sich wie folgt dar (Umfrage am 22.06.1983):

```
16 | 45
16 |
16 | 8
17 |
17 | 233
17 | 44445555
17 | 66677
17 | 888999
18 | 000000000111111
18 | 22222222333333
18 | 444455555
18 | 6677777
18 | 888889
19 | 00
19 | 2333
19 | 44
19 | 6
```

Passen Sie den Daten eine Normalverteilung an. Überprüfen Sie die Approximation
- anhand der Gegenüberstellung eines Histogramms und der Dichtefunktion;
- mittels eines QQ-Diagramms.

Aufgabe 4

Überprüfen Sie die Eignung der Normalverteilung als Modell für die erzielten Weiten (in Fuß) beim Werfen eines Baseballs. (Daten von L.W. Stewart and H. West, The Fruebel School, Gary, Indiana.)

i	x_{i-1}^*	$< X \leq$	x_i^*	n_i	i	x_{i-1}^*	$< X \leq$	x_i^*	n_i
1	15	-	25	1	8	85	-	95	44
2	25	-	35	2	9	95	-	105	31
3	35	-	45	7	10	105	-	115	27
4	45	-	55	25	11	115	-	125	11
5	55	-	65	33	12	125	-	135	4
6	65	-	75	53	13	135	-	145	1
7	75	-	85	64					

Aufgabe 5

Die Verantwortlichen eines Eishockey-Verbandes wissen aus Erfahrung, dass bei 60% der Spiele 5 Pucks, bei 30% der Spiele 6 Pucks und bei 10% der Spiele 7 Pucks in den Taschen der Souvenir-Jäger verschwinden. Pro Saison werden 110 Spiele ausgetragen.

1. Wie groß ist der Erwartungswert und die theoretische Varianz des 'Puck-Schwundes' pro Saison?
2. Durch welche Verteilung lässt sich die Verteilung des 'Puck-Schwundes' approximieren? Begründung!
3. Wie groß ist die Wahrscheinlichkeit, dass pro Saison mehr als 625 Pucks verschwinden?
4. Wie groß ist die Wahrscheinlichkeit, dass pro Saison weniger als 590 Pucks verschwinden?
5. Wie viele Pucks müssen pro Saison eingekauft werden, wenn mit einer Wahrscheinlichkeit von 95% der Bedarf an Pucks in einer Saison gedeckt werden soll?

Aufgabe 6

Wenn Sie in eine Tasse Kaffee einen Schuss Milch geben, umrühren und der Tasse einen Teelöffel Flüssigkeit entnehmen, ist der Kaffee im Löffel genauso braun wie in der Tasse. ‚Klar', werden Sie sagen, ‚ist doch immer so!' Damit es Ihnen auch wirklich klar wird, stellen Sie sich die Tasse als eine riesige Urne vor, in der sich unglaublich viele schwarze Kugeln befinden. Es werden nun weiße Kugeln hinzugegeben, so dass das Verhältnis 90:10 beträgt. Die Kugeln werden kräftig durchgemischt.

1. Es wird eine Zufallsstichprobe vom Umfang $n = 100$ entnommen.
    i) Welche Zahl weißer Kugeln ist zu erwarten?
    ii) Wie groß ist die Wahrscheinlichkeit, genau die erwartete Anzahl weißer Kugeln zu finden?

1. iii) Mit welcher Wahrscheinlichkeit liegt die Zahl weißer Kugeln in der Stichprobe zwischen 8 und 12?
2. Es wird eine Zufallsstichprobe vom Umfang $n = 1000$ entnommen. Wie lauten dann die Ergebnisse der unter 1. angegebenen Fragen. Dabei ist in iii) der Bereich von 88 bis 112 zu betrachten.
3. Setzen Sie $n = 10^{10}$ und berechnen Sie die Wahrscheinlichkeit, dass die Zahl weißer Kugeln nun um mehr als 0.1 Promille vom Erwartungswert abweicht.

Aufgabe 7

Die Dauer X (in Tagen) der im Jahre 1965 durchgeführten Streiks in sechs Industriezweigen des Vereinigten Königreiches weist folgende Verteilung auf, siehe Lawrence (1984).

X_i	1	2	3	4	5	6	7	8	9	10	11	12	13
n_i	0	203	149	100	71	49	33	29	26	23	14	12	9
X_i	14	15	16	17	18	19	20	21-25	26-30	31-35	36-40	41-50	>50
n_i	11	15	6	7	6	4	4	17	16	8	8	12	8

Überprüfen Sie die Eignung der Lognormalverteilung als approximatives Modell für diese Daten anhand eines QQ-Diagramms. Vergleichen Sie die daraus ermittelten Näherungswerte für die Parameter mit denen von Lawrence angegebenen: $\hat{\mu}_L = 0.6$, $\hat{\sigma}_L = 1.396$.

Aufgabe 8

Bei einer Versicherung liegen die folgenden Schadenshöhen X (in Mio. Währungseinheiten) von Sachschäden im industriellen Bereich für einen gewissen Zeitraum vor:

4.44, 1.53, 13.10, 1.64, 3.95, 11.98, 19.06, 3.51, 5.12, 10.68, 33.84, 3.04, 15.45, 7.63, 14.73, 2.19, 2.96, 3.82, 18.07, 2.17.

1. Anhand dieser Daten soll überprüft werden, ob die logarithmische Normalverteilung als Modell zur Prämienkalkulation geeignet ist. (Bei der Schadensversicherung ist zu beachten, dass Schadenshöhen zum einen größer als null sind, und zum anderen sehr extreme Schäden vorkommen können. Beides spricht für diesen Ansatz.) Führen Sie die Überprüfung mittels eines QQ-Diagramms durch.
2. Welche Schadenshöhe wird bei logarithmisch normalverteilten Schadenshöhen von
   a) 50%   b) 25%
   der größten Schäden überschritten, wenn für die Normalverteilung der logarithmierten Werte ein Erwartungswert von 1.8 und eine Varianz von 0.95^2 zugrunde gelegt werden?

12 Stichprobenfunktionen

Um aufgrund von empirischen Daten Aussagen über die Grundgesamtheit oder, spezifischer formuliert, über theoretische Verteilungen und ihre Parameter machen zu können, benötigen wir Zufallsstichproben. Darauf wurde schon im Kapitel 6 hingewiesen. Zufallsstichproben stellen die Basis für formale Aussagen dieser Art dar. Die bisher vor allem in den Kapiteln 8, 10 und 11 vorgenommenen Modellanpassungen waren dagegen deskriptiver Natur. Wir haben uns mit dem Augenschein einer guten bzw. nicht akzeptablen Anpassung zufriedengegeben. Die Frage, ob die Daten tatsächlich durch wiederholte Beobachtung einer Zufallsvariablen mit der entsprechenden Verteilung zustande gekommen sind, berührt schon die nun zu betrachtenden Zufallsstichproben.

12.1 Grundlagen

12.1.1 Einführendes Beispiel

Ein Berliner Taxifahrer notierte im Januar 1987 während fünf Schichten für die jeweils ersten 20 Fahrten, welchen Prozentsatz des Fahrpreises lt. Taxameter die Fahrgäste als Trinkgeld gaben. (Für die Daten danke ich Herrn D. Wilke.)

Tab.: *Trinkgeld eines Taxifahrers (in % des Fahrpreises) mit ergänzender Information*

11.12	12.91	14.59	15.39	20.49	← Realisationen von X_1
20.69	1.95	9.10	11.12	6.39	← Realisationen von X_2
15.39	10.00	0.00	9.38	3.85	← Realisationen von X_3
10.42	10.30	3.18	9.76	14.76	.
0.00	10.00	11.12	6.67	25.00	.
18.43	9.90	20.00	3.99	15.39	.
3.61	0.00	3.45	8.70	0.00	.
10.17	19.41	4.66	2.95	10.39	.
19.05	11.12	0.00	9.76	7.85	.
2.28	5.27	6.56	10.58	4.48	← Realisationen von X_{10}
42.86	11.12	1.45	11.12	14.29	.
8.92	6.07	7.53	11.12	13.64	.
8.88	9.76	2.74	11.12	0.00	.
21.96	2.57	19.05	3.85	10.00	.
5.97	0.00	7.15	8.70	2.95	.
6.39	20.97	7.15	11.12	0.00	.
2.57	3.78	8.50	22.81	8.70	.
17.65	35.14	12.91	18.06	7.15	.
7.96	6.25	4.40	3.45	11.85	.
6.25	35.14	0.00	10.50	14.04	← Realisationen von X_{20}

Wir bezeichnen wie im Kopf der Tabelle die Variable ‚Trinkgeldanteile am Fahrpreis des Taxifahrers' einfach als ‚Trinkgeld'.

Wir fassen die fünf Datensätze als Stichproben auf und wenden uns der Frage zu, welche Eigenschaften die Beobachtungen auszeichnen, so dass wir von Zufallsstichproben sprechen können.

Da es sich um wiederholte Beobachtungen derselben Größe handelt, und diese in offensichtlich nicht vorhersagbarer Weise variieren, sind die Werte Ergebnisse einer wiederholten Beobachtung derselben Zufallsvariablen X. Bei den Werten kennzeichnen wir die Position in der Stichprobe durch einen Index. Hier haben wir fünf Stichproben aus jeweils 20 Werten $x_1, \ldots, x_{20}$.

Nun sind die Werte an der jeweiligen v-ten Stelle von Stichprobe zu Stichprobe verschieden. Wir fassen sie daher als Realisation einer Zufallsvariablen X_v auf. Dies ist in der Tabelle deutlich gemacht, indem jede Zeile mit dem Hinweis versehen ist, dass in ihr die Realisationen der zugehörigen Variablen X_v stehen. X_v ist dasselbe wie X, nur dass der Index verdeutlicht, dass die Beobachtung von X als v-te Wiederholung vorgenommen wird. Zusätzlich können wir davon ausgehen, dass die einzelnen Beobachtungen nicht von den vorangehenden beeinflusst wurden. Formal bedeutet dies, dass die Zufallsvariablen $X_1, \ldots, X_n$ unabhängig sind.

12.1.2 Begriffsfestlegung

Das im einführenden Beispiel erhaltene Ergebnis können wir nun folgendermaßen verallgemeinern. Der Ausgangspunkt ist eine Zufallsvariable X. Die wiederholte Beobachtung von X wird durch Zufallsvariablen $X_1, X_2, \ldots, X_n$ gekennzeichnet; diese sind unabhängig. Da X_v die Beobachtung von X unter jeweils gleichen Bedingungen bezeichnet, hat X_v auch die gleiche Verteilung wie X. Die Verteilungsfunktionen bzw. Wahrscheinlichkeits- oder Dichtefunktionen sind also alle identisch.

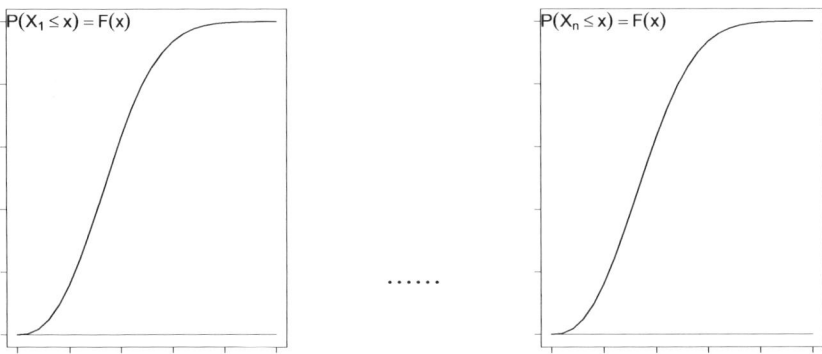

Abb. 12.1: *Zur Verteilung von Stichprobenvariablen*

Als Zufallsvariable steht X_v (großes X!) für die potentielle Beobachtung, die bei der v-ten Wiederholung des Zufallsexperimentes gemacht werden wird. Der konkrete Stichproben-

12.1 Grundlagen

wert x_ν (kleines x!) ist dann das Resultat der Beobachtung nach der Durchführung des Zufallsexperiments. Als Stichprobe werden wir im Folgenden meist die Stichprobenvariablen $X_1,\ldots,X_n$ bezeichnen.

Aus den realisierten Stichproben werden nun i. d. R. empirische Maßzahlen berechnet, etwa um Näherungs- oder Schätzwerte für korrespondierende theoretische Maßzahlen oder für Parameter zu erhalten. Dies können wir jeweils in der Weise formulieren, dass die konkrete Stichprobe $x_1,\ldots,x_n$ auf eine einzelne (Maß-)Zahl abgebildet wird. Formal betrachten wir den Wert einer geeigneten Funktion $g(x_1,\ldots,x_n)$. Mit den Werten $x_1,\ldots,x_n$ der Stichprobenvariablen $X_1,\ldots,X_n$ variieren auch die Werte der jeweiligen empirischen Maßzahlen $g(x_1,\ldots,x_n)$ von Stichprobe zu Stichprobe. Wir können die empirischen Maßzahl also als Funktionen der Stichprobenvariablen selbst ansehen. Auf diese Weise erhalten wir eine Stichprobenfunktion $g(X_1,\ldots,X_n)$. Als Funktion der Stichprobenvariablen ist $g(X_1,\ldots,X_n)$ selbst als Zufallsvariable aufzufassen; dies ist gewissermaßen der potentielle Wert, den wir nach der Durchführung des Zufallsexperimentes ‚n-maliges Beobachten der Zufallsvariablen X' erhalten werden.

Beispiel 12.1 *Trinkgeld - Fortsetzung der Problemstellung*

Bei den fünf realisierten Stichproben erhalten wir für die Stichprobenfunktionen

$$g_1(X_1,\ldots,X_n) = \bar{X}, \quad g_2(X_1,\ldots,X_n) = \widetilde{X}, \quad g_3(X_1,\ldots,X_n) = S^2, \quad g_4(X_1,\ldots,X_n) = S_Q$$

die folgenden Werte:

Nummer der Stichprobe	Realisation der Stichprobenfunktion			
i	$\bar{X}$	$\widetilde{X}$	S^2	S_Q
1	12.029	9.545	90.118	11.68
2	11.083	9.950	93.559	7.34
3	7.177	6.855	33.282	6.36
4	10.008	10.130	22.324	4.45
5	9.561	9.350	43.995	10.19

Definition 12.2 *Stichprobe, Stichprobenvariable und -funktion*

Eine *Stichprobe* aus einer Grundgesamtheit, in der die Zufallsvariable X die Verteilungsfunktion $F(x)$ hat (kurz: Stichprobe aus der Verteilung $F(x)$), besteht aus n Zufallsvariablen X_ν, $\nu = 1,\ldots,n$, den *Stichprobenvariablen*. Für diese gilt:

- Die Stichprobenvariablen $X_1,\ldots,X_n$ haben dieselbe Wahrscheinlichkeitsverteilung wie X.

- Die Stichprobenvariablen $X_1,\ldots,X_n$ sind unabhängig.

Eine *Stichprobenfunktion* $g(X_1,\ldots,X_n)$ ist eine Funktion der Stichprobenvariablen; sie ist selbst wieder eine Zufallsvariable und besitzt eine Wahrscheinlichkeitsverteilung.

Die Wahrscheinlichkeitsverteilung einer Stichprobenfunktion heißt auch die *Stichprobenverteilung* dieser Funktion.

Die Verteilungen verschiedener Stichprobenfunktionen können aus den Verteilungen der Stichprobenvariablen abgeleitet werden. Zum Teil ist dies nur approximativ möglich. *Approximativ* bedeutet dabei wieder, dass die angegebene Verteilung für genügend große Stichprobenumfänge hinreichend genau mit der tatsächlichen Verteilung übereinstimmt.

12.2 Spezielle Stichprobenfunktionen

12.2.1 Das arithmetische Mittel

Eine spezielle Stichprobenfunktion ist das arithmetische Mittel $\bar{X} = \frac{1}{n} \sum_{\nu=1}^{n} X_\nu$. Wichtige Eigenschaften der Verteilung von $\bar{X}$ werden an den fünf realisierten Stichprobenmittelwerten der Trinkgelderhebung deutlich.

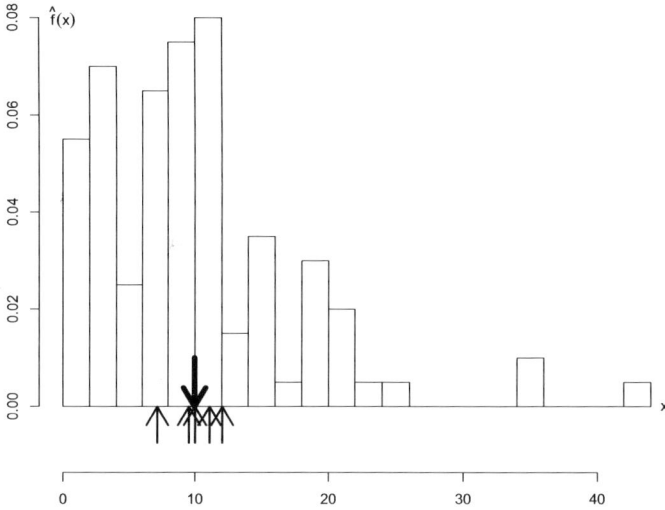

Abb. 12.2: *Histogramm Trinkgelder ($n = 100$) und arithmetische Mittel der Teil-Stichproben sowie aller Werte*

Die grafische Darstellung zeigt:

- Die arithmetischen Mittel $\bar{x}_1, \ldots, \bar{x}_5$ sind um denselben Wert konzentriert wie die einzelnen Stichprobenwerte $x_1, \ldots, x_{100}$.

- Die arithmetischen Mittel streuen weniger um diesen Wert als die Einzelwerte.

Diese auf empirische Daten bezogenen Aussagen gelten auch für die Verteilung der Stichprobenfunktion selbst.

Mit den Eigenschaften von Erwartungswert und Varianz erhalten wir aufgrund der Unabhängigkeit der Stichprobenvariablen $X_1, \ldots, X_n$ für die Zufallsvariable $\bar{X}$, wenn $E(X_\nu) = \mu$

12.2 Spezielle Stichprobenfunktionen

und $V(X_\nu) = \sigma^2$ gilt:

$$E(\bar{X}) = E\left(\frac{1}{n}\sum_{\nu=1}^{n} X_\nu\right) = \frac{1}{n}\sum_{\nu=1}^{n} E(X_\nu) = \frac{1}{n}\underbrace{(\mu + \cdots + \mu)}_{n-\text{mal}} = \mu,$$

$$V(\bar{X}) = V\left(\frac{1}{n}\sum_{\nu=1}^{n} X_\nu\right) = \frac{1}{n^2}\sum_{\nu=1}^{n} V(X_\nu) = \frac{1}{n^2}\underbrace{(\sigma^2 + \cdots + \sigma^2)}_{n-\text{mal}} = \frac{1}{n}\sigma^2.$$

Der Sachverhalt
$$\sigma_{\bar{X}} = \frac{\sigma}{\sqrt{n}}$$

wird bisweilen als $\sqrt{n}$-*Gesetz* bezeichnet. Er macht deutlich, dass die Stichprobenstreuung von $\bar{X}$ immer geringer wird, je größer n ist. Jedoch reduziert sich die Streuung nicht linear, sondern nur mit dem Faktor $1/\sqrt{n}$. So ist z. B. der 4-fache Stichprobenumfang nötig, um die Streuung von $\bar{X}$ zu halbieren, der 100-fache Umfang führt zu einer Verringerung um den Faktor 10.

Die Verringerung der Standardabweichung von $\bar{X}$ mit wachsendem n führt zu einer immer stärkeren Konzentration der Realisationen um den theoretischen Erwartungswert.

Satz 12.3 *Schwaches Gesetz der großen Zahlen*

$X_1, \ldots, X_n$ sei eine Folge von Stichprobenvariablen mit dem Erwartungswert μ und der Varianz σ^2. Dann gilt für alle $\epsilon > 0$:

$$\lim_{n \to \infty} P(|\bar{X} - \mu| \leq \epsilon) = 1.$$

Der Beweis ist einfach. Das arithmetische Mittel $\bar{X}$ ist eine Zufallsvariable, die den Erwartungswert μ und die Varianz σ^2/n besitzt. Damit erhalten wir durch Einsetzen in die Ungleichung von Tschebyschev:

$$P(|\bar{X} - \mu| \leq \epsilon) \geq 1 - \frac{\sigma^2}{n \cdot \epsilon^2}.$$

Für $n \to \infty$ geht der Subtrahend auf der rechten Seite gegen null. Dies ergibt die Behauptung.

Auch weitergehende Aussagen zur Verteilung von $\bar{X}$ sind möglich. Bis auf den Faktor n^{-1} ist $\bar{X}$ eine Summe von unabhängigen, identisch verteilten Zufallsvariablen. Daher kommt der Zentrale Grenzwertsatz ins Spiel.

Lemma 12.4 *asymptotische Verteilung von $\bar{X}$*

Für große n ist die Stichprobenfunktion $\bar{X} = \frac{1}{n}\sum_{\nu=1}^{n} X_\nu$ approximativ normalverteilt:

$$\bar{X} \dot\sim \mathcal{N}\left(\mu, \frac{\sigma^2}{n}\right).$$

Sind bereits die Stichprobenvariablen X_ν normalverteilt, $X_\nu \sim \mathcal{N}(\mu,\sigma^2)$, so ist $\bar{X}$ natürlich exakt normalverteilt:

$$\bar{X} \sim \mathcal{N}\left(\mu, \frac{\sigma^2}{n}\right).$$

12.2.2 Die relative Häufigkeit

Die relative Häufigkeit eines Ereignisses A ist ebenfalls eine Stichprobenfunktion: Von Stichprobe zu Stichprobe variiert der Anteil $h(A)$ des Eintretens von A.

Jede der voneinander unabhängigen Versuchsdurchführungen beschreiben wir durch eine Stichprobenvariable X_ν:

$$X_\nu = \begin{cases} 0 & \text{falls } A \text{ nicht eintritt,} \\ 1 & \text{falls } A \text{ eintritt.} \end{cases}$$

Dann ist $Y = \sum_{\nu=1}^{n} X_\nu$ die Anzahl derjenigen Versuche, bei denen das Ereignis A eintritt, $Y = n(A)$. Dies führt auf

$$\bar{X} = \frac{1}{n}\sum_{\nu=1}^{n} X_\nu = \frac{Y}{n}.$$

Damit sind alle Überlegungen, die wir zum arithmetischen Mittel durchgeführt haben, auch hier gültig. Zusätzlich wissen wir aus Abschnitt 10.1, dass $Y = n\bar{X}$ binomialverteilt ist. Daraus erhalten wir die Verteilung der relativen Häufigkeit genau. Zusammenfassend gilt:

Lemma 12.5 *Eigenschaften der relativen Häufigkeit*

Die relative Häufigkeit $h(A) = Y/n$ eines Ereignisses A, das die Wahrscheinlichkeit $P(A) = p$ hat, besitzt folgende Eigenschaften:

- die Wahrscheinlichkeitsfunktion von Y/n ist

$$f\left(\frac{y}{n}\right) = P\left(\frac{Y}{n} = \frac{y}{n}\right) = \binom{n}{y} p^y (1-p)^{n-y} \quad \text{für} \quad y = 0,1,\ldots,n;$$

- $E\left(\dfrac{Y}{n}\right) = p;$

- $V\left(\dfrac{Y}{n}\right) = \dfrac{p(1-p)}{n};$

- Für Y/n gilt das schwache Gesetz der großen Zahlen:

$$\lim_{n\to\infty} P\left(\left|\frac{Y}{n} - p\right| \leq \epsilon\right) = 1 \quad \text{für alle} \quad \epsilon > 0.$$

- Y/n ist asymptotisch normalverteilt:

$$\sqrt{n}\frac{Y/n - p}{\sqrt{p(1-p)}} \stackrel{.}{\sim} \mathcal{N}(0,1).$$

12.2 Spezielle Stichprobenfunktionen

Bei der Einführung der Wahrscheinlichkeit hatten wir heuristische Belege angeführt, dass zumindest bei einer großen Anzahl von Durchführungen eines Zufallsvorganges die relative Häufigkeit $h(A)$ dicht bei der Wahrscheinlichkeit P(A) zu erwarten ist. Dieses Prinzip der großen Zahlen hat nun seine formale Entsprechung im schwachen Gesetz der großen Zahlen gefunden.

Beispiel 12.6 *faire Münze*

Wir betrachten das Werfen einer fairen Münze und hier das Ereignis Kopf. Mit $n(\text{Kopf}) = Y$ ist also bei n Würfen:

$$\text{E}\left(\frac{Y}{n}\right) = 0.5, \quad \text{V}\left(\frac{Y}{n}\right) = \frac{0.5 \cdot 0.5}{n} = \frac{1}{4n}.$$

Unter Verwendung der Tschebyschev-Ungleichung können wir z. B. abschätzen, wie viele Versuche mindestens notwendig sind, damit die relative Häufigkeit Y/n mit einer Mindestwahrscheinlichkeit von 0.9 höchstens 0.01 von der Wahrscheinlichkeit $p = 0.5$ abweicht. Es ist

$$\text{P}\left(\left|\frac{Y}{n} - 0.5\right| \leq 0.01\right) \geq 1 - \frac{\frac{1}{4n}}{0.01^2}.$$

Der rechte Ausdruck wird gleich 0.9 gesetzt und die Gleichung nach n aufgelöst. Das ergibt:

$$n = 25000.$$

K. Pearson erhielt bei 24000 Würfen einen Wert von $h(\text{Kopf}) = 0.5005$, also eine Abweichung von nur 0.005. Bei der Betrachtung dieses empirischen Wertes im Zusammenhang mit der Tschebyschev-Ungleichung sind zwei Punkte zu beachten: Die Tschebyschev-Ungleichung gibt eine untere Schranke für die Wahrscheinlichkeit an, dass Y/n höchstens um 0.01 von $p = 0.5$ abweicht. Werden also solche Versuchsserien von 25000 Würfen vielfach wiederholt (z. B. 1000 mal 25000 Würfe!), dann kann man damit rechnen, dass bei mindestens 90% der Versuchsserien die relativen Häufigkeiten im Bereich [0.49;0.51] liegen.

Die Tschebyschev-Ungleichung ist aber bei weitem nicht die beste mögliche Abschätzung. Bei $n = 25000$ können wir davon ausgehen, dass der Zentrale Grenzwertsatz hinreichend gut gilt. Mit der Normalapproximation erhalten wir dann:

$$\text{P}\left(\left|\frac{Y}{n} - 0.5\right| \leq 0.01\right) = \text{P}\left(-0.01 \leq \frac{Y}{n} - 0.5 \leq 0.01\right)$$

$$= \text{P}\left(\frac{-0.01}{\sqrt{1/4n}} \leq \frac{Y/n - 0.5}{\sqrt{1/4n}} \leq \frac{0.01}{\sqrt{1/4n}}\right)$$

$$= \text{P}\left(-3.16 \leq \frac{Y/n - 0.5}{\sqrt{1/4n}} \leq \frac{0.01}{\sqrt{1/4n}}\right)$$

$$\approx \Phi(3.16) - \Phi(-3.16) = 1.$$

Mit dieser verbesserten Abschätzung erweist es sich also als praktisch sicher, dass die relative Häufigkeit bei einer neuen Serie von 25000 Würfen um nicht mehr als 0.01 von der Wahrscheinlichkeit 0.5 abweichen wird.

12.2.3 Die empirische Verteilungsfunktion

Eine wichtige Stichprobenfunktion ist die empirische Verteilungsfunktion $\hat{F}(x)$. Für jeweils festes x ist $\hat{F}(x)$ die relative Häufigkeit des Ereignisses $\{X \leq x\}$: $\hat{F}(x) = h(X \leq x)$.

Beispiel 12.7 *Trinkgeld - Fortsetzung*

Wir betrachten wieder die fünf Stichproben der Trinkgelderhebung. Als feste Werte wählen wir $x = 4$, $x = 10$ und $x = 21$.

Stichprobe Nr.	$\hat{F}(4)$	$\hat{F}(10)$	$\hat{F}(21)$
1	0.20	0.50	0.90
2	0.25	0.60	0.90
3	0.35	0.75	1.00
4	0.20	0.50	0.95
5	0.25	0.55	0.95

Da $\hat{F}(x)$ für jeweils festes x die relative Häufigkeit eines bestimmten Ereignisses ist, können wir die für relative Häufigkeiten erhaltenen Ergebnisse übertragen. Speziell gilt nach dem schwachen Gesetz der großen Zahlen, dass an jeder festen Stelle x die empirische Verteilungsfunktion $\hat{F}(x)$ bei genügend großem n so gut wie sicher kaum von dem Wert $F(x)$ der theoretischen Verteilungsfunktion abweicht. Diese Aussage gilt nicht nur für jeweils feste Stellen x, sondern auch global.

Satz 12.8 *Grenzwertsatz von Glivenko-Cantelli (schwache Form)*

Sei X eine Zufallsvariable mit der Verteilungsfunktion $F(x)$. $\hat{F}_n(x)$ sei die empirische Verteilungsfunktion bei einer Stichprobe vom Umfang n. Dann gilt für jedes $\epsilon > 0$:

$$\lim_{n \to \infty} P\left(\sup_{-\infty < x < \infty} |\hat{F}_n(x) - F(x)| < \epsilon \right) = 1.$$

Dieser Satz wird auch als *Hauptsatz der Statistik* bezeichnet. Er gibt die Rechtfertigung dafür, bei genügend guter Übereinstimmung von theoretischem Modell und empirischer Verteilung zu unterstellen, dass die Daten aus einer Grundgesamtheit entstammen, die gerade diese Verteilung hat.

12.2.4 Monte-Carlo-Simulation

Kennen wir den Ablauf eines Zufallsmechanismus, aber nicht die Verteilung der interessierenden Zufallsvariablen, so können wir den Zufallsvorgang sehr oft ablaufen lassen. Bei jeder Durchführung wird der Wert der Zufallsvariablen notiert. Am Ende der Versuche liegen viele unabhängige Beobachtungen der Zufallsvariablen vor. Die empirische Verteilungsfunktion liefert dann bei genügend großer Zahl von Wiederholungen eine Vorstellung von

12.2 Spezielle Stichprobenfunktionen

der theoretischen Verteilung. Oft wird sogar für die theoretische Verteilungsfunktion einfach die empirische genommen.

Die künstliche Durchführung von Zufallsexperimenten wird heute i. a. mit dem Computer erledigt. Man spricht dann von einer *Monte-Carlo-Simulation*. Spezielle Programme liefern sogenannte *Pseudo-Zufallszahlen*. Diese sind zwar nicht in der originären Weise zufällig, jedoch verhält sich eine Folge von Pseudo-Zufallszahlen weitgehend wie eine Folge von Realisationen unabhängiger, identisch verteilter Zufallsvariablen.

Beispiel 12.9 *Monte-Carlo-Experiment*

Üblicherweise stehen über dem Intervall (0;1) gleichverteilte Zufallszahlen zur Verfügung. Um zu sehen ob der Zentrale Grenzwertsatz in diesem Fall schon bei $n = 6$ anwendbar ist, gehen wir wie folgt vor:

- Wir erzeugen uns sechs gleichverteilte Zufallszahlen $x_1, \ldots, x_6$ und bilden die Summe $\sum_{\nu=1}^{6} x_\nu$.

- Den ersten Schritt wiederholen wir 1000 mal. Die resultierenden 1000 Werte bilden unsere Zufallsstichprobe.

- Falls der Zentrale Grenzwertsatz schon anwendbar ist, sollte die empirische Verteilung mit der theoretischen Normalverteilung hinreichend übereinstimmen. Wir vergleichen also die Verteilungsfunktion der entsprechenden Normalverteilung mit der empirischen Verteilungsfunktion.

Die adäquate theoretische Normalverteilung hat hier die Parameter $\mu = 3$ und $\sigma^2 = 1/2$, da wegen $X_\nu \sim \mathcal{R}(0,1)$ gilt:

$$E\left(\sum_{\nu=1}^{6} X_\nu\right) = \sum_{\nu=1}^{6} E(X_\nu) = 6 \cdot \frac{1}{2} = 3, \qquad V\left(\sum_{\nu=1}^{6} X_\nu\right) = \sum_{\nu=1}^{6} V(X_\nu) = 6 \cdot \frac{1}{12} = \frac{1}{2}.$$

Die folgende Tabelle stellt eine empirisch erhaltene Verteilung der standardisierten Werte $z = \left(\sum_{\nu=1}^{6} x_\nu - 3\right)/(1/\sqrt{2})$ der theoretischen $\mathcal{N}(0,1)$-Verteilung gegenüber.

Tab.: *Empirische Verteilungsfunktion einer Summe und $\Phi(z)$*

z	$\hat{F}(z)$	$\Phi(z)$	z	$\hat{F}(z)$	$\Phi(z)$	z	$\hat{F}(z)$	$\Phi(z)$
-3.00	0.000	0.0013	-0.75	0.256	0.2266	1.50	0.941	0.9394
-2.75	0.002	0.0030	-0.50	0.344	0.3085	1.75	0.967	0.9599
-2.50	0.006	0.0062	-0.25	0.426	0.4013	2.00	0.985	0.9772
-2.25	0.010	0.0122	0.00	0.515	0.5000	2.25	0.990	0.9878
-2.00	0.022	0.0228	0.25	0.613	0.5987	2.50	0.995	0.9938
-1.75	0.042	0.0401	0.50	0.692	0.6915	2.75	0.999	0.9970
-1.50	0.073	0.0668	0.75	0.780	0.7734	3.00	1.000	0.9987
-1.25	0.117	0.1056	1.00	0.845	0.8413			
-1.00	0.175	0.1587	1.25	0.901	0.8944			

Die Übereinstimmung erscheint für viele praktische Zwecke als ausreichend.

12.3 Aufgaben

Aufgabe 1

Wir betrachten eine Zufallsvariable X mit der Wahrscheinlichkeitsfunktion

$$P(X=-1) = P(X=0) = P(X=1) = 1/3.$$

Es werden drei unabhängige Beobachtungen dieser Zufallsvariablen betrachtet. Die Stichprobenvariablen seien wie üblich mit X_1, X_2, X_3 bezeichnet.

1. Bestimmen Sie durch Auszählen die Verteilungen der folgenden Stichprobenfunktionen: $\bar{X}, X_{(2)}$ (der zweitkleinste Wert ist hier zugleich der Median) und S^2.
2. Bestimmen Sie Erwartungswerte und Varianzen dieser Stichprobenfunktionen.

Aufgabe 2

Die Zufallsvariable X = ‚Anzahl der Autos pro Haushalt' hat in einem Landkreis die folgende Verteilung:

x	0	1	2
$P(X=x)$	0.5	0.4	0.1

Bestimmen Sie alle möglichen Stichproben (mit Zurücklegen) vom Umfang $n=2$ und ihre Wahrscheinlichkeiten $P(X_1 = x_1, X_2 = x_2)$. Ermitteln Sie daraus die Verteilungen der folgenden Stichprobenfunktionen:

X_1 = Ergebnis des ersten Zuges X_2 = Ergebnis des zweiten Zuges
$\bar{X}$ = arithmetisches Mittel S^2 = empirische Varianz
$X_{(1)}$ = Minimum der Stichprobe $X_{(2)}$ = Maximum der Stichprobe

Aufgabe 3

Der Entfernungsmehraufwand X (in km) für nachgeordnete Aktivitäten auf dem Rückweg von der Arbeitsstätte zur Wohnung kann als exponentialverteilt angesehen werden mit dem Parameter $\lambda = 1/2$, vgl. Küchler (1986). Fünf Zufallsstichproben vom Umfang $n = 10$ ergaben folgende Werte des Entfernungsmehraufwandes:

1: 0.28 2.82 1.23 1.52 0.49 0.10 2.27 2.27 5.46 0.97
2: 1.47 3.56 0.07 0.11 1.51 2.22 0.02 0.97 0.14 1.08
3: 2.32 1.78 5.33 3.74 1.50 0.19 2.12 1.08 2.42 4.82
4: 2.87 0.61 0.10 2.66 0.80 2.00 2.82 9.43 0.91 0.57
5: 8.10 2.57 2.80 2.11 0.15 2.00 4.32 0.64 1.15 2.91

1. Bestimmen Sie für diese Stichproben jeweils $\hat{F}(0.5), \hat{F}(1.5), \hat{F}(4)$, sowie die arithmetischen Mittel und empirischen Varianzen dieser drei Stichprobenfunktionen über die fünf Stichproben. Vergleichen Sie diese Werte mit den theoretischen Erwartungswerten und Varianzen dieser drei Stichprobenfunktionen.
2. Bestimmen Sie für die Stichproben jeweils die arithmetischen Mittel. Vergleichen Sie diese mit dem Erwartungswert der Ausgangsverteilung!

13 Schätzen von Parametern

Die Anpassung eines theoretischen Verteilungsmodells an eine empirische Häufigkeitsverteilung geschieht i. d. R. in zwei Schritten. Im ersten Schritt entscheidet man sich für einen Verteilungstyp, z. B. für eine Poisson-Verteilung oder eine negative Binomialverteilung. Erst nach Festlegung der entsprechenden Parameter ist aber tatsächlich eine einzelne Verteilung ausgewählt. Die Schätzung der Parameterwerte aus den empirischen Daten ist also der zweite Schritt bei der Auswahl des theoretischen Modells. (In der Praxis werden bisweilen die Schätzungen für mehrere Verteilungstypen durchgeführt und dann die Anpassungsgüte der verschiedenen Konkurrenten verglichen. Diesem Vorgehen sind aber die folgenden Überlegungen voranzustellen.)

Wir haben bei den verschiedenen Verteilungen bereits unbekannte Parameter aus Datensätzen geschätzt. So wählten wir etwa $\bar{x}$ als Schätzwert für λ bei der Poisson-Verteilung und s^2 als Schätzwert für σ^2 bei der Normalverteilung. Begründet haben wir diese Ersetzung eines theoretischen Parameterwertes durch einen aus einem Datensatz ermittelten mit der jeweiligen formalen Analogie. Oft gibt es verschiedene Analogien, die ausgenutzt werden könnten. Zum Beispiel ist der Parameter λ bei der Poisson-Verteilung gleich dem Erwartungswert und gleich der Varianz. Folglich bieten sich $\bar{x}$ und s^2 als Schätzungen an. Bei der Normalverteilung gilt etwa wegen der Symmetrie $\mu = E(X)$ und $\mu = \tilde{\mu}$. Also ist neben $\bar{x}$ auch $\tilde{x}$ ein möglicher Schätzwert für μ. Es stellt sich daher die Frage, welche Analogie wir in welchem Fall wählen sollen, um gute Schätzungen zu erhalten.

Im Kontext der Modellanpassung bedeutet gute Schätzung eine gute Übereinstimmung von theoretischer und empirischer Verteilung. Bei einer anderen Betrachtungsweise wird das theoretische Modell als das richtige unterstellt. Gute Schätzung bedeutet dann, dass der aus der Stichprobe ermittelte Schätzwert möglichst dicht bei dem wahren, unbekannten Parameterwert liegt. Die zweite Form des Herangehens führt in den meisten Fällen zu Schätzwerten, die auch im Kontext der Modellanpassung sehr gute Ergebnisse liefern. Wir werden uns daher auf diesen Ansatz beschränken.

13.1 Schätzfunktionen und ihre Eigenschaften

13.1.1 Problemstellung

Der Leiter einer Feuerwache möchte den Bereitschaftsplan am Wochenende neu strukturieren. Dazu benötigt er u. a. die Verteilung der Anzahl X der Einsätze an den Sonntagen. Aus seinen Unterlagen erhält er für das vergangene Jahr die in der Tabelle angegebene empirische Häufigkeitsverteilung. Um Zufallseinflüsse auszuschalten, ist den Daten ein theoretisches Verteilungsmodell anzupassen. Da es sich um die Anzahlen von Vorkommnissen pro festem Zeitintervall handelt, scheint die Poisson-Verteilung $\mathscr{P}(\lambda)$ ein plausibles Modell zu sein. Für die Anpassung der theoretischen Verteilung ist noch der Parameter λ zu schätzen.

Tab.: *Verteilung der sonntäglichen Einsätze einer Feuerwache*

Anzahl Einsätze pro Sonntag x_i	Anzahl Sonntage n_i
0	8
1	13
2	11
3	14
4	2
5	2
6	1
7	0
8	1

Wegen $E(X) = \lambda$ und $V(X) = \lambda$ stehen die beiden empirischen Maßzahlen $\bar{x} = 2.096$ und $s^2 = 2.625$ als Schätzwerte zur Auswahl. Die Frage ist nun, welcher Schätzwert der bessere ist.

13.1.2 Schätzfunktionen

Da der Parameter λ in der Problemstellung nicht bekannt ist, kann die Frage, welcher Schätzwert der bessere ist, auf der Ebene der realisierten Werte der Stichprobenfunktionen $\bar{X}$ und S^2 offensichtlich nicht beantwortet werden. Betrachten wir ein Beispiel, in dem λ bekannt ist. Dies zeigt die Problematik noch deutlicher auf, weist aber auch einen Ausweg.

Beispiel 13.1 *Vergleich von $\bar{x}$ und s^2*

Die Zufallsvariable X sei Poisson-verteilt mit dem Parameterwert $\lambda = 5$. Wir ziehen mittels Monte-Carlo-Simulation 10 Stichproben vom Umfang $n = 20$. Die Stichprobenmittelwerte und die empirischen Varianzen sind in der folgenden Tabelle angegeben:

Tab.: *Realisationen von $\bar{X}$ und S^2 bei 10 Stichproben*

i :	1	2	3	4	5	6	7	8	9	10
$\bar{x}_i$:	5.20	4.90	5.00	4.75	5.60	4.45	4.60	4.85	6.10	4.80
s_i^2 :	7.66	4.39	4.20	2.69	6.11	4.65	3.94	4.23	9.69	5.06

Bei zwei Stichproben - Nr. 6 und 10 - liegt die empirische Varianz s^2 näher beim wahren $\lambda = 5$ als das arithmetische Mittel $\bar{x}$. Bei den anderen acht Stichproben ist die Situation umgekehrt.

Das Beispiel macht deutlich, dass bestenfalls eine Tendenz nachgewiesen werden kann: Die Werte von $\bar{X}$ liegen tendenziell näher bei λ als die Realisationen von S^2. Die Grundlage für diese ‚Tendenzaussage' bilden die Verteilungen der Stichprobenfunktionen. Die Werte von $\bar{X}$ liegen tendenziell näher bei λ als die von S^2, wenn die Stichprobenverteilung von $\bar{X}$ stärker bei λ konzentriert ist als die von S^2. Um die Güte von Schätzungen zu diskutieren, wird damit die Ebene der konkreten Werte wie $\bar{x}$ und s^2 verlassen. Stattdessen werden die ver-

13.1 Schätzfunktionen und ihre Eigenschaften

wendeten Stichprobenfunktionen und ihre Verteilungen ins Visier genommen. Diese legen ja das durchschnittliche Verhalten der Realisationen bei vielen Wiederholungen fest.

Die Eigenschaften der Stichprobenverteilungen bilden daher den Kern der Ausführungen in diesem Kapitel. Das letzte Kapitel ist hierfür quasi die Vorbereitung. Dem neuen Rahmen entsprechend werden zahlreiche neue Begriffe eingeführt; diese beinhalten jedoch zum Teil bereits bekannte Konzepte, die nur dem veränderten Blickwinkel angepasst sind.

Für den Anwender bleibt die Situation in dem Sinne unbefriedigend, dass er im Einzelfall keine Aussage über die Qualität seines Schätzwertes in die Hand bekommt. Es wird nur gesagt, wie er bei häufiger Wiederholung des Schätzvorganges ‚im Mittel' mit seinen Schätzungen liegen wird.

In der Problemstellung stehen zwei aus einer Stichprobe (als solche fassen wir den Datensatz auf) berechnete Werte zur Auswahl. Die Werte sind Realisationen von Stichprobenfunktionen. Wenn die Realisation einer Stichprobenfunktion als Näherungs- oder Schätzwert für den unbekannten Wert eines Parameters dienen soll, wird die Stichprobenfunktion als Schätzfunktion bezeichnet. Um dies auch von der Notation her deutlich zu machen, wird die Stichprobenfunktion mit dem gleichen Symbol wie der Parameter, allerdings versehen mit einem Dach, verwendet. Als allgemeines Symbol für einen Verteilungsparameter benutzen wir im weiteren θ. Dafür ist bei den speziellen Verteilungen dann p, μ, σ^2 oder λ einzusetzen.

Definition 13.2 *Schätzfunktion*

Eine Stichprobenfunktion $\hat{\theta}(X_1,\ldots,X_n)$, deren Wert $\hat{\theta}(x_1,\ldots,x_n)$ als Schätzwert für einen theoretischen Parameter θ dienen soll, heißt *Schätzfunktion* oder kurz *Schätzer* (für θ). Häufig schreiben wir auch $\hat{\theta}$ für $\hat{\theta}(X_1,\ldots,X_n)$ bzw. für $\hat{\theta}(x_1,\ldots,x_n)$. Der Unterschied zwischen Schätzfunktion und -wert ist dann aus dem Kontext zu ersehen.

Die in der Problemstellung betrachteten Schätzer für den Parameter λ der Poisson-Verteilung sind $\hat{\lambda}_1 = \bar{X}$ und $\hat{\lambda}_2 = S^2$. Die Schätzwerte sind die Realisationen $\bar{x}$ und s^2 bei der angegebenen Stichprobe.

13.1.3 Mittlerer quadratischer Fehler

Die Varianz ist die wichtigste Maßzahl zur Beschreibung der Ausbreitung einer Verteilung. Eine kleine Varianz bedeutet, dass die Realisationen sich i. d. R. eng um den Erwartungswert gruppieren, eine große, dass sie relativ stark streuen. Bei Schätzfunktionen interessiert man sich nun natürlich dafür, wie eng sich die Realisationen um den zu schätzenden Parameter konzentrieren. In Anlehnung an die Varianz misst man dies mit dem quadratischen Abstand, mit dem im Mittel zwischen zu schätzendem Parameter und Schätzwert zu rechnen ist. Das liegt als zentrales Konzept der Beurteilung von Schätzfunktionen zugrunde.

Definition 13.3 *Mittlerer quadratischer Fehler*

Der durchschnittliche quadratische Abstand zwischen der Schätzfunktion $\hat{\theta}$ und dem Parameter θ oder der *mittlere quadratische Fehler* von $\hat{\theta}$ bezüglich θ, kurz $MQF(\hat{\theta},\theta)$, ist

$$MQF(\hat{\theta},\theta) = E((\hat{\theta}(X_1,\ldots,X_n) - \theta)^2).$$

Beispiel 13.4 *Feuerwehr-Einsätze - Fortsetzung*

In der Problemstellung haben wir für die Zufallsvariable $X = $ ‚Anzahl der Feuerwehr-Einsätze am Sonntag' eine Poisson-Verteilung unterstellt. Deren Parameter λ ist zu schätzen.

Wir betrachten nun die Schätzfunktion $\hat{\lambda}_1 = \bar{X}$. Wie wir in Abschnitt 13.2 gesehen haben, gilt

$$E(\bar{X}) = E(X) \quad \text{und} \quad V(\bar{X}) = \frac{1}{n}V(X).$$

Wegen $X \sim \mathscr{P}(\lambda)$ sind $E(X) = \lambda$ und $V(X) = \lambda$. Damit erhalten wir

$$MQF(\bar{X}, \lambda) = E(\bar{X} - \lambda)^2 = V(\bar{X}) = \frac{1}{n}\lambda.$$

Der mittlere quadratische Fehler von $\bar{X}$ bzgl. λ ist gleich seiner Varianz.

Die andere betrachtete Schätzfunktion lautet $\hat{\lambda}_2 = S^2$. Die Bestimmung von $MQF(S^2, \lambda)$ ist nicht so einfach. Es lässt sich aber zeigen:

$$MQF(\bar{X}, \lambda) < MQF(S^2, \lambda).$$

Damit schneidet $\bar{X}$ als Schätzer für λ besser ab. Bei wiederholten Schätzungen gruppieren sich die Werte von $\bar{X}$ enger um den unbekannten Parameterwert λ als die von S^2.

Dem Leiter der Feuerwache ist also die Verwendung von $\bar{x} = 2.096$ als Schätzwert für den unbekannten Parameter zu empfehlen. Die Empfehlung beruht auf der Hoffnung, dass sich auch der einzelne Anwendungsfall an die ‚Regel' hält. Wie die folgende Gegenüberstellung zeigt, ergibt diese Empfehlung hier tatsächlich die bessere Anpassung.

Tab.: *Feuerwehreinsätze und angepasste Poisson-Verteilungen*

		$n \cdot e^{-\hat{\lambda}} \hat{\lambda}^x / x!$	
x	$n(X=x)$	$\hat{\lambda} = \bar{x}$	$\hat{\lambda} = s^2$
0	8	6.39	3.77
1	13	13.40	9.89
2	11	14.04	12.98
3	14	9.81	11.36
4	2	5.14	7.45
5	2	2.16	3.91
6	1	0.75	1.71
7	0	0.23	0.64
8	1	0.06	0.21

Für den Vergleich zweier Schätzfunktionen legen wir fest:

Definition 13.5 *relative Effizienz*

Sind $\hat{\theta}_1$ und $\hat{\theta}_2$ zwei Schätzfunktionen für denselben Parameter θ, so heißt $\hat{\theta}_1$ *relativ effizienter* als $\hat{\theta}_2$, wenn für alle Werte von θ

$$MQF(\hat{\theta}_1, \theta) \leq MQF(\hat{\theta}_2, \theta),$$

und für mindestens ein θ das echte ‚<'-Zeichen gilt.

13.1 Schätzfunktionen und ihre Eigenschaften

Bei der Poisson-Verteilung ist also $\bar{X}$ ein effizienterer Schätzer für λ als S^2.

Die relative Effizienz eines Schätzers in Bezug auf einen anderen hängt von dem zugrunde liegenden Verteilungsmodell ab. Bei der Diskussion der Eigenschaften von Schätzfunktionen ist also stets das Verteilungsmodell als Rahmen mit zu berücksichtigen.

Beispiel 13.6 *arithmetisches Mittel und Median bei Normal- und Laplace-Verteilung*

Das arithmetische Mittel $\bar{X}$ ist aufgrund des Zentralen Grenzwertsatzes für die meisten Ausgangsverteilungen asymptotisch normalverteilt: $\bar{X} \stackrel{.}{\sim} \mathcal{N}(\mu, \sigma^2/n)$. Dabei sind μ der Erwartungswert und σ^2 die Varianz der Ausgangsvariablen X.

Der Median $\widetilde{X}$ ist bei stetigen Verteilungen ebenfalls asymptotisch normalverteilt, falls die Dichte $f(x)$ der Ausgangsvariablen einige Bedingungen erfüllt:

$$\widetilde{X} \stackrel{.}{\sim} \mathcal{N}\left(\widetilde{\mu}, \left(\sqrt{n} \cdot 2 \cdot f(\widetilde{\mu})\right)^{-2}\right).$$

Bei symmetrischen Verteilungen gilt nun $\mu = \widetilde{\mu}$. Für solche Verteilungen können wir also die beiden Schätzfunktionen miteinander vergleichen.

Sei X zunächst normalverteilt. Wegen $f(\mu) = 1/\sqrt{2\pi\sigma^2}$ erhalten wir

$$V(\widetilde{X}) = \left(\sqrt{n} \cdot 2 \cdot \frac{1}{\sqrt{2\pi\sigma^2}}\right)^{-2} = \frac{2\pi\sigma^2}{4n} = 1.57 \cdot \frac{\sigma^2}{n}.$$

Andererseits ist $V(\bar{X}) = \sigma^2/n$. Da $\widetilde{X}$ und $\bar{X}$ beide den Erwartungswert μ haben, ist also $MQF(\widetilde{X}, \mu)$ bei der Normalverteilung etwa 1.5 mal so groß wie $MQF(\bar{X}, \mu)$.

Nun unterstellen wir für X eine Laplace-Verteilung; X habe also die Dichte

$$f(x) = \frac{\lambda}{2} e^{-\lambda|x-\mu|}.$$

Wegen der Symmetrie ist wieder $E(X) = \mu = \widetilde{\mu}$. Mit $E(\bar{X}) = E(\widetilde{X}) = \mu$ und mit $V(X) = 2/\lambda^2$ folgt nun:

$$MQF(\bar{X}, \mu) = E(\bar{X} - \mu)^2 = V(\bar{X}) = \frac{2}{\lambda^2 n},$$

$$MQF(\widetilde{X}, \mu) = E(\widetilde{X} - \mu)^2 = V(\widetilde{X}) = \left(\sqrt{n} \cdot 2 \cdot \left(\frac{\lambda}{2}\right)\right)^{-2} = \frac{1}{\lambda^2 n}.$$

Bei dieser Verteilung ist der Median als Schätzer für μ doppelt so effizient wie das arithmetische Mittel.

Dass der Median bei der Laplace-Verteilung effizienter ist als das arithmetische Mittel, rührt daher, dass bei dieser Verteilung extreme Werte mit großer Wahrscheinlichkeit vorkommen. Extreme Werte beeinflussen das arithmetische Mittel sehr stark, den Median nur wenig. Folglich streut hier $\bar{X}$ mehr als $\widetilde{X}$.

Der mittlere quadratische Fehler erfasst zwei Aspekte der Verteilung einer Schätzfunktion: Ihre Verschiebung und ihre Ausbreitung. Die Abbildung 13.1 illustriert die Situation: Der Schätzer $\hat{\theta}_1$ ist nicht verschoben, hat aber eine recht große Streuung. $\hat{\theta}_2$ weist eine kleine Verschiebung auf, ist dafür stärker konzentriert. Untauglich ist $\hat{\theta}_3$ aufgrund der großen Differenz $E(\hat{\theta}_3) - \theta$ und der Konzentrierung um den ‚falschen' Wert.

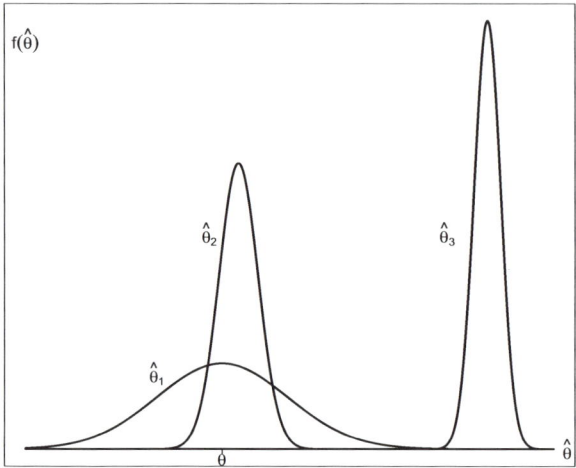

Abb. 13.1: *Dichten verschiedener Schätzer für den Parameter θ*

Lemma 13.7 *Zerlegung des MQF*

Der mittlere quadratische Fehler eines Schätzers $\hat{\theta}$ für den Parameter θ setzt sich zusammen aus dem Quadrat der Verschiebung gegen θ und der Varianz:

$$MQF(\hat{\theta}, \theta) = E(\hat{\theta} - \theta)^2 + V(\hat{\theta}).$$

Die angegebene Beziehung erhalten wir aus

$$MQF(\hat{\theta}, \theta) = E(\hat{\theta} - \theta)^2 = E([\hat{\theta} - E(\hat{\theta})] + [E(\hat{\theta}) - \theta])^2$$

durch Ausmultiplizieren des Binoms auf der rechten Seite unter Berücksichtigung von $E(\hat{\theta} - E(\hat{\theta})) = 0$.

13.1.4 Erwartungstreue

Wir haben gesehen, dass der mittlere quadratische Fehler aus zwei Komponenten zusammengesetzt ist, der Verschiebung und der Varianz. Die mögliche Verschiebung gibt Anlass zu folgender Definition.

Definition 13.8 *unverzerrte Schätzfunktion*

Eine Schätzfunktion $\hat{\theta} = \hat{\theta}_n = \hat{\theta}(X_1, \ldots, X_n)$ für den Parameter θ heißt *erwartungstreu* oder auch *unverzerrt*, wenn ihr Erwartungswert mit dem zu schätzenden Parameter übereinstimmt:

$$E(\hat{\theta}) = \theta.$$

Andernfalls heißt $\hat{\theta}$ verzerrt.

13.1 Schätzfunktionen und ihre Eigenschaften

Die Differenz $b(\hat{\theta}, \theta) = E(\hat{\theta}) - \theta$ heißt der *Bias*. Bei unverzerrten Schätzfunktionen ist der Bias null. Wird der Bias mit wachsendem n immer geringer,

$$\lim_{n \to \infty} b(\hat{\theta}_n, \theta) = 0,$$

so heißt $\hat{\theta}_n$ *asymptotisch erwartungstreu.*

Den Unterschied zwischen unverzerrter und verzerrter Schätzfunktion illustriert die Abbildung 13.1: $\hat{\theta}_1$ ist erwartungstreu, während $\hat{\theta}_2$ und $\hat{\theta}_3$ verzerrt sind.

Das arithmetische Mittel $\bar{X}$ ist stets eine unverzerrte Schätzfunktion für den Erwartungswert μ einer Verteilung. Stimmt wie bei der Poisson-Verteilung der zu schätzende Parameter θ mit μ überein, so ist $\bar{X}$ natürlich auch unverzerrt für θ.

Beispiel 13.9 *Stichprobenvarianz als Schätzfunktion*

Die Stichprobenvarianz $S^2 = \frac{1}{n} \sum_{\nu=1}^{n} (X_\nu - \bar{X})^2$ ist nicht erwartungstreu. Um dies zu sehen, wird zunächst ein einzelner Summand von S^2 betrachtet; dabei ist σ^2 die Varianz und μ der Erwartungswert der zugrunde liegenden Zufallsvariablen X:

$$E(X_\nu - \bar{X})^2 = \frac{1}{n^2} E(-X_1 - \cdots - X_{\nu-1} + (n-1)X_\nu - X_{\nu+1} - \cdots - X_n)^2$$

$$= \frac{1}{n^2} E(-(X_1 - \mu) - \cdots - (X_{\nu-1} - \mu) + (n-1)(X_\nu - \mu) - (X_{\nu+1} - \mu) - \cdots - (X_n - \mu))^2$$

$$= \frac{1}{n^2} (\sigma^2 + \cdots + \sigma^2 + (n-1)^2 \sigma^2 + \sigma^2 + \cdots + \sigma^2)$$

$$= \frac{n - 1 + (n-1)^2}{n^2} \sigma^2 = \frac{(n-1)}{n} \sigma^2.$$

Dabei fallen im vorletzten Schritt alle Terme mit unterschiedlichen Indizes weg, da die Variablen unabhängig und somit die Erwartungswerte der Produkte gleich den Produkten der Erwartungswerte sind. Damit erhalten wir:

$$E(S^2) = E\left(\frac{1}{n} \sum_{\nu=1}^{n} (X_\nu - \bar{X})^2\right) = \frac{1}{n} \sum_{\nu=1}^{n} E(X_\nu - \bar{X})^2 = \frac{1}{n} \cdot n \cdot \frac{(n-1)}{n} \sigma^2 = \frac{(n-1)}{n} \sigma^2.$$

S^2 ist also verzerrt; aber offensichtlich ist S^2 asymptotisch unverzerrt.

Aus S^2 lässt sich auf einfache Weise ein erwartungstreuer Schätzer für σ^2 gewinnen. Multiplikation beider Seiten von

$$E(S^2) = \frac{n-1}{n} \sigma^2$$

mit $n/(n-1)$ und Ausnutzen der Rechenregeln für den Erwartungswert führt auf

$$E\left(\frac{n}{n-1} S^2\right) = \sigma^2.$$

Damit hat $S^2 n/(n-1)$ die gewünschte Eigenschaft.

Wir halten das Resultat des Beispiels fest: Eine erwartungstreue Schätzfunktion für die theoretische Varianz σ^2 ist die Stichprobenfunktion

$$\hat{\sigma}^2 = \frac{1}{n-1} \sum_{\nu=1}^{n} (X_\nu - \bar{X})^2.$$

Wie $\hat{\sigma}^2$ als erwartungstreuer Schätzer aus S^2 gewonnen wurde, können bisweilen auch in anderen Situationen aus verzerrten Schätzern unverzerrte abgeleitet werden.

Wir betrachten noch ein Beispiel für eine asymptotisch erwartungstreue Schätzfunktion.

Beispiel 13.10 *Länge einer Warteschlange*

Ein Verbraucher geht über längere Zeit freitags nach Dienstschluss in denselben Supermarkt. Er interessiert sich dafür, als wievielter er an der Kasse bedient wird, also für die Zufallsvariable $X =$ ‚Anzahl der vor ihm an der Kasse wartenden Kunden'. Als Modell für die Verteilung von X wählen wir eine geometrische Verteilung: Jeder Kunde vor ihm entspricht einem Misserfolg beim Versuch, an der Kasse bedient zu werden.

Daher setzen wir an

$$P(X=x) = p(1-p)^x, \qquad x = 0, 1, 2, \ldots$$

Es ist noch der Parameter p zu schätzen. Eine Schätzung basiert auf Besuchen des Supermarktes, bei denen jeweils der Wert von X festgehalten wird.

Wegen $E(X) = (1-p)/p$ bzw. $p = 1/(E(X)+1)$ liegt es nahe, die Stichprobenfunktion $1/(\bar{X}+1)$ als Schätzfunktion zu wählen:

$$\hat{p} = \frac{1}{\bar{X}+1}.$$

Diese Schätzfunktion ist nicht erwartungstreu, $E(\hat{p}) \neq p$. Das lässt sich zumindest für den Spezialfall $n=1$ folgendermaßen erkennen:

$$E\left(\frac{1}{X+1}\right) = \sum_{x=0}^{\infty} \frac{1}{x+1} p(1-p)^x = p + \frac{1}{2}p(1-p) + \frac{1}{3}p(1-p)^2 + \cdots$$

Da alle Summanden positiv sind, ist der Erwartungswert größer als p.

Die Verzerrtheit bleibt auch für $n > 1$ bestehen. Es lässt sich zeigen, dass der Bias mit wachsendem n immer geringer wird:

$$\lim_{n \to \infty} b(\hat{p}, p) = 0.$$

$\hat{p}$ ist also asymptotisch unverzerrt.

Zwanzig Einkäufe ergaben die Werte: 5, 2, 5, 5, 2, 3, 8, 6, 0, 5, 4, 3, 7, 1, 5, 5, 3, 16, 4, 3. Hier ist $\bar{x} = 4.5$. Der konkrete Schätzwert ist damit $\hat{p} = 0.18$.

13.1.5 Konsistenz

Viele in der statistischen Praxis auftretende Schätzfunktionen haben die Eigenschaft, dass mit zunehmendem Stichprobenumfang sowohl der Bias verschwindet als auch die Varianz gegen null strebt. Die Werte einer solchen Schätzfunktion $\hat{\theta}$ konzentrieren sich also mit größer werdendem Stichprobenumfang immer enger um den wahren Wert des zu schätzenden Parameters θ. Man kann mit immer größerer Sicherheit davon ausgehen, dass der Schätzwert tatsächlich in der unmittelbaren Nähe des wahren Parameterwertes liegt.

Definition 13.11 *Konsistenz*

$\hat{\theta} = \hat{\theta}_n = \hat{\theta}(X_1, \ldots, X_n)$ heißt eine *konsistente Schätzfunktion* für den Parameter θ, falls

$$\lim_{n \to \infty} MQF(\hat{\theta}_n, \theta) = 0$$

oder, äquivalent dazu:

$$\lim_{n \to \infty} b(\hat{\theta}_n, \theta) = 0 \quad \text{und} \quad \lim_{n \to \infty} V(\hat{\theta}_n) = 0.$$

Die Konsistenz kann als Versicherung angesehen werden, dass ein größerer Aufwand bessere Resultate liefert. Sie ist eine minimale Anforderung an Schätzfunktionen. Wenn ein Schätzer nicht einmal konsistent ist, ist er i. d. R. nicht zur Anwendung zu empfehlen. Andererseits ist diese Eigenschaft von zweifelhaftem Nutzen. Denn die Forderung nach großen Stichprobenumfängen ist oft nicht zu realisieren.

Beispiel 13.12 *Konsistenz von S^2 und $\hat{\sigma}^2$*

Um die Konsistenz zu illustrieren, führen wir eine Simulation durch. Es werden jeweils 1000 Stichproben vom Umfang $n = 10, 50, 100$ aus einer Normalverteilung mit der Varianz $\sigma^2 = 1$ gezogen. Für jede Stichprobe werden die beiden Schätzer S^2 und $\hat{\sigma}^2$ berechnet. Die erhaltenen 1000 Schätzwerte werden in einem Histogramm dargestellt. Die linke

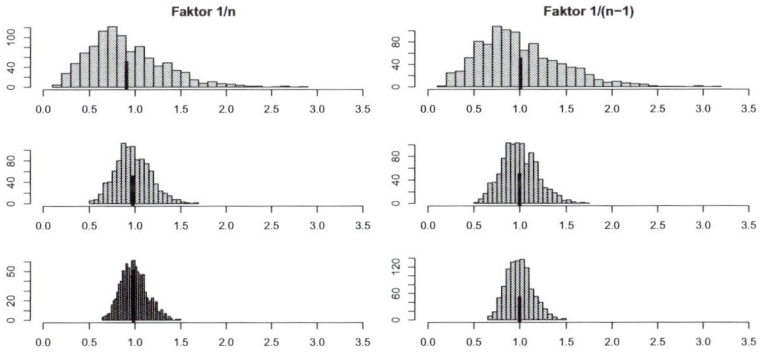

Abb. 13.2: *Einfluss des Stichprobenumfanges auf die Verteilung von S^2 und $\hat{\sigma}^2$*

Seite der Grafik zeigt die Entwicklung von S^2 bei wachsendem Stichprobenumfang, die rechte Seite die von $\hat{\sigma}^2$. Für kleines n weist die Verteilung von S^2 noch eine deutliche Verschiebung gegen den Wert 1 auf. (Der schwarze Balken entspricht jeweils dem arithmetischen Mittel aller Schätzwerte.) Diese verschwindet aber mit größer werdendem n. Zudem zieht sich die Verteilung immer mehr zusammen. Bei $\hat{\sigma}^2$ stimmt das Zentrum von vornherein mit dem theoretischen Wert überein; mit wachsendem n zieht sich auch hier die Verteilung um den wahren Wert von σ^2 zusammen.

13.1.6 Robustheit

Beispiel 13.13 *Stromzähler - Fortsetzung*

Im Beispiel 10.11 wurden Zähler für den Verbrauch von elektrischem Strom betrachtet. Es zeigte sich, dass die Laplace-Verteilung eine zufriedenstellende Anpassung ergab. Diese Verteilung produziert mehr extreme Werte als die Normalverteilung. Auf der anderen Seite zeigt das dort wiedergegebene QQ-Diagramm, dass die Daten im engeren Zentrum keine so große Häufigkeit aufweisen, wie es die Laplace-Verteilung erwarten ließe. Es stellt sich die Frage, welche Maßzahl der Lage nun zu verwenden ist.

Schätzer, die nicht empfindlich sind gegen Ausreißer oder leichte Modellabweichungen, werden als *robust* bezeichnet. Diese Eigenschaft ist unter Anwendungsgesichtspunkten wichtig. Ein Grund dafür ist die Erfahrung, dass häufig bis zu 10% der Daten ‚verschmutzt' sind. Dies bedeutet, dass sich ca. 90% der Daten gut durch ein Verteilungsmodell beschreiben lassen, die restlichen aber vom übrigen Datenkörper zu weit weg liegen und die Anpassung stören.

Wir haben im Beispiel 13.6 gesehen, dass im Fall der Laplace-Verteilung $\widetilde{X}$ doppelt so effizient ist wie $\bar{X}$. Dies resultiert gerade aus der größeren Robustheit des Medians gegenüber extremen Werten. Da der Stichprobenmedian jedoch nur einen einzigen Wert der Stichprobe ausnutzt, ist er bei Gültigkeit des ggf. unterstellten Normalverteilungsmodells, oder bei nur geringen Abweichungen von der Normalverteilung, verhältnismäßig ineffizient. Daher sucht man nach Kompromissen: Einerseits will man mehr Information der Stichprobe bei der Lageschätzung nutzen als es der Median tut; andererseits sollen Ausreißer sich nicht so auswirken wie beim arithmetischen Mittel.

Bei symmetrischen Verteilungen besteht ein Ansatz darin, an beiden Enden des geordneten Datensatzes jeweils einen geeigneten Anteil a von Beobachtungen abzuschneiden und das arithmetische Mittel der restlichen Werte zu bilden. Den resultierenden Schätzer bezeichnet man als *α-getrimmtes Mittel*:

$$\bar{X}_\alpha = \frac{1}{n-2r} \sum_{v=r+1}^{n-r} X_{(v)}.$$

Dabei ist r die größte ganze Zahl mit $r \leq n \cdot \alpha$ und $X_{(v)}$ stellt die Stichprobenfunktion dar, die jeweils den v-kleinsten Wert der Stichprobe angibt. Mit der unterstellten Symmetrie der Verteilung ist $\bar{X}_\alpha$ ein unverzerrter Schätzer für das Zentrum $\mu = \tilde{\mu}$ der Verteilung. Zudem ist $\bar{X}_\alpha$ unempfindlich gegen eine gewisse Anzahl von extremen Werten.

Meist reicht ein relativ kleines α, z. B. $\alpha = 0.1$, um den gewünschten Effekt zu erzielen.

13.1 Schätzfunktionen und ihre Eigenschaften

Beispiel 13.14 *Stromzähler- Fortsetzung*

Für die Messfehler der Stromzähler bestimmen wir die verschiedenen Maßzahlen der Lage. Als Trimm-Anteil wählen wir dabei $\alpha = 0.05$; dann sind jeweils 7 Werte an den Enden zu streichen. Wir erhalten die Werte:

$$\bar{x} = 0.4368, \quad \tilde{x} = 0.45, \quad \bar{x}_{0.05} = 0.4362.$$

Das ungetrimmte und das getrimmte Mittel geben im Wesentlichen dieselbe Antwort. Ein Blick auf das QQ-Diagramm lehrt, dass die Extremwerte sich in diesem Fall auch recht symmetrisch um das Zentrum gruppieren.

Einen Eindruck von der Robustheit eines Schätzers können wir uns verschaffen, wenn wir den Einfluss einer einzelnen extremen Beobachtung auf den Wert des Schätzers betrachten.

Nehmen wir z. B. das arithmetische Mittel. Für $n-1$ Beobachtungen $x_1,\ldots,x_{n-1}$ ist es $\bar{x}_{n-1} = \frac{1}{n-1}\sum_{\nu=1}^{n-1} x_\nu$. Die Hinzunahme eines weiteren Wertes x führt auf $\bar{x}_n = \frac{n-1}{n}\bar{x}_{n-1} + \frac{1}{n}x$.
Die Änderung von $\bar{x}_{n-1}$ zu $\bar{x}_n$ beziehen wir auf den Anteil der hinzugekommenen Werte. Damit berücksichtigen wir, dass bei kleinerem Stichprobenumfang die einzelnen Werte ein größeres Gewicht haben als bei großem n. Die Änderung ist dann

$$\frac{\bar{x}_n - \bar{x}_{n-1}}{1/n} = x - \bar{x}_{n-1}.$$

Wird diese Änderung als Funktion von x betrachtet, so erhalten wir:

Definition 13.15 *Sensitivitätskurve*

Die *Sensitivitätskurve* des Schätzers $\hat{\theta}_n$ bei der Stichprobe $x_1,\ldots,x_{n-1}$ ist

$$SC(x;x_1,\ldots,x_{n-1};\hat{\theta}_n) = n[\hat{\theta}_n(x_1,\ldots,x_{n-1},x) - \hat{\theta}_{n-1}(x_1,\ldots,x_{n-1})].$$

Wir wollen uns zur Abrundung noch die Sensitivitätskurve des Medians bei einer stetigen Verteilung überlegen. Sei $n-1 = 2m$. Dann wird die Hinzufügung eines einzelnen Wertes zum Datensatz den Median maximal auf den $x_{(m)}$-ten oder den $x_{(m+1)}$-ten Wert verschieben können. Ein einzelner Ausreißer ‚verschiebt' den Median nur bis zur nächsten Beobachtung. Liegt der neue Wert zwischen $x_{(m)}$ und $x_{(m+1)}$, so erfolgt der Einfluss linear.

Die Darstellung von $SC(x;x_1,\ldots,x_{n-1};\hat{\theta}_n)$ als Kurve vermittelt einen Eindruck des möglichen Einflusses eines einzelnen Wertes auf den Schätzer $\hat{\theta}$.

Beispiel 13.16 *Finger-Tapping*

Bei zehn Studierenden wurde nach einer Trainingsphase festgestellt, wie viele ‚Taps' sie pro Minute erzielten. Es waren, vgl. Draper & Smith (1981):

242, 245, 244, 248, 247, 248, 242, 244, 246, 242.

Für diese Daten erhalten wir die in der Abbildung 13.3 wiedergegebenen Darstellungen der Sensitivitätskurven des arithmetischen Mittels und des Medians.

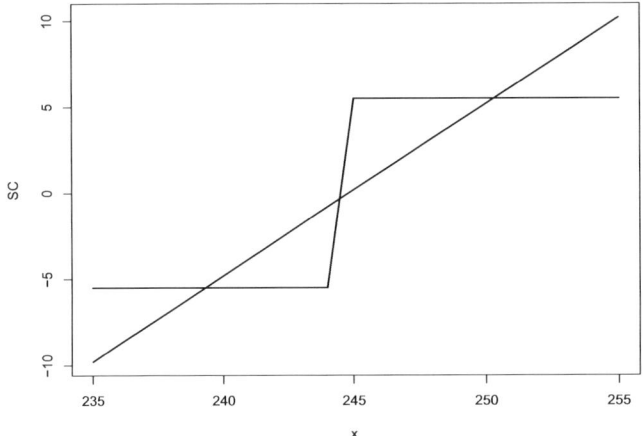

Abb. 13.3: *Sensitivitätskurven des arithmetischen Mittels und des Medians*

Die Abbildung zeigt, dass ein einzelner Wert x das arithmetische Mittel beliebig verändern kann, wenn er nur weit genug vom restlichen Datenkörper entfernt ist. Die Sensitivitätskurve (steigenden Gerade) ist nicht beschränkt. Die des Medians bleibt dagegen beschränkt; ein einzelner Datenpunkt kann nur einen begrenzten Einfluss ausüben.

Ein weiterer Aspekt der Robustheit wird mit dem Konzept des *Bruchpunktes* erfasst. Der Bruchpunkt gibt an, welchen Anteil an ‚verschmutzten' Werten oder Ausreißern eine Schätzfunktion verkraftet, genauer, bei welchem Anteil einer sehr großen Stichprobe der Wert der Schätzfunktion beliebig groß oder klein werden kann.

Wie wir gesehen haben, kann das arithmetische Mittel schon bei einem Ausreißer über alle Grenzen wachsen. Für jeden Ausreißer-Anteil größer als null kann dies auftreten. Daher ist der Bruchpunkt gleich null. Beim Median beträgt der Bruchpunkt 0.5: Sofern weniger als 50% der Daten verschmutzt sind, verbleibt der Median im Bereich des ‚eigentlichen' Datensatzes. Das α-getrimmte Mittel hat schließlich den Bruchpunkt α. Dieser Anteil der Werte wird gerade an beiden Enden des Datensatzes gekappt.

13.1.7 Standardfehler

Bei einer erwartungstreuen Schätzfunktion reduziert sich der mittlere quadratische Fehler auf die Varianz der Schätzfunktion. Die Varianz oder die Standardabweichung des Schätzers bildet dann die Grundlage zur Einschätzung seiner Güte oder Effizienz. In Anwendungen wird daher in vielen Fällen zusammen mit dem Schätzwert auch der *Standardfehler*, d. h. die Standardabweichung der Schätzfunktion, angegeben. Dieser Standardfehler ist in der Regel selbst nicht bekannt, sondern muss aus der Stichprobe geschätzt werden.

Der einfachste Fall ist dabei die Schätzung des Erwartungswertes μ durch das arithmetische Mittel $\bar{X}$. Wie wir gesehen haben, gilt $V(\bar{X}) = \sigma^2/n$, wobei σ^2 die Varianz der Ausgangsvariablen X ist. Für große Stichprobenumfänge lässt sich auch die Varianz einer (geeignet differenzierbaren) Funktion $g(\bar{x})$ von $\bar{X}$ angeben.

13.1 Schätzfunktionen und ihre Eigenschaften

Lemma 13.17 *Schätzung des Standardfehlers (einer Funktion) des arithmetischen Mittels*

Eine Schätzung des Standardfehlers von $\bar{X}$ ist $\hat{\sigma}_{\bar{X}} = \dfrac{\hat{\sigma}}{\sqrt{n}}$, wobei $\hat{\sigma}$ eine Schätzfunktion der Standardabweichung der Ausgangsvariablen X ist.
Für große n erhält man als Schätzung des Standardfehlers einer Funktion $g(\bar{x})$ von $\bar{X}$:

$$\hat{\sigma}_{g(\bar{X})} \approx |g'(\bar{x})| \cdot \frac{\hat{\sigma}}{\sqrt{n}}.$$

Beispiel 13.18 *Stromzähler - Fortsetzung*

Wir betrachten die Strommessungen mittels der üblichen Zähler. Dabei wollen wir von dem Problem der möglichen extremen Werte absehen und als Durchschnittswert einfach das arithmetische Mittel nehmen. Dafür erhielten wir $\bar{x} = 0.437$. Nun ist der Wert allein nicht sehr aussagekräftig. Wir benötigen weiter eine Angabe über die Zuverlässigkeit dieses Durchschnittswertes. Sonst ist es z. B. nicht ratsam wegen der Überzählung Lärm zu schlagen.

Aus den oben angegebenen Daten erhalten wir $\hat{\sigma} = 0.465$. Damit ist der geschätzte Standardfehler von $\bar{x}$:

$$\hat{\sigma}_{\bar{X}} = \frac{0.465}{\sqrt{144}} = 0.03875.$$

Der Standardfehler ist um eine Größenordnung geringer als das arithmetische Mittel. Dementsprechend erscheint der ermittelte Durchschnittswert als recht zuverlässig.

Beispiel 13.19 *Dauer von Streiks*

Die Dauer von Streiks ist von großer volkswirtschaftlicher und innenpolitischer Bedeutung. Daher ist eine Analyse von Streikdauern von Interesse. Für die 960 in den Jahren 1966 bis 1973 in Großbritannien durchgeführten offiziellen Arbeitsniederlegungen ergab sich bei einer Analyse durch Newby & Winterton (1983) eine $\mathcal{E}(0.0356)$-Verteilung als sehr gutes Modell. Wir unterstellen eine Exponential-Verteilung als korrektes Modell für die Variable $X = $ ‚Dauer eines Streiks'. Dann erhalten wir für den Standardfehler der Schätzung der mittleren Streikdauer wegen

$$V(X) = \frac{1}{\lambda^2} = E(X)^2 :$$

$$\hat{\sigma}_{\bar{X}} = \frac{\bar{x}}{\sqrt{n}} = \frac{28.09}{\sqrt{960}} = 0.907.$$

Für $\hat{\lambda} = 1/\bar{X}$ ergibt sich weiter mit $g(x) = 1/x$:

$$\hat{\sigma}_{\hat{\lambda}} = \left| -\frac{1}{\bar{x}^2} \right| \cdot \frac{\bar{x}}{\sqrt{n}} = \frac{1}{28.09} \cdot \frac{1}{\sqrt{960}} = 0.00115.$$

Bei dem großen Stichprobenumfang $n = 960$ sind die Standardfehler natürlich sehr klein.

In vielen Fällen ist die Situation nicht so einfach wie die eben behandelte. Dann besteht die Möglichkeit, Schätzwerte für Standardfehler durch Simulationen zu gewinnen. Sei zunächst das Verteilungsmodell unter Verwendung des aus der konkreten Stichprobe bestimmten Schätzwertes $\hat{\theta}$ vollständig spezifiziert. Dann simulieren wir eine große Zahl N von Stichproben des Umfanges n. Für jede Stichprobe wird $\hat{\theta}_n$ berechnet. Sei $\hat{\theta}_{n,j}$ der aus der j-ten simulierten Stichprobe berechnete Schätzwert. Als Näherung für den Standardfehler nehmen wir dann die empirische Standardabweichung

$$\hat{\sigma}_{\hat{\theta}} = \sqrt{\frac{1}{N-1}\sum_{j=1}^{N}(\hat{\theta}_{n,j} - \bar{\theta}_n)^2} \quad \text{mit} \quad \bar{\theta}_n = \frac{1}{N}\sum_{j=1}^{N}\hat{\theta}_{n,j}.$$

Ist das Verteilungsmodell nicht bekannt, so gibt es einen Trick, sich wie Münchhausen an den Haaren selbst aus dem Sumpf zu ziehen. Die *Bootstrap-Methode* ersetzt die theoretische Verteilungsfunktion durch die empirische $\hat{F}_n(x)$. Nach dem Satz von Glivenko-Cantelli sollte $\hat{F}_n(x)$ ja (für großes n) von der theoretischen Verteilungsfunktion nicht zu verschieden sein. Viele übliche, aus der empirischen Verteilung abgeleitete Größen sind dann auch nicht sehr verschieden von den entsprechenden theoretischen Größen.

Aus den n Werten $x_1,\ldots,x_n$ ziehen wir also N einfache Zufallsstichproben mit Zurücklegen vom Umfang n. Die Bestimmung von $\hat{\sigma}_{\hat{\theta}}$ erfolgt dann wie oben angegeben.

Beispiel 13.20 *Länge einer Warteschlange - Fortsetzung*

Wie angegeben, liegen 20 beobachtete Längen der Warteschlangen vor. Als Häufigkeitstabelle sind diese in den beiden ersten Spalten der Tabelle angegeben.

Wir bestimmen die Standardfehler von $\bar{X}$ und $\hat{p} = 1/(\bar{x}+1)$. Zunächst wählen wir $N = 10$. Damit sind die einzelnen Rechnungen nachvollziehbar. In den weiteren Spalten der Tabelle stehen die Häufigkeitsverteilungen dieser zehn Bootstrap-Stichproben.

Tab.: *Häufigkeitsverteilungen in Bootstrap-Stichproben*

		Bootstrap-Stichprobe Nr.									
x_i	n_i	1	2	3	4	5	6	7	8	9	10
0	1	1	0	2	0	3	0	0	1	1	3
1	1	1	1	0	0	0	2	4	1	1	1
2	2	0	5	1	4	2	1	1	2	3	4
3	4	3	2	6	3	2	2	6	3	1	5
4	2	1	1	3	2	3	3	0	0	0	0
5	6	5	6	6	4	6	9	4	5	8	3
6	1	1	0	1	2	1	1	2	1	3	1
7	1	4	1	1	4	1	2	0	1	1	2
8	1	1	3	0	0	1	0	2	3	0	0
16	1	3	1	0	1	1	0	1	3	2	1
$\bar{x}$		6.45	4.90	3.75	5.05	4.45	4.35	4.40	6.20	5.35	3.75
$\hat{p}$		0.134	0.169	0.211	0.165	0.183	0.187	0.185	0.139	0.157	0.211

Aus den zehn Bootstrap-Werten ergibt sich: $\hat{\sigma}_{\bar{X}} = 0.9253$, $\hat{\sigma}_{\hat{p}} = 0.0263$.

Eine zuverlässigere Bootstrap-Schätzung erhalten wir durch Ziehen von 1000 Zufallsstichproben vom Umfang 20 aus der empirischen Verteilung. Die beiden resultierenden Schätzwerte sind dann:

$$\hat{\sigma}_{\bar{X}} = 0.7258, \qquad \hat{\sigma}_{\hat{p}} = 0.0235.$$

Für den Standardfehler von $\bar{X}$ steht uns natürlich noch der übliche Schätzwert zur Verfügung; der Bootstrap-Schätzwert ist diesem sehr ähnlich:

$$\hat{\sigma}_{\bar{X}} = \frac{\hat{\sigma}}{\sqrt{n}} = \frac{3.315}{\sqrt{20}} = 0.7413.$$

Das Beispiel weist noch darauf hin, dass die Bootstrap-Methode nicht robust ist. Alle Daten der Stichprobe werden jeweils mit gleicher Wahrscheinlichkeit gezogen. Einzelne extreme Werte können dementsprechend häufiger in einer Bootstrap-Stichprobe vorkommen, vgl. die Stichprobe Nr. 8 im Beispiel.

13.2 Schätzmethoden

13.2.1 Problemstellung

Bei dem Auto-Rennen-Problem geht es um Folgendes: Ein Besucher eines Automobilrennens, das auf einer Sandbahn stattfindet, kommt zu spät. Die Rennwagen donnern so laut an der Tribüne vorbei, dass es unmöglich ist, sich mit Nachbarn zu unterhalten.

Er möchte nun wissen, wie viele Autos gestartet sind. Wegen der Verständigungsschwierigkeiten kann er nur Rückschlüsse aus den nur kurz im Staub erkennbaren Startnummern ziehen. Dazu unterstellt er folgendes Modell: Die startenden Rennwagen sind von 1 bis N durchnummeriert. Jedes Rennauto ist mit der gleichen Wahrscheinlichkeit zu sehen. Die Beobachtung einer Nummer entspricht also einer Beobachtung einer Zufallsvariablen X, die eine diskrete Gleichverteilung besitzt, $X \sim \mathcal{DR}(1, N)$. Wegen $E(X) = (N+1)/2$ führt die Verwendung des arithmetischen Mittels $\bar{X}$ als Schätzer für $E(X)$ auf

$$\bar{X} = \hat{\mu} = \frac{\hat{N}+1}{2} \quad \Longrightarrow \quad \hat{N} = 2\bar{X} - 1.$$

Diese intuitiv naheliegende Schätzfunktion ist erwartungstreu und konsistent. Sie kann aber zu unplausiblen Resultaten führen:
Bei den Werten $x_1 = 8, x_2 = 23, x_3 = 2$ erhalten wir $\bar{x} = 11$ und $\hat{N} = 2 \cdot 11 - 1 = 21$. Der Schätzwert ist unplausibel, da er kleiner ist als die größte beobachtete Start-Nummer.

Die erhaltene ‚Unplausibilität' legt die Frage nach alternativen Konzepten zur Bestimmung von Schätzfunktionen nahe.

13.2.2 Momentenmethode

Zunächst soll das bisher praktizierte Vorgehen in einen Rahmen gegossen werden. Denn auch damit erhalten wir in vielen Fällen zufriedenstellende Ergebnisse.

Wir haben bei der Normalverteilung μ durch $\bar{x}$, σ^2 durch s^2 bzw. $\hat{\sigma}^2 = (n/(n-1)) \cdot s^2$ geschätzt. Bei der Exponentialverteilung haben wir die Beziehung $\lambda = 1/E(X)$ ausgenutzt, um λ durch $1/\bar{x}$ zu schätzen. Dies sind Beispiele der Anwendung der Momentenmethode. Allgemein formuliert lautet sie folgendermaßen:

Definition 13.21 *Momentenmethode*

Die *Momente* einer theoretischen Verteilung sind die Erwartungswerte

$$\mu = \mu_1 = E(X), \mu_2 = E(X^2), \mu_3 = E(X^3), \dots .$$

Hängen die unbekannten Parameter von diesen Momenten ab, z. B.

$$\theta_1 = h_1(\mu_1, \mu_2), \theta_2 = h_2(\mu_1, \mu_2),$$

so erhalten wir die *Momentenschätzer* für die unbekannten Parameter, indem in den Beziehungsgleichungen die empirischen Momente $\bar{X}, \overline{X^2}, \overline{X^3}, \dots$ für die theoretischen eingesetzt und dann die Gleichungen nach den Parametern aufgelöst werden.

Bei der Normalverteilung gilt z. B. $E(X) = \mu$, $E(X^2) = \sigma^2 + \mu^2$. Also sind die Momentenschätzer für μ und σ^2:

$$\hat{\mu} = \bar{X}, \quad S^2 = \overline{X^2} - \bar{X}^2.$$

Bei der negativen Binomialverteilung erhielten wir entsprechend aus

$$E(X) = \frac{k(1-p)}{p}, \quad E(X^2) - E(X)^2 = \frac{k(1-p)}{p^2}$$

die Momenten-Schätzer

$$\hat{p} = \frac{\bar{X}}{\overline{X^2} - \bar{X}^2}, \quad \hat{k} = \bar{X} \frac{\hat{p}}{1-\hat{p}}.$$

13.2.3 Maximum-Likelihood-Methode

Die Maximum-Likelihood-Methode ist das zentrale Schätzkonzept der Statistik. Es sei aber schon jetzt darauf hingewiesen, dass in den einfacheren Fällen die beiden Konzepte ML- und Momentenmethode, zu denselben Schätzfunktionen führen. Dies sollte nicht verwundern; in der Regel sind es auch die intuitiv naheliegenden Schätzer, die sich in einfachen Fällen ergeben.

Um das Prinzip der Maximum-Likelihood-Methode, kurz ML-Methode, zu erklären, greifen wir die eingangs formulierte Problemstellung auf.

Der Besucher des Automobilrennens möge bei zwei Rennwagen die Startnummern erkannt haben. Die Wahrscheinlichkeiten für alle möglichen Stichproben vom Umfang $n=2$ bei den unterschiedlichen Werten von N sind in der folgenden Tabelle zusammengefasst.

13.2 Schätzmethoden

Tab.: Wahrscheinlichkeiten von 2-er Stichproben beim Autorennen-Problem

Stichprobe	N					
	1	2	3	4	5	6
1,1	1	1/4	1/9	1/16	1/25	1/36
1,2	0	1/4	1/9	1/16	1/25	1/36
2,1	0	1/4	1/9	1/16	1/25	1/36
2,2	0	1/4	1/9	1/16	1/25	1/36
1,3	0	0	1/9	1/16	1/25	1/36
3,1	0	0	1/9	1/16	1/25	1/36
2,3	0	0	1/9	1/16	1/25	1/36
3,2	0	0	1/9	1/16	1/25	1/36
3,3	0	0	1/9	1/16	1/25	1/36
1,4	0	0	0	1/16	1/25	1/36
4,1	0	0	0	1/16	1/25	1/36
2,4	0	0	0	1/16	1/25	1/36
4,2	0	0	0	1/16	1/25	1/36
3,4	0	0	0	1/16	1/25	1/36
4,3	0	0	0	1/16	1/25	1/36
4,4	0	0	0	1/16	1/25	1/36
1,5	0	0	0	0	1/25	1/36
⋮	⋮	⋮	⋮	⋮	⋮	⋮

Angenommen, wir erhalten nun die konkrete Stichprobe (4, 1). Dann enthält die zugehörige Zeile der Tabelle für die verschiedenen N die jeweilige Wahrscheinlichkeit für diese Stichprobe. Im Likelihood-Ansatz benutzt man nun nur die Eintragungen in dieser Zeile zur Bestimmung des Schätzwertes.

Bei $N = 1, N = 2$ und $N = 3$ hat die Stichprobe (4, 1) ‚Null-Chance', sie kann bei diesen Parameterwerten nicht vorkommen. Diese Werte scheiden daher als möglicher Schätzwert aus. Im Fall $N = 4$ ist die Chance für die beobachtete Stichprobe doppelt so groß wie im Fall $N = 6$. Es ist zumindest plausibel, daraufhin den Wert $N = 4$ als Schätzwert dem Wert $N = 6$ vorzuziehen. Im Vergleich mit der bei $N = 5$ geltenden Wahrscheinlichkeit ist der Unterschied zwar nicht so extrem, aber die Wahrscheinlichkeit für die Stichprobe ist bei $N = 4$ immer noch größer. Das lässt uns weiterhin $N = 4$ als den Parameterwert interpretieren, bei dem die beobachtete Stichprobe die größte Realisierungschance hat.

Normalerweise gehen wir davon aus, dass eher das Ereignis mit der größten Wahrscheinlichkeit eintrifft, als das mit einer geringeren. Daher ist folgender Rückwärtsschluss naheliegend: Dass wir gerade die Stichprobe (4, 1) beobachtet haben, muss - so der Likelihood-Ansatz - daran liegen, dass für ihr Zustandekommen schon vorher eine große Wahrscheinlichkeit bestand. Konsequenterweise nehmen wir dann den Wert als Schätzwert, bei dem die Stichprobe die größte Wahrscheinlichkeit hat. Hier erhalten wir damit den Schätzwert $\hat{N} = 4$.

Allgemein basiert die *Maximum-Likelihood-Methode* darauf, für jeden Parameterwert θ die Wahrscheinlichkeit der konkret erhaltenen Stichprobe zu berechnen. Bei Unabhängigkeit der Stichprobenvariablen $X_1, \ldots, X_n$ ist dies im diskreten Fall

$$P(X_1 = x_1|\theta) \cdot \ldots \cdot P(X_n = x_n|\theta) = f(x_1;\theta) \cdot \ldots \cdot f(x_n;\theta),$$

wobei $f(x;\theta)$ die Wahrscheinlichkeitsfunktion der zugrunde liegenden Verteilung ist.

Im Fall einer stetigen Zufallsvariablen mit der Dichte $f(x;\theta)$ ist die Wahrscheinlichkeit für einen speziellen Wert gleich null. Wir betrachten daher kleine Intervalle $[x-\epsilon/2; x+\epsilon/2]$:

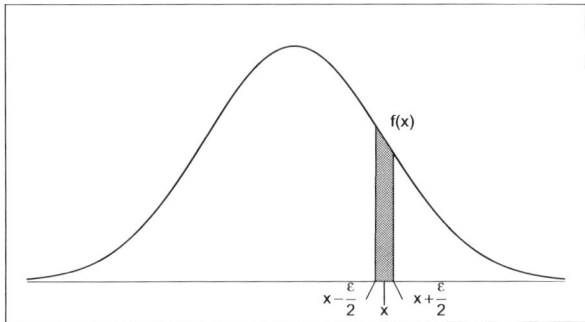

Abb. 13.4: *Zur Herleitung der Likelihoodfunktion*

Hier gilt
$$P\left(x - \frac{\epsilon}{2} \leq X \leq x + \frac{\epsilon}{2}\right) \approx \epsilon \cdot f(x;\theta).$$

Dann ist es sinnvoll, im stetigen Fall bei einer konkreten Stichprobe von
$$P\left(x_1 - \frac{\epsilon}{2} \leq X_1 \leq x_1 + \frac{\epsilon}{2} \mid \theta\right) \cdot \ldots \cdot P\left(x_n - \frac{\epsilon}{2} \leq X_n \leq x_n + \frac{\epsilon}{2} \mid \theta\right) \approx \epsilon^n f(x_1;\theta) \cdot \ldots \cdot f(x_n;\theta)$$

auszugehen. Den konstanten Faktor ϵ^n können wir bei der weiteren Betrachtung außer Acht lassen.

Das Produkt von Wahrscheinlichkeiten bzw. Werten der Dichtefunktion wird jetzt bei festen $x_1, \ldots, x_n$ als Funktion des unbekannten Parameters θ aufgefasst:
$$L(\theta) = f(x_1;\theta) \cdot f(x_2;\theta) \cdot \ldots \cdot f(x_n;\theta).$$

Auf dieser Funktion basiert nun die ML-Methode.

Definition 13.22 *Maximum-Likelihood-Schätzfunktion*

X sei eine diskrete bzw. stetige Zufallsvariable mit der Wahrscheinlichkeits- bzw. Dichtefunktion $f(x;\theta)$. Der Parameter θ sei unbekannt. Der Grundgesamtheit werde eine einfache Zufallsstichprobe $x_1, \ldots, x_n$ entnommen. Dann heißt
$$L(\theta) = f(x_1;\theta) \cdot f(x_2;\theta) \cdot \ldots \cdot f(x_n;\theta)$$

die Likelihoodfunktion (zur Stichprobe $x_1, \ldots, x_n$). Der Parameterwert $\hat{\theta}$, bei dem $L(\theta)$ maximal ist,
$$L(\hat{\theta}) = \max_{\theta} L(\theta),$$

heißt *Maximum-Likelihood-Schätzwert* (kurz ML-Schätzwert) für den unbekannten Parameter θ. Lässt sich $\hat{\theta}$ als Funktion von $x_1, \ldots, x_n$ darstellen, so heißt die resultierende Stichprobenfunktion $\hat{\theta} = \hat{\theta}(X_1, \ldots, X_n)$ die *Maximum-Likelihood-Schätzfunktion* oder kurz der *ML-Schätzer* für θ.

13.2 Schätzmethoden

Beispiel 13.23 *Autorennen-Problem*

In der Problemstellung betrachteten wir die Verteilung

$$P(X=x) = \frac{1}{N}, \qquad x = 1, 2, \ldots, N.$$

Bei der Stichprobe $(4, 1)$ erhalten wir in Fortführung der in der Tabelle angegebenen Werte die Likelihoodfunktion

$$L(N; 4, 1) = \begin{cases} 0 & \text{für } N < 4, \\ \left(\dfrac{1}{N}\right)^2 & \text{für } N \geq 4. \end{cases}$$

Damit ist $L(N; 4, 1)$ bei $N = 4$ am größten, $\hat{N} = 4$ ist der ML-Schätzwert.

Es ist zu erkennen, dass bei einer diskreten Gleichverteilung über $\{1, \ldots, N\}$ stets gilt:

$$L(N; x_1, \ldots, x_n) = \begin{cases} 0 & \text{falls } x_i > N \text{ für ein } i, \\ \left(\dfrac{1}{N}\right)^n & \text{falls } x_1, \ldots, x_n \leq N. \end{cases}$$

Daher folgt:

$$L(N; x_1, \ldots, x_n) \text{ hat sein Maximum bei } \max\{x_1, \ldots, x_n\}.$$

Also ist $X_{(n)} = \max\{X_1, \ldots, X_n\}$ die ML-Schätzfunktion für N.

Beispiel 13.24 *ML-Schätzer für den Parameter λ der Exponentialverteilung*

Wir wollen den ML-Schätzer für den Parameter λ der Exponentialverteilung bestimmen. X habe also die Dichte:
$$f(x; \lambda) = \lambda e^{-\lambda x} \qquad x > 0.$$

Sonst ist die Dichte gleich null. Diese Möglichkeit wollen wir der Übersichtlichkeit wegen vernachlässigen.
Die Likelihoodfunktion einer Stichprobe $x_1, \ldots, x_n$ ist

$$L(\lambda) = f(x_1; \lambda) \cdot \ldots \cdot f(x_n; \lambda) = \lambda e^{-\lambda x_1} \cdot \ldots \cdot \lambda e^{-\lambda x_n} = \lambda^n \exp\left[-\lambda \sum_{\nu=1}^{n} x_\nu\right].$$

Um das Maximum von $L(\lambda)$ zu ermitteln, nutzen wir die notwendige Bedingung aus, dass die Ableitung von $L(\lambda)$ an dieser Stelle gleich null ist. Die Produktregel der Differenzialrechnung ergibt:

$$\frac{dL(\lambda)}{d\lambda} = \lambda^n \left(\exp\left[-\lambda \sum_{\nu=1}^{n} x_\nu\right] \cdot \left(-\sum_{\nu=1}^{n} x_\nu\right)\right) + n \cdot \lambda^{n-1} \exp\left[-\lambda \sum_{\nu=1}^{n} x_\nu\right].$$

Null-Setzen der Ableitung und Kürzen der gemeinsamen Faktoren führt auf die Gleichung

$$\hat{\lambda}\left(-\sum_{\nu=1}^{n} x_\nu\right) + n = 0.$$

Sie hat die Lösung

$$\hat{\lambda} = \frac{1}{\bar{x}}.$$

Die ML-Methode liefert mit $1/\bar{X}$ in diesem Fall die gleiche Schätzfunktion wie die Momentenmethode.

13.2.4 Bestimmung des Maximums von $L(\theta)$

Bei der Bestimmung des Maximums der Likelihoodfunktion erleichtert häufig ein formaler Trick das Leben: Wir logarithmieren die Likelihoodfunktion. Da der Logarithmus eine monotone Transformation ist, ist $\ln(L(\theta))$ genau an der Stelle maximal, an der $L(\theta)$ sein Maximum annimmt. Zudem hat die Logarithmierung den Effekt, dass Produkte in Summen übergehen. Diese lassen sich viel einfacher differenzieren. Wie im letzten Beispiel wird damit die stationäre Stellen ja bestimmt. Somit können wir in vielen Fällen die Log-Likelihood $\ln(L(\theta))$ nach θ ableiten und die Ableitung null setzen. Die Lösung dieser Gleichung ist dann der ML-Schätzwert.

Beispiel 13.25 *Länge einer Warteschlange - Fortsetzung*

Im Beispiel 13.10 hatten wir als Modell für die Zufallsvariable $X =$ ‚Anzahl der vor ihm an der Kasse wartenden Kunden' eine geometrische Verteilung gewählt:

$$P(X = x) = p(1-p)^x, \qquad x = 0, 1, 2, \ldots$$

Der Parameter p ist unbekannt und mittels der angegebenen Stichprobenwerte zu schätzen. Für die Likelihoodfunktion bekommen wir mit den angegebenen 20 Werten, wenn wir diese gleich aufsummieren, $\sum x_\nu = 90$:

$$L(p) = p^{20}(1-p)^{90}.$$

Die zugehörige Loglikelihoodfunktion ist:

$$\ln(L(p)) = 20\ln(p) + 90\ln(1-p).$$

Die beiden Funktionen sind in der Abbildung 13.5 gegenübergestellt. Der ML-Schätzwert $\hat{p} = 0.18$ ist als Senkrechte in den Grafiken eingezeichnet.

Das Maximum der Likelihoodfunktion ist zwar ausgeprägter, die Stelle ändert sich aber nicht. Daher ergibt sich auch der gleiche Schätzwert, egal, welche der beiden Funktionen wir zur Maximierung verwenden.

13.2 Schätzmethoden

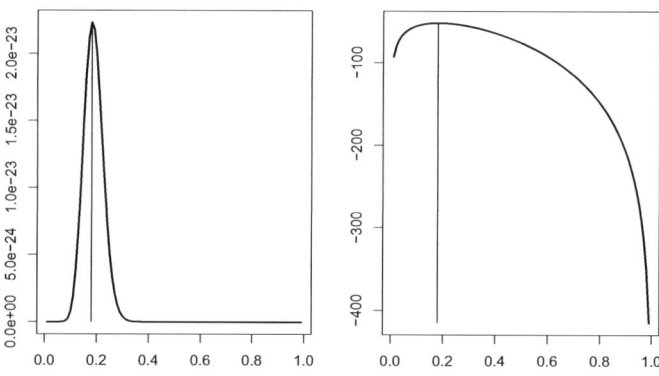

Abb. 13.5: *Likelihoodfunktion und Loglikelihoodfunktion*

Beispiel 13.26 *ML-Schätzer bei der Exponentialverteilung - Fortsetzung*

Für die Exponentialverteilung erhalten wir die Loglikelihoodfunktion für $x_1, \ldots, x_n$:

$$\ln(L(\lambda)) = \ln\left(\lambda^n \exp\left[-\lambda \sum_{\nu=1}^{n} x_\nu\right]\right) = n\ln(\lambda) - \lambda \sum_{\nu=1}^{n} x_\nu.$$

Die Ableitung ist

$$\frac{d\ln(L(\lambda))}{d\lambda} = \frac{n}{\lambda} - \sum_{\nu=1}^{n} x_\nu.$$

Nullsetzen ergibt den gleichen ML-Schätzwert wie der direkte Weg.

Die Maximum Likelihood-Methode ist auch im Fall mehrerer Parameter anwendbar. So ist etwa bei zwei Parametern θ_1, θ_2 die Likelihoodfunktion eine Funktion in zwei Variablen:

$$L(\theta_1, \theta_2) = \prod_{\nu=1}^{n} f(x_\nu; \theta_1, \theta_2).$$

Die beiden Werte $\hat{\theta}_1$ und $\hat{\theta}_2$, bei denen diese Likelihoodfunktion maximal ist, sind dann die ML-Schätzwerte. Diese ziehen in vielen Fällen wieder explizit angebbare ML-Schätzfunktionen $\hat{\theta}_1(X_1, \ldots, X_n)$ und $\hat{\theta}_2(X_1, \ldots, X_n)$ nach sich.

Beispiel 13.27 *ML-Schätzer für μ und σ^2 bei Normalverteilung*

X sei eine normalverteilte Zufallsvariable, $X \sim \mathcal{N}(\mu, \sigma^2)$. Die beiden Parameter μ und σ^2 seien unbekannt. Wir wollen die ML-Schätzfunktionen für sie herleiten.

Dazu gehen wir von einer festen, aber beliebigen Stichprobe $x_1, \ldots, x_n$ aus. Die Likelihoodfunktion ist dann:

$$L(\mu, \sigma^2) = \prod_{\nu=1}^{n} f(x_\nu; \mu, \sigma^2) = \prod_{\nu=1}^{n} \left(\frac{1}{\sqrt{2\pi\sigma^2}} \exp\left(-\frac{1}{2}\frac{(x_\nu - \mu)^2}{\sigma^2}\right)\right)$$

$$= \left(\frac{1}{\sqrt{2\pi\sigma^2}}\right)^n \exp\left(-\frac{1}{2\sigma^2}\sum_{v=1}^n (x_v - \mu)^2\right).$$

Logarithmieren ergibt:

$$\ln(L(\mu, \sigma^2)) = -n\ln(\sqrt{2\pi}) - \frac{n}{2}\ln(\sigma^2) - \frac{1}{2\sigma^2}\sum_{v=1}^n (x_v - \mu)^2.$$

Um die Werte $\hat{\mu}, \hat{\sigma}^2$ zu bestimmen, bei denen $\ln(L(\mu, \sigma^2))$ maximal ist, bilden wir die partiellen Ableitungen und setzen diese gleich null:

$$\frac{\partial \ln(L(\mu, \sigma^2))}{\partial \mu} = -\frac{1}{\hat{\sigma}^2}\sum_{v=1}^n (x_v - \hat{\mu})(-1) = 0;$$

$$\frac{\partial \ln(L(\mu, \sigma^2))}{\partial \sigma^2} = -\frac{n}{2\hat{\sigma}^2} + \frac{1}{2\hat{\sigma}^4}\sum_{v=1}^n (x_v - \hat{\mu})^2 = 0.$$

Die erste Gleichung ist offensichtlich für $\hat{\mu} = \bar{x}$ erfüllt. Setzen wir diesen Wert in die zweite Gleichung ein, so folgt:

$$\hat{\sigma}^2 = \frac{1}{n}\sum_{v=1}^n (x_v - \bar{x})^2.$$

Damit haben wir zwei gute Bekannte als ML-Schätzer identifiziert: $\bar{X}$ ist ML-Schätzer für μ und S^2 ist ML-Schätzer für σ^2.

Beispiel 13.28 *Differenzen der Wasserstände an zwei Messstellen*

Bain & Engelhardt (1973) schlagen für die Differenzen der Wasserstände an zwei Stationen am Fox-River In Wisconsin eine Laplace-Verteilung vor. Die Differenzen sind:

```
 1.96,  1.97,  3.60,  3.80,  4.79,  5.66,  5.76,  5.78,  6.27,  6.30,
 6.78,  7.65,  7.84,  7.99,  8.51,  9.18, 10.13, 10.24, 10.25, 10.43,
11.45, 11.48, 11.75, 11.81, 12.34, 12.78, 13.06, 13.29, 13.98, 14.18,
14.40, 16.22, 17.06
```

Wir bestimmen die ML-Schätzer für die Parameter μ und λ der Laplace-Verteilung.

Die Likelihoodfunktion der Verteilung lautet:

$$L(\mu, \lambda) = f(x_1)\cdot\ldots\cdot f(x_n) = \frac{\lambda^n}{2^n}\exp\left[-\lambda\sum_{v=1}^n |x_v - \mu|\right].$$

Das führt zur Loglikelihoodfunktion:

$$\ln(L(\mu, \lambda)) = n\cdot\ln(\lambda) - n\cdot\ln(2) - \lambda\sum_{v=1}^n |x_v - \mu|.$$

Da λ positiv sein muss, wird die rechte Seite am größten, wenn $\sum_{v=1}^{n} |x_v - \mu|$ minimal ist. Dies ist gerade erfüllt, wenn wir für μ den Median einsetzen, siehe den Abschnitt 3.1.2. Somit ist $\hat{\mu} = \tilde{x}$. Dies können wir nun einsetzen und die Loglikelihood nach λ differenzieren:

$$\frac{\partial}{\partial \lambda} \ln(L(\tilde{x}, \lambda)) = \frac{n}{\lambda} - \sum_{v=1}^{n} |x_v - \tilde{x}|.$$

Null-Setzen der Ableitung ergibt:

$$\hat{\lambda} = \frac{1}{\frac{1}{n} \sum_{v=1}^{n} |x_v - \tilde{x}|}.$$

Die Schätzung ist der Kehrwert der durchschnittlichen Abweichung.

Für die Wasserstandsdifferenzen erhalten wir konkret: $\hat{\mu} = 10.13$ und $\hat{\lambda} = 3.36$.

Dass im Fall der Exponential- und der Normalverteilung Momenten- und ML-Schätzer identisch sind, kann als Bestätigung der Schätzkonzepte angesehen werden. In einfachen Fällen liefern sie plausible, übereinstimmende Resultate. In komplizierteren Situationen braucht dies aber nicht mehr zu gelten. Sogar die explizite Angabe der ML-Schätzfunktionen kann unmöglich werden, vgl. untenstehende Tabelle. In solchen Fällen können die ML-Schätzwerte nur mit Hilfe numerischer Näherungsverfahren für jede konkrete Stichprobe einzeln bestimmt werden. Wenn sie existieren, sind ML-Schätzer i. d. R. zumindest asymptotisch unverzerrt, konsistent und zumindest in großen Stichproben effizient, d. h. effizienter als die anderen asymptotisch unverzerrten Schätzer. Für viele praktisch relevante Verteilungen haben sie auch bei kleinen Stichprobenumfängen hervorragende Eigenschaften.

13.3 Aufgaben

Aufgabe 1

Die Ökonomen Dr. Utility und Dr. Surplus haben zwei verschiedene (und statistisch unabhängige) Schätzungen $\bar{X}_u$ und $\bar{X}_s$ für μ, das durchschnittliche Einkommen von Unterschichtfamilien in den USA, entwickelt. Beide Schätzfunktionen sind unverzerrt. Jedoch hat Dr. Surplus sorgfältiger gearbeitet: die Standardabweichung von $\bar{X}_u$ ist fünfmal so groß wie die Standardabweichung von $\bar{X}_s$. Eine Gruppe von Statistikern hat vier Vorschläge erarbeitet, um $\bar{X}_u$ und $\bar{X}_s$ zu einer gemeinsamen Schätzung zu verbinden:
i) $\hat{\mu}_1 = \bar{X}_s$ ii) $\hat{\mu}_2 = \frac{1}{2}(\bar{X}_u + \bar{X}_s)$ iii) $\hat{\mu}_3 = \frac{1}{5}\bar{X}_u + \frac{4}{5}\bar{X}_s$ iv) $\hat{\mu}_4 = \frac{1}{6}\bar{X}_u + \frac{5}{6}\bar{X}_s$.
1. Ordnen Sie die vier Vorschläge nach wachsender Effizienz.
2. Können Sie die effizienteste Linearkombination $a\bar{X}_u + (1-a)\bar{X}_s$ mit $0 \leq a \leq 1$ finden?

Aufgabe 2

Ein Amateur-Hobbitologe macht sich Gedanken über die Körpergröße der Hobbits. Es gelingt ihm tatsächlich, bei drei Hobbits die Körpergröße zu messen. (Eine Leistung!

Hobbits sind sehr schwer aufzuspüren, vgl. Tolkien 1984.) Leider hat er den zweiten Messwert auf einem Zeitungsrand notiert und diese weggeworfen. Er will nun den Verlust abschätzen. Dazu unterstellt er für die Körpergröße der Hobbits eine Normalverteilung.

1. Um wie viel Prozent steigt der MQF bei der nun nur noch möglichen Verwendung von $\hat{\mu}_2 = (X_1+X_3)/2$ anstelle von $\hat{\mu}_1 = (X_1+X_2+X_3)/3$?
2. Kann der Effizienzverlust durch Verwendung von $\hat{\mu}_3 = (X_1+2X_3)/3$ ausgeglichen werden?
3. Unbemerkt von dem Hobbitologen geraten auch Angehörige eines Nachbarvolkes in seine Untersuchung. Während die Körpergröße X der Hobbits den Erwartungswert μ und die Varianz σ^2 besitzt, hat die Körpergröße Y der Nachbarn den Erwartungswert μ^*. Die Varianz ist die gleiche, $V(Y) = \sigma^2$. Der Hobbitologe verwendet also die Schätzfunktion $\hat{\mu} = \dfrac{1}{n+m}(X_1+\cdots+X_n+Y_1+\cdots+Y_m)$, wobei die X_i unabhängige Messungen bei den Hobbits und die Y_j unabhängige Messungen bei ihren Nachbarn darstellen. Wann ist die Schätzfunktion $\hat{\mu}$ konsistent für μ?

Aufgabe 3

Als Autoren neu aufgefundener antiker Texte werden drei Brüder in Betracht gezogen: Theta der Ältere, Theta der Mittlere und Theta der Jüngere, kurz $\theta = 1, 2, 3$ genannt. Es ist bekannt, dass bei ihnen ein bestimmtes Wort mit unterschiedlicher Wahrscheinlichkeit in einem Text auftaucht. Die Verteilungen der Anzahl X, mit der das Wort pro Abschnitt verwendet wird, sind dabei:

x	θ 1	2	3
0	10/30	15/30	15/30
1	10/30	10/30	5/30
2	10/30	5/30	10/30

Bei vier Abschnitten erhielt man die folgenden Anzahlen: 0, 1, 0, 1. Aufgrund dieser Beobachtungen sollen nun die Texte zugeordnet werden.
1. Stellen Sie dafür die Likelihoodfunktion auf und bestimmen Sie den ML-Schätzwert.
2. Gelingt es Ihnen, die ML-Schätzfunktion für $n = 4$ allgemein anzugeben?

Aufgabe 4

Ein verliebter Student musste oft zu lange auf den Anruf seiner Freundin warten. In den Wartezeiten hat er sich naturgemäß seine Zeit damit vertrieben, ein Wahrscheinlichkeitsmodell für die Wartezeiten aufzustellen. Er erhielt folgende Wahrscheinlichkeitsfunktionen für die Wartezeit X (in Tagen):

$$P(X=0) = p, \quad P(X=1) = p(1-p), \quad P(X=2) = (1-p)^2.$$

Konkret erhielt er dann folgende Stichprobe: 0, 2, 1, 0, 1, 2, 2.
1. Bestimmen Sie den ML-Schätzwert für p für diese Stichprobe.
2. Bestimmen Sie allgemein die ML-Schätzfunktion!

Aufgabe 5

Ein säumiger Bibliotheksbenutzer überzieht den Abgabetermin für seine Bücher manchmal bis zu 4 Wochen. Die Lektüre eines spannenden Statistik-Buches motiviert ihn zur Aufstellung des folgenden Modells für die Überziehungszeiten X (in Wochen):

X	0	1	2	3	4
$P(X=x)$	$0.1p$	$0.2p$	$0.3p$	$0.4p$	$1-p$

Er möchte nun seinen ‚Persönlichkeits'-Parameter p schätzen. Helfen Sie ihm dabei! Gehen Sie dazu von n ausgeliehenen Büchern aus, deren Rückgabe unabhängig voneinander erfolgt.
1. Bestimmen Sie den Momentenschätzer und den ML-Schätzer für p.
2. Bestimmen Sie die mittleren quadratischen Fehler der Schätzfunktionen. Welche der beiden ist konsistent? Ist eine von ihnen effizienter als die andere?

Aufgabe 6

Eine Zufallsvariable X kann die Werte $0, a, 2a$ mit jeweils gleicher Wahrscheinlichkeit $1/3$ annehmen. Dabei ist a eine positive Konstante. Mittels einer Stichprobe vom Umfang $n=3$ sollen $E(X)$ und a geschätzt werden (Modell der reinen Zufallsauswahl).
1. Erstellen Sie eine Liste aller möglichen Stichproben vom Umfang $n=3$.
2. Vergleichen Sie $\bar{X}$ und $\widetilde{X}$ als Schätzfunktionen für $\mu = E(X)$.

14 Konfidenzintervalle

14.1 Problemstellung

Wir greifen den Rahmen der Problemstellung 11.1.1 der Körpergrößen britischer Autofahrer wieder auf und fragen nun nach der Schätzung der durchschnittlichen Körpergröße in der Population. Als Datenbasis unterstellen wir die schon der Problemstellung 11.4.1 zugrunde liegende Stichprobe vom Umfang $n = 200$; sie kann als eine Zufallsstichprobe aus einer Normalverteilung angesehen werden.

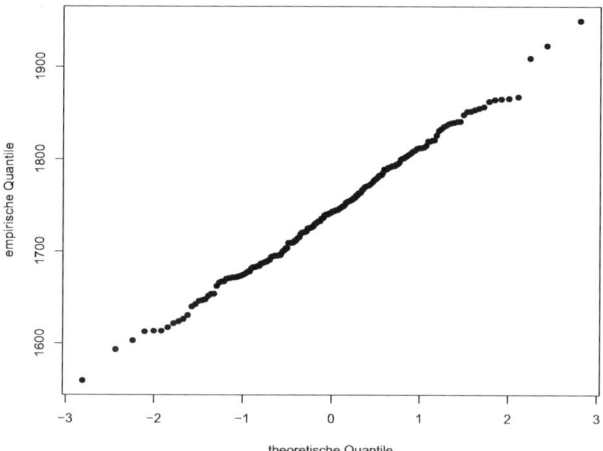

Abb. 14.1: Normalverteilungs-QQ-Diagramm der Körpergrößen britische Autofahrer

Mit dem $\sqrt{n}$-Gesetz hat die Schätzung des Parameters μ bei den 200 Beobachtungen einen Standardfehler von $68/\sqrt{200} = 4.81$ [mm]. Dies erscheint recht klein und vermittelt den Eindruck großer Genauigkeit; dies bedarf aber eigentlich einer Präzisierung. Um diese Aussage zu verdeutlichen, betrachten wir ein Zufallsexperiment. Wir ziehen 20 Stichproben vom Umfang 200 aus einer Normalverteilung mit der Varianz $\sigma^2 = 68^2$ und dem Erwartungswert $\mu = 1745$ (das sind in etwa die Schätzwerte aus der Stichprobe) und betrachten die zugehörigen arithmetischen Mittel als Schätzwerte für den Populationswert.

Die drei Darstellungen in der Abbildung 14.2 zeigen jeweils das Gleiche, jedoch in unterschiedlicher Skalierung der Achse. Wie bei der feineren Skalierung deutlich wird, liegen die Schätzwerte gar nicht so eng beim theoretischen Wert, wie es die oberste Darstellung suggeriert.

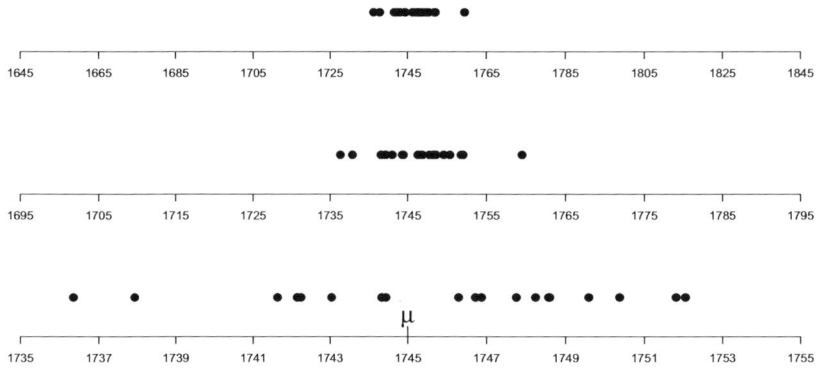

Abb. 14.2: *Zur scheinbaren Präzision eines Punktschätzers*

Es stellt sich also die Frage nach einer Möglichkeit der Angabe des Schätzergebnisses, die eine geeignete Präzision beinhaltet.

14.2 Allgemeine Definition eines Konfidenzintervalles

Die Punktschätzung hat das Problem, dass auch bei Verwendung einer Schätzfunktion mit guten Eigenschaften die Frage offen bleibt, mit welcher Sicherheit der unbekannte Parameterwert hinreichend gut getroffen wird. Bei einer stetigen Verteilung nimmt die Zufallsvariable jeden Wert x mit Wahrscheinlichkeit null an: $P(X = x) = 0$ für alle x. Daher ist nur sicher, dass ein Punktschätzer dann den wahren Parameterwert nicht trifft. In Anwendungen wird folglich zusätzlich eine Angabe über die Präzision oder den möglichen Fehler der Schätzung gewünscht. So findet man in der Praxis den Schätzer für μ oft zusammen mit einer Schätzung $\hat{\sigma}_{\hat{\mu}}$ seines Standardfehlers angegeben. Wir können uns $\hat{\mu} \pm \hat{\sigma}_{\hat{\mu}}$ als eine Art Grenzen für μ vorstellen. Jedoch bereitet die Interpretation dieser Grenzen Schwierigkeiten. Wir haben keine Gewähr, dass $\hat{\mu} \pm \hat{\sigma}_{\hat{\mu}}$ den wahren Parameterwert tatsächlich enthält. Und Wahrscheinlichkeiten sind bei konkreten Werten wie z. B. 10 ± 2 nicht mehr angebracht.

Auch auf der Ebene der Schätzfunktionen ist i. d. R. die Wahrscheinlichkeit kleiner als eins, dass μ von solchen Grenzen eingeschlossen wird. Sei konkret $X_1, \ldots, X_n$ eine Zufallsstichprobe aus einer $\mathcal{N}(\mu, \sigma^2)$-Verteilung. σ^2 sei bekannt. Dann gilt für den Schätzer $\bar{X}$ von μ:

$$P\left(\bar{X} - \frac{\sigma}{\sqrt{n}} \leq \mu \leq \bar{X} + \frac{\sigma}{\sqrt{n}}\right) = 0.6827.$$

Auch wenn wir die Grenzen weiter ziehen, etwa ein Mehrfaches der Standardabweichung als Grenzen nehmen, bleibt die Wahrscheinlichkeit kleiner als eins, dass μ in den Grenzen $\bar{X} \pm k\sigma/\sqrt{n}$ liegen wird. Es bleibt daher als Ziel, nach der Ermittlung der Grenzen wenigstens

14.2 Allgemeine Definition eines Konfidenzintervalles

mit einem einigermaßen sicheren Gefühl behaupten zu können, der unbekannte, wahre Parameterwert liege dazwischen.

Anstatt nun von irgendeinem Vielfachen des Standardfehlers auszugehen, wählen wir den Weg, eine Wahrscheinlichkeit vorzugeben, mit der der unbekannte Parameterwert zwischen den zugehörigen Grenzen liegen wird. Diese – als groß zu wählende – Wahrscheinlichkeit wird als Konfidenzniveau bezeichnet.

Beispiel 14.1 *Konfidenzintervall für μ bei $\mathcal{N}(\mu,\sigma^2)$-Verteilung mit bekanntem σ^2*

Sei $X_1,\ldots,X_n$ eine Zufallsstichprobe aus einer $\mathcal{N}(\mu,\sigma^2)$-Verteilung. σ^2 sei bekannt. Wird als Konfidenzniveau $1-\alpha = 0.95$ vorgegeben, so erhalten wir wegen

$$P\left(-1.96 \leq \frac{\bar{X}-\mu}{\sigma/\sqrt{n}} \leq 1.96\right) = P\left(\bar{X} - 1.96\frac{\sigma}{\sqrt{n}} \leq \mu \leq \bar{X} + 1.96\frac{\sigma}{\sqrt{n}}\right) = 0.95$$

die Grenzen

$$\bar{X} - 1.96\frac{\sigma}{\sqrt{n}} \quad \text{und} \quad \bar{X} + 1.96\frac{\sigma}{\sqrt{n}}.$$

Dabei ist $z_{1-\alpha/2}$ das $(1-\alpha/2)$-Quantil der Standardnormalverteilung. Da σ^2, n und α bekannt sind, sind $\bar{X} - z_{1-\alpha/2}\sigma/\sqrt{n}$ und $\bar{X} + z_{1-\alpha/2}\sigma/\sqrt{n}$ Stichprobenfunktionen, d. h. sie hängen nur noch von den Stichprobenvariablen $X_1,\ldots,X_n$ ab. Wir bezeichnen das Paar von Stichprobenfunktionen als Konfidenzintervall:

$$\left[\bar{X} - z_{1-\alpha/2}\frac{\sigma}{\sqrt{n}}\,;\,\bar{X} + z_{1-\alpha/2}\frac{\sigma}{\sqrt{n}}\right].$$

Wie die im Beispiel angegebene Beziehung zeigt, sind die beiden Wahrscheinlichkeiten gleich groß, dass

- $\bar{X}$ einen Wert aus dem zentralen Schwankungsintervall $[\mu - z_{1-\alpha/2}\sigma/\sqrt{n}\,;\,\mu + z_{1-\alpha/2}\sigma/\sqrt{n}]$ annimmt, und dass
- der unbekannte Parameterwert μ von den Grenzen des Konfidenzintervalles $[\bar{X}-z_{1-\alpha/2}\cdot\sigma/\sqrt{n}\,;\,\bar{X}+z_{1-\alpha/2}\sigma/\sqrt{n}]$ eingeschlossen wird.

Inhaltlich besteht aber ein fundamentaler Unterschied zwischen Schwankungs- und Konfidenzintervall:

- Beim Schwankungsintervall erwarten wir, dass $(1-\alpha)100\%$ der Werte der Stichprobenfunktion $\bar{X}$ in diesem Intervall mit festen Grenzen liegen werden.
- Beim Konfidenzintervall ist die Aussagenrichtung umgekehrt: Wir gehen vom Intervall aus und unterstellen, dass der unbekannte Parameterwert in den aus der Stichprobe ermittelten Grenzen liegt.

Die Grafik 14.3 verdeutlicht die Idee eines Konfidenzintervalles. Der linke Teil zeigt, wie sich die Konfidenzintervalle auf die μ-Achse ‚senken'. Damit wird visualisiert, dass der Parameterwert fest ist (hier gleich 2), während die Lage der Konfidenzintervalle zufällig ist. Wie

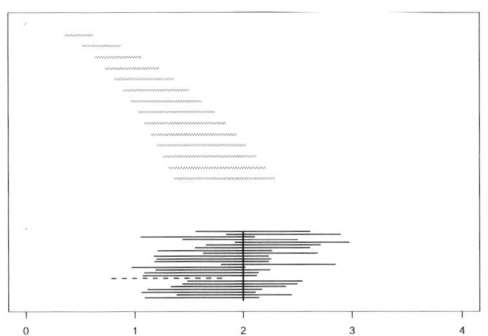 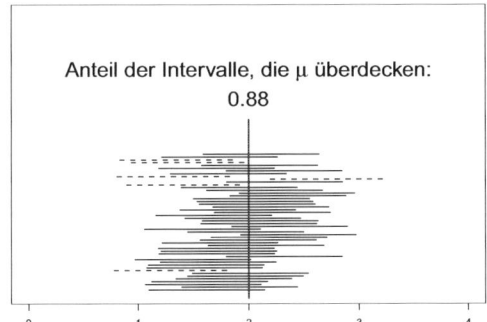

Abb. 14.3: *Illustration zu den Konfidenzintervallen*

rechts zu sehen ist, überdeckt ein Anteil der erzeugten Konfidenzintervalle, der in etwa dem Konfidenzniveau entspricht, den theoretischen Parameterwert.

Um die bisherige Diskussion auf andere Situationen übertragen zu können, fassen wir die wesentlichen Punkte zusammen:

- Es werden jeweils zwei Stichprobenfunktionen bestimmt, so dass die Wahrscheinlichkeit dafür berechnet werden kann, dass sie den unbekannten Parameter einschließen. Diese Wahrscheinlichkeit ist ohne Kenntnis des Parameterwertes berechenbar.
- Die Einschluss- oder Überdeckungswahrscheinlichkeit ist mindestens so groß wie das vorgegebene Konfidenzniveau.

In manchen Situationen ist man nur an einer Unter- oder Obergrenz für den Parameter interessiert. Dies wird an folgendem Beispiel deutlich.

Beispiel 14.2 *Siedepunkt bei Bremsflüssigkeit*[1]

Die Bremsflüssigkeit bei Autos ist hygroskopisch. Bei langem und häufigem Bremsen kann es zum Kochen einer solchen Flüssigkeit kommen, es bilden sich Dampfblasen, die sich im Gegensatz zur Flüssigkeit komprimieren lassen und bis zum völligen Versagen der Bremswirkung führen. Wenn sie also über lange Zeit hinweg nicht erneuert wird, steigt der Wasseranteil aus der Luftfeuchtigkeit ständig an und erreicht schließlich einen gefährlichen Bereich, der die Sicherheit des Bremssystemes in Frage stellt. Der Siedepunkt einer neuwertigen Bremsflüssigkeit liegt bei 280 - 300 °C.

Tab.: *Siedepunkte (in °C) der Bremsflüssigkeit*

$x_{i-1}^* < X \leq x_i^*$	n_i	$x_{i-1}^* < X \leq x_i^*$	n_i	$x_{i-1}^* < X \leq x_i^*$	n_i	$x_{i-1}^* < X \leq x_i^*$	n_i
110 - 120	8	160 - 170	38	210 - 220	3	250 - 260	0
120 - 130	37	170 - 180	14	220 - 230	1	260 - 270	2
130 - 140	75	180 - 190	9	230 - 240	0	270 - 280	0
140 - 150	80	190 - 200	6	240 - 250	0	280 - 290	3
150 - 160	52	200 - 210	4	250 - 260	0	290 - 300	1

[1] Die Ausführungen und Daten sind Auer (1986) entnommen.

Fahrzeuge, die nach schweren Verkehrsunfällen von der Staatsanwaltschaft sichergestellt und zur technischen Untersuchung dem Sachverständigen überstellt wurden, sind daher auch auf den Siedepunkt der Bremsflüssigkeit hin überprüft worden. Die Verteilung der Werte von $n = 333$ untersuchten Fahrzeugen ist in der Tabelle wiedergegeben. Fassen wir die Daten als Zufallsstichprobe auf, so kann aus den Daten eine Schätzung des Erwartungswertes des Siedepunktes bei derartigen Fahrzeugen ermittelt werden. Soll die Schätzung mittels eines Konfidenzintervalles durchgeführt werden, so ist nur eine untere Konfidenzschranke von Interesse.

Definition 14.3 *Konfidenzintervall*

Zwei Stichprobenfunktionen U und V mögen die beiden folgenden Bedingungen erfüllen:

1. $U(x_1, \ldots, x_n) \leq V(x_1, \ldots, x_n)$ für alle möglichen Stichproben $x_1, \ldots, x_n$.
2. $P(U < \theta < V) \geq 1 - \alpha$, wobei diese Wahrscheinlichkeit ohne Kenntnis des unbekannten Wertes des Parameters θ bestimmbar ist.

Dann heißt $[U; V]$ ein *Konfidenzintervall* für θ zum *Konfidenzniveau* $1-\alpha$, kurz $(1-\alpha)$-Konfidenzintervall für θ. $1-\alpha$ heißt auch der Vertrauensgrad und α die Irrtumswahrscheinlichkeit. Die Realisation $[u; v]$ heißt das realisierte Konfidenzintervall.

Man spricht von *einseitigen Konfidenzintervallen* oder *Konfidenzschranken*, wenn $V(X_1, \ldots, X_n) = \infty$ bzw. $U(X_1, \ldots, X_n) = -\infty$ (oder gleich einem von θ nicht zu über- bzw. unterschreitenden Wert) gesetzt wird und für die interessierende Grenze folglich gilt:

$$P(\theta \geq U(X_1, \ldots, X_n)) \geq 1 - \alpha \quad \text{bzw.} \quad P(\theta \leq V(X_1, \ldots, X_n)) \geq 1 - \alpha.$$

Im Weiteren werden wir vor allem zweiseitige Konfidenzintervalle betrachten, so dass wir i. d. R. auf den Zusatz verzichten.

Ein Konfidenzintervall ist also ein Paar von Zufallsvariablen. Das Konfidenzniveau sagt aus, bei welchem Anteil von Stichproben in etwa der unbekannte, wahre Parameterwert von diesen Stichprobenvariablen eingeschlossen oder, anders gesagt, von dem Konfidenzintervall überdeckt wird. Der Anteil der den Parameter überdeckenden realisierten Konfidenzintervalle ist sehr hoch ($=(1-\alpha) \cdot 100\%$), der Anteil derjenigen, die den Parameter nicht überdecken, dagegen sehr klein ($=\alpha \cdot 100\%$). Die Aussage „μ liegt im Intervall $[u, v]$" ist im Einzelfall richtig oder falsch. Bei wiederholter Beobachtung von Stichproben des Umfanges n wird sie aber wegen der Überdeckungswahrscheinlichkeit mit einem Anteil von $(1 - \alpha) \cdot 100\%$ richtig sein. Diesen Anteil wollen wir als Vertrauensgrad der Aussage bezeichnen. Für die Bestimmung von Konfidenzintervallen ist die Forderung zentral, dass die Wahrscheinlichkeit $P(U \leq \theta \leq V)$ das angegebene Niveau $1-\alpha$ nicht unterschreitet. Nur so ist der Vertrauensgrad der Einzelaussage sichergestellt.

Für die Anwendung der Konfidenzintervalle unterstellen wir, dass der konkrete Einzelfall zu den häufigen gehört und verwenden das Konfidenzintervall so, als ob der Parameterwert darin läge. Diese Vorgehensweise führt bei mehrfacher Wiederholung zu einem Anteil von $\alpha \cdot 100\%$ von fehlerhaften Behauptungen. Obwohl wir wissen, wie hoch dieser Fehleranteil ist, kann für den Einzelfall nicht gesagt werden, ob die Aussage falsch ist oder nicht.

Da die Verteilungen der Stichprobenfunktionen U und V von der Verteilung der Stichprobenvariablen $X_1,\ldots,X_n$ abhängen, erhalten wir für gleichartige Parameter bei verschiedenen Ausgangsverteilungen und -situationen unterschiedliche Konfidenzintervalle. Wir geben daher im Folgenden nur für einige Standardfälle die Konfidenzintervalle an. Damit lassen sich aber aufgrund des Zentralen Grenzwertsatzes eine ganze Anzahl von Situationen bei großen Stichprobenumfängen erfassen.

14.3 Konfidenzintervalle für Maßzahlen der Lage

14.3.1 Konfidenzintervall für μ bei Normalverteilung mit unbekanntem σ^2

Wir haben Konfidenzintervalle anhand der Situation einer Normalverteilung mit bekanntem σ^2 eingeführt. In der Regel wird mit dem Erwartungswert μ aber auch die Standardabweichung der zugrunde liegenden Normalverteilung unbekannt sein.

Beispiel 14.4 *Lichtgeschwindigkeit*

In einer Serie von Experimenten bestimmte Michelson gegen Ende des 19ten Jahrhunderts mehrfach die Lichtgeschwindigkeit in der Luft. Da die Messaufbauten variierten, betrachten wir eine der Serien, d. h. 20 Messungen, siehe Stigler (1977).

299890	299810	299810	299820	299800	299770	299760	299740	299750	299760
299910	299920	299890	299860	299880	299720	299840	299850	299850	299780

Von Interesse ist natürlich die Schätzung der Lichtgeschwindigkeit. Neben dem einfachen Schätzwert kann ein Konfidenzintervall Aufschluss über die seinerzeit erreichte Präzision der Schätzung geben. Der heute akzeptierte Wert beträgt 299734.5 [km/s]. Wie

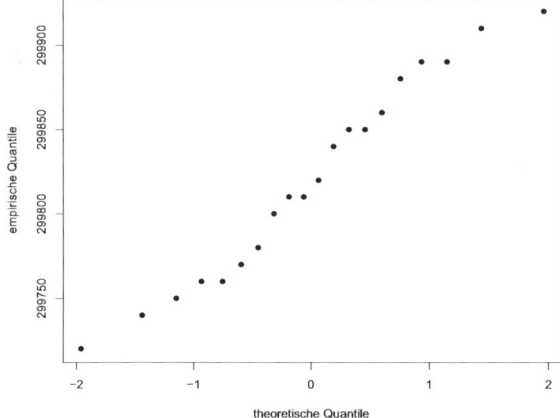

Abb. 14.4: *Normalverteilungs-QQ-Diagramm für die Lichtgeschwindigkeiten*

14.3 Konfidenzintervalle für Maßzahlen der Lage

das QQ-Diagramm zeigt, ist die Normalverteilung ein naheliegendes Modell für diesen empirischen Datensatz.

Das Beispiel führt auf die Aufgabe der Bestimmung eines Konfidenzintervalles für den Erwartungswert μ, wenn σ^2 nicht bekannt ist und nur eine Schätzung von σ^2 zur Verfügung steht. Wird er unter Verwendung von $\hat{\sigma} = \sqrt{\frac{1}{n-1}\sum(X_\nu - \bar{X})^2}$ geschätzt, so hat dies Auswirkungen auf die Verteilung der resultierenden Stichprobenfunktion $\frac{\bar{X}-\mu}{\hat{\sigma}/\sqrt{n}}$. Sie ist nicht mehr normalverteilt. Somit gilt:

$$P\left(-z_{1-\alpha/2} \leq \frac{\bar{X}-\mu}{\hat{\sigma}/\sqrt{n}} \leq z_{1-\alpha/2}\right) = P\left(\bar{X} - z_{1-\alpha/2}\frac{\hat{\sigma}}{\sqrt{n}} \leq \mu \leq \bar{X} + z_{1-\alpha/2}\frac{\hat{\sigma}}{\sqrt{n}}\right) \neq 1-\alpha.$$

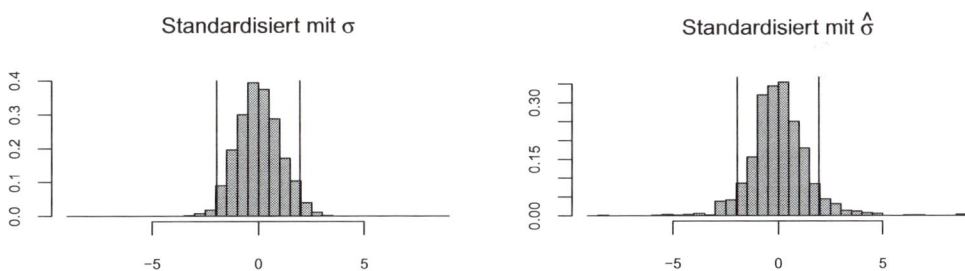

Abb. 14.5: *Zur Wahrscheinlichkeit des Intervalles [-1.96;1.96]*

Die Abbildung 14.5 zeigt exemplarisch, dass die Standardisierung mittels $\hat{\sigma}$ dazu führt, dass die Wahrscheinlichkeit dafür von α verschieden ist, dass die Stichprobenfunktion einen Wert außerhalb des Intervalles $[-z_{1-\alpha/2}; z_{1-\alpha/2}]$ annimmt. Es wurden jeweils 1000 Werte der beiden Stichprobenfunktionen bei einem Stichprobenumfang von $n=5$ erzeugt und das Intervall [-1.96;1.96] betrachtet; es korrespondiert mit $\alpha=0.05$. Für die mit σ standardisierte Statistik beträgt der Anteil der Realisationen außerhalb des Intervalles 0.045; er stimmt also hinreichend mit der theoretischen Wahrscheinlichkeit überein. Für die mit $\hat{\sigma}$ standardisierte ist der Anteil 0.119; er ist mehr als doppelt so groß.

Die Verteilung der Stichprobenfunktion $(\bar{X}-\mu)/\sqrt{\hat{\sigma}^2/n}$ ist aber bekannt und liegt tabelliert vor. Es ist eine *$\mathcal{T}$-Verteilung* mit $\nu = n-1$ *Freiheitsgraden*. Als Abkürzung für ‚Freiheitsgrade' wird oft *df* verwendet (vom Englischen **degrees of freedom**).

Die nachfolgende Abbildung zeigt, dass die Dichtefunktion der $\mathcal{T}$-Verteilung eingipflig ist und symmetrisch um den Nullpunkt liegt.

Die Anzahl ν der Freiheitsgrade beeinflusst, wie in der Abbildung zu sehen ist, die Gestalt der Dichtefunktion der $\mathcal{T}$-Verteilung. Für größer werdendes ν konzentriert sich die Dichte stärker um null. Für $\nu \to \infty$ geht die $\mathcal{T}$-Verteilung in die $\mathcal{N}(0,1)$-Verteilung über.

Die für unsere Zwecke relevanten Quantile der $\mathcal{T}$-Verteilung für verschiedene Freiheitsgrade sind der beigefügten Tabelle zu entnehmen. Wenn $t_{\nu;1-\alpha}$ das $(1-\alpha)$-Quantil der $\mathcal{T}$-Verteilung mit ν Freiheitsgraden ist, so gilt wegen der Symmetrie um den Nullpunkt:

$$t_{\nu;\alpha} = -t_{\nu;1-\alpha}.$$

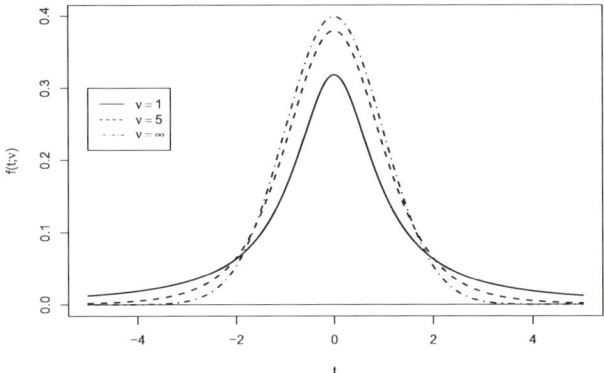

Abb. 14.6: *Dichtefunktion der $\mathcal{T}$-Verteilung für verschiedene Freiheitsgrade v*

Zu einem Konfidenzintervall zu vorgegebenem Niveau $1-\alpha$ gelangen wir nun mit

$$P\left(-t_{v;1-\alpha/2} \leq \frac{\bar{X}-\mu}{\hat{\sigma}/\sqrt{n}} \leq t_{v;1-\alpha/2}\right) = P\left(\bar{X} - t_{v;1-\alpha/2}\frac{\hat{\sigma}}{\sqrt{n}} \leq \mu \leq \bar{X} + t_{v;1-\alpha/2}\frac{\hat{\sigma}}{\sqrt{n}}\right) = 1-\alpha.$$

Lemma 14.5 *Konfidenzintervall für μ bei unbekanntem σ^2*

$\bar{X}$ sei das Stichprobenmittel einer Stichprobe vom Umfang n aus einer Normalverteilung. Dann ist

$$\left[\bar{X} - t_{v;1-\alpha/2}\frac{\hat{\sigma}}{\sqrt{n}}\,;\,\bar{X} + t_{v;1-\alpha/2}\frac{\hat{\sigma}}{\sqrt{n}}\right]$$

ein $(1-\alpha)$-Konfidenzintervall für μ bei unbekanntem σ^2.

Beispiel 14.6 *Lichtgeschwindigkeit - Fortsetzung*

Aus den Messungen der Lichtgeschwindigkeit soll ein Konfidenzintervall zum Niveau $1-\alpha = 0.99$ für den zugrunde liegenden Erwartungswert bestimmt werden. Mit $n=20$ ist das $(1-\alpha/2)$-Quantil der $\mathcal{T}$-Verteilung mit 19 Freiheitsgraden $t_{19;0.995} = 2.8609$. Aus dem angegebenen Datensatz erhalten wir weiter: $\bar{x} = 299820.5$, $\hat{\sigma} = 60.0417$. Damit lautet das realisierte Konfidenzintervall:

$$\left[\bar{x} - t_{19;0.995}\frac{\hat{\sigma}}{\sqrt{n}}\,;\,\bar{x} + t_{19;0.995}\frac{\hat{\sigma}}{\sqrt{n}}\right] =$$
$$= \left[299820.5 - 2.8609\frac{60.0417}{\sqrt{20}}\,;\,299820.5 + 2.8609\frac{60.0417}{\sqrt{20}}\right] = [299782.1\,;\,299858.9].$$

14.3.2 Approximative Konfidenzintervalle für $E(X)$

Bei den Konfidenzintervallen für den Erwartungswert gingen wir bisher davon aus, dass die betrachteten Zufallsvariablen einer Normalverteilung folgen. Dabei haben wir die beiden

14.3 Konfidenzintervalle für Maßzahlen der Lage

Fälle unterschieden, dass die Standardabweichung σ der Grundgesamtheit bekannt bzw. unbekannt ist. Es ist auch möglich, Konfidenzintervalle für den Erwartungswert μ bei Vorliegen anderer Verteilungen der Zufallsvariablen zu bestimmen.

Bei kleinen Stichproben ergeben sich jedoch sehr schnell Probleme, da die Verteilungen der Stichprobenfunktionen dann nicht so leicht bestimmbar bzw. so umfassend tabelliert sind. Bei genügend großen Stichproben hilft aber die Anwendung des Zentralen Grenzwertsatzes weiter. Danach geht unter bestimmten Bedingungen die Verteilung des Stichprobenmittels $\bar{X}$ mit wachsendem Stichprobenumfang gegen eine Normalverteilung. Damit gilt bei genügend großem n:

$$P\left(-z_{1-\alpha/2} \leq \frac{\bar{X}-\mu}{\sigma/\sqrt{n}} \leq z_{1-\alpha/2}\right) \approx 1-\alpha,$$

wobei μ der Erwartungswert und σ die Standardabweichung der Ausgangsvariablen X sind. Daraus erhalten wir auf dieselbe Weise wie oben:

$$P\left(\bar{X} - z\frac{\hat{\sigma}}{\sqrt{n}} \leq \mu \leq \bar{X} + z\frac{\hat{\sigma}}{\sqrt{n}}\right) \approx 1-\alpha,$$

wenn für $z_{1-\alpha/2}$ abkürzend z geschrieben wird.

Falls die Standardabweichung der Ausgangsvariablen X unbekannt ist, wird σ wieder durch $\hat{\sigma}$ geschätzt. Da der Stichprobenumfang groß genug sein soll, um die Normalapproximation zu rechtfertigen, kann das $(1-\alpha/2)$-Quantil der Standardnormalverteilung auch dann weiter verwendet werden. Denn dann kann wegen der Konsistenz von $\hat{\sigma}$ davon ausgegangen werden, dass $\hat{\sigma}$ hinreichend wenig um die wahre Standardabweichung streut. Dies drückt sich ja auch darin aus, dass dann das Quantil der $\mathscr{T}$-Verteilung in das der Standardnormalverteilung übergeht.

Lemma 14.7 *approximatives $(1-\alpha)$-Konfidenzintervall für μ*

X sei eine Zufallsvariable mit Erwartungswert μ. Dann ist für große n

$$\left[\bar{X} - z\frac{\hat{\sigma}}{\sqrt{n}}; \bar{X} + z\frac{\hat{\sigma}}{\sqrt{n}}\right]$$

ein approximatives $(1-\alpha)$-Konfidenzintervall für μ. Dabei ist z das $(1-\alpha/2)$-Quantil der Standardnormalverteilung; $n > 30$ gilt nach einer Daumenregel als groß. (Zur Sicherheit kann für $n < 100$ für z auch das $(1-\alpha)$-Quantil der $\mathscr{T}$-Verteilung mit $n-1$ Freiheitsgraden genommen werden.)

Beispiel 14.8 *Reparaturwerkstatt - Fortsetzung*

Das in der Problemstellung 9.1.1 dargestellte Beispiel wird fortgeführt. Der Geschäftsführer der Reparaturwerkstatt interessiere sich nun für die durchschnittliche Reparaturzeit der bei ihm in Auftrag gegebenen PKW. Die Stichprobe von 100 zufällig gezogenen Karteikarten, auf denen alte Aufträge vermerkt sind, ergab das Stemleaf-Diagramm der Variablen $X = $ ‚Reparaturdauer' in 1/100 Stunden.

```
0 | 0012334444444
0 | 55555555566667777777888899
1 | 01111222333344
1 | 5555666677777778889999
2 | 000011234
2 | 88
3 | 00122
3 | 778
4 |
4 |
5 |
5 | 8
6 | 2
6 |
7 |
7 | 9
8 | 2
```

Abb. 14.7: *Stemleaf-Diagramm Reparaturdauer X (in 1/100 Stunden, kleinste Einheit: 0.05 Stunden)*

Die Verteilung lässt sich sicher nicht durch die Normalverteilung beschreiben. Da aber der Stichprobenumfang mit $n = 100$ groß genug ist, um die Normalverteilungsapproximation für die Verteilung von $\bar{X}$ zu rechtfertigen, können wir ein approximatives Konfidenzintervall bestimmen.

Aus den Daten erhalten wir $\bar{x} = 157.6$ und $\hat{\sigma} = 143.65$. Für das Konfidenzniveau $1-\alpha = 0.95$ ist das zugehörige $(1-\alpha/2)$-Quantil der Standardnormalverteilung $z_{1-\alpha/2} = z_{0.975} = 1.96$. Das realisierte Konfidenzintervall ist folglich

$$\left[157.6 - 1.96 \cdot \frac{143.65}{\sqrt{100}} \,;\, 157.6 - 1.96 \cdot \frac{143.65}{\sqrt{100}}\right] = [129.44;\, 185.76].$$

Es reicht also von ca. 1 Stunde 18 Minuten bis 1 Stunde 52 Minuten.

Beispiel 14.9 *Siedepunkt bei Bremsflüssigkeit - Fortsetzung*

Die angegebenen Daten sind nicht normalverteilt; das Histogramm weist eine Rechtsschiefe auf. Da aber $n=333$ Werte vorliegen, kann ein approximatives Konfidenzintervall ohne Bedenken bestimmt werden. Wie schon ausgeführt, ist nur eine untere Konfidenzschranke von Interesse. Diese hat hier die Form

$$\left[\bar{X} - z\frac{\hat{\sigma}}{\sqrt{n}} \,;\, \infty\right).$$

Das Quantil z muss die Bedingung

$$1 - \alpha = P\left(\bar{X} - z\frac{\hat{\sigma}}{\sqrt{n}} \leq \mu\right) = P\left(\frac{\bar{X} - \mu}{\hat{\sigma}/\sqrt{n}} \leq z\right)$$

14.3 Konfidenzintervalle für Maßzahlen der Lage

erfüllen. Damit ist bei $1 - \alpha = 0.99$ das Quantil $z = 2.3263$; dies ergibt mit den aus der Häufigkeitstabelle ermittelten Werten $\bar{x} = 150.916$ und $\hat{\sigma}^2 = 680.258$ das realisierte einseitige Konfidenzintervall:

$$\left[150.916 - 2.3263 \frac{\sqrt{680.258}}{\sqrt{333}} \, ; \infty \right) = [147.591 \, ; \infty).$$

14.3.3 Konfidenzintervall für den Median

Der Median ist die adäquate Maßzahl der Lage, wenn die zugrundeliegende Verteilung nicht näher spezifiziert ist, und nur vorausgesetzt wird, dass die Verteilung stetig ist. Daher ist auch ein Konfidenzintervall für den Median von Interesse.

Am einfachsten ist zu bestimmen, mit welcher Wahrscheinlichkeit der jeweils kleinste und der jeweils größte Wert einer Stichprobe den theoretischen Median einschließen werden. Dazu betrachten wir das komplementäre Ereignis. Zu seiner Beschreibung verwenden wir die Stichprobenvariablen $X_{(1)}$ und $X_{(n)}$, die jeweils den kleinsten bzw. größten Wert der Stichprobe annehmen. Dann ist

$$\overline{\{X_{(1)} \leq \widetilde{\mu} \leq X_{(n)}\}} = \{X_{(1)} > \widetilde{\mu}\} \cup \{X_{(n)} < \widetilde{\mu}\} = \{X_1 > \widetilde{\mu}, \ldots, X_n > \widetilde{\mu}\} \cup \{X_1 < \widetilde{\mu}, \ldots, X_n < \widetilde{\mu}\}.$$

Mit der Unabhängigkeit der Stichprobenvariablen und mit $P(X_v < \widetilde{\mu}) = 0.5$ folgt nun:

$$P(X_{(1)} \leq \widetilde{\mu} \leq X_{(n)}) = 1 - \left[P(X_1 > \widetilde{\mu}) \cdot \ldots \cdot P(X_n > \widetilde{\mu}) + P(X_1 > \widetilde{\mu}) \cdot \ldots \cdot P(X_n > \widetilde{\mu}) \right]$$
$$= 1 - 2 \cdot \left(\frac{1}{2} \right)^n.$$

Mit der Bestimmung von $P(X_{(1)} \leq \widetilde{\mu} \leq X_{(n)})$ ist ein erster Schritt getan. Die zugehörige Wahrscheinlichkeit wird schnell recht groß. Bei $n = 2, 5, 10$ beträgt sie jeweils $0.5, 0.9375, 0.998$. Diese großen Wahrscheinlichkeiten gehen mit breiten Bereichen einher.

Kürzere Bereiche erhalten wir, wenn wir nicht die Extremwerte einer Stichprobe nehmen, sondern weiter in der Mitte liegende Werte, etwa $x_{(c)}$ und $x_{(n+1-c)}$, d. h. jeweils den c-ten Wert vom unteren und vom oberen Ende der geordneten Stichprobe. Dabei wird natürlich auch der Vertrauensgrad geringer, mit dem die geordneten Stichprobenvariablen $X_{(c)}$ und $X_{(n+1-c)}$ den theoretischen Median einschließen. Dies kann aber im Sinne der Konfidenzintervalle gelöst werden, indem c gerade so gewählt wird, dass die Einschlusswahrscheinlichkeit nicht unter das vorgegebene Konfidenzniveau fällt.

Satz 14.10 *Konfidenzintervall für den Median*

X sei eine stetige Zufallsvariable mit dem Median $\widetilde{\mu}$. $X_{(c)}$ und $X_{(n+1-c)}$ seien die Stichprobenvariablen, die jeweils den c-kleinsten und den c-größten Wert einer Stichprobe vom Umfang n angeben.

Dann bildet $[X_{(c)}; X_{(n+1-c)}]$ ein Konfidenzintervall für $\widetilde{\mu}$ zum Konfidenzniveau

$$1 - \alpha = 1 - 2 \cdot \sum_{i=0}^{c-1} \binom{n}{i} \left(\frac{1}{2} \right)^n.$$

Für großes n ($n > 20$) ist das Konfidenzniveau näherungsweise gleich $1 - \alpha$, wenn c bestimmt wird gemäß

$$c \approx \frac{1}{2}(n+1) - \frac{1}{2}z_{1-\alpha/2}\sqrt{n}$$

Dabei ist $z_{1-\alpha/2}$ das $(1-\alpha/2)$-Quantil der Standardnormalverteilung. Für c wird der ganze Anteil des rechtsstehenden Ausdrucks genommen.

Der Nachweis der Relation

$$P(X_{(c)} \leq \tilde{\mu} \leq X_{(n+1-c)}) = 1 - 2 \cdot \sum_{i=0}^{c-1} \binom{n}{i} \left(\frac{1}{2}\right)^n.$$

geht den gleichen Weg, der für die extremsten Werte, d. h. für $c = 1$, vorgeführt wurde. Gesucht ist die Wahrscheinlichkeit $P(X_{(c)} \leq \tilde{\mu} \leq X_{(n+1-c)})$. Wir bestimmen sie wieder über die Betrachtung des komplementären Ereignisses:

$$\overline{\{X_{(c)} \leq \tilde{\mu} \leq X_{(n+1-c)}\}} = \{X_{(c)} > \tilde{\mu}\} \cup \{X_{(n+1-c)} < \mu\}.$$

$\{X_{(c)} > \tilde{\mu}\}$ trifft genau dann ein, wenn weniger als c Beobachtungen kleiner als $\tilde{\mu}$ sind. Da für jede der n Stichprobenvariablen X_ν die Relation $P(X_\nu < \tilde{\mu}) = 0.5$ gilt und die Stichprobenvariablen weiterhin unabhängig sind, haben wir einen Bernoulli-Prozess vorliegen. Die gesuchte Wahrscheinlichkeit entspricht der von weniger als c ‚Erfolgen'. Sie ergibt sich aus der Binomialverteilung:

$$P\left(X_{(c)} > \tilde{\mu}\right) = \sum_{i=1}^{c-1} \binom{n}{i} \left(\frac{1}{2}\right)^n.$$

Analog erhalten wir:

$$P\left(X_{(n+1-c)} < \tilde{\mu}\right) = \sum_{i=n+1-c}^{n} \binom{n}{i} \left(\frac{1}{2}\right)^n.$$

Wegen $\binom{n}{i} = \binom{n}{n+1-i}$ sind diese Wahrscheinlichkeiten gleich groß:

$$P\left(X_{(n+1-c)} < \tilde{\mu}\right) = P\left(X_{(c)} > \tilde{\mu}\right).$$

Mit dem Übergang zum komplementären Ereignis erhalten wir dann die angegebene Formel. Mit der Approximation der Binomial- durch die Normalverteilung gilt weiter:

$$\frac{\alpha}{2} = P\left(X_{(c)} > \tilde{\mu}\right) = \sum_{i=1}^{c-1} \binom{n}{i} \left(\frac{1}{2}\right)^n \approx \Phi\left(\frac{c - 1 + 0.5 - n/2}{0.5\sqrt{n}}\right).$$

Daraus folgt:

$$z_{\alpha/2} = -z_{1-\alpha/2} = \frac{c - 1 + 0.5 - n/2}{0.5\sqrt{n}}.$$

Auflösen nach c führt zu der angegebenen Approximation.

Beispiel 14.11 *Leukämie-Zellen*

Aus manchen Leukämie-Zellen entstehen durch Zellteilung Klone, Zellen mit der gleichen Erbinformation. Das Verhältnis der Anzahl klonender Zellen der Tochtergeneration zu der entsprechenden Anzahl der Ausgangsgeneration gibt einen Anhaltspunkt darüber, ob sich die Zellen in einem Differenzierungsprozess befinden, oder ob sie sich weiterhin wie Stammzellen verhalten.

Tab.: *Verteilung der logarithmisch transformierten Verhältnisse (= X) der Anzahlen klonender Zellen aufeinanderfolgender Generationen (pers. Mitteilung von Frau E. Malin)*

i	x_{i-1}^*	$<X\leq$	x_i^*	n_i	i	x_{i-1}^*	$<X\leq$	x_i^*	n_i	i	x_{i-1}^*	$<X\leq$	x_i^*	n_i
1	-6.25	-	-5.75	1	11	-1.25	-	-0.75	9	21	3.75	-	4.25	1
2	-5.75	-	-5.25	2	12	-0.75	-	-0.25	8	22	4.25	-	4.75	2
3	-5.25	-	-4.75	1	13	-0.25	-	0.25	14	23	4.75	-	5.25	1
4	-4.75	-	-4.25	1	14	0.25	-	0.75	13	24	5.25	-	5.75	0
5	-4.25	-	-3.75	4	15	0.75	-	1.25	10	25	5.75	-	6.25	1
6	-3.75	-	-3.25	3	16	1.25	-	1.75	8	26	6.25	-	6.75	0
7	-3.25	-	-2.75	2	17	1.75	-	2.25	8	27	6.75	-	7.25	1
8	-2.75	-	-2.25	3	18	2.25	-	2.75	2	28	7.25	-	7.75	0
9	-2.25	-	-1.75	2	19	2.75	-	3.25	2	29	7.75	-	8.25	0
10	-1.75	-	-1.25	10	20	3.25	-	3.75	2	30	8.25	-	8.75	1

Für diese Daten ist die Laplace-Verteilung mit der Dichte $f(x) = (\lambda/2)e^{-\lambda|x-\mu|}$ ein geeignetes Modell. Die Dichte ist symmetrisch; somit ist μ sowohl der Erwartungswert als auch der Median. Jedoch ist es wegen der starken Flanken sinnvoller, hier den Median zu betrachten. Auch der ML-Schätzer für μ ist der empirische Median.

Der Datensatz umfasst $n = 112$ Werte. Zur Bestimmung eines Konfidenzintervalles zum Niveau $1 - 0.05 = 0.95$ berechnen wir den Wert von c mit der Approximationsformel. Zunächst ist bei $\alpha = 0.05$: $z_{1-\alpha/2} = 1.96$. Dies führt auf

$$c \approx \frac{1}{2} \cdot (112+1) - \frac{1}{2} \cdot 1.96 \cdot \sqrt{112} = 46.129;$$

also sind $c = 46$ und $n + 1 - c = 67$. Da die Häufigkeitsverteilung in klassierter Form vorliegt, können wir $x_{(46)}$ und $x_{(67)}$ nicht direkt ablesen. Wir können sie aber als empirische 46/112- und 67/112-Quantile näherungsweise bestimmen. Dies ergibt approximativ das realisierte Konfidenzintervall zum Niveau 0.95:

$$[-0.25; 0.52].$$

14.4 Konfidenzintervalle für Maßzahlen der Streuung

Die Streuung ist neben der Lage das zweite wichtige Einzelcharakteristikum einer Verteilung. Entsprechend sind auch Konfidenzintervalle für Maßzahlen der Streuung bzw. entsprechende Verteilungsparameter von Bedeutung.

Im Fall der Normalverteilung ist die Standardabweichung σ bzw. die Varianz σ^2 der natürliche Streuungsparameter. Das Konfidenzintervall dafür ist, anders als dasjenige für μ, eng an die Normalverteilungsvoraussetzung gebunden. Sofern die Normalverteilungsannahme verletzt ist, wird das Konfidenzniveau nicht mehr eingehalten. Auch lassen sich daraus keine approximativen Konfidenzintervalle für die Standardabweichungen bzw. Varianzen anderer Verteilungen gewinnen. Daher stellen wir auch gemeinsame Konfidenzintervalle für die beiden Quartile $t_{0.25}, t_{0.75}$ einer Verteilung vor. Diese hängen nicht von einer speziellen Verteilungsannahme ab.

14.4.1 Konfidenzintervall für σ^2 bei Normalverteilung

Die geeignete Schätzfunktion für die Varianz σ^2 ist bei der Normalverteilung die modifizierte empirische Varianz:

$$\hat{\sigma}^2 = \frac{1}{n-1} \sum_{\nu=1}^{n}(X_\nu - \bar{X})^2.$$

Die Verteilung von $\sum_{\nu=1}^{n}(X_\nu - \bar{X})^2$ (und damit auch die von $\hat{\sigma}^2$) hängt wegen der Zentrierung $X_\nu - \bar{X}$ nicht mehr von dem Parameter μ der Normalverteilung ab, wohl aber noch von σ^2. Erst die Normierung der Summanden mit der theoretischen Varianz ergibt eine Zufallsvariable, deren Verteilung nicht von σ^2 abhängt.

Satz 14.12 *Verteilung von $\hat{\sigma}^2$*

Sofern die Stichprobenvariablen $X_1, \ldots, X_n$ unabhängig und identisch $\mathcal{N}(\mu, \sigma^2)$-verteilt sind, ist die Stichprobenfunktion

$$\frac{n-1}{\sigma^2}\hat{\sigma}^2 = \frac{1}{\sigma^2}\sum_{\nu=1}^{n}(X_\nu - \bar{X})^2 = \sum_{\nu=1}^{n}\left(\frac{X_\nu - \bar{X}}{\sigma}\right)^2$$

Chi-Quadrat-verteilt mit $\nu = n-1$ Freiheitsgraden, i. Z.: $\frac{n-1}{\sigma^2}\hat{\sigma}^2 \sim \chi^2_{n-1}$.

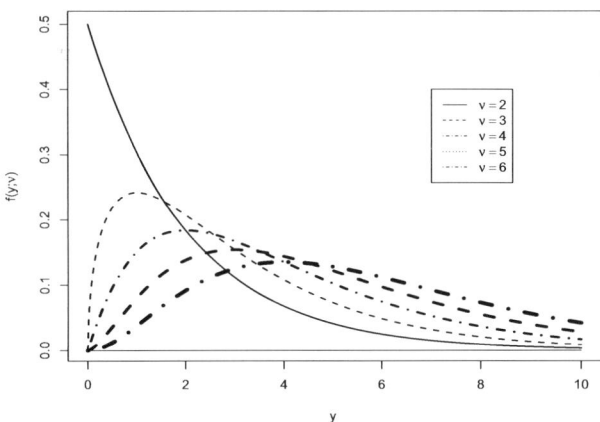

Abb. 14.8: *Dichtefunktion der Chi-Quadrat-Verteilung für verschiedene Freiheitsgrade ν*

14.4 Konfidenzintervalle für Maßzahlen der Streuung

Die *Chi-Quadrat-Verteilung*, auch als χ^2-Verteilung bezeichnet, ist wie die $\mathcal{T}$-Verteilung nur von einem Parameter, der Anzahl v der *Freiheitsgrade*, abhängig. Diese Verteilung erhält man einerseits, wenn die Summe von quadrierten und geeignet standardisierten Stichprobenvariablen aus einer Normalverteilung betrachtet wird. Andererseits ist sie eine spezielle Gamma-Verteilung mit den Parametern $\lambda = 0.5$ und $k = v/2$.

Der Erwartungswert einer Chi-Quadrat-Verteilung entspricht der Anzahl ihrer Freiheitsgrade; die Varianz ist das Doppelte:

$$Y \sim \chi_v^2 \quad \Rightarrow \quad \mathrm{E}(Y) = v, \quad \mathrm{V}(Y) = 2v.$$

Das p-Quantil der Chi-Quadrat-Verteilung mit v Freiheitsgraden, kurz χ_v^2-Verteilung, wird mit $\chi_{v;p}^2$ bezeichnet.

Ein $(1-\alpha)$-Konfidenzintervall für σ^2 erhalten wir nun mit der Umformung:

$$\begin{aligned}
1-\alpha &= \mathrm{P}\left(\chi_{n-1;\alpha/2}^2 \leq \frac{(n-1)\hat{\sigma}^2}{\sigma^2} \leq \chi_{n-1;1-\alpha/2}^2\right) = \mathrm{P}\left(\frac{1}{\chi_{n-1;\alpha/2}^2} \geq \frac{\sigma^2}{(n-1)\hat{\sigma}^2} \geq \frac{1}{\chi_{n-1;1-\alpha/2}^2}\right) \\
&= \mathrm{P}\left(\frac{(n-1)\hat{\sigma}^2}{\chi_{n-1;1-\alpha/2}^2} \leq \sigma^2 \leq \frac{(n-1)\hat{\sigma}^2}{\chi_{n-1;\alpha/2}^2}\right).
\end{aligned}$$

Satz 14.13 *Konfidenzintervall für σ^2*

$X_1, \ldots, X_n$ sei eine Stichprobe aus einer Normalverteilung. Dann ist ein $(1-\alpha)$-Konfidenzintervall für σ^2 gegeben durch

$$\left[\frac{(n-1)\hat{\sigma}^2}{\chi_{n-1;1-\alpha/2}^2} ; \frac{(n-1)\hat{\sigma}^2}{\chi_{n-1;\alpha/2}^2}\right].$$

Dabei ist $\hat{\sigma}^2 = \frac{1}{n-1} \sum_{v=1}^{n} (X_v - \bar{X})^2$.

Da die Quadratwurzeltransformation monoton ist, ergibt sich das korrespondierende Konfidenzintervall für die Standardabweichung zu

$$\left[\sqrt{\frac{(n-1)\hat{\sigma}^2}{\chi_{n-1;1-\alpha/2}^2}} ; \sqrt{\frac{(n-1)\hat{\sigma}^2}{\chi_{n-1;\alpha/2}^2}}\right].$$

Beispiel 14.14 *Reproduzierbarkeit einer Messung*

Um die Reproduzierbarkeit einer Messung der schallpegelmindernden Wirkung einer Bebauung zu ermitteln, wurde die Messung fünfmal wiederholt. Es ergaben sich folgende Messwerte x_v [in Dezibel]:

6.29, 8.09, 7.89, 7.79, 6.29.

Wir unterstellen, dass die Messfehler normalverteilt sind. Dann erhalten wir zunächst als Hilfsgrößen zur Berechnung eines 0.95-Konfidenzintervalles für σ^2:

$$(n-1)\hat{\sigma}^2 = 3.248, \quad \chi^2_{4;0.025} = 0.484, \quad \chi^2_{4;0.975} = 11.14.$$

Somit lautet das realisierte Konfidenzintervall für σ^2:

$$\left[\frac{3.248}{11.14}; \frac{3.248}{0.484}\right] = [0.292; 6.711].$$

Das entsprechende Konfidenzintervall für die Standardabweichung σ ist:

$$[\sqrt{0.292}; \sqrt{6.711}] = [0.540; 2.591].$$

Diese Fragestellung kann auch als Frage nach einer oberen Konfidenzschranke angesehen werden. Wegen

$$1 - \alpha = P\left(\sigma^2 \leq \frac{(n-1)\hat{\sigma}^2}{\chi^2_{n-1;\alpha}}\right) = P\left(\chi^2_{n-1;\alpha} \leq \frac{(n-1)\hat{\sigma}^2}{\sigma^2}\right)$$

ist hier das 0.05-Quantil zu bestimmen. Es ergibt sich $\chi^2_{4;0.05} = 0.7107$. Das einseitige Konfidenzintervall ist damit:

$$\left[0; \frac{3.248}{0.7107}\right] = [0; 4.570].$$

Die obere Grenze ist deutlich kleiner als die des zweiseitigen Intervalles.

14.4.2 Konfidenzintervalle für zwei Quartile

Der theoretische Quartilsabstand $\sigma_Q = t_{0.75} - t_{0.25}$ einer Verteilung ist wie die Standardabweichung eine Maßzahl der Streuung. Wir leiten aber nicht direkt Konfidenzintervalle für σ_Q her, sondern bestimmen sogar innere und äußere Konfidenzintervalle für das Quartilintervall $[t_{0.75}; t_{0.25}]$.

Diese lassen sich weitgehend in Analogie zu dem Konfidenzintervall für den Median ableiten. Wir gehen aus von einer Stichprobe $X_1, \ldots, X_n$ und bezeichnen mit $X_{(v)}$ wieder die Stichprobenvariable, die den v-kleinsten Wert der Stichprobe angibt. Zunächst bestimmen wir die Wahrscheinlichkeit, dass beide Quartile $t_{0.75}, t_{0.25}$ von zwei dieser Stichprobenvariablen, die gleiche ‚Abstände' vom unteren bzw. oberen Ende der geordneten Stichprobe haben, eingeschlossen werden:

$$P(X_{(r)} \leq t_{0.25} \leq t_{0.75} \leq X_{(n+1-r)}) \geq P(X_{(r)} \leq t_{0.25}) + P(t_{0.75} \leq X_{(n+1-r)}) - 1$$
$$= P(X_{(r)} \leq t_{0.25}) - P(t_{0.75} > X_{(n+1-r)})$$
$$= \sum_{i=r}^{n} \binom{n}{i} \left(\frac{1}{4}\right)^i \left(1-\frac{1}{4}\right)^{n-i} - \sum_{i=n+1-r}^{n} \binom{n}{i} \left(\frac{3}{4}\right)^i \left(1-\frac{3}{4}\right)^{n-i}.$$

Hier kommt die Binomialverteilung ins Spiel, da z. B. $\{X_{(r)} \leq t_{0.25}\}$ äquivalent dazu ist, dass mindestens r der unabhängigen Ereignisse $\{X_i \leq t_{0.25}\}$, $i = 1, \ldots, n$ eintreten. Nun gilt weiter

$$\sum_{i=n+1-r}^{n} \binom{n}{i} \left(\frac{3}{4}\right)^i \left(1-\frac{3}{4}\right)^{n-i} = \sum_{j=0}^{r-1} \binom{n}{j} \left(\frac{1}{4}\right)^j \left(1-\frac{1}{4}\right)^{n-j}.$$

14.4 Konfidenzintervalle für Maßzahlen der Streuung

Daher ist insgesamt:

$$P\left(X_{(r)} \leq t_{0.25} < t_{0.75} \leq X_{(n+1-r)}\right) \geq 1 - 2\sum_{i=0}^{r-1}\binom{n}{i}\left(\frac{1}{4}\right)^i\left(\frac{3}{4}\right)^{n-i}.$$

Ganz entsprechend erhalten wir:

$$P\left(t_{0.25} \leq X_{(s)} \leq X_{(n+1-s)} \leq t_{0.75}\right) \geq 1 - 2\sum_{i=s}^{n}\binom{n}{i}\left(\frac{1}{4}\right)^i\left(\frac{3}{4}\right)^{n-i}.$$

Wählen wir r und s so, dass die Summen auf den rechten Seiten der beiden letzten Ungleichungen mindestens $\alpha/2$ betragen, so resultieren ein äußeres und ein inneres Konfidenzintervall für das Quartilsintervall $[t_{0.25}; t_{0.75}]$.

Satz 14.15 *Äußeres und inneres Konfidenzintervall für das Quartilsintervall*

Ein äußeres bzw. inneres $(1-\alpha)$-Konfidenzintervall für das *Quartilsintervall* $[t_{0.25}; t_{0.75}]$ der Verteilung einer Zufallsvariablen X ist gegeben durch

$$[X_{(r)}; X_{(n+1-r)}] \quad \text{bzw.} \quad [X_{(s)}; X_{(n+1-s)}],$$

wenn r und s so bestimmt werden, dass

$$\sum_{i=0}^{r-1}\binom{n}{i}\left(\frac{1}{4}\right)^i\left(\frac{3}{4}\right)^{n-i} \leq \alpha/2 \quad \text{bzw.}$$

$$\sum_{i=s}^{n}\binom{n}{i}\left(\frac{1}{4}\right)^i\left(\frac{3}{4}\right)^{n-i} \leq \alpha/2.$$

Für große Stichprobenumfänge n ($n \geq 40$) sind r und s approximativ

$$r = \frac{1}{4}(n+4) - \frac{1}{4}z_{1-\alpha/2}\sqrt{3n},$$

$$s = \frac{1}{4}(n+4) + \frac{1}{4}z_{1-\alpha/2}\sqrt{3n}.$$

Dabei ist $z_{1-\alpha/2}$ das $(1-\alpha)$-Quantil der Standardnormalverteilung; r ist jeweils ab- und s ist aufzurunden.

Aus diesen Konfidenzintervallen können leicht Konfidenzbereiche für den Quartilsabstand gewonnen werden. So gilt etwa

$$P(\sigma_Q \leq X_{(n+1-r)} - X_{(r)}) \geq P(X_{(r)} \leq t_{0.25} \leq t_{0.75} \leq X_{(n+1-r)}).$$

Mit der Bonferroni-Ungleichung $P(A \cap B) \geq 1 - (P(\bar{A}) + P(\bar{B}))$ erhalten wir sogar zweiseitige Konfidenzintervalle für σ_Q:

$$P(X_{(n+1-s)} - X_{(s)} \leq \sigma_Q \leq X_{(n+1-r)} - X_{(r)}) \geq 1 - 2\alpha,$$

wenn r und s wie oben angegeben bestimmt werden.

Diese Konfidenzintervalle sind i. d. R. allerdings recht breit, da mit der verwendeten Information eigentlich weitergehende, die Lage von $t_{0.25}$ und $t_{0.75}$ betreffende Aussagen möglich sind.

Beispiel 14.16 *CSB-Gehalt - Fortsetzung*

Wir bestimmen zunächst ein äußeres $(1-0.025)$-Konfidenzintervall für das Quartilsintervall $[t_{0.25}; t_{0.75}]$ des CSB-Gehalts (in mg/l) einer Kläranlage eines chemischen Betriebes, siehe Beispiel 2.18. Es liegen 915 Werte vor; daher können wir mit der Approximation arbeiten.

Es ist $z_{1-0.025/2} = 2.2414$; damit ist

$$r = \frac{1}{4}(915+4) - \frac{1}{4} \cdot 2.2414 \cdot \sqrt{3 \cdot 915} = 281.08.$$

Mit der Abrundung ergibt sich als realisiertes äußeres Konfidenzintervall

$$[x_{(281)}; x_{(635)}] = [219; 267].$$

Als realisiertes inneres Konfidenzintervall ergibt sich $[x_{(283)}; x_{(633)}] = [219; 266]$. Die Bonferroni-Ungleichung führt somit zu dem $(1-0.05)$-Konfidenzintervall $[47;48]$ für σ_Q. Da der Datensatz sehr umfangreich ist, erhalten wir ein recht kurzes Intervall.

14.5 Konfidenzintervalle für Wahrscheinlichkeiten und Anteile

14.5.1 Problemstellung

In einer Studie sollten Methoden zum frühzeitigen Erkennen von Wiedererkrankungen nach dem Therapieende bei Schilddrüsen-Patienten ermittelt werden. Als ein wichtiger Indikator wurde bei der Planung der Studie das Vorhandensein schilddrüsenstimulierender Antikörper (kurz: TDA+) angesehen. Als Frage stellte sich, ob TDA+-Patienten ein hohes Wiedererkrankungsrisiko haben.

Allerdings sind diesbezügliche Ergebnisse der Studie nur von praktischer Relevanz, wenn mit großer Sicherheit gesagt werden kann, dass ein geeignet hoher Anteil dieser Patienten in kurzer Zeit nach dem Therapie-Ende wieder erkranken.

Eine Vorauswertung ergab bei 69 TDA+-Patienten 53 Rückfälle innerhalb von drei Monaten. Das sind 76.8%. Aber erst mittels eines Konfidenzintervalles für die unbekannte ‚Wiedererkrankungs'-Wahrscheinlichkeit p kann mit der gewünschten Sicherheit gesagt werden, wo der wahre Wert von p liegt.

14.5.2 Approximatives Konfidenzintervall für eine Wahrscheinlichkeit

Wir präzisieren die Fragestellung dahingehend, dass ein Konfidenzintervall für den Parameter p einer Binomialverteilung zu bestimmen ist. Für kleine Stichprobenumfänge ist die Herleitung von Konfidenzintervallen recht aufwändig. Es ist hier nämlich nicht möglich,

14.5 Konfidenzintervalle für Wahrscheinlichkeiten und Anteile

von dem Stichprobenanteil X/n auszugehen und wie bei der Normalverteilung den Standardfehler zu berücksichtigen. Wir betrachten deshalb hier nur die Situation, dass der Stichprobenumfang bzw. die Zahl der Versuchswiederholungen ausreicht, den Stichprobenanteil X/n approximativ als normalverteilt anzusehen.

Bei genügend großem n gilt also mit $\hat{p} = X/n$:

$$\frac{\hat{p}-p}{\sqrt{p(1-p)/n}} \stackrel{\cdot}{\sim} \mathcal{N}(0,1),$$

so dass mit $z = z_{1-\alpha/2}$ folgt:

$$P\left(-z \leq \frac{\hat{p}-p}{\sqrt{p(1-p)/n}} \leq z\right) \approx \Phi(z) - \Phi(-z) = 1-\alpha.$$

Nun können wir nicht wie beim Konfidenzintervall für μ vorgehen: Die Standardabweichung von $\hat{p}$ hängt von p ab! Somit wird die äquivalente Umformung etwas schwieriger. Insbesondere ist die Quadratwurzel zu ‚beseitigen':

$$-z \leq \frac{\hat{p}-p}{\sqrt{p(1-p)/n}} \leq z \Longleftrightarrow \left(\frac{\hat{p}-p}{\sqrt{p(1-p)/n}}\right)^2 \leq z^2 \Longleftrightarrow (\hat{p}-p)^2 \leq z^2 \frac{p(1-p)}{n}.$$

Auflösen nach p und quadratische Ergänzung liefert die dazu äquivalente Ungleichungskette:

$$\frac{\hat{p} + \frac{z^2}{2n} - z\sqrt{\left(\frac{z}{2n}\right)^2 + \frac{\hat{p}(1-\hat{p})}{n}}}{1 + \frac{z^2}{n}} \leq p \leq \frac{\hat{p} + \frac{z^2}{2n} + z\sqrt{\left(\frac{z}{2n}\right)^2 + \frac{\hat{p}(1-\hat{p})}{n}}}{1 + \frac{z^2}{n}}.$$

Damit erhalten wir das gesuchte Konfidenzintervall.

Satz 14.17 *Konfidenzintervall für p*

X sei eine binomialverteilte Zufallsvariable, $X \sim \mathcal{B}(n,p)$, und es sei $\hat{p} = X/n$. Dann ist für $n \cdot \hat{p}(1-\hat{p}) \geq 5$

$$\left[\frac{\hat{p} + \frac{z^2}{2n} - z\sqrt{\left(\frac{z}{2n}\right)^2 + \frac{\hat{p}(1-\hat{p})}{n}}}{1 + \frac{z^2}{n}} ; \frac{\hat{p} + \frac{z^2}{2n} + z\sqrt{\left(\frac{z}{2n}\right)^2 + \frac{\hat{p}(1-\hat{p})}{n}}}{1 + \frac{z^2}{n}}\right]$$

ein approximatives $(1-\alpha)$-Konfidenzintervall für p, wenn $z = z_{1-\alpha/2}$ das $(1-\alpha/2)$-Quantil der Standardnormalverteilung ist. Für sehr große n ($n > 100$) vereinfacht sich das Konfidenzintervall:

$$\left[\hat{p} - z\sqrt{\frac{\hat{p}(1-\hat{p})}{n}} ; \hat{p} + z\sqrt{\frac{\hat{p}(1-\hat{p})}{n}}\right].$$

Beispiel 14.18 *Schilddrüsenerkrankung - Fortsetzung*

Für die in der Problemstellung 14.5.1 angegebene Wiedererkrankungswahrscheinlichkeit ist mit $n = 69$ und $\hat{p} = 0.768$ wegen $69 \cdot 0.768(1 - 0.768) = 12.28 > 5$ die Voraussetzung zur Bestimmung des approximativen Konfidenzintervalles erfüllt. Bei $1 - \alpha = 0.99$ erhalten wir: $z_{1-\alpha/2} = 2.576$.

Dies ergibt die Intervallgrenzen

$$\frac{0.768 + \frac{2.5762^2}{2 \cdot 69} \pm 2.5762 \sqrt{\left(\frac{2.5762}{2 \cdot 69}\right)^2 + \frac{0.768(1-0.768)}{69}}}{1 + \frac{2.5762^2}{69}} = \frac{0.816 \pm 2.576 \sqrt{0.00293}}{1.096},$$

und das realisierte Konfidenzintervall $[0.617; 0.872]$. Es kann also mit 99%-Sicherheit gesagt werden, dass bei positiver Antikörper-Bestimmung die Chance für ein Rezidiv innerhalb von drei Monaten nach Therapie-Ende im Bereich von 61.7% bis 87.2% liegt. Für die angedeutete praktische Umsetzung sind natürlich noch weitere Gesichtspunkte zu berücksichtigen.

14.5.3 Approximatives Konfidenzintervall für einen Anteil

Häufig interessiert man sich auch für eine Konfidenzschätzung eines Anteilswertes in einer Grundgesamtheit. So etwa bei der Frage, wie die Bevölkerung zu militärischen Aufrüstungen steht. Gefragt ist dann etwa nach dem Anteil der Gegner weiterer Ausgabenerhöhungen im militärischen Bereich.

Der Anteilswert in einer Grundgesamtheit kann als Wahrscheinlichkeit dafür angesehen werden, dass man bei einmaligem zufälligen Ziehen ein Element mit der interessierenden Eigenschaft gezogen hat. Wir unterstellen zur Vereinfachung, dass der Umfang der Grundgesamtheit sehr groß ist gegen den Stichprobenumfang. Dann ändert sich die Zusammensetzung in der Grundgesamtheit praktisch nicht und die Stichprobenzüge können als unabhängig voneinander angesehen werden. Damit ist die Variable $X =$ ‚Anzahl der Erfolge in der Stichprobe' in guter Näherung binomialverteilt. (Als Erfolg zählt z. B., wenn jemand gegen Erhöhung der Militärausgaben votiert.)

Somit führt die angesprochene Fragestellung formal wiederum dahin, ein Konfidenzintervall für den Parameter p einer $\mathcal{B}(n,p)$-verteilten Zufallsvariablen zu bestimmen.

Beispiel 14.19 *Nachrüstung*

Eine repräsentative Umfrage bei 1600 Personen ergab einen Anteil von 74%, der sich im Sommer 1983 gegen die Nachrüstung aussprach (WAZ vom 20.10.1983). ‚Repräsentativ' interpretieren wir dabei so, dass die befragten Personen zufällig aus der Gesamtbevölkerung ausgewählt wurden.

Das Konfidenzintervall zum Niveau 0.99 für den Populationsanteil p kann wegen $n\hat{p}(1-\hat{p}) > 10$ und $n > 100$ nach der vereinfachten Formel berechnet werden. Es sind

$$z_{1-\alpha/2} = z_{0.995} = 2.576 \quad \text{und} \quad \sqrt{\frac{\hat{p}(1-\hat{p})}{n}} = \sqrt{\frac{0.74 \cdot 0.26}{1600}} = 0.011.$$

Damit ist das realisierte Konfidenzintervall: $[0.74 - 0.028; 0.74 + 0.028] = [0.712; 0.768]$.

14.5.4 Länge der Konfidenzintervalle für p

Bei der Planung von Stichprobenerhebungen stellt sich bisweilen die Aufgabe, vorab die Länge des Konfidenzintervalles festzulegen. Ist das Konfidenzniveau erst einmal gewählt, so kann die Länge noch durch die Wahl des Stichprobenumfanges gesteuert werden. Wir betrachten dazu nur das vereinfachte Konfidenzintervall

$$\left[\hat{p} - z\sqrt{\frac{\hat{p}(1-\hat{p})}{n}} \, ; \, \hat{p} + z\sqrt{\frac{\hat{p}(1-\hat{p})}{n}}\right].$$

Die Länge L dieses Konfidenzintervalles lässt sich angeben als Differenz von Intervallobergrenze und Intervalluntergrenze, d. h.

$$L = 2 \cdot z_{1-\alpha/2} \sqrt{\hat{p}(1-\hat{p})/n}.$$

Soll nun die Frage nach dem notwendigen Stichprobenumfang beantwortet werden, wenn das Konfidenzintervall eine vorgegebene Länge L hat, so ist diese Formel nach n aufzulösen. Zentral ist bei der Berechnung von n das Problem, dass der Wert für $\hat{p}$ nicht bekannt ist. In dieser Situation können wir uns auf zweierlei Weise helfen:

- Wir nehmen für $\hat{p}$ einen Schätzwert aus einer früheren Untersuchung (vorausgesetzt, es gab eine) und unterstellen, dass sich der Anteilswert in der Grundgesamtheit im Zeitablauf nicht wesentlich geändert hat. Dann kann n auch so groß gewählt werden, dass die Approximationsvoraussetzung erfüllt ist.

- Wir nehmen den ungünstigsten Fall an und wählen $\hat{p}$ so, dass das Produkt $\hat{p}(1-\hat{p})$ maximal wird. Dieser ungünstigste Fall (für den Umfang n der Stichprobe) tritt bei $\hat{p} = 0.5$ ein. Dann vereinfacht sich die Berechnung nach obiger Formel wegen $\hat{p}(1-\hat{p}) = 1/4$ zu:

$$n = \left(\frac{z_{1-\alpha/2}}{L}\right)^2.$$

Allerdings ist hier erst nach der Beobachtung von p entscheidbar, ob die Approximationsvoraussetzungen erfüllt sind.

Lemma 14.20 *Länge und Stichprobenumfang*

Bei vorgegebener Länge L ist der Stichprobenumfang n für das Konfidenzintervall für p so zu wählen, dass bei Vorkenntnis $p \approx \tilde{p}$:

$$n \geq \frac{4 \cdot z_{1-\alpha/2}^2 \tilde{p}(1-\tilde{p})}{L^2}$$

ohne Vorkenntnisse über p:

$$n \geq \left(\frac{z_{1-\alpha/2}}{L}\right)^2.$$

Beispiel 14.21 *Schilddrüsenerkrankung - Fortsetzung*

Der Studie zur Früherkennung von Wiedererkrankungen von Schilddrüsenpatienten ging eine Voruntersuchung voraus. Dort wurde der interessierende Anteil mit $\tilde{p} = 0.69$ abgeschätzt. Der Wunsch, ein 95%-Konfidenzintervall der Länge $L = 0.1$ zu erhalten, führt dann auf

$$n \geq \frac{4 \cdot 1.96^2 \cdot 0.69 \cdot (1 - 0.69)}{0.1^2} = 328.68.$$

Es müssten also 329 Patienten ‚statistisch auswertbar' sein. Wegen vielerlei praktischer Probleme - z. B. dem Fernbleiben von Patienten nach der Therapie - wird man die Zahl der Patienten höher ansetzen und hoffen, dass genügend viele in der Studie verbleiben.

14.6 Aufgaben

Aufgabe 1

Die in der nachstehenden Tabelle angegebenen Werte sind Zeiten X, die Probanden verstreichen ließen, bis sie eine Roulette-Scheibe anhielten. Die gleichmäßig rotierende Scheibe sollte jeweils gestoppt werden, wenn der Proband meinte, die Eins müsse erscheinen; vgl. Engländer (1986). Die Zeiten werden als normalverteilt unterstellt.

Bestimmen Sie für jede der angegebenen Konstellationen ein $(1-\alpha)$-Konfidenzintervall für den Erwartungswert μ:
i) $n = 50, \alpha = 0.01$, ii) $n = 50, \alpha = 0.05$, iii) $n = 200, \alpha = 0.01$, iv) $n = 200, \alpha = 0.05$.
Diskutieren Sie die Unterschiede!

i	$x^*_{i-1} < X \leq x^*_i$			h_i
1	0	-	5	0.022
2	5	-	10	0.091
3	10	-	15	0.205
4	15	-	20	0.114
5	20	-	25	0.205
6	25	-	30	0.205
7	30	-	35	0.091
8	35	-	40	0.045
9	40	-	45	0.000
10	45	-	50	0.000
11	50	-	55	0.022

Aufgabe 2

Der missratene Sohn eines Altphilologen will nicht Lateinlehrer wie sein Vater, sondern Statistiker werden. Folglich versetzt er nach jedem Weihnachtsfest die lateinischen Klassiker, die er geschenkt bekommen hat, um sich dafür Statistik-Lehrbücher zu kaufen. In den letzten 9 Jahren - die Vorliebe für Statistik entwickelte sich bereits sehr früh - bekam er im Durchschnitt 200 Euro für die versetzten Latein-Klassiker.

1. Wenn man annimmt, dass der Wert der geschenkten Klassiker normalverteilt ist mit der Standardabweichung $\sigma = 45$, wie lautet dann ein 95%-Konfidenzintervall für μ?
2. Wie sieht das entsprechende Konfidenzintervall aus, wenn σ nicht bekannt ist, sondern unter Verwendung der empirischen Standardabweichung $s = 45$ Euro geschätzt werden muss?
3. In diesem Jahr will er sich einen Band der ‚Encyclopedia of Statistical Sciences' kaufen, der 220 Euro kostet. Wie groß ist die Wahrscheinlichkeit, dass er das Geld aufbringt, wenn man den ungünstigsten Fall in dem nach 1. berechneten Konfidenzintervall annimmt?
4. Wie viele Jahre müsste der Sohn noch Latein-Bücher versetzen, um die Länge des unter 1. erhaltenen Konfidenzintervalles zu halbieren?

Aufgabe 3

Eine Automobilfabrik erhält von einem Zulieferer eine umfangreiche Lieferung von Windschutzscheiben für Fahrzeuge eines speziellen Typs. Bei einer Stichprobe vom Umfang 50 wird als durchschnittliche Dicke 95 mm gemessen und der Wert 9 mm² für die Varianz ermittelt. Es soll davon ausgegangen werden, dass die Dicke normalverteilt ist.

1. Es ist ein zweiseitiges Konfidenzintervall zu berechnen, das den Produktionsmittelwert der Dicke der Scheiben mit einer Wahrscheinlichkeit von 0.95 überdeckt.
2. Wie lautet die untere Konfidenzschranke zum Niveau 0.95?
3. Geben Sie ein zweiseitiges 0.99-Konfidenzintervall für die Standardabweichung an.

Aufgabe 4

Um die Fertigung einzuschätzen, wurden bei zufällig ausgewählten Luftpostbriefumschlägen die Gewichte X (in Gramm) ermittelt. Die Ergebnisse für 100 Luftpostbriefumschläge sind in der folgenden Häufigkeitstabelle zusammengefasst. Bestimmen Sie das approximative Konfidenzintervall zum Niveau $1 - \alpha = 0.99$ für μ sowie eine approximative obere Konfidenzschranke zum gleichen Niveau.

x_i	n_i	x_i	n_i	x_i	n_i	x_i	n_i	x_i	n_i	x_i	n_i	x_i	n_i
1.80	1	1.84	1	1.88	3	1.92	8	1.96	11	2.00	7	2.04	1
1.81	0	1.85	1	1.89	5	1.93	8	1.97	3	2.01	2	2.05	2
1.82	1	1.86	1	1.90	7	1.94	9	1.98	4	2.02	4		
1.83	1	1.87	2	1.91	6	1.95	4	1.99	3	2.03	5		

Aufgabe 5

Aus einer Gesamtheit von Männern, die sich einer stationären Entwöhnungsbehandlung für Alkoholabhängige unterzogen hatten, wurde eine Stichprobe vom Umfang $n = 808$ gezogen. Nach 18 Monaten waren von diesen 290 ungebessert, siehe Feuerlein et al. (1986).

1. Bestimmen Sie ein 0.99-Konfidenzintervall für die Misserfolgswahrscheinlichkeit der Behandlung.
2. Angenommen, hier handele es sich um eine Vorstudie einer noch größeren Untersuchung. Wie viele Patienten müssten in die Studie aufgenommen werden, damit das entsprechend zu a) bestimmte Konfidenzintervall höchstens die Länge 0.05 aufweist?
3. Wie viele Patienten müssten bei der Fragestellung unter 2. betrachtet werden, wenn keine Vorinformationen gegeben sind?

Aufgabe 6

Ein Marktforschungsinstitut will auf Stichprobenbasis den Anteil von Jugendlichen ermitteln, welche den Namen eines bestimmten Produktes kennen. Als Konfidenzniveau wird $1 - \alpha = 0.9973$ gewählt.

1. Welchen Stichprobenumfang muss das Institut wählen, damit die Länge des Konfidenzintervalles den Wert 0.1 nicht übersteigt?
2. Tatsächlich erhält man das realisierte Konfidenzintervall [0.16; 0.24]. Mit welchem Stichprobenumfang wurde gearbeitet?
3. Ein besonders gewissenhafter Mitarbeiter schlägt vor, drei verschiedene Stichproben mit gleichem Umfang unabhängig voneinander zu ziehen, und diese Information für die Konfidenzschätzung auszunutzen. Wie ist die Information der drei unabhängigen Stichproben zu kombinieren, um ein Konfidenzintervall zum Niveau 0.99 zu erhalten? Welchen Effekt hat die Kombination?

15 Testen von Hypothesen

In den beiden vorangegangenen Kapiteln wurden Schätzungen für unbekannte Parameter theoretischer Verteilungen besprochen. Daneben interessiert in der Praxis auch, wie Vermutungen oder Angaben über Parameter von Grundgesamtheiten oder theoretischen Verteilungen auf Stichprobenbasis überprüft werden können. Wir wählen hier einen Zugang zu diesem Problemkreis, der die Diskussion über die Aussagen, die im Zusammenhang mit Konfidenzintervallen gemacht werden können, zugrunde legt.

15.1 Reine Signifikanztests

15.1.1 Problemstellung

Wie bereits im Beispiel 14.4 angegeben, wurden im Jahre 1879 von dem Amerikaner Michelson Messungen der Lichtgeschwindigkeit in der Luft durchgeführt. Messungen mit modernen Instrumenten haben ergeben, dass die wahre Lichtgeschwindigkeit 299734.5 km/s beträgt. (Im Vakuum ist sie, wie 1983 festgelegt, 299792.458 km/s.) Damit stellt sich die Frage, ob die seinerzeit von Michelson verwendete Apparatur schon genug ausgereift war, bzw. von ihm genügend beherrscht wurde, um damit die wahre Lichtgeschwindigkeit in der Luft zu messen. Als Basis für die Einschätzung dient die bereits im Beispiel 14.4 zugrunde gelegte Serie von $n=20$ Messungen.

Da Konfidenzintervalle eine Aussage über die Lage der unbekannten Parameter erlauben und die Daten als realisierte Stichprobe aus einer Normalverteilung angesehen werden können, liegt es nahe, auf das in Beispiel 14.6 berechnete Konfidenzintervall für μ zurückzugreifen. Es lautet
$$[299782.1\,;\,299858.9]\,.$$
Damit wird der heutzutage akzeptierte Wert 299734.5 [km/s] von den Grenzen nicht eingeschlossen. Welche Schlussfolgerung legt dieses Ergebnis nahe?

15.1.2 Tests auf der Basis von Konfidenzintervallen

Allgemein dienen Signifikanztests dazu, einen vermutlichen oder behaupteten Wert eines Parameters zu überprüfen. Grundlage für diese Überprüfung ist jeweils eine Stichprobe.

Definition 15.1 *Nullhypothese und Signifikanztest*

Die Angabe eines hypothetischen Wertes θ_0 eines Parameters θ bezeichnen wir als *Nullhypothese*:
$$H_0 : \theta = \theta_0.$$

Das Vorgehen, das angibt, wie auf Stichprobenbasis über die Beibehaltung der Nullhypothese H_0 oder ihre Ablehnung zu entscheiden ist, nennen wir einen *Signifikanztest*. Das *Niveau α* eines Signifikanztests ist die Wahrscheinlichkeit, mit der die Nullhypothese fälschlich abgelehnt wird.

Eine Entscheidungsregel auf der Basis eines Konfidenzintervalles basiert auf der folgenden Überlegung:

Angenommen, es wurde ein 95%-Konfidenzintervall berechnet. Bei 95 von 100 Stichproben wird das entsprechend berechnete Konfidenzintervall den tatsächlichen Parameter überdecken, bei nur 5 von 100 Stichproben wird es das nicht tun. Wir gehen sinnvoller Weise davon aus, dass nicht einer der seltenen Fälle beobachtet wurde, sondern einer der häufigen. Wir unterstellen also, dass das erhaltene Konfidenzintervall zu den 95% gehört, die den wahren Parameter überdecken und nicht zu den 5%, die ihn nicht überdecken.

Überdeckt nun das erhaltene Konfidenzintervall den hypothetischen Parameterwert, so haben wir keinen Grund ihn abzulehnen. Wir behalten ihn bei. Im anderen Fall lehnen wir ihn ab. Wir sagen auch, dass das Ergebnis des Testes statistisch signifikant ist, wenn das realisierte Konfidenzintervall den hypothetischen Parameterwert nicht überdeckt, die Hypothese H_0 also abgelehnt wird. Diese Bezeichnung wird klar, wenn wir die Begründung der Entscheidung gegen bzw. für die Hypothese noch einmal genauer betrachten.

Da die Grenzen des Konfidenzintervalles den unbekannten Parameterwert mit einem großen Vertrauensgrad $(1-\alpha)$ einschließen, ist man sich ziemlich sicher, dass der wahre Parameterwert im Konfidenzintervall liegt. Jeder Wert im Konfidenzintervall ist mit dieser Vorstellung ‚verträglich'; jeder dieser Werte stellt also eine akzeptierbare Hypothese dar.

Liegt θ_0 im Konfidenzintervall, so gehört der hypothetische Wert zu den akzeptierbaren Hypothesen. Dies heißt nicht, dass θ_0 ‚wahr' ist. Es heißt nur, dass das Stichprobenergebnis nicht gegen diesen Wert spricht.

Im anderen Fall lassen wir uns von der Vorstellung leiten, dass das realisierte Konfidenzintervall aufgrund des Unterschieds zwischen wahrem und hypothetischem Wert den hypothetischen nicht enthält. Dazu muss der wahre Wert genügend weit weg vom hypothetischen liegen. Der wahre Wert wird also vom hypothetischen als ‚statistisch unterscheidbar' angesehen, das Ergebnis als signifikant bezeichnet.

Da die Entscheidung auf einem Konfidenzintervall zum Konfidenzniveau $1-\alpha$ basiert, wäre es naheliegend, davon zu sprechen, dass die Nullhypothese H_0 mit dem Vertrauensgrad $1-\alpha$ getestet wird. Üblicherweise wählt man jedoch die Fehlerwahrscheinlichkeit α, um den Test zu charakterisieren.

Die Frage der Problemstellung ist also dahingehend zu beantworten, dass der Beobachtungsbefund mit der Nullhypothese nicht verträglich ist; die Nullhypothese ist abzulehnen, dass Michelson schon in der Lage gewesen sei, die Lichtgeschwindigkeit korrekt zu ermitteln.

15.1.3 Tests auf der Basis von Prüfgrößen

In verschiedenen Situationen ist die statistische Überprüfung von Hypothesen von Interesse, ohne dass eine Konfidenzschätzung von Bedeutung wäre.

15.1 Reine Signifikanztests

Beispiel 15.2 *Arbeitsbelastung*

Im Rahmen der Erforschung von Arbeitsbedingungen in der Glasindustrie sollte auch untersucht werden, ob die Belastung der Arbeiter am Ende der täglichen Arbeitszeit sich von der zu Beginn unterscheidet. Als Indikator wurde die Arbeitspulsfrequenz während des ersten und des letzten Schichtdrittels gewählt. Die Ausgangsfrage spezifizieren wir nun dahingehend, dass zu prüfen ist, ob die Differenzen der Arbeitspulsfrequenzen im Mittel gleich null sind, d. h. formal, ob gilt:

$$H_0 : \mu = 0.$$

Als Basis für die Prüfung dienen die Messungen der Differenz X der Arbeitspulsfrequenz bei 28 Arbeitern (nach Averkamp & Hettinger 1986). Die beobachteten Differenzen lauten:

 7.97 -8.55 -9.18 -7.54   5.09   -1.16 2.46 0.56 -1.06 -0.41   5.48 -7.23   2.36 8.53
-2.71 -6.80   2.06   7.68 -13.19 -14.32 -6.08 2.10 -3.21   0.77 12.18 -4.91 -2.92 4.98

Die Frage ist hier ausschließlich, ob es eine signifikante Abweichung vom hypothetischen Wert gibt. Ein Konfidenzintervall ist nicht von Interesse. Als Signifikanzniveau wählen wir $\alpha = 0.05$.

Stichprobenfunktionen, mit denen Entscheidungen ohne die Bestimmung von Konfidenzintervallen möglich sind, führen wir anhand eines Tests auf den Erwartungswert einer normalverteilten Zufallsvariablen ein. Der Test auf Basis des Konfidenzintervalles führt zur Beibehaltung von $H_0 : \mu = \mu_0$, falls das Konfidenzintervall $[\bar{X} - t \cdot \hat{\sigma}/\sqrt{n}; \bar{X} + t \cdot \hat{\sigma}/\sqrt{n}]$ den hypothetischen Parameterwert μ_0 überdeckt. Dies ist, wie wir in Kapitel 14 gesehen haben, genau dann der Fall, wenn die Stichprobenfunktion $T = \sqrt{n}(\bar{X} - \mu_0)/\hat{\sigma}$ einen Wert aus dem Intervall $[-t; t]$ annimmt:

$$\bar{X} - t \cdot \frac{\hat{\sigma}}{\sqrt{n}} \leq \mu_0 \leq \bar{X} + t \cdot \frac{\hat{\sigma}}{\sqrt{n}} \iff -t \leq T = \frac{\bar{X} - \mu_0}{\hat{\sigma}/\sqrt{n}} \leq t.$$

Wir können die Entscheidungsregel also auch auf der Stichprobenfunktion T aufbauen:

- H_0 wird abgelehnt, wenn $\{T < -t\}$ oder wenn $\{T > t\}$ mit $t = t_{n-1;1-\alpha/2}$ eintritt;
- H_0 wird beibehalten, wenn $\{-t \leq T \leq t\}$ eintritt.

Diese Form der Entscheidungsregel ist aufgrund der oben angegebenen Beziehung äquivalent zu der Entscheidungsregel, die auf dem Konfidenzintervall beruht. Sie hat aber auch ihre eigene Motivation: $\bar{X}$ ist bei der Normalverteilung ein guter Schätzer für μ. Große Unterschiede zwischen $\bar{X}$ und μ_0 deuten daher auf einen Unterschied zwischen dem wahren Parameterwert μ und dem hypothetischen μ_0 hin. Bei den Abständen ist aber noch die Streuung der zugrunde liegenden Verteilung zu berücksichtigen: Bei einer größeren Streuung werden auch häufiger größere Abstände $\bar{X} - \mu_0$ beobachtet. Durch die Normierung mit der (geschätzten) Standardabweichung von $\bar{X}$, $\hat{\sigma}_{\bar{X}} = \hat{\sigma}\sqrt{n}$, wird dieser Effekt beseitigt.

Diese Motivation der Entscheidungsregel führt zu folgender allgemeiner Vorgehensweise: Wir wählen eine Stichprobenfunktion und überlegen uns, welche Realisationsmöglichkeiten unter der Nullhypothese H_0 zu erwarten sind und welche unplausibel sind. Bei einer unplausiblen Realisation wird H_0 abgelehnt, sonst wird H_0 beibehalten.

Entscheidend ist bei dieser Betrachtungsweise, wo die Grenze zwischen ‚unplausibel' und ‚plausibel' gezogen wird. Hier hilft der Zugang über das Konfidenzintervall weiter. Er führte dazu, dass bei unterstellter Gültigkeit der Hypothese $H_0 : \theta = \theta_0$ die Wahrscheinlichkeit für einen unplausiblen Wert höchstens so groß ist wie das Niveau α des Tests. Formal formuliert heißt dies:

$$P(T < -t|\mu_0) + P(T > t|\mu_0) \leq \alpha.$$

Dabei soll die Schreibweise $P(A|\mu_0)$ darauf hinweisen, dass die Wahrscheinlichkeit des Ereignisses A unter der Voraussetzung ‚μ_0 ist der wahre Parameterwert' zu berechnen ist.

Definition 15.3 *Test auf der Basis einer Prüfgröße*

Eine Stichprobenfunktion $T = T(X_1, \ldots, X_n)$, auf Grund derer man die Entscheidung eines Tests fällt, heißt die *Prüfgröße* des Tests für die Nullhypothese H_0. Die Menge der Realisationsmöglichkeiten von T, bei denen man sich für die Beibehaltung von H_0 entscheidet, ist der *Annahmebereich*. Die dazu komplementäre Menge K der Realisationsmöglichkeiten, bei denen man sich für die Ablehnung von H_0 entscheidet, heißt der *Ablehnbereich*. Punkte, bei denen der Annahme- in den Ablehnbereich übergeht, werden als *kritische Werte* bezeichnet.

Der Ablehnbereich wird dabei so bestimmt, dass

$$P(T \in K|H_0) \leq \alpha,$$

wenn α das vorgegebene Niveau des Tests ist.

Wie in der Definition festgelegt sind die kritischen Werte so zu bestimmen, dass unter Voraussetzung von H_0 die Wahrscheinlichkeit dafür, dass die Prüfgröße einen Wert aus dem Ablehnbereich annimmt, das vorgegebene Signifikanzniveau α nicht überschreitet. Dazu muss also die Verteilung der Prüfgröße unter der Hypothese H_0 bekannt sein.

Beispiel 15.4 *Arbeitsbelastung - Fortsetzung*

Wir führen das Beispiel der Belastungsmessung über die Differenzen der Arbeitspulsfrequenzen während des ersten und des letzten Schichtdrittels fort. Unter $H_0 : \mu = 0$ sind sowohl sehr kleine als sehr große Werte der Prüfgröße $T = \sqrt{n}(\bar{X} - \mu_0)/\hat{\sigma}$ unplausibel. Da die $\mathcal{T}$-Verteilung, die die Prüfgröße unter H_0 besitzt, symmetrisch um null ist, wählen wir die kritischen Werte gleich weit von null entfernt. Bei $n = 28$ und $\alpha = 0.01$ erhalten wir:

$$t_{n-1;1-\alpha/2} = t_{27;0.995} = 2.7707.$$

Der Ablehnbereich ist folglich gegeben durch $\{T < -2.7707\} \cup \{T > 2.7707\}$ und der Annahmebereich durch $\{-2.7707 \leq T \leq 2.7707\}$.

Die aus dem oben angegebenen Datensatz berechneten Werte sind $\bar{x} = -0.966$ und $\hat{\sigma}^2 = 44.489$. Dies führt auf die Realisation der Prüfgröße T:

$$T = \frac{-0.966 - 0}{\sqrt{44.489/28}} = -0.766.$$

Der Wert von T liegt im Annahmebereich. Die Stichprobe ist also mit der Hypothese verträglich, dass die Arbeitspulsfrequenzen im ersten und letzten Drittel der Schicht sich nicht unterscheiden.

15.1.4 Der P-Wert

Einem Signifikanztest liegt die Vorstellung zugrunde, dass ein großer Unterschied zwischen hypothetischem und tatsächlichem Parameterwert aufgrund des Stichprobenergebnisses zu ‚erkennen' ist. Das Resultat eines solchen Tests ist dann nur eine Alternativ-Entscheidung zwischen Ablehnung und Beibehaltung der Hypothese. Es ist naheliegend, ein quantitatives Maß zu suchen, das den Grad der Ablehnung oder Stützung einer Hypothese erfasst.

Eine sehr verbreitete und empfehlenswerte Möglichkeit besteht darin, nach Beobachtung der Stichprobe das Signifikanzniveau zu berechnen, bei dem das erhaltene Stichprobenergebnis an der Grenze zwischen Signifikanz und Nicht-Signifikanz liegt. Diese Wahrscheinlichkeit ist dann ein quantitatives Maß für die Plausibilität der Hypothese H_0: Je kleiner sie ist, desto unplausibler ist H_0. Denn dann hat die Prüfgröße des Tests einen extremen Wert angenommen. Umgekehrt werden wir umso eher bereit sein, H_0 beizubehalten, je größer diese Wahrscheinlichkeit ist.

Definition 15.5 *P-Wert*

Der *P-Wert* P^* ist die Wahrscheinlichkeit, mit der die Prüfgröße T einen Wert annimmt, der unter H_0 genauso oder noch unplausibler ist als der beobachtete Wert t^* der Prüfgröße T.

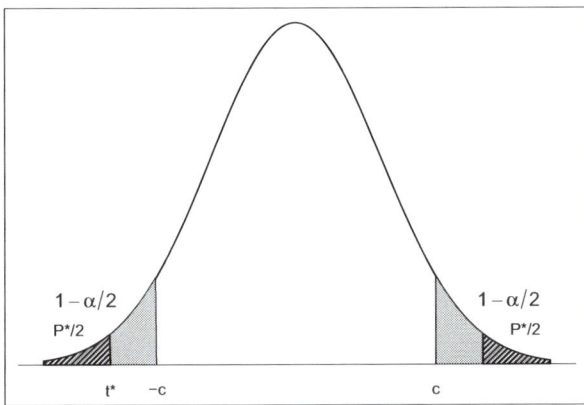

Abb. 15.1: *Zur Durchführung eines Signifikanztests mit dem P-Wert P^**

Beispiel 15.6 *Arbeitsbelastung - Fortsetzung*

Bei der Belastungsmessung über die Differenzen der Arbeitspulsfrequenzen während des ersten und des letzten Schichtdrittels erhielten wir für die Prüfgröße den Wert $t^* = -0.766$. Der P-Wert ist die Wahrscheinlichkeit, dass T einen extremeren Wert annimmt. Dies heißt hier, dass der Wert von T noch weiter von null weg liegt. Dies ist der Fall, wenn eines der Ereignisse $\{T < -0.766\}$ oder $\{T > 0.766\}$ eintritt. Also gilt:

$$P^* = P(T < -0.766) + P(T > 0.766) = 2 \cdot P(T > 0.766) = 2 \cdot 0.225 = 0.45.$$

In fast der Hälfte der Fälle werden wir einen extremeren Wert der Prüfgröße erhalten. Die Daten sprechen in keiner Weise gegen die Nullhypothese.

Der P-Wert kann im Rahmen eines Hypothesentests direkt als Grundlage für die Entscheidung verwendet werden: **Ist er kleiner oder gleich dem vorgegebenen Niveau α, so ist die Hypothese abzulehnen,** andernfalls ist sie beizubehalten. Diese Anwendungsmöglichkeit findet ihren Niederschlag z. B. bei statistischen Programmpaketen wie R, SAS, SPSS u. a. Diese geben bei Tests i. d. R. den jeweiligen P-Wert an. Will der Anwender einen Hypothesentest durchführen, erlaubt der Vergleich von P-Wert mit seinem vorgegebenen Signifikanzniveau, die Entscheidung zwischen Ablehnen und Beibehalten der Hypothese zu treffen.

15.2 Die Elemente der klassischen Testtheorie

15.2.1 Problemstellung

In einem kleineren Zulieferbetrieb wird ein spezielles Autoteil in Serie gefertigt. Da bei der Fertigung ein komplizierter Press- und Ziehvorgang stattfindet, sind von den fertigen Teilen 30 % Ausschuss. Diese Teile weisen Haarrisse und andere Materialfehler auf. Der zuständige Meister will den Ausschussanteil durch Verwendung eines höherwertigen Bleches reduzieren.

Eine Probe von 20 aus einem solchen Blech gefertigten Teilen ergab 2 Ausschussstücke. Reicht dieses Ergebnis, um die Verwendung des höherwertigen Bleches (unter dem Ausschussgesichtspunkt) zu empfehlen oder wenigstens eine umfangreichere Versuchsserie ins Auge zu fassen?

Wird diese Frage als statistisches Testproblem formuliert, so lautet die Hypothese $H_0 : p = 0.3$. Da jedoch bei dem qualitativ besseren Material nicht mit mehr Ausschuss zu rechnen ist, erscheint ein einfacher Signifikanztest nicht angebracht. Nur Abweichungen nach unten sind von Interesse.

15.2.2 Formen von Hypothesen

Wie die Problemstellung aufzeigt, ist es u. U. von Bedeutung, die jeweilige Alternativ- oder Gegenhypothese H_1 zur Hypothese H_0 zu berücksichtigen. Unter der Alternative H_1 werden alle Parameter zusammengefasst, die möglich sind und nicht zu H_0 gehören. Wir haben dann Alternativtests: Die Entscheidung fällt jeweils für H_1 oder für die Beibehaltung von H_0.

Da bei der Verwendung eines höherwertigen Bleches der Ausschussanteil nur geringer werden kann, wird die Frage in der Problemstellung adäquat in das Testproblem

$$H_0 : p = 0.3, \quad H_1 : p < 0.3$$

übersetzt. Falls die Hypothesen wie in der Problemstellung von der Form

$$H_0 : \theta = \theta_0, \quad H_1 : \theta < \theta_0,$$

oder von der Form

$$H_0 : \theta = \theta_0, \quad H_1 : \theta > \theta_0,$$

15.2 Die Elemente der klassischen Testtheorie

sind, sprechen wir von *einseitigen Alternativen*.

Oft schreiben wir bei einseitigen Alternativen die Nullhypothese ebenfalls als einseitige Hypothese $H_0 : \theta \leq \theta_0$ bzw. $H_0 : \theta \geq \theta_0$, obwohl nur der Parameterwert θ_0 als Grenzwert von Bedeutung ist. Der Vorteil, die Nullhypothese ebenfalls in der einseitigen Form zu schreiben, ist ein rein theoretischer: Alle ‚theoretisch möglichen' Parameterwerte werden erfasst. Und das ist ja das Problem: Der wahre Wert von θ ist jeweils unbekannt!

Daneben gibt es natürlich Fragestellungen, die von vornherein zu einseitigen Hypothesen führen:

$$H_0 : \theta \geq \theta_0, H_1 : \theta < \theta_0, \quad \text{bzw.} \quad H_0 : \theta \leq \theta_0, H_1 : \theta > \theta_0.$$

Die eingangs behandelten Signifikanztests können wir als Alternativtests mit Hypothesen der Form

$$H_0 : \theta = \theta_0, H_1 : \theta \neq \theta_0$$

schreiben. Wir sprechen hier von einem zweiseitigen Testproblem oder von einer *zweiseitigen Alternative* H_1. Die Bezeichnung ist dabei unmittelbar der Anschauung entnommen: Abweichungen in beide Richtungen von θ_0 sind relevant. Schließlich heißt eine Hypothese *einfach*, wenn durch sie nur ein einzelner Parameterwert festgelegt wird. Bei mehr als einem Parameterwert heißt sie zusammengesetzt. Bei zweiseitigen Testproblemen ist (in unserem Rahmen) die Hypothese H_0 stets einfach, bei einseitigen werden wir sie meist als zusammengesetzt betrachten. Bei einseitigen Testproblemen ist zu berücksichtigen, dass nur Abweichungen nach einer Seite für die Gegenhypothese sprechen. Dies ergibt entsprechende Formen der Entscheidungsregeln.

Beispiel 15.7 *Ausschussanteil - Fortsetzung*

Die Eingangsfragestellung des Abschnittes haben wir in das einseitige Testproblem

$$H_0 : p = 0.3, H_1 : p < 0.3$$

übersetzt. Die naheliegende Prüfgröße

$$T = \text{Anzahl der Ausschussteile in der Stichprobe}$$

nimmt unter H_1 bevorzugt kleine Werte an. Demgemäß ist der Ablehnbereich von der Form $\{T < c\}$, wobei c festgelegt ist durch

$$P(T < c | H_0) \leq \alpha.$$

Zur Festlegung von c benötigen wir die Verteilung von T unter der Voraussetzung, dass $H_0 : p = 0.3$ gilt. Diese ist sehr einfach: T ist binomialverteilt, wenn die Entnahme einer festen Anzahl von n Teilen zufällig geschieht. H_0 legt dann nur den Parameterwert von p fest. Also gilt unter H_0: $T \sim \mathscr{B}(n, 0.3)$.

Unterstellen wir das Signifikanzniveau $\alpha = 0.05$ als vorgegeben, so lautet der kritische Wert bei $n = 20, c = 3$:

$$P(T < 3 | p = 0.3) = 0.0355.$$

Der beobachtete Wert $T = 2$ weist somit auf eine signifikante Reduzierung des Ausschussanteils hin.

Allgemein haben wir die folgende schematische Darstellung der relevanten Größen des Tests bei links-einseitigen Gegenhypothesen. Im Fall $H_0 : \theta \leq \theta_0, H_1 : \theta > \theta_0$ wird i. d. R. eine Prüfgröße verwendet, bei der wieder große Werte zur Ablehnung von H_0 führen. Dann ist die Abbildung geeignet zu spiegeln.

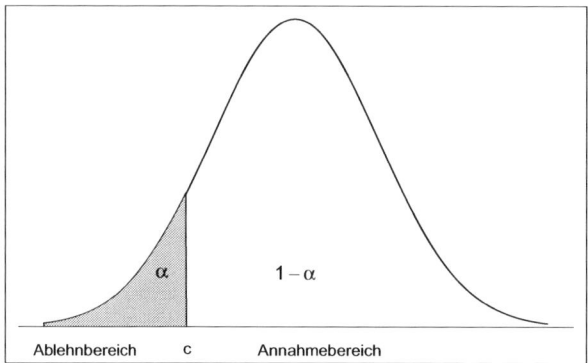

Abb. 15.2: *Zum Test für $H_0 : \theta \geq \theta_0$ gegen $H_1 : \theta < \theta_0$, wenn kleine Werte der Prüfgröße unter H_0 unplausibel sind*

15.2.3 Fehlerarten

Test-Entscheidungen basieren auf Stichprobenergebnissen. Je nachdem, welcher Parameterwert der tatsächlich richtige ist, kann die Entscheidung korrekt oder falsch sein. Dabei sind theoretisch zwei Fehler möglich:

- Entscheidung für H_1, obwohl H_0 richtig ist. Diese Fehlentscheidung wird als Fehler 1. Art bezeichnet.
- Entscheidung für H_0, obwohl H_1 richtig ist. Diese Fehlentscheidung wird als Fehler 2. Art bezeichnet.

Die Möglichkeiten, sich falsch bzw. richtig zu entscheiden, können wir tabellarisch zusammenfassen.

Tabelle 15.1: Fehlerarten bei Testentscheidungen

Entscheidung	Realität	
	H_0 trifft zu	H_1 trifft zu
Entscheidung für H_0	richtige Entscheidung	Fehler 2. Art (β-Fehler)
Entscheidung für H_1	Fehler 1. Art (α-Fehler)	richtige Entscheidung

Wir haben gesehen, dass man sich in $\alpha \cdot 100\%$ der Fälle für H_1 entscheidet, obwohl H_0 richtig ist. Die Wahrscheinlichkeit, einen Fehler 1. Art zu begehen, ist also gleich α. Die vor Testdurchführung zu treffende Festlegung der Wahrscheinlichkeit α für das fälschliche Verwerfen der Hypothese H_0, d. h. für den Fehler 1. Art, ist eine Basis der Alternativ-Tests. Diese

15.2 Die Elemente der klassischen Testtheorie

Irrtumswahrscheinlichkeit α darf für keinen der unter H_0 festgelegten Parameterwerte überschritten werden.

Wie sieht es nun mit dem Fehler 2. Art aus? Wir betrachten dazu das Beispiel zum Ausschussanteil bei der Autoteil-Produktion.

Beispiel 15.8 *Ausschussanteil - Fortsetzung*

Die Problemstellung führt auf das Testproblem

$$H_0 : p = 0.3, H_1 : p < 0.3.$$

Wir haben bei $n = 20$ und $\alpha = 0.05$ den Ablehnbereich $\{T < 3\}$ ermittelt. Angenommen, bei Verwendung des neuen Bleches würde der wahre Ausschussanteil nur noch $p = 0.2$ betragen. Dann erhalten wir aus der Binomialverteilungstabelle:

$$P(T < 3|p = 0.2) = 0.2061 \quad \text{und} \quad P(T \geq 3|p = 0.2) = 0.7939.$$

Obwohl die Gegenhypothese H_1 richtig ist ($p = 0.2$ ist ja kleiner als $p = 0.3$), beträgt die Chance, einen Wert im Annahmebereich zu erhalten, noch ca. 80%. Da dann für Beibehaltung von H_0 entschieden wird, beträgt die Wahrscheinlichkeit für den Fehler 2. Art hier 0.7939.

Bei kleineren Ausschussanteilen stellt sich die Situation freundlicher dar:

$$p = 0.15 : P(T \geq 3|p = 0.15) = 0.5951,$$
$$p = 0.10 : P(T \geq 3|p = 0.10) = 0.3231,$$
$$p = 0.05 : P(T \geq 3|p = 0.05) = 0.0755.$$

Die Wahrscheinlichkeit für den Fehler 2. Art hängt wie im Beispiel generell von der Lage des wahren Parameterwertes ab. Ist der Unterschied zu den unter H_0 festgelegten Werten groß, so ist die Chance für einen Fehler 2. Art klein. Die Chance einer fälschlichen Entscheidung für H_0 wird aber immer größer, je kleiner der Unterschied zwischen den wahren und den hypothetischen Parameterwerten ist.

Dies zeigt, dass die Annahme von H_0 eine wesentlich unsicherere Entscheidung ist als die Ablehnung. Dies begründet die Sprechweisen ‚Beibehaltung von H_0', ‚die Daten haben nicht ausgereicht H_0 abzulehnen' u. ä. Aufgrund der unterschiedlichen Aussagekraft bei Ablehnung oder Beibehaltung der Hypothese H_0 muss man sich bei der Formulierung der einseitigen Hypothesen überlegen, welche Hypothese als H_0 bzw. H_1 formuliert wird. Da nur die Entscheidung für H_1 ‚ziemlich sicher' ist, wird die Hypothese als Gegenhypothese formuliert, die man ‚beweisen' möchte, oder deren fälschliche Annahme zu schwerwiegenderen Konsequenzen führt.

15.2.4 Die Gütefunktion

Das letzte Beispiel zeigt, dass die Wahrscheinlichkeit für den Fehler 2. Art vom wahren Parameterwert abhängt. Man schreibt daher auch $\beta(\theta)$ für diese Wahrscheinlichkeit. Für einen geeigneten Test sollte $\beta(\theta)$ natürlich klein sein. - Vorausgesetzt ist dabei, dass der Test das vorgegebene Niveau α einhält.

Üblicherweise betrachtet man aber nicht die Wahrscheinlichkeit $\beta(\theta)$ für den Fehler 2. Art, um einen Test einzuschätzen, sondern die Wahrscheinlichkeit, sich richtigerweise für H_1 zu entscheiden. Diese Wahrscheinlichkeit wird mit $G(\theta)$ bezeichnet: Es ist $G(\theta) = 1 - \beta(\theta)$.

Definition 15.9 *Gütefunktion*

Als Funktion von allen durch H_0 und H_1 festgelegten Parameterwerten heißt die zu einem Test gehörige Wahrscheinlichkeit $G(\theta)$, sich für die Gegenhypothese H_1 zu entscheiden, die *Gütefunktion* des Tests.

Beispiel 15.10 *Ausschussanteil - Fortsetzung*

Wir setzen das letzte Beispiel fort. Für das Testproblem $H_0 : p = 0.3, H_1 : p < 0.3$ lautet bei $n = 20$ und $\alpha = 0.05$ der Ablehnbereich $\{T < 3\}$. Für verschiedene Werte von p war bereits die zugehörige Wahrscheinlichkeit $\beta(p) = P(T \geq 3|p)$ ermittelt worden. Entsprechend erhalten wir die Gütefunktion $G(p) = 1 - \beta(p)$:

$$G(p) = P(T < 3|p) = \sum_{t=0}^{2} \binom{20}{t} p^t (1-p)^{20-t}.$$

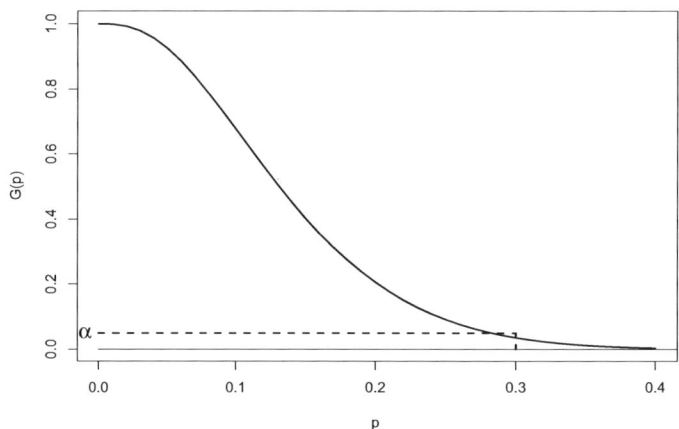

Abb. 15.3: *Gütefunktion des Tests für $H_0 : p \geq 0.3$ gegen $H_1 : p < 0.3$*

Die Bestimmung von $G(p)$ führt zu der Darstellung 15.3. Anhand der Abbildung ist deutlich zu sehen,

- dass die Wahrscheinlichkeit, sich richtig für H_1 zu entscheiden, um so größer ist, je kleiner p ist;
- dass die Wahrscheinlichkeit, sich fälschlich für H_1 zu entscheiden, unter der vorgegebenen Irrtumswahrscheinlichkeit $\alpha = 0.05$ bleibt, wenn $p \geq 0.3$ ist.

15.2 Die Elemente der klassischen Testtheorie

Um weitere Eigenschaften von Tests anhand ihrer Gütefunktion aufzuzeigen, wollen wir eine einfache, formale Situation zugrunde legen. Diese besteht in dem zweiseitigen Testproblem für den Erwartungswert μ einer normalverteilten Zufallsvariablen mit bekannter Varianz σ^2:

$$H_0: \mu_X = \mu_0, \quad H_1: \mu_X \neq \mu_0.$$

$T = \dfrac{\bar{X} - \mu_0}{\sigma/\sqrt{n}}$ ist hier die adäquate Prüfgröße (da σ^2 ja bekannt ist). Der Ablehnbereich lautet $\{T < -z_{1-\alpha/2}\} \cup \{T > z_{1-\alpha/2}\}$, wobei $z_{1-\alpha/2}$ das Quantil der Standardnormalverteilung ist. Für die Gütefunktion $G(\mu)$ erhalten wir:

$$\begin{aligned}
G(\mu) &= 1 - P\left(-z \leq \frac{\bar{X} - \mu_0}{\sigma/\sqrt{n}} \leq z \,\Big|\, \mu\right) \\
&= 1 - P\left(\frac{\mu_0 - z\sigma/\sqrt{n} - \mu}{\sigma/\sqrt{n}} \leq \frac{\bar{X} - \mu}{\sigma/\sqrt{n}} \leq \frac{\mu_0 + z\sigma/\sqrt{n} - \mu}{\sigma/\sqrt{n}} \,\Big|\, \mu\right) \\
&= 1 - \left[\Phi\left(z + \frac{\mu_0 - \mu}{\sigma/\sqrt{n}}\right) - \Phi\left(-z + \frac{\mu_0 - \mu}{\sigma/\sqrt{n}}\right)\right]
\end{aligned}$$

Wenn wir annehmen, dass eine feste Zahl von Beobachtungen vorgenommen wird, um den Test zum bekannten Niveau α durchzuführen, so können wir die Werte der Gütefunktion konkret bestimmen. Für $n = 25$ und $n = 64$, $\sigma = 5$ und $\alpha = 0.05$ erhalten wir die Abbildung 15.4.

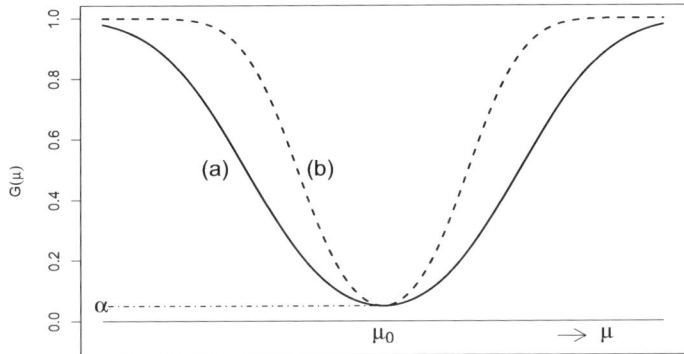

Abb. 15.4: *Gütefunktion des Tests für $H_0: \mu = \mu_0$ gegen $H_1: \mu \neq \mu_0$ (a) $n = 25$ (b) $n = 64$*

Anhand der Darstellung in der Abbildung 15.4, die den typischen Verlauf der Gütefunktion eines zweiseitigen Tests wiedergibt, lassen sich folgende Feststellungen treffen:

- Die Wahrscheinlichkeit, eine vorhandene Differenz zwischen wahrem und hypothetischem Parameterwert aufzudecken, wird umso größer, je größer die Differenz ist.
- Die Gütefunktion ist eine stetige Funktion von θ. Sie hat bei θ_0 den Wert α. Je kleiner die Wahrscheinlichkeit α für einen Fehler 1. Art ist, desto niedriger verläuft also der

Graph von $G(\theta) = 1 - \beta(\theta)$. Umso größer ist folglich die Wahrscheinlichkeit $\beta(\theta)$ für einen Fehler 2. Art.

- Mit wachsendem Stichprobenumfang wird die Gütefunktion immer steiler. Die Wahrscheinlichkeit, vorhandene Unterschiede aufzudecken, wächst also mit dem Stichprobenumfang. In gleicher Weise nimmt die Wahrscheinlichkeit für den Fehler 2. Art ab.

Die Eignung eines statistischen Tests für ein Testproblem kommt durch den ersten und den dritten der genannten Punkte zum Ausdruck. Der letzte entspricht dabei der Konsistenzeigenschaft von Schätzfunktionen: Je größer der Stichprobenumfang ist, desto ‚zuverlässiger' sollte die statistische Schlussfolgerung sein. Dies wird entsprechend als *Konsistenz eines statistischen Tests* bezeichnet.

15.3 Aufgaben

Aufgabe 1

In einem Gerichtssaal wartet ein Angeklagter auf sein Urteil. Das Gericht hat sich zur Beratung zurückgezogen und muss über ‚schuldig' oder ‚nicht schuldig' entscheiden. Welche beiden Fehler können die Richter bei ihrer Entscheidung machen? In der Rechtsprechung gibt es den Grundsatz: ‚Im Zweifel für den Angeklagten'. Wie müssten die Wahrscheinlichkeiten für die möglichen Fehler des Gerichts aussehen, wenn von obigem Grundsatz ausgegangen wird? Vergleichen Sie die Situation mit einem statistischen Test!

Aufgabe 2

Alarmanlagen arbeiten nicht fehlerfrei. Eine niedrige Schwelle für das Auslösen eines Alarms gibt zwar einen hohen Grad an Sicherheit, dass Alarm ausgelöst wird, wenn ein Einbruch versucht wird, gewiss ist aber das Auslösen nicht. Andererseits geht mit einer niedrigen Alarmschwelle auch eine größere Gefahr für einen Fehlalarm einher.

Da Eigenheimbesitzer lieber einmal mehr die Polizei anrücken lassen als dass sie zu spät kommt, werden sie die Schwelle der Alarmanlage niedriger wählen. Andererseits wurde von der Polizei schon die Forderung erhoben, dass wegen zu vieler Fehlmeldungen die Alarmanlagen nicht so scharf eingestellt werden dürften.

Vergleichen Sie die Situation von Alarmanlagen mit der Entscheidungsproblematik bei statistischen Tests!

Aufgabe 3

Die Gesprächsdauer einer Gebühreneinheit beim Telefonieren unterliegt aus technischen Gründen Zufallsschwankungen, die einer Normalverteilung genügen.

Eine Telefongesellschaft behauptet, dass die mittlere Gesprächsdauer μ mindestens 90 Sekunden beträgt. Die Gesellschaft will ihre Aussage statistisch absichern.

Wie sind dann die Wahl der Hypothesen $H: \mu \geq 90$, $G: \mu < 90$ bzw. $H: \mu \leq 90$, $G: \mu > 90$ zu bewerten?

Aufgabe 4

Ein Spieler wettet, er könne mit seinem Würfel fünfmal in Serie eine Sechs werfen. Er gewinnt die Wette. Setzen Sie das Instrumentarium der statistischen Tests (Hypothese, Prüfgröße, P-Wert) ein, um die Vermutung des Mitspielers, dass der Würfel gefälscht sei, zu analysieren.

Aufgabe 5

Eine Abfüllmaschine für Weinflaschen ist so konstruiert, dass die Abfüllmenge X normalverteilt ist mit einer Standardabweichung von $\sigma = 3$ cm^3. Anhand einer Stichprobe soll überprüft werden, ob die Maschine im Mittel 1000 cm^3 einfüllt.

1. Wie muss ein Kunde die Hypothesen wählen, um dem Abfüller nachzuweisen, dass im Mittel weniger als 1000 cm^3 eingefüllt wird?

2. Wie muss der Abfüller die Hypothesen wählen, wenn er - ebenfalls anhand einer Stichprobe - beweisen möchte, dass im Mittel nicht weniger als 1000 cm^3 eingefüllt wird?

3. Verbinden Sie die beiden möglichen Fehlerarten eines statistischen Tests mit den Begriffen Konsumentenrisiko und Produzentenrisiko. Wie sind unter diesen Gesichtspunkten die Hypothesenwahlen in 1.) und 2.) zu bewerten?

4. Ein Kunde maß den Inhalt von 9 Flaschen: 997, 1000, 1003, 996, 998, 1001, 995, 1002, 990.
   i) Führt der Test zum Niveau $\alpha = 0.05$ zur Ablehnung? ii) Wie groß ist der P-Wert?

Aufgabe 6

Die Verkehrsgesellschaft (VG) einer großen Stadt wirbt mit der Pünktlichkeit ihrer Busse und Bahnen. Sie behauptet, mindestens 95% der Fahrten verliefen ohne Verspätung. Nach mehreren in der örtlichen Presse veröffentlichten Gegendarstellungen, versucht eine Statistikerin eine Ehrenrettung für die VG mit Hilfe eines statistischen Tests.

1. (a) Wie muss sie die Hypothesen formulieren, wenn sie die Behauptung der VG unterstützen will?
   (b) Persönlich hat sie in einem Jahr mit 400 Fahrten (an 200 Arbeitstagen) 12 Verspätungen registriert. Führen Sie den Test auf der Basis dieser Stichprobe zum Niveau $\alpha = 0.05$ durch.

2. Ein anderer, der VG übel wollender Fahrgast behauptet, bei seinen eigenen Fahrten habe er einen Anteil von 7% Verspätungen erlebt. Wie oft muss er gefahren sein, um mit Hilfe eines statistischen Tests zum Niveau $\alpha = 0.05$ ein Ergebnis zu bekommen, das eine Verspätungsquote von 5 oder mehr Prozent nachweist?

16 Spezielle Parametertests

Wir haben im letzten Kapitel die Grundlagen der statistischen Tests anhand von Tests auf den Erwartungswert bei Normalverteilung und auf eine Wahrscheinlichkeit besprochen. Wir stellen hier einige bekannte Tests, die auf leicht ableitbaren Prüfgrößen basieren, eher überblicksmäßig vor.

16.1 Einstichprobentests

Der Begriff Einstichprobentest zielt darauf, dass das zugrunde liegende Testproblem den Wert eines Parameters einer einzelnen, univariaten Verteilung betrifft. Daneben gibt es die im Folgenden Abschnitt zu besprechenden Zweistichprobentests, bei denen gleichartige Parameter zweier unabhängiger Stichproben miteinander verglichen werden. Die Erweiterung der Parametervergleiche auf mehr als zwei Stichproben führt u. a. auf die Varianzanalyse. Darauf gehen wir in Kapitel 17 ein.

16.1.1 Tests auf μ bei Normalverteilung

Bei unterstellter Normalverteilung der Zufallsvariablen X erhielten wir als Prüfgröße zum Testen der Hypothesen
$$H_0 : \mu = \mu_0, H_1 : \mu \neq \mu_0$$
die Stichprobenfunktion $T = \sqrt{n}(\bar{X} - \mu_0)/\hat{\sigma}$. Dabei wurde von einer unbekannten Standardabweichung σ ausgegangen. Der zugehörige Test wird als *t-Test* bezeichnet.

Der Ablehnbereich des t-Tests zum Niveau α ist bei einer zweiseitigen Alternative gegeben durch: $\{T < -t_{1-\alpha/2}\} \cup \{T > t_{1-\alpha/2}\}$. Dabei ist hier und im Folgenden $t_{1-\alpha/2} = t_{n-1;1-\alpha/2}$. Der Annahmebereich lautet:
$$\left\{-t_{1-\alpha/2} \leq T = \frac{\bar{X} - \mu_0}{\hat{\sigma}/\sqrt{n}} \leq t_{1-\alpha/2}\right\}.$$

Auch für die einseitigen Fragestellungen können wir die Stichprobenfunktion $T = \sqrt{n}(\bar{X} - \mu_0)/\hat{\sigma}$ als Prüfgröße verwenden. Große Werte deuten daraufhin, dass der wahre Parameterwert μ größer ist als der hypothetische Wert μ_0 und umgekehrt bei kleinen. Somit lauten die einseitigen Hypothesen und die Ablehn- und Annahmebereiche der zugehörigen t-Tests zum Niveau α:

- $H_0 : \mu \leq \mu_0$, $H_1 : \mu > \mu_0$: Ablehnbereich: $\{T > t_{1-\alpha}\}$, Annahmebereich: $\{T \leq t_{1-\alpha}\}$;
- $H_0 : \mu \geq \mu_0$, $H_1 : \mu < \mu_0$: Ablehnbereich: $\{T < -t_{1-\alpha}\}$, Annahmebereich: $\{T \geq -t_{1-\alpha}\}$.

Ist die Standardabweichung σ bekannt (was in der Praxis aber selten vorkommt), so braucht σ natürlich nicht mehr geschätzt zu werden, und die Prüfgröße ändert sich zu

$$T = \frac{\bar{X} - \mu_0}{\sigma/\sqrt{n}}.$$

Bei den oben angegebenen Ablehn- und Annahmebereichen sind dann die kritischen Werte t durch die entsprechenden Quantile z der Standardnormalverteilung zu ersetzen. Der resultierende Test heißt *Gauß-Test*.

Beispiel 16.1 *Brötchengewicht*

Von einer Brotfirma werden Brötchen produziert. Das Brötchengewicht X wird als normalverteilt vorausgesetzt. Die Brötchen werden an die Lebensmittelhändler mit dem Hinweis ausgeliefert, dass das durchschnittliche Gewicht 50 Gramm betrage. Hier interessiert die Abnehmer offensichtlich nur, ob das mittlere Gewicht mindestens 50 Gramm beträgt. Die Hypothesen lauten also:

$$H_0 : \mu \geq 50 \quad H_1 : \mu < 50.$$

Die Hypothesen sollen zum Niveau 0.01 getestet werden. Dazu wird das Gewicht von 25 Brötchen festgestellt. Das mittlere Gewicht beträgt $\bar{x} = 49.5$, die Schätzung der Standardabweichung ist $\hat{\sigma} = 1.2$. Die Prüfgröße $T = \frac{\bar{X} - \mu_0}{\hat{\sigma}/\sqrt{n}}$ nimmt somit den Wert

$$\frac{49.5 - 50}{1.2/\sqrt{25}} = -2.083$$

an. Da der Ablehnbereich des Tests wegen

$$P\left(\frac{\bar{X} - \mu_0}{\hat{\sigma}/\sqrt{n}} < t_{n-1;\alpha}\right) = \alpha$$

gleich $\{\sqrt{n}(\bar{X} - \mu_0)/\hat{\sigma} \leq -2.492\}$ ist, wird hier die Hypothese $H_0 : \mu \geq 50$ zum vorgegebenen Niveau nicht verworfen.

16.1.2 Approximative Tests auf μ

Bei genügend großen Stichprobenumfängen ist $\bar{X}$ nach dem Zentralen Grenzwertsatz approximativ normalverteilt, auch wenn die Ausgangsverteilung keine Normalverteilung ist. Somit ist bei bekannter Varianz σ^2 unter $H_0 : \mu = \mu_0$ die Stichprobenfunktion $\sqrt{n}(\bar{X} - \mu_0)/\sigma$ näherungsweise standardnormalverteilt. Die Tests auf μ bei Normalverteilung mit bekanntem σ^2 sind folglich approximativ auch bei nichtnormalverteilten Zufallsvariablen anwendbar. Wir haben damit *approximative Gauß-Tests*.

Ist die Varianz σ^2 unbekannt, so wird dafür wieder der Schätzer $\hat{\sigma}^2$ eingesetzt. Wie bei den approximativen Konfidenzintervallen kann bei $n \geq 30$ die Stichprobenfunktion $\sqrt{n}(\bar{X} - \mu_0)/\hat{\sigma}$ bei Vorliegen des Parameterwertes μ_0 als approximativ $\mathcal{N}(0,1)$-verteilt angesehen werden. Für $30 \leq n \leq 100$ sollten zur Sicherheit allerdings eher die Quantile der $\mathcal{T}_{n-1}$-Verteilung als kritische Werte verwendet werden.

16.1.3 Test auf $\widetilde{\mu}$ bei symmetrischen Verteilungen

Die von der Normalverteilung ausgehenden Tests auf die Lage einer Verteilung werden leicht verfälscht, wenn mehr extreme Werte vorkommen als die Normalverteilung erwarten lässt. Eine wichtige Alternative zu diesen Tests basiert darauf, die Beobachtungen durch ihre Rangwerte zu ersetzen. Dann sind wir im Bereich der verteilungsfreien oder nichtparametrischen Tests, speziell der *Rangtests*. Der Übergang von Beobachtungen zu Rangwerten hat insbesondere den Vorteil, dass die Verteilungen der auf den Rangwerten basierenden Prüfgrößen unter der Nullhypothese nicht von der speziellen Form der Verteilungen der zugrunde liegenden Beobachtungen abhängen. Allerdings muss die Ausgangsverteilung der Beobachtungen jeweils stetig sein. Dann ist allerdings der Median die adäquate Maßzahl der Lage. (Auch wenn wir uns in diesem Buch nicht mit dem Konvergenzproblem von Summen und Integralen beschäftigen, ist an dieser Stelle der Hinweis angebracht, dass nicht bei allen Wahrscheinlichkeitsfunktionen und Dichten die Definition des Erwartungswertes sinnvoll ist.)

Bei symmetrischen Verteilungen ist der Median der Symmetriepunkt. Oft stößt man auf das Problem, ob der Median einer symmetrischen Verteilung gleich einem vorgegebenen Wert sei, d. h. auf das Testproblem

$$H_0 : \widetilde{\mu} = \widetilde{\mu}_0, \quad H_1 : \widetilde{\mu} \neq \widetilde{\mu}_0$$

(bzw. auf ein einseitiges: $H_1' : \widetilde{\mu} < \widetilde{\mu}_0$; $H_1'' : \widetilde{\mu} > \widetilde{\mu}_0$.) Dies ist etwa der Fall, wenn die Gleichheit zweier Verteilungen zur Debatte steht, und aufgrund der Experimentanordnung die Differenzen von paarweise gemachten Beobachtungen zugrunde gelegt werden können. Denn bei Gleichheit der Verteilungen sind die Differenzen symmetrisch um null verteilt.

Beispiel 16.2 *Laborproben-Transportanlage*

Vor der Einführung einer Laborproben-Transportanlage in einem Krankenhaus sollte neben der Wirtschaftlichkeit auch die sachbezogene Frage geprüft werden, ob diese Transportart einen Einfluss auf die Zusammensetzung der zu transportierenden Blutproben haben könnte. Dazu wurde eine Testinstallation vorgenommen. Eine Serie von Proben wurde dann jeweils halbiert; die eine Hälfte wurde auf die herkömmliche Weise, die andere mit der Anlage transportiert. Die Frage ist hier, ob es signifikante Unterschiede zwischen den Verteilungen der Messungen der jeweiligen Probenhälften gibt. Gehen wir von den Differenzen X_ν der Messwerte aus, so führt dies auf das Lage-Problem

$$H_0 : \widetilde{\mu}_X = 0, \quad H_1 : \widetilde{\mu}_X \neq 0.$$

Wenn die Messungen nicht zur Ablehnung führen, gibt es von dieser Seite kein Argument gegen die Installation der Anlage. Wegen der zu befürchtenden Auseinandersetzungen mit dem Hersteller der Anlage bei einer Ablehnung ist das Signifikanzniveau klein, etwa $\alpha = 0.01$, anzusetzen.

Es ist plausibel, dass sich bei Gültigkeit der Nullhypothese die Symmetrie in den Daten widerspiegeln wird; sie sollten also in etwa symmetrisch um den Wert $\widetilde{\mu}_0$ streuen. Unter der Alternative ist dieses Bild verletzt. Wir betrachten dazu den Fall $\widetilde{\mu} > \widetilde{\mu}_0$. Ist dieser gegeben, so werden die Daten nach rechts verschoben sein. Folglich sind mehr Werte zu erwarten, die größer sind als $\widetilde{\mu}_0$ und zudem werden sie einen größeren Abstand zu $\widetilde{\mu}_0$ aufweisen als die links von $\tilde{\mu}_0$ liegenden. Wird also bei jeder Beobachtung notiert, ob sie am nächsten, am zweitnächsten, drittnächsten usw. bei $\tilde{\mu}_0$ liegt, so sollte die Summe der Rangwerte, welche zu Beobachtungen größer als $\tilde{\mu}_0$ gehören, unter der Alternative groß sein. Diese Summe ist folglich eine plausible Prüfgröße.

Definition 16.3 *Prüfgröße des Wilcoxon-Vorzeichen-Rangtests*

Formal lässt sich die Prüfgröße des *Wilcoxon-Vorzeichen-Rangtests* zur Überprüfung der Nullhypothese $H : \tilde{\mu} = \tilde{\mu}_0$ ($H' : \tilde{\mu} \leq \tilde{\mu}_0$, $H'' : \tilde{\mu} \geq \tilde{\mu}_0$) bzgl. des Medians einer symmetrischen Verteilung wie folgt angeben:

$$T = \sum_{v=1}^{n} R(|D_v|) \cdot Z_v ;$$

dabei ist $Z_v = \begin{cases} 1 & X_v > \tilde{\mu}_0 \\ 0 & X_v < \tilde{\mu}_0 \end{cases}$ und $R(|D_v|)$ ist der Rangwert der absolut genommenen Differenzen $D_v = X_v - \tilde{\mu}_0$. Beobachtungen, die genau mit $\tilde{\mu}_0$ zusammenfallen, werden aus dem Datensatz gestrichen, vgl. Büning & Trekler (1994).

Die Vorgehensweise zur Bestimmung der Wilcoxon-Vorzeichen-Rangteststatistik T ist also folgende:

1. Bestimme die Werte d_v der Differenzen $D_1 = X_1 - \tilde{\mu}_0, \ldots, D_n = X_n - \tilde{\mu}_0$.
2. Notiere, welche der d_v positiv sind.
3. Bestimme die Ränge der Werte aller $|d_v|$: $R(|d_1|), \ldots, R(|d_n|)$.
4. Bestimme die Summe der Rangwerte, die zu positiven Differenzen d_v gehören.

Sehr kleine und sehr große Werte von T führen zur Ablehnung von $H : \tilde{\mu} = \tilde{\mu}_0$ (H' und H'' werden entsprechend nur bei zu kleinen bzw. zu großen Werten von T abgelehnt.) Die Verteilung von T unter H_0 lässt sich für kleinere Stichprobenumfänge mit einem Algorithmus von Streitberg und Röhmel (1987) berechnen. Ausgewählte Quantile der Verteilung von T sind in der Tabelle G für $p < 0.5$ angegeben. Die oberen Quantile erhalten wir aus der Symmetrie der Verteilung:

$$P(T \geq t) = P\left(T \leq \frac{n(n+1)}{4} - t\right) \quad \text{bzw.} \quad P(T \leq t) = P\left(T \geq \frac{n(n+1)}{4} - t\right).$$

Erwartungswert und Varianz unter H_0 sind:

$$E(T|\tilde{\mu}_0) = \frac{n(n+1)}{4}, \quad V(T|\tilde{\mu}_0) = \frac{n(n+1)(2n+1)}{24}.$$

Die standardisierte Prüfgröße $(T - n(n+1)/4)\big/\sqrt{n(n+1)(2n+1)/24}$ ist unter der Nullhypothese asymptotisch normalverteilt. Damit lässt sich der Test auch für nicht mehr vertafelte Stichprobenumfänge durchführen.

Wenn gleich große Beobachtungen mit unterschiedlichen Vorzeichen, sogenannte Bindungen, vorkommen, werden ihnen mittlere Ränge zugeordnet.

16.1 Einstichprobentests

Beispiel 16.4 *Berechnung der Prüfgröße des Wilcoxon-Vorzeichen-Rangtests*

Soll beispielsweise zur Überprüfung der Nullhypothese $H_0 : \tilde{\mu}_0 = 40$ die Stichprobe
    35 44 23 36 44 49
herangezogen werden, so ergeben sich die Differenzen $d_\nu = x_\nu - 40$:
    -5, 4, -17, -4, 4, 9.
Die absolute Differenz ‚4' kommt dreimal vor. Da sie am kleinsten ist, wird allen drei Werten der mittlere Rang $\frac{1}{3}(1+2+3) = 2$ zugeordnet. Die Ränge der absoluten Differenzen lauten also:
    4, 2, 6, 2, 2, 5.

Treten Bindungen auf, so stimmen die Quantile der Tabelle G nicht mehr. Ihre Verwendung führt zu einem konservativen Test, d. h. dass das Testniveau schlechter ausgeschöpft wird als bei der Verwendung der korrekten Quantile. Der Test verliert damit an Güte. Der Streitberg-Röhmel-Algorithmus erlaubt auch für diesen Fall eine effiziente Bestimmung der exakten Verteilung der Prüfgröße bei kleineren Stichprobenumfängen. Bei großen n bleibt die Normalapproximation gültig. Der Erwartungswert ändert sich bei der Verwendung mittlerer Ränge nicht; die Varianz wird kleiner; jedoch wird das erst bei vielen Bindungen relevant. Vgl. dazu Lehmann (1975).

Beispiel 16.5 *Laborproben-Transportanlagen - Fortsetzung*

Mit den ersten $n = 11$ Blutproben wurde eine Vorauswertung vorgenommen. Dabei wurde der Kaliumgehalt betrachtet. Man erhielt die Differenzen x_ν:

    -0.53   0.26   -1.54   -0.3   -1.79   0.42   -0.13   -0.23   -0.95   -0.91   -0.9.

Da unter der Nullhypothese der Median $\tilde{\mu}_0 = 0$ spezifiziert ist, stimmen die Beobachtungen x_ν schon mit den Differenzen d_ν überein. Zur Ermittlung der Ränge der $|d_\nu|$ werden diese der Größe nach angeordnet; weiterhin wird das Vorzeichen notiert:

−	−	+	−	+	−	−	−	−	−	−
0.13	0.23	0.26	0.3	0.42	0.53	0.9	0.91	0.95	1.54	1.79
1	2	3	4	5	6	7	8	9	10	11

Die Summe T der Rangwerte mit positivem Vorzeichen ist: $T = 3 + 5 = 8$. Aus der Tabelle ersehen wir, dass $0.01 < P(T \leq 8) \leq 0.025$. Der Test führt also bei $\alpha = 0.01$ nicht zur Ablehnung.

16.1.4 Test auf $\tilde{\mu}$ bei beliebigen stetigen Verteilungen

Im Abschnitt 14.3.3 haben wir ein Konfidenzintervall für den Median einer beliebigen Verteilung kennengelernt. Dieses Konfidenzintervall kann zum Testen der Hypothesen über den Median

$$H_0 : \tilde{\mu} = \tilde{\mu}_0 \quad \text{gegen} \quad H_1 : \tilde{\mu} \neq \tilde{\mu}_0$$

herangezogen werden. Ausgehend von diesem, auf dem Konfidenzintervall basierenden Test leiten wir eine Prüfgröße her, die es auch erlaubt, einseitige Hypothesen für Mediane beliebiger Verteilungen zu testen.

Der Test führt zur Ablehnung von $H_0 : \tilde{\mu} = \tilde{\mu}_0$, falls das Konfidenzintervall $[X_{(c)}, X_{(n+1-c)}]$ den hypothetischen Wert $\tilde{\mu}_0$ nicht einschließt. Dies ist genau dann der Fall, wenn die Zahl der Stichprobenwerte, die kleiner als $\tilde{\mu}_0$ sind, weniger als c oder wenn sie mindestens $n+1-c$ beträgt.

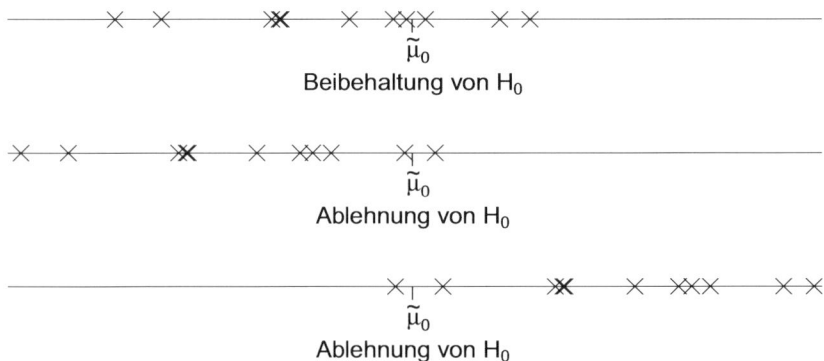

Abb. 16.1: *Zur Entscheidung für Ablehnung oder Beibehaltung von $H_0 : \tilde{\mu} = \tilde{\mu}_0$*

Sei T die Stichprobenfunktion, die angibt, wieviel Werte einer Stichprobe jeweils kleiner sind als der durch H_0 festgelegte Wert $\tilde{\mu}_0$. Die Ablehnung/Beibehaltung von H_0 geschieht offensichtlich äquivalent aufgrund der Realisation dieser Stichproben:

- H_0 wird abgelehnt, wenn $\{T < c\}$ oder $\{T > n - c\}$ eintritt.

- H_0 wird beibehalten, wenn $\{c \leq T \leq n - c\}$ eintritt.

Diese Form der Entscheidungsregel kann auch folgendermaßen interpretiert werden: Unter H_0, d. h. bei Gültigkeit von $\tilde{\mu}_0$, ist $P(X < \tilde{\mu}_0) = 0.5$. Dann sollte die die Stichprobenfunktion T, die Zahl der Beobachtungen, die kleiner als $\tilde{\mu}_0$ sind, einen Wert in der Nähe von $n/2$ annehmen. Unterscheidet sich der Wert von T dagegen stark von diesem erwarteten Wert, so deutet dies auf einen systematischen Unterschied hin, d. h. auf $P(X < \tilde{\mu}_0) \neq 0.5$. Dann ist $\tilde{\mu}_0$ aber nicht der wahre Wert des Medians. Die Prüfgröße T ist bei Gültigkeit der Hypothese $H_0 : \tilde{\mu} = \tilde{\mu}_0$ binomialverteilt mit den Parametern n und $1/2$. Damit können die kritischen Werte aus der Binomialverteilungstabelle, oder bei großen n unter Verwendung der Normalapproximation, bestimmt werden.

Bei diesem Test wird nur gezählt, wie viele Beobachtungen kleiner als $\tilde{\mu}_0$ sind, bzw. wie viele Vorzeichen von $d_v = x_v - \tilde{\mu}_0$ negativ sind. Daher heißt der Test *Zeichentest*.

Beispiel 16.6 *Pannenstatistik*

In der Pannenstatistik des ADAC wird die Pannenhäufigkeit von verschiedenen Modellreihen angegeben, d. h. die Anzahl der Pannen pro 1000 zugelassene PKW des entsprechenden Modells. Diese Angaben können zu einer Einschätzung verhelfen, ob sich die Reparaturanfälligkeit der PKW in zwei aufeinanderfolgenden Jahren j_1 und j_2 insgesamt

16.1 Einstichprobentests

eher verbessert hat. Verbesserung würde bedeuten, dass die typweisen Differenzen der Pannen pro 1000 PKW aus den beiden Jahren ($j_1 - j_2$) um einen Wert größer gleich Null zentriert sind. Für die Überprüfung ist nur relevant, wie viele Differenzen positiv und wie viele negativ sind. Damit kann der Wert von T, der Anzahl der Beobachtungen kleiner Null, bestimmt werden. In der ADAC Pannenstatistik 2007 werden für die Jahre 2006 und 2007 für 22 Modelle der kleinen Klasse Angaben gemacht. Bei 3 Modellen wurde eine Verschlechterung festgestellt (Differenz negativ), bei 18 Typen eine Verbesserung (Differenz positiv) und einmal keine Änderung festgestellt (Differenz null). Die Nullbindung wird aus dem Datensatz gestrichen, da sie zur Einschätzung einer Verschiebung nichts beiträgt.

Da eine Verbesserung nachgewiesen werden soll, sind als Hypothesen $H_0 : \tilde{\mu} \leq 0$ und $H_1 : \tilde{\mu} > 0$ zu wählen. Somit führen kleine Werte von T zur Ablehnung von H_0. Wir erhalten den P-Wert zu

$$\alpha^* = P(T \leq 3 | H_0) = \sum_{i=0}^{3} \binom{21}{i} \left(\frac{1}{2}\right)^{21} = 0.000744.$$

Dies ist ein starker Indikator für eine Verbesserung.

16.1.5 Test auf σ^2 bei Normalverteilung

Das Konfidenzintervall für die Varianz σ^2 der Normalverteilung erhielten wir aufgrund der Aussage, dass $(n-1)\hat{\sigma}^2/\sigma^2$ eine Chi-Quadrat-Verteilung mit $n-1$ Freiheitsgraden besitzt. Da $\hat{\sigma}^2$ eine erwartungstreue Schätzfunktion für σ^2 ist, legt diese Verteilungsaussage auch nahe, die Stichprobenfunktion $(n-1)\hat{\sigma}^2/\sigma_0^2$ als Prüfgröße von Tests auf σ^2 zu wählen. Ist der wahre Parameterwert σ^2 von σ_0^2 verschieden, so ist $\hat{\sigma}^2$ tendenziell größer bzw. kleiner als σ_0^2. Dies führt zu großen bzw. kleinen Werten der Stichprobenfunktion. Falls aber σ_0^2 richtig ist, die Nullhypothese $H_0 : \sigma^2 = \sigma_0^2$ also gilt, haben wir:

$$\frac{(n-1)\hat{\sigma}^2}{\sigma_0^2} \sim \chi_{n-1}^2.$$

Die verschiedenen Hypothesen mit den Ablehn- und Annahmebereichen der zugehörigen Tests zum Niveau α lauten daher:

- $H_0 : \sigma^2 = \sigma_0^2$, $H_1 : \sigma^2 \neq \sigma_0^2$;
  Ablehnbereich: $\left\{\frac{(n-1)\hat{\sigma}^2}{\sigma_0^2} < \chi_{n-1;\alpha/2}^2\right\} \cup \left\{\frac{(n-1)\hat{\sigma}^2}{\sigma_0^2} > \chi_{n-1;1-\alpha/2}^2\right\}$,
  Annahmebereich: $\left\{\chi_{n-1;\alpha/2}^2 \leq \frac{(n-1)\hat{\sigma}^2}{\sigma_0^2} \leq \chi_{n-1;1-\alpha/2}^2\right\}$.

- $H_0 : \sigma^2 \leq \sigma_0^2$, $H_1 : \sigma^2 > \sigma_0^2$;
  Ablehnbereich: $\left\{\frac{(n-1)\hat{\sigma}^2}{\sigma_0^2} > \chi_{n-1;1-\alpha}^2\right\}$, Annahmebereich: $\left\{\frac{(n-1)\hat{\sigma}^2}{\sigma_0^2} \leq \chi_{n-1;1-\alpha}^2\right\}$.

- $H_0 : \sigma^2 \geq \sigma_0^2$, $H_1 : \sigma^2 < \sigma_0^2$;
  Ablehnbereich: $\left\{\frac{(n-1)\hat{\sigma}^2}{\sigma_0^2} < \chi_{n-1;\alpha}^2\right\}$, Annahmebereich: $\left\{\frac{(n-1)\hat{\sigma}^2}{\sigma_0^2} \geq \chi_{n-1;\alpha}^2\right\}$.

Beispiel 16.7 *Feinwaagen*

Ein Typ von Feinwaagen soll mit einer Standardabweichung von höchstens $\sigma_0 = 0.005$ [g] arbeiten. Zehn Messungen ergaben den Schätzwert $\hat{\sigma} = 0.007$. Damit soll die Angabe eingeschätzt werden. Dazu unterstellen wir, dass die Messungen normalverteilt sind.

Die Fragestellung führt zu der Hypothesenwahl

$$H_0: \sigma \leq 0.005, \; H_1: \sigma > 0.005, \quad \text{bzw. zu } H_0: \sigma^2 \leq 0.005^2, \; H_1: \sigma^2 > 0.005^2.$$

Die Prüfgröße nimmt hier den Wert

$$\frac{(n-1)\hat{\sigma}^2}{\sigma_0^2} = \frac{9 \cdot 0.007^2}{0.005^2} = 17.64$$

an. Für den P-Wert erhalten wir: $1 - 0.960 = 0.040$. Folglich ist die Angabe $\sigma_0^2 = 0.005$ zumindest wenig plausibel.

16.1.6 Test auf eine Wahrscheinlichkeit p

Wie wir im letzten Kapitel gesehen haben, ist die Anzahl T der ‚Erfolge' bei n Durchführungen eines Zufallsexperimentes eine geeignete Prüfgröße für die Überprüfung einer Hypothese über die Erfolgswahrscheinlichkeit p. Eine gleichwertige Prüfgröße ist offensichtlich der Anteil $\hat{p} = T/n$. Wegen $E(T/n) = p$ können wir eine Hypothese der Form $H_0: p = p_0$ auch als Hypothese bzgl. des Erwartungswertes von T/n auffassen. Bei genügend großem n gilt:

$$\hat{p} \sim \mathcal{N}\left(p, \frac{p(1-p)}{n}\right).$$

Daher ist die geeignete Prüfgröße zum Testen von Wahrscheinlichkeiten bei großen Stichprobenumfängen gegeben durch

$$T = \frac{\hat{p} - p_0}{\sqrt{p_0(1-p_0)/n}}.$$

Hierfür gelten dann die Anmerkungen zu den approximativen Tests auf μ.

Beispiel 16.8 *Ist der Euro fair? - Fortsetzung*

Im Beispiel 11.15 wurde die Behauptung betrachtet, dass der Euro nicht fair sei. Nehmen wir an, dass mit einem Test zum Niveau $\alpha = 0.05$ überprüft werden soll, ob die Zahlseite eine geringere Chance als 0.5 habe. Als Frage wollen wir untersuchen, wie viele Beobachtungen wir brauchen, um mit einer Wahrscheinlichkeit von 0.9 eine Abweichung von 10% zu erkennen.

Damit ist der Stichprobenumfang n gesucht, für den gilt:

$$P\left(\frac{\hat{p} - 0.5}{\sqrt{0.5(1-0.5)/n}} < z_\alpha \mid p = 0.495\right) = 0.9.$$

16.2 Parametervergleiche bei unabhängigen Stichproben

Da nun $p = 0.495$ als richtiger Parameterwert unterstellt wird, ist die Stichprobenfunktion $\hat{p}$ entsprechend neu zu standardisieren. Wir erhalten:

$$\frac{\hat{p} - 0.5}{\sqrt{0.5(1-0.5)/n}} < z_\alpha \iff \hat{p} < 0.5 + z_\alpha \sqrt{0.5(1-0.5)/n}$$

$$\iff \frac{\hat{p} - 0.495}{\sqrt{0.495(1-0.495)/n}} < \frac{0.5 + z_\alpha \sqrt{0.5(1-0.5)/n} - 0.495}{\sqrt{0.495(1-0.495)/n}}.$$

Auf der linken Seite steht nun eine (approximativ) standardnormalverteilte Zufallsvariable. Diese soll mit Wahrscheinlichkeit 0.9 einen Wert annehmen, der kleiner ist als der rechts stehende Quotient. Folglich muss dieser gleich dem 0.9-Quantil sein. Mit dem kritischen Wert $z_{0.05} = -1.6449$ des links-einseitigen Tests haben wir die Gleichung

$$\frac{0.5 - 1.6449\sqrt{0.5(1-0.5)/n} - 0.495}{\sqrt{0.495(1-0.495)/n}} = 1.2816.$$

Auflösen nach n ergibt $n = 85640.27$. Die Anzahl der Würfe, die es auszuführen gilt, ist also beträchtlich.

16.2 Parametervergleiche bei unabhängigen Stichproben

Statistische Tests können zum Vergleich zweier Populationen oder abstrakter zweier Verteilungen herangezogen werden. Dazu gehören etwa die Fragen nach dem durchschnittlichen Einkommen in verschiedenen Gruppen und nach der Überlegenheit bzgl. der Heilungschance eines neuen Medikamentes gegenüber einem herkömmlichen.

Wir beschränken die Ausführungen auf den Vergleich von Maßzahlen der Lage und geben noch einen approximativen Test für den Vergleich zweier Wahrscheinlichkeiten an. Der Vergleich zweier Streuungsparameter gehört dagegen zu den delikateren Problemen im Bereich der statistischen Tests. Wenn die Normalverteilungsvoraussetzung gültig ist, kann der sogenannte F-Test verwendet werden. Der F-Test ist aber nicht mehr gültig, d. h. das Niveau für den Fehler 1. Art wird nicht eingehalten, wenn diese Voraussetzung auch nur leicht verletzt ist. Daher verzichten wir auf die Angabe dieses Tests. Alternativen zum F-Test hängen wesentlich von den jeweiligen Voraussetzungen ab. Bei schwachen Voraussetzungen reagieren die entsprechenden Tests dann allerdings nur zögernd auf Streuungsunterschiede. (Sie haben nur geringe Güte.) Hier sei auf Büning & Trenkler (1994) verwiesen.

Wir setzen für diesen Abschnitt voraus, dass die Daten $x_1, \ldots, x_n$ und $y_1, \ldots, y_m$ aus zwei unabhängigen Stichproben stammen. Die Stichprobenvariablen $X_v, Y_w, v = 1, \ldots, n, w = 1, \ldots, m$ sind also insgesamt unabhängig.

Sind die zugrunde liegenden Variablen X und Y normalverteilt, so wird ihre Lage durch die zugehörigen Parameter μ_X bzw. μ_Y beschrieben. Die (zweiseitige) Frage, ob die Lage gleich oder unterschiedlich ist, führt damit auf die Hypothesen:

$$H_0 : \mu_X = \mu_Y, \qquad H_1 : \mu_X \neq \mu_Y.$$

(Es sei darauf hingewiesen, dass H_0 hier eine zusammengesetzte Hypothese ist. H_0 gilt, egal ob μ_X und μ_Y beide den Wert 5 oder beide den Wert -100 haben.)

Der Unterschied in der Lage wird durch die Differenzen $\mu_X - \mu_Y$ erfasst. Daher ist es naheliegend, bei der Bestimmung des Tests von der Differenz der Stichprobenmittel $\bar{X} - \bar{Y}$ auszugehen. Sie ist eine erwartungstreue Schätzfunktion für $\mu_X - \mu_Y$:

$$E(\bar{X} - \bar{Y}) = E(\bar{X}) - E(\bar{Y}) = \mu_X - \mu_Y.$$

Wie im Einstichprobenfall ergeben sich für bekannte und für unbekannte Standardabweichungen unterschiedliche Tests. Genauer müssen wir sogar noch differenzieren, ob bei unbekannten Standardabweichungen σ_X und σ_Y als gleich vorausgesetzt werden können oder nicht.

16.2.1 Vergleich von μ_X und μ_Y bei Normalverteilung; σ_X^2 und σ_Y^2 bekannt

Da die Stichprobenvariablen unabhängig und normalverteilt sind, sind auch $\bar{X}$ und $\bar{Y}$ unabhängig und normalverteilt. Mit $V(\bar{X} - \bar{Y}) = V(\bar{X}) + V(\bar{Y})$ folgt daher

$$\bar{X} - \bar{Y} \sim \mathcal{N}(\mu_X - \mu_Y, \sigma_X^2/n + \sigma_Y^2/m).$$

Als standardisierte Prüfgröße erhalten wir

$$T_1 = \frac{\bar{X} - \bar{Y}}{\sqrt{\sigma_X^2/n + \sigma_Y^2/m}}.$$

Die kritischen Werte für die Prüfgröße T_1 können wir exakt aus der Normalverteilungstabelle ablesen. Je nachdem, ob die Fragestellung zweiseitig oder einseitig ist, erhalten wir $\pm z_{1-\alpha/2}$, oder $z_{1-\alpha}$ bzw. $-z_{1-\alpha}$. Der Haken bei der Sache ist wie im Einstichprobenfall der: In der Regel sind nicht nur die Erwartungswerte μ_X und μ_Y unbekannt, sondern auch die Varianzen σ_X^2 und σ_Y^2. Dann hilft uns diese Prüfgröße nicht direkt weiter. Sie gibt aber einen Anhaltspunkt, wie bei unbekannten Standardabweichungen vorzugehen ist.

16.2.2 Vergleich von μ_X und μ_Y; σ_X^2 und σ_Y^2 unbekannt; Stichproben groß

Sind die Varianzen unbekannt, aber beide Stichprobenumfänge groß, so ist die Situation nicht aufregend. Wegen der Konsistenz der Schätzfunktion $\hat{\sigma}^2$ können wir bei großen Stichproben unterstellen, dass die aus den jeweiligen Stichproben ermittelten Schätzungen $\hat{\sigma}_X^2$ und $\hat{\sigma}_Y^2$ nahe bei den wahren Parameterwerten σ_X^2 bzw. σ_Y^2 liegen. Daher können wir bei vorausgesetzter Normalverteilung von X und Y die standardisierte Prüfgröße

$$T_2 = \frac{\bar{X} - \bar{Y}}{\sqrt{\hat{\sigma}_X^2/n + \hat{\sigma}_Y^2/m}}$$

verwenden und wie zuvor die kritischen Werte $\pm z_{1-\alpha/2}$ oder $z_{1-\alpha}$ bzw. $-z_{1-\alpha}$ aus der Normalverteilung bestimmen.

16.2 Parametervergleiche bei unabhängigen Stichproben

Dieser Test ist auch bei vorausgesetzter Normalverteilung nur approximativ richtig. In der Regel kann er aber schon bei $n, m > 20$ verwendet werden. Aufgrund des Zentralen Grenzwertsatzes gilt die Approximation auch, wenn X und Y nicht normalverteilt sind. Allerdings sind dann größere Stichprobenumfänge nötig.

Es bereitet auch keine Schwierigkeiten, mittels der asymptotischen Verteilung der Prüfgröße T_2 ein approximatives Konfidenzintervall für die Differenz zweier Erwartungswerte zu bestimmen. Wir erhalten auf dieselbe Weise wie im Einstichprobenfall das Konfidenzintervall zum Niveau $1-\alpha$ für $\mu_X - \mu_Y$:

$$\left[(\bar{X} - \bar{Y}) - z_{1-\alpha/2} \sqrt{\frac{\hat{\sigma}_X^2}{n} + \frac{\hat{\sigma}_Y^2}{m}} \; ; \; (\bar{X} - \bar{Y}) + z_{1-\alpha/2} \sqrt{\frac{\hat{\sigma}_X^2}{n} + \frac{\hat{\sigma}_Y^2}{m}} \right].$$

Beispiel 16.9 *Milieuvergleich*

Im Rahmen eines Milieuvergleichs wurden die Intelligenzquotienten, kurz IQ's, von je 100 Kindern der Unterschicht (US, X) und der Mittelschicht (MS, Y) gemessen. Man erhielt folgende Tabelle, vgl. Liungman (1973). Da Intelligenztests eher auf spezifische Fähigkeiten der Mittelschicht ausgerichtet sind, ist hier die Wahl der einseitigen Alternativen $\mu_Y > \mu_X$ angezeigt. Wir haben damit die Hypothesen:

$$H_0 : \mu_X = \mu_Y, \quad H_1 : \mu_X < \mu_Y.$$

Tab.: *IQ-Werte von Kindern aus zwei gesellschaftlichen Schichten*

IQ über	bis einschl.	US n_i	MS n_i	IQ über	bis einschl.	US n_i	MS n_i
50	60	1	1	110	120	10	16
60	70	4	3	120	130	8	13
70	80	13	10	130	140	5	5
80	90	17	20	140	150	2	0
90	100	20	16	150	160	0	1
100	110	20	15				

Da Intelligenztests so geeicht werden, dass die damit gewonnenen IQ-Werte normalverteilt sind, haben wir hier keine Probleme mit der Approximation. Der zugehörige Ablehnbereich lautet also:

$$T_2 = \frac{\bar{X} - \bar{Y}}{\sqrt{\hat{\sigma}_X^2/n + \hat{\sigma}_Y^2/m}} < z_\alpha.$$

Anstatt den Test formal für ein festgelegtes α durchzuführen, bestimmen wir näherungsweise den P-Wert α^*; dies ist nur näherungsweise möglich, da ja die Varianzen geschätzt werden.

Es sind $\bar{x} = 98.5$, $\bar{y} = 100.9$ und $\hat{\sigma}_X^2 = 374.5$, $\hat{\sigma}_Y^2 = 384.0$. Damit ist

$$\alpha^* = P\left(\frac{\bar{X} - \bar{Y}}{\sqrt{\hat{\sigma}_X^2/n + \hat{\sigma}_Y^2/m}} < \frac{98.5 - 100.9}{2.75} \right) \approx \Phi(-0.87) = 0.192.$$

Da α^* wesentlich größer als die üblichen Signifikanzniveaus ist, deutet das Ergebnis kaum auf einen Unterschied hin.

16.2.3 Vergleich von μ_X und μ_Y bei Normalverteilung; σ_X^2 und σ_Y^2 unbekannt; Stichproben klein

Bei kleinen Stichprobenumfängen streuen die Schätzwerte $\hat{\sigma}_X^2$ und $\hat{\sigma}_Y^2$ zu stark um die wahren Parameterwerte, als dass diese zusätzliche Variation vernachlässigt werden dürfte. Die Prüfgröße

$$T_2 = \frac{\bar{X} - \bar{Y}}{\sqrt{\hat{\sigma}_X^2/n + \hat{\sigma}_Y^2/m}}$$

kann also unter $H_0: \mu_X = \mu_Y$ nicht mehr als normalverteilt unterstellt werden.

Wir haben eine Situation, die ähnlich der ist, die im Einstichprobenfall zum t-Test führte. Allerdings hängt die Verteilung der Prüfgröße zusätzlich vom Quotienten σ_X^2/σ_Y^2 ab. Daher ergeben sich zwei Tests, je nachdem ob die Varianzen gleich oder verschieden sind.

Bei unterschiedlichen Varianzen ist der *Welch-Test* angebracht. Nach Welch (1938) approximiert man die Verteilung von T_2 unter $H_0: \mu_X = \mu_Y$ durch eine $\mathcal{T}$-Verteilung mit

$$df = \frac{(1+R)^2}{R^2/(n-1) + 1/(m-1)}$$

Freiheitsgraden; hierbei ist $R = \dfrac{\hat{\sigma}_X^2/n}{\hat{\sigma}_Y^2/m}$. Die Formel ergibt i. d. R. keine ganzzahligen Werte; df ist stets abzurunden.

Ist die Annahme gerechtfertigt, dass σ_X^2 und σ_Y^2 gleich sind - $\hat{\sigma}_X^2$ und $\hat{\sigma}_Y^2$ sollten sich also nicht wesentlich unterscheiden - können wir den gepoolten Schätzer

$$\hat{\sigma}^2 = \frac{1}{n+m-2}\left\{\sum_{v=1}^{n}(X_v - \bar{X})^2 + \sum_{w=1}^{m}(Y_w - \bar{Y})^2\right\} = \frac{1}{n+m-2}\left\{(n-1)\hat{\sigma}_X^2 + (m-1)\hat{\sigma}_Y^2\right\}$$

verwenden. Damit erhalten wir die Prüfgröße des *Zweistichproben-t-Tests*:

$$T_3 = \frac{\bar{X} - \bar{Y}}{\sqrt{\hat{\sigma}^2/n + \hat{\sigma}^2/m}}.$$

T_3 ist unter $H_0: \mu_X = \mu_Y$ $\mathcal{T}$-verteilt mit $n+m-2$ Freiheitsgraden.

Beiden Tests, dem Welch-Test und dem Zweistichproben-t-Test, entsprechen in der üblichen Weise Konfidenzintervalle für die Differenz $\mu_X - \mu_Y$.

Beispiel 16.10 *wilde und normale Fahrweise*

Messungen auf einer bestimmten Strecke innerhalb einer Stadt bei $n = 15$ ‚normal' Fahrenden ergaben eine Durchschnittsgeschwindigkeit von $\bar{x} = 44$ bei einer geschätzten Standardabweichung $\hat{\sigma}_X = 22.8$. Für $m = 20$ ‚wilde' Fahrer erhielt man $\bar{y} = 41$ und $\hat{\sigma}_Y = 21.5$ (jeweils km/h).

16.2 Parametervergleiche bei unabhängigen Stichproben

Die Geschwindigkeiten können zudem als normalverteilt angesehen werden, siehe Augustin, Fischer & Holz (1984). Anhand der Daten soll nun zum Niveau $\alpha = 0.05$ nachgewiesen werden, dass wilde Fahrer im Mittel schneller sind. (Dies ist einer der wesentlichen Gründe für eine ‚wilde' Fahrweise.) Wir formulieren daher die Hypothesen:

$$H_0 : \mu_X = \mu_Y, \quad H_1 : \mu_X > \mu_Y.$$

(Das, was wir nachweisen wollen, müssen wir als Gegenhypothese formulieren!) Gehen wir von ungleichen Varianzen aus, so ist der Welch-Test angebracht. Wir erhalten die Prüfgröße:

$$T_2 = (44 - 41) \Big/ \sqrt{\frac{22.8^2}{15} + \frac{21.5^2}{20}} = 0.39,$$

und mit

$$R = \frac{22.8^2/15}{21.5^2/20} = 1.5$$

für die Zahl der Freiheitsgrade:

$$df = \frac{(1 + 1.5)^2}{1.5^2/14 + 1/19} = 32.02.$$

Da df abzurunden ist, erhalten wir den kritischen Wert aus der Tabelle der $\mathscr{T}$-Verteilung mit $v = 32$ Freiheitsgraden:

$$t_{32;0.95} = 1.6939.$$

Der beobachtete Wert 0.39 ist wesentlich kleiner als dieser kritische Wert. Das schnellere Fortkommen ist damit nicht nachgewiesen. Mit anderen Worten scheint das wilde Fahren keinen Geschwindigkeitsvorteil zu bringen.

16.2.4 Vergleich von $\widetilde{\mu}_X$ und $\widetilde{\mu}_Y$

Sofern die interessierenden Zufallsvariablen nicht normalverteilt und die Stichproben nicht sehr groß sind, ist vom Einsatz der vorstehenden Tests abzuraten. Dies gilt insbesondere, wenn die zugrunde liegenden Verteilungen mehr extreme Werte produzieren als die Normalverteilung.

Sofern X und Y Verteilungen gleichen Typs haben, die sich ggfs. nur bezüglich der Lage unterscheiden, ist die Anwendung des verteilungsfreien *Wilcoxon-Rangsummentests* zur Überprüfung der Hypothese $H_0 : \widetilde{\mu}_X = \widetilde{\mu}_Y$ geeignet.

Der Test geht ähnlich wie der Wilcoxon-Vorzeichen-Rangtest vor und verwendet als Prüfgröße eine Summe von Rängen. Zur Ermittlung der Ränge werden die n X-Beobachtungen und die m Y-Beobachtungen der Größe nach in einer Folge angeordnet. Dann werden die Rangzahlen der Werte dieser zusammengefügten Stichprobe bestimmt. Die Prüfgröße T ist die Summe der Ränge der x-Werte. T ist also

$$T = \sum_{v=1}^{n} R(X_v),$$

wobei die Ränge $R(X_v)$ aus der kombinierten Stichprobe $X_1, \ldots, X_n, Y_1, \ldots, Y_m$ vom Umfang $N = n + m$ ermittelt werden. Kleine Werte von T sprechen für die Alternative $H_1': \tilde{\mu}_X < \tilde{\mu}_Y$, große für $H_1'': \tilde{\mu}_X > \tilde{\mu}_Y$. Die kritischen Werte für den Test Y sind für $N = n + m \leq 20$ aus der Tabelle I des Anhangs zu entnehmen. Bei der Tabellierung wurde die Symmetrie der Verteilung von T (unter $H_0: \tilde{\mu}_X = \tilde{\mu}_Y$) um den Erwartungswert

$$E(T) = \frac{n \cdot (n + m + 1)}{2}$$

ausgenutzt. Die Varianz von T unter H_0 lautet:

$$V(T) = \frac{n \cdot m \cdot (n + m + 1)}{12}.$$

T ist wiederum approximativ normalverteilt. Somit kann für nicht mehr vertafelte Fälle die standardisierte Prüfgröße

$$\frac{T - n(n + m + 1)/2}{\sqrt{nm(n + m + 1)/12}}$$

verwendet werden.

Bzgl. des Auftretens von Bindungen gelten die Anmerkungen zum Wilcoxon-Vorzeichen-Rangtest entsprechend. Auch hier sei auf die Möglichkeit hingewiesen, die exakte Verteilung mit dem Algorithmus von Streitberg und Röhmel zu bestimmen.

Beispiel 16.11 *Finanzbewegungsrechnung*

In einer Untersuchung sollten zwei Gruppen von Unternehmen miteinander verglichen werden. In einer Gruppe setzte das Unternehmen eine Kapital- oder Finanzbewegungsrechnung (FBR) ein. Die Unternehmen der zweiten Gruppe verzichten darauf. Gefragt

Tab.: *Bilanzsummen (in Mio. DM) von Unternehmen mit (X) bzw. ohne (Y) Finanzbewegungsrechnung*

Bilsum	FBR	$R(x_v)$	Bilsum	FBR	$R(x_v)$	Bilsum	FBR	$R(x_v)$
19	y		275	x	18	2958	y	
36	y		326	y		3260	x	36
50	y		350	y		4086	x	37
52	x	4	369	x	21	4623	x	38
55	y		425	y		4796	x	39
57	y		454	y		5469	y	
72	x	7	485	x	24	7766	x	41
78	x	8	577	x	25	8870	x	42
91	y		700	x	26	10963	y	
98	x	10	780	y		12833	x	44
115	x	11	992	x	28	14686	y	
133	y		1048	x	29	21871	x	46
159	y		1152	y		26528	x	47
190	y		1192	x	31	39204	y	
193	y		1678	y		40441	x	49
235	x	16	1942	y		113250	x	50
247	y		2628	x	34			

war unter anderem, ob sich die Bilanzsummen der beiden Gruppen im Mittel unterscheiden. Da eine FBR bei kleinen Unternehmen sowieso nicht einsetzbar ist, stellt sich das Testproblem eher als einseitiges. In der folgenden Tabelle sind die Bilanzsummen der mittels Zufallsstichproben ausgewählten Unternehmen bereits geordnet. Zudem ist jeweils vermerkt, ob ein FBR eingesetzt wird (X) oder ob das entsprechende Unternehmen zur anderen Gruppe gehört (Y). Schließlich sind für die erste Gruppe die jeweiligen Rangzahlen $R(X_v)$ angegeben.

Wir erhalten $\sum_{v=1}^{26} R(x_v) = 761$ und somit wegen $N > 20$:

$$T = \frac{761 - 26 \cdot 51/2}{\sqrt{26 \cdot 24 \cdot 51/12}} = 1.903.$$

Für die einseitige Fragestellung erhalten wir damit den P-Wert $\alpha^* = P(T > 1.903) = 0.0285$. Dies spricht für eine statistische Bestätigung, dass die eine Kapital- oder Finanzbewegungsrechnung verwendenden Unternehmen eher zu den größeren gehören.

16.2.5 Vergleich zweier Wahrscheinlichkeiten

Wir wollen hier große Stichprobenumfänge voraussetzen. Dann sind relative Häufigkeiten $\hat{p}$ approximativ normalverteilt:

$$\hat{p} \dot{\sim} \mathcal{N}\left(p, \frac{p(1-p)}{n}\right).$$

Somit folgen auch die Differenzen $\hat{p}_1 - \hat{p}_2$ der relativen Häufigkeiten zweier unabhängiger Versuchsserien des Umfanges n und m einer Normalverteilung. Für diese gilt:

$$E(\hat{p}_1 - \hat{p}_2) = p_1 - p_2, \quad V(\hat{p}_1 - \hat{p}_2) = V(\hat{p}_1) + V(\hat{p}_2) = \frac{p_1(1-p_1)}{n} + \frac{p_2(1-p_2)}{m}.$$

Auf diesen Eigenschaften der Differenz $\hat{p}_1 - \hat{p}_2$ lässt sich ein approximativer Test zum Vergleich der beiden Wahrscheinlichkeiten p_1 und p_2 aufbauen.

Falls die Nullhypothese $H_0 : p_1 = p_2$ gilt, so ist mit $p = p_1 = p_2$ der Quotient

$$\frac{\hat{p}_1 - \hat{p}_2}{\sqrt{\frac{p(1-p)}{n} + \frac{p(1-p)}{m}}} = \frac{\hat{p}_1 - \hat{p}_2}{\sqrt{p(1-p)\left(\frac{1}{n} + \frac{1}{m}\right)}}$$

standardnormalverteilt. Die unbekannte Varianz $p(1-p)\left(\frac{1}{n} + \frac{1}{m}\right)$ muss aber noch geschätzt werden, um eine einsetzbare Prüfgröße zu erhalten. Dazu bietet sich wegen der (unter H_0 gültigen!) Gleichheit der Wahrscheinlichkeiten an, p durch die relative Häufigkeit der gepoolten Versuchsserien zu ersetzen:

$$\hat{p} = \frac{n \cdot \hat{p}_1 + m \cdot \hat{p}_2}{n + m}.$$

Damit lautet die Prüfgröße

$$T = \frac{\hat{p}_1 - \hat{p}_2}{\sqrt{\frac{\hat{p}(1-\hat{p})}{n} + \frac{\hat{p}(1-\hat{p})}{m}}}.$$

T ist unter $H_0 : p_1 = p_2$ asymptotisch standardnormalverteilt. Dies führt zu den üblichen Ablehn- und Annahmebereichen bei den zwei- und einseitigen Testproblemen.

Beispiel 16.12   *Rückenbeschwerden*

An spondylotischer Osteochondrose, einer mit Rückenbeschwerden einhergehenden Erkrankung des Skelettsystems, litten 19% von 352 untersuchten Planierraupen-Fahrern und 11.4% der 315 zum Vergleich betrachteten Männern, die nicht ständig Vibrationen ausgesetzt waren. Die untersuchten Personen waren mittels Zufallsstichproben ausgewählt worden, siehe Hettinger (1985). Die Frage war, ob die Fahrer aufgrund ihrer Tätigkeit eine signifikant größere Erkrankungswahrscheinlichkeit haben als Personen, die den ständigen Erschütterungen nicht ausgesetzt sind. Wir bezeichnen die Wahrscheinlichkeiten mit p_1 für die Fahrer und mit p_2 für die Vergleichspersonen.

Es liegt eine einseitige Fragestellung vor. Dem Erkenntnisinteresse entsprechend formulieren wir: $H_0 : p_1 \leq p_2$, $H_1 : p_1 > p_2$.

Mit $\hat{p} = \dfrac{352 \cdot 0.19 + 315 \cdot 0.114}{352 + 315} = 0.154$ erhalten wir als Wert der Prüfgröße T:

$$T = \frac{0.19 - 0.114}{\sqrt{0.154(1-0.154)\left(\frac{1}{352} + \frac{1}{315}\right)}} = \frac{0.076}{0.027996} = 2.715.$$

Wegen $2.715 > z_{0.995} = 2.578$ ist das Ergebnis signifikant zum Niveau 0.005.

16.3   Aufgaben

Aufgabe 1

Es sollen zwei Schlafmittel miteinander verglichen werden. Dazu werden die Verlängerungen der normalen Schlafdauer (in Stunden) bei $n = 10$ Personen untersucht und die Differenzen als Werte der Zufallsvariablen X angesehen. X wird als normalverteilt vorausgesetzt. Es soll getestet werden, ob im Schnitt die Schlafmittel die gleiche Wirkung haben, die Zufallsvariable X also den Erwartungswert null hat ($\alpha = 0.01$).

Pers.-Nr.	Verlängerung des Schlafs Schlafmittel			Pers.-Nr.	Verlängerung des Schlafs Schlafmittel		
v	I	II	$x_v =$ II-I	v	I	II	$x_v =$ II-I
1	+0.7	+1.9	+1.2	6	+3.4	+4.4	+1.0
2	-1.6	+0.8	+2.4	7	+3.7	+5.5	+1.8
3	-0.2	+1.1	+1.3	8	+0.8	+1.6	+0.8
4	-1.2	+0.1	+1.3	9	0.0	+4.6	+4.6
5	-0.1	-0.1	0.0	10	+2.0	+3.4	+1.4

Aufgabe 2

Bei der automatischen Abfüllung von Flüssigreiniger soll überwacht werden, ob die gewünschte mittlere Menge von $\mu_0 = 1$ Liter eingehalten wird. Es sei bekannt, dass die einzelnen Abfüllmengen einer Normalverteilung mit einer Standardabweichung von $\sigma = 0.005$ Liter genügen.

Es wird eine Stichprobe vom Umfang $n = 5$ aus der laufenden Produktion entnommen und das arithmetische Mittel dieser fünf Werte berechnet. Damit wird anschließend die Hypothese $H_0 : \mu = \mu_0$ überprüft. Es sind Abweichungen in beide Richtungen relevant.

Wird die Nullhypothese zum Testniveau $\alpha = 0.05$ verworfen, so greift man in den Abfüllprozess ein und reguliert ihn neu.

1. Formulieren Sie den zugehörigen Test und geben Sie die Prüfgröße mit dem Ablehnbereich und den zugehörigen kritischen Werten an.

2. Was bedeuten Abweichungen des tatsächlichen Parameterwertes μ nach unten bzw. nach oben inhaltlich?

3. Zu welcher Entscheidung führen jeweils die folgenden Stichprobenergebnisse:
$$\bar{x}_1 = 0.995, \quad \bar{x}_2 = 0.980, \quad \bar{x}_3 = 1.005, \quad \bar{x}_4 = 1.002 ?$$

4. In dem letzten Punkt sind Sie aufgrund der Stichprobenergebnisse zu Entscheidungen geführt worden. Von welchem Typ sind eventuelle Fehlentscheidungen? Was bedeuten diese Fehlentscheidungen inhaltlich? Wie sind sie zu bewerten?

Aufgabe 3

Die Zeiten zwischen den Ankünften von Flugzeugen auf einem Flughafen können als exponentialverteilt angesehen werden. Je größer der Parameter λ dieser Verteilung ist, desto häufiger wird der Flughafen angeflogen. Im Rahmen einer Untersuchung über die Fluglärmbelastung ermitteln Anwohner 100 Zwischenankunftszeiten, die als unabhängig angesehen werden.

1. Es soll die Frage überprüft werden, ob λ größer ist als der offizielle Wert $\lambda_0 = 0.1$. Stellen Sie dafür die Hypothesen auf und geben Sie eine geeignete Prüfgröße, den kritischen Wert und die Entscheidungsregel an.

2. Die Stichprobe hat eine mittlere Zwischenankunftszeit von 7.5 [Minuten] ergeben. Führen Sie nun den Test zum Signifikanzniveau $\alpha = 0.01$ durch.

3. Um Aussagen über die Größe von λ machen zu können, soll bei großem n ein 99%-Konfidenzintervall für λ ermittelt werden. Wie lautet dies bei $\bar{x} = 7.5$?

Aufgabe 4

Ein privater Paketzusteller hat eine große Anzahl von Fahrzeugen derselben Marke und technischen Ausstattung, die während eines Arbeitstages ständig im Einsatz sind. Ab und zu fällt ein Fahrzeug wegen eines technischen Defekts aus. Es kann unterstellt werden, dass derartige Ausfälle zufällig und voneinander unabhängig auftreten und die Zufallsvariable X = 'Anzahl der Ausfälle in acht Stunden' Poisson-verteilt ist, $X \sim \mathscr{P}(\lambda)$. Der Parameter λ charakterisiert die Zuverlässigkeit der Fahrzeuge; er sollte den Wert 5 nicht überschreiten.

Die Gültigkeit dieser Vorgabe soll anhand einer Stichprobe von $n = 100$ Acht-Stunden-Intervallen zum Niveau $\alpha = 0.01$ überprüft werden.

1. Stellen Sie die Nullhypothese H_0 und die Alternative H_1 auf.
2. Geben Sie die Teststatistik mit ihrer approximativen Verteilung unter H_0 (mit den Parametern) an.
3. Die Stichprobe ergab einen Mittelwert von 5.7 (Ausfälle innerhalb acht Stunden). Zu welcher Entscheidung führt der Test?

Aufgabe 5

Bei einer Untersuchung zur Werbewirksamkeit wurde 15 Kindern ein Gegenstand in einem Werbespot vorgeführt. Diesen sollte dann bekommen, wer am schnellsten ein Puzzle zusammensetzen würde. Die unabhängig voneinander ermittelten Zeiten (in Min) der Kinder waren:
    2.0 2.1 7.7 11.5 16.0 28.3 36.7 41.7 41.8 47.8 65.0 68.7 70.5 72.3 74.0.

1. Wie müssen Sie die Hypothesen wählen, wenn Sie nachweisen wollen, dass der Median der Lösungszeiten mit Werbespots größer ist als ohne. (Die Kinder versuchen länger das Puzzle zu lösen, um den Gegenstand zu erhalten.) Ohne Werbespot beträgt der Median $\tilde{\mu} = 13.5$ min.
2. Führen Sie den Test zum Niveau $\alpha = 0.02$ durch! Wie lautet Ihre Entscheidung?
3. Wie groß ist der P-Wert des Tests?
4. Wie lautet Ihre Testentscheidung, wenn 35 von 100 Kindern weniger als 13.5 Minuten für das Puzzle benötigten? ($\alpha = 0.02$)

Aufgabe 6

Im Rahmen eines möglichen Wechsels der Telefongesellschaft interessiert sich die Firmenleitung dafür, ob der Median der Dauer von Telefongesprächen größer ist als 2. Die zufällige Auswahl von 25 Werten ergab die folgende Häufigkeitstabelle. Testen Sie unter Verwendung dieser Daten die Hypothese $H_0 : \tilde{\mu} \leq 2$ zum Niveau $\alpha = 0.025$.

$x_{i-1}^* < X \leq x_i^*$	n_i
0 - 1	4
1 - 2	3
2 - 3	2
3 - 4	6
4 - 5	3
5 <	7

Aufgabe 7

Im Rahmen einer Untersuchung über mathematisch-naturwissenschaftliche Hochbegabung wurden die Erkennungszeiten von geometrischen Mustern bei zwei Gruppen von je 15 Jugendlichen gemessen. Die Messungen ergaben:

Extremgruppe: $\bar{x} = 3695$ [ms], $s_X = 323$ [ms],
Kontrollgruppe: $\bar{y} = 18812$ [ms], $s_Y = 1764$ [ms].

Überprüfen Sie, ob sich die Zeiten statistisch signifikant zum Niveau $\alpha = 0.01$ unterscheiden. Unterstellen Sie dazu, dass die Erkennungszeiten normalverteilt sind.

Aufgabe 8

Bei einem Vergleich der von Arbeitern einer Schmelzhütte und einer Lkw-Reparaturwerkstatt eingeatmeten Staubpartikel wurden folgende summarischen Werte auf Basis von Zufallsstichproben ermittelt, siehe Smith et al. (1978):

Schmelzhütte $\quad n = 139$: $\bar{x} = 1.30$, $\hat{\sigma}_X = 1.24$ [mg/m^3]
Lkw-Rep.-Werkstatt $\quad m = 45$: $\bar{y} = 1.86$, $\hat{\sigma}_Y = 1.58$ [mg/m^3]

Ist auf der Basis des P-Wertes ein Unterschied zu erkennen?

Aufgabe 9

In einer Untersuchung der Auswirkung elterlicher Mitaufnahme („rooming-in-Modell") auf das Verhalten stationär behandelter Kinder wurden 25 Paare von Kindern betrachtet, wobei die Kinder eines Paares in Diagnose, Prognose der Aufenthaltsdauer, Alter und sozialer Herkunft übereinstimmten. Zu prüfen ist, ob die elterliche Mitaufnahme zu einer Verkürzung der Verweildauer führt ($\alpha = 0.05$). Dabei ist von nichtnormalverteilten Werten auszugehen.

Stationärer Aufenthalt (in Tagen)

v:	1	2	3	4	5	6	7	8	9	10	11	12	13	14	15	16	17	18	19	20	21	22	23	24	25
mit:	29	32	16	8	8	7	14	8	7	12	7	8	7	17	6	19	12	8	8	6	10	8	21	17	15
ohne:	29	44	18	15	15	7	15	11	12	12	7	11	7	22	7	14	28	31	18	16	10	11	29	8	23

Aufgabe 10

Messungen der Halbwertszeiten der Umsetzung eines Medikamentes in einer pharmakologisch nicht mehr aktiven Substanz ergaben bei zwei Patientengruppen folgende geordnete Werte [Minuten]:
Normalpatienten:
1.02, 1.26, 1.33, 1.39, 1.65, 1.78, 1.93, 2.04, 2.89, 3.47, 3.65, 3.85, 5.33, 13.80
Intrahepatische Cholestase:
0.39, 0.68, 0.69, 0.76, 0.78, 0.81, 0.96, 1.16, 1.20, 1.26, 1.87, 1.98, 3.15, 3.85, 4.33.

Besteht ein signifikanter Unterschied der Niveaus ($\alpha = 0.01$)? Verifizieren Sie, dass die Daten nicht als normalverteilt angesehen werden können und wählen Sie dementsprechend einen geeigneten Test.

Aufgabe 11

Dr. Dennis Niewoehner und sein Ärzte-Team vom St. Luke's Hospital in Cleveland stellten einwandfrei fest, dass auch die Lungen jugendlicher Zigarettenraucher bereits geschädigt sind. Sie untersuchten 20 Nichtraucher und 19 Raucher im Alter von 25 Jahren und fanden bei allen Rauchern krankhaft veränderte Atemwege, während dies nur bei fünf Nichtrauchern der Fall war. Bei den Rauchern wurde als charakteristische Erkrankung eine Bronchiolitis festgestellt, das heißt eine Entzündung der kleinsten Bronchien. Da beim jugendlichen Raucher noch wenig zerstörtes Gewebe gefunden wurde, ist anzunehmen, dass sich diese Schäden wieder beheben lassen. (Frankfurter Rundschau vom 27.3.1975)

Kann der Verfasser die Behauptung, dass Raucher gefährdeter sind, zu Recht aufstellen ($\alpha = 0.01$)? (Dabei seien die Stichproben als groß genug für die Normalapproximation angesehen.)

17 Varianzanalyse

In Kapitel 16 haben wir Tests für die Lage einer Zufallsvariablen und für den Lagevergleich zweier Zufallsvariablen kennengelernt. In der Praxis kommen aber auch Experimente vor, bei denen die Lage von mehr als zwei Variablen bzw. Gruppen von Daten von Interesse ist. So kann z. B. der mittlere Aufwand für die Forschung bei unterschiedlichen Kategorien von Unternehmen von Interesse sein, die mittleren Messwerte einer gleichartigen Blutanalyse bei einer Anzahl von Labors oder das ‚mittlere' Verhalten von Autofahrern bei mehreren systematisch variierten Aufstellungen von Verkehrszeichen.

In diesem Kapitel wollen wir die grundlegenden Ideen und Verfahren besprechen, die es erlauben, Vergleiche bei solchen Experimenten durchzuführen. Dabei ist das Interesse vor allem auf die Analyse der Niveauunterschiede gerichtet. Die Verfahren für diese Art von Lageproblemen werden unter dem auf den ersten Blick paradoxen Namen ‚Varianzanalyse' zusammengefasst.

Werden die Gruppen nach einem einzelnen Gesichtspunkt unterteilt, formaler: nach den Werten einer einzelnen, diskreten Variablen, so spricht man von einfaktorieller Varianzanalyse; bei zwei klassifizierenden diskreten Variablen von zweifaktorieller Varianzanalyse usw.

17.1 Einfache Varianzanalyse

17.1.1 Einführendes Beispiel

In einer Studie sollte eine halbautomatische Methode zur Messung einer Wirkungssubstanz in Tabletten untersucht werden. Die Tabletten wurden von einem Hersteller mit einer Dosierung von vier Milligramm angeboten. Um die dem Produktionsprozess zuzuschreibende Variation des Gehaltes bei den Tabletten auszuschalten, wurden jeweils mehrere Tabletten zerpulvert, gemischt und neu gepresst. Jeweils zehn dieser neu gepressten Tabletten wurden an sieben Labors gegeben. Das Ziel des Vorhabens war es, Erkenntnisse über die Konsistenz zwischen den Labors und gleichzeitig auch über die Streuung des Messprozesses zu gewinnen.

Tab.: *Gehalt einer Wirkungssubstanz in Tabletten*

Labor 1 :	4.13	4.07	4.04	4.07	4.05	4.04	4.02	4.06	4.10	4.04
Labor 2 :	3.86	3.85	4.08	4.11	4.08	4.01	4.02	4.04	3.97	3.95
Labor 3 :	4.00	4.02	4.01	4.01	4.04	3.99	4.03	3.97	3.98	3.98
Labor 4 :	3.88	3.88	3.91	3.95	3.92	3.97	3.92	3.90	3.97	3.90
Labor 5 :	4.02	3.95	4.02	3.89	3.91	4.01	3.89	3.89	3.99	4.00
Labor 6 :	4.02	3.86	3.96	3.97	4.00	3.82	3.98	3.99	4.02	3.93
Labor 7 :	4.00	4.02	4.03	4.04	4.10	3.81	3.91	3.96	4.05	4.06

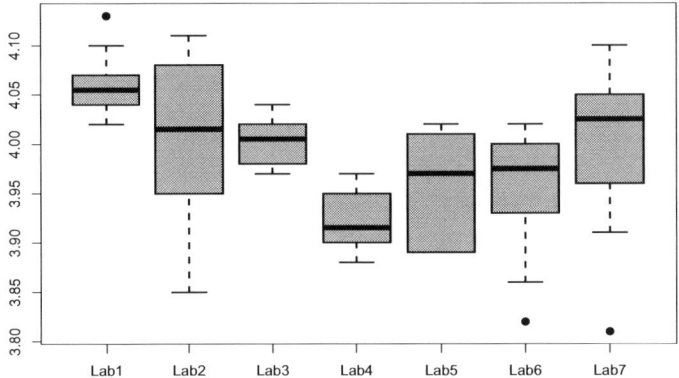

Abb. 17.1: *Box-Plots der Gehaltsbestimmungen einer Wirkungssubstanz in Tabletten durch verschiedene Labors*

Wie die Box-Plots zeigen, gibt es offenbar Unterschiede im Niveau der sieben Gruppen. Es ist aber nicht klar, ob diese Unterschiede auch als statistisch signifikant anzusehen sind (bei einem Signifikanzniveau von $\alpha = 0.01$).

17.1.2 Das Modell

Wie in dem einführenden Beispiel gehen wir im Folgenden von mehreren Gruppen von Beobachtungen einer Zielvariablen aus. Die Beobachtungsgruppen werden als Beobachtungen zu verschiedenen *Stufen* eines *Faktors* aufgefasst. Dabei können wir uns vorstellen, dass es dieser Faktor ist, der ggf. die Niveauunterschiede zwischen den Beobachtungsserien bewirkt. Im Einführungsbeispiel hätte also der Faktor ‚Labor' sieben Stufen.

Da die interessierende Variable für die unterschiedlichen Stufen möglicherweise ein jeweils anderes Niveau hat, stellen wir uns vor, dass es zu jeder Stufe des Faktors es eine ‚grundlegende' Beobachtungsvariable gibt, die eine Anzahl von Stichprobenvariablen nach sich zieht:

Tabelle 17.1: Beobachtungsschema bei der einfachen Varianzanalyse

Stufen des Faktors:	1	2	...	k
Beobachtungsvariablen:	X_1	X_1		X_k
Stichprobenvariablen:	X_{11}	X_{21}		X_{k1}
	X_{12}	X_{22}		X_{k2}
	$\vdots$	$\vdots$		$\vdots$
	X_{1n_1}	X_{2n_2}		X_{kn_k}
Stichprobenumfänge:	n_1	n_2		n_k

Die in einer Spalte stehenden Stichprobenvariablen haben alle die gleiche Verteilung, insbesondere auch den gleichen Erwartungswert:

17.1 Einfache Varianzanalyse

$$E(X_{1v}) = \mu_1, \ldots, E(X_{kv}) = \mu_k.$$

Die Frage nach dem gleichen Niveau bei den verschiedenen Faktorstufen führt also auf das Testproblem:

$$H_0 : \mu_1 = \cdots = \mu_k, \qquad H_1 : \text{Nicht alle } \mu_i \text{ sind gleich}.$$

Um hierfür einen Test angeben zu können, müssen wir einige weitere Voraussetzungen machen. Diese bilden die Grundlage des Modells der Varianzanalyse. Als wesentliche Voraussetzung unterstellen wir, dass die X_i (und damit auch die X_{iv}) bis auf die Lage gleich verteilt sind. (Wir haben schon beim Vergleich der Erwartungswerte zweier Normalverteilungen gesehen, dass ungleiche Varianzen schwierig zu handhaben sind. Hier gilt dies erst recht.)

Dass sich die Verteilungsfunktionen höchstens durch Verschiebung unterscheiden, können wir beschreiben durch

$$P(X_i < x) = F(x - \mu_i), \qquad i = 1, \ldots, k.$$

Um die Niveauunterschiede deutlicher als Effekte des Faktors herauszustellen, wird i. d. R. von einem allgemeinen Niveau μ ausgegangen und es werden die Abweichungen $\tau_i = \mu_i - \mu$ eingeführt. Zudem werden zufällige Abweichungen ins Spiel gebracht.

Definition 17.1 *Basismodell der einfachen Varianzanalyse*

Das Basismodell der *einfachen Varianzanalyse* ist gegeben durch

$$X_{iv} = \mu + \tau_i + U_{iv} \qquad i = 1, \ldots, k; \ v = 1, \ldots, n_i$$

$$\text{mit} \quad \sum_{i=1}^{k} n_i \tau_i = 0$$

und mit unabhängigen, identisch verteilten Störungen U_{iv}, die bei null zentriert sind. Die τ_i werden als *Faktoreffekte* bezeichnet.

Das interessierende Testproblem lautet dann:

$$H_0 : \tau_1 = \cdots = \tau_k = 0, \qquad H_1 : \text{Nicht alle } \tau_i \text{ sind } 0.$$

Die angegebene Reparametrisierungsbedingung $\sum_{i=1}^{k} n_i \tau_i = 0$ ist notwendig, um die Beschreibung der Effekte eindeutig zu machen. Mit dem Gesamtmittel μ stehen ja zur Beschreibung der Lageparameter der k Stufen des Faktors $k+1$ Parameter zur Verfügung. Die gewählte Form der Reparametrisierung sichert, dass die folgenden Betrachtungen auch bei unterschiedlichen Stichprobenumfängen relativ problemlos sind.

17.1.3 Der Test bei Normalverteilung

Sind die U_{iv} normalverteilt, $U_{iv} \sim \mathcal{N}(0, \sigma^2)$, so ist ein plausibler Ausgangspunkt zur Konstruktion einer Prüfgröße für das angegebene Testproblem durch die Differenzen

$$\bar{X}_{i\bullet} - \bar{X}_{\bullet\bullet}$$

gegeben. Dabei ist $\bar{X}_{i\bullet} = \sum_{v=1}^{n_i} X_{iv}/n_i$ das Mittel der Beobachtungen zur Stufe i des Faktors und mit $N = n_1 + \cdots + n_k$ ist $\bar{X}_{\bullet\bullet} = \sum_{i=1}^{k} \sum_{v=1}^{n_i} X_{iv}/N$ das Gesamtmittel. Durch $\bar{X}_{i\bullet} - \bar{X}_{\bullet\bullet}$ wird dann gerade der Effekt τ_i geschätzt. Die Schätzungen der Effekte werden nun so kombiniert, dass Abweichungen von null einen insgesamt großen Wert ergeben. Unterschiedliche Beobachtungsanzahlen in den Gruppen werden ebenfalls berücksichtigt, indem

$$\frac{1}{k-1}\sum_{i=1}^{k} n_i(\bar{X}_{i\bullet} - \bar{X}_{\bullet\bullet})^2$$

gebildet wird.

Diese Summe ist noch zu standardisieren, da große Werte ja auch durch eine große Streuung der U_{iv} verursacht sein können. Zur Standardisierung verwenden wir eine Schätzung von σ^2. Auf der Basis einer einzelnen Gruppe i ist

$$\hat{\sigma}_i^2 = \frac{1}{n_i - 1}\sum_{v=1}^{n_i}(X_{iv} - \bar{X}_{i\bullet})^2$$

eine erwartungstreue Schätzung für σ^2. Die Kombination der einzelnen Schätzer $\hat{\sigma}_1^2, \ldots, \hat{\sigma}_k^2$ führt auf

$$\hat{\sigma}^2 = \frac{1}{N-k}\sum_{i=1}^{k}(n_i - 1)\hat{\sigma}_i^2 = \frac{1}{N-k}\sum_{i=1}^{k}\sum_{v=1}^{n_i}(X_{iv} - \bar{X}_{i\bullet})^2.$$

Mit den $\hat{\sigma}_i^2$ ist auch $\hat{\sigma}^2$ erwartungstreu:

$$E(\hat{\sigma}^2) = E\left(\frac{1}{N-k}\sum_{i=1}^{k}(n_i - 1)\hat{\sigma}_i^2\right) = \frac{1}{N-k}\sum_{i=1}^{k}(n_i - 1)E(\hat{\sigma}_i^2)$$

$$= \frac{1}{N-k}\sum_{i=1}^{k}(n_i - 1)\sigma^2 = \frac{1}{N-k}(N-k)\sigma^2 = \sigma^2.$$

Satz 17.2 *Test der einfachen Varianzanalyse bei Normalverteilung*

Ein geeigneter Test für das Testproblem

$$H_0: \tau_1 = \cdots = \tau_k = 0, \quad \text{gegen} \quad H_1: \text{Nicht alle } \tau_i \text{ sind } 0.$$

im Modell der einfaktoriellen Varianzanalyse $X_{iv} = \mu + \tau_i + U_{iv}$, $i = 1, \ldots, k, v = 1, \ldots, n_i$ mit $\sum_{i=1}^{k} n_i \tau_i = 0$ und unabhängigen, normalverteilten Störungen $U_{iv} \sim \mathcal{N}(0, \sigma^2)$ ist der *F-Test* mit der Prüfgröße

$$F = \frac{\frac{1}{k-1}\sum_{i=1}^{k} n_i(\bar{X}_{i\bullet} - \bar{X}_{\bullet\bullet})^2}{\frac{1}{N-k}\sum_{i=1}^{k}\sum_{v=1}^{n_i}(X_{iv} - \bar{X}_{i\bullet})^2}.$$

F ist unter H_0 $\mathcal{F}$-verteilt mit $k-1$ Freiheitsgraden des Zählers und $N-k$ Freiheitsgraden des Nenners, kurz $(k-1, N-k)$ Freiheitsgraden.

Der Ablehnbereich des Tests ist $\{F > F_{k-1, N-k; 1-\alpha}\}$.

Die folgende Abbildung zeigt die Dichtefunktion der $\mathcal{F}$-*Verteilung* für verschiedene Freiheitsgrade (m_1, m_2). Auf die Angabe der funktionalen Form verzichten wir. Im Anhang ist eine Tabelle mit kritischen Werten für $\alpha = 0.05$ angegeben.

17.1 Einfache Varianzanalyse

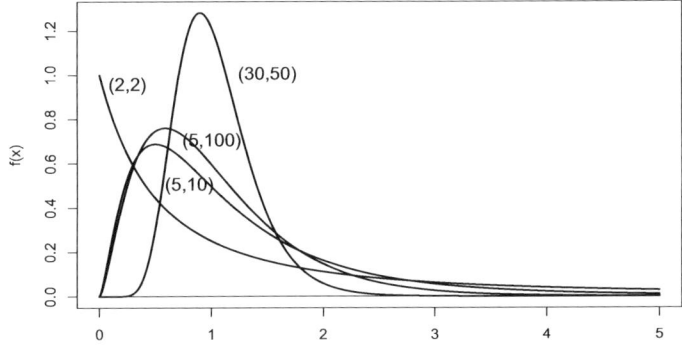

Abb. 17.2: *Dichtefunktion der $\mathscr{F}$-Verteilung für verschiedene Freiheitsgrade (m_1, m_2)*

Bevor wir uns ein Beispiel ansehen, können wir nun den Namen ‚Varianzanalyse' erklären. Wie wir im Lemma 3.24 gesehen haben, gilt, wenn wir hier Streuung mit Abweichungsquadratsummen gleichsetzen:

$$\sum_{i=1}^{k} \sum_{v=1}^{n_i} (X_{iv} - \bar{X})^2 = \sum_{i=1}^{k} \sum_{v=1}^{n_i} (X_{iv} - \bar{X}_{i\bullet})^2 + \sum_{i=1}^{k} n_i (\bar{X}_{i\bullet} - \bar{X}_{\bullet\bullet})^2$$

Gesamte Streuung = Streuung innerhalb der Gruppen + Streuung zwischen den Gruppen.

Die Prüfgröße F ist im Wesentlichen das Verhältnis der beiden Teile, aus denen sich die gesamte Summe der Abweichungsquadrate zusammensetzt: Streuen die Gruppenmittel stärker um das Gesamtmittel als die Beobachtungen innerhalb der Gruppen um ihre Gruppenmittel, so weist dies auf systematische Unterschiede hin.

Tabelle 17.2: *Tafel der einfachen Varianzanalyse*

Streuungs-ursache	Freiheits-grade (df)	Quadratsumme (SS)	Mittlere Quadratsumme (MS)	F
Faktor A	$k-1$	$SS(A) = \sum_{i=1}^{k} n_i (\bar{X}_{i\bullet} - \bar{X}_{\bullet\bullet})^2$	$MS(A) = SS(A)/(k-1)$	$MS(A)/MS(E)$
Fehler	$N-k$	$SS(E) = \sum_{i=1}^{k} \sum_{v=1}^{n_i} (x_{iv} - \bar{X}_{i\bullet})^2$	$MS(E) = SS(E)/(N-k)$	
Gesamt	$N-1$	$SS(G) = \sum_{i=1}^{k} \sum_{v=1}^{n_i} (x_{iv} - \bar{X}_{\bullet\bullet})^2$		

Die zur Durchführung des F-Tests benötigten Größen werden gern in einer *Varianzanalysetafel* zusammengestellt, siehe die Tabelle 17.2. Den Hintergrund für die Spalte Freiheitsgrade in der Tabelle bildet die Tatsache, dass die geeignet standardisierten Quadratsummen (SS') unter der Hypothese Chi-Quadrat-verteilt sind mit eben dieser Zahl von Freiheitsgraden. Die Prüfgröße des F-Tests ist der Quotient $MS(A)/MS(E)$.

Beispiel 17.3 *Wirksubstanz - Fortsetzung*

Für die Tablettenmessungen des einführenden Beispiels erhalten wir folgende Tafel der einfachen Varianzanalyse:

Streuungs-ursache	Freiheits-grade (df)	Quadratsumme (SS)	Mittlere Quadratsumme (MS)	F
Labor	6	0.125	0.0210	5.67
Fehler	63	0.231	0.0037	
Gesamt	69	0.356		

Es ergibt sich der P-Wert: $P(F > 5.67) = 1 - 0.9999 = 0.0001$. Die Labors unterscheiden sich also signifikant.

17.1.4 Multiple Vergleiche bei Normalverteilung

Der F-Test erlaubt nur festzustellen, ob bei den Stufen des Faktors generell ein Unterschied der Wirkung auf das mittlere Niveau vorliegt. Naheliegender Weise ist bei einem signifikantem Ergebnis von Interesse, zusätzlich herauszufinden, wo die Unterschiede liegen, beispielsweise welche Stufenpaare sich signifikant unterscheiden.

Zum *Paarvergleich* zweier fester Stufen, sagen wir i und j, können wir bei normalverteilten U_{iv} auf den Zweistichproben-t-Test zurückgreifen. Die Prüfgröße ist hier

$$T_{ij} = \frac{\bar{X}_{i\bullet} - \bar{X}_{j\bullet}}{\sqrt{\hat{\sigma}^2 \left(1/n_i + 1/n_j\right)}}$$

mit der auf allen Beobachtungen basierenden Schätzung $\hat{\sigma}^2 = \frac{1}{N-k} \sum_{r=1}^{k} (n_r - 1)\hat{\sigma}_r^2$.

Die Verwendung von $\hat{\sigma}^2$ ist sinnvoll, weil alle U_{iv} die gleiche Varianz haben und somit σ^2 unter Verwendung aller internen Differenzen genauer geschätzt werden kann. Die Prüfgröße T_{ij} ist wieder $\mathcal{T}$-verteilt; die zugehörige $\mathcal{T}$-Verteilung hat $N - k$ Freiheitsgrade.

Die Frage zielt jedoch auf die gleichzeitige Durchführung aller Paarvergleiche, also das Testen aller Nullhypothesen

$$H_0^{ij} : \mu_i = \mu_j \qquad i, j = 1, \ldots, k, i \neq j.$$

Bei k Stufen sind dies $\binom{k}{2}$ Paarvergleiche; bei $k = 4$ also 6, bei $k = 5$ sind es 10, bei $k = 6$ schon 15 usw.

Die Schwierigkeit, mehr als einen Test auf der Basis einer einzelnen Stichprobe durchzuführen, liegt in der Vorgabe, dass das Niveau α gleichzeitig eingehalten werden muss.

Machen wir uns das Problem anhand zweier Tests klar. Das *multiple Niveau* der Tests ist dann definiert als die Wahrscheinlichkeit, mindestens eine der beiden betrachteten Nullhypothesen H_0^1 oder H_0^2 abzulehnen, obwohl beide richtig sind. Seien A_1 und A_2 die Ablehnbereiche der zugehörigen Tests. Dann gilt:

$$P(\text{mindestens eine Nullhypothese wird abgelehnt} \mid H_0^1; H_0^2)$$

17.1 Einfache Varianzanalyse

$$= P(A_1 \cup A_2 | H_0^1; H_0^2) = P(A_1 | H_0^1; H_0^2) + P(A_2 | H_0^1; H_0^2) - P(A_1 \cap A_2 | H_0^1; H_0^2).$$

Werden nun die beiden Tests zum Niveau α durchgeführt, so beträgt das multiple Niveau

$$2\alpha - P(A_1 \cap A_2 | H_0^1; H_0^2).$$

Bei $P(A_1 \cap A_2 | H_0^1; H_0^2) < \alpha$ überschreitet das multiple Niveau die vorgegebene Irrtumswahrscheinlichkeit. Sind die Tests beispielsweise unabhängig, so ist das Niveau $2\alpha - \alpha^2$. Für $\alpha = 0.05$ ist dies 0.0975.

Einen Ausweg bietet die Bonferroni-Ungleichung. Sie sagt in ihrer einfachsten Form

$$P(A_1 \cup \cdots \cup A_k) \leq P(A_1) + \cdots + P(A_k).$$

Werden also alle einzelnen Tests zum Niveau α/k durchgeführt, so ist das multiple Niveau, die Wahrscheinlichkeit mindestens eine Nullhypothese zu verwerfen, obwohl alle richtig sind, durch α begrenzt. Dieses verblüffend einfache Vorgehen bringt bei nicht zu großem k erstaunlich gute Resultate. Es gibt daneben natürlich noch andere Vorgehensweisen. Hierzu sei auf Schlittgen (2004) verwiesen.

Da alle Prüfgrößen T_{ij} $\mathscr{T}$-verteilt sind mit $N - k$ Freiheitsgraden (sofern alle Hypothesen $H_0^{ij} : \mu_i = \mu_j$ richtig sind), braucht für die Durchführung der Tests nur das Quantil $t_{N-k; 1-\alpha'/2}$ mit $\alpha' = \alpha/\binom{k}{2}$ bestimmt zu werden.

Der folgende Satz fasst die Ausführungen zusammen.

Satz 17.4 *Multiple Vergleiche nach der Bonferroni-Methode*

Die paarweisen Vergleiche

$$H_0^{ij} : \mu_i = \mu_j \quad \text{gegen} \quad H_1^{ij} : \mu_i \neq \mu_j \qquad i, j = 1, \ldots, k, i \neq j$$

werden im Varianzanalysemodell mit normalverteilten Störungen simultan zum multiplen Niveau $\leq \alpha$ mit den Prüfgrößen

$$T_{ij} = \frac{\bar{X}_{i\bullet} - \bar{X}_{j\bullet}}{\sqrt{\hat{\sigma}^2 \left(1/n_i + 1/n_j\right)}}$$

getestet. Die Hypothese H_0^{ij} wird abgelehnt, wenn $|T_{ij}| > t_{N-k; 1-\alpha'/2}$; dabei ist $\alpha' = \alpha/\binom{k}{2}$.

Dieses Vorgehen wird als *Bonferroni-Adjustierung* bezeichnet.

Im Beispiel 17.5 wird ein solcher multipler Vergleich durchgeführt.

17.1.5 Ungleiche Streuungen

Die angegebenen Verfahren basieren alle auf der Voraussetzung, dass die Störungen U_{iv} die gleiche Verteilung haben. Der Effekt, den speziell unterschiedliche Streuungen haben, ist im sogenannten balancierten Versuchsplan, d. h. bei gleichen n_i nicht so dramatisch. Bei unbalancierten Versuchsplänen (nicht alle n_i sind gleich) kann das Zentrum der Verteilung der F-Statistik aber von eins verschieden sein. Dieser Effekt ungleicher Varianzen kann im Zusammenspiel mit unterschiedlichen σ_i^2 beliebig groß sein. Somit ist die Voraussetzung gleicher Varianzen vor allem in diesem Fall zentral.

Die (Un-)Gleichheit der Streuungen lässt sich durch die Gegenüberstellung der Box-Plots erkennen. Gegebenenfalls ist eine varianzstabilisierende Transformation auf die Daten anzuwenden. Dies haben wir in Abschnitt 3.2.5 ausgeführt.

Beispiel 17.5 *SO_2 Belastung*

In einer Schmelzhütte sollte die SO_2 Belastung an einzelnen Arbeitsplätzen untersucht werden. Die Plätze Nr. 1 und Nr. 2 befanden sich in der Nähe des Schmelzofens, Platz Nr. 3 im Kran-Bereich und Platz Nr. 4 im zentralen Bereich.

Tab.: *SO_2-Werte [mg/m^3] an vier Stellen eines Schmelzbetriebes; nach Smith et al. (1978)*

				Stelle						
	1			2			3			4	
4.114	12.456	19.354	8.466	18.205	37.436	1.889	4.772	5.856	1.796	2.688	4.540
4.179	13.090	24.593	9.962	23.118	42.791	2.489	5.024	6.133	1.871	3.347	5.254
5.648	14.096	30.477	12.736	25.816	50.720	2.768	5.272	6.787	1.969	3.729	5.770
6.556	15.026	39.144	13.266	26.034	59.483	3.535	5.373	7.749	2.432	4.150	6.213
8.190	15.594	46.412	17.800	29.261	78.146	4.411	5.576	10.009	2.641	4.313	7.868

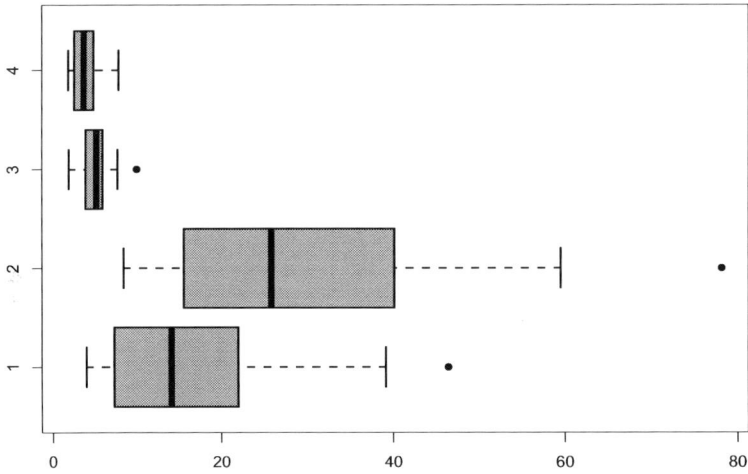

Abb. 17.3: *Box-Plots der SO_2-Konzentration an verschiedenen Stellen einer Schmelzhütte*

Die Box-Plots zeigen, dass die Streuungen mit dem Niveau zunehmen. Das in Abschnitt 3.2.5 besprochene Vorgehen führt zu der Transformation

$$x_{iv} \mapsto y_{iv} = \frac{1}{\sqrt{x_{iv}}}.$$

17.1 Einfache Varianzanalyse

Die Varianzen der transformierten Werte sind eher von gleicher Größenordnung:

$$\hat{\sigma}_{Y_1}^2 = 0.0117, \quad \hat{\sigma}_{Y_2}^2 = 0.0045, \quad \hat{\sigma}_{Y_3}^2 = 0.0114, \quad \hat{\sigma}_{Y_4}^2 = 0.0146.$$

Die Varianzanalysetafel für die transformierten Daten lautet:

Streuungs-ursache	Freiheits-grade (df)	Quadrat-summe	Mittlere Quadratsumme	F
Stelle	3	1.0669	0.3556	31.469
Fehler	56	0.6329	0.0113	
Gesamt	59	1.6997		

Der P-Wert beträgt $P(T \geq 31.469) = 1 - 1 = 0$. Damit sind Zufallseinflüsse zur Erklärung der Niveauunterschiede sehr unplausibel. Dies weckt das Interesse, einen paarweisen Vergleich der Faktorstufen durchzuführen. Die paarweisen Teststatistiken sind

$$T_{ij} = \frac{\bar{X}_i - \bar{X}_j}{\sqrt{\hat{\sigma}^2(1/15 + 1/15)}};$$

dabei ist $\hat{\sigma}^2 = 0.0113$ die Varianzschätzung auf der Basis aller Daten, also die mittlere Fehlerquadratsumme aus der Varianzanalysetafel.

Wir erhalten die folgenden Werte der Teststatistiken:

i	1	1	1	2	2	3
j	2	3	4	3	4	4
T_{ij}	2.104	-4.541	-6.485	-6.645	-8.589	1.944

Die Zahl der Freiheitsgrade beträgt 56, so dass bei einem multiplen Niveau von $\alpha = 0.01$ die Werte der sechs Teststatistiken mit der Bonferroni-Adjustierung mit den kritischen Werten $\pm t_{56;1-0.01/12} = \pm 3.3038$ zu vergleichen sind. Folglich unterscheiden sich nur die ersten beiden und die letzten beiden nicht signifikant voneinander. Dieses Resultat wird auch durch einen Blick auf die Box-Plots gestützt.

17.1.6 Nicht-normalverteilte Variablen

Die für die Anwendung des F-Tests notwendige Voraussetzung der Normalverteilung lässt sich mittels geeigneter QQ-Diagramme überprüfen. Liegen genügend Beobachtungen pro Faktorstufe vor, so können für die Stufen getrennte Diagramme erstellt werden. Andernfalls sind die Daten gruppenweise zu zentrieren; anschließend sind diese *Residuen* insgesamt zur Erstellung eines gemeinsamen QQ-Diagrammes zu verwenden.

Ist die Voraussetzung der Normalverteilung verletzt, so stellt sich die Frage nach der Anwendbarkeit des F-Tests und der multiplen t-Tests bzw. nach geeigneten Alternativen. Verschiedene Untersuchungen haben gezeigt, dass das Niveau des F-Tests relativ wenig durch Abweichungen von der Normalverteilung beeinflusst wird. Somit bleibt er im Prinzip anwendbar. Was eine Alternative wünschenswert macht, ist der Umstand, dass seine Güte bei weitem nicht mehr so groß ist wie im Fall der Normalverteilung.

Die verbreiteteste Alternative zum F-Test stellt der nichtparametrische *Kruskal-Wallis-Test* dar. Er kann als Verallgemeinerung des Wilcoxon-Rangsummentests auf mehr als zwei Stichproben angesehen werden. Wir unterstellen also, dass sich die Verteilungen der X_{iv} nur durch die Lage unterscheiden. Diese beschreiben wir nun durch die Mediane. Dann lautet das Testproblem:

$$H_0: \tilde{\mu}_1 = \cdots = \tilde{\mu}_k \quad \text{gegen} \quad H_1: \text{Nicht alle } \tilde{\mu}_i \text{ sind gleich}.$$

Die Konstruktion der Prüfgröße des Kruskal-Wallis-Tests geschieht, indem einfach die ursprüngliche Prüfgröße des F-Tests für die Ränge der Beobachtungen berechnet wird. Dazu werden zuerst alle Beobachtungen $x_{iv}, i = 1, \ldots, k; v = 1, \ldots, n_i$ als ein Datensatz vom Umfang $N = n_1 + \cdots + n_k$ aufgefasst und die Ränge R_{iv} der Beobachtungen x_{iv} bestimmt.

Zu jeder Stufe des Faktors werden die Mittelwerte der Ränge gebildet:

$$\bar{R}_{i\bullet} = \frac{1}{n_i} \sum_{v=1}^{n_i} R_{iv}.$$

Dem entscheidenden Teil der Prüfgröße des F-Tests, dem Zähler, entspricht

$$\sum_{i=1}^{k} n_i (\bar{R}_{i\bullet} - \bar{R}_{\bullet\bullet})^2.$$

Da die Rangwerte stets Zahlen von 1 bis N sind, braucht diese Summe von Abweichungsquadraten anders als beim F-Test nicht mittels einer Schätzung der Varianz der Residuen standardisiert zu werden; es reicht ein konstanter Faktor.

Satz 17.6 *Kruskal-Wallis-Test*

Die Prüfgröße des *Kruskal-Wallis-Tests* lautet

$$T = \frac{\sum_{i=1}^{k} n_i (\bar{R}_{i\bullet} - \bar{R}_{\bullet\bullet})^2}{N(N+1)/12} = \frac{12}{N(N+1)} \sum_{i=1}^{k} n_i \bar{R}_{i\bullet}^2 - 3(N+1).$$

T ist unter H_0 approximativ Chi-Quadrat-verteilt mit $k-1$ Freiheitsgraden. H_0 wird zum Niveau α abgelehnt, wenn $T > \chi_{k-i;1-\alpha}$.

Für kleine Stichproben und kleinere Anzahlen von Faktor-Stufen sind kritische Werte der Prüfgröße vertafelt. Wir verweisen aber auf die Möglichkeit, recht einfach die gesamte, exakte Verteilung der Prüfgröße unter Computer-Einsatz zu berechnen, siehe Arrenberg (1988). Liegen Bindungen vor, so können mittlere Ränge vergeben werden, vgl. die Ausführungen zum Wilcoxon-Rangsummentest. Bei sehr vielen Bindungen sollte der Nenner der Prüfgröße mit dem Korrekturfaktor

$$f = 1 - \frac{1}{N^3 - N} \sum_{j=1}^{m} (t_j^3 - t_j)$$

multipliziert werden. t_j ist hier die Anzahl der gleichgroßen Werte an der j-ten Stelle. Die multiplen Vergleiche gestalten sich hier unter Verwendung der Bonferroni-Adjustierung äußerst einfach. Zum multiplen Niveau $\alpha/\binom{k}{2}$ brauchen nur die jeweiligen paarweisen Wilcoxon-Rangsummentests durchgeführt zu werden.

Beispiel 17.7 *Mikrokerntest*

Mit dem Mikrokerntest wird die mutagene Aktivität von Präparaten untersucht. Von jedem Versuchstier wird nach Behandlung eine bestimmte Anzahl (z. B. 2000) Erythrozyten analysiert. Die Anzahl der gefundenen Mikrokerne liefert das Maß für die mutagene Aktivität. Bei der Prüfung einer chemischen Substanz wurden folgende Werte gefunden:

Tab.: *Anzahl Mikrokerne pro 2000 Erythrozyten und Ränge für den Kruskal-Wallis-Test*

Kontrolle		Dosis (mg/kg) 10.0		20.0		50.0	
x_{1v}	r_{1v}	x_{2v}	r_{2v}	x_{3v}	r_{3v}	x_{4v}	r_{4v}
3	3	4	5	1	1	6	10.5
4	5	5	8	2	2	7	12
4	5	5	8	5	8	8	15
6	10.5	8	15	8	15	11	19
8	15	10	18	12	21	12	21
8	15	12	21	13	23	17	24

Zur Ermittlung der Ränge R_{iv} wurden die Werte der Größe nach angeordnet und ihnen dann die Rangzahlen zugeordnet.

Damit erhalten wir für die Teststatistik den Wert $T = 3.965$. Der Korrekturfaktor ist hier, wenn wir die Summanden mit dem Wert null ($t_j = 1$) weglassen:

$$f = 1 - \frac{1}{24^3 - 24}[(3^3 - 3) + (3^3 - 3) + (2^3 - 2) + (5^3 - 5) + (3^3 - 3)] = 0.986.$$

Die korrigierte Prüfgröße ist folglich $T/0.986 = 4.02$. Der kritische Wert zum Niveau $\alpha = 0.05$ beträgt $\chi^2_{3;0.95} = 7.81$, so dass ein signifikanter Unterschied bei diesem Niveau mit dem Kruskal-Wallis-Test nicht nachgewiesen werden kann.

17.2 Zweifache Varianzanalyse

17.2.1 Einführendes Beispiel

Durch ein Experiment sollte festgestellt werden, ob verschiedene Methoden zur Herstellung von Goldfüllungen unterschiedlich harte Zahnfüllungen ergeben. Dabei sollte auch berück-

Tab.: *Härte von Zahnfüllungen*

Gold-Art	Herstellungsart 1		2		3	
1	792	803	772	752	782	715
2	824	803	772	772	803	707
3	813	715	782	772	752	835
4	792	803	698	782	620	715
5	792	813	665	743	835	673
6	907	858	1115	933	847	698
7	792	907	835	792	560	734
8	835	882	870	824	585	681

sichtigt werden, dass verschiedene Goldarten möglicherweise einen Einfluss auf die Härte der Füllungen haben. Jede Herstellungsart wurde zweimal mit jeder Goldart kombiniert. Dies ergab nach Xhonga (1971) die tabellierten Füllungshärten.

17.2.2 Modell mit Wechselwirkungen

Wie in dem einführenden Beispiel kommt in Anwendungen bisweilen zu dem einen Faktor A, nach dem die Beobachtungen unterteilt sind, noch ein zweiter Faktor B hinzu. Der Faktor B ist oft von der Qualität, dass durch ihn als entscheidender ‚Hintergrundsvariablen' die Variabilität innerhalb der Stufen des Faktors A stark vergrößert wird. Beispielsweise ist das Alter eine solche Hintergrundsvariable bei der Liegezeit von Patienten in verschiedenen Stationen eines Krankenhauses.

Wir beschränken uns auf die Behandlung *balancierter Experimente*. Diese sind dadurch charakterisiert, dass jede Kombination $(i,j), i = 1,\ldots,k, j = 1,\ldots,m$ der k Stufen des Faktors A und der m Stufen des Faktors B gleich oft beobachtet wird. Die Anzahl der Wiederholungen pro Faktorstufen-Kombination, kurz Zelle, bezeichnen wir mit n. Die Gesamtzahl der Beobachtungen des Experimentes ist dann $N = k \cdot m \cdot n$.

In Fortführung der Überlegungen zu der einfachen Varianzanalyse können Lageunterschiede zwischen den einzelnen Zellen als Abweichungen von einem Gesamtniveau angesehen werden. Da die Abweichungen jetzt durch zwei Faktoren bewirkt werden, ist es naheliegend, für die Zelle (i,j) den Erwartungswert in der Form

$$\mu_{ij} = \mu + \tau_i + \rho_j$$

zu schreiben. Das wäre Ausdruck einer einfachen Überlagerung der Effekte t_i des Faktors A und derjenigen des Faktors B, die mit ρ_j bezeichnet werden. In den meisten Fällen ist es aber angebracht, Wechselwirkungseffekte zwischen den Faktoren zu berücksichtigen. Dies führt zu dem allgemeinen Ansatz

$$\mu_{ij} = \mu + \tau_i + \rho_j + (\tau\rho)_{ij}$$

$(\tau\rho)_{ij}$ bezeichnet die *Wechselwirkung*, die Auswirkung der Kombination der Stufen i und j der beiden Faktoren A und B, soweit sie eine Abweichung von der einfachen Überlagerung $\tau_i + \rho_j$ ergibt.

Da der Ansatz bei $k \cdot m$ Zellen $1 + k + m + k \cdot m$ Parameter enthält, sind wie bei der einfachen Varianzanalyse geeignete Bedingungen an die Parameter zu stellen.

Definition 17.8 *Modell der zweifachen, balancierten Varianzanalyse mit Wechselwirkung*

Das Modell der *zweifachen, balancierten Varianzanalyse mit Wechselwirkung* ist gegeben durch den Ansatz

$$X_{ijv} = \mu + \tau_i + \rho_j + (\tau\rho)_{ij} + U_{ijv}, \quad i = 1,\ldots,k, j = 1,\ldots,m, v = 1,\ldots,n.$$

Dabei gelten die Reparametrisierungsbedingungen

$$\sum_{i=1}^{k} \tau_i = 0, \quad \sum_{j=1}^{m} \rho_j = 0, \quad \sum_{i=1}^{k} (\tau\rho)_{ij} = 0 \text{ für alle } j, \quad \sum_{j=1}^{m} (\tau\rho)_{ij} = 0 \text{ für alle } i.$$

17.2 Zweifache Varianzanalyse

U_{ijv} sind unabhängige Zufallsvariablen, die die gleiche, bei null zentrierte Verteilung haben.

Die hier vor allem interessierenden Hypothesen sind:

$$H_0 : (\tau\rho)_{11} = \cdots = (\tau\rho)_{km} = 0, \qquad H_0' : \tau_1 = \cdots = \tau_k = 0, \qquad H_0'' : \rho_1 = \cdots = \rho_m = 0.$$

Die Hypothese über die Wechselwirkungseffekte steht dabei nicht umsonst an erster Stelle. Bei Ablehnung von H_0 ist nämlich bei der Interpretation der Aussagen über die Haupteffekte τ_i, ρ_j größte Sorgfalt geboten. Das Vorhandensein von Wechselwirkungen bedeutet z. B., dass ein Versuchseffekt (= Stufe des Faktors A) für jede Stufe des Faktors B getrennt interpretiert oder gar untersucht werden muss. Es kommt vor, dass die Tests auf die Faktoreffekte nicht signifikant sind, weil sich gegenläufige Effekte wegen der Wechselwirkungen aufheben. Um dies zu erkennen sind häufig *Interaktionsplots*, hilfreich. Dabei werden die Zellenmittel gegen die Stufen eines der beiden Faktoren eingezeichnet und die jeweils zu der gleichen Stufe des anderen Faktors gehörigen Werte verbunden. Sind die Wechselwirkungen alle null, so sollten die Kurven parallel verlaufen.

Beispiel 17.9 *Härte von Zahnfüllungen - Fortsetzung*

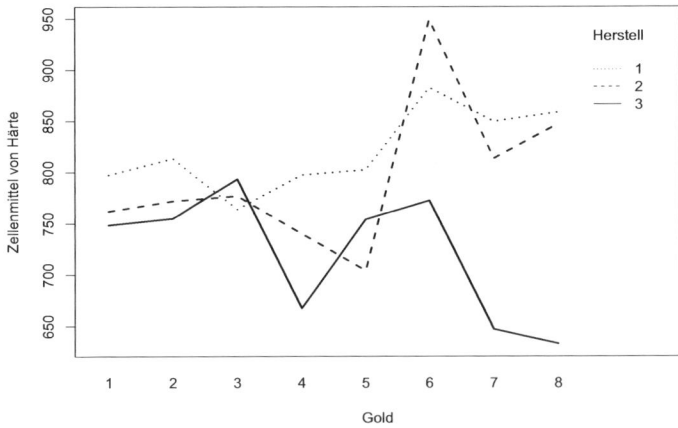

Abb. 17.4: *Profilkurven für die Zahnfüllungen*

Die Interaktionsplots für die Zellenmittel zeigen keine Parallelität der Kurven. Das ist gerade bei den Goldarten mit den höheren Nummern verletzt. Dementsprechend ist dies genauer zu analysieren.

17.2.3 Tests bei Normalverteilung

Wir gehen bei der Ableitung der Prüfgrößen für die drei formulierten Hypothesen von Schätzfunktionen für die differentiellen Effekte τ_i, ρ_j und $(\tau\rho)_{ij}$ aus. Diese basieren, wie bei normalverteilten X_{ijv} üblich, auf arithmetischen Mitteln. Wir schreiben

$$\bar{X}_{ij\bullet} = \frac{1}{n} \sum_{v=1}^{n} X_{ijv}, \quad \bar{X}_{i\bullet\bullet} = \frac{1}{m \cdot n} \sum_{j=1}^{m} \sum_{v=1}^{n} X_{ijv}, \quad \bar{X}_{\bullet j\bullet} = \frac{1}{k \cdot n} \sum_{i=1}^{k} \sum_{v=1}^{n} X_{ijv},$$

$$\bar{X}_{\bullet\bullet\bullet} = \frac{1}{k \cdot m \cdot n} \sum_{i=1}^{k} \sum_{j=1}^{m} \sum_{v=1}^{n} X_{ijv}.$$

Dann ist es naheliegend, das globale Niveau mit dem Gesamtdurchschnitt zu schätzen, $\hat{\mu} = \bar{X}_{\bullet\bullet\bullet}$. Den Effekt τ_i schätzen wir durch die Differenz des Durchschnittes über alle Werte mit dem Index i minus dem Gesamtdurchschnitt. Analog wird ρ_j durch die entsprechende Durchschnittsdifferenz geschätzt. Die Schätzer der Wechselwirkungen $(\tau\rho)_{ij}$ erhalten wir, indem in der Modellgleichung $\mu_{ijv} = \mu + \tau_i + \rho_j + (\tau\rho)_{ij}$ μ_{ijv} durch das arithmetische Mittel $\bar{X}_{ij\bullet}$ und auf der rechten Seite μ, τ_i und ρ_j durch ihre Schätzer ersetzt werden. Umstellen der Gleichung ergibt dann einen Schätzer für $(\tau\rho)_{ij}$. Insgesamt erhalten wir die Schätzfunktionen:

$$\hat{\tau}_i = \bar{X}_{i\bullet\bullet} - \bar{X}_{\bullet\bullet\bullet}, \quad \hat{\rho}_j = \bar{X}_{\bullet j\bullet} - \bar{X}_{\bullet\bullet\bullet},$$
$$\widehat{\tau\rho}_{ij} = \bar{X}_{ij\bullet} - \bar{X}_{\bullet\bullet\bullet} - (\bar{X}_{i\bullet\bullet} - \bar{X}_{\bullet\bullet\bullet}) - (\bar{X}_{\bullet j\bullet} - \bar{X}_{\bullet\bullet\bullet}) = \bar{X}_{ij\bullet} - \bar{X}_{i\bullet\bullet} - \bar{X}_{\bullet j\bullet} + \bar{X}_{\bullet\bullet\bullet}.$$

Somit sollten jeweils die Summen der entsprechenden, quadrierten Schätzungen nicht zu groß sein, wenn die zugehörige Hypothese gilt. Um zu geeigneten Prüfgrößen zu gelangen, müssen die Summen $\sum_{i=1}^{k} \hat{\tau}_i^2$, $\sum_{j=1}^{m} \hat{\rho}_j^2$ und $\sum_{i=1}^{k} \sum_{j=1}^{m} \widehat{\tau\rho}_{ij}^2$ noch mit einer Schätzung für die Varianz standardisiert werden.

Die Varianzschätzung erhalten wir folgendermaßen. Mit den angegebenen Schätzern gilt aufgrund der Modellgleichung $X_{ijv} = \mu + \tau_i + \rho_j + (\tau\rho)_{ij} + U_{ijv}$:

$$\hat{U}_{ijv} = X_{ijv} - [\bar{X}_{\bullet\bullet\bullet} + (\bar{X}_{i\bullet\bullet} - \bar{X}_{\bullet\bullet\bullet}) + (\bar{X}_{\bullet j\bullet} - \bar{X}_{\bullet\bullet\bullet}) + (\bar{X}_{ij\bullet} - \bar{X}_{i\bullet\bullet} - \bar{X}_{\bullet j\bullet} + \bar{X}_{\bullet\bullet\bullet})] = X_{ijv} - \bar{X}_{ij\bullet}.$$

Somit ist die Summe der Fehlerquadrate

$$\sum_{i=1}^{k} \sum_{j=1}^{m} \sum_{v=1}^{n} \hat{U}_{ijv}^2 = \sum_{i=1}^{k} \sum_{j=1}^{m} \sum_{v=1}^{n} (X_{ijv} - \bar{X}_{ij\bullet})^2$$

nach geeigneter Normierung eine sinnvolle Schätzung der Varianz der Störungen. Wie bei der einfachen Varianzanalyse erhalten wir die vier betrachteten Summen von Quadraten bei der Zerlegung der Summe aller Abweichungsquadrate:

$$\sum_{i=1}^{k} \sum_{j=1}^{m} \sum_{v=1}^{n} (X_{ijv} - \bar{X}_{\bullet\bullet\bullet})^2 = m \cdot n \cdot \sum_{i=1}^{k} (\bar{X}_{i\bullet\bullet} - \bar{X}_{\bullet\bullet\bullet})^2 + k \cdot n \cdot \sum_{j=1}^{m} (\bar{X}_{\bullet j\bullet} - \bar{X}_{\bullet\bullet\bullet})^2$$
$$+ n \cdot \sum_{i=1}^{k} \sum_{j=1}^{m} (\bar{X}_{ij\bullet} - \bar{X}_{i\bullet\bullet} - \bar{X}_{\bullet j\bullet} + \bar{X}_{\bullet\bullet\bullet})^2 + \sum_{i=1}^{k} \sum_{j=1}^{m} \sum_{v=1}^{n} (X_{ijv} - \bar{X}_{ij\bullet})^2.$$

In Verbindung mit den zugehörigen Freiheitsgraden ergibt sich daraus die folgende Varianzanalysetafel 17.3.

Die Prüfgrößen sind dann die Quotienten

$F_1 = MS(AB)/MS(E)$ für die Überprüfung von $H_0 : (\tau\rho)_{11} = \cdots = (\tau\rho)_{km} = 0$,
$F_2 = MS(A)/MS(E)$ für die Überprüfung von $H_0' : \tau_1 = \cdots = \tau_k = 0$,
$F_3 = MS(B)/MS(E)$ für die Überprüfung von $H_0'' : \rho_1 = \cdots = \rho_m = 0$.

17.2 Zweifache Varianzanalyse

Tabelle 17.3: Varianzanalysetafel für die zweifache Varianzanalyse

Streuungs-Ursache	Freiheitsgrade (df)	Quadratsumme (SS)	Mittlere Quadratsumme (MS)
Faktor A	$k-1$	$SS(A) = n \cdot m \sum_{i=1}^{k} (\bar{X}_{i\bullet\bullet} - \bar{X}_{\bullet\bullet\bullet})^2$	$MS(A) = \dfrac{SS(A)}{(k-1)}$
Faktor B	$m-1$	$SS(B) = n \cdot k \sum_{j=1}^{m} (\bar{X}_{\bullet j\bullet} - \bar{X}_{\bullet\bullet\bullet})^2$	$MS(B) = \dfrac{SS(B)}{(m-1)}$
Wechselwirkung	$(k-1)(m-1)$	$SS(AB) = n \sum_{i=1}^{k} \sum_{j=1}^{m} (\bar{X}_{ij\bullet} - \bar{X}_{i\bullet\bullet} - \bar{X}_{\bullet j\bullet} + \bar{X}_{\bullet\bullet\bullet})^2$	$MS(AB) = \dfrac{SS(AB)}{((k-1)(m-1))}$
Fehler	$k \cdot m \cdot n - 1$	$SS(E) = \sum_{i=1}^{k} \sum_{j=1}^{m} \sum_{v=1}^{n} (X_{ijv} - \bar{X}_{ij\bullet})^2$	$MS(E) = \dfrac{SS(E)}{(km(n-1))}$
Gesamt	$k \cdot m \cdot n - 1$	$SS(G) = \sum_{i=1}^{k} \sum_{j=1}^{m} \sum_{v=1}^{n} (X_{ijv} - \bar{X}_{ij\bullet})^2$	

Unter den Nullhypothesen sind F_1, F_2 und F_3 jeweils $\mathscr{F}$-verteilt, und zwar mit $(k-1)(m-1), (k-1)$ bzw. $(m-1)$ Freiheitsgraden des Zählers und mit gleichermaßen $k \cdot m \cdot (n-1)$ Freiheitsgraden des Nenners.

Beispiel 17.10 *Härte von Zahnfüllungen - Fortsetzung*

Wie erwähnt sollte durch ein Experiment festgestellt werden, ob verschiedene Methoden zur Herstellung von Goldfüllungen unterschiedlich harte Zahnfüllungen ergeben. Dabei sollte auch berücksichtigt werden, dass verschiedene Goldarten möglicherweise einen Einfluss auf die Härte der Füllungen haben.

Die Varianzanalysetafel erhält die Gestalt:

Tab.: Varianzanalyse für die Härte der Zahnfüllungen

Streuungsursache	df	SS	MS
Herstellungsart	2	91166.5	45583.3
Gold-Art	7	94020.7	13431.5
Wechselwirkungen	14	117355.5	8382.5
Fehler	24	98424.0	4101.0
Gesamt	47	400966.7	

Damit ergeben sich die folgenden Werte der Prüfgrößen und P-Werte:

Test auf Wechselwirkung:

$$F_1 = \frac{MS(AB)}{MS(E)} = \frac{8382.5}{4101.0} = 2.044, \quad P(F > 2.044) = 0.0597;$$

Test auf Effekte des Faktors A (Herstellungsart):

$$F_2 = \frac{MS(A)}{MS(E)} = \frac{45583.3}{4101.0} = 11.115, \quad P(F > 11.115) = 0.0004;$$

Test auf Effekte des Faktors B (Gold-Art):

$$F_3 = \frac{MS(B)}{MS(E)} = \frac{13431.5}{4101.0} = 3.275, \quad P(F > 3.275) = 0.0137.$$

Die Wechselwirkungen sind nicht signifikant; folglich ist die Interpretation der Effekte der beiden Faktoren einfach: Die Herstellungsarten und die Goldarten sind jeweils als verschieden wirksam anzusehen; sie beeinflussen sich nicht gegenseitig.

Die Ausführungen zu den multiplen Vergleichen, die wir im ersten Abschnitt gemacht haben, können ohne großen Aufwand auf die zweifache Varianzanalyse übertragen werden. Allerdings ist zu berücksichtigen, dass jeweils nur die Effekte eines der beiden Faktoren in diesem Sinn analysiert werden können. Andernfalls ist das globale Signifikanzniveau nicht sichergestellt.

Falls nur eine Beobachtung pro Zelle vorliegt, dann verschwindet die Zeile für den Fehler in der Varianzanalysetafel, weil es keine wiederholten Beobachtungen zum Messen des Fehlers gibt. Kann man unterstellen, dass es keine Wechselwirkungen gibt, so lässt sich $MS(AB)$ zum Normieren der Prüfgrößen verwenden. Zum Überprüfen der Haupteffekte bildet man also

$$F = \frac{MS(A)}{MS(AB)} \quad \text{und} \quad F = \frac{MS(B)}{MS(AB)}.$$

Diese Prüfgrößen sind dann $\mathscr{F}$-verteilt mit $(k-1)$ bzw. $(m-1)$ Freiheitsgraden des Zählers und jeweils $(k-1)(m-1)$ Freiheitsgraden des Nenners.

Für weitere Aspekte zu dieser Situation sei auf Schlittgen (2004) verwiesen.

17.2.4 Ungleiche Varianzen

Bei der Durchführung einer Varianzanalyse ist generell eine Diagnose der Voraussetzungen anzuraten. Eine davon ist die Annahme der Konstanz der Streuung. Sofern nur eine Beobachtung pro Zelle vorliegt, ist es unmöglich, die Auswirkungen von ungleichen Varianzen und von Wechselwirkungen zu unterscheiden. Wir setzen daher $n > 1$ voraus.

Eine systematische Änderung der Streuung mit dem Niveau lässt sich aus einem Lage-Streuungsdiagramm erkennen. Dazu kann für jede Zelle (i, j) das Mittel $\bar{x}_{ij}$ und die Standardabweichung s_{ij} bestimmt werden. Die Darstellung der logarithmierten Standardabweichungen gegen die logarithmierten Mittelwerte zeigt dann einmal, ob die Streuung systematisch mit dem Mittel variiert. Weiter können wir gegebenenfalls daraus mit Hilfe der Überlegungen in Abschnitt 3.2.5 bestimmen, welche Transformation die Streuung stabilisiert. Eine Transformation ist aber bei einer zweifachen Varianzanalyse nicht unproblematisch, da eine additive Struktur zerstört werden kann.

17.2 Zweifache Varianzanalyse

Beispiel 17.11 *Keimzahlen*

Die Anzahl der Keime in der Milch ist ein Indikator für ihre Qualität: Eine hohe Keimzahl ist ein Indiz für das Vorhandensein von krankheitserregenden Keimen. Im Rahmen eines Ringversuches wurden an sieben Labors zwei Proben verschickt, aus denen die Labors vier gleichartige Untersuchungsreihen herstellen sollten. Aus diesen Reihen, die als Versuchswiederholungen angesehen werden können, wurden die Keimzahlen ermittelt.

Tab.: *Anzahlen von Keimen in zwei Milchproben durch sieben Labors bei je vier Wiederholungen. (Für die Daten danke ich dem Institut für Biometrie des FB Veterinärmedizin der FU Berlin).*

Wieder-holung	Probe 1 Hochgerechnete Keimzahl							Probe 2 Hochgerechnete Keimzahl						
	L1	L2	L3	L4	L5	L6	L7	L1	L2	L3	L4	L5	L6	L7
1	336	241	249	291	292	232	202	194	109	174	171	193	196	196
2	295	266	234	327	289	294	178	168	110	160	190	163	161	186
3	336	276	264	367	338	280	199	183	131	174	185	238	173	172
4	372	280	239	126	294	312	170	149	130	162	186	193	159	186

Ziel der Untersuchung war einmal die Feststellung, ob die Milch-Qualität beider Proben gleich gut war. Zum zweiten sollten die Untersuchungsstandards der Labors verglichen werden.

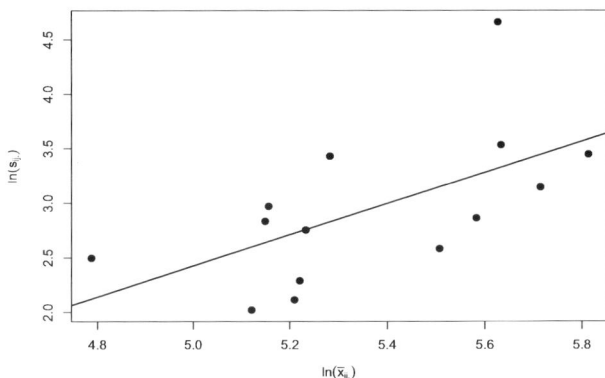

Abb. 17.5: *Lage-Streuungsdiagramm für die zellenweise zusammengefassten Keimzahlen*

Das Lage-Streuungsdiagramm zeigt einen Anstieg der Streuung mit dem Niveau. Die eingezeichnete Regressionsgerade hat die Steigung $b = 1.43$. Dies weist daraufhin, dass die Potenztransformation mit $m = 1 - b \approx -0.5$ eine streuungsstabilisierende Wirkung hat; vgl. den Abschnitt 3.2.5. Für die transformierten Werte $y_{ij\nu} = 1/\sqrt{x_{ij\nu}}$ erhalten wir folgende Varianzanalysetafel. Diese führt dann auf die nachstehenden Werte der Prüfgrößen und der P-Werte.

Streuungsursache	df	SS	MS
Probe	1	$3.222 \cdot 10^{-3}$	$3.222 \cdot 10^{-3}$
Labor	6	$0.852 \cdot 10^{-3}$	$0.142 \cdot 10^{-3}$
Wechselwirkung	6	$1.024 \cdot 10^{-3}$	$0.171 \cdot 10^{-3}$
Fehler	42	$1.287 \cdot 10^{-3}$	$0.031 \cdot 10^{-3}$
Gesamt	55	$6.384 \cdot 10^{-3}$	

Test auf Wechselwirkung: $F_1 = \dfrac{0.171 \cdot 10^{-3}}{0.031 \cdot 10^{-3}} = 5.57$, $\quad P(F_1 > 5.57) = 0.0003$;

Test auf Probe-Effekte: $F_2 = \dfrac{3.222 \cdot 10^{-3}}{0.031 \cdot 10^{-3}} = 105.17$, $P(F_2 > 105.17) \approx 0$;

Test auf Labor-Effekte: $F_3 = \dfrac{0.142 \cdot 10^{-3}}{0.031 \cdot 10^{-3}} = 4.63$, $\quad P(F_3 > 4.63) = 0.001$.

Hier ist die Interpretation der Ergebnisse schwierig, da die Wechselwirkungen signifikant von null verschieden sind. Offensichtlich unterscheiden sich sowohl Proben als auch Labors. Aber die Signifikanz der Wechselwirkung deutet darauf hin, dass die Labors bei den beiden Proben unterschiedlich gearbeitet haben.

17.2.5 Nicht-normalverteilte Störungen

Die Diagnose der Voraussetzungen einer Varianzanalyse sollte auch die Überprüfung der Normalverteilungsannahme umfassen. Dies kann mittels eines QQ-Diagrammes geschehen. Dazu werden i. d. R. die Beobachtungen zellenweise zentriert; die Gesamtheit der zentrierten Werte wird zur Erstellung eines QQ-Diagrammes verwendet. Die $X_{ij\nu}$ sollten sich ja nur im Niveau unterscheiden.

Beispiel 17.12 *Härte von Zahnfüllungen - Fortsetzung*

Zur Überprüfung der Normalverteilungsannahme zentrieren wir die Beobachtungen zellenweise und erstellen für alle zentrierten Werte gemeinsam ein QQ-Diagramm. Dieses zeigt eine ausreichende Übereinstimmung mit der Normalverteilung.

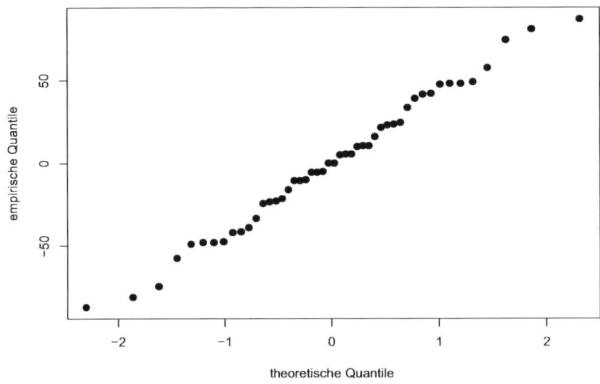

Abb. 17.6: *QQ-Diagramm der zellenweise zentrierten Härte-Werte auf Normalverteilung*

17.2 Zweifache Varianzanalyse

Beispiel 17.13 *Keimzahlen - Fortsetzung*

Auf eine Möglichkeit, dass die bei den Keimzahlen angegebene Interpretation nicht stimmen muss, weist das QQ-Diagramm in Abbildung 17.7 der zellenweise zentrierten Werte hin. Im Wesentlichen sind die Daten normalverteilt. (In bedeutend besserer Näherung als die nicht-transformierten Werte!) Jedoch gibt es einen starken Ausreißer. Solche Ausreißer können leicht dazu führen, dass der F-Test auf Wechselwirkung signifikant ist. Leider gibt es außer dem Ausschließen des entsprechenden Labors keine allgemein akzeptierte Möglichkeit, mit Ausreißern bei der Varianzanalyse umzugehen.

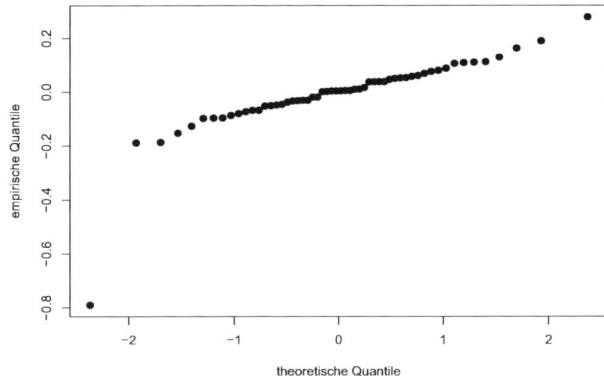

Abb. 17.7: *QQ-Diagramm für die zellenweise zentrierten transformierten Keimzahlen auf Normalverteilung*

Sind nun die Störungen U_{ijv} nicht normalverteilt, so können wie bei der einfachen Varianzanalyse Rangtests eingesetzt werden. Wir beschreiben nur einen häufiger eingesetzten Test.

Der *Friedmann-Test* geht von einer Beobachtung pro Zelle aus. Bei mehr als einer Beobachtung pro Zelle wendet man den Test üblicherweise auf die Zellenmittel $\bar{x}_{ij}$ an und vernachlässigt die restliche Information. Zusätzlich wird bei der Anwendung des Friedmann-Tests unterstellt, dass keine Wechselwirkungseffekte vorhanden sind.

Der Friedmann-Test zur Überprüfung der Effekte des Faktors B basiert auf Rängen, die innerhalb der Stufen des Faktors A vergeben werden. Es werden also für jedes i die Beobachtungen $x_{i1}, \ldots, x_{im}$ als ein Datensatz genommen. Dann werden diesen Werten Rangzahlen $R_{i1}, \ldots, R_{im}$ zugeordnet. Mit $\bar{R}_{\bullet j}$ bezeichnen wir das Mittel dieser Ränge innerhalb der i-ten Stufe des Faktors A und mit $\bar{R}_{\bullet\bullet}$ das Mittel aller $k \cdot m$ Ränge. Die dem Zähler der Prüfgröße des F-Tests nachgebildete Größe $(\bar{R}_{\bullet j} - \bar{R}_{\bullet\bullet})^2$ ist dann noch geeignet zu standardisieren.

Tabelle 17.4: Zur Vergabe von Rängen bei dem Friedmann-Test

	Faktor B				
Faktor A	1	...	j	...	m
1	R_{11}	...	R_{1j}	...	R_{1m}
⋮	⋮		⋮		⋮
i	R_{i1}	...	R_{ij}	...	R_{im}
⋮	⋮		⋮		⋮
k	R_{k1}	...	R_{kj}	...	R_{km}
	$\bar{R}_{\bullet 1}$	...	$\bar{R}_{\bullet j}$	...	$\bar{R}_{\bullet m}$

Zeilenweise: Vergabe von Rängen

Spaltenweise: Durchschnittsbildung

Satz 17.14 *Friedmann-Test*

Die Prüfgröße des *Friedmann-Tests* für das Testen der Effekte des Faktors B lautet:

$$T = \frac{\sum_{j=1}^{m}(\bar{R}_{\bullet j} - \bar{R}_{\bullet\bullet})^2}{m(m+1)/(12k)} = \frac{12k}{m(m+1)}\sum_{j=1}^{m}\bar{R}_{\bullet j}^2 - 3k(m+1).$$

T ist unter $H_0 : \tau_1 = \cdots = \tau_m = 0$ asymptotisch χ^2-verteilt mit $m-1$ Freiheitsgraden.

Bei Bindungen werden mittlere Ränge vergeben. Bei sehr vielen Bindungen ist der Nenner von T geeignet zu modifizieren, siehe Hollander & Wolfe (1973).

Einen Test für die Überprüfung der Effekte des Faktors A erhalten wir einfach durch Umbenennung. Hollander & Wolfe (1973) behandeln auch multiple Vergleiche auf der Basis von Rangtests.

Beispiel 17.15 *Keimzahlen - Fortsetzung*

Um den Friedman-Test bei den Keimzahlen anzuwenden, unterstellen wir, dass für die zellenweise gemittelten Werte keine Wechselwirkungen vorhanden sind. Da die oben angewendete, varianzstabilisierende Transformation monoton ist, können wir die Ränge auch über die Originalwerte ermitteln.

In der folgenden Tabelle für die Überprüfung der Effekte sind die Zellmittel mit den zugehörigen Rangzahlen angegeben.

Tab.: Zellenmittel und zugehörige Rangwerte

		Labor						
		1	2	3	4	5	6	7
Probe 1	$\bar{x}_{1j}$	334.75	265.75	246.50	277.75	303.25	279.50	187.25
	R_{1j}	7	3	2	4	6	5	1
2	$\bar{x}_{2j}$	173.50	120.00	167.50	183.00 5	196.75	172.25	185.00
	R_{2j}	4	1	2	5	7	3	6
	$\bar{R}_{\bullet j}$	5.5	2	2	4.5	6.5	4	3.5

Mit der zweiten Berechnungsformel erhalten wir

$$T = \frac{12 \cdot 2}{7 \cdot 8} 129 - 3 \cdot 2 \cdot 8 = 7.29.$$

Der P-Wert liegt nach der Tabelle der χ^2-Verteilung mit 6 Freiheitsgraden zwischen 0.4 und 0.25. Somit gibt der Friedmann-Test keinen Anhaltspunkt für einen nicht-zufälligen Unterschied.

17.3 Aufgaben

Aufgabe 1

Im Rahmen einer Untersuchung verschiedener Magazine wurde auch die Frage gestellt, wie sich die Werbung in verschiedenen Magazintypen unterscheidet. Es wurden drei Gruppen von Magazinen gebildet, wobei die der Gruppe 1 die Leserschaft mit dem höchsten Bildungsabschluss hatte und die der Gruppe 3 die mit dem niedrigsten. Eine der untersuchten Charakteristiken war die Anzahl X der Wörter pro Anzeige.

Aus verschiedenen Magazinen wurden Anzeigen zufällig ausgewählt und ihre Wörter ausgezählt. Wenn man unterstellt, dass die Wortanzahl approximativ normalverteilt ist, ist dann der Unterschied zum Niveau $\alpha = 0.05$ signifikant? Woher rührt er gegebenenfalls?

Gruppe 1	Gruppe 2	Gruppe 3
205 80 215 88 93 34	191 94 82 67 44 139	162 97 68 83 111 208
203 208 153 46 146 49	219 206 88 203 105 68	31 169 32 208 88 195
229 89 205 230 39 208	205 197 39 109 72 57	85 78 50 60 81 111

Aufgabe 2

Fünf Messserien von Michelson zur Bestimmung der Lichtgeschwindigkeit ergaben die folgenden Werte. (Messwert - 299000, nach Hand et al. 1994).

	Experiment						Experiment				
v	1	2	3	4	5	v	1	2	3	4	5
1	850	960	880	890	890	11	1000	830	880	910	870
2	740	940	880	810	840	12	980	790	910	920	870
3	900	960	880	810	780	13	930	810	850	890	810
4	1070	940	860	820	810	14	650	880	870	860	740
5	930	880	720	800	760	15	760	880	840	880	810
6	850	800	720	770	810	16	810	830	840	720	940
7	950	850	620	760	790	17	1000	800	850	840	950
8	980	880	860	740	810	18	1000	790	840	850	800
9	980	900	970	750	820	19	960	760	840	850	810
10	880	840	950	760	850	20	960	800	840	780	870

Es wurde bereits im Beispiel 14.4 angemerkt, dass diese fünf Messserien von Michelson zur Bestimmung der Lichtgeschwindigkeit nicht als einfache Versuchswiederholungen anzusehen sind; die Messanordnungen waren unterschiedlich. Überprüfen Sie, ob die Messanordnungen tatsächlich mit unterschiedlichen Messniveaus verbunden waren ($\alpha = 0.05$).

Aufgabe 3

Die folgende Tabelle gibt Hämoglobin-Werte (Gramm pro 1000 ml) im Blut einer Forellenart nach 35 Tagen an. Den Fischen wurden täglich 0, 5, 10 bzw. 15 g (pro 100 Pfund Fisch) eines schwefelhaltigen Futters zugesetzt. Dabei wurden jeweils zwei Tröge parallel behandelt, vgl. Gutsell (1951).

H-Wert	A					B				
0	6.7	7.8	5.5	8.4	7.0	7.0	7.8	6.8	7.0	7.5
	7.8	8.6	7.4	5.8	7.0	6.5	5.8	7.1	6.5	5.5
5	9.9	8.4	10.4	9.3	10.7	9.9	9.6	10.2	10.4	11.3
	11.9	7.1	6.4	8.6	10.6	9.1	9.0	10.6	11.7	9.6
10	10.4	8.1	10.6	8.7	10.7	9.9	9.6	10.2	10.4	11.3
	9.1	8.8	8.1	7.8	8.0	10.9	8.0	10.2	6.1	10.7
15	9.3	9.3	7.2	7.8	9.3	11.0	9.3	11.0	9.0	8.4
	10.2	8.7	8.6	9.3	7.2	8.4	6.8	7.2	8.1	11.0

1. Zeichnen Sie einen Interaktionsplot. Welche Rückschlüsse ziehen Sie daraus bzgl. der Wechselwirkungen?
2. Führen Sie nun eine geeignete Varianzanalyse durch! Checken Sie die Voraussetzungen dafür. Welche P-Werte deuten auf relevante Einflüsse hin?

Aufgabe 4

Ein Hersteller hatte Schwierigkeiten mit einer Katalysator-Anlage. Nach Rücksprache mit der Forschungsabteilung der Firma wurde eine Untersuchung durchgeführt, bei der vier Reagenzien und drei Katalysatoren kombiniert und jeweils zweimal die Auswirkung der Kombinationen auf die Produktionsraten studiert wurden, siehe Smith (1969).

	Katalysator		
Reagenzien	x	y	z
A	4	11	5
	6	7	9
B	6	13	9
	4	15	7
C	13	15	13
	15	9	13
D	12	12	7
	12	14	9

1. Zeichnen Sie einen Interaktionsplot. Welche Rückschlüsse ziehen Sie daraus bzgl. der Wechselwirkungen?

2. Führen Sie eine geeignete Varianzanalyse durch.

Aufgabe 5

Die mittlere Überlebenszeit von vier Tierarten unter der Gabe von drei unterschiedlichen Raten eines Giftes war nach Brown (1975):

1. Führen Sie eine standardmäßige Varianzanalyse durch ($\alpha = 0.05$). Unterstellen Sie dazu, dass keine Wechselwirkungen vorliegen.

2. Führen sie einen nichtparametrischen Test auf die Gift-Effekte durch ($\alpha = 0.05$).

	Tierart			
Gift	1	2	3	4
1	0.41	0.88	0.57	0.61
2	0.32	0.82	0.38	0.67
3	0.21	0.34	0.24	0.33

18 Anpassungs- und Unabhängigkeitstests

Wir haben die theoretischen Verteilungsmodelle unter dem Blickwinkel der Beschreibung von empirischen Verteilungen eingeführt. Ob ein Verteilungsmodell zu den Daten passt bzw. welches von mehreren Modellen die empirische Verteilung besser beschreibt, haben wir subjektiv entschieden. Bei den diskreten Variablen verglichen wir dazu die empirischen Häufigkeiten $n(X = x_i)$ mit den theoretisch erwarteten $n \cdot P(X = x_i)$. Bei stetigen Variablen dienten uns QQ-Diagramme als Hilfsmittel zur Beantwortung dieser Frage.

Die Eignung von Verteilungsmodellen lässt sich nun objektiv beurteilen, wenn wir geeignete Signifikanztests heranziehen. Tests, die es gestatten, hypothetische Verteilungsmodelle zu überprüfen, werden als *Anpassungstests* bezeichnet. Einige der zahlreichen Anpassungstests behandeln wir im ersten Abschnitt dieses Kapitels. Auch im bivariaten Fall, bei der gleichzeitigen Betrachtung zweier Zufallsvariablen, stellt sich die Frage nach der Verteilung der beiden Zufallsvariablen. Ein wichtiger Teilaspekt ist dabei die Unabhängigkeit. Ihm wenden wir uns im zweiten Abschnitt zu.

18.1 Anpassungstests

18.1.1 Problemstellung

Die Entwicklung der Wahrscheinlichkeitstheorie lässt sich auf Glücksspielberechnungen zurückverfolgen. In diesem Zusammenhang ist die Beschäftigung mit antiken Würfeln von Interesse. Insbesondere stellt sich die Frage, ob antike Würfel schon so gleichmäßig gearbeitet waren, dass jede Seite die gleiche Chance hatte. Die folgende Tabelle gibt die Ergebnisse eines langen Würfelnachmittags in einem Museum der UdSSR wieder. Verwendet wurde ein aus Knochen geschnitzter ägyptischer Würfel aus dem 16. Jh. v. u. Z., siehe Maistrov (1974).

Tab.: *Verteilung der Augenzahlen x bei n = 235 Würfen mit einem antiken Würfel*

x_i :	1	2	3	4	5	6
n_i :	37	17	49	59	28	45

Das theoretische Modell für die Zufallsvariable $X = $ ‚Augenzahl' ist eine diskrete Gleichverteilung:

$$P(X = x) = \frac{1}{6} = 0.167, \qquad x = 1, 2, \ldots, 6.$$

Die Frage betrifft hier die gesamte Verteilung, nicht nur einen einzelnen Parameter. Wenn wir sie in die Form einer Nullhypothese H_0 bringen wollen, müssen wir unter H_0 also die gesamte Verteilung festlegen:

$$H_0 : p_1 = p_2 = p_3 = p_4 = p_5 = p_6$$

oder kürzer:

$$H_0 : p_i = \frac{1}{6} \quad \text{für} \quad i = 1, \ldots, 6.$$

Benötigt wird nun ein statistischer Test, der geeignet ist, diese sowie analoge Hypothesen zu überprüfen.

18.1.2 Der Chi-Quadrat-Anpassungstest für vollständig spezifizierte Verteilungen

Bei diskreten Zufallsvariablen bildet der Vergleich zwischen empirischen und theoretisch erwarteten Häufigkeiten einen geeigneten Ansatz, um das Vorliegen eines bestimmten Verteilungsmodells zu überprüfen. Ein derartiger Vergleich ist auch bei stetigen Variablen möglich, wenn die Daten klassiert werden.

Den Ausgangspunkt bildet also die zu testende Hypothese

$$H_0 : P(X = x_i) = p_i^o \quad i = 1, 2, \ldots, k \quad \text{bzw.} \quad H_0 : P(x_{i-1}^* < X \leq x_i^*) = p_i^o \quad i = 1, 2, \ldots, k.$$

Die unter H_0 angegebenen Wahrscheinlichkeiten p_i^o sollen fest vorgegebene Werte repräsentieren. Dass wir unter H_0 nur endlich viele Werte p_i^o spezifizieren, hängt mit der zu entwickelnden Prüfgröße zusammen. Gegebenenfalls sind also mehrere Realisationsmöglichkeiten zusammenzufassen.

Der Vergleich zwischen empirischen n_i und erwarteten Häufigkeiten $n \cdot p_i^o$ baut auf den Differenzen $(n_i - n \cdot p_i^o)$, $i = 1, \ldots, k$, auf. Eine geeignete Zusammenfassung der Differenzen führt auf die Stichprobenfunktion

$$X^2 = \sum_{i=1}^{k} \frac{(n_i - n \cdot p_i^o)^2}{n \cdot p_i^o}.$$

Hierbei sind die Quadrate notwendig, damit sich positive und negative Differenzen nicht gegenseitig aufheben. Die Division durch die erwarteten Häufigkeiten trägt einmal der Vorstellung Rechnung, dass bei kleinem n ein absolut gesehen gleich großer Unterschied anders ins Gewicht fällt als bei großem n. Bei großem n ist die Streuung der empirischen Häufigkeiten n_i größer als bei kleinem n. Zudem hängt die Streuung der Häufigkeiten auch von den p_i ab.

Wie bei den Parametertests benötigen wir die Verteilung der Prüfgröße X^2 unter der Nullhypothese zur Festlegung des Ablehnbereiches.

Satz 18.1 *Verteilung von X^2 bei vollständig spezifizierter Nullhypothese*

Gegeben sei eine diskrete Wahrscheinlichkeitsverteilung mit den Realisationsmöglichkeiten x_i, $i = 1, \ldots, k$ und den zugehörigen Wahrscheinlichkeiten p_i^o. Bei einer Stichprobe vom Umfang n seien n_i die zugehörigen absoluten Häufigkeiten der x_i. Dann ist die

18.1 Anpassungstests

Stichprobenfunktion

$$X^2 = \sum_{i=1}^{k} \frac{(n_i - n p_i^o)^2}{n p_i^o}$$

approximativ Chi-Quadrat-verteilt mit $v = k - 1$ Freiheitsgraden.

Nach einer Daumenregel kann die tatsächliche Verteilung von X^2 dabei brauchbar durch die χ^2_{k-1}-Verteilung angenähert werden, wenn die Approximationsvoraussetzung $n p_i^o \geq 5$ für alle $i = 1, \ldots, k$ erfüllt ist.

Die Verteilung von X^2 unter H_0 ist also eine χ^2-Verteilung. Dabei deuten offensichtlich nur große Werte von X^2 auf Unterschiede zwischen empirischen und theoretisch erwarteten Häufigkeiten hin. Der Ablehnbereich des auf der Prüfgröße X^2 basierenden *Chi-Quadrat-Anpassungstests* der Hypothese $H_0 : p_i = p_i^o, i = 1, \ldots, k$ hat also die Form: $\{X^2 > \chi^2_{v; 1-\alpha}\}$.

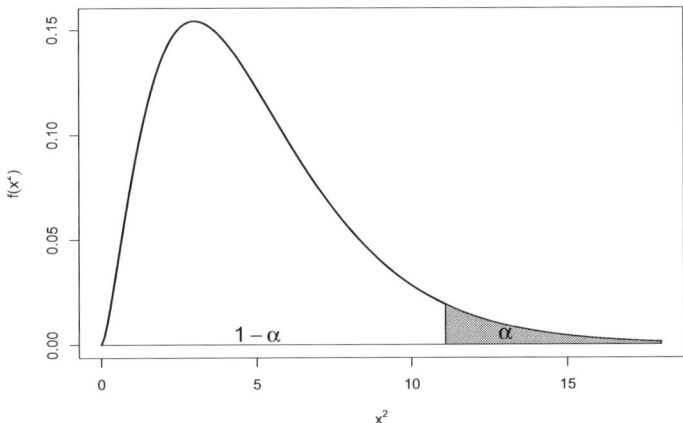

Abb. 18.1: *Annahme- und Ablehnbereich des χ^2-Anpassungstests*

Die Verteilung der Prüfgröße X^2 hängt unter H_0 nur von der Zahl der Summanden ab. Der Stichprobenumfang n hat dagegen zweierlei Effekte. Einmal wird mit wachsendem n die Approximation besser. Das heißt, die tabellierten Quantile stimmen mit denen der tatsächlichen Verteilung immer besser überein. Zum Zweiten werden mit größerem n die Abstände stärker gewichtet. Dies ist aus der folgenden Form der Prüfgröße zu ersehen:

$$X^2 = \sum_{i=1}^{k} \frac{(n_i - n \cdot p_i^o)^2}{n \cdot p_i^o} = n \sum_{i=1}^{k} \frac{(h_i - p_i^o)^2}{p_i^o},$$

wobei $h_i = n_i/n$ die relativen Häufigkeiten sind. Der gleiche Abstand zwischen relativer Häufigkeit und Wahrscheinlichkeit wiegt also z. B. zehnfach, wenn der Stichprobenumfang zehnmal so groß ist. Dies entspricht der auf dem schwachen Gesetz der großen Zahlen beruhenden Vorstellung, dass mit wachsendem Stichprobenumfang n die relativen Häufigkeiten immer dichter um die zugehörige Wahrscheinlichkeit liegen. Der gleiche Abstand hat bei großem n also einen stärkeren ‚Beweiswert' für eine vorliegende Abweichung von der Nullhypothese als bei kleinem.

Beispiel 18.2 *antiker Würfel - Fortsetzung*

In der Problemstellung formulierten wir als Hypothese: $H_0 : p_i = 1/6$, $i = 1,\ldots,6$. Die Überprüfung von H_0 wollen wir mit dem χ^2-Anpassungstest vornehmen. Dieser soll zum Niveau $\alpha = 0.01$ durchgeführt werden.

Die Bestimmung des Wertes der Prüfgröße X^2 geschieht dabei am einfachsten in einer geeigneten Arbeitstabelle.

Tab.: *Arbeitstabelle zur Bestimmung der Prüfgröße X^2*

x_i	n_i	np_i^0	$(n_i - np_i^o)$	$\dfrac{(n_i - np_i^o)^2}{np_i^o}$
1	37	39.17	-2.17	0.120
2	17	39.17	-22.17	12.548
3	49	39.17	9.83	2.467
4	59	39.17	19.83	10.039
5	28	39.17	-11.17	3.185
6	45	39.17	5.83	0.868
$n = 235$				29.227

Wir erhalten den Wert $X^2 = 29.227$. Hier beträgt die Zahl der Realisationsmöglichkeiten $k = 6$. Daher beträgt die Zahl der Freiheitsgrade $\nu = 6 - 1 = 5$. Da mit $235 \cdot 1/6 > 5$ die Approximationsvoraussetzung erfüllt ist, können wir die approximative Verteilung verwenden. Aus der Tabelle der Chi-Quadrat-Verteilung erhalten wir $\chi^2_{5;0.99} = 15.09$. Wegen $X^2 = 29.227 > 15.09$ wird die Hypothese H_0 zum Niveau $\alpha = 0.01$ abgelehnt.

Zumindest dieser Würfel kann nicht in unserem Sinn als fair gelten.

18.1.3 Der Chi-Quadrat-Anpassungstest für Verteilungen mit unbekannten Parametern

Häufig stellten wir bei der Einführung der theoretischen Verteilungen die Frage, ob ein empirischer Datensatz durch ein Verteilungsmodell gut erfasst wird. Dabei legten wir die Parameter der theoretischen Verteilung nicht vorher fest. Auch solche Hypothesen können mit dem Chi-Quadrat-Anpassungstest überprüft werden. Um aber überhaupt die erwarteten Häufigkeiten $n \cdot p_i^o$ bestimmen zu können, müssen die unbekannten Parameter aus den Daten geschätzt werden. Die Verwendung der geschätzten Parameter zur Festlegung von $n \cdot p_i^o$ ändert die Verteilung der Prüfgröße X^2 in der Form, dass die Anzahl der Freiheitsgrade um die Zahl der geschätzten Parameter reduziert wird.

Satz 18.3 *Verteilung von X^2 bei unbekannten Parametern*

Gegeben sei eine diskrete Wahrscheinlichkeitsverteilung mit den Realisationsmöglichkeiten x_i, $i = 1,\ldots,k$ und den zugehörigen Wahrscheinlichkeiten p_i^o. Diese mögen von m unbekannten Parametern abhängen. Bei einer Stichprobe vom Umfang n seien n_i die zugehörigen absoluten Häufigkeiten der x_i und $\hat{p}_i^o$ die Wahrscheinlichkeiten, die sich durch Schätzung der Parameter ergeben.

Dann ist die Stichprobenfunktion

18.1 Anpassungstests

$$X^2 = \sum_{i=1}^{k} \frac{(n_i - n\hat{p}_i^o)^2}{n\hat{p}_i^o}$$

approximativ Chi-Quadrat-verteilt mit $v = k - 1 - m$ Freiheitsgraden.

Nach einer Daumenregel kann die tatsächliche Verteilung von X^2 brauchbar durch die χ^2_{k-1}-Verteilung angenähert werden, wenn die Approximationsvoraussetzung $n\hat{p}_i^o \geq 5$ für alle $i = 1, \ldots, k$ erfüllt ist.

Selten wird die folgende Voraussetzung dafür genannt, dass die Prüfgröße unter der Nullhypothese tatsächlich approximativ Chi-Quadrat-verteilt ist. Die p_i^o müssen nämlich mit der ML-Methode aus den klassierten Daten bestimmt werden. Dazu ist für die Klassenhäufigkeiten eine Multinomialverteilung zu unterstellen. Diese Bestimmung ist i. d. R. nur mit numerischen Näherungsverfahren unter dem Einsatz von Computern möglich. Das ist wohl der Hauptgrund, warum so wenig auf diesen wichtigen Punkt eingegangen wird. Oft wird die Verwendung der ML-Schätzer aus den Originaldaten bzw. die der einfachen Momentenschätzer mit dem Hinweis gerechtfertigt, dass es keine große Abweichung gibt, wenn die Klasseneinteilung fein genug ist. Das ist etwa im Folgenden Beispiel gegeben. Im darauffolgenden wird illustriert, dass die Verhältnisse nicht immer so gutartig sind.

Beispiel 18.4 *Gedächtnisleistung*

Der Pionier der experimentellen Gedächtnisforschung, H. Ebbinghaus, legte in der 1885 veröffentlichten Schrift ‚Über das Gedächtnis' seine Untersuchungen über das Lernen sinnloser Silben vor. Bei einer 84 Einzelversuche umfassenden Versuchsserie bestand jeder Versuch im Lernen von je sechs Reihen zu 16 Silben, jedes Mal bis zum ersten fehlerfreien Hersagen. Die hierzu erforderliche Gesamtzeit X wurde notiert. Er erhielt folgende Verteilung:

Tab.: *Verteilung der Zeiten bis zum Behalten von 6 mal 16 Silben*

i	x^*_{i-1}	$<X \leq$	x^*_i	n_i	i	x^*_{i-1}	$<X \leq$	x^*_i	n_i
1	-		1116	2	10	1261	-	1269	2
2	1116	-	1140	3	11	1269	-	1273	3
3	1140	-	1165	3	12	1273	-	1285	5
4	1165	-	1189	6	13	1285	-	1309	14
5	1189	-	1213	8	14	1309	-	1333	5
6	1213	-	1237	7	15	1333	-	1357	5
7	1237	-	1249	6	16	1357	-	1382	4
8	1249	-	1253	2	17	1382	-	1406	3
9	1253	-	1261	5	18	1406	-		1

Er stellte die Frage, ob die gefundene empirische Verteilung hinreichend gut mit der Normalverteilung übereinstimmte. Wir wollen dies mit dem (später entwickelten) Chi-Quadrat-Test überprüfen.

Für die angegebene Versuchsfolge ermittelte Ebbinghaus das arithmetische Mittel $\bar{x} = 1261$. Unter Verwendung dieses Mittels erhalten wir weiter $\hat{\sigma}^2 = 65.607^2$. Diese Werte setzen wir für die unbekannten Parameter μ und σ^2 der Normalverteilung ein. Damit können wir die erwarteten Häufigkeiten $n\hat{p}_i^o$ der Klassen bestimmen. Zum Beispiel gilt:

$$n\hat{p}_1^o = F(1116;\hat{\mu},\hat{\sigma}^2) = \Phi\left(\frac{1116-\hat{\mu}}{\hat{\sigma}}\right) = \Phi(-2.210) = 0.0135.$$

Tab.: *Arbeitstabelle zum Chi-Quadrat-Test auf Normalverteilung*

i	x_i^*	$z_i^* = \frac{x_i^*-\bar{x}}{\hat{\sigma}}$	$\Phi(z_i^*)$	$n(\Phi(z_i^*)-\Phi(z_{i-1}^*))$	$n\hat{p}_i^o$	$\frac{(n_i-n\hat{p}_i^o)^2}{n\hat{p}_i^o}$
1	1116	-2.210	0.0135	1.1380		
2	1140	-1.844	0.0326	1.5977	6.0227	0.6492
3	1165	-1.463	0.0717	3.2869		
4	1189	-1.097	0.1362	5.4201	5.4201	0.0620
5	1213	-0.732	0.2322	8.0618	8.0618	0.0005
6	1237	-0.366	0.3573	10.5045	10.504	1.1692
7	1249	-0.183	0.4274	5.8954	5.8954	0.0019
8	1253	-0.122	0.4515	2.0192	6.0954	0.1342
9	1261	0.000	0.5000	4.0762		
10	1269	0.122	0.5485	4.0762	6.0954	0.1969
11	1273	0.183	0.5726	2.0192		
12	1285	0.366	0.6427	5.8954	5.8954	0.1360
13	1309	0.732	0.7678	10.5045	10.504	1.1631
14	1333	1.097	0.8638	8.0618	8.0618	1.1628
15	1357	1.463	0.9283	5.4201	5.4201	0.0326
16	1382	1.844	0.9674	3.2869		
17	1406	2.210	0.9865	1.5977	6.0227	0.6492
18	∞	∞	1.0000	1.1380		

Soweit die Approximationsvoraussetzungen nicht erfüllt sind, haben wir benachbarte Klassen zusammengefasst, um $n\hat{p}^o > 5$ zu erreichen.

Die Summe der letzten Spalte ergibt den Wert der Prüfgröße: $X^2 = 5.358$. Da (nach Zusammenlegung) 12 Klassen einbezogen und zwei Parameter geschätzt wurden, beträgt die Anzahl der Freiheitsgrade: $\nu = 12-1-2 = 9$. Der P-Wert ist $\alpha^* = 1 - P(X^2 \leq 5.358) = 0.802051$. Insgesamt ist also von einer hervorragenden Übereinstimmung von empirischer und theoretischer Verteilung zu sprechen.

Beispiel 18.5 *Niederschlagsmengen*

Die tägliche Niederschlagsmenge in Melbourne variiert mit der Jahreszeit. In den dortigen Wintermonaten Juni, Juli und August ergaben sich in drei Jahren die folgenden Werte (in mm) für die Tage, an denen überhaupt ein messbarer Niederschlag fiel. Die Staudte & Schiether (1990) entnommenen Daten sind:

6.4, 4.0, 3.2, 3.2, 8.2, 11.8, 6.0, 0.2, 4.2, 2.8, 0.6, 2.0, 16.4, 0.4, 8.4, 1.0, 7.4, 0.2, 4.6, 0.2, 0.2, 0.8, 0.2, 9.8, 1.2, 1.0, 0.2, 30.2, 1.4, 3.0

Es soll mit dem Chi-Quadrat-Test überprüft werden, ob die Werte als Realisationen einer Exponentialverteilung angesehen werden können. Dazu wird die folgende Häufigkeitstabelle erstellt. Diese ist gleich um die Arbeitstabelle zum nachfolgenden Chi-Quadrat-Test erweitert.

18.1 Anpassungstests

$x^*_{i-1} < X \leq x^*_i$			n_i	$n\hat{p}^o_i$	$\dfrac{(n_i - n\hat{p}^o_i)^2}{n\hat{p}^o_i}$
0	-	1	10	8.69	0.197
1	-	3	9	10.76	0.287
3	-		12	11.55	0.017
					0.501

Der ML-Schätzwert aus den Originaldaten ist $\hat{\lambda} = 0.222$. Den ML-Schätzwert aus den klassierten Daten erhalten wir durch Lösung des Maximierungsproblems

$$(F_\lambda(1) - F_\lambda(0))^{n_1}(F_\lambda(3) - F_\lambda(1))^{n_2}(F_\lambda(\infty) - F_\lambda(3))^{n_3}$$
$$= ((1 - e^{-\lambda \cdot 1}) - 0)^1 ((1 - e^{-\lambda \cdot 3}) - (1 - e^{-\lambda \cdot 1}))^9 (1 - (1 - e^{-\lambda \cdot 3}))^{12} \stackrel{!}{=} \max.$$

Hier ist zur Vereinfachung der nicht von dem Parameter abhängige Faktor der Wahrscheinlichkeitsfunktion der Multinomialverteilung weggelassen. Zur Bestimmung des Maximums kann der Ausdruck natürlich wieder logarithmiert werden. Die Durchführung der Maximierung ergibt dann $\hat{\lambda} = 0.329$. Dieser Wert unterscheidet sich von dem aus den Originaldaten deutlich. Der mit $\hat{\lambda} = 0.329$ berechnete Wert der approximativ χ^2-verteilten Teststatistik ist dann gemäß der Arbeitstabelle $X^2 = 0.501$. Dies gibt keinen Anhaltspunkt, an der Exponentialverteilung zu zweifeln.

Der Chi-Quadrat-Anpassungstest kann auch zur Auswahl des besten von mehreren zur Konkurrenz stehenden Modellen herangezogen werden. Dabei ist wegen der unter Umständen unterschiedlichen Anzahl von Freiheitsgraden das geeignete Kriterium der P-Wert. Ein kleinerer P-Wert zeigt bei einem Vergleich die schlechtere Eignung des entsprechenden Modells.

18.1.4 Das Chigramm

Die Durchführung des Chi-Quadrat-Anpassungstests lässt sich sinnvoll durch eine diagnostische Grafik ergänzen. Das *Chigramm* macht deutlich, welche Klassen bzw. Realisationen empirische Häufigkeiten aufweisen, die besonders stark von den unter dem Modell erwarteten abweichen.

Bei dem Chigramm gehen wir von den nichtquadrierten, standardisierten Differenzen

$$\chi = \frac{n_i - n \cdot \hat{p}^o_i}{\sqrt{n \cdot \hat{p}^o_i}}$$

aus. Vernachlässigen wir etwaige Schätzeffekte, so sind die als Zufallsvariablen aufgefassten absoluten Häufigkeiten N_i - einzeln betrachtet - binomialverteilt. Mit der Unterstellung, dass die $\hat{p}^o_i$ eher klein sind, erhalten wir mit der Poisson-Approximation der Binomialverteilung:

$$\mathrm{E}(N_i) \approx n \cdot \hat{p}^o_i, \qquad \mathrm{V}(N_i) \approx n \cdot \hat{p}^o_i.$$

Folglich sollten die einzelnen standardisierten Differenzen um null zentriert sein und eine Standardabweichung von eins haben:

$$\mathrm{E}\left(\frac{N_i - n \cdot \hat{p}^o_i}{\sqrt{n \cdot \hat{p}^o_i}}\right) \approx 0, \qquad \mathrm{V}\left(\frac{N_i - n \cdot \hat{p}^o_i}{\sqrt{n \cdot \hat{p}^o_i}}\right) \approx 1.$$

Somit ist ein Größenvergleich zwischen den einzelnen standardisierten Differenzen sinnvoll: Weicht eine zu stark von null ab, so trägt sie übermäßig zum Wert der Prüfgröße bei.

Weiterhin ist eine systematische Struktur - etwa mehrere Klassen mit gleichem Vorzeichen der standardisierten Differenzen - ein Indiz für die Natur der Unterschiede zwischen empirischer und angepasster theoretischer Verteilung. Wir empfehlen, bei klassierten Daten das Chigramm so zu zeichnen, dass nur über den Klassenmitten die entsprechenden Werte eingetragen werden, ggf. noch als Stabdiagramm. Eine dem Histogramm nachempfundene Division durch die Blockbreiten zerstört bei unterschiedlich breiten Klassen die Gleichheit der Streuungen.

Beispiel 18.6 *Aufwand für Forschung und Entwicklung*

Die bei einer Typologisierung als entscheidungsorientiert eingestuften Unternehmen wiesen folgende Aufwandsanteile X für Forschung und Entwicklung (FE) auf. (Nach: Innovatoren, Hrsg. vom Spiegel Verlag 1988)

Tab.: *Arbeitstabelle zur Erstellung eines Chigramms*

i	$x^*_{i-1} < X \leq x^*_i$			n_i	$\Phi\left(\dfrac{\ln(x^*_i) - \hat{\mu}_L}{\hat{\sigma}^2_L}\right)$	p^o_i	$\dfrac{n_i - n\hat{p}^o_i}{\sqrt{n\hat{p}^o_i}}$
1	0	-	1	7	0.080	0.080	-0.030
2	1	-	2	14	0.235	0.155	0.108
3	2	-	4	17	0.483	0.248	-1.031
4	4	-	6	19	0.639	0.156	1.432
5	6	-	8	8	0.738	0.099	-0.249
6	8	-	10	10	0.804	0.066	1.739
7	10	-	15	4	0.895	0.091	-1.417
8	15	-	50	9	1.000	0.105	-0.082

Die Verteilung weist eine offensichtliche Rechtsschiefe auf. Als Modell passen wir den Daten daher eine Log-Normalverteilung an.

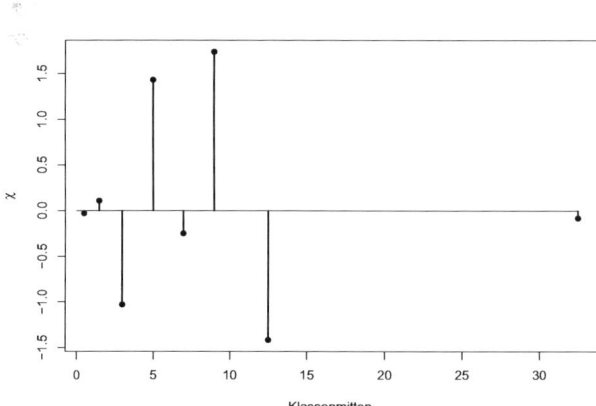

Abb. 18.2: *Chigramm für die Anpassung einer Log-Normalverteilung an die FE-Anteile*

Wir erhalten die Schätzungen $\hat{\mu}_L = 1.43$ und $\hat{\sigma}_L = 1.02$. Damit können wir die benötigten Werte entsprechend der obigen Arbeitstabelle bestimmen. Die grafische Darstellung weist auf eine gute Anpassung hin:

- Keiner der Werte liegt außerhalb des doppelten zentralen Schwankungsintervalles ±2. Diese Grenzen werden in der Diagnostik gerne als ‚Warngrenzen' verwendet.

- Es ist keine Systematik in der Form der Abweichungen zu erkennen.

18.1.5 Der Kolmogorov-Smirnov-Test

Bei stetigen Zufallsvariablen stellt die für die Anwendung des Chi-Quadrat-Anpassungstests notwendige Klassierung zumindest eine ‚Unschönheit' dar. Die Klassierung erlaubt - streng genommen - auch nicht, die Hypothese

$$H_0 : F(x) = F_0(x)$$

zu überprüfen. Nur die Gleichheit der Wahrscheinlichkeiten für die Klassen wird getestet.

Wir können nun direkt von der Verteilungsfunktion ausgehen. Die Werte der empirischen Verteilungsfunktion $\hat{F}_n(x)$ streuen für jedes feste x um den wahren Wert $F(x)$. Und wenn der Stichprobenumfang groß ist, ist nach dem Satz von Glivenko-Cantelli die Wahrscheinlichkeit groß, dass die empirische Verteilungsfunktion insgesamt nur wenig von der theoretischen abweicht. Daher sollte bei Gültigkeit der Hypothese $H_0 : F(x) = F_0(x)$ auch der ‚größte' Abstand $|\hat{F}_n(x) - F_0(x)|$, $-\infty < x < \infty$, nicht zu groß sein. Dass diese heuristischen Überlegungen zu einem allgemein einsetzbaren Anpassungstest führen, liegt darin begründet, dass die Verteilung des ‚größten' Abstandes unabhängig von der konkreten theoretischen Verteilungsfunktion ist.

Satz 18.7 *Verteilung der Kolmogorov-Smirnov-Statistik*

Sei X eine Zufallsvariable mit einer stetigen, vollständig spezifizierten Verteilungsfunktion $F_0(x)$; $\hat{F}_n(x)$ sei die zu einer Zufallsstichprobe gehörige empirische Verteilungsfunktion. Dann ist die Verteilung der als *Kolmogorov-Smirnov-Statistik* bezeichneten Stichprobenfunktion

$$D = \sup_{-\infty < x < \infty} |\hat{F}_n(x) - F_0(x)|$$

unabhängig von der speziellen Verteilungsfunktion $F_0(x)$, und es gilt:

$$\lim_{n \to \infty} P(\sqrt{n} D \leq z) = K(z).$$

Die Funktion $K(z)$ ist für ausgewählte Werte z in der folgenden Tabelle angegeben.

Tabelle 18.1: Asymptotische Verteilung der Kolmogorov-Smirnov-Statistik

z	0.60	0.80	1.00	1.07	1.14	1.20	1.22	1.36	1.40	1.60	1.63	1.80	2.00
$K(z)$	0.163	0.456	0.730	0.800	0.850	0.888	0.900	0.950	0.960	0.988	0.990	0.993	0.997

Die Bestimmung des Wertes der Kolmogorov-Smirnov-Statistik aus einer Stichprobe erfolgt so, dass für jede der geordneten Realisationen $x_{(1)},\ldots,x_{(v-1)},x_{(v)},\ldots,x_{(n)}$ die Differenzen

$$|\hat{F}(x_{(v)}) - F_0(x_{(v)})| \quad \text{und} \quad |\hat{F}(x_{(v-1)}) - F_0(x_{(v)})|$$

berechnet werden. Die größte aller Differenzen ist der gesuchte Wert.

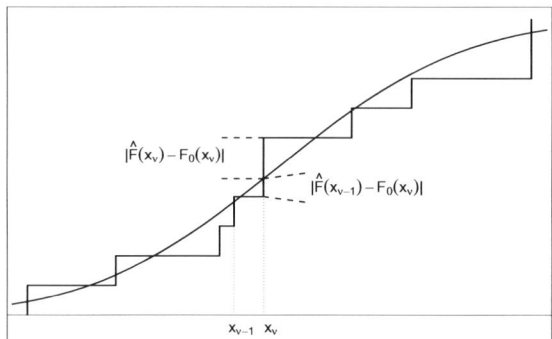

Abb. 18.3: *Zur Bestimmung der Kolmogorov-Smirnov-Statistik*

Bei großen Stichprobenumfängen ($n > 40$) können die asymptotischen Quantile zur Durchführung des *Kolmogorov-Smirnov-Anpassungstests* verwendet werden. Um aber auch bei kleineren Stichproben ohne aufwendige Tabellen auszukommen, wurde eine Modifikation vorgeschlagen, bei der die Abhängigkeit der Quantile vom Stichprobenumfang schon in die Prüfgröße einbezogen ist, siehe die Tabelle I im Anhang.

Der Kolmogorov-Smirnov-Test ist in der angegebenen Form zunächst nur zur Überprüfung vollständig spezifizierter, stetiger Verteilungen geeignet. Sind Parameter unbekannt und müssen geschätzt werden, gilt die asymptotische Verteilung nicht mehr. Wegen ihrer großen praktischen Bedeutung sind aber für die Normal- und die Exponentialverteilung kritische Werte der Teststatistik für diese Situation ermittelt worden. Zur Berechnung des Wertes von D sind in diesem Fall für die Parameter die Schätzwerte bei der Auswertung der theoretischen Verteilungsfunktion einzusetzen. Geeignete Modifikationen der Kolmogorov-Smirnov-Statistik machen auch hier die Verwendung umfangreicher Tabellen überflüssig. Sie sind ebenfalls in der Tabelle I des Anhanges angegeben.

Beispiel 18.8 *Pseudozufallszahlen*

Computermäßig erzeugte, über dem Intervall $(0;1)$ gleichverteilte Zufallszahlen sollten unter anderem die simple Forderung erfüllen, dass eine Serie hintereinander produzierter Zahlen bei einem Anpassungstest auf Gleichverteilung nicht zur Ablehnung der Hypothese

$$H_0 : F(x) = F_0(x)$$

mit $F_0(x) = x$ für $0 < x < 1$ führt. Diese Hypothese soll für den Zufallszahlen-Generator von Microsoft Excel zum Niveau $\alpha = 0.05$ getestet werden. Dazu wurde eine Serie von 50 Zufallszahlen erzeugt.

18.1 Anpassungstests

Tab.: *50 Pseudo-Zufallszahlen (aufsteigend nach Größe geordnet)*

0.014	0.017	0.032	0.041	0.045	0.053	0.064	0.074	0.101	0.139
0.164	0.198	0.220	0.231	0.245	0.256	0.285	0.300	0.304	0.343
0.351	0.356	0.357	0.358	0.372	0.373	0.382	0.407	0.426	0.466
0.466	0.487	0.511	0.554	0.596	0.705	0.750	0.776	0.807	0.817
0.863	0.885	0.899	0.910	0.952	0.958	0.973	0.976	0.986	0.991

Die Gegenüberstellung von empirischer und theoretischer Verteilungsfunktion in der Grafik zeigt, dass der maximale Abstand zwischen $x = 0.37$ und $x = 0.55$ liegt. Daher geben wir nur für Realisationen aus diesem Intervall die Arbeitstabelle zur Berechnung von D an. Dabei nutzen wir aus, dass hier $F_0(x) = x$ gilt.

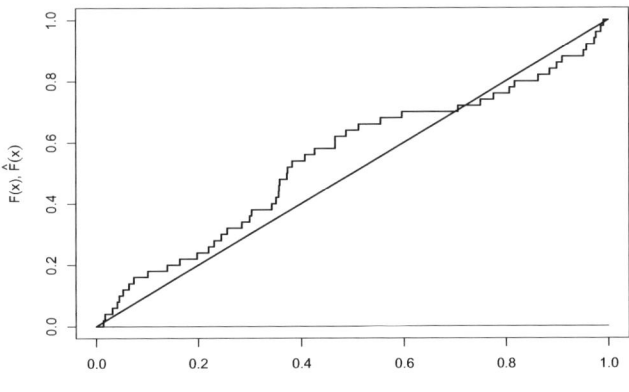

Abb. 18.4: *Empirische Verteilungsfunktion $\hat{F}(x)$ von 50 Zufallszahlen und theoretische Gleichverteilung*

Tab.: *Arbeitstabelle zum Kolmogorov-Smirnov-Anpassungstest*

v	$x_{(v)}$	$\hat{F}(x_{(v)})$	$\lvert\hat{F}(x_{(v)}) - F_0(x_{(v)})\rvert$	$\lvert\hat{F}(x_{(v-1)}) - F_0(x_{(v)})\rvert$
⋮				
25	0.372	0.50	0.128	0.108
26	0.373	0.52	0.147	0.127
27	0.382	0.54	0.158	0.138
28	0.407	0.56	0.153	0.133
29	0.426	0.58	0.154	0.134
30	0.466	0.60	0.134	0.114
31	0.466	0.62	0.154	0.134
32	0.487	0.64	0.153	0.133
33	0.511	0.66	0.149	0.129
34	0.554	0.68	0.126	0.106
⋮				

Die maximale Differenz beträgt 0.158. Sie kommt bei $x_{(27)}$ vor. Mit $n = 50$ ist

$$\sqrt{n} \cdot D = \sqrt{50} \cdot 0.158 = 1.117.$$

Bei $\alpha = 0.05$ ist der kritische Wert, den wir aus der Tabelle der asymptotischen Verteilung von $\sqrt{n} \cdot D$ ablesen: $z = 1.36$. Somit wird die Hypothese der Gleichverteilung nicht abgelehnt.

Der Kolmogorov-Smirnov-Test bezieht seine Attraktivität nicht zuletzt aus der Möglichkeit der grafischen Durchführung. Die Prüfgröße $\sqrt{n} \cdot D$ nimmt nämlich genau dann einen Wert im Annahmebereich an, wenn die hypothetische Verteilungsfunktion vollständig in einem *Konfidenzband* um $\hat{F}_n(x)$ liegt:

$$\sqrt{n} \cdot D = \sqrt{n} \sup_{-\infty < x < \infty} |\hat{F}_n(x) - F(x)| \le z$$

$$\iff |\hat{F}_n(x) - F(x)| \le \frac{z}{\sqrt{n}} \quad \text{für alle } x$$

$$\iff \hat{F}_n(x) - \frac{z}{\sqrt{n}} \le F(x) \le \hat{F}_n(x) + \frac{z}{\sqrt{n}} \quad \text{für alle } x.$$

Zeichnen wir also die beiden Treppenfunktionen $\hat{F}_n(x) \pm \frac{z}{\sqrt{n}}$, so wird die Hypothese H_0: $F(x) = F_0(x)$ abgelehnt, falls der Graph von $F_0(x)$ eine der beiden Funktionen schneidet. Bei kleinerem n und beim Testen auf $H_0 : F(x) = F_0(x; \theta)$ für ein θ, sind für die Grenzen die Modifikationen zu berücksichtigen.

Beispiel 18.9 *Hurrikanschäden*

Für Versicherungen sind geeignete Verteilungsmodelle für Verluste, die aus bestimmten Schadensursachen resultieren, wichtig. Abschätzungen der Chancen von zu erwartenden großen Verlusten sind aus empirischen Verteilungen nur sehr ungenau durchzuführen.

Das Stemleaf-Diagramm zeigt die Verteilung der durch Hurrikane in den Jahren 1949 bis 1980 in den USA verursachten Schäden (in Mio. Dollar), die 6 Millionen Dollar übersteigen. Dies sind die von der American Insurance Association angegebenen Werte; sie sind Hogg & Klugmann (1983) entnommen. Wegen der einzelnen, sehr großen Werte überprüfen wir die Eignung einer Pareto-Verteilung mit der Verteilungsfunktion

$$F(x) = 1 - \left(\frac{6000}{x}\right)^\alpha, \quad x > 6000,$$

als Modell. Da dann $Y = \ln(X) - \ln(6000)$ exponentialverteilt ist,

$$P(Y \le y) = P\left(X \le e^{y + \ln(6000)}\right) = 1 - e^{-\alpha y},$$

können wir den modifizierten Kolmogorov-Smirnov-Test anwenden. Aus den logarithmierten Werten erhalten wir zunächst $\hat{\alpha} = 0.39345$. Damit lassen sich die Werte der (geschätzten) theoretischen Verteilungsfunktion ermitteln. Zum Beispiel ist mit $x_{(1)} = 6766$ zunächst $y_{(1)} = \ln(x_{(1)}) - \ln(6000) = 0.12$. Dies gibt $F(y_{(1)}; \hat{\alpha}) = 1 - e^{-39345 \cdot 0.12} = 0.046$.

18.1 Anpassungstests

```
 0 | 00111111122334444555 67
 1 | 002499
 2 | 2
 3 | 26
 4 | 2
 5 | 14
 6 |
 7 | 5
 8 | 6
 9 |
10 |
11 |
12 |
13 |
14 |
15 |
16 | 3
```

Abb. 18.5: *Stemleaf-Diagramm der Verluste durch Hurrikan-Schäden (Einheit 10 Mio. Dollar)*

Insgesamt erhalten wir schließlich $D = 0.207$. Die modifizierte Kolmogorov-Smirnov-Statistik ist also

$$\left(\sqrt{35} + 0.26 + \frac{0.5}{\sqrt{35}}\right) \cdot \left(0.207 - \frac{0.2}{35}\right) = 1.260.$$

Das Pareto-Modell wird folglich zum Niveau $\alpha = 0.025$ abgelehnt.

Um den Unterschied zwischen der empirischen und theoretischen Verteilung deutlich hervortreten zu lassen zeichnen wir noch das 0.95-Konfidenzband. Für die Bestimmung der Grenzen des Konfidenzbandes nutzen wir die Modifikation:

$$\left(\sqrt{n} + 0.26 + \frac{0.5}{\sqrt{n}}\right) \cdot \left(D - \frac{0.2}{n}\right) \leq z_{0.95}$$

$$\iff \hat{F}_n(x) - \frac{0.2}{n} - \frac{z_{0.95}}{\sqrt{n} + 0.26 + 0.5/\sqrt{n}} \leq F(y;\hat{\alpha}) \leq \hat{F}_n(x) + \frac{0.2}{n} + \frac{z_{0.95}}{\sqrt{n} + 0.26 + 0.5/\sqrt{n}}.$$

18.1.6 Anpassungstests vom Korrelationstyp

QQ-Diagramme haben wir als nützliches Instrument kennengelernt, um die Eignung eines Verteilungsmodells zur Beschreibung eines Datensatzes zu überprüfen: Nur wenn die eingezeichneten Punkte im Wesentlichen einen linearen Zusammenhang aufweisen, ist die Eignung gegeben. Die Stärke des linearen Zusammenhanges zweier Variablen wird aber durch den Korrelationskoeffizienten erfasst. Daher ist es naheliegend, diesen zur formalen Überprüfung der linearen Abhängigkeit der empirischen von den theoretischen Quantilen bzw. zum Testen von Verteilungshypothesen heranzuziehen. Ein großer Vorteil dieses Ansatzes

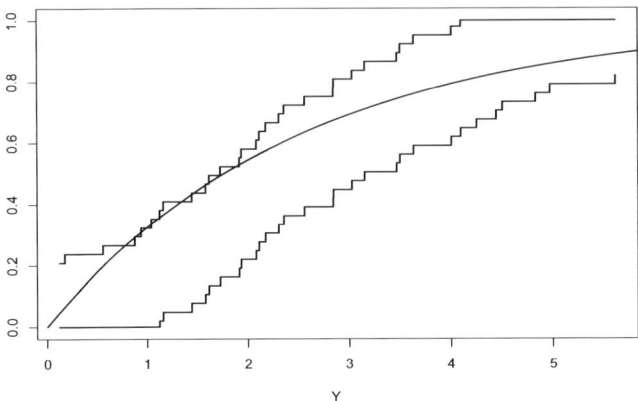

Abb. 18.6: *Konfidenzband für die transformierten Hurrikan-Verluste*

liegt in der Möglichkeit, die eher subjektive Entscheidung über die Eignung eines Verteilungsmodells aufgrund der grafischen Darstellung im QQ-Diagramm durch ein formales Kriterium zu ergänzen. Vor allem bei Grenzfällen ist dies hilfreich.

Wir gehen von einer stetigen Verteilungsfunktion $F(x)$ mit den theoretischen $(v - 0.5)/n$-Quantilen t_v, $F^{-1}(t_v) = (v - 0.5)/n$, $v = 1, \ldots, n$ aus. Dann lautet die Prüfgröße des *Korrelations-Anpassungstests*:

$$R = \frac{\sum_{v=1}^{n}(t_v - \bar{t})(X_{(v)} - \bar{X})}{\sqrt{\sum_{v=1}^{n}(t_v - \bar{t})^2}\sqrt{\sum_{v=1}^{n}(X_{(v)} - \bar{X})^2}} = \frac{1}{n-1}\sum_{v=1}^{n} \tilde{t}_v \frac{X_{(v)} - \bar{X}}{\sqrt{\hat{\sigma}_X^2}}.$$

Dabei ist $\tilde{t}_v = (t_v - \bar{t})/\sqrt{\sum_{v=1}^{n}(t_v - \bar{t})^2}$. Die Standardisierung der theoretischen und der empirischen Quantile bewirkt, dass nicht das Vorliegen einer speziellen Verteilung überprüft wird, sondern einer Verteilungsklasse, die aus einer standardisierten Verteilung durch Verschiebung und Stauchung bzw. Streckung hervorgeht.

Die Normalverteilung ist dafür ein Beispiel. Hier gilt mit geeignetem μ und σ:

$$t_v = \mu + \sigma \cdot z_v \Longrightarrow \tilde{t}_v = \frac{t_v - \bar{t}}{\sqrt{\sum_{v=1}^{n}(t_v - \bar{t})^2}} = \frac{z_v}{\sum_{v=1}^{n} z_v^2} = \tilde{z}_v$$

da wegen $z_v = -z_{n+1-v}$ das Mittel der z_v gleich null ist: $\bar{z} = 0$. Also nimmt die Prüfgröße hier die Form $R = \sum_{v=1}^{n} \tilde{z}_v(X_{(v)} - \bar{X})/\sqrt{nS_X^2}$ an.

Das entscheidende Problem bei diesem Ansatz bildet die Verteilung der Prüfgröße. Sie hängt einmal von dem zugrunde liegenden Verteilungsmodell ab. Zudem kann sie für praktisch relevante, endliche Stichprobenumfänge nicht in geschlossener Form angegeben werden. Als Ausweg bot sich die empirische Bestimmung der Verteilung von R mittels umfangreicher Monte-Carlo-Simulationen für ausgewählte Verteilungsmodelle an. Für die Normalverteilung, die Gleichverteilung und die verschobene Exponentialverteilung mit jeweils unbekannten Parametern sind ausgewählte kritische Werte im Anhang beigefügt. Natürlich führen hier kleine Werte der Prüfgröße zur Ablehnung der Nullhypothese.

18.2 Unabhängigkeitstests

Beispiel 18.10   *Seekrankheit*

Bei 20 Schiffsfahrten wurde der Anteil der Personen festgehalten, die während der Fahrt Neptun opferten, siehe Lawther & Griffin (1986). Wir wollen sehen, ob die Daten als Stichprobe aus einer Lognormalverteilung aufgefasst werden können. Dies ist ja gleichwertig dazu, dass die logarithmierten Daten normalverteilt sind. (Eigentlich waren es 21 Überfahrten; die eine mit einem Wert, der als Ausreißer einzustufen ist, wurde weggelassen.)

Tab.: *Arbeitstabelle zur Bestimmung der Prüfgröße R bei Lognormalverteilung*

v	$x_{(v)}$	$y_{(v)} = \ln(x_{(v)})$	$\tilde{y}_{(v)} = \dfrac{y_{(v)} - \bar{y}}{\hat{\sigma}_Y}$	z_v	$\tilde{z}_v = \dfrac{z_v}{\sqrt{\sum z_v^2}}$	$\tilde{y}_{(v)} \tilde{z}_v$
1	3.3	1.194	-1.895	-1.960	-0.452	0.857
2	5.6	1.723	-1.117	-1.440	-0.332	0.371
3	5.8	1.758	-1.066	-1.150	-0.266	0.283
4	6.5	1.872	-0.898	-0.935	-0.216	0.194
5	7.0	1.946	-0.789	-0.755	-0.174	0.138
6	7.5	2.015	-0.688	-0.598	-0.138	0.095
7	7.6	2.028	-0.669	-0.454	-0.105	0.070
8	7.9	2.067	-0.612	-0.319	-0.074	0.045
9	8.25	2.104	-0.557	-0.189	-0.044	0.024
10	12.1	2.493	0.015	-0.063	-0.014	0.000
11	12.8	2.549	0.098	0.063	0.014	0.001
12	13.9	2.632	0.219	0.189	0.044	0.010
13	14.0	2.639	0.229	0.319	0.074	0.017
14	15.3	2.728	0.360	0.454	0.105	0.038
15	19.7	2.981	0.731	0.598	0.138	0.101
16	24.2	3.186	1.034	0.755	0.174	0.180
17	24.9	3.215	1.076	0.935	0.216	0.232
18	26.9	3.292	1.189	1.150	0.266	0.316
19	37.1	3.614	1.662	1.440	0.332	0.552
20	37.5	3.624	1.678	1.960	0.452	0.759
						4.282

Der Korrelationskoeffizient der geordneten, logarithmierten Werte und der Normalverteilungsquantile nimmt den Wert $R = 4.282/\sqrt{19} = 0.982$ an. Als kritische Werte des Tests lesen wir aus Tabelle F bei $n = 20$ ab: $r_{0.05} = 0.95$. Damit wird die Verteilungshypothese zum Niveau $\alpha = 0.05$ nicht abgelehnt; das Modell kann vielmehr als Arbeitsgrundlage weiterhin verwendet werden. Das QQ-Diagramm unterstützt diese Entscheidung.

18.2 Unabhängigkeitstests

18.2.1 Problemstellung

In dem am Institut für Kulturgeographie der Johann Wolfgang Goethe-Universität Frankfurt am Main 1984 durchgeführten Forschungsprojekt ‚Aktionsräumliches Freizeitverhalten Jugendlicher am Frankfurter Stadtrand' wurde u.a. die Frage gestellt, ob die Sportaktivitäten

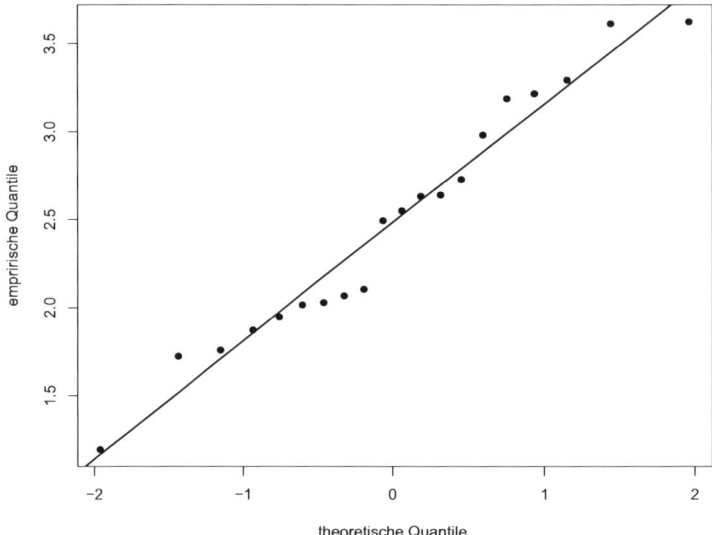

Abb. 18.7: *QQ-Diagramm zur Anpassung der Log-Normalverteilung mit Ausgleichsgeraden*

im Freien bei Schülern und Lehrlingen gleich stark ausgeprägt sind. Zu ihrer Beantwortung gehen wir von zwei nominal skalierten Zufallsvariablen aus, und zwar von $X =$ ‚Status' und $Y =$ ‚Aktivität' mit

$$X = \begin{cases} 0 & \text{falls die befragte Person Schüler ist;} \\ 1 & \text{falls die befragte Person Lehrling ist;} \end{cases}$$

$$Y = \begin{cases} 0 & \text{falls kein Sport im Freien betrieben wird;} \\ 1 & \text{falls Sport im Freien betrieben wird.} \end{cases}$$

Die Erhebung ergab:

Tab.: *Sportaktivitäten im Freien von Schülern und Lehrlingen*

X \ Y	0	1	Σ
0	14	6	20
1	8	9	17
Σ	22	15	37

Eine etwa gleich starke Aktivität bei Schülern und Lehrlingen drückt sich in einem kleinen Wert des Assoziationsmaßes $\widehat{\Phi}^2$ aus, vgl. den Abschnitt 4.4.5. Der quadrierte Phi-Koeffizient

$$\widehat{\Phi}^2 = \frac{(n_{00} n_{11} - n_{01} n_{10})^2}{n_{0\bullet} n_{1\bullet} n_{\bullet 0} n_{\bullet 1}}$$

nimmt einen Wert nahe eins an, wenn eine der beiden Diagonalen übermäßig stark besetzt ist und einen Wert nahe null, wenn sich die Häufigkeiten der Zeilen in etwa gleichen Pro-

18.2 Unabhängigkeitstests

portionen verteilen. Hier erhalten wir

$$\widehat{\Phi}^2 = \frac{(14 \cdot 9 - 6 \cdot 8)^2}{20 \cdot 17 \cdot 22 \cdot 15} = 0.054.$$

Der Zusammenhang ist nach der in Abschnitt 4.4 angegebenen Einstufungsskala als schwach zu bezeichnen. ($\widehat{\Phi}$ entspricht ja dem Betrag nach dem Korrelationskoeffizienten; und es ist $\widehat{\Phi} = 0.233$.)

Das Assoziationsmaß misst zunächst nur den in den konkreten Daten vorliegenden Zusammenhang. Um zu beurteilen, ob der hier beobachtete, geringe Zusammenhang nicht sogar mit der Arbeitshypothese verträglich ist, dass in der Grundgesamtheit zwischen Status und Aktivität gar kein Zusammenhang besteht, benötigen wir die Verteilung dieser Stichprobenfunktion bei Unabhängigkeit.

18.2.2 Der Chi-Quadrat-Test

Bei der Entwicklung einer Prüfgröße zur Überprüfung des Zusammenhanges zweier diskreter, nicht nur dichotomer Zufallsvariablen X und Y können wir von dem Phi-Koeffizienten ausgehen. Von den verschiedenen, im Abschnitt 4.4.5 angegebenen Berechnungsformeln für $\widehat{\Phi}^2$ zeigt

$$\widehat{\Phi}^2 = \sum_{i=0}^{1} \sum_{j=0}^{1} \frac{\left(\frac{n_{ij}}{n} - \frac{n_{i\bullet}}{n} \cdot \frac{n_{\bullet j}}{n}\right)^2}{\frac{n_{i\bullet}}{n} \cdot \frac{n_{\bullet j}}{n}}$$

am deutlichsten, welche Form des Zusammenhanges überhaupt mit einer auf $\widehat{\Phi}^2$ basierenden Prüfgröße getestet werden kann.

Die relativen Häufigkeiten sind geeignete Schätzwerte für die Wahrscheinlichkeiten der entsprechenden Ereignisse. Somit ist

n_{ij}/n ein Schätzwert für $P(X = x_i, Y = y_j)$,
$n_{i\bullet}/n$ ein Schätzwert für $P(X = x_i)$,
$n_{\bullet j}/n$ ein Schätzwert für $P(Y = y_j)$.

Die Zähler der Summanden von $\widehat{\Phi}^2$ sind also Schätzungen der quadrierten Abstände $P(X = x_i, Y = y_j) - P(X = x_i) \cdot P(Y = y_j)$. Diese Abstände sind insgesamt genau dann gleich null, wenn die Zufallsvariablen X und Y stochastisch unabhängig sind. Ein Test, dessen Prüfgröße auf $\widehat{\Phi}^2$ basiert, überprüft also die stochastische Unabhängigkeit zweier Zufallsvariablen.

Offensichtlich gilt das bisher Gesagte ohne die Einschränkung auf zwei dichotome Zufallsvariablen. Wenn wir die ursprüngliche Interpretation des Phi-Koeffizienten als Korrelationskoeffizient aufgeben, haben wir also auch für diskrete Zufallsvariablen mit mehr als zwei Realisationsmöglichkeiten eine Stichprobenfunktion, die als Indikator für die Abhängigkeit der Zufallsvariablen dienen kann. Die endgültige Prüfgröße zur Überprüfung der Hypothese der Unabhängigkeit erhalten wir aus $\widehat{\Phi}^2$ einfach durch Multiplikation mit dem Stichprobenumfang.

Satz 18.11   *Chi-Quadrat-Tests auf Unabhängigkeit*

Die Prüfgröße des *Chi-Quadrat-Tests auf Unabhängigkeit* der beiden diskreten Zufallsvariablen X und Y mit den Realisationsmöglichkeiten $x_1,\ldots,x_k$ bzw. $y_1,\ldots,y_m$ ist die Statistik

$$X^2 = \sum_{i=1}^{k}\sum_{j=1}^{m} \frac{\left(n_{ij} - \frac{n_{i\bullet}n_{\bullet j}}{n}\right)^2}{\frac{n_{i\bullet}n_{\bullet j}}{n}}.$$

X^2 ist bei Gültigkeit von $H_0 : P(X = x_i, Y = y_j) = P(X = x_i) \cdot P(Y = y_j)$, $i = 1,\ldots,k, j = 1,\ldots,m$ approximativ χ^2-verteilt mit $v = (k-1)\cdot(m-1)$ Freiheitsgraden. Die Approximation ist hinreichend genau, falls $n_{i\bullet}n_{\bullet j}/n > 5$ für alle i,j.

Nach obigen Ausführungen ist klar, dass große Werte der Prüfgröße X^2 zur Ablehnung der Hypothese der Unabhängigkeit führen. Die kritischen Werte $\chi_{v;1-\alpha}$ sind dabei der im Anhang beigefügten Tabelle zu entnehmen.

Die angegebene Zahl der Freiheitsgrade entspricht denen des Chi-Quadrat-Anpassungstests. Die gemeinsame Verteilung von X und Y ist durch $k\cdot m$ ‚Felder' gegeben. So viele Summanden gehen auch in die Berechnung von X^2 ein. Da die Summe aller Wahrscheinlichkeiten eins ist, muss diese Anzahl von Summanden um eins verringert werden. Nun ist bei Unabhängigkeit die gemeinsame Verteilung schon durch die Randverteilungen festgelegt. Wegen $p_{1\bullet}+\cdots+p_{k\bullet}=1$ und $p_{\bullet 1}+\cdots+p_{\bullet m}=1$ müssen $k-1$ und $m-1$ Parameter geschätzt werden, um die Randverteilungen zu ermitteln. Also beträgt die Zahl der Freiheitsgrade der Prüfgröße:

$$k\cdot m - 1 - (k-1+m-1) = (k-1)(m-1).$$

Um den Test bei stetigen Zufallsvariablen durchzuführen, ist eine Klassierung der Daten nötig. Blum, Kiefer & Rosenblatt (1961) geben einen anderen Test für stetige Zufallsvariablen an; dieser ist ohne Klasseneinteilung durchführbar.

Beispiel 18.12   *Arbeitsunfälle*

In einer Untersuchung zur Unfallneigung von Arbeitern wurden die Unfallzahlen von 122 erfahrenen Weichenstellern in zwei Zeitperioden aufgeteilt. X bezeichnet die Anzahl

Tab.: *Verteilung der Unfälle von Weichenstellern in zwei Zeitperioden*

X \ Y	0	1	2	3	4	5	6	7	Σ
0	21	13	4	2	0	0	0	0	40
1	18	14	5	1	0	0	0	1	39
2	8	10	4	3	1	0	0	0	26
3	2	1	2	2	1	0	0	0	8
4	1	4	1	0	0	0	0	0	6
5	0	1	0	1	0	0	0	0	2
6	0	0	1	0	0	0	0	0	1
Σ	50	43	17	9	2	0	0	1	122

X	0 ($\cong y_1$)	1 ($\cong y_2$)	≥2 ($\cong y_3$)	Σ
0 ($\cong x_1$)	21	13	6	40
1 ($\cong x_2$)	18	14	7	39
≥2 ($\cong x_3$)	11	16	16	43
Σ	50	43	29	122

18.2 Unabhängigkeitstests

der Unfälle pro Arbeiter in der Zeit von 1937-1942 und Y die von 1943-1947. Eine Abhängigkeit der beiden Zufallsvariablen würde auf einen Zeiteffekt hindeuten. Die Daten stammen aus Bates (1955).

Um den Chi-Quadrat-Unabhängigkeitstest zum Niveau $\alpha = 0.05$ durchführen zu können, müssen mehrere Spalten und Zeilen zusammengefasst werden. Sonst ist die Approximationsvoraussetzung $n_{i\bullet} \cdot n_{\bullet j}/n > 5$ nicht erfüllt. Wir erhalten die rechts stehende kondensierte Tabelle.

Die Berechnung der Prüfgröße nehmen wir in der folgenden Arbeitstabelle vor.

Tab.: *Arbeitstabelle zur Berechnung von X^2*

i	j	n_{ij}	$n_{i\bullet} \cdot n_{\bullet j}$	$\dfrac{n_{i\bullet} \cdot n_{\bullet j}}{n}$	$n_{ij} - \dfrac{n_{i\bullet} \cdot n_{\bullet j}}{n}$	$\dfrac{\left(n_{ij} - \dfrac{n_{i\bullet} \cdot n_{\bullet j}}{n}\right)^2}{n_{i\bullet} \cdot n_{\bullet j}/n}$
1	1	21	2000	16.39	4.61	1.29
2	1	18	1950	15.98	2.02	0.25
3	1	11	2150	17.62	-6.62	2.49
1	2	13	1720	14.10	-1.10	0.09
2	2	14	1677	13.75	0.25	0.00
3	2	16	1849	15.16	0.84	0.05
1	3	6	1160	9.51	-3.51	1.29
2	3	7	1131	9.27	-2.27	0.56
3	3	16	1247	10.22	5.78	3.27
						9.29

Die Zahl der Freiheitsgrade beträgt $(3-1) \cdot (3-1) = 4$. Wegen $\chi^2_{0.95} = 9.488 > 9.29$ wird die Hypothese der Unabhängigkeit nicht abgelehnt ($\alpha = 0.05$).

Die Berechnung der globalen Prüfgröße X^2 zur Entscheidung über Unabhängigkeit/Abhängigkeit ist selten ausreichend, wenn es um die Betrachtung des Unabhängigkeitsmodells geht. Dann sind meist weitergehende Aufschlüsse über die Modellanpassung wünschenswert.

Diese Aufschlüsse erhalten wir über die Betrachtung der einzelnen Komponenten von X^2. So können z. B. einige wenige Felder sehr starke Unterschiede zwischen beobachteten und unter der Unabhängigkeit erwarteten Häufigkeiten aufweisen, während bei anderen nur geringfügige Unterschiede vorliegen. Dies erfordert dann ebenso eine Erklärung wie eine systematische Struktur bei ordinal skalierten Zufallsvariablen.

Der Betrachtung der einzelnen Summanden von X^2 ist die der standardisierten Residuen

$$\left(n_{ij} - \frac{n_{i\bullet} \cdot n_{\bullet j}}{n}\right) \bigg/ \sqrt{n_{i\bullet} \cdot n_{\bullet j}/n}$$

vorzuziehen, da durch das Vorzeichen deutlich wird, ob Felder über- oder unterzufällig häufig beobachtet wurden.

Beispiel 18.13 *Arbeitsunfälle - Fortsetzung*

Wir tragen die standardisierten Residuen der zusammengefassten Unfallzahlen in die Tabelle ein.

Tab.: *Standardisierte Residuen der Unfälle*

X \ Y	0	1	≥ 2
0	1.14	-0.29	-1.14
1	0.50	0.07	-0.75
≥ 2	-1.58	0.22	1.81

Beachtenswert ist hier, dass die vier Eck-Felder die größten Abweichungen von der Unabhängigkeit aufweisen. Die Abweichungen sind zudem so strukturiert, dass weniger Arbeiter in die jeweils andere Kategorie gewechselt haben (0 →≥ 2 bzw. ≥ 2 → 0) als bei Unabhängigkeit zu erwarten gewesen wären. Somit schälen sich drei Gruppen von Arbeitern heraus. Eine davon ist die Gruppe ohne Unfälle in beiden Zeitabschnitten, die zweite bilden diejenigen mit mindestens zwei Unfällen in jedem der beiden Zeitabschnitte und der Rest die dritte.

18.2.3 Tests auf Korrelation

Der χ^2-Test auf Unabhängigkeit hat bei stetigen Variablen den Nachteil, dass die Daten klassiert werden müssen; das bringt einen Informationsverlust mit sich. Andererseits gibt es beliebig viele vorstellbare Abweichungen von der Nullhypothese der Unabhängigkeit, so dass es kaum einen Test geben wird, der gegen alle Formen der Abhängigkeit sensitiv ist. Es ist daher naheliegend, sich auf spezielle Alternativen bzw. Situationen zurückzuziehen. Eine solche stellt die bivariate Normalverteilung dar. Hier ist die Nullhypothese der Unabhängigkeit gleichwertig mit der der Unkorreliertheit.

Der empirische Korrelationskoeffizient R bietet sich an, um die Hypothese $H_0 : \rho = 0$ gegen die Alternative $H_1 : \rho \neq 0$ (bzw. $\rho > 0$ oder $\rho < 0$) zu testen. Um zu einer Prüfgröße zu gelangen, deren Verteilung unter H_0 bekannt ist, muss R aber noch transformiert werden.

Satz 18.14 *Null-Verteilung des transformierten empirischen Korrelationskoeffizienten*

X und Y seien bivariat normalverteilt. Dann gilt für den aus einer Stichprobe vom Umfang n zu berechnenden empirischen Korrelationskoeffizienten R bei Gültigkeit der Nullhypothese $H_0 : \rho_{XY} = 0$:

$$T = \frac{\sqrt{n-2} \cdot R}{\sqrt{1-R^2}} \sim \mathcal{T}_{n-2};$$

die transformierte Größe ist also $\mathcal{T}$-verteilt mit $n-2$ Freiheitsgraden.

Die angegebene Statistik T nimmt offensichtlich Werte an, die umso weiter von null weg liegen, je größer $|R|$ ist; damit ist sie als Prüfgröße geeignet.

Beispiel 18.15 *Trainingserfolg*

In einer Studie zum Trainingserfolg der Krankengymnastik nach einer Knieoperation wurden u. a. die statischen Nettodrehmomente an beiden Beinen zu Beginn und am Ende der Therapie ermittelt. Von Interesse war auch, ob der Zuwachs am nicht betroffenen Bein von der Ausgangssituation abhängt. Bei 10 zufällig ausgewählten Patienten ergaben sich folgende Messwerte.

18.2 Unabhängigkeitstests

Tab.: *Statische Nettodrehmomente (nm) bei 90° Kniegelenkswinkel X = Anfangswert, Y = Zunahme bei Ende*

x_ν	7	56	65	88	109	120	130	134	158	164
y_ν	-1	-9	-3	29	-3	10	47	36	23	11

Mit $r = 0.554$ ergibt sich für die Prüfgröße der Wert $T = \sqrt{10-2} \cdot 0.554/\sqrt{1-0.5542^2} = 1.88$. Für die zweiseitige Fragestellung erhalten wir den P-Wert $\alpha^* = 2 \cdot (1 - P(T > 1.88)) = 0.0969$. Das deutet nicht auf einen Zusammenhang hin.

Zweifelt man an dem Vorliegen der bivariaten Normalverteilung, so ist es besser, einen Test anzuwenden, der nicht auf dem Korrelationskoeffizienten von Bravais-Pearson beruht. Als Alternative bietet sich der Rangkorrelationskoeffizient von Spearman an. Dieser misst ja die Stärke des monotonen Zusammenhanges, vgl. den Abschnitt 4.4.4. Mit der Aufgabe der Normalverteilungsannahme wird nicht mehr die Unabhängigkeit gegen die Abhängigkeit schlechthin getestet. Ein auf dem Rangkorrelationskoeffizienten basierender Test ist vielmehr zur Überprüfung des folgenden Testproblems geeignet:

H_0 : X und Y sind unabhängig;

H_1 : Zwischen X und Y gibt es einen monotonen Zusammenhang.

Der Rangkorrelationskoeffizient von Spearman lautet

$$R_s = \frac{\sum_{\nu=1}^{n}(R(x_\nu) - \overline{R(x)})(R(y_\nu) - \overline{R(y)})}{\sqrt{\sum_{\nu=1}^{n}(R(x_\nu) - \overline{R(x)})^2}\sqrt{\sum_{\nu=1}^{n}(R(y_\nu) - \overline{R(y)})^2}}.$$

Unter H_0 ist R_s approximativ normalverteilt mit $E(R_s) = 0$ und $V(R_s) = 1/(n-1)$. Somit ist die Prüfgröße $R_s \cdot \sqrt{n-1}$ unter H_0 approximativ $\mathcal{N}(0,1)$-verteilt. Diese Approximation ist schon für $n \geq 10$ hinreichend genau. Daher verzichten wir auf die Angabe von exakten kritischen Werten.

Bei verbundenen Stichprobenwerten werden wie üblich mittlere Ränge vergeben. Das beeinflusst die Varianz der Prüfgröße. Der Effekt ist aber bei kleineren Anzahlen von Bindungen gering. Der interessierte Leser sei diesbezüglich auf Gibbons (1992) verwiesen.

Beispiel 18.16 *Trainingserfolg - Fortsetzung*

Der Test soll auf die Daten zum Trainingserfolg angewendet werden, um zu sehen, ob er eine andere Einschätzung ergibt. Die Rangwerte sind:

$R(x_\nu)$	1	2	3	4	5	6	7	8	9	10
$R(y_\nu)$	4	1	2.5	8	2.5	5	10	9	7	6

Das ergibt für die Prüfgröße:

$$R_s \cdot \sqrt{n-1} = 0.6139 \cdot \sqrt{9} = 1.8419.$$

Der P-Wert beträgt für die zweiseitige Fragestellung $\alpha^* = 0.0655$. Somit weist dieser Test nicht deutlicher auf einen monotonen Zusammenhang hin als der auf dem Korrelationskoeffizienten von Bravais-Pearson basierende.

18.3 Aufgaben

Aufgabe 1

In Schweden wurden die 1- und 2-Öre-Münzen abgeschafft. In den Geschäften wird bei der Gesamtsumme eines Einkaufs dann entsprechend auf- bzw. abgerundet. Der Fehlbetrag X pro Einkauf kann daher die Werte -2, -1, 0, 1, 2 annehmen. Das Rundungsverfahren wurde damit begründet, dass positive und negative Abweichungen jeweils die gleichen Wahrscheinlichkeiten hätten. Eine Stichprobe ergab die Häufigkeitstabelle

x_i	-2	-1	0	1	2
n_i	70	90	50	90	100

1. Überprüfen Sie, ob X gleichverteilt sein kann ($\alpha = 0.05$).
2. Überprüfen Sie, ob die Wahrscheinlichkeit für positive Abweichung genau so groß ist wie für negative ($\alpha = 0.05$). Verwenden Sie dazu die 160 negativen und 190 positiven Abweichungen.

Aufgabe 2

Beim Windhundrennen gibt es 8 Bahnen, die von innen nach außen mit den Zahlen 1, 2, 3, 4, 5, 6, 7, 8 durchnummeriert sind. Es soll untersucht werden, ob Startvorteile für die inneren Bahnen existieren oder ob alle Bahnen gleiche Gewinnchancen bieten. Dazu wurde die Häufigkeit bestimmt, mit der in den letzten 800 Rennen der jeweilige Sieger auf einer bestimmten Bahn startete.

Bahn des Siegers	1	2	3	4	5	6	7	8
beobachtete Häufigkeit	104	104	102	102	100	96	96	96

Wie groß ist der P-Wert, die Wahrscheinlichkeit, einen noch größeren Wert als den beobachteten für X^2 zu erhalten? Entspricht das Ergebnis Ihrer intuitiven, auf einer Betrachtung der Tabelle beruhenden Vorstellung?

Aufgabe 3

Das Umweltbundesamt hat in ‚Daten zur Umwelt 1984' für 1979 die Verteilung der nächtlichen Lärmbelastung der Bevölkerung in Großstädten mit mehr als 50000 Einwohnern angegeben. (Mittelungspegel in dB(A).) Daraus wurde die folgende Tabelle rekonstruiert.

Tab.: *Nächtliche Lärmbelastung X (in dB(A))*

i	$x_{i-1}^* < X \leq x_i^*$		$\hat{F}(x_i^*)$	i	$x_{i-1}^* < X \leq x_i^*$		$\hat{F}(x_i^*)$
1	0	- 35	0.01	6	55	- 60	0.89
2	35	- 40	0.03	7	60	- 65	0.96
3	40	- 45	0.19	8	65	- 70	0.98
4	45	- 50	0.47	9	70	- 75	1.00
5	50	- 55	0.73				

18.3 Aufgaben

Überprüfen Sie die Eignung der Log-Normalverteilung für diese Daten ($\alpha = 0.05$). Nehmen Sie dazu an, dass sie auf

1. $n = 100$,
2. $n = 200$ Messungen beruhen.
3. Wie groß muss die Anzahl der Messungen sein, um bei der vorliegenden Verteilung und dem vorgegebenen Signifikanzniveau die Ablehnung der logarithmischen Normalverteilung als Modell zu erreichen?

Aufgabe 4

Folgt die kumulative radioaktive Dosis X, die bei Arbeitern der Hanford-Anlage zur Plutonium-Produktion festgestellt wurde, einer Exponentialverteilung ($\alpha = 0.05$)? (Nach Gilbert 1983.)

i	$x_{i-1}^* < X \leq x_i^*$			n_i	i	$x_{i-1}^* < X \leq x_i^*$			n_i
1	0	-	1	6735	9	20	-	25	250
2	1	-	2	2863	10	25	-	30	206
3	2	-	3	1476	11	30	-	35	171
4	3	-	4	760	12	35	-	40	112
5	4	-	5	455	13	40	-	45	88
6	5	-	10	1274	14	45	-	50	60
7	10	-	15	509	15	50	-		89
8	15	-	20	327					

Aufgabe 5

Überprüfen Sie mit dem Kolmogorov-Smirnov-Test und dem Korrelationstest zum Niveau $\alpha = 0.01$ die Hypothese, dass die Differenz der Wasserstände an zwei Stellen des Fox-River, Wisconsin, einer Normalverteilung folgen. Die Daten stammen aus Bain & Engelhardt (1973).

1.96, 1.97, 3.60, 3.80, 4.79, 5.66, 5.76, 5.78, 6.27, 6.30, 6.76, 7.65, 7.84, 7.99, 8.51, 9.18, 10.13, 10.24, 10.25, 10.43, 10.45, 11.48, 11.75, 11.81, 12.34, 12.78, 13.06, 13.29, 13.98, 14.18, 14.40, 16.22, 17.06

Aufgabe 6

Überprüfen Sie mit dem Kolmogorov-Smirnov-Test und dem Korrelationstest zum Niveau $\alpha = 0.01$ die Hypothese, dass die im Beispiel 18.5 angegebenen Niederschlagsmengen in Melbourne exponentialverteilt sind.

Aufgabe 7

Testen Sie die Abhängigkeit von Alter und Geschlecht einer Gruppe von zufällig ausgewählten Personen, die Selbstmord begingen ($\alpha = 0.05$).

Alter	10-19	20-29	30-39	40-49	50-59	60-69	≥ 70
männlich	3	16	9	19	14	8	21
weiblich	2	3	7	11	8	9	9
	5	19	16	30	22	17	30

Aufgabe 8

Analysieren Sie die (Un-)Abhängigkeit der Berufe von Vätern und Söhnen in Dänemark. Die Berufe sind auf einer ordinalen Status-Skala angeordnet. (Nach Svalagosta 1959.)

		\multicolumn{5}{c}{Berufs-Status des Sohnes}
		1	2	3	4	5
Berufs-Status	1	18	17	16	4	2
desVaters	2	24	105	109	59	21
	3	23	84	289	217	95
	4	8	49	175	348	198
	5	6	8	69	201	246

Aufgabe 9

Während der Jahrzehnte, in denen die Motorisierung stark zunahm, sind die Probleme des Radverkehrs als Randgebiet der Verkehrsplanung betrachtet worden. Mit wachsendem Umweltbewusstsein achten große Teile der Bevölkerung das Fahrrad wieder als umweltfreundliches Verkehrsmittel. In einem Forschungsvorhaben sollte geklärt werden, ob allein der Bau von Radwegen den Fahrradanteil am Berufsverkehr positiv beeinflusst. Eine Stichprobe in verschiedenen Städten ergab folgenden Zusammenhang zwischen $X =$ ‚Radwegerschließung' (in Punkten) und $Y =$ ‚Radanteil im Berufsverkehr' (in %). (Nach Spektrum der Wissenschaft 6/84.)

x_ν :	0	1	2	3	4	5	6	7	8	9	10	11	12	13	14	15	16	17
y_ν :	3.2	4.2	5.1	2.1	6.8	3.7	3.2	6.3	5.1	8.9	12.8	9.8	11.2	14.5	14.0	15.6	13.7	10.7

Überprüfen Sie das Vorliegen eines monotonen Zusammenhanges ($\alpha = 0.01$).

19 Das Regressionsmodell

19.1 Das einfache lineare Regressionsmodell

Im Abschnitt 4.5 haben wir bereits die Beschreibung der linearen Abhängigkeit einer metrisch skalierten Variablen von einer anderen betrachtet. Es gibt nun zahlreiche Fragestellungen, die über eine einfache Beschreibung der Abhängigkeit hinausgehen. Einmal kann es sein, dass die Ergebnisse von einer Stichprobe auf eine Grundgesamtheit verallgemeinert werden sollen. Dann möchte man bisweilen die Abhängigkeit zur Prognose ausnutzen. Beides erweist sich nur als möglich, wenn geeignete Annahmen über die Beziehungen der beiden Variablen auch für nicht beobachtete Wertepaare unterstellt werden.

Für die *Prognose* werden mittlere Werte für die Variable Y in Abhängigkeit von interessierenden x-Werten, für die keine Beobachtungen von Y vorliegen müssen, bestimmt. Liegt der entsprechende x-Wert im Bereich der für die Ermittlung der funktionalen Abhängigkeit verwendeten x-Werte, so sprechen wir von *Interpolation*, andernfalls von *Extrapolation*. Ohne

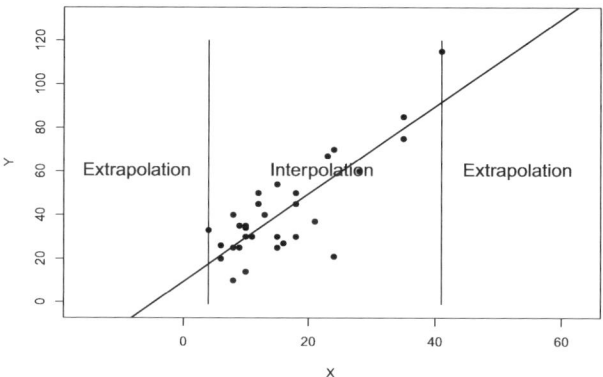

Abb. 19.1: *Veranschaulichung von Extrapolation und Interpolation*

zusätzliche Kenntnisse oder Annahmen über den Zusammenhang und seine funktionale Form zwischen diesen beiden Größen in der Grundgesamtheit, aus der die Beobachtungen stammen, können wir keine fundierte Interpolation oder Extrapolation vornehmen.

Für die Prognose wie für jede andere Verwendung der ermittelten Regressionsbeziehung wird vorausgesetzt, dass die Abhängigkeitsrichtung tatsächlich so ist, dass X die beeinflussende Variable und Y die beeinflusste Variable ist. Wird diesbezüglich zu Beginn eine Fehleinschätzung getroffen, so werden alle Interpretationen der Ergebnisse unsinnig.

19.1.1 Einführende Beispiele

Beispiel 19.1 *Vorstellung räumlicher Bewegungen*

In einer Serie von Experimenten, mit denen sich die Vorstellung räumlicher Bewegungen näher untersuchen lassen, besteht die Aufgabe der Versuchsteilnehmer darin, jeweils zwei vom Computer erzeugte perspektivische Strichzeichnungen miteinander zu vergleichen, siehe Cooper & Shepard (1985). Jede Zeichnung stellt ein dreidimensionales Objekt aus zehn Würfeln dar, die eine armförmige Struktur ergeben. Bei einigen sind die beiden Objekte identisch, aber aus verschiedenen Perspektiven dargestellt. Die Versuchsteilnehmer sollen nun möglichst schnell die beiden Figuren miteinander vergleichen und dann kenntlich machen, ob sie gleich oder ungleich sind.

Tab.: *Drehung einer Zeichnung in der Bildebene ($= X$, in Grad) und Reaktionszeit ($= Y$, in Sekunden)*

X:	0	20	40	60	80	100	120	140	160	180
Y:	1.15	1.65	2.00	2.46	2.77	3.15	3.66	3.95	4.45	4.69

Wie das Streudiagramm verdeutlicht, besteht hier offensichtlich ein linearer Zusammenhang.

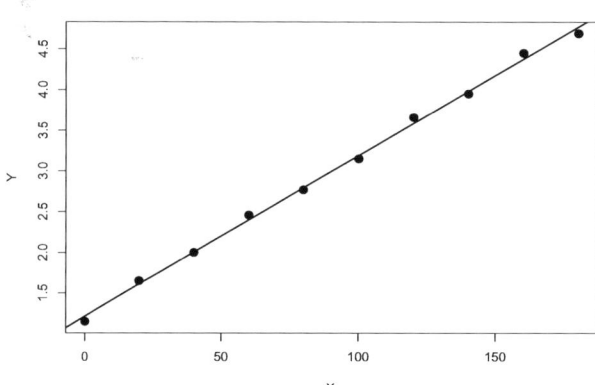

Abb. 19.2: *Zum Wahrnehmungsexperiment*

Die Ausgleichsgerade $\hat{y} = 1.215 + 0.01975x$ zeigt, dass pro zusätzlicher Drehung um 20° ca. 0.4 Sekunden zusätzlich benötigt werden. Das Ergebnis veranlasste die Autoren zu folgender Schlussfolgerung: „Aus dem linearen Zusammenhang zwischen Reaktionszeit und Winkeldifferenz war zu schließen, dass die Objekte zum Bildvergleich mental bewegt werden. Die Geschwindigkeit, mit der diese gedanklichen Rotationen ablaufen, ergibt sich aus der hier gezeigten Steigung der Geraden." Gerade die Schlussfolgerung zeigt, dass in dieser Anwendung über die rein deskriptive Bestimmung der Regressionsgeraden hinausgegangen wurde. Vielmehr wurde die Regressionsgerade als Basis für eine Aussage über den theoretischen Zusammenhang der Variablen genommen. Mit einer anderen Gruppe von Versuchspersonen erwarten wir ein davon nur wenig abweichendes Ergebnis.

19.1 Das einfache lineare Regressionsmodell

Beispiel 19.2 *Mindestlohn*

In den USA entbrannte, angestoßen durch die Ökonomen Milton Friedman und Robert J. Lampman, in den 1960er Jahren unter Präsident Johnson eine Diskussion über die Idee, Mindestlöhne anstelle von staatlichen Wohlfahrtsprogrammen einzuführen. Die Vorstellung war, dass bei steigenden Löhnen auch das Arbeitsangebot steigt und so schließlich die Konjunktur angekurbelt wird. Um nun herauszufinden, wie das Arbeitsangebot tatsächlich auf Lohnerhöhungen reagiert, wurde im Jahre 1966 in den USA eine nationale Stichprobe von 6000 Haushalten mit einem männlichen Haushaltsvorstand und einem jährlichen Einkommen von weniger als 15 000 $ erhoben. Ziel dieser Erhebung war es, die Abhängigkeit der Variablen ‚durchschnittliche geleistete jährliche Arbeitsstunden' als Ausdruck des Arbeitsangebotes von der Variablen ‚effektive Stundenlöhne' zu untersuchen. Ein naheliegender Ansatz besteht in der Bestimmung einer Regressionsgeraden. Dabei ist offensichtlich, dass es nicht nur um eine Beschreibung der Abhängigkeit im Sinne der empirischen Regression geht. Vielmehr steht dahinter die Absicht, einen auf der Basis der Daten ermittelten Zusammenhang auf die zugrunde liegende Bevölkerung zu übertragen.

Beispiel 19.3 *Verzehr von Speiseeis*

Der Verzehr von Speiseeis hängt von den jahreszeitlichen Gegebenheiten ab. Im Zeitraum vom 18ten März 1951 bis zum 11ten Juli 1953 wurde für jeweils vier Wochen der Speiseeisverbrauch pro Kopf festgestellt, siehe Kadiyala (1970). In der Abbildung sind die Werte für die Perioden dargestellt, die zu dem wärmeren Teil des Jahres gehören. Zudem zeigt die Abbildung die empirische Regressionsgerade.

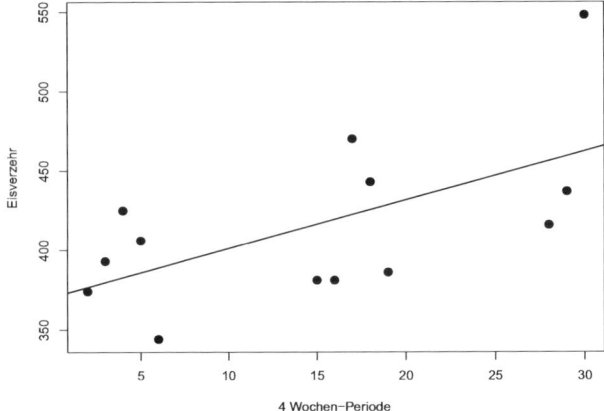

Abb. 19.3: Speiseeisverbrauch pro Kopf während Vier-Wochen-Perioden

Es ist einsichtig, dass eine Interpolation nicht zu einem vernünftigen Zwischenwert für eine ‚Winterperiode' führen kann. Es ist davon auszugehen, dass ein solcher interpolierter Wert viel zu hoch liegt. Bisher können wir nur aufgrund von Überlegungen zu dem Ergebnis kommen, dass eine Interpolation der Werte in diesem Fall keinen sinnvollen Wert liefert.

19.1.2 Entwicklung des Modells

Den Zusammenhang der Variablen wollen wir nun modellmäßig erfassen. Bei der Entwicklung des Modells gehen wir von der empirischen Situation aus. Diese ist dadurch charakterisiert, dass die Werte der Variablen Y um eine Gerade streuen:

$$y_\nu = a + b x_\nu + u_\nu \qquad \nu = 1, \ldots, n.$$

Die y_ν fassen wir als Realisationen von Zufallsvariablen $Y_1, \ldots, Y_n$ auf. Dies trägt einmal dem Umstand Rechnung, dass für festes x verschiedene y-Werte auftreten können. Weiter müssen wir mit den Zufallsvariablen Y_ν erfassen, dass die Variable Y für unterschiedliche Werte der Variablen X betrachtet wird. Anders als im Fall unabhängiger Beobachtungen sind die Y_ν nicht mehr einfache Wiederholungen voneinander.

Weiter unterstellen wir, dass die Werte $x_1, \ldots, x_n$ fest vorgegeben sind. Dies ist sicher nicht für alle Situationen korrekt. So werden etwa bei der im obigen Beispiel betrachteten Abhängigkeit der Arbeitsstunden von den effektiven Stundenlöhnen die Werte beider Variablen erst mit der Auswahl des Haushaltes festgelegt. Die Ergebnisse der für feste x_ν entwickelten Theorie können aber praktisch ohne Änderung auf die andere Situation übertragen werden. Die x_ν werden dann einfach so behandelt, als wären sie von vornherein festgelegt gewesen.

Damit die empirische Situation zu einer sinnvolle Modellgleichung führen kann, müssen wir die Störungen u_ν als Realisationen von zufälligen *Fehler-* oder *Störgrößen* U_ν interpretieren. Die Fehler können wir inhaltlich auf zwei unterschiedliche Einflussfaktoren zurückführen. Der eine Faktor ist ein Messfehler. Vor allem bei experimentellen Untersuchungen wird die Variable Y i. d. R. nicht exakt gemessen werden können. Wegen der Messungenauigkeiten, Ablesefehler u. ä. kommt eine gewisse Streuung der Werte um die Regressionsgerade zustande. Rein zufällige Abweichungen resultieren aus der nicht exakten Reproduzierbarkeit von Messungen. Auch bei der Erfassung ökonomischer oder sozialer Zusammenhänge kommt es zu zufälligen Abweichungen, da neben der erklärenden Variablen X andere Variable einen, als gering unterstellten, Einfluss auf Y ausüben. Diese bilden die zweite Art von Einflussfaktoren. Die U_ν stellen dann die Summe der geringen Einflüsse dar.

Die U_ν erfassen die Abweichungen der Beobachtungen von der Regressionsgeraden. Formal heißt dies, dass für das Modell

$$\mathrm{E}(U_\nu) = 0 \qquad \nu = 1, \ldots, n$$

zu fordern ist. Die Vorstellung, dass die lineare Abhängigkeit der Zufallsvariablen Y von der Variablen X nur durch eine Störung überlagert wird, führt dazu, die U_ν als Replikate einer Störung U zu interpretieren. Daher unterstellen wir, dass die U_ν alle identisch verteilt sind und insbesondere dieselbe Varianz σ^2 haben. Schließlich soll eine systematische Änderung der Y ausschließlich auf die Änderung der x-Werte zurückführbar sein. Ein großer Wert von U_ν darf also z. B. keinen großen Wert von $U_{\nu+1}$ bewirken: Die U_ν werden als unabhängig angesehen.

Um den Unterschied des resultierenden Modells zur empirischen Regression deutlich zu machen, verwenden wir für die Regressionskoeffizienten im Modell griechische Buchstaben. Zusammengefasst lautet der Modellansatz dann folgendermaßen:

19.2 Schätzen und Testen im einfachen linearen Regressionsmodell

Definition 19.4 *Modell der (einfachen) linearen Regression*

Im *Modell der (einfachen) linearen Regression* hängen die Zufallsvariablen Y_v, die die potentiellen Beobachtungen der abhängigen Variablen Y an den fest vorgegebenen Werten x_v der unabhängigen Variablen X erfassen, linear von diesen Werten ab:

$$Y_v = \alpha + \beta x_v + U_v \qquad v = 1, \ldots, n.$$

Für die Störgrößen U_v gilt dabei:
(i) $U_1, \ldots, U_n$ sind identisch verteilt mit $E(U_v) = 0$ und $V(U_v) = \sigma^2$.
(ii) $U_1, \ldots, U_n$ sind unabhängig.

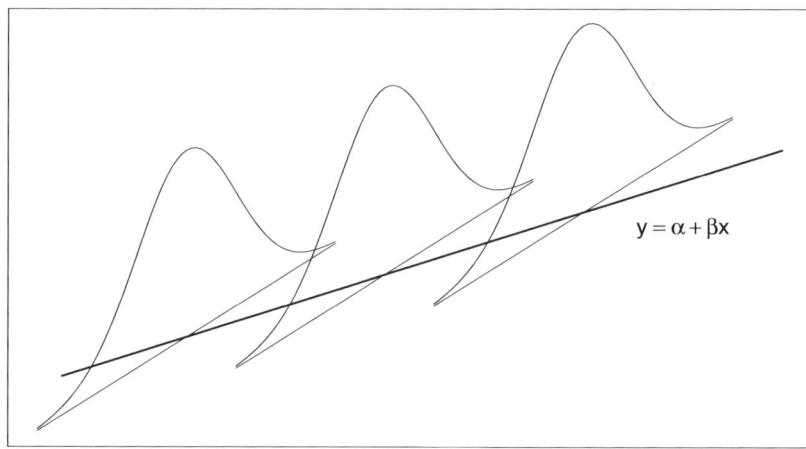

Abb. 19.4: *Das einfache lineare Regressionsmodell*

Die Abbildung 19.4 verdeutlicht das einfache Regressionsmodell. Die identische Verteilung der U_v bewirkt, dass die Verteilungen der Y_v bis auf eine Verschiebung gleich sind. Insbesondere gilt:

$$E(Y_v) = E(\alpha + \beta x_v + U_v) = \alpha + \beta x_v, \quad V(Y_v) = V(\alpha + \beta x_v + U_v) = \sigma^2.$$

Y_v stellt die Beobachtung der Variablen Y für den Wert x_v der unabhängigen Variablen X dar. Dies wird auch durch die Schreibweise $E(Y|X = x_v) = \alpha + \beta x_v$ gekennzeichnet. $E(Y|X = x_v)$ heißt der *bedingte Erwartungswert* von Y bei gegebenem Wert x von X.

19.2 Schätzen und Testen im einfachen linearen Regressionsmodell

19.2.1 Problemstellung

Die zunehmende Beliebtheit des Abenteuerurlaubes veranlasste eine Studie über die Belastung des mit dem Rucksack zu transportierenden Gepäcks auf die Wanderer. Geeignete Anhaltspunkte sind u. a. für Empfehlungen in Wanderführern wesentlich.

Eine wichtige Belastungskomponente wird durch die Herzschlagfrequenz erfasst. Naheliegend ist dabei der lineare Ansatz

$$\text{Herzschlag} = \alpha + \beta \cdot \text{Gepäck} + \text{Störung}.$$

Labormessungen am Laufband an zehn Männern, die ca. 22 Jahre alt waren und ein nur gering von 71.8 kg abweichendes Körpergewicht hatten, ergaben die folgenden Messwerte (nach Gordon u. a. 1983):

Tab.: *Belastung durch Rucksackgewicht*

Zusätzliches Gepäck (% Körpergewicht)	Herzschlag (Schläge/Min)	
0	117.5,	120.5
20	133.5,	138.5
30	140.0,	146.0
40	151.5,	154.5
50	160.0,	166.0

Gesucht sind hier neben den Schätzwerten für α und β auch geeignete Konfidenzintervalle. Zudem sollten auch Zwischenwerte (für andere Gewichtsanteile) mit zugehörigen Vertrauensbereichen angegeben werden.

19.2.2 Die Kleinst-Quadrate-Schätzfunktion

Die Bestimmung der empirischen Regressionsgeraden nach der Kleinste-Quadrate-Methode ergibt im Rahmen des Regressionsmodells eine Schätzmethode. Die Interpretation der empirisch ermittelten Parameter $\hat{\alpha}$ und $\hat{\beta}$ als Schätzwerte der Modellparameter macht dabei den eigentlichen Unterschied zum deskriptiven Ansatz aus. Die neue Bezeichnung – $\hat{\alpha}$ statt a und $\hat{\beta}$ statt b – reflektiert dabei diesen Unterschied zusätzlich. Wie wir gesehen haben, gilt bei vorgegebenen Beobachtungspaaren (x_v, y_v), $v = 1, \ldots, n$:

$$\hat{\alpha} = \bar{y} - \hat{\beta}\bar{x}, \qquad \hat{\beta} = \frac{s_{XY}}{s_X^2}.$$

Da die Werte $x_1, \ldots, x_n$ als fest vorgegeben betrachtet werden, sind $\hat{\alpha}$ und $\hat{\beta}$ jetzt Realisationen von Funktionen der Zufallsvariablen $Y_1, \ldots, Y_n$. Dies wird deutlicher mit folgenden Umformungen:

$$\hat{\beta} = \frac{s_{XY}}{s_X^2} = \frac{\sum_v (x_v - \bar{x})(y_v - \bar{y})}{\sum_v (x_v - \bar{x})^2} = \frac{\sum_v (x_v - \bar{x}) y_v}{\sum_v (x_v - \bar{x})^2} - \frac{\sum_v (x_v - \bar{x}) \bar{y}}{\sum_v (x_v - \bar{x})^2} = \sum_{v=1}^{n} \left(\frac{x_v - \bar{x}}{\sum_v (x_v - \bar{x})^2} \right) y_v,$$

$$\hat{\alpha} = \bar{y} - \hat{\beta}\bar{x} = \frac{1}{n} \sum_{v=1}^{n} y_v - \sum_{v=1}^{n} \left(\frac{x_v - \bar{x}}{\sum_v (x_v - \bar{x})^2} \right) y_v \cdot \bar{x} = \sum_{v=1}^{n} \left(\frac{1}{n} - \frac{x_v - \bar{x}}{\sum_v (x_v - \bar{x})^2} \bar{x} \right) y_v.$$

Die aus dem Kleinst-Quadrate-Ansatz resultierenden *Kleinste-Quadrate-Schätzfunktionen*, kurz *KQ-Schätzfunktionen*, bezeichnen wir wieder mit $\hat{\alpha}$ und $\hat{\beta}$; aus dem Kontext ist jeweils zu entnehmen, ob es sich um die Schätzfunktionen oder die Schätzwerte handelt:

$$\hat{\alpha} = \sum_{v=1}^{n} \left(\frac{1}{n} - \frac{x_v - \bar{x}}{\sum_v (x_v - \bar{x})^2} \bar{x} \right) Y_v, \qquad \hat{\beta} = \sum_{v=1}^{n} \left(\frac{x_v - \bar{x}}{\sum_v (x_v - \bar{x})^2} \right) Y_v.$$

19.2 Schätzen und Testen im einfachen linearen Regressionsmodell

Beispiel 19.5 *Belastungskomponente Herzschlagfrequenz - Fortsetzung*

Für den in der Problemstellung angegebenen Datensatz erhalten wir die folgenden Gewichte für die Darstellung von $\hat{\alpha}$ und $\hat{\beta}$ als gewichtete Summe der y_v:

Tab.: *Arbeitstabelle zur Bestimmung der Gewichte y_v*

v	x_v	$x_v - \bar{x}$	$(x_v - \bar{x})^2$	$\dfrac{x_v - \bar{x}}{\sum_v (x_v - \bar{x})^2}$	$\dfrac{1}{10} - \dfrac{x_v - \bar{x}}{\sum_v (x_v - \bar{x})^2} \bar{x}$
1	0	-28	784	-28/2960	$1/10 - (-28/2960) \cdot 28$
2	0	-28	784	-28/2960	$1/10 - (-28/2960) \cdot 28$
3	20	- 8	64	- 8/2960	$1/10 - (-8/2960) \cdot 28$
4	20	- 8	64	- 8/2960	$1/10 - (-8/2960) \cdot 28$
5	30	2	4	2/2960	$1/10 - (2/2960) \cdot 28$
6	30	2	4	2/2960	$1/10 - (2/2960) \cdot 28$
7	40	12	144	12/2960	$1/10 - (12/2960) \cdot 28$
8	40	12	144	12/2960	$1/10 - (12/2960) \cdot 28$
9	50	22	484	22/2960	$1/10 - (22/2960) \cdot 28$
10	50	22	484	22/2960	$1/10 - (22/2960) \cdot 28$
	280		2960		

Mit den Gewichten lassen sich dann die gesuchten Parameter berechnen:

$$\hat{\beta} = 0.87, \quad \hat{\alpha} = 118.43.$$

19.2.3 Eigenschaften der KQ-Schätzer

Mit der Darstellung von $\hat{\alpha}$ und $\hat{\beta}$ als Linearkombination von $Y_1, \ldots, Y_n$ erhalten wir sehr einfach die Erwartungswerte und Varianzen der beiden Schätzfunktionen. Zuerst ist:

$$E(\hat{\beta}) = E\left(\sum_{v=1}^{n} \frac{x_v - \bar{x}}{\sum_v (x_v - \bar{x})^2} Y_v\right) = \sum_{v=1}^{n} \frac{x_v - \bar{x}}{\sum_v (x_v - \bar{x})^2} E(Y_v)$$

$$= \sum_{v=1}^{n} \frac{x_v - \bar{x}}{\sum_v (x_v - \bar{x})^2} (\alpha + \beta x_v) = \sum_{v=1}^{n} \frac{x_v - \bar{x}}{\sum_v (x_v - \bar{x})^2} \cdot \alpha + \sum_{v=1}^{n} \frac{(x_v - \bar{x}) x_v}{\sum_v (x_v - \bar{x})^2} \cdot \beta.$$

Im letzten Ausdruck fällt der erste Summand wegen $\sum_v (x_v - \bar{x}) = 0$ weg; der Faktor von β ergibt sich zu 1:

$$\sum_{v=1}^{n} \frac{(x_v - \bar{x}) x_v}{\sum_v (x_v - \bar{x})^2} = \frac{\sum_v x_v^2 - \bar{x} \sum_v x_v}{\sum_v x_v^2 - n \bar{x}^2} = \frac{n \cdot \overline{x^2} - n \bar{x}^2}{n \cdot \overline{x^2} - n \bar{x}^2} = 1.$$

Zusammengefasst gilt:

$$E(\hat{\beta}) = \beta.$$

Weiter ist:

$$V(\hat{\beta}) = V\left(\sum_{v=1}^{n} \frac{x_v - \bar{x}}{\sum_v (x_v - \bar{x})^2} Y_v\right) = \sum_{v=1}^{n} \frac{(x_v - \bar{x})^2}{\left(\sum_v (x_v - \bar{x})^2\right)^2} V(Y_v) = \frac{1}{\sum_v (x_v - \bar{x})^2} \cdot \sigma^2.$$

Entsprechend erhalten wir:

$$E(\hat{\alpha}) = \alpha, \qquad V(\hat{\alpha}) = \frac{\sum_v x_v^2}{n \cdot \sum_v (x_v - \bar{x})^2} \cdot \sigma^2.$$

In die Formeln von $V(\hat{\alpha})$ und $V(\hat{\beta})$ geht die unbekannte Varianz σ^2 der Störungen ein. Die Standardfehler der Schätzer $\hat{\alpha}$ und $\hat{\beta}$ können also selbst nur näherungsweise unter Verwendung einer Schätzung von σ^2 berechnet werden. Eine Schätzung von σ^2 geht dabei naheliegender Weise von den Residuen $\hat{u}_v = y_v - \hat{y}_v$ aus. Wegen $\bar{u} = 0$ ist $\sum_v \hat{u}_v^2$ nur noch geeignet zu normieren. Dies geschieht hier mit dem Faktor $1/(n-2)$. Dann ist

$$\hat{\sigma}^2 = \frac{1}{n-2} \sum_{v=1}^n \hat{u}_v^2$$

eine erwartungstreue Schätzfunktion für σ^2. In der Praxis werden die geschätzten Regressionsgeraden gern mit den resultierenden Schätzungen für die Standardfehler von $\hat{\alpha}$ und $\hat{\beta}$ angegeben. Dies erlaubt eine Bewertung der Zuverlässigkeit der Punktschätzungen.

Lemma 19.6 *Eigenschaften der KQ-Schätzer*

Für die Schätzungen von α und β nach der Kleinste-Quadrate-Methode gelten die folgenden Ergebnisse.

Im einfachen linearen Regressionsmodell $Y_v = \alpha + \beta x_v + U_v$, $v = 1, \ldots, n$ sind die KQ-Schätzer für die Parameter α, β lineare Funktionen der Variablen Y_v. Sie haben die Darstellung:

$$\hat{\beta} = \frac{\sum_v (x_v - \bar{x})(Y_v - \bar{Y})}{\sum_v (x_v - \bar{x})^2} = \sum_{v=1}^n \left(\frac{x_v - \bar{x}}{\sum_v (x_v - \bar{x})^2} \right) Y_v,$$

$$\hat{\alpha} = \bar{Y} - \hat{\beta}\bar{x} = \sum_{v=1}^n \left(\frac{1}{n} - \frac{x_v - \bar{x}}{\sum_v (x_v - \bar{x})^2} \bar{x} \right) Y_v.$$

Die Schätzfunktion für σ^2 ist, wenn mit S_Y^2 und S_{XY} die Stichprobenfunktionen bezeichnet werden, die sich durch die formale Bildung der Varianz aus den Y_v und der Kovarianz der Y_v mit den (deterministischen) x-Werten ergeben:

$$\hat{\sigma}^2 = \frac{1}{n-2} \sum_{v=1}^n (Y_v - \hat{Y}_v)^2 = \frac{n}{n-2}(S_Y^2 - \hat{\beta} S_{XY}) = \frac{n}{n-2}(S_Y^2 - \hat{\beta}^2 s_X^2).$$

Die Schätzfunktionen sind erwartungstreu und konsistent:

$$E(\hat{\alpha}) = \alpha, \quad E(\hat{\beta}) = \beta, \quad E(\hat{\sigma}^2) = \sigma^2, \quad V(\hat{\alpha}) \to 0, \quad V(\hat{\beta}) \to 0, \quad V(\hat{\sigma}^2) \to 0.$$

19.2 Schätzen und Testen im einfachen linearen Regressionsmodell

Beispiel 19.7 *Belastungskomponente Herzschlagfrequenz - Fortsetzung*

Mit den im vorigen Beispiel ermittelten Schätzungen ergibt sich die nachstehend angegebene Arbeitstabelle. Daraus erhalten wir $\hat{\sigma}^2 = \frac{1}{8} 65.288 = 8.161$.

v	$\hat{y}_v$	$y_v - \hat{y}_v$	$(y_v - \hat{y}_v)^2$
1	118.432	-0.9320	0.869
2	118.432	2.068	4.277
3	135.838	-2.338	5.466
4	135.838	2.662	7.086
5	144.541	-4.541	20.621
6	144.541	1.459	2.129
7	153.243	-1.743	3.038
8	153.243	1.257	1.580
9	161.946	-1.946	3.787
10	161.946	4.054	16.435
			65.288

Die Schätzungen der Standardfehler für die Schätzer $\hat{\alpha}$ und $\hat{\beta}$ sind:

$$\hat{\sigma}_{\hat{\beta}} = \left(\frac{8.161}{2960}\right)^{0.5} = 0.0525, \qquad \hat{\sigma}_{\hat{\alpha}} = \left(\frac{10800 \cdot 8.161}{10 \cdot 2960}\right)^{0.5} = 1.7256.$$

Die Regressionsgerade lässt sich folglich in der folgenden Form angeben:

$$y = \underset{(1.73)}{118.433} + \underset{(0.05)}{0.876} \cdot x.$$

Mit den Koeffizienten wird auch die im Mittel wahre lineare Beziehung geschätzt. Die Schätzung $\hat{Y} = \hat{\alpha} + \hat{\beta} \cdot x$ an der Stelle x wird mit $\hat{Y}_x$ bezeichnet, um den Bezug zu einem bestimmten x-Wert hervorzuheben. Dann ist:

$$E\left(\hat{Y}_x\right) = E\left(\hat{Y}|x\right) = \alpha + \beta \cdot x.$$

Für eine fest vorgegebene Stelle x lässt sich der Standardfehler für die geschätzte Regressionsgerade angeben:

$$\sigma_{\hat{Y}_x} = \sqrt{V\left(\hat{Y}|x\right)} = \sqrt{\frac{1}{n} + \frac{(x-\bar{x})^2}{\sum(x_v - \bar{x})^2}} \cdot \sigma.$$

Wird die Regressionsgerade zusammen mit den punktweisen Standardfehlern grafisch dargestellt, so ist das Band um die Regresssionsgerade umso breiter, je weiter der zugehörige x-Wert von dem arithmetischen Mittel $\bar{x}$ weg ist, vgl. die Abbildung 19.5. Dies macht deutlich, dass die Regressionsbeziehung umso unsicherer wird, je mehr man sich dem Rand des Bereiches der zu ihrer Schätzung verwendeten x-Werte nähert.

19.2.4 Das Regressionsmodell mit normalverteilten Fehlern

Die Standardfehler der Koeffizientenschätzer im linearen Regressionsmodell geben einen Anhaltspunkt dafür, wie präzise die Schätzungen sind. Der durch die Standardabweichung festgelegte Bereich bietet aber noch kein Maß für die Sicherheit, mit der wir behaupten können, dass der Parameterwert in diesem Bereich liegt. Dies ist erst mit Konfidenzintervallen möglich. Um solche aufzustellen, benötigen wir eine Verteilungsannahme für die zu erklärenden Variablen Y_ν bzw. die Fehler U_ν.

Die Verteilung bzw. der Verteilungstyp ist bisweilen aus ähnlichen Fällen bekannt. In der Mehrzahl der Anwendungen ist dies aber nicht gegeben. Setzen sich die Fehler additiv aus mehreren in etwa gleichgewichtigen Einflüssen zusammen, so ist aufgrund des Zentralen Grenzwertssatzes die Normalverteilung zumindest als Approximation geeignet. Diese Voraussetzung sehen wir häufig als gegeben an. Daher ist die Normalverteilung die Standardannahme für die Verteilung der Fehler im linearen Regressionsmodell. Die Unterstellung, dass Fehler normalverteilt sind, reicht bis in das 18te Jahrhundert zurück. In der Tat wurde die Kleinste-Quadrate-Methode von Carl Friedrich Gauß im Kontext normalverteilter Fehler der Störungen entwickelt. Sie ist in gewisser Hinsicht die adäquate Verteilung für die Regressionsrechnung nach der Methode der kleinsten Quadrate. Bei Anwendungen ist jeweils zu überprüfen, ob diese Annahme gerechtfertigt ist. Darauf gehen wir im Abschnitt über die Residuenanalyse noch ein.

Im Folgenden wird das Regressionsmodell mit normalverteilten Störungen zugrunde gelegt. Der einzige Unterschied zu unserem bisherigen Regressionsmodell ist die zusätzliche Annahme, dass die Fehler normalverteilt sind.

Definition 19.8 *Regressionsmodell mit normalverteilten Störungen*

Das Regressionsmodell mit normalverteilten Störungen ist durch folgende Annahmen gekennzeichnet.

Die Zufallsvariablen $Y_1, \ldots, Y_n$ hängen von den vorgegebenen Werten $x_1, \ldots, x_n$ ab gemäß:

$$Y_\nu = \alpha + \beta x_\nu + U_\nu, \qquad \nu = 1, \ldots, n.$$

Für die Störungen U_ν gilt:
(i) $U_\nu \sim \mathcal{N}(0, \sigma^2)$;
(ii) $U_1, \ldots, U_n$ sind unabhängig.

Mit den U_ν sind dann auch die zu erklärenden Variablen Y_ν normalverteilt:

$$Y_\nu \sim \mathcal{N}(\alpha + \beta x_\nu, \sigma^2), \qquad \nu = 1, \ldots, n.$$

Da die Y_ν unabhängig und $\hat{\alpha}$ sowie $\hat{\beta}$ Linearkombinationen der Y_ν sind, erhalten wir nach den Ergebnissen des Kapitels 11, dass auch $\hat{\alpha}$ und $\hat{\beta}$ normalverteilt sind:

$$\hat{\alpha} \sim \mathcal{N}(\alpha, \sigma_{\hat{\alpha}}^2) \text{ und } \hat{\beta} \sim \mathcal{N}(\beta, \sigma_{\hat{\beta}}^2).$$

Auf dieser Verteilungseigenschaft bauen Konfidenzintervalle, Tests und Prognoseintervalle auf. Sollte die Annahme der Normalverteilung nicht gelten, können bei kleinen Beobachtungsumfängen die Ergebnisse falsch werden. Bei einer großen Anzahl von Beobachtungen wirkt sich das nicht so stark aus; aufgrund des Zentralen Grenzwertsatzes sind die Schätzer dann wenigstens approximativ normalverteilt.

19.2.5 Konfidenzintervalle und Tests für die Regressionskoeffizienten

Die Vorgehensweise, die zu dem Konfidenzintervall für den Erwartungswert bei normalverteilten Beobachtungen führt, ist auch hier anwendbar. Dazu gehen wir wieder von den standardisierten Schätzfunktionen aus. Da σ^2 i. d. R. unbekannt ist, betrachten wir die Standardisierung mit den geschätzten Standardfehlern.

Lemma 19.9 *standardisierte Schätzfunktionen*

Im Regressionsmodell $Y_v = \alpha + \beta x_v + U_v$ mit normalverteilten Störungen sind die geeignet standardisierten Schätzfunktionen $\mathcal{T}$-verteilt mit $n-2$ Freiheitsgraden:

$$\frac{\hat{\alpha} - \alpha}{\hat{\sigma}_{\hat{\alpha}}} = \frac{\hat{\alpha} - \alpha}{\hat{\sigma}} \sqrt{\frac{n \sum_v (x_v - \bar{x})^2}{\sum_v x_v^2}} \sim \mathcal{T}_{n-2}$$

$$\frac{\hat{\beta} - \beta}{\hat{\sigma}_{\hat{\beta}}} = \frac{\hat{\beta} - \beta}{\hat{\sigma}} \sqrt{\sum_v (x_v - \bar{x})^2} \sim \mathcal{T}_{n-2}$$

Das im Lemma festgehaltene Resultat führt leicht zu Konfidenzintervallen für die Koeffizienten α und β. Das Konfidenzniveau bezeichnen wir in diesem Kapitel mit $(1-\gamma)$, da das Symbol α hier für den Achsenabschnitt vergeben ist.

Lemma 19.10 *Konfidenzintervalle für α und β*

Im Regressionsmodell mit normalverteilten Störungen lauten die $(1-\gamma)$-Konfidenzintervalle für α und β:

$$[\hat{\alpha} - t_{n-2;1-\gamma/2}\hat{\sigma}_{\hat{\alpha}} \,;\, \hat{\alpha} + t_{n-2;1-\gamma/2}\hat{\sigma}_{\hat{\alpha}}],$$
$$[\hat{\beta} - t_{n-2;1-\gamma/2}\hat{\sigma}_{\hat{\beta}} \,;\, \hat{\beta} + t_{n-2;1-\gamma/2}\hat{\sigma}_{\hat{\beta}}].$$

Wenn Konfidenzintervalle zum Niveau $1-\gamma$ für α und β nach den angegebenen Formeln bestimmt werden, so ist der Vertrauensgrad nicht $1-\gamma$, dass beide Intervalle gleichzeitig den jeweiligen wahren Parameterwert überdecken. Wenn KI_1, KI_2 die Konfidenzintervalle für α und β sind, so ist diese Wahrscheinlichkeit der gleichzeitigen oder simultanen Überdeckung gleich $P(KI_1$ überdeckt α, KI_2 überdeckt $\beta)$. Da die Ereignisse abhängig sind, ist diese Wahrscheinlichkeit nicht ohne weiteres angebbar.

Mit Hilfe der Bonferroni-Ungleichung $P(A \cap B) \geq 1 - (P(\bar{A}) + P(\bar{B}))$, vgl. Kapitel 6, können aber simultane Konfidenzintervalle bestimmt werden. Mit dieser Ungleichung haben wir für die gesuchte Wahrscheinlichkeit nämlich die Abschätzung:

$P(KI_1$ überdeckt α, KI_2 überdeckt $\beta)$
$\quad \geq 1 - [P(KI_1$ überdeckt α nicht$) + P(KI_2$ überdeckt β nicht$)]$
$\quad = 1 - [\gamma + \gamma] = 1 - 2\gamma.$

Um einen Gesamtvertrauensgrad von $1 - \gamma'$ zu haben, dass beide Konfidenzintervalle die jeweiligen wahren Parameterwerte überdecken, müssen die Einzelniveaus also $1 - \gamma'/2$ betragen.

Beispiel 19.11 *Belastungskomponente Herzschlagfrequenz - Fortsetzung*

Wir wollen 95%-Konfidenzintervalle für die Parameter α und β der Regressionsgeraden

$$\text{Herzschlagfrequenz} = \alpha + \beta \cdot \text{Rucksackgewicht} + \text{Störung}$$

bestimmen. Die vorangehenden Berechnungen ergaben:

$$\hat{\alpha} = 118.43, \quad \hat{\sigma}_{\hat{\alpha}} = 1.7256; \quad \hat{\beta} = 0.87, \quad \hat{\sigma}_{\hat{\beta}} = 0.0525.$$

Bei $n - 2 = 8$ Freiheitsgraden erhalten wir $t_{8;0.975} = 2.306$.

Dies führt auf das realisierte Konfidenzintervall für α: $[114.45; 122.41]$ und das realisierte Konfidenzintervall für β: $[0.755; 0.997]$.

Der Vertrauensgrad, dass beide Intervalle gleichzeitig den jeweiligen wahren Parameterwert überdecken, ist nach der Bonferroni-Ungleichung, wenn KI_1, KI_2 die Konfidenzintervalle für α und β sind:

$$P(KI_1 \text{ überdeckt } \alpha, KI_2 \text{ überdeckt } \beta) \geq 1 - (0.05 + 0.05) = 0.90.$$

Die Verteilungsaussagen für die standardisierten Stichprobenfunktionen $(\hat{\alpha} - \alpha)/\hat{\sigma}_{\hat{\alpha}}$ und $(\hat{\beta} - \beta)/\hat{\sigma}_{\hat{\beta}}$ erlauben, sie direkt als Prüfgrößen für Tests bzgl. der Parameter α und β zu verwenden.

Beispiel 19.12 *Vibrationen beim Menschen*

Wird ein Mensch Erschütterungen ausgesetzt, so pflanzen sich diese über den ganzen Körper fort. Die Übertragbarkeit von Vibrationen hängt dabei von körperlichen Charakteristika wie Größe, Geschlecht und Gewicht ab. Zur Erforschung dieses Zusammenhanges wurde u. a. eine Anzahl von Frauen vertikalen Vibrationen ausgesetzt, indem ihr Sitz in sinusförmige Schwingungen von 16 Hertz versetzt wurde. Die induzierte Kopf-Vibration wurde als relative Größe zu der Schwingungsfrequenz des Sitzes festgehalten, siehe Griffin & Witham (1978).

Tab.: Körpergewicht X (in kg) und Vibrationsübertragung Y (in %)

v	x_v	y_v	v	x_v	y_v	v	x_v	y_v	v	x_v	y_v	v	x_v	y_v	v	x_v	y_v
1	67	86	6	45	88	11	54	102	16	51	83	21	54	49	26	51	93
2	50	65	7	52	88	12	73	37	17	59	59	22	51	73	27	53	138
3	68	59	8	51	84	13	54	94	18	55	121	23	64	25			
4	55	43	9	59	52	14	63	82	19	64	64	24	54	75			
5	63	53	10	55	73	15	47	83	20	55	55	25	56	82			

Als (eine) Frage stellt sich, ob die Übertragbarkeit mit zunehmendem Gewicht geringer wird. Dies lässt sich als Testproblem für die Steigung der Regressionsgeraden

$$\text{Übertragbarkeit} = \alpha + \beta \cdot \text{Körpergewicht} + U$$

formulieren:
$$H : \beta = 0, \quad G : \beta < 0.$$

Die benötigten Zwischenwerte sind

$$\bar{x} = 56.41, \quad \overline{x^2} = 3225.37, \quad \bar{y} = 74.30, \quad \overline{y^2} = 6114.37, \quad \overline{xy} = 4116.33.$$

Damit erhalten wir:

$$\hat{\beta} = \frac{\overline{xy} - \bar{x} \cdot \bar{y}}{\overline{x^2} - \bar{x}^2} = 1.73,$$

$$\hat{\alpha} = \bar{y} - \hat{\beta} \cdot \bar{x} = 171.89,$$

$$\hat{\sigma}^2 = \frac{27}{25}\left(\overline{y^2} - \bar{y}^2 - \hat{\beta}^2\left(\overline{x^2} - \bar{x}^2\right)\right) = 501.49,$$

$$\hat{\sigma}_{\hat{\beta}} = \frac{\hat{\sigma}}{\sqrt{n\overline{x^2} - n\bar{x}^2}} = 0.655.$$

Die Prüfgröße nimmt folglich den Wert

$$T = \frac{\hat{\beta} - 0}{\hat{\sigma}_{\hat{\beta}}} = \frac{-1.73}{0.655} = -2.641$$

an. Bei $28 - 2 = 26$ Freiheitsgraden ist das empirische Signifikanzniveau 0.0067. Damit ist die fallende Tendenz belegt. Pro Kilogramm Körpergewicht wird die Übertragbarkeit um 1% verringert.

19.2.6 Konfidenzintervalle und Konfidenzband für die Regressionsgerade

Neben den Konfidenzintervallen für die Regressionsparameter sind auch Konfidenzintervalle für die Regressionsgerade an jeweils einem Punkt x von Interesse. Diese kombinieren eine Aussage über die Präzision der Schätzung, wie sie anhand des Standardfehlers möglich ist, mit einer Aussage zur Sicherheit der Schätzung. Sie haben den gleichen Aufbau wie die Konfidenzintervalle für die einzelnen Regressionskoeffizienten. Die Grenzen sind von der Form

Schätzwert $\pm$ Quantil der t-Verteilung $\cdot$ Standardfehler .

Formal lautet das Konfidenzintervall für $E(Y|x)$ bei festem x:

$$\left[\hat{Y}_x - t_{n-2;1-\gamma/2}\hat{\sigma}\sqrt{\frac{1}{n} + \frac{(x-\bar{x})^2}{\sum(x_v - \bar{x})^2}} \;;\; \hat{Y}_x + t_{n-2;1-\gamma/2}\hat{\sigma}\sqrt{\frac{1}{n} + \frac{(x-\bar{x})^2}{\sum(x_v - \bar{x})^2}}\right].$$

Diese Konfidenzintervalle werden häufig für verschiedene Stellen x berechnet und in ein Streudiagramm mit eingezeichnet, siehe die Abbildung 19.5. Dies ergibt eine Grafik, die der gleicht, welche durch die Überlagerung der Regressionsgeraden mit den Standardfehlern entsteht. Da das t-Quantil bei einem Konfidenzniveau von 95% etwa 2 beträgt, ist der Bereich zwischen den beiden äußeren Linien dann aber ca. doppelt so breit.

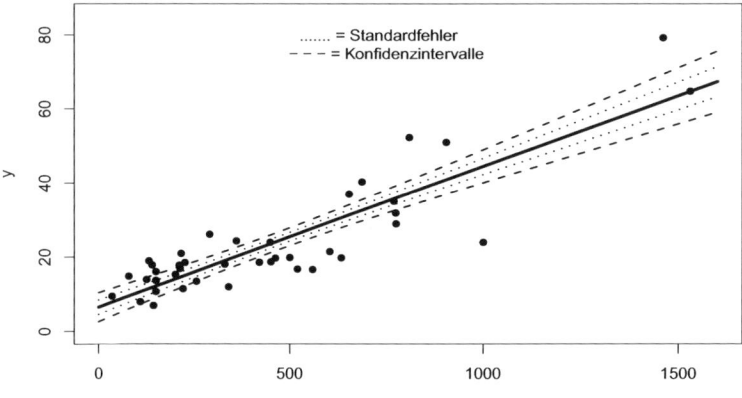

Abb. 19.5: *Regressionsgerade mit einfachen Standardfehlern und punktweisen Konfidenzintervallen*

Die grafische Darstellung der punktweisen Konfidenzintervalle für die Regressionsgerade suggeriert, dass die gesamte Regressionsgerade mit einem Vertrauensgrad von $(1-\gamma)100$ Prozent überdeckt wird. Dies ist nicht korrekt. Die Konfidenzintervalle gelten nur für jeweils einen festen Punkt x. Es gibt aber auch *Konfidenzbänder für die gesamte Regressionsgerade*:

$$\hat{Y}_x - \sqrt{2F_{2,n-2;1-\gamma}}\,\hat{\sigma}\sqrt{\frac{1}{n}+\frac{(x-\bar{x})^2}{\sum(x_v-\bar{x})^2}} \leq E(\hat{Y}|x) \leq \hat{Y}_x + \sqrt{2F_{2,n-2;1-\gamma}}\,\hat{\sigma}\sqrt{\frac{1}{n}+\frac{(x-\bar{x})^2}{\sum(x_v-\bar{x})^2}}.$$

$F_{2,n-2;1-\gamma}$ ist das $(1-\gamma)$-Quantil der $\mathscr{F}$-Verteilung mit 2 und $n-2$ Freiheitsgraden.

Diese Grenzen schließen in $(1-\gamma)100\%$ der Fälle die wahre Regressionsgerade vollständig ein. Die Konfidenzbänder sind breiter als die Konfidenzintervalle für $E(\hat{Y}|x)$ an einzelnen Stellen x. Das drückt sich in dem veränderten Faktor aus, mit dem die Standardfehler multipliziert werden.

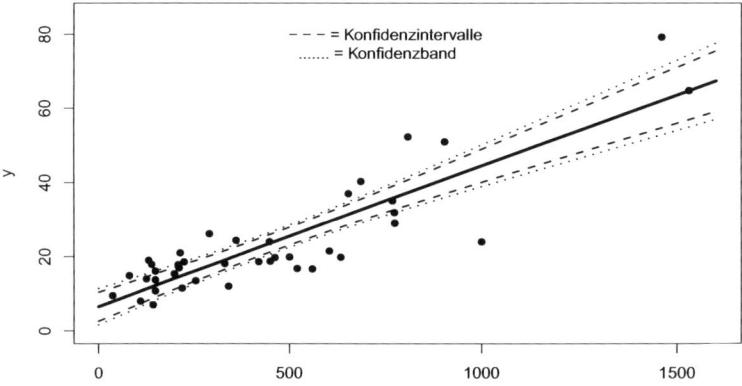

Abb. 19.6: *Regressionsgerade mit punktweisen Konfidenzintervallen und Konfidenzband*

19.2.7 Prognoseintervalle

Die sinnvolle Prognose oder Vorhersage eines einzelnen Wertes y an einer Stelle x ist der anhand der geschätzten Regressionsgeraden ermittelte Wert:

$$\hat{y}_x = \hat{\alpha} + \hat{\beta} \cdot x.$$

Hier ist bei Prognose vornehmlich an die Vorhersage eines Wertes innerhalb des Bereiches gedacht, den die vorliegenden x-Werte abdecken, nicht an eine Extrapolation, die aus diesem Bereich herausgeht. Solche Extrapolationen sind stets fragwürdig. Bei solchen Punktprognosen dient die Angabe eines Prognoseintervalles dazu, die Vorhersagepräzision und Vorhersagesicherheit auszudrücken. Mit Wahrscheinlichkeit $(1-\gamma)$ wird die Variable an der Stelle x einen Wert annehmen, der in folgendem *Prognoseintervall* liegt:

$$\left[\hat{Y}_x - t_{n-2;1-\gamma/2}\hat{\sigma}\sqrt{1+\frac{1}{n}+\frac{(x-\bar{x})^2}{\sum(x_v-\bar{x})^2}}\;;\; \hat{Y}_x + t_{n-2;1-\gamma/2}\hat{\sigma}\sqrt{1+\frac{1}{n}+\frac{(x-\bar{x})^2}{\sum(x_v-\bar{x})^2}}\right].$$

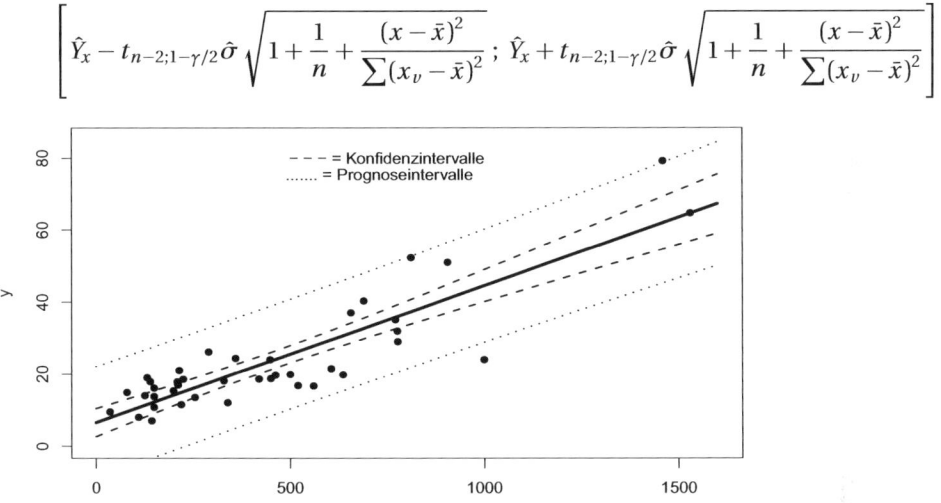

Abb. 19.7: *Regressionsgerade mit punktweisen Konfidenz- und Prognoseintervallen*

19.3 Residuenanalyse

Schon aus dem Streudiagramm ist bisweilen zu erkennen, dass das einfache lineare Regressionsmodell mit seinen Annahmen keinen sinnvollen Ansatz darstellt. In anderen Fällen ist dies nicht so leicht zu sehen. Jede vollständige Regressionsanalyse schließt daher Schritte zur Überprüfung des angepassten Modells ein.

Die Grundlage zur Beurteilung eines Regressionsmodells bilden die Residuen $\hat{u}_v = y_v - \hat{y}_v$, $v = 1,\ldots,n$. Bei einem korrekten Modell sind sie näherungsweise gleich den Realisationen der Störungen U_v. Wenn den Beobachtungen also tatsächlich eine lineare Beziehung der unterstellten Form zugrunde liegt, sind in der grafischen Darstellung der Residuen einige typische Muster zu erwarten. Abweichungen von diesen Mustern weisen auf Modelldefekte hin. Die grafischen Darstellungen der $\hat{u}_v$ werden als *Residuendiagramme* bezeichnet. Üblich ist es, die Residuen $\hat{u}_v$ in Abhängigkeit von den auf der geschätzten Regressionsgeraden liegenden Werten $\hat{y}_v$ aufzutragen.

19.3.1 Systematische Änderung des Mittels

Die Störungen U_ν sind die Abweichungen von der Regressionsgeraden. Ihr Erwartungswert ist null: $E(U_\nu) = 0$. Daher (und wegen der Unabhängigkeit der Beobachtungen) sollte im Residuendiagramm kein systematisch von null abweichender Verlauf erkennbar sein.

Liegt nun eine derartige Abweichung vor, so deutet dies darauf hin, dass die angepasste Gerade die Abhängigkeit der Y-Variablen von der Variablen X nicht adäquat erfasst. Eine Verbesserung ist aber oftmals mit einer Linearisierung möglich; das wird im Folgenden Abschnitt ausgeführt.

Beispiel 19.13 *Schwimmen im Alter*

Der Leistungsrückgang von Sportlern im Alter ist zwar ganz natürlich, es gibt jedoch keine Theorie, die die Form dieses Rückganges erfasst. Für Schwimmer ist nun die für eine feste Strecke benötigte Zeit ein Indikator für die Leistungsfähigkeit. Somit kann aus der Entwicklung dieser Zeiten in Abhängigkeit vom Alter auf die Form des Leistungsabfalls geschlossen werden.

45 qualifizierte Wettkampfschwimmer im Alterssport erbrachten in Wettkämpfen über 50 m Brustschwimmen die folgenden Zeiten. Die Schwimmer sind in je 5 Jahre umfassende Altersklassen zusammengefasst. Angegeben sind die Klassenmitten nach Letzeiter u.a. (1986).

Tab.: *Schwimmzeiten über 50 m Brust*

Alter [a]	Zeiten [s]					Alter [a]	Zeiten [s]				
27.5	37.34	37.10	37.96	37.36	37.93	52.5	42.91	42.24	42.41	42.07	43.35
32.5	37.75	37.25	38.10	38.39	37.35	57.5	43.85	41.81	44.74	43.81	44.86
37.5	39.54	39.89	38.67	39.36	37.81	62.5	48.97	47.10	45.82	45.97	47.51
42.5	39.19	39.80	39.80	39.38	39.26	67.5	50.74	49.01	48.87	48.74	47.99
47.5	41.58	41.69	39.34	40.66	42.42						

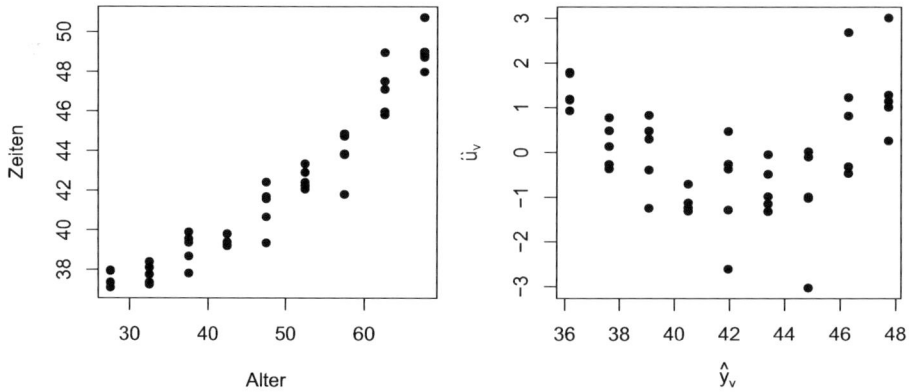

Abb. 19.8: *Streudiagramm Schwimmzeit in Abhängigkeit vom Alter (links) und Residuen der linearen Regression Schwimmzeit gegen Alter (rechts)*

Wesentlich deutlicher als aus dem in der Abbildung 19.8 links wiedergegebenen Streudiagramm ist aus dem Residuendiagramm ersichtlich, dass die benötigten Zeiten nicht linear mit dem Alter zunehmen. Die erhöhten Werte der Residuen an den Rändern und die niedrigen im mittleren Teil deuten darauf hin, dass ein quadratischer Zusammenhang existiert.

Bei einem Residuendiagramm mit vielen Punkten ist es oft schwer zu entscheiden, ob tatsächlich keine Verletzung der ‚nicht-systematischen Streuung der Residuen um null' vorliegt. Dies kann sehr einfach überprüft werden, indem aus den Residuen eine Serie von Box-Plots erstellt wird. Dazu wird die Abszisse in mehrere Abschnitte mit jeweils etwa gleich vielen Punkten aufgeteilt. Es resultieren Streifen, wenn durch die Abschnittsgrenzen Senkrechte gezeichnet werden. Die Residuen in einem Streifen stellen dann einen Datensatz dar, für den ein Box-Plot gezeichnet wird. Dieses ist sinnvollerweise in die Mitte des Streifens zu platzieren. Alle Streifen-Box-Plots zusammen sollten dann ein systematisches Abweichen der Lage der Residuen von null erkennen lassen.

19.3.2 Inhomogenität der Varianz

Eine andere, häufig anzutreffende Modellverletzung drückt sich darin aus, dass die Streuung der Residuen um null ein systematisches Verhalten zeigt. Eine typische, keilförmige Struktur ist etwa zu beobachten, wenn die Streuung der abhängigen Variablen Y mit der Größe der unabhängigen Variablen X zunimmt (bzw. abnimmt). Dieses Verhalten der Residuen wird durch *Heteroskedastizität*, d. h. ungleiche Varianzen der Störungen U_v, bewirkt.

Im Abschnitt 8.2 haben wir den Fall betrachtet, dass die Varianz von dem Niveau eines Datensatzes abhängt. Eine geeignete Transformation der Form $Y \mapsto Y^m$, $m \neq 0$, bzw. der Übergang zu logarithmierten Werten $Y \mapsto \ln(Y)$ führt häufig zu einer Varianzstabilisierung. Entsprechend reicht oft auch eine Transformation der abhängigen Variablen aus, um die Heteroskedastizität zu beseitigen. Gehen also etwa große Residuenwerte mit großen Werten von Y einher, so werden wir versuchen, die Varianz der Störungen durch Hinabsteigen der Leiter der Transformationen zu stabilisieren: Durch den Übergang von Y zu $T(Y) = \ln(Y)$ werden z. B. Differenzen zwischen großen Werten von Y stärker reduziert als Differenzen zwischen kleinen Werten.

Dabei kann es passieren, dass nach der Transformation von Y die Abhängigkeit zwischen der transformierten Variablen und der unabhängigen Variablen nicht mehr von linearer Gestalt ist. Die lineare Form ist aber meist wieder herstellbar. Dies fällt unter das Thema des folgenden Abschnittes.

Beispiel 19.14 *PCB-Konzentration in Fischen*

Bache et al. (1972) berichten über die Kumulierung von Polychlorinat Biphenyl (PCB) mit zunehmendem Alter bei Forellen. Das Alter der Fische war exakt bekannt, da sie jährlich in dem entsprechenden See ausgesetzt und unterschiedlich markiert wurden.

Das Streudiagramm weist einen Anstieg der Variabilität der PCB-Konzentration mit dem Alter auf. Die Residuen der Regression, die die geschätzte Beziehung

$$\hat{y} = -2.27 + 1.78 \cdot x$$

ergibt, zeigt die oben erwähnte, keilförmige Struktur.

Tab.: *Alter (Jahre) und PCB-Konzentration (ppm)*

v	x_v	y_v	v	x_v	y_v	v	x_v	y_v
1	1	0.6	10	3	1.2	19	7	5.5
2	1	1.6	11	4	3.5	20	7	10.5
3	1	0.5	12	4	4.1	21	8	17.5
4	1	1.2	13	4	5.1	22	8	13.4
5	2	2.0	14	5	5.7	23	8	4.5
6	2	1.3	15	6	3.4	24	9	30.4
7	2	2.5	16	6	9.7	25	11	12.4
8	3	2.2	17	6	8.6	26	12	13.4
9	3	2.4	18	7	4.0	27	12	26.2

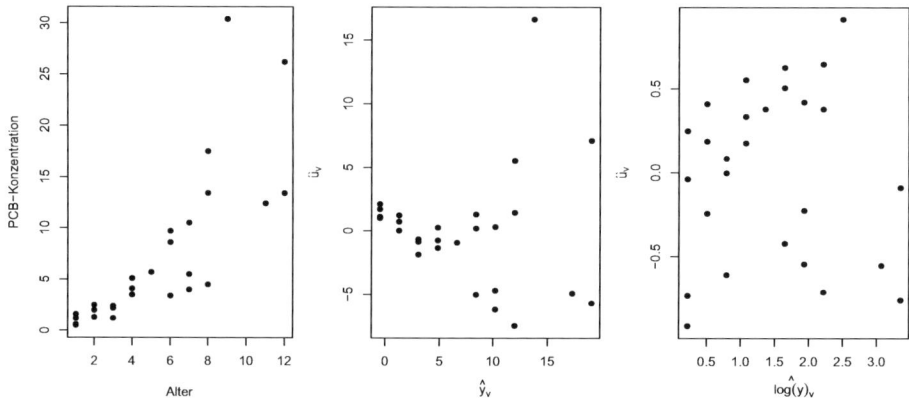

Abb. 19.9: *PCB-Konzentration in Abhängigkeit vom Alter (links) und Residuen der Regression PCB versus Alter (Mitte) und Residuen der Regression* $\ln(PCB)$ *versus Alter (rechts)*

Dies gibt Anlass, die abhängige Variable zu transformieren. Für die logarithmierte Variable $Z = \ln(Y)$ erhalten wir die Regressionsgerade

$$\hat{z} = -0.063 + 0.285x.$$

Im zugehörigen Residuendiagramm ist der Hinweis auf Heteroskedastizität verschwunden.

19.3.3 Ausreißer

Residuendiagramme und Darstellungen der Häufigkeitsverteilung der Residuen sollten auch in Hinblick auf Ausreißer, ungewöhnlich stark von den restlichen Residuen abgesonderte Werte, durchgemustert werden. Einzelne Ausreißer können einen großen Einfluss auf die angepasste Regressionsgerade haben, so dass sie die Lage der Punkte im Streudiagramm nicht mehr korrekt beschreibt. Weniger empfindlich als die Kleinste-Quadrate-Methode reagieren robuste Verfahren auf Ausreißer. Damit erlauben sie zugleich eine bessere Identifikation von Ausreißern. Die Residuen werden an diesen Stellen noch größer, da die Gerade nicht

19.3 Residuenanalyse

so stark in die Richtung der Ausreißer gezogen wird. Für die Darstellung robuster Verfahren der Regressionsrechnung sei verwiesen auf Hoaglin Mosteller & Tukey (1985).

Einzelne Ausreißer werden üblicherweise aus dem Datensatz eliminiert und die Regressionsanalyse wird noch einmal für den bereinigten Datensatz durchgeführt. Die Ausreißer sollten jedoch stets noch einmal auf inhaltliche Besonderheiten, Eingabefehler und Ähnliches angesehen werden.

Beispiel 19.15 *Alter und Größe von Flechten-'Nestern'*

Die Ausbreitung von Flechten gibt Anhaltspunkte über die Entwicklung von Küstenregionen. Von Interesse ist daher die Abhängigkeit der Größe von Flechten-'Nestern' von ihrem Alter, vgl. Broadbent & Bergquist (1986).

Tab.: *Alter (Jahre vor unserer Zeit) und Durchmesser (mm) von Flechten-'Nestern' einer Region*

v	:	1	2	3	4	5	6	7	8	9	10	11
Alter	:	237	293	300	429	474	521	626	705	776	895	914
Durchmesser	:	19	39	49	105	170	128	133	170	181	211	230

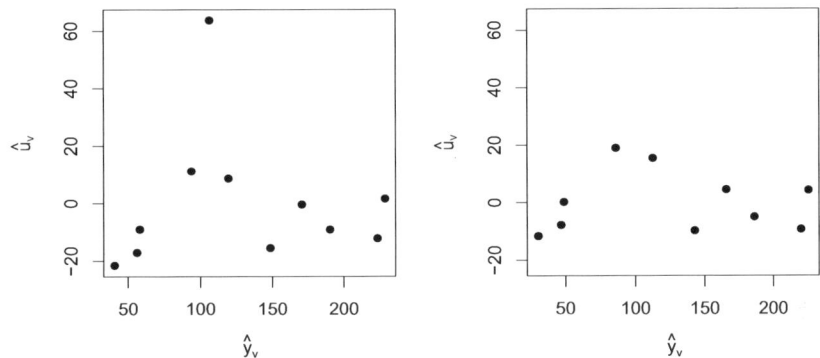

Abb. 19.10: *Residuendiagramm 'Durchmesser in Abhängigkeit von Alter von Flechten'; links: voller Datensatz; rechts: nach Ausreißerbeseitigung*

Tab.: *Ergebnisse der Regressionsanalyse (In Klammern die geschätzten Standardfehler)*

	voller Datensatz	nach Ausreißerbeseitigung
$\hat{\alpha}$	-25.23 (19.81)	-37.67 (9.33)
$\hat{\beta}$	0.28 (0.033)	0.29 (0.015)
$\hat{\sigma}^2$	618.50	130.33
R^2	0.889	0.978

Das Residuendiagramm weist auf den fünften Punkt als Ausreißer hin. Weglassen dieses Punktes gibt ein Diagramm, das keine Auffälligkeiten mehr zeigt. Die Verbesserung der Beschreibung der Daten durch das Weglassen dieses einen Punktes zeigt die Gegenüberstellung der Ergebnisse der Regressionsrechnung, besonders die Reduktion der Residualstreuung und die Erhöhung des Wertes des Bestimmtheitsmaßes.

Die Bedeutung der Forderung, dass extreme Werte genauer betrachtet werden sollten, wird durch diesen ‚Ausreißer' allerdings noch einmal betont: Der Datenpunkt gehört zu einer anderen Flechtenart als die restlichen zehn. Damit ist seine Entfernung aus dem Datensatz auch inhaltlich sinnvoll.

Während einzelne Ausreißer im zentralen Bereich der y-Werte in der Regel schon im Streudiagramm oder zumindest im Residuendiagramm zu erkennen sind, ist das Aufspüren eines Ausreißers am Rande schwieriger. Je weiter weg die X-Koordinate eines Punktes vom Mittel $\bar{x}$ liegt, desto stärker wird die Regressionsgerade durch ihn beeinflusst. Wegen ihrer Fähigkeit, die Gerade aus der ursprünglichen Richtung zu drehen, werden solche Punkte als *Hebelpunkte* bezeichnet.

Da, wie die Abbildung verdeutlicht, die Regressionsgerade sehr stark zu dem Hebelpunkt hingedreht wird, ist das Residuum an dieser Stelle nicht unbedingt untypisch groß. Ein Ausreißer ist als solcher dann nicht ohne weiteres aus dem Residuendiagramm zu erkennen.

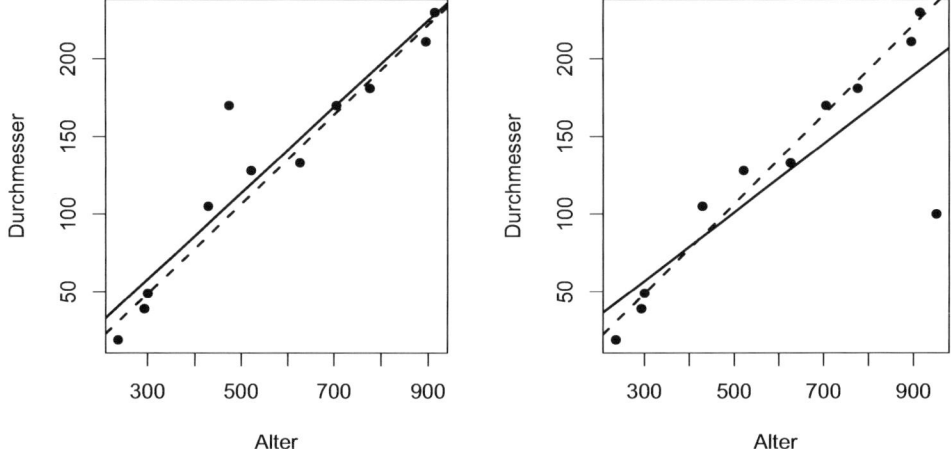

Abb. 19.11: *Zur Bedeutung der Lage eines Ausreißers*

Hier hilft eine andere Art von Residuen weiter. *Streichungsresiduen* entstehen, indem jeweils ein einzelner Punkt des Datensatzes gestrichen und die Regressionsgerade aus den restlichen Daten bestimmt wird. Wir bezeichnen die nach Streichen des v-ten Punktes bestimmte Gerade mit $\hat{y}_{[v]} = \hat{\alpha}_{[v]} + \hat{\beta}_{[v]} x$. Das zugehörige Streichungsresiduum ist dann

$$\hat{u}_{[v]} = y_v - \hat{\alpha}_{[v]} + \hat{\beta}_{[v]} x_v .$$

Da für jedes $\hat{u}_{[v]}$ eine andere Regressionsgerade $\hat{y}_{[v]}$ berechnet wurde, können die Streichungsresiduen nicht gegen irgendwelche theoretischen Werte eingezeichnet werden. Meist begnügt man sich daher mit einem *Index-Plot*, in dem die $\hat{u}_{[v]}$ in Abhängigkeit von dem Index v eingetragen werden.

19.3 Residuenanalyse

Beispiel 19.16 *Alkohol und Krebs*

Alkohol ist sehr wahrscheinlich nicht selbst krebserregend. Eine mit steigendem Alkoholkonsum wachsende Anzahl von Krebserkrankungen von Mundhöhle, Rachen und Kehlkopf ist aber wohl auch auf die durch ihn bewirkte Schädigung der Zellen beeinflusst. Den Zusammenhang zeigt der internationale Vergleich, siehe Koch (1986).

Tab.: *Alkoholverbrauch X (Liter) und Krebserkrankungen Y (Todesfälle pro 100000 Einwohner)*

v:	1	2	3	4	5	6	7	8	9	10	11
X:	5	6	8	9	10	11	12	13	13	14	17
Y:	3.5	3	7	4	7	10	8.5	6	13	11.5	26.5

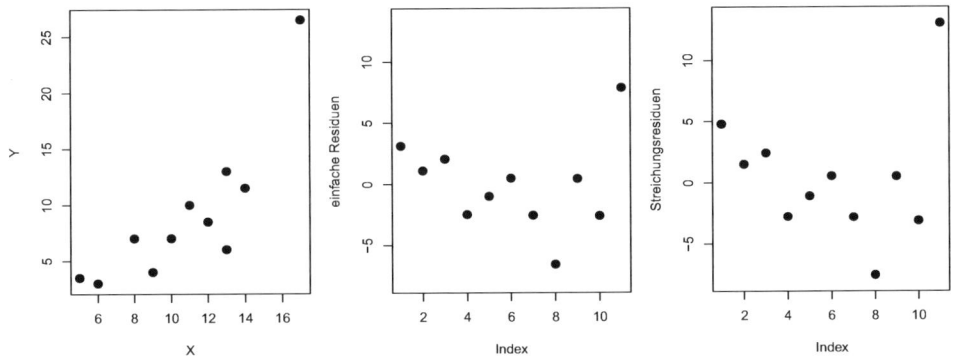

Abb. 19.12: *links: Alkoholverbrauch X (in Litern) und Krebs Y (Todesfälle pro 100000 Einwohner jährlich); Mitte: Index-Plot der einfachen Residuen und rechts: Index-Plot der Streichungsresiduen*

Beide Residuenplots weisen die gleiche Tendenz auf. Bei den Streichungsresiduen tritt der elfte Punkt aber deutlicher als Ausreißer hervor.

19.3.4 Verletzung der Normalverteilungsannahme

Das einfache lineare Regressionsmodell haben wir ohne die Forderung normalverteilter Störungen formuliert. Wesentliche Eigenschaften der Kleinst-Quadrate-Schätzfunktionen sind auch ohne Normalverteilung gültig. Bei genügend großen Stichprobenumfängen bleiben sogar die unter der Normalverteilungsannahme abgeleiteten Konfidenzintervalle und Tests approximativ anwendbar. Somit scheint eine Verletzung dieser Annahme über weite Bereiche nicht wesentlich. Stark von der Normalverteilung hängt jedoch die Effizienz der Kleinst-Quadrate-Schätzer ab. Vor allem bei Fehlerverteilungen, die mehr extreme Werte erwarten lassen als die Normalverteilung, sind alternative, speziell robuste Schätzfunktionen merklich besser.

Der mögliche Effizienzverlust der Kleinst-Quadrate-Schätzer legt also eine Überprüfung der Normalverteilungsannahme nahe. Dazu bietet sich an, für die Residuen ein QQ-Diagramm zu zeichnen. Nun haben aber die Residuen der Kleinst-Quadrate-Schätzer auch bei Gültigkeit des Modells unterschiedliche Varianzen. Die Varianzen der Residuen sind umso kleiner, je weiter die ‚Trägerpunkte' x_v vom Mittel $\bar{x}$ weg liegen:

$$V(\hat{U}_v) = V(Y_v - \hat{\alpha} - \hat{\beta} x_v) = \left(1 - \frac{\sum_w (x_v - x_w)^2}{n \sum_w (x_w - \bar{x})^2}\right) \cdot \sigma^2 = \left(1 - \frac{1}{n} - \frac{(x_v - \bar{x})^2}{\sum_w (x_w - \bar{x})^2}\right) \cdot \sigma^2.$$

Um den Einfluss der Lage der Werte der unabhängigen Variablen X auf die Varianzen der Residuen auszuschalten, werden die *standardisierten Residuen* r_v betrachtet:

$$r_v = \frac{\hat{u}_v}{\sqrt{\widehat{V}(\hat{u}_v)}}.$$

Dabei entsteht $\widehat{V}(\hat{u}_v)$ dadurch, dass in die Formel $\hat{\sigma}^2$ für die theoretische Varianz eingesetzt wird.

Sofern das QQ-Diagramm der standardisierten Residuen auf eine Verteilung mit der Tendenz zu extremen Werten hindeutet, sollte die Schätzung mit einem robusten Regressionsverfahren wiederholt werden. Ein einfaches robustes Verfahren ist die *getrimmte Kleinste-Quadrate-Methode*. Sie bringt die Idee des getrimmten arithmetischen Mittels ein: Es wird ein Anteil γ vorgegeben und die $n \cdot \gamma$ kleinsten sowie die $n \cdot \gamma$ größten Werte aus dem Datensatz eliminiert. Als ‚kleinste' und ‚größte' Werte werden die Datenpunkte (x_v, y_v) angesehen, zu denen die extremsten Residuen aus einer Vorschätzung gehören. Anschließend wird die Schätzung nach der Methode der Kleinsten Quadrate mit dem bereinigten Datensatz durchgeführt. Empfohlen wird, mit einem Anteil $\gamma = 0.1$ zu arbeiten.

Dieses Verfahren formalisiert offensichtlich das in der Praxis weit verbreitete, oben schon erwähnte Vorgehen, Ausreißer aus den Daten zu entfernen. Es hat daher die Plausibilität für sich. Allerdings ist es im Vergleich zu anderen Verfahren nicht sehr effizient. Effizientere robuste Verfahren sind jedoch i. d. R. wesentlich rechenaufwändiger, so dass auf weitere Methoden hier nicht eingegangen werden soll.

Beispiel 19.17 *Größe von Fressgruppen*

Affen leben in Gruppen zusammen. Deren Größe hängt von der zur Verfügung stehenden Nahrungsmenge ab. Ein Indikator für die Nahrungsmenge ist das Volumen der Baumkronen. Die Beobachtung von ‚Fressgruppen' ergab die folgenden Werte. (Nach: Spektrum der Wissenschaft 8/1985.)

Tab.: *Maximale Größe von Fressgruppen ($=Y$) in Abhängigkeit vom (geschätzten) Kronenvolumen X (in 1000 m^3)*

v	x_v	y_v	v	x_v	y_v	v	x_v	y_v	v	x_v	y_v	v	x_v	y_v
1	0.29	3	5	2.91	3	9	8.57	24	13	11.31	9	17	16.67	10
2	0.87	2	6	4.37	5	10	8.62	10	14	12.65	10	18	21.21	16
3	1.75	4	7	4.78	8	11	8.92	6	15	13.34	14			
4	2.33	3	8	4.84	2	12	9.91	4	16	14.80	4			

Während schon das Streudiagramm auf einen Ausreißer ($v = 9$) hinweist, zeigt das QQ-Diagramm, dass ein weiterer Punkt ($v = 16$) mit einem untypisch kleinen Residuum aus dem Rahmen fällt. (Die Ausgleichsgerade des QQ-Diagramms wurde ohne diese beiden Punkte bestimmt.)

19.4 Linearisieren eines Zusammenhanges

Die mit $\gamma = 0.1$ getrimmte Regressionsgerade basiert gerade auf den restlichen 16 Datenpunkten. Entsprechend der Anordnung der beiden ‚Extremwerte' weist die getrimmte Kleinst-Quadrate-Regressionsgerade eine größere Steigung (und einen kleineren Achsenabschnitt) auf.

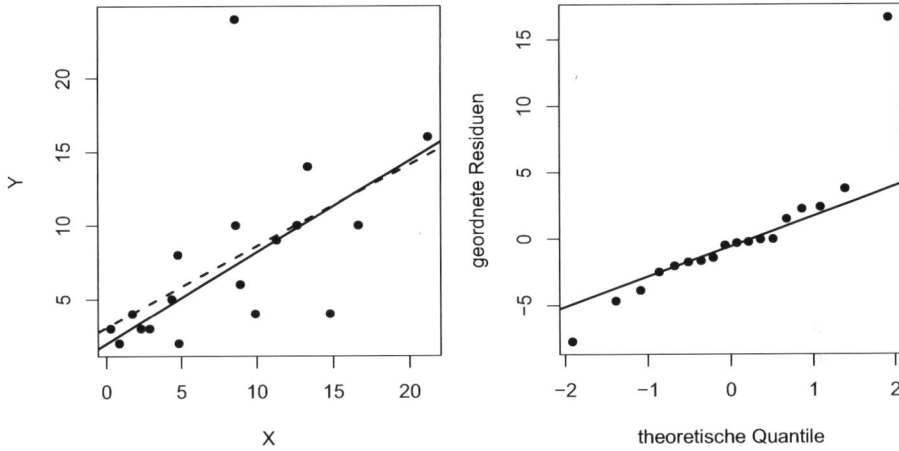

Abb. 19.13: *links: Streudiagramm Kronenvolumen und Größe der Fressgruppe mit Kleinst-Quadrate- (...) sowie getrimmter (–) Kleinst-Quadrate-Regressionsgeraden; rechts: QQ-Diagramm für die standardisierten Residuen der Kleinst-Quadrate-Regressionsgeraden*

19.4 Linearisieren eines Zusammenhanges

19.4.1 Problemstellung

Wenn man ein Blatt Papier zerknüllt und fest zusammendrückt, so dass es ein Papierball wird, so enthält dieser Papierball dennoch mehr als 75% Luft. Die Physiker Matan, Williams,

Tabelle: *Höhe (cm) eines mit einem Gewicht beschwerten Papierknäuels nach verschiedenen Zeiten [s]*

Nr.	Zeit	Höhe	Nr.	Zeit	Höhe	Nr.	Zeit	Höhe	Nr.	Zeit	Höhe	Nr.	Zeit	Höhe
1	0.15	8.530	13	10	8.280	25	720	8.040	37	10800	7.860	49	345600	7.655
2	0.30	8.480	14	15	8.250	26	840	8.030	38	14400	7.820	50	518400	7.605
3	0.50	8.460	15	20	8.230	27	960	8.030	39	21600	7.820	51	691200	7.600
4	0.60	8.430	16	30	8.200	28	1200	8.000	40	28800	7.810	52	864000	7.585
5	1.00	8.420	17	40	8.190	29	1500	7.990	41	36000	7.800	53	1036800	7.585
6	1.50	8.400	18	60	8.170	30	1800	7.980	42	43200	7.790	54	1296000	7.585
7	1.75	8.390	19	120	8.120	31	2400	7.970	43	50400	7.790	55	1720000	7.585
8	2.00	8.380	20	180	8.100	32	3000	7.960	44	57600	7.790	56	2160000	7.530
9	3.00	8.330	21	240	8.090	33	3600	7.950	45	72000	7.780	57	2592000	7.530
10	4.00	8.310	22	300	8.070	34	4800	7.930	46	86400	7.770			
11	5.00	8.310	23	420	8.050	35	6000	7.910	47	172800	7.700			
12	8.00	8.290	24	600	8.050	36	7200	7.900	48	259200	7.660			

Witten und Nagel (2002), fragen sich nun, was dem zerknüllten Papier diese erstaunliche Kraft gibt und wie der endgültige Umfang des Papierballs von den Kräften abhängt, die auf ihn einwirken. Um die zweite Frage zu beantworten, führten sie ein Experiment durch. Sie nahmen ein dünnes, rundes, aluminiumbeschichtetes Blatt vom Durchmesser von 34 cm und legten es nach dem Zerknüllen in eine Plastikröhre. Der Papierball wurde mit einer Masse beschwert und in geeigneten Zeitabständen wurde die Höhe des Papierballs gemessen.

Die (aus der Veröffentlichung rekonstruierten) Messwerte, d. h. die Messzeitpunkte (in Sekunden) und die jeweils gemessenen Höhen (in cm) sind in der vorstehenden Tabelle angegeben. Dies ergibt das Streudiagramm:

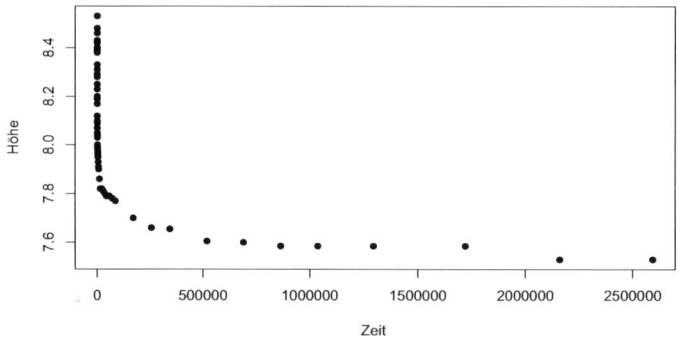

Abb. 19.14: *Höhe eines Papierknäuels in Abhängigkeit von der Zeit*

Ein einfaches lineares Regressionsmodell ist offensichtlich unsinnig. Die Frage ist daher, welche Form der Abhängigkeit hier vorliegt und wie der Regressionsansatz zur Modellierung dieser nichtlinearen Beziehung ausgenutzt werden kann.

19.4.2 Transformationen

Wir haben zu Beginn des Kapitels erwähnt, dass nichtlineare Beziehungen oft auf lineare zurückgeführt werden können. Eine besonders einfache Möglichkeit besteht darin, die unabhängige Variable X in der Regressionsgleichung durch eine Transformation von X zu ersetzen. In der Problemstellung erscheint das einfache lineare Regressionsmodell $Y = \alpha + \beta X + U$ nicht geeignet, weil die jeweils gleiche Vergrößerung von X zu einem immer kleineren Abfall von Y führt, je größer X selbst ist. Genau dieses Verhalten weist auch der Verlauf der Transformation $f(x) = \ln(x)$ auf. Mit dem Ansatz $Y = \alpha + \beta X' + U = \alpha + \beta \ln(x) + U$ sollte dementsprechend die Abhängigkeitsstruktur besser erfasst werden können. In der Abbildung 19.15 ist dies noch einmal verdeutlicht.

Das Modell $Y = \alpha + \beta \ln(x) + U$ ist zwar nichtlinear in der unabhängigen Variablen X, es ist aber linear in den Parametern α und β. Somit ist $Y = \alpha + \beta \sqrt{x} + U$ ein einfaches Regressionsmodell für die transformierte Variable $X' = \ln(X)$. Wir können folglich die üblichen Vorgehensweisen zur Bestimmung von α und β sowie die anderen Methoden der Regressionsrechnung anwenden, sofern für die Störungen im neuen Modell die üblichen Annahmen als erfüllt gelten können.

19.4 Linearisieren eines Zusammenhanges

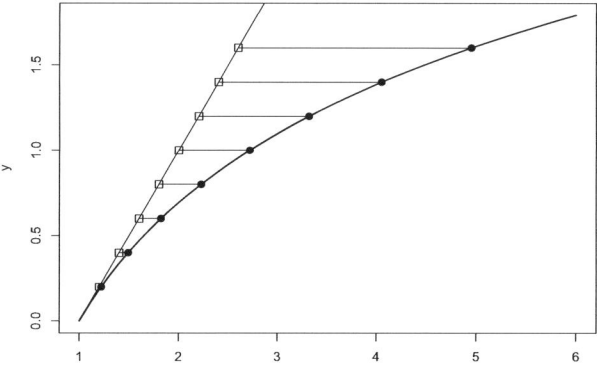

Abb. 19.15: *Zur Linearisierung einer Abhängigkeitsstruktur $x = \bullet \to \ln(x) = \square$*

Die Logarithmustransformation gehört zu der Klasse der Potenztransformationen, die wir in Abschnitt 3.3.3 bereits besprochen haben. Diese sind auch für die Linearisierung von Abhängigkeitsstrukturen von besonderem Nutzen. Einige dieser Transformationen können schon aus formalen Gründen nur angewandt werden, wenn alle x-Werte positiv sind; dies ist also ggf. durch Addition einer Konstanten sicherzustellen.

Einen Anhaltspunkt für die Auswahl der geeignetsten Potenztransformation bietet das *Auswahldiagramm* nach Mosteller & Tukey (1977):

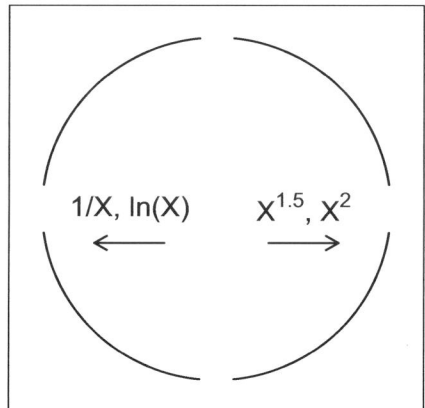

Abb. 19.16: *Auswahldiagramm für Potenztransformationen zur Linearisierung*

- Bei anfangs sehr großen, dann mit wachsendem X schwächer werdenden Änderungen der y-Werte müssen wir die Leiter der Transformationen hinabsteigen (vgl. den Abschnitt 3.3.3). $X^{0.5}, \ln(X), X^{-1}, \ldots$ sind mögliche Kandidaten.

- Bei überproportional wachsenden Änderungen der y-Werte steigen wir die Leiter der Transformationen hinauf: $X^{1.5}, X^2, X^{2.5}, \ldots$

Wir wissen nun, in welche Richtung wir jeweils gehen müssen, um eine geeignete Transformation zur Linearisierung einer Abhängigkeitsstruktur zu bestimmen. Die vorläufige Auswahl geschieht aufgrund der Stärke der Krümmung. Die Residuenanalyse erlaubt dann zu entscheiden, ob die Transformation zu dem gewünschten Ergebnis geführt hat. Andernfalls ist die Leiter der Transformationen weiter hinauf- bzw. hinabzusteigen.

Beispiel 19.18 *Papierknäuel - Fortsetzung der Problemstellung*

Wir greifen die in der Problemstellung formulierte Frage nach der Form der Abhängigkeit der Höhe eines Papierknäuels von der Zeit wieder auf. Zur Linearisierung dieser Beziehung müssen wir nach dem Auswahldiagramm die Leiter der Transformationen hinabsteigen. Die erste Stufe stellt die Quadratwurzeltransformation und die zweite die logarithmische Transformation dar. Diese bringt schon den gewünschten linearen Zusammenhang, wie die folgende Grafik zeigt.

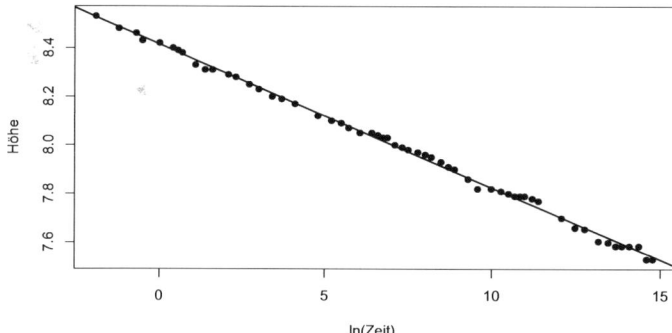

Abb. 19.17: *Höhe eines Papierknäuels in Abhängigkeit von der logarithmierten Zeit*

Das geschätzte Regressionsmodell lautet:

$$\text{Höhe} = 8.415 - 0.059 \cdot \ln(\text{Zeit}) + U.$$

19.5 Das multiple lineare Regressionsmodell

Bisher haben wir nur das lineare Regressionsmodell mit einer erklärenden Variablen untersucht. Manchmal ist es aber sinnvoll, zur Erklärung der y-Werte nicht nur einen einzigen Regressor zu nutzen. Wir können das einfache lineare Regressionsmodell erweitern, indem wir mehrere erklärende Variablen nutzen, um eine zu erklärende Variable zu beschreiben. So entsteht das multiple lineare Regressionsmodell. Analog zum einfachen Regressionsmodell können wir auch in diesem Modell die Regressionskoeffizienten schätzen und testen.

19.5.1 Problemstellung

Die ‚Open University Research Group' führte über zehn Wochen ein Experiment durch, bei dem der Bedarf an elektrischer Energie zur Heizung von Häusern untersucht wurde. Zusätzlich zur elektrischen Energie verwenden die betrachteten Häuser aber auch Solarenergie zum Heizen. Diese Solarenergie wird über am Haus angebrachte Solarzellen gewonnen. Der Bedarf an elektrischer Energie sollte in Abhängigkeit von der zusätzlich gewonnenen Solarenergie untersucht werden. Zu diesem Zweck wurde in England ein Test-Haus ausgewählt und mit einer Solaranlage ausgestattet. Die Innentemperatur des Hauses wurde auf konstant 21 °C gehalten.

Hier liegt zunächst einmal ein einfacher linearer Regressionsansatz mit der Solarenergie als erklärender Variable und der elektrischen Energie als zu erklärende Variable nahe. Aber es ist offensichtlich auch nötig, die aktuelle Temperatur als weitere erklärende Variable zu berücksichtigen, denn bei kalten Außentemperaturen muss augenscheinlich mehr geheizt werden als bei warmen Außentemperaturen. Damit hätten wir nun zwei erklärende Variablen zu betrachten. Die bei dem Experiment gemessenen Variablen sind:

Y = Elektrische Energie (kWh) für die Heizung
S = Elektrische Solarenergie (kWh pro m² pro Tag), die mittels der am Haus angebrachten Solarzellen zusätzlich gewonnen wurde.
T = Differenz zwischen Innen- und Außentemperatur in °C.

Um zwei erklärende Variablen zu berücksichtigen, müssen wir das einfache lineare Regressionsmodell um eine weitere erklärende Variable erweitern. Wir berücksichtigen die zweite Variable in der gleichen Weise wie die erste. Mit den beiden Variablen S und T erhalten wir somit als Modell:

$$Y_v = \beta_0 + \beta_1 \cdot S_v + \beta_2 \cdot T_v + U_v.$$

19.5.2 Das Modell und seine Schätzung

Die Erweiterung des in der Problemstellung formulierten linearen Regressionsmodells mit zwei erklärenden Variablen auf eines mit p erklärenden Variablen oder Regressoren $X_1, X_2, \ldots, X_p$ ergibt das multiple lineare Regressionsmodell.

Definition 19.19 *Das multiple lineare Regressionsmodell*

Das *multiple lineare Regressionsmodell* mit p Regressoren lautet:

$$Y_v = \beta_0 + \beta_1 \cdot x_{1v} + \beta_2 \cdot x_{2v} + \cdots + \beta_p \cdot x_{pv} + U_v; \qquad v = 1, \ldots, n$$

mit:

$E(U_v) = 0$, $\quad V(U_v) = \sigma^2$, $\quad U_v$ und U_w sind unabhängig für alle $v \neq w$.

Wie wir gesehen haben, kann die lineare Beziehung bei einer erklärenden Variablen als Gerade in einem Streudiagramm dargestellt werden. Auch bei zwei erklärenden Variablen lässt sich die Ausgleichsfunktion noch bildlich vorstellen. Jedes Wertepaar von X_1 und X_2 bestimmt einen Punkt auf der (x_1, x_2)-Ebene. Über diesen Punkt wird der Wert von Y angebracht. Die Ausgleichsfunktion $y = \beta_0 + \beta_1 x_{1v} + \beta_2 x_{2v}$ ist eine Ebene. Aufgrund der durch die Fehler verursachten Abweichungen liegen einige Punkte über, andere unter der Ebene.

Für die Anwendung des Modells mit mehreren Regressoren geht es zuerst darum, die Koeffizienten $\beta_0, \beta_1, \ldots, \beta_p$ zu schätzen. Die Bestimmung der Schätzungen der Regressionskoeffizienten geschieht wie bei der einfachen linearen Regression mit dem Ansatz der kleinsten Quadrate. Es ist also die Summe der quadrierten Abstände $y_v - (\beta_0 + \beta_1 x_{1v} + \beta_2 x_{2v} + \cdots + \beta_p x_{pv})$ möglichst klein zu machen:

$$\sum_{v=1}^{n} \left(y_v - \left(\hat{\beta}_0 + \hat{\beta}_1 x_{1v} + \hat{\beta}_2 x_{2v} + \cdots + \hat{\beta}_p x_{pv} \right) \right)^2 \stackrel{!}{=} \min.$$

Die Lösung erfolgt wie bei der einfachen linearen Regression; die so bestimmten Koeffizienten lassen sich jedoch nur unter Verwendung des Matrizenkalküls als relativ einfache Formeln angeben; daher wird darauf verzichtet. (Siehe aber den folgenden Abschnitt.) Schon wegen des Rechenaufwandes erfolgt die Berechnung generell mit Computerprogrammen.

Genauso wie bei der einfachen linearen Regression gilt: Die KQ-Schätzer $\hat{\beta}_0, \hat{\beta}_1, \ldots, \hat{\beta}_p$ sind auch ohne die Annahme einer Normalverteilung erwartungstreu und konsistent. Damit ist gesichert, dass die Schätzungen keinen systematischen Fehler aufweisen und umso besser um die wahren Werte konzentriert sind, je mehr Beobachtungen vorliegen. Eine unverzerrte Schätzung der Varianz der Fehler U_v ist gegeben durch:

$$\hat{\sigma}^2 = \frac{1}{n-p-1} \sum_{v=1}^{n} \left(y_v - \left(\hat{\beta}_0 + \hat{\beta}_1 x_{1v} + \hat{\beta}_2 x_{2v} + \cdots + \hat{\beta}_p x_{pv} \right) \right)^2.$$

Beispiel 19.20 *Solarenergie - Fortsetzung der Problemstellung*

Die Daten für den Bedarf an elektrischer Energie entnehmen wir Hand (1994). Damit erhalten wir die rechts angegebenen Koeffizientenschätzungen.

Tab.: *Heizungsenergie Y, Solarenergie S und Temperatur T*

Y :	31.10	33.40	45.00	47.70	48.90	52.80	55.60	60.50	63.20	74.50	$\hat{\beta}_0 = -5.97$
S :	3.43	2.30	3.27	2.00	2.68	2.67	2.70	2.77	2.79	1.36	$\hat{\beta}_1 = -16.26$
T :	13.50	12.00	15.60	12.40	14.40	15.70	16.00	16.80	16.10	15.10	$\hat{\beta}_2 = 6.74$

19.5.3 Koeffizientenschätzer bei zwei erklärenden Variablen

Um einen Eindruck der Ableitungen der Schätzer zu vermitteln, wird sie in diesem Abschnitt für den Fall zweier erklärender Variablen ausgeführt.

Wir gehen also aus von der Beziehung:

$$Y_v = \beta_0 + \beta_1 x_{1v} + \beta_2 x_{2v} + U_v \quad (v = 1, \ldots, n).$$

Dann fassen wir die Summe der Abweichungsquadrate als Funktion der Parameter auf:

$$Q(\beta_0, \beta_1, \beta_2) = \sum_{v=1}^{n} (y_v - (\beta_0 + \beta_1 x_{1v} + \beta_2 x_{2v}))^2.$$

19.5 Das multiple lineare Regressionsmodell

Diese ist nun bezüglich der Parameter β_0, β_1 und β_2 zu minimieren. Dazu wird sie partiell nach β_0, β_1 und β_2 abgeleitet; die Ableitungen sind dann null zu setzen. Wir erhalten zunächst:

$$(1) \quad \frac{\partial Q}{\partial \beta_0} = -2 \sum_{v=1}^{n} (y_v - \beta_0 - \beta_1 x_{1v} - \beta_2 x_{2v}),$$

$$(2) \quad \frac{\partial Q}{\partial \beta_1} = -2 \sum_{v=1}^{n} x_{1v}(y_v - \beta_0 - \beta_1 x_{1v} - \beta_2 x_{2v}),$$

$$(3) \quad \frac{\partial Q}{\partial \beta_2} = -2 \sum_{v=1}^{n} x_{2v}(y_v - \beta_0 - \beta_1 x_{1v} - \beta_2 x_{2v}).$$

Dadurch, dass die drei Gleichungen null gesetzt werden, sind die KQ-Schätzer für die drei Koeffizienten eindeutig charakterisiert. Daher sind für β_0, β_1 und β_2 in die Formeln nun deren Schätzer $\hat{\beta}_0, \hat{\beta}_1$ und $\hat{\beta}_2$ einzusetzen:

$$(1) \quad -2 \sum_{v=1}^{n} (y_v - \hat{\beta}_0 - \hat{\beta}_1 x_{1v} - \hat{\beta}_2 x_{2v}) = 0,$$

$$(2) \quad -2 \sum_{v=1}^{n} x_{1v}(y_v - \hat{\beta}_0 - \hat{\beta}_1 x_{1v} - \hat{\beta}_2 x_{2v}) = 0,$$

$$(3) \quad -2 \sum_{v=1}^{n} x_{2v}(y_v - \hat{\beta}_0 - \hat{\beta}_1 x_{1v} - \hat{\beta}_2 x_{2v}) = 0.$$

Wir formen die Gleichungen um, indem wir die Summenklammern auflösen und alle Gleichungen durch n teilen. Dann erhalten wir mit den Abkürzungen

$$\bar{x}_1 = \frac{1}{n} \sum_{v=1}^{n} x_{1v}, \ \bar{x}_2 = \frac{1}{n} \sum_{v=1}^{n} x_{2v}, \ \overline{x_1 y} = \frac{1}{n} \sum_{v=1}^{n} x_{1v} y_v, \ \overline{x_2 y} = \frac{1}{n} \sum_{v=1}^{n} x_{2v} y_v, \ \text{usw.}$$

das folgende *System der Normalgleichungen*:

$$(1) \quad \bar{y} - \hat{\beta}_0 - \hat{\beta}_1 \bar{x}_1 - \hat{\beta}_2 \bar{x}_2 = 0,$$

$$(2) \quad \overline{x_1 y} - \hat{\beta}_0 \bar{x}_1 - \hat{\beta}_1 \overline{x_1^2} - \hat{\beta}_2 \overline{x_1 x_2} = 0,$$

$$(3) \quad \overline{x_2 y} - \hat{\beta}_0 \bar{x}_2 - \hat{\beta}_1 \overline{x_1 x_2} - \hat{\beta}_2 \overline{x_2^2} = 0.$$

Auflösen von (1) nach $\hat{\beta}_0$ führt zu: $\hat{\beta}_0 = \bar{y} - \hat{\beta}_1 \bar{x}_1 - \hat{\beta}_2 \bar{x}_2$.

Damit haben wir den Schätzer $\hat{\beta}_0$ für β_0 in Abhängigkeit von $\hat{\beta}_1$ und $\hat{\beta}_2$. Um also $\hat{\beta}_0$ zu berechnen, müssen vorher $\hat{\beta}_1$ und $\hat{\beta}_2$ bestimmt werden. Dies geschieht durch Umformung von (2) und (3). Dies wird nur für Gleichung (2) exemplarisch vorgeführt.

Im ersten Schritt wird das Ergebnis für $\hat{\beta}_0$ in Gleichung (2) eingesetzt:

$$\overline{x_1 y} - (\bar{y} - \hat{\beta}_1 \bar{x}_1 - \hat{\beta}_2 \bar{x}_2)\bar{x}_1 - \hat{\beta}_1 \overline{x_1^2} - \hat{\beta}_2 \overline{x_1 x_2} = 0$$

$$\Leftrightarrow \quad \overline{x_1 y} - \bar{y} \cdot \bar{x}_1 + \hat{\beta}_1 \bar{x}_1^2 + \hat{\beta}_2 \bar{x}_1 \cdot \bar{x}_2 - \hat{\beta}_1 \overline{x_1^2} - \hat{\beta}_2 \overline{x_1 x_2} = 0$$

$$\Leftrightarrow \quad \overline{x_1 y} - \bar{y} \cdot \bar{x}_1 = \hat{\beta}_1(\overline{x_1^2} - \bar{x}_1^2) + \hat{\beta}_2(\overline{x_1 x_2} - \bar{x}_1 \cdot \bar{x}_2).$$

Entsprechend folgt aus (3): $\overline{x_2 y} - \bar{y} \cdot \bar{x}_2 = \hat{\beta}_1(\overline{x_1 x_2} - \bar{x}_1 \cdot \bar{x}_2) + \hat{\beta}_2(\overline{x_2^2} - \bar{x}_2^2).$

Die erhaltenen Beziehungen lassen sich in den folgenden Gleichungen zusammenfassen:

$$s_{YX_1} = \hat{\beta}_1 s_{X_1}^2 + \hat{\beta}_2 s_{X_1 X_2},$$
$$s_{YX_2} = \hat{\beta}_1 s_{X_1 X_2} + \hat{\beta}_2 s_{X_2}^2,$$
$$\hat{\beta}_0 = \bar{y} - \hat{\beta}_1 \bar{x}_{1i} - \hat{\beta}_2 \bar{x}_{2i}.$$

Damit wird deutlich, dass die Berechnung der Schätzer für die Regressionskoeffizienten mit Hilfe der empirischen Varianzen und Kovarianzen erfolgen muss.

19.5.4 Interpretation der Koeffizienten

Bei der multiplen Regression ist die Interpretation der Parameter von besonderem Interesse. Sofern das Modell passt, vgl. den Abschnitt 19.5.6, ist die Interpretation zunächst in Bezug auf das Vorzeichen unproblematisch. Das Vorzeichen eines Koeffizienten gibt an, ob sich die erklärende Variable in positiver oder negativer Art und Weise auf die zu erklärende Variable auswirkt. Weiter gibt der Wert jedes Koeffizienten $\hat{\beta}_j$ an, wie sich die Zielgröße ändert, wenn bei Festhalten aller anderen Größen die zugehörige Variable X_j um eine Einheit wächst.

In einer vorläufigen, groben Analyse geben die geschätzten Koeffizienten bereits Anhaltspunkte für die unterschiedliche Stärke des Einflusses des Regressors auf den Regressanden. Je größer der absolute Betrag des Regressionskoeffizienten ist, desto stärker ist der vermutete Einfluss. Allerdings sind die numerischen Werte verschiedener Koeffizienten nicht ohne weiteres vergleichbar. Die zugehörigen Regressanden können ja in unterschiedlichen Skalen gemessen worden sein.

Eine Möglichkeit, vergleichbare Koeffizienten zu bekommen, besteht darin, die Regressoren vor der Durchführung der Regression zu standardisieren. Dadurch werden die unterschiedlichen Messdimensionen der Variablen beseitigt. Man erhält die *standardisierten Regressionskoeffizienten* $\hat{\beta}_i^*$. Anhand dieser Werte kann die relative Bedeutsamkeit der Regressoren für die Erklärung des Regressanden direkt miteinander verglichen werden. Die Standardisierung muss nicht extra durchgeführt werden. Formal erhält man die standardisierten Regressionskoeffizienten nämlich auch durch Multiplikation der normalen geschätzten Koeffizienten mit den Standardabweichungen der zugehörigen erklärenden Variablen.

Beispiel 19.21 *Solarenergie - Fortsetzung*

In unserem Beispiel zum Bedarf an elektrischer Energie sind die Standardabweichungen der beiden erklärenden Variablen $s_S = 0.597, s_T = 1.637$. Dementsprechend erhalten wir:

Variable	Schätzwert	
	nicht standardisiert	standardisiert
S	-16.2606	-9.714
T	6.7393	11.029

Inhaltlich zeigt zunächst das negative Vorzeichen des Koeffizienten der Variablen S, dass mit größeren Werten von S weniger (sonstiger) Strom gebraucht wurde. Bei gleichbleibender Außentemperatur (was auch eine gleichbleibende Temperaturdifferenz bewirkt)

19.5 Das multiple lineare Regressionsmodell

sinkt der Energiebedarf um 16.2606 kWh mit jeder durch die Solaranlage erzeugten kWh pro m² pro Tag. Dass der Koeffizient der Temperaturdifferenz positiv ist, zeigt natürlich, dass bei niedrigerer Temperatur (= größere Differenz) mehr Energie benötigt wird. Der Achsenabschnitt sollte nicht interpretiert werden, da der Untersuchungsbereich den Punkt (0,0) nicht einschließt.

Beim Vergleich der Koeffizienten zeigt sich die Notwendigkeit der Betrachtung der standardisierten Koeffizienten. Bei den nicht-standardisierten Koeffizienten erscheint die Variable S, die Solarenergie, bedeutsamer als T, die Temperaturdifferenz. Diese Fehleinschätzung resultiert nur aus dem unterschiedlichen Messniveau der Regressoren. Standardisierung führt zu der Einschätzung, dass beide in etwa gleich bedeutsam sind. (Mit unterschiedlichen Wirkungsrichtungen.)

19.5.5 Testen der Koeffizienten

Bei einem multiplen Regressionsmodell wollen wir wissen, ob alle in Betracht gezogenen Regressoren auch tatsächlich zur Erklärung benötigt werden. Unter Umständen sind ja einige überflüssig und tragen nichts zur Erklärung bei. Tests zur Überprüfung, ob einzelne Koeffizienten der Regressionsbeziehung null sind, haben inhaltlich die Bedeutung der Überprüfung, ob sie überhaupt im Modell berücksichtigt werden sollten. Die Prüfgrößen für die die einzelnen Koeffizienten betreffenden Hypothesen $H_0 : \beta_j = 0$ sind

$$T_i = \frac{\hat{\beta}_j - 0}{\hat{\sigma}_{\hat{\beta}_j}}.$$

Bei Normalverteilung der Fehler haben die Prüfgrößen $\mathcal{T}$-Verteilungen mit $(n-(p+1))$ Freiheitsgraden, wenn die Hypothese $H_0 : \beta_j = 0$ korrekt ist. Mit dem t-Test wird überprüft, ob die Variable X_j aus dem Modell weggelassen werden kann, wobei hier X_j als zur Gesamtheit der erklärenden Variablen gehörig angesehen wird. Es wird also davon ausgegangen, dass die anderen Regressoren im Modell bleiben. Da die Regressoren i. d. R. korreliert sind, ist der Effekt des Weglassens von X_j auf die Bedeutung der anderen Variablen und die Gesamtanpassung nicht ohne weiteres vorherzusehen.

Computerprogramme präsentieren i. d. R. Ergebnisse von Regressionsrechnungen so, dass für alle Koeffizienten die entsprechenden Tests mit den P-Werten angegeben werden.

Beispiel 19.22 *Solarenergie - Fortsetzung*

Für den Energie-Datensatz erhalten wir zum Beispiel den folgenden Ausdruck bei der Durchführung der Regression mit R:

```
Coefficients:
            Estimate Std.Error t-value Pr(>|t|)
(Intercept)  -5.9736   11.0956   -0.538    0.607
S           -16.2606    2.0467   -7.945 9.53e-05
T             6.7393    0.7471    9.021 4.20e-05
---
Residual standard error: 3.562 on 7 degrees of freedom
```

Bei den *P*-Werten meint 9.53e-05 z. B., dass 9.53 mit 10^{-5} multipliziert werden muss; es ist also 9.53e-05=0.0000953. Sowohl *S* als auch *T* haben folglich einen signifikanten Einfluss auf den Energieverbrauch. Der Achsenabschnitt ist dagegen mit einem so großen Standardfehler behaftet, dass er keine Bedeutung hat.

19.5.6 Beurteilung der multiplen Regression

Wie bei der einfachen linearen Regression ist es nach der Durchführung einer Regressionsanalyse wesentlich, zu untersuchen, inwieweit die Modellannahmen erfüllt sind. Dies tun wir auch bei der multiplen Regressionsanalyse. Ebenso können wir das Bestimmtheitsmaß berechnen und das Modell testen.

Die meisten der für das einfache lineare Regressionsmodell angegebenen Überprüfungsmethoden können auch im Rahmen der multiplen linearen Regression eingesetzt werden. Zunächst wird man sich wie im Fall der einfachen linearen Regression die *Residualstreuung* ansehen. Ist sie im Vergleich zu der Gesamtstreuung der Werte erheblich, so hat das Modell offensichtlich keinen großen Erklärungswert.

Auch das *Bestimmtheitsmaß* gibt einen Anhaltspunkt bzgl. der Güte der Modellanpassung. Es lautet:

$$R^2 = \frac{\sum_{v=1}^{n}(\hat{y}_v - \bar{y})^2}{\sum_{v=1}^{n}(y_v - \bar{y})^2} = 1 - \frac{\sum_{v=1}^{n}(y_v - \hat{y}_v)^2}{\sum_{v=1}^{n}(y_v - \bar{y})^2}$$

Normalerweise bedeutet ein größerer Wert des Bestimmtheitsmaßes eine bessere Anpassung. Im Rahmen der multiplen Regression hat es aber seine besonderen Tücken. Je mehr Regressoren in die lineare Beziehung aufgenommen werden, desto größer ist automatisch der erklärte Anteil der Varianz der *y*-Werte. Das Bestimmtheitsmaß kann mit wachsender Anzahl von erklärenden Variablen nicht kleiner werden. Andererseits werden die Parameterschätzungen dann immer unzuverlässiger. Das ist einsichtig, da bei dem gleichen Umfang von Beobachtungen mehr Schätzwerte zu bestimmen sind. Eine Verbesserung bietet das *adjustierte Bestimmtheitsmaß* R^2_{Adj}. Bei R^2_{Adj} werden die erwartungstreuen Schätzungen der Residualvarianz und der Gesamtvarianz ins Verhältnis gesetzt:

$$R^2_{Adj} = 1 - \frac{\frac{1}{n-p-1}\sum_{v=1}^{n}(y_v - \hat{y}_v)^2}{\frac{1}{n-1}\sum_{v=1}^{n}(y_v - \bar{y})^2}.$$

Wie bei der einfachen linearen Regression können wir die Gültigkeit des Modells testen. Die dem Bestimmtheitsmaß zugrunde liegende Streuungszerlegung

$$\sum_{v=1}^{n}(y_v - \bar{y})^2 = \sum_{v=1}^{n}(\hat{y}_v - \bar{y})^2 + \sum_{v=1}^{n}(\hat{y}_v - y_v)^2,$$

die auch in der Form $SS(G) = SS(R) + SS(F)$ geschrieben werden kann, gibt Anlass, das Ergebnis der Modellüberprüfung in einer Varianzanalysetafel zusammenzufassen.

19.5 Das multiple lineare Regressionsmodell

Bei dieser *Varianzanalysetafel* werden nicht nur die drei Quadratsummen SS (vom englischen ‚sums of squares') dargestellt. Zusätzlich werden auch die Freiheitsgrade df (von degrees of freedom) und die mittleren Quadratsummen MS angegeben. Letztere erhalten wir, indem die SS durch die Freiheitsgrade dividiert werden. Der Quotient $MS(R)/MS(F)$ ist bei normalverteilten U_v $\mathscr{F}$-verteilt mit p und $(n-p-1)$ Freiheitsgraden, sofern alle Koeffizienten null sind. Damit kann er zum Testen der Bedeutung der Regression verwendet werden. Große Werte des Quotienten deuten dabei darauf hin, dass das Modell nicht geeignet ist.

Tabelle 19.1: Varianzanalysetafel der Regression (p Regressoren plus konstanter Term)

Quelle	df	SS	MS	F
Regression	p	$SS(R)$	$MS(R) = SS(R)/p$	$MS(R)/MS(F)$
Fehler	$n-p-1$	$SS(F)$	$MS(F) = SS(F)/(n-p-1)$	
Gesamt	$n-1$	$SS(G)$		

Beispiel 19.23 *Solarenergie - Fortsetzung*

Für den Energie-Datensatz erhalten wir mit R die folgende Varianzanalysetafel. Sie ist sogar für die einzelnen Regressoren aufgeschlüsselt. Allerdings sind die F-Werte dann so zu interpretieren, dass sie angeben, ob der jeweilige Regressor eine signifikante zusätzliche Erklärungskraft zu den voranstehenden besitzt. Eine Veränderung der Reihenfolge bei der Nennung der Regressoren kann zu unterschiedlichen F-Werten führen. Die gesamte F-Statistik wird extra ausgegeben.

```
Analysis of Variance Table
Response: Y
          Df  Sum Sq  Mean Sq  F value    Pr(>F)
S          1  450.99   450.99   35.551  0.000563
T          1 1032.29  1032.29   81.375  4.202e-05
Residuals  7   88.80    12.69
```

Zudem ist das Bestimmtheitsmaß $R^2 = 0.9435$, das adjustierte ist nur wenig kleiner: $R^2_{Adj} = 0.9274$. Insgesamt ist der Regressionsansatz bedeutsam, der Verbrauch der elektrischen Energie lässt sich weitgehend durch die beiden Regressoren erklären.

19.5.7 Überprüfung der Modellannahmen

Wie bei der einfachen linearen Regression, ist es wesentlich, nach der Durchführung einer Regressionsanalyse zu untersuchen, inwieweit die Modellannahmen erfüllt sind. Dies gilt genauso bei der multiplen Regressionsanalyse. Auch die zu untersuchenden Aspekte sind zuerst einmal die gleichen. Nur die einzelnen Analyseschritte unterscheiden sich zum Teil; das muss aber auch so sein, ist doch bei mehreren Regressoren die Problemlage vielschichtiger.

Die Linearität der Abhängigkeit kann im ersten Schritt mittels paarweiser Streudiagramme gecheckt werden. Weisen einzelne der paarweisen Streudiagramme auf eine nicht-lineare

Beziehung zwischen Regressor und zu erklärender Variable hin, so lässt sich der Regressor u.U. so transformieren, dass für die transformierte Variable die Linearitätsannahme gilt. Dies geschieht wie im Fall der einfachen linearen Regression. Die Linearität der Abhängigkeit der Zielvariablen Y von der Linearkombination der Regressoren kann im Anschluss mittels der Residuen untersucht werden. Bei der multiplen Regression wird deutlich, warum die Residuen $\hat{u}_v$ in Abhängigkeit von den angepassten Werten $\hat{y}_v$ dargestellt werden. Es ist ja nicht möglich, eine erklärende Variable für die x-Achse auszuwählen, wenn man sicher gehen will, dass die Informationen der anderen Variablen nicht verdeckt werden.

Auch für die Beurteilung der anderen Aspekte – Ausreißer, nicht-konstante Varianz , Normalverteiltheit und gegebenenfalls Unkorreliertheit der Fehler – werden vor allem die Residuen betrachtet. Hier gelten die gleichen Überlegungen, die im Zusammenhang mit der einfachen linearen Regression angestellt wurden.

Beispiel 19.24 *Mindestlohn - Fortsetzung*

In dem Beispiel 19.2 wurde der Hintergrund für die Betrachtung der Regression ‚durchschnittlichen geleisteten jährliche Arbeitsstunden' in Abhängigkeit von verschiedenen anderen dargelegt. Wir wählen hier die Variablen ‚effektiver Stundenlohn', ‚Privatvermögen des Haushaltes' und ‚Alter des Befragten'. Zur Verfügung steht eine Teilstichprobe

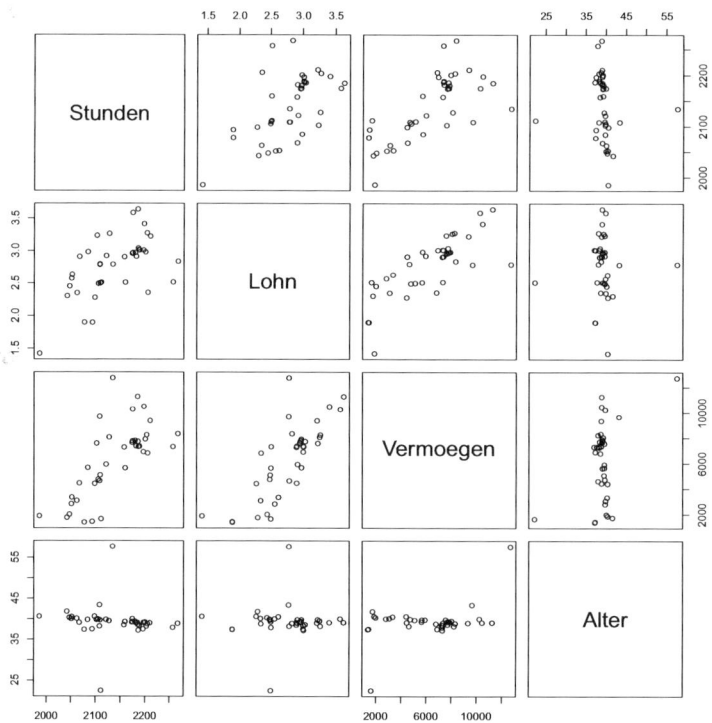

Abb. 19.18: *Streudiagrammmatrix Mindestlohn*

19.5 Das multiple lineare Regressionsmodell

der Daten, siehe Greenberg & Kosters (1970). Im ersten Schritt wird eine Streudiagrammmatrix erstellt, siehe Abbildung 19.18. Die paarweisen Streudiagramme zeigen, dass keine fundamentale Abweichung der Linearität zwischen der Zielvariablen ‚Stunden' und den drei in Betracht gezogenen erklärenden Variablen besteht. Lediglich die Variable ‚Alter' ist recht ungünstig besetzt. Es gibt nur zwei Haushalte, bei denen das Alter der Befragten aus dem Altersbereich 35-45 Jahre herausfällt. Das Residuendiagramm zeigt, dass

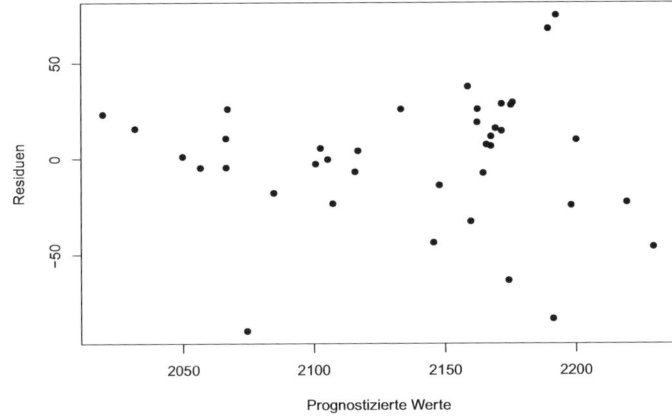

Abb. 19.19: *Residuendiagramm Mindestlohn*

die Streuung der Residuen mit zunehmender Größe von $\hat{y}_v$ ansteigt. Zudem ist deutlich ein Ausreißer (bei $\hat{y} = 2075$) zu erkennen. Dies ist der Datenpunkt (1985, 1.423, 1866, 40.6). Damit sind die Voraussetzungen des linearen Regressionsmodells in diesem Fall offensichtlich verletzt. Vor einer weiteren inhaltlichen Auseinandersetzung wäre der Ausreißer zu beseitigen und eine gewichtete Regression durchzuführen, die die Varianzinhomogenität berücksichtigt. Dazu sei auf Chatterjee & Price (1995) verwiesen.

19.5.8 Multikollinearität

Ein besonderer Aspekt im Rahmen der multiplen Regression ist die *Multikollinearität*. Damit wird ausgedrückt, dass die erklärenden Variablen sehr eng miteinander verbunden oder, statistisch ausgedrückt, hoch korreliert sind. Dies führt inhaltlich zu Problemen bei der Interpretation. In der Regel interpretieren wir ja einen Regressionskoeffizienten als ein Maß für die Änderung des Regressanden, wenn die entsprechende erklärende Variable um eine Einheit wächst und alle anderen erklärenden Variablen konstant gehalten werden. Zwar ist es gedanklich immer möglich, den Wert einer Variablen in einer geschätzten Regressionsgleichung bei Konstanz aller anderen zu vergrößern. Wenn es aber zwischen den erklärenden Variablen eine enge lineare Beziehungen gibt, kann es praktisch unsinnig sein, ‚alle anderen Variablen festzuhalten'. Dies macht die Interpretation schwierig.

Von der formalen Seite her kann eine starke Korrelation bei den erklärenden Variablen dazu führen, dass die Regressionskoeffizienten große Stichprobenfehler haben; das wirkt sich sowohl auf die statistischen Schlüsse als auch auf die mit Hilfe des Regressionsmodells durchgeführten Prognosen aus. Weiter ergeben sich bei stark korrelierten Regressoren große Änderungen, wenn die Daten geringfügig geändert oder erklärende Variablen eingefügt bzw. weggelassen werden. Die Regressionsebene ist sehr instabil.

Bei Multikollinearität handelt es sich nicht um eine Modellabweichung, die wir durch eine Residuenanalyse aufdecken können. Es ist vor allem wichtig, dass wir ggf. das Vorhandensein erkennen und uns über die möglichen Konsequenzen klar werden. Multikollinearität macht es insbesondere schwer, festzustellen, welche Variablen man im Modell behalten soll und welche man weglassen darf. Liegt sie in den Daten vor, so ist bei allen wesentlichen auf der Regressionsanalyse basierenden Schlüssen extreme Vorsichtig angebracht.

Beispiel 19.25 *Marketing eines persönlichen Digitalen Assistenten*

Ein Marketing-Projekt hat eine Liste wohlhabender Kunden für einen neuen persönlichen Digitalen Assistenten (PDA) identifiziert. Ein PDA ist dabei ein Kleinstcomputer, der als batteriebetriebenes Handgerät gebaut ist. Als Frage stellt sich, ob man sich bei der Vermarktung dieses neuen Produktes auf die jüngeren oder älteren Mitglieder dieser Liste konzentrieren soll.

Um diese Frage zu beantworten, führt die Marketing-Firma eine Studie durch. Sie zog eine Stichprobe von 75 Verbrauchern und zeigte jedem dieser Verbraucher das neue Gerät individuell. Jeder Verbraucher wurde dann gebeten, die ‚Wahrscheinlichkeit des Kaufs' auf einer Skala von 1 bis 10, anzugeben. 1 deutete auf eine kleine Kaufchance hin, 10 auf einen fast sicheren Kauf. Die beiden Prädiktoren der Rating-Variablen Y sind X_1, das Alter (in Jahren), und X_2, das Einkommen (in Tausend Dollar). Andere Faktoren, wie das Geschlecht der Verbraucher, werden hier außer Acht gelassen.

Tab.: Kaufwahrscheinlichkeit eines PDA, Alter und Einkommen

v	Y	X_1	X_2	v	Y	X_1	X_2	v	Y	X_1	X_2	v	Y	X_1	X_2	v	Y	X_1	X_2
1	9	34	56.0	16	6	47	75.7	31	4	46	86.2	46	3	51	90.7	61	6	58	77.0
2	8	50	62.2	17	8	49	58.8	32	7	41	52.9	47	9	40	42.6	62	7	33	47.6
3	5	39	75.3	18	10	34	31.1	33	6	48	66.2	48	4	48	85.1	63	6	52	78.6
4	7	30	48.2	19	7	27	42.3	34	9	41	53.4	49	5	51	93.4	64	5	68	98.1
5	6	52	74.8	20	6	44	72.5	35	9	33	31.2	50	7	39	63.5	65	6	49	84.6
6	5	58	86.5	21	4	49	80.8	36	6	46	75.2	51	8	48	65.0	66	6	49	70.1
7	10	32	32.3	22	6	44	71.6	37	6	51	70.7	52	5	52	78.1	67	8	38	41.5
8	7	58	68.9	23	1	63	125.0	38	7	33	55.1	53	8	29	44.1	68	8	38	57.3
9	7	44	50.6	24	8	40	51.4	39	10	46	45.2	54	7	39	59.5	69	3	47	94.0
10	6	36	61.9	25	10	20	25.0	40	6	50	69.2	55	5	75	102.9	70	6	48	58.0
11	9	52	49.3	26	8	39	44.2	41	3	57	101.4	56	7	55	69.7	71	10	30	31.4
12	3	66	103.6	27	7	62	75.7	42	4	41	76.0	57	4	57	96.7	72	8	33	31.9
13	4	50	78.9	28	7	49	68.4	43	6	57	87.7	58	6	62	83.1	73	5	46	74.7
14	6	53	71.5	29	3	56	89.6	44	3	47	100.3	59	6	48	69.2	74	3	59	100.6
15	8	55	69.1	30	8	38	44.1	45	5	41	78.6	60	3	54	76.0	75	7	34	59.7

Der Zusammenhang der drei Variablen wird durch die Korrelationsmatrix deutlich. Die Korrelationen zeigen, dass die Zielvariable Rating negativ mit den beiden Regressoren Alter und Einkommen zusammenhängt. Die univariaten Regressionsanalysen zeigen zudem, dass beide Beziehungen signifikant sind.

	Rating	Alter	Einkommen
Rating	1.000	-0.580	-0.887
Alter	-0.580	1.000	0.799
Einkommen	-0.887	0.799	1.000

Alter und Einkommen sind in diesem Datensatz eher stark korreliert. Diese Korrelation führt zu einer Kollinearität und kompliziert die Interpretation eines Regressionsmodells, das beide Faktoren einbezieht. Die multiple Regression führt zu den Ergebnissen

```
              Estimate  Std.Error  t-value  Pr(>|t|)
(Intercept)  10.886956   0.448454   24.277  < 2e-16
Alter         0.069758   0.015621    4.466  2.9e-05
Einkommen    -0.114887   0.007838  -14.657  < 2e-16
```

Der geschätzte Effekt der Variablen Alter ist in der multiplen Regression signifikant positiv. Für Konsumenten mit gegebenem Einkommen steigt also das Rating (und damit die Kaufbereitschaft) mit dem Alter. Das ist mit Blick auf die Streudiagramme nicht vernünftig und zeigt, dass hier die Korrelation der Regressoren zu Schwierigkeiten bei der Interpretation führt.

Um zu einer Antwort auf die Eingangsfrage zu gelangen, kann die einfache lineare Regression des Rating gegen das Alter betrachtet werden. Hier ergibt sich

```
              Estimate  Std.Error  t-value  Pr(>|t|)
(Intercept)  11.52853   0.88471    13.031   < 2e-16
Alter        -0.11318   0.01862    -6.078   5.06e-08
```

Damit tendieren offensichtlich jüngere Personen eher zum Kauf des neuen PDA. Sie können als ‚zu präferierende Zielgruppe' angesehen werden.

19.6 Aufgaben

Aufgabe 1

Die ‚American Mathematical Society' (AMS) veröffentlichte folgende Statistik über den Anteil der Frauen unter den US-Bürgern mit Doktortiteln (in Prozent) ($=X$) und den Anteil der Frauen in den Herausgebergremien für Zeitschriften der Gesellschaft ($=Y$).

Jahr :	76	77	78	79	80	81	82	83	84	85
x_v :	12	13	14	16	15	18	17	20	20	20
y_v :	5	5	4	5	6	7	7	7	9	8

1. Berechnen Sie die Regressionsgerade von Y bzgl. X und interpretieren Sie den Regressionskoeffizienten. Zeichnen Sie das Streudiagramm und tragen Sie die ermittelte Gerade ein. Beurteilen Sie die Grafik.
2. Welcher Teil der Streuung der Y-Werte wird durch die Regressionsgerade erklärt?

3. Bestimmen Sie ein 0.95-Konfidenzintervall für den Steigungkoeffizienten β.

4. Prüfen Sie die Hypothese $H : \beta = 0$ bei einem Niveau von $\gamma = 0.01$ gegen die Alternative, dass eine positive Tendenz zu verzeichnen ist.

Aufgabe 2

Unter der Sichtbarkeit eines Zweirades versteht man die Eigenschaft, in seiner Umgebung zumindest so stark aufzufallen, dass der andere Verkehrsteilnehmer seine Präsenz bemerkt. Für entgegenkommende Motorräder, deren Scheinwerfer ausgeschaltet waren, wurden folgende ‚Entdeckungsquoten' (Y) in Abhängigkeit von der ‚Entfernung' (X) ermittelt (Verkehrsunfall und Fahrzeugtechnik, März 1986):

Abstand (in Fuß) :	50	100	150	200	250	300
Entdeckungsanteil (in %) :	33.3	27.5	17.5	15.0	7.5	6.7

1. Berechnen Sie die Regressionsgerade von Y bzgl. X und interpretieren Sie den Regressionskoeffizienten. Zeichnen Sie das Streudiagramm und tragen Sie die ermittelte Gerade ein. Beurteilen Sie die Grafik.

2. Welcher Teil der Streuung der Y-Werte wird durch die Regressionsgerade erklärt?

3. Bestimmen Sie ein 0.95-Konfidenzintervall für den Steigungkoeffizienten β.

4. Prüfen Sie die Hypothese $H : \beta = 0$ gegen die Alternative einer negativen Tendenz; nehmen Sie als Signifikanzniveau $\gamma = 0.05$.

Aufgabe 3

Es wurde immer wieder versucht, Beziehungen zwischen dem maximalen Lebensalter und anderen Merkmalen einer Tierart herzustellen. Der Index für den Kephalisationsgrad nach Sacher ($= X$) basiert auf dem Verhältnis von Hirngewicht zu Körpergewicht. Er ist so konstruiert, dass er gleich dem Logarithmus der maximalen Lebenslänge der Tierart ($= Y$) ist. Um zu überprüfen, ob dies auch für Nagetiere, deren Werte hier angegeben sind, gilt, ist als Nullhypothese zu formulieren: $H_0 : \alpha = 0, \beta = 1$. Führen Sie den Test zum Niveau $\gamma = 0.05$ durch. (Daten nach v. Hahn 1980.)

x_v :	0.43	0.50	0.60	0.63	0.67	0.83	0.83	0.87	0.97	1.05	1.13	1.13
y_v :	0.40	0.53	0.30	0.70	0.60	0.77	0.85	1.13	1.13	1.27	0.95	1.17

Aufgabe 4

Der in der Tabelle wiedergegebene Datensatz gibt die Preise (in Singapur Dollar) für Diamantringe für Damen an. Die Ringe sind aus 20 karätigem Gold gefertigt und haben alle einen einzelnen Diamanten. Die Werte stammen aus einer Zeitungsanzeige.

Die Daten legen eine Preisgestaltung in der Form nahe, dass einfach der Preis proportional zu dem Gewicht des Diamanten ist. Um diesen Eindruck zu überprüfen, soll ein linearer Regressionsansatz aufgestellt werden. Schätzen Sie die Koeffizienten!

Gegen den unterstellten Preisfindungs-Mechanismus würden eine nicht positive Steigung sowie ein Achsenabschnitt kleiner oder gleich null sprechen. Führen Sie einen geeigneten Test bei einem Signifikanzniveau $\gamma = 0.05$ durch.

Gewicht	Preis	Gewicht	Preis	Gewicht	Preis	Gewicht	Preis
0.17	355	0.18	462	0.18	468	0.17	350
0.16	328	0.28	823	0.16	345	0.32	918
0.17	350	0.16	336	0.17	352	0.32	919
0.18	325	0.20	498	0.16	332	0.15	298
0.25	642	0.23	595	0.17	353	0.16	339
0.16	342	0.29	860	0.18	438	0.16	338
0.15	322	0.12	223	0.17	318	0.23	595
0.19	485	0.26	663	0.18	419	0.23	553
0.21	483	0.25	750	0.17	346	0.17	345
0.15	323	0.27	720	0.15	315	0.33	945
0.15	316	0.15	287	0.25	678	0.35	1086
0.26	693	0.25	675	0.18	443	0.25	655

Aufgabe 5

In einem Versuch wurde die Abhängigkeit des Bremsweges (Y, in Fuß) von Automobilen von der Fahrgeschwindigkeit (X, in Meilen/Std.) betrachtet, siehe Ezekiel (1930).

X	Y				X	Y				X	Y			
4	2	10			13	26	34	34	46	20	32	48	52	56	64
7	4	22			14	26	36	60	80	22	66				
8	16				15	20	26	54		23	54				
9	10				16	32	40			24	70	92	93	120	
10	18	26	34		17	32	40	50		25	85				
11	17	28			18	42	56	76	84						
12	14	20	24	28	19	36	46	68							

Ist für diese Daten ein linearer Regressionsansatz $y_\nu = \alpha + \beta x_\nu + u_\nu$ sinnvoll? Welche Modifikationen sind ggf. vorzunehmen, um zu einer geeigneten Modellbeziehung zu gelangen?

Lösungen zu den Aufgaben mit ungeraden Nummern

Aus Platzgründen sind bisweilen innerhalb einzelner Aufgaben Aufgabenteile vertauscht.

Kapitel 1

Aufgabe 1

Ziel der Untersuchung	Grundgesamtheit	Beobachtungseinheit	Merkmal bzw. Variable	mögliche Ergebnisse
Aufschlüsse über die soziale Struktur der Bevölkerung	Bevölkerung der BRD	Haushalt	Monatl. Einkommen des Haushaltsvorstandes (in Euro)	über $-$ bis einschl. $- \leq 500$ $500- \leq 1000$ $\vdots$ über 20 000
Einstellung zu Studiengebühren	Studierende der Universität Hamburg	Ein(e) Studierende(r)	Bereitschaft, Gebühren zu zahlen	1 (finde ich generell richtig) 2 (bis zu einer gewissen Höhe richtig) 3 (lehne ich ab)
Lernerfolg der Veranstaltung Statistik I	Studierende der Wirtschaftswissenschaften	Ein Klausurteilnehmer	Klausurnote	1.0, 1.3, 1.7, …, 5
Länderspezifischer Lebensstandard	Alle Länder	Ein Land	Volkseinkommen pro Kopf	alle Zahlen ≥ 0
Qualität von Mineralwasser	Alle Mineralwasserflaschen	Eine Mineralwasserflasche	Natriumgehalt in Vol %	alle Zahlen von 0 bis 100

Aufgabe 3

1. Niederschlagsmenge wird in mm pro Flächeneinheit gemessen. Die Variable ist metrisch. Trocken/nass: Diese Variable entsteht dadurch, dass bis zu einer gewissen Niederschlagsmenge der Wert trocken zugeordnet wird; höhere Niederschläge werden als nass bezeichnet. Die Variable ist ordinal.

2. Anzahl gerauchter Zigaretten pro Tag: Metrisch.
Tägliche Kosten für Zigarettenkonsum: Die Variable ist eine einfache Transformation $Y =$

$a \cdot X$; damit bleibt eine metrische Variable metrisch.

3. Staubniederschlag (in g/qm): Metrisch.
Belastungsstufe: Diese Variable entsteht dadurch, dass die Staubniederschlagsmenge kategorisiert wird; höhere Staubniederschlagsmengen werden als belastender eingestuft. Die Variable ist ordinal.

Kapitel 2

Aufgabe 1

1. Strichliste:
1.0 |||| ||
1.5 |
2.0 |||| |||| |||| |||| |||| |||| |||| |
2.5 |||| ||
3.0 |||| |||| |||| |||| |||| |||
3.5 ||||
4.0 |||| |||| ||||
4.5 |
5.0 ||

2. + 3.

i	x_i	n_i	h_i	$n(X \leq x_i)$	$h(X \leq x_i)$
1	1.0	7	0.07	7	0.07
2	1.5	1	0.01	8	0.08
3	2.0	36	0.36	44	0.44
4	2.5	7	0.07	51	0.51
5	3.0	28	0.28	79	0.79
6	3.5	4	0.04	83	0.83
7	4.0	14	0.14	97	0.97
8	4.5	1	0.01	98	0.98
9	5.0	2	0.02	100	1.00

2. + 3.

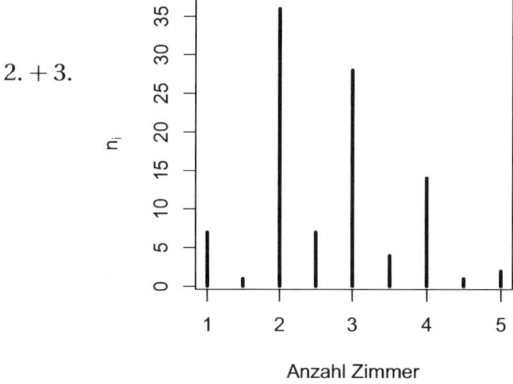
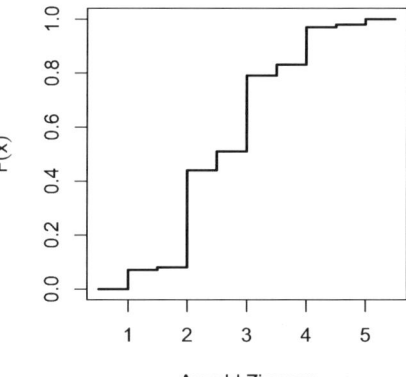

4. Es sind $h(X \leq 2.5) = 0.51$ und $h(2 < X < 4) = h(X \leq 3.5) - h(X \leq 2) = 0.83 - 0.44 = 0.39$.

Aufgabe 3

3.
a) $h(X < 164) = \hat{F}(162) = 0.2$; b) $h(X \geq 172) = 1 - \hat{F}(170) = 0.24$;
c) $h(X \leq 170) = \hat{F}(170) = 0.76$; d) $h(X > 155) = 1 - \hat{F}(155) = 1$.

4.
a) $x_{0.75} = 169$; b) $x_{0.12} = 159$; c) Es ist $x_{0.36} = 166$. Nicht erreicht wird daher von 36% der Studentinnen eine Größe die um einen cm darüber liegt, also 167 cm.

Lösungen zu den Aufgaben mit ungeraden Nummern

1. 15|6
   15|8888
   16|01
   16|222
   16|455555
   16|66677
   16|88888889
   17|000000000
   17|22223
   17|44455
   17|7
   17|8

2. $\hat{F}(x)$

0.00	für	$x < 156$
0.02	für	$156 \leq x < 158$
0.10	für	$158 \leq x < 160$
0.12	für	$160 \leq x < 161$
0.14	für	$161 \leq x < 162$
0.20	für	$162 \leq x < 164$
0.22	für	$164 \leq x < 165$
0.32	für	$165 \leq x < 166$
0.38	für	$166 \leq x < 167$
0.42	für	$167 \leq x < 168$
0.56	für	$168 \leq x < 169$
0.58	für	$169 \leq x < 170$
0.76	für	$170 \leq x < 172$
0.84	für	$172 \leq x < 173$
0.86	für	$173 \leq x < 174$
0.92	für	$174 \leq x < 175$
0.96	für	$175 \leq x < 177$
0.98	für	$177 \leq x < 178$
1.00	für	$178 \leq x$

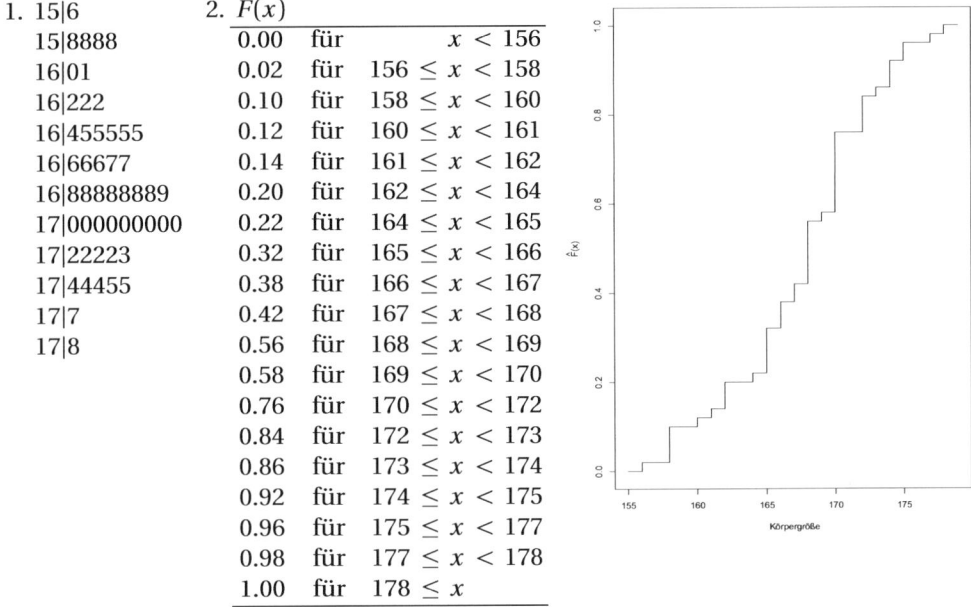

Aufgabe 5

2. Die Arbeitstabelle zur Erstellung des QQ-Diagramms hat die folgende Gestalt. Ausgegangen wird von der Krebsgruppe; sie hat weniger Beobachtungen. Die v' sind die aufgerundeten Werte $25 \cdot v/20$; diese sind die Indizes um die Quantile der Vergleichsgruppe zu ermitteln.

v	x_v	$v/20$	$25 \cdot v/20$	v'	$y_{v'}$
1	2	0.05	1.25	2	6
2	3	0.10	2.50	3	9
3	5	0.15	3.75	4	14
4	9	0.20	5.00	5	15
5	13	0.25	6.25	7	17
6	16	0.30	7.50	8	17
7	17	0.35	8.75	9	18
8	19	0.40	10.00	10	19
9	20	0.45	11.25	12	20
10	22	0.50	12.50	13	21
11	23	0.55	13.75	14	22
12	26	0.60	15.00	15	22
13	27	0.65	16.25	17	24
14	27	0.70	17.50	18	26
15	28	0.75	18.75	19	27
16	29	0.80	20.00	20	28
17	30	0.85	21.25	22	30
18	31	0.90	22.50	23	31
19	32	0.95	23.75	24	32
20	34	1.00	25.00	25	33

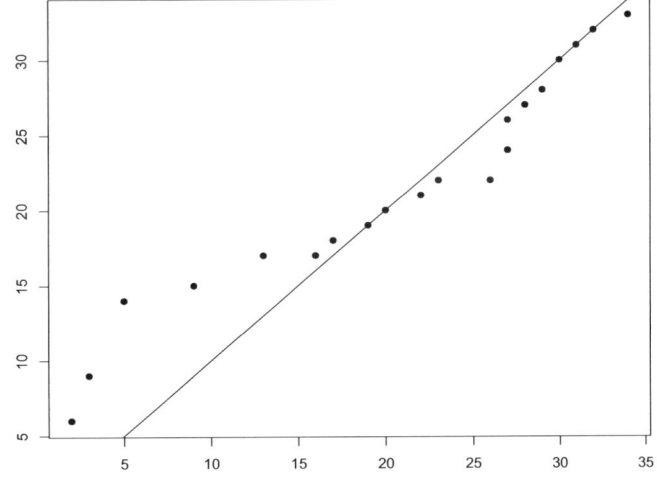

1. Die 5-Zahlen Zusammenfassungen sind:

	Krebs ($n=20$)	Trauma ($n=25$)
$x_{(1)}$	2	3
$x_{0.25}$	13	17
$\tilde{x}$	22.5	21
$x_{0.75}$	28	27
$x_{(n)}$	34	33

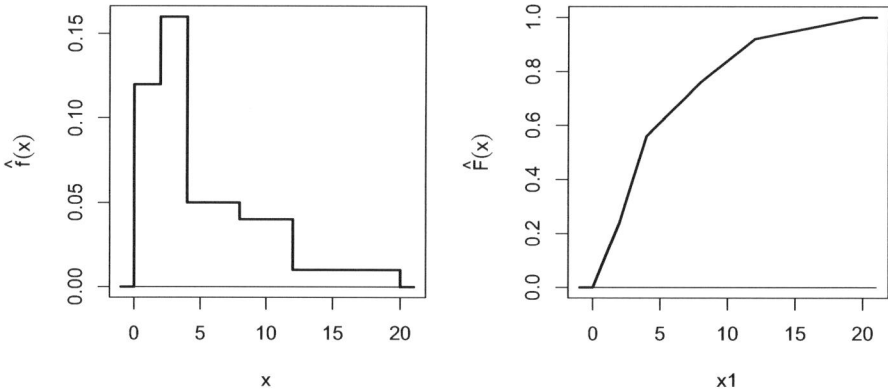

Aufgabe 7

1. In der Tabelle sind gleich die benötigten Zwischenwerte zur Erstellung des Histogramms mit angegeben.

i	x_{i-1}^*	$< X \leq$	x_i^*	n_i	h_i	$\hat{F}(x_i^*)$	Δ_i	h_i/Δ_i
1	0	-	2	24	0.24	0.24	2	0.12
2	2	-	4	32	0.32	0.56	2	0.16
3	4	-	8	20	0.20	0.76	4	0.05
4	8	-	12	16	0.16	0.92	4	0.04
5	12	-	20	8	0.08	1.00	8	0.01

2.

Kapitel 3

Aufgabe 1

	$\bar{x}$	$\tilde{x}$	s_X	s_Q
1.+2. Route A	29.527	29.5	2.027	$31.1 - 28.0 = 3.1$
Route B	31.5	31.4	1.905	$31.6 - 30.5 = 1.1$

3. Der Gesamt-Durchschnitt beträgt: $\bar{x} = (n_A \bar{x}_A + n_B \bar{x}_B)/(n_A + n_B) = 30.56$.
4. Die Gesamt-Varianz ist:
$$s^2 = \frac{1}{23}(11 \cdot 2.027^2 + 12 \cdot 1.905^2) + \frac{1}{23}(11 \cdot (29.527 - 30.56)^2 + 12 \cdot (31.4 - 30.56)^2)$$
$$= 3.858 + 0.878 = 4.736.$$
Somit resultiert ein Anteil von $0.878/4.736 = 0.185$, d.h. 18.5% aus den Strecken.

Aufgabe 3

Seien die Datensätze mit den Indizes 1 und 2 für 30 zw. 40 Konzerte pro Jahr gekennzeichnet.

$x^*_{i-1} < X \leq x^*_i$		n_{1i}	n_{2i}	m_i	$m_i n_{1i}$	$m_i n_{1i}$	$m_i^2 n_{1i}$	$m_i^2 n_{1i}$
24	- 30	5	2	27	135	54	3645	1458
30	- 40	4	4	35	140	140	4900	4900
40	- 46	1	9	43	43	387	1849	16641
46	- 60	0	5	53	0	265	0	14045
		10	20		318	846	10394	37044

Damit sind $\bar{x}_1 = 31.8$, $\bar{x}_2 = 42.3$ und $s_1^2 = 10394/10 - 31.8^2 = 28.16$ und $s_2^2 = 37044/20 - 42.3^2 = 62.91$.

Aufgabe 5

Das Symmetrie-Diagramm zeigt eine starke Rechtsschiefe; die Differenzen $x_{(n+1-\nu)} - \bar{x}$ sind alle größer als die entsprechenden $\bar{x} - x_{(\nu)}$. Zur Symmetrisierung ist die Leiter der Transformationen herabzusteigen. Bis auf das Vorhandensein eines Ausreißers bringt dann $x_\nu \mapsto y_\nu = 1/\sqrt{x_\nu}$ weitgehende Symmetrie.

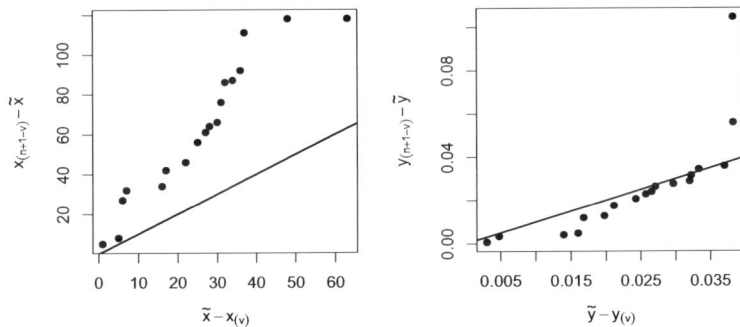

Aufgabe 7

1. Die folgende Tabelle zeigt die aufsteigend geordneten Marktanteile sowie die Konzentrationsraten der Ordnung h:

h	1	2	3	4	5	6	7	8	9	10	11	$\cdots$	22
$a_{(n-h+1)}$ (%)	23	18	11	9	7	6	5	5	2	2	1	$\cdots$	1
CR_h (%)	23	41	52	61	68	74	79	84	86	88	89	$\cdots$	100

Es sind $CR_4 = 61\%$ und $CR_8 = 84\%$. Die marktanteilsstärksten 4 (8) Unternehmen haben zusammen 61% (84%) Marktanteil, am Umsatz gemessen.

2. Die nebenstehende Grafik zeigt die Konzentrationskurve.

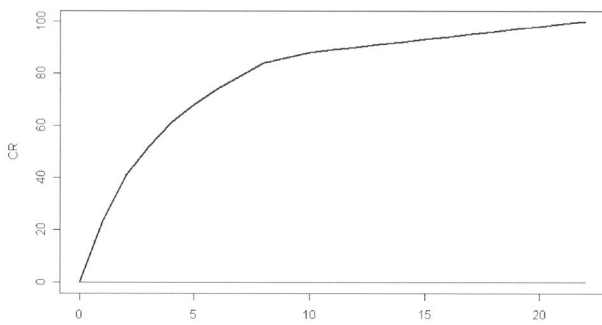

3. $H = 0.23^2 + 0.18^2 + 0.11^2 + 0.09^2 + 0.07^2 + 0.06^2 + 2 \cdot 0.05^2 + 2 \cdot 0.02^2 + 12 \cdot 0.01^2 = 0.121$
   Die Äquivalenzzahl ist $1/0.121 = 8.26 \approx 8$.
4. Durch den Zusammenschluss der Unternehmen Nr. 7 und 10 ergibt sich ein gemeinsamer Marktanteil von 5+18=23%. Dadurch rückt das Unternehmen Nr. 10 an die zweite Stelle der marktanteilstärksten Unternehmen. Der Zusammenschluss der Unternehmen Nr. 3 und 8 führt zu einem Marktanteil von 11+6=17%.

h	1	2	3	4	5	6	7	8	9	$\cdots$	20
$a_{(n-h+1)}$ (%)	23	23	17	9	7	5	2	2	1	$\cdots$	1
CR_h (%)	23	46	63	72	79	84	86	88	89	$\cdots$	100

Speziell sind $CR_4 = 72\%$, $CR_8 = 88\%$. Die marktanteilsstärksten 4 (8) Unternehmen haben zusammen 72% (88%) Marktanteil, am Umsatz gemessen.
$H = 2 \cdot 0.23^2 + 0.17^2 + 0.09^2 + 0.07^2 + 0.05^2 + 2 \cdot 0.02^2 + 12 \cdot 0.01^2 = 0.152$.
Die Äquivalenzzahl ist $1/0.152 = 6.58 \approx 7$.

Kapitel 4

Aufgabe 1

1. Die vervollständigte Tabelle lautet wie folgt. Die hochgestellten Nummern kennzeichnen dabei die Reihenfolge, in der die Ergänzungen vorgenommen wurden.

Schulabschluss	bereits bei Versuch	innerhalb eines Jahres	nach einem Jahr	
Volksschule	36	30	54[2]	120
höhere Schule	4[1]	10[5]	16	30[6]
	40	40[4]	70[3]	150

2. Es ist h(nach einem Jahr|höhere Schule) $= 16/30 = 0.533$ und h(nach einem Jahr|Volksschule) $= 54/120 = 0.45$. Damit ist dieser Anteil größer.
3. h(Versuch oder innerhalb eines Jahres) $= 0.533$
4. h(Volksschüler|bei Versuch) $= 36/40 = 0.9$ und h(Volksschüler) $= 120/150 = 0.8$. Die Volksschüler haben unter denen, die beim Versuch erwischt wurden einen größeren Anteil als unter allen Steuersündern.

Aufgabe 3

Der Korrelationskoeffizient beträgt $r_{XY} = 0.7333$, der Rangkorrelationskoeffizient ist $r_S =$

0.7327. Die Korrelation ist aufgrund beider Maßzahlen als mittelstark einzustufen. Das Streudiagramm zeigt eine lineare Tendenz ohne extreme Punkte. Dies erklärt, dass der einfache und der Rangkorrelationskoeffiziet sich nur geringfügig unterscheiden.

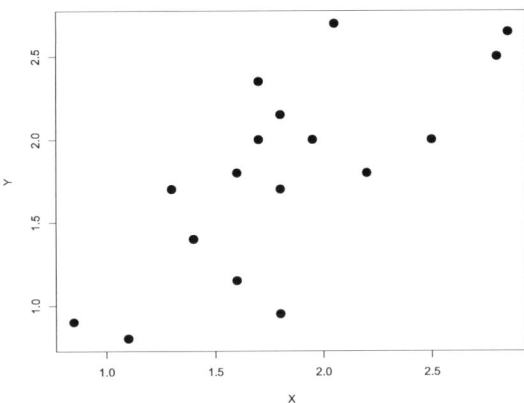

Aufgabe 5

Die Höhendynamik wird mit X, die Tiefendynamik mit Y bezeichnet. Die um die Randverteilungen vervollständigte Tabelle ist der linke Teil der folgenden Tafel:

Höhen-dynamik	Tiefendynamik								9	10	11	12	13	14	15
	9	10	11	12	13	14	15	Σ							
6				1				1				1·6·12			
7		1	1					2		1·7·10	1·7·11				
8	1		1	3		1		6	1·8·9		1·8·11	3·8·12		1·8·14	
9			1	3	1	1	1	7			1·9·11	3·9·12	1·9·13	1·9·14	1·9·15
10		1						1		1·10·10					
11			1			2	1	4			1·11·11			2·11·14	1·11·15
12						2	2	2							2·12·15
Σ	1	2	4	7	1	4	4	23							

Aus den Randverteilungen erhalten wir: $\bar{x} = 9.087$, $s_X^2 = 2.514$, $\bar{y} = 12.435$, $s_Y^2 = 3.028$. Für die Korrelation wird aus dem rechten Teil der Tafel der Mittelwert der Produkte bestimmt: $(1/23)\sum_{x=6}^{12}\sum_{y=9}^{15} x \cdot y \cdot n_{xy} = 114.52$

Zusammen ergibt dies:

$$r_{XY} = \frac{114.52 - 9.087 * 12.435}{\sqrt{2.514 * 3.028}} = 0.553$$

Aufgabe 7

3. Das Bestimmtheitsmaß ergibt sich zu: $R^2 = 0.935$
4. Es ist eine Schadensfrequenz von $7.098 + 0.5037 \cdot 35 = 24.7275$ zu unterstellen.

1.+2. Das Streudiagramm mit der Regressionsgeraden hat die in der nebenstehenden Grafik wiedergegebene Gestalt.
Die Regressionskoeffizienten sind: $a = 7.098$, $b = 0.5037$.

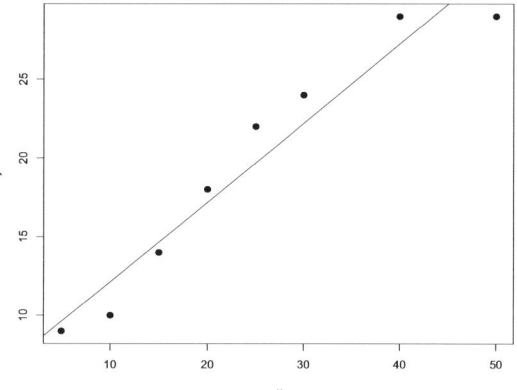

Kapitel 5

Aufgabe 1

1. Preismessziffern:
$$\frac{p_{11}}{p_{01}} = \frac{28}{26} = 1.077$$
$$\frac{p_{12}}{p_{02}} = \frac{30}{25} = 1.2$$
$$\frac{p_{13}}{p_{03}} = \frac{4}{5} = 0.8$$
$$\frac{p_{14}}{p_{04}} = \frac{13}{9} = 1.444$$

Mengenmessziffern:
$$\frac{q_{11}}{q_{01}} = \frac{198}{201} = 0.985$$
$$\frac{q_{12}}{q_{02}} = \frac{52}{60} = 0.867$$
$$\frac{q_{13}}{q_{03}} = \frac{1350}{1210} = 1.116$$
$$\frac{q_{14}}{q_{04}} = \frac{16}{18} = 0.889$$

Umsatz-Messziffern:
$$\frac{u_{11}}{u_{01}} = \frac{p_{11}q_{11}}{p_{01}q_{01}} = \frac{5544}{5226} = 1.061$$
$$\frac{u_{12}}{u_{02}} = \frac{p_{12}q_{12}}{p_{02}q_{02}} = \frac{1560}{1500} = 1.040$$
$$\frac{u_{13}}{u_{03}} = \frac{p_{13}q_{13}}{p_{03}q_{03}} = \frac{5400}{6050} = 0.893$$
$$\frac{u_{14}}{u_{04}} = \frac{p_{14}q_{14}}{p_{04}q_{04}} = \frac{208}{162} = 1.284$$

2. Faktorumkehreigenschaft:
$$\frac{p_{11}}{p_{01}} \cdot \frac{q_{11}}{q_{01}} = 1.077 \cdot 0.985 = 1.061 \approx \frac{u_{11}}{u_{01}} \qquad \frac{p_{12}}{p_{02}} \cdot \frac{q_{12}}{q_{02}} = 1.2 \cdot 0.867 = 1.040 \approx \frac{u_{12}}{u_{02}}$$
$$\frac{p_{13}}{p_{03}} \cdot \frac{q_{13}}{q_{03}} = 0.8 \cdot 1.116 = 0.893 \approx \frac{u_{13}}{u_{03}} \qquad \frac{p_{14}}{p_{04}} \cdot \frac{q_{14}}{q_{04}} = 1.444 \cdot 0.889 = 1.284 \approx \frac{u_{14}}{u_{04}}$$

3. Laspeyres-Preisindex:
$$P_{01}^L = \frac{\sum p_{1i} q_{0i}}{\sum p_{0i} q_{0i}} = \frac{28 \cdot 201 + 30 \cdot 60 + 4 \cdot 1210 + 13 \cdot 18}{5226 + 1500 + 6050 + 162} = \frac{12502}{12938} = 0.9663.$$

Paasche-Preisindex:
$$P_{01}^P = \frac{\sum p_{1i} q_{1i}}{\sum p_{0i} q_{1i}} = \frac{5544 + 1560 + 5400 + 208}{26 \cdot 198 + 25 \cdot 52 + 5 \cdot 1350 + 9 \cdot 16} = \frac{12712}{13342} = 0.9528.$$

Laspeyres-Mengenindex: $Q_{01}^L = \dfrac{\sum q_{1i} p_{0i}}{\sum q_{0i} p_{0i}} = \dfrac{13342}{12938} = 1.0312$

Paasche-Mengenindex: $Q_{01}^P = \dfrac{\sum q_{1i} p_{1i}}{\sum q_{0i} p_{1i}} = \dfrac{12712}{12502} = 1.0168.$

Aufgabe 3

1.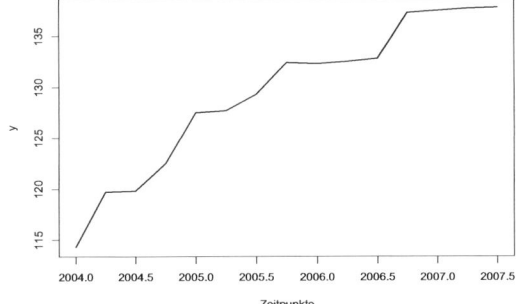

2. Die Reihe zeigt einen Trend, der nicht linear ist sowie ein gewisses saisonales Verhalten. Daher ist das angemessene Komponentenmodell: $y_t = g_t + s_t + u_t$.

3. Die glatte Komponente wird mittels eines gleitenden Durchschnitts der Länge 4 eliminiert:

Jahr	Quartal I	II	III	IV
2004	-	-	120.7250	123.3750
2005	125.5625	127.9875	129.8250	131.0250
2006	132.0625	133.1125	134.3750	135.6750
2007	136.9500	-	-	

Die trendbereinigte Reihe dient als Basis zur Bestimmung einer konstanten Saison.

Die Saisonkomponente ist:

s_1	s_2	s_3	s_4
0.824	-0.534	-1.092	0.624

Die Saison- und trendbereinigten Reste sind:

Jahr	Quartal I	II	III	IV
2004	-	-	-0.9250	-0.8750
2005	1.9375	-0.2875	-0.5250	1.3750
2006	0.2375	-0.6125	-1.5750	1.6250
2007	0.5500	-	-	

Kapitel 6

Aufgabe 1

a) Alle Lernenden aus E sind Trunkenbolde.
b) Alle Lehrenden aus E sind sowohl freundlich als auch Nichttrinker.
c) Alle Nichttrinker aus E sind freundliche Personen.
d) Auch die Lehrenden sind Lernende.

Aufgabe 3

1. Jede der Nummern 1 bis 10000 ist über den Ziehungsmechanismus mit genau einer der Nummern $1,\ldots,20$ verbunden. Daher beträgt die Wahrscheinlichkeit 1/20, dass eine spezielle Nummer gezogen wird.
2. Die Stichprobe $(1,2,3,\ldots,500)$ kann aufgrund des Ziehungsmechanismus nicht gezogen werden. Nur eine der Nummern $1,2,\ldots,20$ kann ja in der Stichprobe vorkommen. Dies reicht schon, um festzustellen, dass damit keine reine Zufallsauswahl gegeben ist.

Aufgabe 5

Seien $S=$ ‚Koch-Lehrling versalzt seine Suppe' und $L=$ ‚Koch-Lehrling ist verliebt'. Die Angaben über die Wahrscheinlichkeiten lauten dann formal: $P(S)=0.5$, $P(L)=0.4$, $P(S|L)=0.8$. Daraus erhalten wir: $P(S\cap L)=P(S|L)P(L)=0.32$. Somit ergibt sich

	S	$\bar{S}$	
L	0.32	0.08	0.4
$\bar{L}$	0.18	0.42	0.6
	0.50	0.50	

Nun lauten die Antworten zu den einzelnen Fragen:

1. $P(\bar{L}\cap S)=0.18$, 2. $P(L|S)=0.16$, 3. $P(\bar{L}\cap\bar{S})=0.42$.

Kapitel 7

Aufgabe 1

1. Die interessierende Zufallsvariable X ist die Anzahl der Felder, die der Spieler noch vorrücken kann. Die Realisationsmöglichkeiten sind nach den Gegebenheiten: $E=\{1,2,3,4,5,6,7,8,9,10,11,12,13,14,15,16,17,18\}$.
2. Die Wahrscheinlichkeitsfunktion ist hier: $P(X=x)=\begin{cases} 1/6 & \text{für } x=1,\ldots,5 \\ 1/6^2 & \text{für } x=7,\ldots,11 \\ 1/6^3 & \text{für } x=13,\ldots,18 \end{cases}$.

   Die Verteilungsfunktion erhalten wir durch Kumulierung der Einzelwahrscheinlichkeiten.

Aufgabe 3

1. Der Stichprobenraum ist erst einmal $E=\{(i,j)|i,j=1,\ldots,6\}$.
2. Summen X der Augenzahlen zweier Würfel

roter Würfel	\multicolumn{6}{c}{weißer Würfel}
	1	2	3	4	5	6
1	2	3	4	5	6	7
2	3	4	5	6	7	8
3	4	5	6	7	8	9
4	5	6	7	8	9	10
5	6	7	8	9	10	11
6	7	8	9	10	11	12

Lösungen zu den Aufgaben mit ungeraden Nummern

3. Über einfaches Auszählen erhalten wir:

x	2	3	4	5	6	7	8	9	10	11	12
P(X=x)	1/36	2/36	3/36	4/36	5/36	6/36	5/36	4/36	3/36	2/36	1/36

4. $P(X=4)=3/36$, $P(X \geq 10)=6/36$, $P(X>10)=3/36$, $P(X \leq 5)=10/36$, $P(X \leq 12)=1$, $P(3 < X \leq 7) = 183/36$.

Aufgabe 5

Mit $n=200$ Beobachtungen erhalten wir die rechts stehende Tafel. Die zweite Wahrscheinlichkeitsfunktion ist akzeptabel. Die erste scheidet schon wegen $P(X=4)=0$ aus.

x_i	n_i	$n \cdot f_1(x)$	$n \cdot f_2(x)$
0	109	80	108
1	65	60	58
2	22	40	24
3	3	20	6
>4	1	0	4

Aufgabe 7

Zunächst gilt: $P(X=x) = \frac{1}{49}$, $x=1,\ldots,49$. Dies führt auf $E(X)=25$ und $V(X)=200$. Weiterhin gilt:

$$P(Y=y|X=x) = \begin{cases} \frac{1}{48} & y \neq x \\ 0 & y = x \end{cases} \implies P(X=x, Y=y) = \begin{cases} \frac{1}{49 \cdot 48} & y \neq x \\ 0 & y = x \end{cases}$$

Dies ergibt einmal:

$$E(X \cdot Y) = \sum_{\substack{y=1 \\ y \neq x}}^{49} \sum_{x=1}^{49} x \cdot y \frac{1}{49 \cdot 48} = 49 \cdot 50 \cdot 596 \frac{1}{49 \cdot 48} = 620.8333.$$

Weiter ist $P(Y=y) = \sum_{x \neq y} P(X=x, Y=y) = 48 \cdot \frac{1}{49 \cdot 48} = \frac{1}{49}$. Daher hat Y auch den gleichen Erwartungswert und die gleiche Varianz wie X. Dies ergibt:

$$\rho_{X,Y} = \frac{E(X \cdot Y) - E(X)E(Y)}{\sqrt{V(X)V(Y)}} = \frac{620.8333 - 25 \cdot 25}{\sqrt{200 \cdot 200}} = -0.0208335.$$

Aufgabe 9

1.
x	$P(X=x)$	y	$P(Y=y)$
0	0.300	0	0.3
1	0.500	1	0.5
2	0.125	2	0.125
3	0.075	3	0.075

2. Die einzelnen Wahrscheinlichkeiten $P(X=x, Y=y)$ ergeben sich bei Unabhängigkeit als Produkte der Rand-Wahrscheinlichkeiten.

| X = Kunde | Y = Kunde auf Leitung 2 | | | |
auf Leitung 1	0	1	2	3
0	0.0900	0.1500	0.037500	0.022500
1	0.1500	0.2500	0.062500	0.037500
2	0.0375	0.0625	0.015625	0.009375
3	0.0225	0.0375	0.009375	0.005625

3. $\mathrm{E}(X) = 0 \cdot 0.300 + 1 \cdot 0.500 + 2 \cdot 0.125 + 3 \cdot 0.075 = 0.975$
   $\mathrm{E}(X^2) = 0^2 \cdot 0.300 + 1^2 \cdot 0.500 + 2^2 \cdot 0.125 + 3^2 \cdot 0.075 = 1.675$
   $\Rightarrow \quad \mathrm{V}(X) = 1.675 - 0.975^2 = 0.724375.$
   Da X und Y identisch verteilt sind, gilt auch $\mathrm{E}(Y) = 0.975$ und $\mathrm{V}(Y) = 0.724375$.
   Den Erwartungswert $\mathrm{E}(X \cdot Y)$ erhalten wir so:

| X = Kunde | Y = Kunde auf Leitung 2 | | | |
auf Leitung 1	0	1	2	3
0	$0 \cdot 0 \cdot 0.1$	$0 \cdot 1 \cdot 0.2$	$0 \cdot 2 \cdot 0.0$	$0 \cdot 3 \cdot 0.0$
1	$1 \cdot 0 \cdot 0.2$	$1 \cdot 1 \cdot 0.25$	$1 \cdot 2 \cdot 0.05$	$1 \cdot 3 \cdot 0.0$
2	$2 \cdot 0 \cdot 0.0$	$2 \cdot 1 \cdot 0.05$	$2 \cdot 2 \cdot 0.05$	$2 \cdot 3 \cdot 0.025$
3	$3 \cdot 0 \cdot 0.0$	$3 \cdot 1 \cdot 0.0$	$3 \cdot 2 \cdot 0.025$	$3 \cdot 3 \cdot 0.05$

Addieren aller Einträge ergibt $\mathrm{E}(X \cdot Y) = 1.4$. Damit ist: $\rho_{XY} = \dfrac{1.4 - 0.975^2}{0.724375} = 0.6204$.

4.
$z = x + y$	$\mathrm{P}(Z = z)$
0	0.10
1	0.40
2	0.25
3	0.10
4	0.05
5	0.05
6	0.05

Kapitel 8

Aufgabe 1

Die Zufallsvariable $X = $ ‚richtig erkannte Anzahl von angeschlossenen Lampen' ist hypergeometrisch verteilt mit $N = 20, M = 4, n = 4$. Damit gilt:

1. $\mathrm{P}(X = 4) = \dfrac{\binom{4}{4}\binom{20-4}{0}}{\binom{20}{4}} = 0.0002063983$. Die Wahrscheinlichkeit, alle vier durch Raten zu ermitteln, ist mit 0.00021 also sehr gering.

2. $\mathrm{P}(X = 3) = \dfrac{\binom{4}{3}\binom{20-4}{1}}{\binom{20}{4}} = 0.01320949$. Mit etwa 1.3 % ist auch die Wahrscheinlichkeit, 3 von 4 Lampen unter Strom durch Raten zu erkennen, immer noch sehr gering.

Die Ergebnisse legen die Vermutung nahe, dass der Mann wohl eher durch Können die Lösung herausbekam, als durch Raten.

Aufgabe 3

Hier betrachtet man das Ziehen ohne Zurücklegen. Die Mitarbeiterin hat ja, wenn sie ein fehlerhaftes Geschäft aufgesucht hat, bildlich gesprochen, eine Niete aus dem Topf entfernt, die nicht mehr der Grundgesamtheit wieder zugeführt wird. Somit ist die hypergeometrische Verteilung zur Modellierung adäquat. Die Parameter N, M, und n dieser Verteilung sind: $N = 50, M = 5, n = 10$. Zur Erklärung: Der Parameter M ist 5, da von 50 Adressen 10 % ‚markiert' sind, also 5 Adressen.

1. Allgemein gilt für die Wahrscheinlichkeitsfunktion $f(z)$ der hypergeometrisch verteilten Zufallsvariable X:
$$f(x) = \frac{\binom{M}{x}\binom{N-M}{n-x}}{\binom{N}{n}}$$

    Daher sind dann die gesuchten Wahrscheinlichkeiten:
    $$f(0) = \frac{\binom{5}{0}\binom{45}{10}}{\binom{50}{10}} = 0.310, \ f(2) = \frac{\binom{5}{2}\binom{45}{8}}{\binom{50}{10}} = 0.209, \ f(6) = 0.$$

    Speziell gilt $f(6) = 0$, da man nicht mehr fehlerhafte Adressen ziehen kann, als überhaupt vorhanden sind.

2. Dazu ist zu berechnen:
$$E(X) = \frac{nM}{N} = \frac{10 \cdot 5}{50} = 1$$

    Folglich erwartet man, im Mittel eine falsche Adresse zu erwischen.

3. Zuerst ist die Standardabweichung der hypergeometrischen Verteilung zu berechnen:
$$\sigma_X = \sqrt{n \cdot \frac{M}{N} \cdot \frac{N-M}{N} \cdot \frac{N-n}{N-1}} = \sqrt{\frac{36}{49}} = \frac{6}{7}$$

    Also darf die Anzahl der fehlerhaften Adressen nicht mehr als 1.857 oder weniger als 0.143 betragen. Daher ist die Wahrscheinlichkeit, nicht mehr als 1.857 oder weniger als 0.143 zu erwischen, gleich diejenige, eine fehlerhafte Adresse zu erwischen, da die hypergeometrische Verteilung nur positive Wahrscheinlichkeiten für positive ganze Zahlen hat. Folglich rechnet man:
    $$f(1) = \frac{\binom{5}{1}\binom{45}{9}}{\binom{50}{10}} = 0.4313.$$

    Mit Wahrscheinlichkeit 0.4313 weicht man um nicht mehr als die einfache Standardabweichung vom Erwartungswert ab.

Aufgabe 5

Die Anzahl der Touristen sei die Zufallsvariable X. X ist Poisson-verteilt. Da bei dieser Verteilung der Parameter λ gleich dem Erwartungswert ist, gilt $X \sim Po(10)$. Da die Poisson-Verteilung für $\lambda = 10$ vertafelt ist, kann auf die Tabelle zurückgegriffen werden. Wir erhalten:

1. $P(X=0) = e^{-10}\frac{10^0}{0!} = 0.000045 \; (= F(10) - F(9))$.
2. $P(X=10) = e^{-10}\frac{10^{10}}{10!} = 0.1251 \; (= F(10) - F(9))$.
3. $P(X \leq 10) = F(10) = 0.5830$.
4. Bei der Poisson-Verteilung ist die Varianz ebenfalls gleich dem Parameter. Die Standardabweichung ist also $\sqrt{10} = 3.16$. Damit ist

$$P(10 - 3.16 < X < 10 + 3.16) = P(7 < X \leq 13) = P(X \leq 13) - P(X \leq 7) = 0.6442.$$

Aufgabe 7

1. Sei $X=$ ‚Anzahl der erfolgreichen Tage von insgesamt 5 Tagen'. Dann gilt $X \sim \mathscr{B}(5, 0.2)$ und es folgt:
   (a) $P(X=3)=0.0521$ (b) $P(X=0)=0.3277$ (c) $P(X>1)=0.267$.
2. Sei $Y=$ ‚Anzahl der Tage bevor der erste Erfolg eintritt'. Dann gilt $Y \sim \mathscr{G}(0.2)$ und es folgt: $P(Y \leq 3) = 1 - (1 - 0.2)^3 = 0.5904$.
3. Sei $Z=$ ‚Anzahl der erfolgreichen Angler'. Es ist $Z \sim \mathscr{P}(8)$ und somit $P(Z \geq 10) = 1 - P(Z \leq 9) = 1 - 0.7166 = 0.2834$.

Aufgabe 9

Für die Werte des Auswahldiagrammes erhalten wir:

x_i	1	2	3	4
$x_i n_i / n_{i-1}$	0.129	0.224	0.414	0.683

Der lineare Anstieg der Ausgleichsgeraden mit $a = -0.1005$ und $b = 0.1852$ deutet auf eine negative Binomialverteilung hin. Die Näherungswerte für die Parameter lauten, wenn der größte Wert auf 5 gesetzt wird: $\hat{p}=0.8813$, $\hat{k}=1.069$.

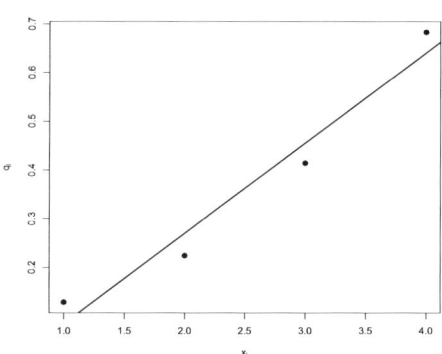

Kapitel 9

Aufgabe 1

1. Der Parameter c muss so gewählt sein, dass

$$1 = \int_0^2 \frac{x^2}{c} dx = \left[\frac{1}{3c}x^3\right]_0^2 = \frac{8}{3c} \implies c = \frac{8}{3}.$$

Für $c \geq 0$ ist die zweite Bedingung an eine Dichte, $f(x) \geq 0$, erfüllt.

2. Mit dem Zwischenergebnis aus 1. ist

$$F(x) = \frac{1}{3c}x^3 \quad \text{für} \quad 0 \leq x \leq 2.$$

3.
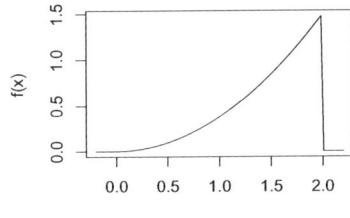 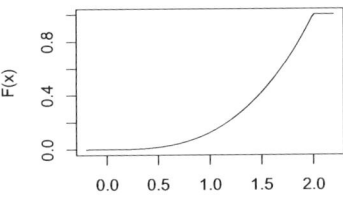

4. $E(X) = \int_0^2 x \cdot \frac{3}{8}x^2 dx = \int_0^2 \frac{3}{8}x^3 dx = \left[\frac{3}{32}x^4\right]_0^2 = \frac{3}{2}$

   $E(X^2) = \int_0^2 x^2 \cdot \frac{3}{8}x^2 dx = \int_0^2 \frac{3}{8}x^4 dx = \left[\frac{3}{40}x^5\right]_0^2 = \frac{12}{5}$

   $V(X) = E(X^2) - E(X)^2 = \frac{12}{5} - \left(\frac{3}{2}\right)^2 = \frac{3}{20}$

5. $P(X=1) = 0$, da X stetig ist; $P(X \leq 0.5) = F(0.5) = 0.5^3/(3c) = 1/64$;
   $P(X < 1) = P(X \leq 1) = F(1) = 1/(3c) = 1/8$;
   $P(0.7 < X < 1.5) = F(1.5) - F(0.7) = 1.5^3/(3c) - 0.7^3/(3c) = 0.379$.

Aufgabe 3

1. Die Gesamtfläche unter $f(x)$ muss den Flächeninhalt eins haben. Wegen der einfachen geometrischen Gestalt können die Berechnungen auf die Flächenformeln für Rechtecke und Dreiecke reduziert werden. Das ergibt:
   $$\frac{h \cdot 0.5}{2} + 1.5 \cdot h + \frac{h \cdot 0.5}{2} = 1 \implies h = 0.5.$$

2. Für die Verteilungsfunktion erhalten wir:
   $$F(x) = \begin{cases} 0 & \text{für } x < 1 \\ 0.5 - x + 0.5x^2 & \text{für } 1 \leq x < 1.5 \\ -0.625 + 0.5x & \text{für } 1.5 \leq x < 3 \\ -5.125 + 3.5x - 0.5x^2 & \text{für } 3 \leq x < 3.5 \\ 1 & \text{für } 3.5 \leq x \end{cases}.$$

3. $P(X=2) = 0$, $P(X>2) = 0.625$, $P(X \leq 1) = 0$, $P(2 < X < 3) = 0.5$.

4. Die theoretischen Quantile t_v mit $F(t_v)=(v-0.5)/n$ werden bestimmt aus
   $$t_p = \begin{cases} 1 + \sqrt{2p} & \text{für } 0 < p \leq 1/8 \\ 1.25 + 2p & \text{für } 1/8 < p \leq 7/8 \\ 3.5 - \sqrt{2-2p} & \text{für } 7/8 < p < 1 \end{cases}.$$

Die Grafiken zeigen beide eine zufriedenstellende Anpassung.

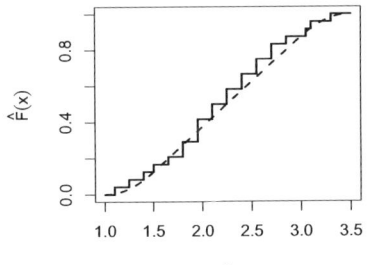 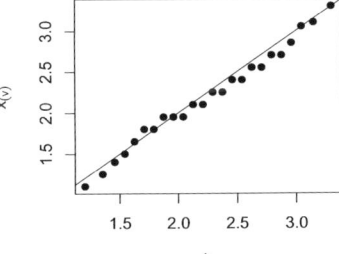

Aufgabe 5

1. Das Volumen unter der Funktion $f(x,y)$ muss 1 ergeben:
$$\int_0^1\int_0^1 c(x+y+x\cdot y)dxdy = c\int_0^1\left[\frac{1}{2}+y+\frac{1}{2}y\right]dy = c\left[\frac{1}{2}+\frac{1}{2}+\frac{1}{4}\right] = 1 \Longrightarrow c = \frac{4}{5}.$$

2. $f(x) = \int_0^1 f(x,y)dy = \frac{2}{5}(3x+1)$, $f(y) = \int_0^1 f(x,y)dy = \frac{2}{5}(3y+1)$

3. $f(x|y) = \frac{f(x,y)}{f(y)} = 2\frac{(x+y+x\cdot y)}{3y+1}$, $f(y|x) = \frac{f(x,y)}{f(x)} = 2\frac{(x+y+x\cdot y)}{3x+1}$.

Kapitel 10

Aufgabe 1

Zur Erstellung des geeigneten Quantildiagramms werden die in der Tabelle angegebenen Werte benötigt. Dabei kann $\ln(1-\hat{F}(x_i^*))$ für den letzte Wert nicht berechnet werden. Diese Klasse wird nicht berücksichtigt.

i	n_i	$\hat{F}(x_i^*)$	$\ln(x_i^*)$	$\ln(1-\hat{F}(x_i^*))$	i	n_i	$\hat{F}(x_i^*)$	$\ln(x_i^*)$	$\ln(1-\hat{F}(x_i^*))$
1	465	0.27	6.91	-0.31	12	67	0.92	10.31	-2.48
2	281	0.43	7.60	-0.56	13	24	0.93	10.60	-2.66
3	202	0.55	8.01	-0.79	14	19	0.94	10.82	-2.83
4	102	0.60	8.29	-0.93	15	15	0.95	11.00	-2.98
5	64	0.64	8.52	-1.02	16	11	0.96	11.16	-3.12
6	78	0.69	8.70	-1.16	17	13	0.96	11.29	-3.30
7	65	0.72	8.85	-1.28	18	11	0.97	11.41	-3.49
8	59	0.76	8.99	-1.41	19	2	0.97	11.51	-3.53
9	26	0.77	9.10	-1.48	20	31	0.99	12.21	-4.47
10	20	0.78	9.21	-1.53	21	13	1.00	12.61	-5.52
11	164	0.88	9.90	-2.10	22	5	1.00	12.90	-6.77

Die Punkte weisen eine systematische Abweichung von der Ausgleichsgraden auf. (Krümmung!) Dies indiziert, dass die Pareto-Verteilung für diese Daten kein passendes Modell ist.

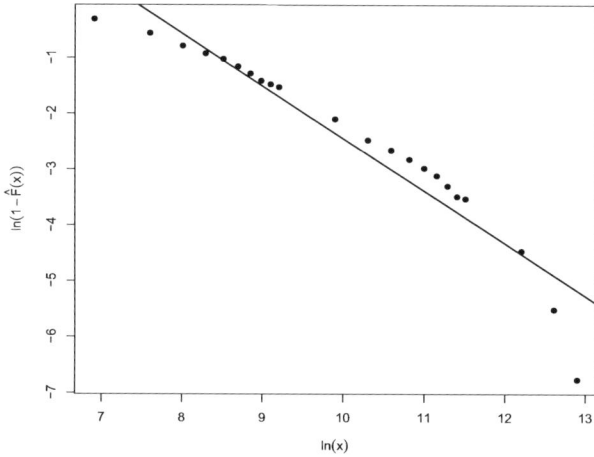

Aufgabe 3

Wegen der Verschiebung wird von allen Werten das Minimum der Stichprobe, $x_{(1)} = 10$, abgezogen. Dann zeigt das QQ-Diagramm ein akzeptables Verhalten der eingezeichneten Punkte: Sie streuen ohne systematische Struktur im Wesentlichen um die Ausgleichsgerade. Die Steigung der Ausgleichsgeraden beträgt 66.89. Dies ergibt als Schätzwert für den Parameter: $1/66.89 = 0.0149$. Als Verteilungsmodell haben wir also:
$f(x) = 0.0149 \cdot e^{-0.0149 \cdot (x-10)}$.

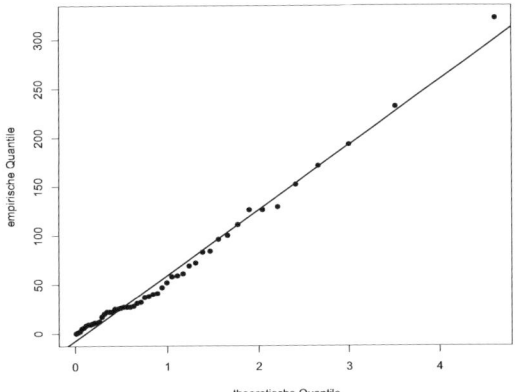

Kapitel 11

Aufgabe 1

Sei X die Zufallsvariable 'Lebensdauer eines zufällig ausgewählten Reifens'. Es gilt: $X \sim \mathcal{N}(36000, 4000^2)$.

1. Gesucht ist $P(X \leq 40000)$. Mit der Standardisierung $Z = (X - 36000)/4000$ folgt:

$$P(X \leq 40000) = P\left(Z \leq \frac{40000 - 36000}{4000}\right) = P(Z \leq 1) = \Phi(1) = 0.84134.$$

Dabei wurde im letzten Schritt linear interpoliert:

$$\Phi(1) = 0.841 + \frac{1 - 0.9986}{1.0027 - 0.9986} \cdot 0.001.$$

2. Hier ist das 0.95-Quantil gesucht: $P(X \leq x_{.95}) = 0.95$. Wie unter 1. wird standardisiert. Dies führt zum 0.95-Quantil der Standardnormalverteilung:

$$P(Z \leq z_{0.95}) = P\left(Z \leq \frac{x_{0.95} - 36000}{4000}\right).$$

Das 0.95-Quantil der Standardnormalverteilung erhalten wir aus der Tabelle der Normalverteilung zu 1.6449. Damit gilt also:

$$1.6449 = \frac{x_{0.95} - 36\,000}{4000} \Rightarrow x_{0.95} = 36000 + 4000 \cdot 1.6449 = 42579.60.$$

3. Gefragt ist nach der Wahrscheinlichkeit $P(X > 28000)$. Mit dem Übergang zum komplementären Ereignis und der Standardisierung wird daraus:

$$P(X > 28000) = 1 - P(X \leq 28000)$$

$$= 1 - P\left(Z \leq \frac{28000 - 36000}{4000}\right) = 1 - \Phi(-2).$$

Mit Hilfe der linearen Interpolation erhalten wir für $\Phi(-2)$:

$$\Phi(-2) = 0.022 + \frac{-2 + 2.0141}{-1.9954 + 2.0141} \cdot 0.001 = 0.02275.$$

Damit lautet die gesuchte Wahrscheinlichkeit $1 - 0.02275 = 0.97725$.

4. Es gilt $P(X > x) = 0.9 \Leftrightarrow P(X \leq x) = 1 - 0.9 = 0.1$. Gesucht ist also das 0.1-Quantil. Wie unter 2. erhalten wir: Das 0.1-Quantil der Standardnormalverteilung ist nach der Tabelle der Normalverteilung -1.2816. Damit gilt:

$$-1.2816 = \frac{x_{0.1} - 36\,000}{4\,000} \Rightarrow x_{0.1} = 36\,000 - 4\,000 \cdot 1.2816 = 30873.60.$$

5. Das zweifache zentrale Schwankungsintervall geht von $\mu - 2\sigma$ bis $\mu + 2\sigma$. Dies ist hier $36\,000 \pm 8\,000$; die Grenzen sind also 28 000 und 44 000.

6. Die Lösung des Punktes 5 lehrt, dass hier nach der Wahrscheinlichkeit für das zweifache zentrale Schwankungsintervall gefragt ist. Diese Wahrscheinlichkeit ist gleich $\Phi(2) - \Phi(-2)$. In Punkt 3 wurde $\Phi(-2)$ zu 0.02275 bestimmt. Mit $\Phi(-z) = 1 - \Phi(z)$ erhalten wir:

$$P(\mu - 2\sigma < X < \mu + 2\sigma) = \Phi(2) - \Phi(-2) = 1 - 2\Phi(-2) = 1 - 2 \cdot 0.02275 = 0.9545.$$

7. Die Normalverteilung ist symmetrisch um den Erwartungswert. Nimmt also die Zufallsvariable X mit Wahrscheinlichkeit 0.95 einen Wert in dem zentralen Schwankungsintervall $[\mu - k\sigma, \mu + k\sigma]$ an, so sind wegen der Symmetrie die Wahrscheinlichkeiten gleich, dass links bzw. rechts außerhalb des Intervalles ein Wert angenommen wird. Die Wahrscheinlichkeiten für beide Ränder sind jeweils $(1 - 0.95)/2 = 0.025$. Damit lässt sich nun k bestimmen aus

$$P(X \leq \mu - k\sigma) = P(Z \leq -k) = \Phi(-k) = 0.025.$$

Das 0.025-Quantil ist -1.96; k ist also $k = 1.96$. Das gesuchte zentrale Schwankungsintervall ist das 1.96-fache Schwankungsintervall, $[\mu - 1.96\sigma, \mu + 1.96\sigma]$. Konkret ist es hier

$$[28160; 43840].$$

8. Die Lebensdauer eines zufällig ausgewählten Reifens ist nun $\mathcal{N}(36000, \sigma^2)$-verteilt. σ soll so bestimmt werden, dass $P(X < 30000) = 0.02$ gilt. Die Standardisierung ergibt hier:

$$P(X < 30000) = P\left(Z < \frac{30000 - 36000}{\sigma}\right) = 0.02.$$

Das 0.02-Quantil der Standardnormalverteilung ist laut Tabelle gleich -2.0537. Dies führt auf die Gleichung

$$-2.0537 = \frac{30000 - 36000}{\sigma} \Rightarrow \sigma = \frac{-6000}{-2.0537} = 2921.56.$$

Damit ist die einzustellende Standardabweichung gleich 2921.56.

Aufgabe 3

Das arithmetische Mittel der 85 Werte beträgt $\bar{x} = 181.8353$, die empirische Varianz ist $V(X) = 39.10228$. Damit erhalten wir die in die linke Grafik eingezeichnete Normalverteilungsdichte. Während eine Beurteilung auf der Basis des Vergleichs von Histogramm und Dichte nicht leicht fällt, zeigt das QQ-Diagramm eine akzeptable Übereinstimmung.

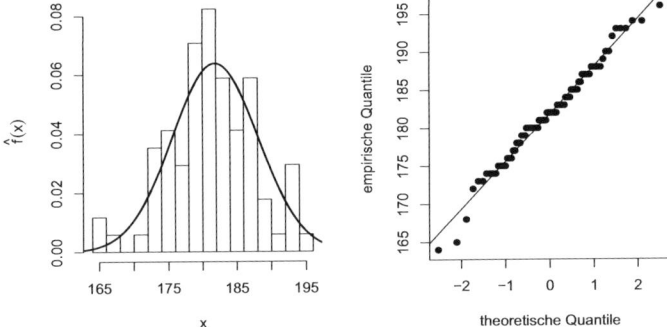

Aufgabe 5

Für den Puck-Schwund X bei einem einzelnen Spiel gilt zunächst:

$$E(X) = 5 \cdot 0.6 + 6 \cdot 0.3 + 7 \cdot 0.1 = 5.5,$$
$$V(X) = (5-5.5)^2 \cdot 0.6 + (6-5.5)^2 \cdot 0.3 + (7-5.5)^2 \cdot 0.1 = 0.45.$$

1. Der Gesamt-Schwund an Pucks pro Saison ist die Summe der Puck-Verluste der einzelnen Spiele: $Y = \sum_{i=1}^{110} X_i$; dabei kennzeichnet X_i den Schwund im $i$ten Spiel. Die X_i können als unabhängig angesehen werden, beziehen sie sich doch auf unterschiedliche Spiele. Damit ist

$$E(Y) = E\left(\sum_{i=1}^{110} X_i\right) = \sum_{i=1}^{110} E(X_i) = 110 \cdot 5.5 = 605;$$
$$V(Y) = V\left(\sum_{i=1}^{110} X_i\right) = \sum_{i=1}^{110} V(X_i) = 110 \cdot 0.45 = 49.5.$$

2. Die Verteilung der unter 1. eingeführten Zufallsvariablen Y lässt sich durch eine Normalverteilung approximieren. Die Rechtfertigung liefert der zentrale Grenzwertsatz, da Y die Summe von unabhängigen, identisch verteilten Zufallsvariablen ist. Die Parameter der Normalverteilung sind gerade die unter 1. ermittelten Größen, $\mu = 605$, $\sigma^2 = 49.5$.

3. Gesucht ist $P(Y > 625)$:

$$P(Y > 625) = 1 - P(Y \leq 625) \approx 1 - \Phi\left(\frac{625 - 605}{\sqrt{49.5}}\right) = 1 - \Phi(2.84267)$$
$$= 1 - \left(0.997 + \frac{2.84267 - 2.7478}{2.8782 - 2.7478} 0.001\right) = 1 - 0.9977$$
$$= 0.0023.$$

4. Wegen der Diskretheit von Y ist $P(Y < 590)$ gleich $P(Y \leq 589)$:

$$P(Y \leq 589) \approx \Phi\left(\frac{589-605}{\sqrt{49.5}}\right) = \Phi(-2.2741)$$
$$= 0.011 + \frac{-2.2741+2.2904}{-2.2571+2.2904} \cdot 0.001 = 0.01149.$$

5. Gefragt ist nach der Anzahl der Pucks, unter der der Schwund mit Wahrscheinlichkeit 0.95 bleiben wird. Das ist gerade das 0.95-Quantil:

$$P(Y \leq y_{0.95}) = 0.95 \Rightarrow \Phi\left(\frac{y_{0.95}-605}{\sqrt{49.5}}\right) \approx 0.95.$$

Das 0.95-Quantil der Standardnormalverteilung ist $z_{0.95} = 1.6449$. Es folgt:

$$1.6449 = \frac{y_{0.95}-605}{\sqrt{49.5}} \Rightarrow y_{0.95} = 605 + 1.6449\sqrt{49.5} = 616.57.$$

Es müssen also 617 Pucks eingekauft werden, um mit Wahrscheinlichkeit 0.95 durch die Saison zu kommen.

Aufgabe 7

Für die Erstellung des QQ-Diagrammes ist es nicht bedeutend, dass einige Angaben klassiert erfolgen. Hier werden nur die Klassenobergrenzen gebraucht. Die oberste Klasse wird bei der Darstellung vernachlässigt.

Die Arbeitstabelle für das QQ-Diagramm lautet:

$\ln(x_i)$	$\hat{F}(x_i)$	z_i	$\ln(x_i)$	$\hat{F}(x_i)$	z_i	$\ln(x_i)$	$\hat{F}(x_i)$	z_i	$\ln(x_i)$	$\hat{F}(x_i)$	z_i
0.693	.242	-.701	2.079	.755	.690	2.639	.868	1.116	2.996	.918	1.391
1.099	.419	-.204	2.197	.786	.792	2.708	.886	1.204	3.219	.938	1.539
1.386	.538	.096	2.303	.813	0.889	2.773	.893	1.242	3.401	.957	1.718
1.609	.623	.312	2.398	.830	0.953	2.833	.901	1.288	3.555	.967	1.834
1.792	.681	.470	2.485	.844	1.011	2.890	.908	1.331	3.689	.976	1.981
1.946	.720	.584	2.565	.855	1.057	2.944	.913	1.360	3.912	.990	2.345

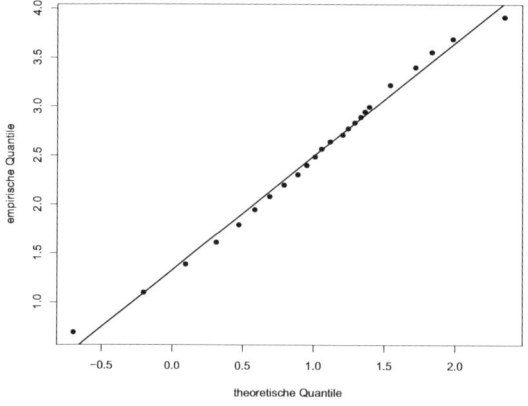

Aus der Grafik erhält man über die Regressionsgerade die Näherungswerte $\hat{\mu}_L = 1.33, \hat{\sigma}_L = 1.16$.

Da die Punkte eine Systematik bei der Abweichung von der geraden erkennen lassen, ist aber die Eignung der Lognormalverteilung als approximatives Modell zweifelhaft.

Kapitel 12

Aufgabe 1

x_1	x_2	x_3	$\bar{x}$	$\tilde{x}$	s^2	x_1	x_2	x_3	$\bar{x}$	$\tilde{x}$	s^2	x_1	x_2	x_3	$\bar{x}$	$\tilde{x}$	s^2
-1	-1	-1	-1.000	-1	0.000	0	-1	-1	-0.667	-1	0.222	1	-1	-1	-0.333	-1	0.889
-1	-1	0	-0.667	-1	0.222	0	-1	0	-0.333	0	0.222	1	-1	0	0.000	0	0.667
-1	-1	1	-0.333	-1	0.889	0	-1	1	0.000	0	0.667	1	-1	1	0.333	1	0.889
-1	0	-1	-0.667	-1	0.222	0	0	-1	-0.333	0	0.222	1	0	-1	0.000	0	0.667
-1	0	0	-0.333	0	0.222	0	0	0	0.000	0	0.000	1	0	0	0.333	0	0.222
-1	0	1	0.000	0	0.667	0	0	1	0.333	0	0.222	1	0	1	0.667	1	0.222
-1	1	-1	-0.333	-1	0.889	0	1	-1	0.000	0	0.667	1	1	-1	0.333	1	0.889
-1	1	0	0.000	0	0.667	0	1	0	0.333	0	0.222	1	1	0	0.667	1	0.222
-1	1	1	0.333	1	0.889	0	1	1	0.667	1	0.222	1	1	1	1.000	1	0.000

Mit der Gleichverteilung der Ausgangsvariablen ergeben sich daraus die Stichprobenverteilungen von $\bar{X}$, $\tilde{X}$ und S^2:

$\bar{x}$	$P(\bar{X}=\bar{x})$
-1.000	1/27
-0.667	3/27
-0.333	6/27
0.000	7/27
0.333	6/27
0.667	3/27
1.000	1/27

$\tilde{x}$	$P(\tilde{X}=\tilde{x})$
-1	7/27
0	13/27
1	7/27

s^2	$P(S^2=s^2)$
0.000	3/27
0.222	12/27
0.667	6/27
0.889	6/27

Aufgabe 3

1. Zunächst ergibt sich:

Stichpr. Nr.	$\hat{F}(0.5)$	$\hat{F}(1.5)$	$\hat{F}(4)$
1	0.3	0.5	0.9
2	0.4	0.7	1.0
3	0.1	0.3	0.8
4	0.1	0.5	0.9
5	0.1	0.3	0.8
$\overline{\hat{F}(x)}$	0.20	0.46	0.88
$s^2_{\hat{F}(x)}$	0.0160	0.0224	0.0056

Es gilt:
$E(\hat{F}(x)) = F(x)$ und $V(\hat{F}(x)) = F(x)(1-F(x))/n$.
Mit $F(x) = 1 - e^{-0.5x}$ und $n = 10$ erhalten wir:

	$\hat{F}(0.5)$	$\hat{F}(1.5)$	$\hat{F}(4)$
$E(\hat{F}(x))$	0.2212	0.5276	0.8647
$V(\hat{F}(x))$	0.0172	0.0250	0.0117

Die über die fünf Stichproben ermittelten Werte sind relativ nahe an den theoretischen.

2.
Stichpr.:	1	2	3	4	5
$\bar{x}$	1.741	1.115	2.530	2.277	2.675

Der theoretische Erwartungswert ist $1/\lambda = 2$. Die empirischen arithmetischen Mittel streuen um diesen Wert.

Kapitel 13

Aufgabe 1

1. Sei $V(\bar{X}_s) = \sigma^2$. Dann ist $V(\bar{X}_u) = 25\sigma^2$. Mit der Unabhängigkeit der Schätzungen folgt:

$$V(\hat{\mu}_1) = \sigma^2,$$

$$V(\hat{\mu}_2) = \frac{1}{4}\left(V(\bar{X}_u) + V(\bar{X}_s)\right) = \frac{1}{4}(25\sigma^2 + \sigma^2) = \frac{26}{4}\sigma^2,$$

$$V(\hat{\mu}_3) = \frac{1}{25}\left(25\sigma^2 + 16\sigma^2\right) = \frac{41}{25}\sigma^2,$$

$$V(\hat{\mu}_4) = \frac{1}{36}\left(25\sigma^2 + 25\sigma^2\right) = \frac{50}{36}\sigma^2$$

Daher ist $V(\hat{\mu}_1) < V(\hat{\mu}_4) < V(\hat{\mu}_3) < V(\hat{\mu}_2)$.

2. Wir setzen $f(a) = V(\hat{\mu}) = (1-a)^2\sigma^2 + a^2 \cdot 25 \cdot \sigma^2$ und ermitteln das Extremum durch Bilden und Null-Setzen der ersten Ableitung:

$$f'(a) = -2(1-a)\sigma^2 + 2a \cdot 25 \cdot \sigma^2$$
$$\Rightarrow 0 = -2\sigma^2 + 2a\sigma^2 + 2a \cdot 25 \cdot \sigma^2 = \sigma^2(-2 + 2a + 2a \cdot 25)$$
$$\Rightarrow 0 = -2 + 2a + 2a \cdot 25$$
$$\Rightarrow a = \frac{2}{2 + 2 \cdot 25} = \frac{2}{2 + 2 \cdot 25} = \frac{1}{26}$$

Die varianzminimale Linearkombination ist daher $\frac{1}{26}\bar{X}_u + \frac{25}{26}\bar{X}_s$ mit der Varianz $0.96\sigma^2$.

Aufgabe 3

1. Die Likelihoodfunktion ist:

$$L(\theta) = \begin{cases} \frac{10}{30} \cdot \frac{10}{30} \cdot \frac{10}{30} \cdot \frac{10}{30} = \frac{1}{3^4} & \text{für } \theta = 1 \\ \frac{15}{30} \cdot \frac{10}{30} \cdot \frac{15}{30} \cdot \frac{10}{30} = \frac{2.25}{3^4} & \text{für } \theta = 2 \\ \frac{15}{30} \cdot \frac{5}{30} \cdot \frac{15}{30} \cdot \frac{5}{30} = \frac{0.5625}{3^4} & \text{für } \theta = 3 \end{cases}$$

Damit ist $\hat{\theta} = 2$.

2. Wenn mit n_i die Häufigkeiten der Anzahl i, $i = 0, 1, 2$, bezeichnet werden, so ergibt sich:

$$L(\theta) = \begin{cases} 30^{-n} \cdot 10^n = 30^{-n} \cdot 5^n \cdot 2^n & \text{für } \theta = 1 \\ 30^{-n} \cdot 15^{n_1} \cdot 10^{n_2} \cdot 5^{n_3} = 30^{-n} \cdot 5^n \cdot 2^{n_1} \cdot 3^{n_0} & \text{für } \theta = 2 \\ 30^{-n} \cdot 15^{n_1} \cdot 5^{n_2} \cdot 10^{n_3} = 30^{-n} \cdot 5^n \cdot 2^{n_2} \cdot 3^{n_0} & \text{für } \theta = 3 \end{cases}$$

Damit lässt sich der ML-Schätzer angeben:

$$\hat{\theta} = \begin{cases} 1 & \text{falls } 2^{n_0 + n_2} > 3^{n_0} \text{ und } 2^{n_0 + n_1} > 3^{n_0} \\ 2 & \text{falls } 2^{n_0 + n_2} < 3^{n_0} \text{ und } n_1 > n_2 \\ 3 & \text{falls } 2^{n_0 + n_1} < 3^{n_0} \text{ und } n_1 < n_2 \end{cases}$$

Aufgabe 5

1. Wir erhalten: $E(X) = 0 \cdot 0.1p + 1 \cdot 0.2p + 2 \cdot 0.3p + 3 \cdot 0.4p + \cdot(1-p) = 4 - 2p$. Ersetzen von $E(X)$ durch $\bar{x}$ und Auflösen nach $\hat{p}_M$ ergibt den Momentenschätzer $\hat{p}_M = \dfrac{4 - \bar{X}}{2}$.
   Sei $Y = n(X \leq 3)$. Dann lässt sich die Likelihoodfunktion folgendermaßen angeben: $L(p) = c \cdot p^y \cdot (1-p)^{n-y}$. Als ML-Schätzer resultiert $\hat{p}_{ML} = Y/n$.

2. Da $\bar{X}$ erwartungstreu für $E(X)$ ist und $\hat{p}_M$ eine Linearkombination von $\bar{X}$ darstellt, ist $\hat{p}_M$ erwartungstreu für p.
   Für die Ausgangsverteilung erhalten wir die Varianz $V(X) = 5p - 4p^2$. Somit ist
   $$MQF(\hat{p}_M) = \frac{5p - 4p^2}{4n}.$$
   Wegen $P(X \leq 3) = p$ gilt $Y \sim \mathscr{B}(n, p)$. Folglich haben wir: $E(\hat{p}_{ML}) = p$ und $MQF(\hat{p}_{ML}) = p(1-p)/n$.
   Der Vergleich der beiden mittleren quadratischen Fehler zeigt, dass $MQF(\hat{p}_M) > MQF(\hat{p}_{ML})$; der ML-Schätzer ist effizienter als der Momentenschätzer.
   Da beide Schätzfunktionen erwartungstreu sind und die Varianzen mit wachsendem n gegen Null gehen, sind beide konsistent.

Kapitel 14

Aufgabe 1

Die Konfidenzintervalle haben alle die gleiche Gestalt:

$$\left[\bar{X} - t_{n-1;1-\alpha/2} \frac{\hat{\sigma}}{\sqrt{n}} ; \bar{X} + t_{n-1;1-\alpha/2} \frac{\hat{\sigma}}{\sqrt{n}}\right]$$

Mit den Klassenmitten m_i erhalten wir $\bar{x} = \sum_i m_i h_i = 21.345$ und $s^2 = \sum_i (m_i - \bar{x})^2 \cdot h_i = 95.44$. Dann lauten die realisierten Konfidenzintervalle:

	$n = 50$	$n = 200$
$\alpha = 0.01$	[17.60; 25.09]	[18.77; 23.13]
$\alpha = 0.05$	[18.56; 24.13]	[19.99; 22.70]

Dies illustriert: Eine Vergrößerung von n führt zu einer Verkürzung der Intervalle wie auch die Erhöhung von α.

Aufgabe 3

1. Die allgemeine Form eines symmetrischen Konfidenzintervalles für den Erwartungswert einer Normalverteilung bei unbekannter Varianz ist:
   $\left[\bar{X} - t_{n-1;1-\alpha/2} \frac{\hat{\sigma}}{\sqrt{n}} ; \bar{X} + t_{n-1;1-\alpha/2} \frac{\hat{\sigma}}{\sqrt{n}}\right]$.
   Für die Bestimmung des Konfidenzintervalles brauchen wir zuerst den Wert von $\hat{\sigma}^2$:
   $\hat{\sigma}^2 = s^2 \cdot 50/49 = 3.03^2$. Nun müssen die aktuellen Werte nur noch eingesetzt werden.
   Bei $1 - \alpha = 0.95$ ist $1 - \alpha/2 = 0.975$ und somit $t_{49;1-\alpha/2} = 2.0096$. Damit ist:
   $\left[95 - 2.0096 \frac{3.03}{\sqrt{50}} ; 95 + 2.0096 \frac{3.03}{\sqrt{50}}\right] = [94.14; 95.86]$.

2. Das einseitige Intervall für μ ergibt sich aus
$$P\left(\frac{\bar{X}-\mu}{\hat{\sigma}/\sqrt{n}} \leq t\right) = 1-\alpha \iff P\left(\bar{X}-t\frac{\hat{\sigma}/\sqrt{n}}{\leq}\mu\right).$$
Somit benötigen wir das Quantil $t_{49;0.95} = 1.6766$. Das einseitige Intervall ist:
$\left[95 - 1.6766\frac{3.03}{\sqrt{50}}; \infty\right) = [94.28; \infty)$.
Die untere Grenze liegt dichter beim Mittelwert als die des zweiseitigen Intervalles.

3. Mit $\chi^2_{49;0.025} = 31.555$ und $\chi^2_{49;0.975} = 70.222$ ergibt sich für das Konfidenzintervall für σ:
$$\left[\sqrt{\frac{ns^2}{\chi^2_{n-1;1-\alpha/2}}}; \sqrt{\frac{ns^2}{\chi^2_{n-1;\alpha/2}}}\right] = \left[\sqrt{\frac{50 \cdot 9}{70.222}}; \sqrt{\frac{50 \cdot 9}{31.555}}\right] = [2.531; 3.776].$$

Aufgabe 5

1. n ist groß genug zur Bestimmung des approximativen Konfidenzintervalles. Mit $\hat{p} = 290/808 = 0.359$ und $z = z_{0.995} = 2.5758$ erhalten wir das symmetrische Konfidenzintervall
$$\left[0.359 - 2.5758\sqrt{\frac{0.359(1-0.359)}{808}}; 0.359 + 2.5758\sqrt{\frac{0.359(1-0.359)}{808}}\right] = [0.316; 0.402].$$

2. Mit dem Schätzwert $\tilde{p} = 0.36$ ergibt sich für den benötigten Stichprobenumfang
$$n \geq \frac{4 \cdot z^2_{1-\alpha/2}\tilde{p}(1-\tilde{p})}{L^2} = \frac{4 \cdot 2.5758^2 \cdot 0.36(1-0.36)}{0.05^2} = 2445.83.$$ Es wären also mindestens 2446 Patienten nötig.

3. Ohne Vorinformationen sind wegen $n \geq \frac{z^2_{1-\alpha/2}}{L^2} = \frac{2.5758^2}{0.05^2} = 2653.898$ mindestens 2654 Patienten nötig.

Kapitel 15

Aufgabe 1

Entsprechend dem Grundsatz 'Im Zweifel für den Angeklagten' ist sicherzustellen, dass die Wahrscheinlichkeit für eine fälschliche Verurteilung möglichst klein ist. Das führt zu:
H_0: Angeklagter unschuldig; H_1: Angeklagter schuldig.

Fehler erster Art: Der Angeklagte ist unschuldig und wird zu Unrecht verurteilt.
Fehler zweiter Art: Der Angeklagte ist schuldig und wird zu Unrecht freigesprochen.

Aufgabe 3

Was man (statistisch) nachzuweisen sucht, ist als Gegenhypothese zu formulieren. Da die Telefongesellschaft nachweisen möchte, dass die mittlere Gesprächsdauer μ mindestens 90 Sekunden beträgt, ist dies als Gegenhypothese zu formulieren: $H_1 : \mu > 90$. Wenn die Nullhypothese $H_0 : \mu \leq 90$ abgelehnt wird, so hat die Gesellschaft die Behauptung 'lege artis', d.h. im statistischen Sinne korrekt, nachgewiesen. Dazu muss offensichtlich $\bar{x} > 90$ ausfallen; bei $\bar{x} \leq 90$ bräuchte man gar nichts zu berechnen; es ist dann von vornherein klar, dass die Nullhypothese nicht abgelehnt wird.

Geht es der Gesellschaft nur um Politik, so könnte sie versucht sein, 'Bauernfängerei' zu betreiben. Die Wahl $H_0 : \mu \geq 90$ wird unter den Gegebenheiten kaum abgelehnt. Da in den

Medien die Fundierung einer Entscheidung, vor allem einer relativ schwierig statistisch zu begründenden, kaum vermittelt wird, käme dann höchstwahrscheinlich heraus, dass die Gesellschaft recht hat. Nur bei einer recht extremen Verletzung der mittleren Gesprächsdauer, $\mu \ll 90$, wäre sie mit der Entscheidung konfrontiert, dass auch die Stichprobe ihren Verstoß offenkundig werden lässt.

Aufgabe 5

1.+2. Da das, was man nachweisen möchte, als Alternativhypothese zu formulieren ist, lautet die Wahl unter 1. $H_0 : \mu \geq 1000$, $H_1 : \mu < 1000$ und unter 2. $H_0 : \mu \leq 1000$, $H_1 : \mu > 1000$.

3. Als Produzentenrisiko bezeichnet man die Wahrscheinlichkeit, dass eine gute Warensendung aufgrund des zufälligen Stichprobenergebnisses zurückgewiesen wird. Dies entspricht der fälschlichen Ablehnung von $H_0 : \mu \geq 1000$, also dem Fehler 1. Art. Das Konsumentenrisiko entspricht der Wahrscheinlichkeit für einen Fehler 2. Art, der fälschlichen Beibehaltung von $H_0 : \mu \geq 1000$. Mit anderen Worten ist dies die Annahme einer schlechten Lieferung.

4. Der Gauß-Test führt wegen $T = \dfrac{998 - 1000}{3/\sqrt{9}} = -2 < -1.645$ zur Ablehnung von $H_0 : \mu \geq 1000$.

Kapitel 16

Aufgabe 1

Hier ist der t-Test angezeigt. (X ist normalverteilt, σ^2 ist unbekannt.) Die Hypothesen lauten: $H_0 : \mu = 0$, $H_1 : \mu \neq 0$. Bei $n - 1 = 9$ Freiheitsgraden sind die kritischen Werte für $T = \dfrac{\bar{X} - \mu_0}{\hat{\sigma}/\sqrt{n}}$ die Quantile $\pm t_{9;0.995} = \pm 3.2498$. Wegen $T = \dfrac{1.58 - 0}{1.23/\sqrt{10}} = 4.062$ wird H_0 abgelehnt.

Aufgabe 3

1. $H_0 : \lambda \leq \lambda_0 = 0.1$, $H_1 : \lambda > \lambda_0 = 0.1$. Ist H_0 richtig, so ist die Prüfgröße $T = \dfrac{\bar{X} - 1/\lambda_0}{(1/\lambda_0)/\sqrt{n}}$ approximativ standardnormalverteilt. Der Ablehnbereich ist daher $\{T < z_\alpha = -2.3263\}$.
2. $T = -2.5 < -2.3263$. Die Nullhypothese wird abgelehnt.
3. Umformen von $\dfrac{\bar{X} - 1/\lambda}{(1/\lambda)/\sqrt{n}}$ ergibt das Konfidenzintervall: $\left[\dfrac{1}{\bar{X}}\left(1 - \dfrac{z}{\sqrt{n}}\right); \dfrac{1}{\bar{X}}\left(1 + \dfrac{z}{\sqrt{n}}\right)\right]$ Das realisierte Konfidenzintervall lautet mit $n = 100$ und $\bar{x} = 7.5$: $[0.099; 0.168]$.

Aufgabe 5

1. Da das, was man nachweisen möchte, als Alternativhypothese zu formulieren ist, lauten die Hypothesen: $H_0 : \tilde{\mu} \leq 13.5, ; H_1 : \tilde{\mu} > 13.5$.
2. Es wird der Zeichentest verwendet. Die Prüfgröße ist: $S = $ ‚Anzahl der Kinder, die das Puzzle in weniger als 13.5 Min. lösen'. S ist unter H_0 $\mathcal{B}(15, 0.5)$-verteilt. Als Ablehnbereich zum Niveau $\alpha = 0.02$ ergibt sich: $\{S < 4\}$. H_0 wird hier wegen $S = 4$ nicht abgelehnt.
3. Der P-Wert ist $\alpha^* = 0.0592$.
4. Bei Verwendung der Normalapproximation für $T = \dfrac{S - 100}{\sqrt{100 \cdot 0.5 \cdot 0.5}}$ ist die Nullhypothese wegen $T = -3 < -2.0537$ abzulehnen.

Aufgabe 7

Hier macht nur eine einseitige Fragestellung Sinn. Die Hypothesen sind also, wenn X die Zeiten der Extremgruppe und X die der Kontrollgruppe sind:

$$H_0 : \mu_X \leq \mu_Y \quad H_1 : \mu_X < \mu_Y.$$

Mit der Normalverteilung ist der Welch-Test angebracht. Die Teststatistik ist:

$$T = \frac{\bar{X} - \bar{Y}}{\sqrt{\hat{\sigma}_X^2/n + \hat{\sigma}_Y^2/m}} = \frac{3695 - 18812}{\sqrt{323^2/15 \cdot (15/14) + 1764^2/15 \cdot (15/14)}} = -31.54.$$

Die Anzahl der Freiheitsgrade beträgt mit $R = \dfrac{323^2/15 \cdot (15/14)}{1764^2/15 \cdot (15/14)} = 0.0336$:

$$df = \frac{(1+R)^2}{R^2/(n-1) + 1/(m-1)} = \frac{(1 + 0.0336)^2}{0.0336^2/14 + 1/14} = 14.93.$$

Der kritische Wert ist also $t_{14;0.01} = -2.624$. Die Nullhypothese wird folglich verworfen, der Erwartungswert der Zeiten der Extremgruppe ist signifikant kleiner als der der Kontrollgruppe.

Aufgabe 9

Da das Rooming-in die Aufenthaltsdauern in der Tendenz eher verkürzt, wird bzgl. der Differenzen $D = $ Zeit ohne Rooming-in − Zeit mit Rooming-in eher ein größerer Median vorliegen. Als Hypothesen formulieren wir also: $H_0 : \tilde{\mu}_D \leq 0, \quad H_1 : \tilde{\mu}_D > 0$.

Wir führen den Wilcoxon-Vorzeichenrangtest durch. Die Bestimmung der Prüfgröße geschieht gemäß der folgenden Arbeitstabelle. Dabei werden mittlere Ränge vergeben. Zudem werden der Darstellung des Tests entsprechend Bindungen mit dem hypothetischen Median aus dem Datensatz gestrichen. Die Zeilen werden in der folgenden Tabelle nicht aufgeführt. Dann liegen noch 19 Werte vor.

v	d_v	$R(|d|_{(v)})$	v	d_v	$R(|d|_{(v)})$	v	d_v	$R(|d|_{(v)})$	v	d_v	$R(|d|_{(v)})$
2	12	17.0	8	3	5.0	16	-5	8.0	22	3	5.0
3	2	3.0	9	5	8.0	17	16	18.0	23	8	12.5
4	7	10.5	12	3	5.0	18	23	19.0	24	-9	14.0
5	7	10.5	14	5	8.0	19	10	15.5	25	8	12.5
7	1	1.5	15	1	1.5	20	10	15.5			

Die Summe der Rangwerte zu positiven Differenzen beträgt wegen $\sum_{i=1}^{19} i = 190$:

$$T = 190 - 8 - 14 = 168.$$

Die Prüfgröße für größere Stichproben ist:

$$\frac{T - n(n+1)/4}{\sqrt{n(n+1)(2n+1)/24}} = \frac{291 - 19(19+1)/4}{\sqrt{19(19+1)(2*19+1)/24}} = 7.887.$$

Der kritische Wert bei $\alpha = 0.05$ beträgt $z_{0.95} = 1.645$. Da der erhaltene Wert der Teststatistik größer als der kritische Wert ist, wird H_0 abgelehnt. Der positive Effekt des Rooming-in ist nachgewiesen.

Kapitel 17

Aufgabe 1

Die adäquate Methode für die Bearbeitung der Fragestellung ist die einfache Varianzanalyse. Für die Tafel der einfachen Varianzanalyse erhalten wir:

Streuungs-ursache	Freiheits-grade	Quadrat-summe (SS)	Mittlere Quadrats. (MS)	F	P-Wert
Zielgruppe	2	10141.8	5070.9	1.176	0.317
Fehler	51	219866.8	4311.1		
Gesamt	53	230008.6			

Da der P-Wert größer ist als das vorgegebene Niveau, ist der F-Test nicht signifikant. Dies kann man auch anhand des kritischen Wertes der $\mathscr{F}$-Verteilung mit (2,51) Freiheitsgraden ersehen. Bei (2,50) Freiheitsgraden ist er 3.18. Aus der Tabelle ist ersichtlich, das er sich nur wenig mit wachsender Anzahl der Freiheitsgrade des Nenners ändert. Somit ist der empirische F-Wert kleiner als der kritische Wert; dies führt zur Beibehaltung der Nullhypothese.

Weiter gehende Analysen erübrigen sich. Da die Globalhypothese $H: \mu_1 = \mu_2 = \mu_3$ nicht abgelehnt werden kann, braucht man nicht nach einer Quelle für den Unterschied zu suchen.

Aufgabe 3

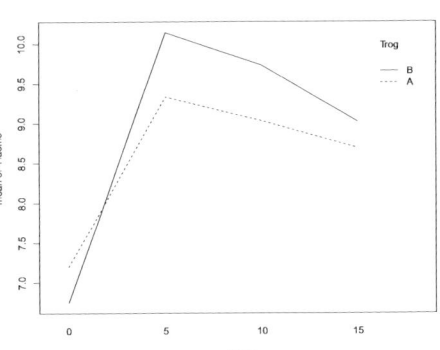

1. Die nebenstehende Graphik zeigt zwar keine Parallelität der Linienzüge, aber dies betrifft im Wesentlichen nur die Ausgangssituationen, bei denen noch kein Futter zugesetzt wurde. Über eine Signifikanz kann erst der zugehörige Test entscheiden.

2. Die Varianzen in den einzelnen Gruppen unterscheiden sich nicht dramatisch, so dass von homogenen Varianzen ausgegangen werden kann: $1.04, 2.95, 1.29, 1.00, 0.50, 0.79, 2.43, 2.41$. Die zellenweise zentrierten Werte ergeben ein Normalverteilungs-QQ-Diagramm mit einem in etwa linearen Punkteverlauf. Somit kann eine standardmäßige Varianzanalyse durchgeführt werden.

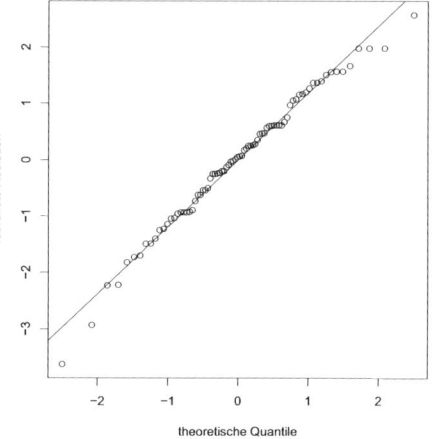

	df	SS	MS	F	P-Wert
Trog	1	2.415	2.415	1.5576	0.2161
Hwert	3	90.560	30.187	19.4689	0.0000
Wechselw.	3	4.872	1.624	1.0475	0.3769
Fehler	72	111.637	1.551		

Hier ist die Wechselwirkung nicht signifikant. Nur der P-Wert des zugesetzten Futters hat einen signifikanten Einfluss auf die Hämoglobulin-Werte.

Aufgabe 5

1. Die Standard-Varianzanalyse nutzt wegen $n=1$ die mittlere Wechselwirkungs-Quadratsumme als Nenner der F-Tests auf Haupteffekte. Damit sind beide Haupteffekte signifikant zum Niveau $\alpha = 0.05$:

	df	SS	MS	F	P-Wert
Gift	2	0.253817	0.126908	12.2452	0.00762
Art	3	0.233767	0.077922	7.5186	0.01862
Fehler/WW.	6	0.062183	0.010364		

2. Die Prüfgröße des Friedman-Tests ist $T = 6.5$. Bei 2 Freiheitsgraden ergibt dies einen P-Wert von 0.039. Somit ist auch unter Verwendung dieses Tests der Effekt signifikant.

Kapitel 18

Aufgabe 1

1. Die Nullhypothese lautet $H_0 : p_x = 0.2$, $x = -2, -1, 0, 1, 2$. Mit den Daten erhalten wir für die Prüfgröße des χ^2-Anpassungstests: $X^2 = 20$. Da kein Parameter geschätzt werden muss, beträgt die Anzahl der Freiheitsgrade $k - 1 = 4$. Somit ist der kritische Wert $\chi^2_{4;0.95} = 9.488$ Demnach wird die Nullhypothese abgelehnt.
2. Das Problem betrifft nur die positiven und negativen Abweichungen. Werden nur solche Beobachtungen betrachtet, reduziert sich das Testproblem auf die Überprüfung einer Wahrscheinlichkeit, nämlich ob die für eine negative Abweichung gleich 0.5 beträgt.
$T = \dfrac{160/350 - 0.5}{\sqrt{0.5 \cdot 0.5/350}} = -1.604$. Wegen $z_{1-\alpha/2} = 1.96$ kann die Nullhypothese nicht abgelehnt werden.

Aufgabe 3

Da die Daten klassiert vorliegen, ist der χ^2-Test angebracht. Man erhält die folgende Arbeitstabelle, wobei m_i die Klassenmitten und $y_i = \ln(x_i^*)$ bezeichnen. Es sind $\bar{y} = 3.9195, s_Y = 0.1714$:

$\ln(m_i)$	$(y_i - \bar{y})/s_Y$	h_i	$\Phi((y_i-\bar{y})/s_Y)$	p_i	$100(h_i - p_i)^2/p_i$
2.862	-2.125	0.01	0.0168	0.0168	
3.624	-1.346	0.02	0.0892	0.0724	3.932
3.750	-0.658	0.16	0.2551	0.1659	0.021
3.861	-0.044	0.28	0.4826	0.2274	1.215
3.961	0.512	0.26	0.6958	0.2132	1.026
4.052	1.020	0.16	0.8461	0.1503	0.062
4.135	1.487	0.07	0.9315	0.0853	0.276
4.212	1.919	0.02	0.9725	0.0410	0.579
4.284	2.322	0.02	0.9899	0.0174	

An beiden Rändern müssen je zwei Randklassen zusammengefasst werden, da die Approximationsvoraussetzung sonst nicht erfüllt ist. Der Wert der Prüfgröße ist $X^2 = 7.11$. Bei $7 - 1 - 2 = 4$ Freiheitsgraden ist die Modellabweichung nicht signifikant. Die Verdoppelung des Stichprobenumfanges ändert nichts an der Notwendigkeit der Zusammenlegung der Klassen. Jedoch wird die nunmehr doppelt so große Prüfgröße signifikant zum Niveau $\alpha = 0.05$: $\chi^2_{4;0.95} = 9.488 < 14.22$.

Weil die Prüfgröße linear von n abhängt und der Wert der Prüfgröße für $n = 100$ berechnet wurde, folgt aus dem Ansatz $9.488 = n \cdot 7.11/100 : n \geq 133.4$. Es müssten also mindestens 134 Beobachtungen zugrunde liegen.

Aufgabe 5

1. Der maximale absolute Abstand der empirischen Verteilungsfunktion von der Normalverteilung mit $\mu = 9.323$ und $\sigma^2 = 16.064$ beträgt 0.0949. Damit ist die modifizierte Prüfgröße:
$$\left(\sqrt{33} - 0.01 + \frac{0.85}{33}\right) 0.0949 = 0.5466.$$
Folglich ist der Test nicht signifikant.

2. Der Korrelationskoeffizient der geordneten Werte mit den Quantilen der Standardnormalverteilung ist 0.992. Er liegt damit im Annahmebereich; die Normalverteilung wird nicht abgelehnt.

Aufgabe 7

Die beiden untersten Altersklassen sind zusammenzufassen, um die Bedingung $n_{i\bullet} n_{\bullet j}/n \geq 5$ zu erfüllen. In der Tabelle sin dann neben den Häufigkeiten n_{ij} die erwarteten Häufigkeiten $n_{i\bullet} n_{\bullet j}$ und die Beiträge zur Prüfgröße X^2 angegeben.

Ge.	Alter					
	10 - 29	30 - 39	40 - 49	50 - 59	60 - 69	70
m.	19/15.54/0.77	9/10.36/0.18	19/19.42/0.01	14/14.24/0.00	8/11.01/0.82	21/19.42/0.13
w.	5/ 8.46/1.42	7/ 5.64/0.33	11/10.58/0.02	8/ 7.76/0.01	9/ 5.99/1.51	9/10.58/0.24

Wir erhalten $X^2 = 5.43$. Mit $\chi^2_{5;0.95} = 11.07$ wird die Hypothese der Unabhängigkeit nicht abgelehnt.

Aufgabe 9

Der Wert des Rangkorrelationskoeffizienten ist $r_S = 0.85227$. Die Prüfgröße ist damit $r_S\sqrt{n-1} = 0.8523\sqrt{17} = 3.51$. Dieser Wert ist mit den Quantilen der Standardnormalverteilung zu vergleichen; folglich ist ein monotoner Zusammenhang statistisch nachgewiesen.

Kapitel 19

Aufgabe 1

1. Für die Regressionsgerade benötigen wir die Zwischenergebnisse $\bar{x} = 16.5$, $\bar{y} = 6.3$, $s_X^2 = 8.05$, $s_Y^2 = 2.21$, $s_{XY} = 3.65$. Damit erhalten wir
$\hat{\beta} = \frac{3.65}{8.05} = 0.453$, $\hat{a} = 6.3 - 0.453 \cdot 16.5 = -1.175$.
Die Regressionsgerade lautet also $\hat{y} = -1.175 + 0.453x$. Der Steigungskoeffizient weist darauf hin, dass der Anteil der Frauen in den Herausgebergremien der Zeitschriften der AMS weniger als halb so schnell steigt wie der Anzahl der promovierten Frauen in den USA. Ein Grund mag sein, dass der Frauenanteil bei den mathematisch orientierten Promotionen ebenfalls nicht so stark ansteigt.
Das Streudiagramm mit der Regressionsgeraden zeigt eine deutliche lineare Tendenz.

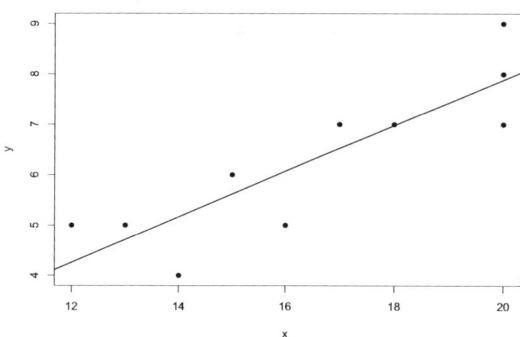

2. Der erklärte Anteil der Varianz wird gerade durch das Bestimmtheitsmaß angegeben. Mit $R^2 = \hat{\beta}^2 s_X^2/s_Y^2$ erhalten wir
$R^2 = 0.453^2 \cdot \frac{8.05}{2.21} = 0.749$.
Demnach wird ein Anteil von 75% der Varianz der Y-Werte durch die Regression erklärt.

3. Für das Konfidenzintervall für b wird die Schätzung der Residualvarianz benötigt. Wegen $R^2 = 1 - \frac{\sum \hat{u}_v^2}{n \cdot s_Y^2}$ erhalten wir $\sum \hat{u}_v^2 = (1 - R^2) \cdot n \cdot s_Y^2$. Daher ist
$\hat{\sigma}^2 = \frac{1}{n-2}\sum_{v=1}^n \hat{u}_v^2 = \frac{1}{n-2}(1-R^2) \cdot n \cdot s_Y^2 = \frac{1}{8} \cdot (1 - 0.749) \cdot 10 \cdot 2.21 = 0.69375$.
Dieser Schätzer wird in die Formel für die Varianz von $\hat{\beta}$ eingesetzt. Dies führt zu dem Konfidenzintervall:
$\left[\hat{\beta} - t_{n-2;1-\alpha/2}\sqrt{\frac{\hat{\sigma}^2}{n \cdot s_X^2}}; \hat{\beta} + t_{n-2;1-\alpha/2}\sqrt{\frac{\hat{\sigma}^2}{n \cdot s_X^2}}\right]$.
Konkret ergibt sich hier für die Standardabweichung von $\hat{\beta}$:

$\sqrt{0.69375/(10 \cdot 8.05)} = 0.0928$. Damit sind die Grenzen des Konfidenzintervalles: $0.453 \pm 2.306 \cdot 0.0928 = 0.453 \pm 0.214$.

4. Die Prüfgröße des Tests auf $H_0 : \beta = 0$ ist $T = (\hat{\beta} - 0)\big/\sqrt{\hat{\sigma}_{\hat{\beta}}}$. Sie ist unter H_0 $\mathcal{T}$-verteilt mit $n-2$ Freiheitsgraden. Hier ist nach den Berechnungen in 3. $\sqrt{\hat{\sigma}_{\hat{\beta}}} = 0.0928$; weiter ist das 0.99-Quantil der $\mathcal{T}$-Verteilung mit $n-2 = 8$ Freiheitsgraden nach der Tabelle 2.8965. Wegen $T = \dfrac{0.453}{0.0928} = 4.88$ liegt der Wert der Prüfgröße weit rechts vom kritischen Wert. Daher wird die Nullhypothese abgelehnt, die positive Steigung ist statistisch nachgewiesen.

Aufgabe 3

Die Regressionsbeziehung $Y_\nu = \alpha + \beta x_\nu + U_\nu$ führt zu den Schätzwerten und Standardfehlern:
$$\hat{\alpha} = -0.1295, \hat{\sigma}_{\hat{\alpha}} = 0.1696, \hat{\beta} = 1.1778, \hat{\sigma}_{\hat{\beta}} = 0.2031.$$
Die Nullhypothese $H_0 : \alpha = 0, \beta = 1$ kann getestet werden, indem die einzelnen Tests jeweils zum Niveau $\gamma/2$ durchgeführt werden. Die Prüfgrößen sind
$$\frac{\hat{\alpha} - 0}{\hat{\sigma}_{\hat{\alpha}}} = \frac{-0.1295}{0.1696} = -0.7636, \quad \frac{\hat{\beta} - 1}{\hat{\sigma}_{\hat{\beta}}} = \frac{1.1778 - 1}{0.2031} = 0.8754.$$
Die Beträge dieser Werte sind mit dem $(1 - \gamma/4)$-Quantil der $\mathcal{T}$-Verteilung mit $n-2$ Freiheitsgraden zu vergleichen, also mit $t_{10;1-0.0125} = -2.6338$. Da beide Tests die jeweilige Nullhypothese nicht ablehnen, ist auch die gesamte Nullhypothese nicht zu verwerfen.

Aufgabe 5

Das Residuendiagramm der linearen Regression (linker Teil der Abbildung) zeigt eine deutliche Zunahme der Variabilität mit dem Niveau. Dementsprechend ist hier die Varianz zu stabilisieren. Dies wird mit der Transformation $y \mapsto \sqrt{y}$ erreicht. Das sich aus dem Regressionsansatz $\sqrt{Y_\nu} = \alpha + \beta x_\nu + U - V$ ergebende Residuendiagramm (rechter Teil der Abbildung) zeigt keine Auffälligkeiten mehr.

Tabellen

In den Tabellen der Binomial- und der Poisson-Verteilungen sind die Werte der Verteilungsfunktionen für die jeweiligen Parameter gelistet. Für die anderen Verteilungen sind die Quantile angegeben. Zu den am Rand angeführten Wahrscheinlichkeiten sind also als Tabelleneinträge die zugehörigen Quantile abzulesen.

Verteilung	Tabelle	Seite
Binomialverteilung	A	490
Poisson-Verteilung	B	496
Normalverteilung	C	498
$\mathscr{T}$-Verteilung	D	501
Chi-quadrat-Verteilung	E	502
$\mathscr{F}$-Verteilung	F	504
Wilcoxon-Vorzeichenrangtest	G	507
Wilcoxon-Rangsummentest	H	508
Kolmogorov-Smirnov-Teststatistik	I	512
Korrelationstest	K	513

Tabelle A: Binomialverteilung

n	x	p=0.05	0.10	0.15	0.20	0.25	0.30	0.35	0.40	0.45	0.50
2	0	0.9025	0.81	0.7225	0.64	0.5625	0.49	0.4225	0.36	0.3025	0.25
	1	0.9975	0.99	0.9775	0.96	0.9375	0.91	0.8775	0.84	0.7975	0.75
	2	1	1	1	1	1	1	1	1	1	1
3	0	0.8574	0.729	0.6141	0.512	0.4219	0.343	0.2746	0.216	0.1664	0.125
	1	0.9928	0.972	0.9393	0.896	0.8438	0.784	0.7182	0.648	0.5747	0.5
	2	0.9999	0.999	0.9966	0.992	0.9844	0.973	0.9571	0.936	0.9089	0.875
	3	1	1	1	1	1	1	1	1	1	1
4	0	0.8145	0.6561	0.522	0.4096	0.3164	0.2401	0.1785	0.1296	0.0915	0.0625
	1	0.986	0.9477	0.8905	0.8192	0.7383	0.6517	0.563	0.4752	0.391	0.3125
	2	0.9995	0.9963	0.988	0.9728	0.9492	0.9163	0.8735	0.8208	0.7585	0.6875
	3	1	0.9999	0.9995	0.9984	0.9961	0.9919	0.985	0.9744	0.959	0.9375
	4	1	1	1	1	1	1	1	1	1	1
5	0	0.7738	0.5905	0.4437	0.3277	0.2373	0.1681	0.116	0.0778	0.0503	0.0313
	1	0.9774	0.9185	0.8352	0.7373	0.6328	0.5282	0.4284	0.337	0.2562	0.1875
	2	0.9988	0.9914	0.9734	0.9421	0.8965	0.8369	0.7648	0.6826	0.5931	0.5
	3	1	0.9995	0.9978	0.9933	0.9844	0.9692	0.946	0.913	0.8688	0.8125
	4	1	1	0.9999	0.9997	0.999	0.9976	0.9947	0.9898	0.9815	0.9688
	5	1	1	1	1	1	1	1	1	1	1
6	0	0.7351	0.5314	0.3771	0.2621	0.178	0.1176	0.0754	0.0467	0.0277	0.0156
	1	0.9672	0.8857	0.7765	0.6554	0.5339	0.4202	0.3191	0.2333	0.1636	0.1094
	2	0.9978	0.9841	0.9527	0.9011	0.8306	0.7443	0.6471	0.5443	0.4415	0.3437
	3	0.9999	0.9987	0.9941	0.983	0.9624	0.9295	0.8826	0.8208	0.7447	0.6563
	4	1	0.9999	0.9996	0.9984	0.9954	0.9891	0.9777	0.959	0.9308	0.8906
	5	1	1	1	0.9999	0.9998	0.9993	0.9982	0.9959	0.9917	0.9844
	6	1	1	1	1	1	1	1	1	1	1
7	0	0.6983	0.4783	0.3206	0.2097	0.1335	0.0824	0.049	0.028	0.0152	0.0078
	1	0.9556	0.8503	0.7166	0.5767	0.4449	0.3294	0.2338	0.1586	0.1024	0.0625
	2	0.9962	0.9743	0.9262	0.852	0.7564	0.6471	0.5323	0.4199	0.3164	0.2266
	3	0.9998	0.9973	0.9879	0.9667	0.9294	0.874	0.8002	0.7102	0.6083	0.5
	4	1	0.9998	0.9988	0.9953	0.9871	0.9712	0.9444	0.9037	0.8471	0.7734
	5	1	1	0.9999	0.9996	0.9987	0.9962	0.991	0.9812	0.9643	0.9375
	6	1	1	1	1	0.9999	0.9998	0.9994	0.9984	0.9963	0.9922
	7	1	1	1	1	1	1	1	1	1	1
8	0	0.6634	0.4305	0.2725	0.1678	0.1001	0.0576	0.0319	0.0168	0.0084	0.0039
	1	0.9428	0.8131	0.6572	0.5033	0.3671	0.2553	0.1691	0.1064	0.0632	0.0352
	2	0.9942	0.9619	0.8948	0.7969	0.6785	0.5518	0.4278	0.3154	0.2201	0.1445
	3	0.9996	0.995	0.9786	0.9437	0.8862	0.8059	0.7064	0.5941	0.477	0.3633
	4	1	0.9996	0.9971	0.9896	0.9727	0.942	0.8939	0.8263	0.7396	0.6367
	5	1	1	0.9998	0.9988	0.9958	0.9887	0.9747	0.9502	0.9115	0.8555
	6	1	1	1	0.9999	0.9996	0.9987	0.9964	0.9915	0.9819	0.9648
	7	1	1	1	1	1	0.9999	0.9998	0.9993	0.9983	0.9961
	8	1	1	1	1	1	1	1	1	1	1
9	0	0.6302	0.3874	0.2316	0.1342	0.0751	0.0404	0.0207	0.0101	0.0046	0.002
	1	0.9288	0.7748	0.5995	0.4362	0.3003	0.196	0.1211	0.0705	0.0385	0.0195
	2	0.9916	0.947	0.8591	0.7382	0.6007	0.4628	0.3373	0.2318	0.1495	0.0898
	3	0.9994	0.9917	0.9661	0.9144	0.8343	0.7297	0.6089	0.4826	0.3614	0.2539
	4	1	0.9991	0.9944	0.9804	0.9511	0.9012	0.8283	0.7334	0.6214	0.5
	5	1	0.9999	0.9994	0.9969	0.99	0.9747	0.9464	0.9006	0.8342	0.7461
	6	1	1	1	0.9997	0.9987	0.9957	0.9888	0.975	0.9502	0.9102
	7	1	1	1	1	0.9999	0.9996	0.9986	0.9962	0.9909	0.9805
	8	1	1	1	1	1	1	0.9999	0.9997	0.9992	0.998
	9	1	1	1	1	1	1	1	1	1	1

Tabelle A: Binomialverteilung

n	x	p=0.05	0.10	0.15	0.20	0.25	0.30	0.35	0.40	0.45	0.50
10	0	0.5987	0.3487	0.1969	0.1074	0.0563	0.0282	0.0135	0.006	0.0025	0.001
	1	0.9139	0.7361	0.5443	0.3758	0.244	0.1493	0.086	0.0464	0.0233	0.0107
	2	0.9885	0.9298	0.8202	0.6778	0.5256	0.3828	0.2616	0.1673	0.0996	0.0547
	3	0.999	0.9872	0.95	0.8791	0.7759	0.6496	0.5138	0.3823	0.266	0.1719
	4	0.9999	0.9984	0.9901	0.9672	0.9219	0.8497	0.7515	0.6331	0.5044	0.377
	5	1	0.9999	0.9986	0.9936	0.9803	0.9527	0.9051	0.8338	0.7384	0.623
	6	1	1	0.9999	0.9991	0.9965	0.9894	0.974	0.9452	0.898	0.8281
	7	1	1	1	0.9999	0.9996	0.9984	0.9952	0.9877	0.9726	0.9453
	8	1	1	1	1	1	0.9999	0.9995	0.9983	0.9955	0.9893
	9	1	1	1	1	1	1	1	0.9999	0.9997	0.999
	10	1	1	1	1	1	1	1	1	1	1
11	0	0.5688	0.3138	0.1673	0.0859	0.0422	0.0198	0.0088	0.0036	0.0014	0.0005
	1	0.8981	0.6974	0.4922	0.3221	0.1971	0.113	0.0606	0.0302	0.0139	0.0059
	2	0.9848	0.9104	0.7788	0.6174	0.4552	0.3127	0.2001	0.1189	0.0652	0.0327
	3	0.9984	0.9815	0.9306	0.8389	0.7133	0.5696	0.4256	0.2963	0.1911	0.1133
	4	0.9999	0.9972	0.9841	0.9496	0.8854	0.7897	0.6683	0.5328	0.3971	0.2744
	5	1	0.9997	0.9973	0.9883	0.9657	0.9218	0.8513	0.7535	0.6331	0.5
	6	1	1	0.9997	0.998	0.9924	0.9784	0.9499	0.9006	0.8262	0.7256
	7	1	1	1	0.9998	0.9988	0.9957	0.9878	0.9707	0.939	0.8867
	8	1	1	1	1	0.9999	0.9994	0.998	0.9941	0.9852	0.9673
	9	1	1	1	1	1	1	0.9998	0.9993	0.9978	0.9941
	10	1	1	1	1	1	1	1	1	0.9998	0.9995
	11	1	1	1	1	1	1	1	1	1	1
12	0	0.5404	0.2824	0.1422	0.0687	0.0317	0.0138	0.0057	0.0022	0.0008	0.0002
	1	0.8816	0.659	0.4435	0.2749	0.1584	0.085	0.0424	0.0196	0.0083	0.0032
	2	0.9804	0.8891	0.7358	0.5583	0.3907	0.2528	0.1513	0.0834	0.0421	0.0193
	3	0.9978	0.9744	0.9078	0.7946	0.6488	0.4925	0.3467	0.2253	0.1345	0.073
	4	0.9998	0.9957	0.9761	0.9274	0.8424	0.7237	0.5833	0.4382	0.3044	0.1938
	5	1	0.9995	0.9954	0.9806	0.9456	0.8822	0.7873	0.6652	0.5269	0.3872
	6	1	0.9999	0.9993	0.9961	0.9857	0.9614	0.9154	0.8418	0.7393	0.6128
	7	1	1	0.9999	0.9994	0.9972	0.9905	0.9745	0.9427	0.8883	0.8062
	8	1	1	1	0.9999	0.9996	0.9983	0.9944	0.9847	0.9644	0.927
	9	1	1	1	1	1	0.9998	0.9992	0.9972	0.9921	0.9807
	10	1	1	1	1	1	1	0.9999	0.9997	0.9989	0.9968
	11	1	1	1	1	1	1	1	1	0.9999	0.9998
	12	1	1	1	1	1	1	1	1	1	1
13	0	0.5133	0.2542	0.1209	0.055	0.0238	0.0097	0.0037	0.0013	0.0004	0.0001
	1	0.8646	0.6213	0.3983	0.2336	0.1267	0.0637	0.0296	0.0126	0.0049	0.0017
	2	0.9755	0.8661	0.692	0.5017	0.3326	0.2025	0.1132	0.0579	0.0269	0.0112
	3	0.9969	0.9658	0.882	0.7473	0.5843	0.4206	0.2783	0.1686	0.0929	0.0461
	4	0.9997	0.9935	0.9658	0.9009	0.794	0.6543	0.5005	0.353	0.2279	0.1334
	5	1	0.9991	0.9925	0.97	0.9198	0.8346	0.7159	0.5744	0.4268	0.2905
	6	1	0.9999	0.9987	0.993	0.9757	0.9376	0.8705	0.7712	0.6437	0.5
	7	1	1	0.9998	0.9988	0.9944	0.9818	0.9538	0.9023	0.8212	0.7095
	8	1	1	1	0.9998	0.999	0.996	0.9874	0.9679	0.9302	0.8666
	9	1	1	1	1	0.9999	0.9993	0.9975	0.9922	0.9797	0.9539
	10	1	1	1	1	1	0.9999	0.9997	0.9987	0.9959	0.9888
	11	1	1	1	1	1	1	0.9999	0.9995	0.9983
	12	1	1	1	1	1	1	1	1	1	0.9999
	13	1	1	1	1	1	1	1	1	1	1

Tabelle A: Binomialverteilung

n	x	p 0.05	0.10	0.15	0.20	0.25	0.30	0.35	0.40	0.45	0.50
14	0	0.4877	0.2288	0.1028	0.044	0.0178	0.0068	0.0024	0.0008	0.0002	0.0001
	1	0.847	0.5846	0.3567	0.1979	0.101	0.0475	0.0205	0.0081	0.0029	0.0009
	2	0.9699	0.8416	0.6479	0.4481	0.2811	0.1608	0.0839	0.0398	0.017	0.0065
	3	0.9958	0.9559	0.8535	0.6982	0.5213	0.3552	0.2205	0.1243	0.0632	0.0287
	4	0.9996	0.9908	0.9533	0.8702	0.7415	0.5842	0.4227	0.2793	0.1672	0.0898
	5	1	0.9985	0.9885	0.9561	0.8883	0.7805	0.6405	0.4859	0.3373	0.212
	6	1	0.9998	0.9978	0.9884	0.9617	0.9067	0.8164	0.6925	0.5461	0.3953
	7	1	1	0.9997	0.9976	0.9897	0.9685	0.9247	0.8499	0.7414	0.6047
	8	1	1	1	0.9996	0.9978	0.9917	0.9757	0.9417	0.8811	0.788
	9	1	1	1	1	0.9997	0.9983	0.994	0.9825	0.9574	0.9102
	10	1	1	1	1	1	0.9998	0.9989	0.9961	0.9886	0.9713
	11	1	1	1	1	1	1	0.9999	0.9994	0.9978	0.9935
	12	1	1	1	1	1	1	1	0.9999	0.9997	0.9991
	13	1	1	1	1	1	1	1	1	1	0.9999
	14	1	1	1	1	1	1	1	1	1	1
15	0	0.4633	0.2059	0.0874	0.0352	0.0134	0.0047	0.0016	0.0005	0.0001	0
	1	0.829	0.549	0.3186	0.1671	0.0802	0.0353	0.0142	0.0052	0.0017	0.0005
	2	0.9638	0.8159	0.6042	0.398	0.2361	0.1268	0.0617	0.0271	0.0107	0.0037
	3	0.9945	0.9444	0.8227	0.6482	0.4613	0.2969	0.1727	0.0905	0.0424	0.0176
	4	0.9994	0.9873	0.9383	0.8358	0.6865	0.5155	0.3519	0.2173	0.1204	0.0592
	5	0.9999	0.9978	0.9832	0.9389	0.8516	0.7216	0.5643	0.4032	0.2608	0.1509
	6	1	0.9997	0.9964	0.9819	0.9434	0.8689	0.7548	0.6098	0.4522	0.3036
	7	1	1	0.9994	0.9958	0.9827	0.95	0.8868	0.7869	0.6535	0.5
	8	1	1	0.9999	0.9992	0.9958	0.9848	0.9578	0.905	0.8182	0.6964
	9	1	1	1	0.9999	0.9992	0.9963	0.9876	0.9662	0.9231	0.8491
	10	1	1	1	1	0.9999	0.9993	0.9972	0.9907	0.9745	0.9408
	11	1	1	1	1	1	0.9999	0.9995	0.9981	0.9937	0.9824
	12	1	1	1	1	1	1	0.9999	0.9997	0.9989	0.9963
	13	1	1	1	1	1	1	1	1	0.9999	0.9995
	14	1	1	1	1	1	1	1	1	1	1
16	0	0.4401	0.1853	0.0743	0.0281	0.01	0.0033	0.001	0.0003	0.0001	0
	1	0.8108	0.5147	0.2839	0.1407	0.0635	0.0261	0.0098	0.0033	0.001	0.0003
	2	0.9571	0.7892	0.5614	0.3518	0.1971	0.0994	0.0451	0.0183	0.0066	0.0021
	3	0.993	0.9316	0.7899	0.5981	0.405	0.2459	0.1339	0.0651	0.0281	0.0106
	4	0.9991	0.983	0.9209	0.7982	0.6302	0.4499	0.2892	0.1666	0.0853	0.0384
	5	0.9999	0.9967	0.9765	0.9183	0.8103	0.6598	0.49	0.3288	0.1976	0.1051
	6	1	0.9995	0.9944	0.9733	0.9204	0.8247	0.6881	0.5272	0.366	0.2272
	7	1	0.9999	0.9989	0.993	0.9729	0.9256	0.8406	0.7161	0.5629	0.4018
	8	1	1	0.9998	0.9985	0.9925	0.9743	0.9329	0.8577	0.7441	0.5982
	9	1	1	1	0.9998	0.9984	0.9929	0.9771	0.9417	0.8759	0.7728
	10	1	1	1	1	0.9997	0.9984	0.9938	0.9809	0.9514	0.8949
	11	1	1	1	1	1	0.9997	0.9987	0.9951	0.9851	0.9616
	12	1	1	1	1	1	1	0.9998	0.9991	0.9965	0.9894
	13	1	1	1	1	1	1	1	0.9999	0.9994	0.9979
	14	1	1	1	1	1	1	1	1	0.9999	0.9997
	15	1	1	1	1	1	1	1	1	1	1

Tabelle A: Binomialverteilung

n	x	p=0.05	0.10	0.15	0.20	0.25	0.30	0.35	0.40	0.45	0.50
17	0	0.4181	0.1668	0.0631	0.0225	0.0075	0.0023	7e-04	0.0002	0	0
	1	0.7922	0.4818	0.2525	0.1182	0.0501	0.0193	0.0067	0.0021	6e-04	0.0001
	2	0.9497	0.7618	0.5198	0.3096	0.1637	0.0774	0.0327	0.0123	0.0041	0.0012
	3	0.9912	0.9174	0.7556	0.5489	0.353	0.2019	0.1028	0.0464	0.0184	0.0064
	4	0.9988	0.9779	0.9013	0.7582	0.5739	0.3887	0.2348	0.126	0.0596	0.0245
	5	0.9999	0.9953	0.9681	0.8943	0.7653	0.5968	0.4197	0.2639	0.1471	0.0717
	6	1	0.9992	0.9917	0.9623	0.8929	0.7752	0.6188	0.4478	0.2902	0.1662
	7	1	0.9999	0.9983	0.9891	0.9598	0.8954	0.7872	0.6405	0.4743	0.3145
	8	1	1	0.9997	0.9974	0.9876	0.9597	0.9006	0.8011	0.6626	0.5
	9	1	1	1	0.9995	0.9969	0.9873	0.9617	0.9081	0.8166	0.6855
	10	1	1	1	0.9999	0.9994	0.9968	0.988	0.9652	0.9174	0.8338
	11	1	1	1	1	0.9999	0.9993	0.997	0.9894	0.9699	0.9283
	12	1	1	1	1	1	0.9999	0.9994	0.9975	0.9914	0.9755
	13	1	1	1	1	1	1	0.9999	0.9995	0.9981	0.9936
	14	1	1	1	1	1	1	1	0.9999	0.9997	0.9988
	15	1	1	1	1	1	1	1	1	1	0.9999
	16	1	1	1	1	1	1	1	1	1	1
18	0	0.3972	0.1501	0.0536	0.018	0.0056	0.0016	0.0004	0.0001	0	0
	1	0.7735	0.4503	0.2241	0.0991	0.0395	0.0142	0.0046	0.0013	0.0003	0.0001
	2	0.9419	0.7338	0.4797	0.2713	0.1353	0.06	0.0236	0.0082	0.0025	7e-04
	3	0.9891	0.9018	0.7202	0.501	0.3057	0.1646	0.0783	0.0328	0.012	0.0038
	4	0.9985	0.9718	0.8794	0.7164	0.5187	0.3327	0.1886	0.0942	0.0411	0.0154
	5	0.9998	0.9936	0.9581	0.8671	0.7175	0.5344	0.355	0.2088	0.1077	0.0481
	6	1	0.9988	0.9882	0.9487	0.861	0.7217	0.5491	0.3743	0.2258	0.1189
	7	1	0.9998	0.9973	0.9837	0.9431	0.8593	0.7283	0.5634	0.3915	0.2403
	8	1	1	0.9995	0.9957	0.9807	0.9404	0.8609	0.7368	0.5778	0.4073
	9	1	1	0.9999	0.9991	0.9946	0.979	0.9403	0.8653	0.7473	0.5927
	10	1	1	1	0.9998	0.9988	0.9939	0.9788	0.9424	0.872	0.7597
	11	1	1	1	1	0.9998	0.9986	0.9938	0.9797	0.9463	0.8811
	12	1	1	1	1	1	0.9997	0.9986	0.9942	0.9817	0.9519
	13	1	1	1	1	1	1	0.9997	0.9987	0.9951	0.9846
	14	1	1	1	1	1	1	1	0.9998	0.999	0.9962
	15	1	1	1	1	1	1	1	1	0.9999	0.9993
	16	1	1	1	1	1	1	1	1	1	0.9999
	17	1	1	1	1	1	1	1	1	1	1

Tabelle A: Binomialverteilung

n	x	p 0.05	0.10	0.15	0.20	0.25	0.30	0.35	0.40	0.45	0.50
19	0	0.3774	0.1351	0.0456	0.0144	0.0042	0.0011	0.0003	0.0001	0	0
	1	0.7547	0.4203	0.1985	0.0829	0.031	0.0104	0.0031	0.0008	0.0002	0
	2	0.9335	0.7054	0.4413	0.2369	0.1113	0.0462	0.017	0.0055	0.0015	0.0004
	3	0.9868	0.885	0.6841	0.4551	0.2631	0.1332	0.0591	0.023	0.0077	0.0022
	4	0.998	0.9648	0.8556	0.6733	0.4654	0.2822	0.15	0.0696	0.028	0.0096
	5	0.9998	0.9914	0.9463	0.8369	0.6678	0.4739	0.2968	0.1629	0.0777	0.0318
	6	1	0.9983	0.9837	0.9324	0.8251	0.6655	0.4812	0.3081	0.1727	0.0835
	7	1	0.9997	0.9959	0.9767	0.9225	0.818	0.6656	0.4878	0.3169	0.1796
	8	1	1	0.9992	0.9933	0.9713	0.9161	0.8145	0.6675	0.494	0.3238
	9	1	1	0.9999	0.9984	0.9911	0.9674	0.9125	0.8139	0.671	0.5
	10	1	1	1	0.9997	0.9977	0.9895	0.9653	0.9115	0.8159	0.6762
	11	1	1	1	1	0.9995	0.9972	0.9886	0.9648	0.9129	0.8204
	12	1	1	1	1	0.9999	0.9994	0.9969	0.9884	0.9658	0.9165
	13	1	1	1	1	1	0.9999	0.9993	0.9969	0.9891	0.9682
	14	1	1	1	1	1	1	0.9999	0.9994	0.9972	0.9904
	15	1	1	1	1	1	1	1	0.9999	0.9995	0.9978
	16	1	1	1	1	1	1	1	1	0.9999	0.9996
	17	1	1	1	1	1	1	1	1	1	1
20	0	0.3585	0.1216	0.0388	0.0115	0.0032	0.0008	0.0002	0	0	0
	1	0.7358	0.3917	0.1756	0.0692	0.0243	0.0076	0.0021	0.0005	0.0001	0
	2	0.9245	0.6769	0.4049	0.2061	0.0913	0.0355	0.0121	0.0036	0.0009	0.0002
	3	0.9841	0.867	0.6477	0.4114	0.2252	0.1071	0.0444	0.016	0.0049	0.0013
	4	0.9974	0.9568	0.8298	0.6296	0.4148	0.2375	0.1182	0.051	0.0189	0.0059
	5	0.9997	0.9887	0.9327	0.8042	0.6172	0.4164	0.2454	0.1256	0.0553	0.0207
	6	1	0.9976	0.9781	0.9133	0.7858	0.608	0.4166	0.25	0.1299	0.0577
	7	1	0.9996	0.9941	0.9679	0.8982	0.7723	0.601	0.4159	0.252	0.1316
	8	1	0.9999	0.9987	0.99	0.9591	0.8867	0.7624	0.5956	0.4143	0.2517
	9	1	1	0.9998	0.9974	0.9861	0.952	0.8782	0.7553	0.5914	0.4119
	10	1	1	1	0.9994	0.9961	0.9829	0.9468	0.8725	0.7507	0.5881
	11	1	1	1	0.9999	0.9991	0.9949	0.9804	0.9435	0.8692	0.7483
	12	1	1	1	1	0.9998	0.9987	0.994	0.979	0.942	0.8684
	13	1	1	1	1	1	0.9997	0.9985	0.9935	0.9786	0.9423
	14	1	1	1	1	1	1	0.9997	0.9984	0.9936	0.9793
	15	1	1	1	1	1	1	1	0.9997	0.9985	0.9941
	16	1	1	1	1	1	1	1	1	0.9997	0.9987
	17	1	1	1	1	1	1	1	1	1	0.9998
	18	1	1	1	1	1	1	1	1	1	1

Tabelle A: Binomialverteilung

n	x	p 0.05	0.10	0.15	0.20	0.25	0.30	0.35	0.40	0.45	0.50
25	0	0.2774	0.0718	0.0172	0.0038	0.0008	0.0001	0	0	0	0
	1	0.6424	0.2712	0.0931	0.0274	0.007	0.0016	0.0003	0.0001	0	0
	2	0.8729	0.5371	0.2537	0.0982	0.0321	0.009	0.0021	0.0004	0.0001	0
	3	0.9659	0.7636	0.4711	0.234	0.0962	0.0332	0.0097	0.0024	0.0005	0.0001
	4	0.9928	0.902	0.6821	0.4207	0.2137	0.0905	0.032	0.0095	0.0023	0.0005
	5	0.9988	0.9666	0.8385	0.6167	0.3783	0.1935	0.0826	0.0294	0.0086	0.002
	6	0.9998	0.9905	0.9305	0.78	0.5611	0.3407	0.1734	0.0736	0.0258	0.0073
	7	1	0.9977	0.9745	0.8909	0.7265	0.5118	0.3061	0.1536	0.0639	0.0216
	8	1	0.9995	0.992	0.9532	0.8506	0.6769	0.4668	0.2735	0.134	0.0539
	9	1	0.9999	0.9979	0.9827	0.9287	0.8106	0.6303	0.4246	0.2424	0.1148
	10	1	1	0.9995	0.9944	0.9703	0.9022	0.7712	0.5858	0.3843	0.2122
	11	1	1	0.9999	0.9985	0.9893	0.9558	0.8746	0.7323	0.5426	0.345
	12	1	1	1	0.9996	0.9966	0.9825	0.9396	0.8462	0.6937	0.5
	13	1	1	1	0.9999	0.9991	0.994	0.9745	0.9222	0.8173	0.655
	14	1	1	1	1	0.9998	0.9982	0.9907	0.9656	0.904	0.7878
	15	1	1	1	1	1	0.9995	0.9971	0.9868	0.956	0.8852
	16	1	1	1	1	1	0.9999	0.9992	0.9957	0.9826	0.9461
	17	1	1	1	1	1	1	0.9998	0.9988	0.9942	0.9784
	18	1	1	1	1	1	1	1	0.9997	0.9984	0.9927
	19	1	1	1	1	1	1	1	0.9999	0.9996	0.998
	20	1	1	1	1	1	1	1	1	0.9999	0.9995
	21	1	1	1	1	1	1	1	1	1	0.9999
	22	1	1	1	1	1	1	1	1	1	1

Tabelle B: Poisson-Verteilung

x	λ 0.5	1.0	1.5	2.0	2.5	3.0	3.5	4.0	4.5	5.0
0	0.6065	0.3679	0.2231	0.1353	0.0821	0.0498	0.0302	0.0183	0.0111	0.0067
1	0.9098	0.7358	0.5578	0.4060	0.2873	0.1991	0.1359	0.0916	0.0611	0.0404
2	0.9856	0.9197	0.8088	0.6767	0.5438	0.4232	0.3208	0.2381	0.1736	0.1247
3	0.9982	0.9810	0.9344	0.8571	0.7576	0.6472	0.5366	0.4335	0.3423	0.2650
4	0.9998	0.9963	0.9814	0.9473	0.8912	0.8153	0.7254	0.6288	0.5321	0.4405
5	1.0000	0.9994	0.9955	0.9834	0.9580	0.9161	0.8576	0.7851	0.7029	0.6160
6		0.9999	0.9991	0.9955	0.9858	0.9665	0.9347	0.8893	0.8311	0.7622
7		1.0000	0.9998	0.9989	0.9958	0.9881	0.9733	0.9489	0.9134	0.8666
8			1.0000	0.9998	0.9989	0.9962	0.9901	0.9786	0.9597	0.9319
9				1.0000	0.9997	0.9989	0.9967	0.9919	0.9829	0.9682
10					0.9999	0.9997	0.9990	0.9972	0.9933	0.9863
11					1.0000	0.9999	0.9997	0.9991	0.9976	0.9945
12						1.0000	0.9999	0.9997	0.9992	0.9980
13							1.0000	0.9999	0.9997	0.9993
14								1.0000	0.9999	0.9998
15									1.0000	0.9999
16										1.0000

Tabelle B: Poisson-Verteilung

x	6.0	7.0	8.0	9.0	10.0	11.0	12.0	13.0	14.0	15.0
0	0.0025	0.0009	0.0003	0.0001						
1	0.0174	0.0073	0.0030	0.0012	0.0005	0.0002	0.0001			
2	0.0620	0.0296	0.0138	0.0062	0.0028	0.0012	0.0005	0.0002	0.0001	
3	0.1512	0.0818	0.0424	0.0212	0.0103	0.0049	0.0023	0.0011	0.0005	0.0002
4	0.2851	0.1730	0.0996	0.0550	0.0293	0.0151	0.0076	0.0037	0.0018	0.0009
5	0.4457	0.3007	0.1912	0.1157	0.0671	0.0375	0.0203	0.0107	0.0055	0.0028
6	0.6063	0.4497	0.3134	0.2068	0.1301	0.0786	0.0458	0.0259	0.0142	0.0076
7	0.7440	0.5987	0.4530	0.3239	0.2202	0.1432	0.0895	0.0540	0.0316	0.0180
8	0.8472	0.7291	0.5925	0.4557	0.3328	0.2320	0.1550	0.0998	0.0621	0.0374
9	0.9161	0.8305	0.7166	0.5874	0.4579	0.3405	0.2424	0.1658	0.1094	0.0699
10	0.9574	0.9015	0.8159	0.7060	0.5830	0.4599	0.3472	0.2517	0.1757	0.1185
11	0.9799	0.9467	0.8881	0.8030	0.6968	0.5793	0.4616	0.3532	0.2600	0.1848
12	0.9912	0.9730	0.9362	0.8758	0.7916	0.6887	0.5760	0.4631	0.3585	0.2676
13	0.9964	0.9872	0.9658	0.9261	0.8645	0.7813	0.6815	0.5730	0.4644	0.3632
14	0.9986	0.9943	0.9827	0.9585	0.9165	0.8540	0.7720	0.6751	0.5704	0.4657
15	0.9995	0.9976	0.9918	0.9780	0.9513	0.9074	0.8444	0.7636	0.6694	0.5681
16	0.9998	0.9990	0.9963	0.9889	0.9730	0.9441	0.8987	0.8355	0.7559	0.6641
17	0.9999	0.9996	0.9984	0.9947	0.9857	0.9678	0.9370	0.8905	0.8272	0.7489
18	1.0000	0.9999	0.9993	0.9976	0.9928	0.9823	0.9626	0.9302	0.8826	0.8195
19		1.0000	0.9997	0.9989	0.9965	0.9907	0.9787	0.9573	0.9235	0.8752
20			0.9999	0.9996	0.9984	0.9953	0.9884	0.9750	0.9521	0.9170
21			1.0000	0.9998	0.9993	0.9977	0.9939	0.9859	0.9712	0.9469
22				0.9999	0.9997	0.9990	0.9970	0.9924	0.9833	0.9673
23				1.0000	0.9999	0.9995	0.9985	0.9960	0.9907	0.9805
24					1.0000	0.9998	0.9993	0.9980	0.9950	0.9888
25						0.9999	0.9997	0.9990	0.9974	0.9938
26						1.0000	0.9999	0.9995	0.9987	0.9967
27							0.9999	0.9998	0.9994	0.9983
28							1.0000	0.9999	0.9997	0.9991
29								1.0000	0.9999	0.9996
30									0.9999	0.9998
31									1.0000	0.9999
32										1.0000

Tabelle C: Quantile der Normalverteilung

p	.000	.001	.002	.003	.004	.005	.006	.007	.008	.009
0.00		-3.0902	-2.8782	-2.7478	-2.6521	-2.5758	-2.5121	-2.4573	-2.4089	-2.3656
0.01	-2.3263	-2.2904	-2.2571	-2.2262	-2.1973	-2.1701	-2.1444	-2.1201	-2.0969	-2.0749
0.02	-2.0537	-2.0335	-2.0141	-1.9954	-1.9774	-1.96	-1.9431	-1.9268	-1.911	-1.8957
0.03	-1.8808	-1.8663	-1.8522	-1.8384	-1.825	-1.8119	-1.7991	-1.7866	-1.7744	-1.7624
0.04	-1.7507	-1.7392	-1.7279	-1.7169	-1.706	-1.6954	-1.6849	-1.6747	-1.6646	-1.6546
0.05	-1.6449	-1.6352	-1.6258	-1.6164	-1.6072	-1.5982	-1.5893	-1.5805	-1.5718	-1.5632
0.06	-1.5548	-1.5464	-1.5382	-1.5301	-1.522	-1.5141	-1.5063	-1.4985	-1.4909	-1.4833
0.07	-1.4758	-1.4684	-1.4611	-1.4538	-1.4466	-1.4395	-1.4325	-1.4255	-1.4187	-1.4118
0.08	-1.4051	-1.3984	-1.3917	-1.3852	-1.3787	-1.3722	-1.3658	-1.3595	-1.3532	-1.3469
0.09	-1.3408	-1.3346	-1.3285	-1.3225	-1.3165	-1.3106	-1.3047	-1.2988	-1.293	-1.2873
0.10	-1.2816	-1.2759	-1.2702	-1.2646	-1.2591	-1.2536	-1.2481	-1.2426	-1.2372	-1.2319
0.11	-1.2265	-1.2212	-1.216	-1.2107	-1.2055	-1.2004	-1.1952	-1.1901	-1.185	-1.18
0.12	-1.175	-1.17	-1.165	-1.1601	-1.1552	-1.1503	-1.1455	-1.1407	-1.1359	-1.1311
0.13	-1.1264	-1.1217	-1.117	-1.1123	-1.1077	-1.1031	-1.0985	-1.0939	-1.0893	-1.0848
0.14	-1.0803	-1.0758	-1.0714	-1.0669	-1.0625	-1.0581	-1.0537	-1.0494	-1.045	-1.0407
0.15	-1.0364	-1.0322	-1.0279	-1.0237	-1.0194	-1.0152	-1.011	-1.0069	-1.0027	-0.9986
0.16	-0.9945	-0.9904	-0.9863	-0.9822	-0.9782	-0.9741	-0.9701	-0.9661	-0.9621	-0.9581
0.17	-0.9542	-0.9502	-0.9463	-0.9424	-0.9385	-0.9346	-0.9307	-0.9269	-0.923	-0.9192
0.18	-0.9154	-0.9116	-0.9078	-0.904	-0.9002	-0.8965	-0.8927	-0.889	-0.8853	-0.8816
0.19	-0.8779	-0.8742	-0.8705	-0.8669	-0.8633	-0.8596	-0.856	-0.8524	-0.8488	-0.8452
0.20	-0.8416	-0.8381	-0.8345	-0.831	-0.8274	-0.8239	-0.8204	-0.8169	-0.8134	-0.8099
0.21	-0.8064	-0.803	-0.7995	-0.7961	-0.7926	-0.7892	-0.7858	-0.7824	-0.779	-0.7756
0.22	-0.7722	-0.7688	-0.7655	-0.7621	-0.7588	-0.7554	-0.7521	-0.7488	-0.7454	-0.7421
0.23	-0.7388	-0.7356	-0.7323	-0.729	-0.7257	-0.7225	-0.7192	-0.716	-0.7128	-0.7095
0.24	-0.7063	-0.7031	-0.6999	-0.6967	-0.6935	-0.6903	-0.6871	-0.684	-0.6808	-0.6776
0.25	-0.6745	-0.6713	-0.6682	-0.6651	-0.662	-0.6588	-0.6557	-0.6526	-0.6495	-0.6464
0.26	-0.6433	-0.6403	-0.6372	-0.6341	-0.6311	-0.628	-0.625	-0.6219	-0.6189	-0.6158
0.27	-0.6128	-0.6098	-0.6068	-0.6038	-0.6008	-0.5978	-0.5948	-0.5918	-0.5888	-0.5858
0.28	-0.5828	-0.5799	-0.5769	-0.574	-0.571	-0.5681	-0.5651	-0.5622	-0.5592	-0.5563
0.29	-0.5534	-0.5505	-0.5476	-0.5446	-0.5417	-0.5388	-0.5359	-0.533	-0.5302	-0.5273
0.30	-0.5244	-0.5215	-0.5187	-0.5158	-0.5129	-0.5101	-0.5072	-0.5044	-0.5015	-0.4987
0.31	-0.4959	-0.493	-0.4902	-0.4874	-0.4845	-0.4817	-0.4789	-0.4761	-0.4733	-0.4705
0.32	-0.4677	-0.4649	-0.4621	-0.4593	-0.4565	-0.4538	-0.451	-0.4482	-0.4454	-0.4427
0.33	-0.4399	-0.4372	-0.4344	-0.4316	-0.4289	-0.4261	-0.4234	-0.4207	-0.4179	-0.4152
0.34	-0.4125	-0.4097	-0.407	-0.4043	-0.4016	-0.3989	-0.3961	-0.3934	-0.3907	-0.388
0.35	-0.3853	-0.3826	-0.3799	-0.3772	-0.3745	-0.3719	-0.3692	-0.3665	-0.3638	-0.3611
0.36	-0.3585	-0.3558	-0.3531	-0.3505	-0.3478	-0.3451	-0.3425	-0.3398	-0.3372	-0.3345
0.37	-0.3319	-0.3292	-0.3266	-0.3239	-0.3213	-0.3186	-0.316	-0.3134	-0.3107	-0.3081
0.38	-0.3055	-0.3029	-0.3002	-0.2976	-0.295	-0.2924	-0.2898	-0.2871	-0.2845	-0.2819
0.39	-0.2793	-0.2767	-0.2741	-0.2715	-0.2689	-0.2663	-0.2637	-0.2611	-0.2585	-0.2559
0.40	-0.2533	-0.2508	-0.2482	-0.2456	-0.243	-0.2404	-0.2378	-0.2353	-0.2327	-0.2301
0.41	-0.2275	-0.225	-0.2224	-0.2198	-0.2173	-0.2147	-0.2121	-0.2096	-0.207	-0.2045
0.42	-0.2019	-0.1993	-0.1968	-0.1942	-0.1917	-0.1891	-0.1866	-0.184	-0.1815	-0.1789
0.43	-0.1764	-0.1738	-0.1713	-0.1687	-0.1662	-0.1637	-0.1611	-0.1586	-0.156	-0.1535
0.44	-0.151	-0.1484	-0.1459	-0.1434	-0.1408	-0.1383	-0.1358	-0.1332	-0.1307	-0.1282
0.45	-0.1257	-0.1231	-0.1206	-0.1181	-0.1156	-0.113	-0.1105	-0.108	-0.1055	-0.103
0.46	-0.1004	-0.0979	-0.0954	-0.0929	-0.0904	-0.0878	-0.0853	-0.0828	-0.0803	-0.0778
0.47	-0.0753	-0.0728	-0.0702	-0.0677	-0.0652	-0.0627	-0.0602	-0.0577	-0.0552	-0.0527
0.48	-0.0502	-0.0476	-0.0451	-0.0426	-0.0401	-0.0376	-0.0351	-0.0326	-0.0301	-0.0276
0.49	-0.0251	-0.0226	-0.0201	-0.0175	-0.015	-0.0125	-0.01	-0.0075	-0.005	-0.0025

Tabelle C: Quantile der Normalverteilung

p	.000	.001	.002	.003	.004	.005	.006	.007	.008	.009
0.50	0	0.0025	0.005	0.0075	0.01	0.0125	0.015	0.0175	0.0201	0.0226
0.51	0.0251	0.0276	0.0301	0.0326	0.0351	0.0376	0.0401	0.0426	0.0451	0.0476
0.52	0.0502	0.0527	0.0552	0.0577	0.0602	0.0627	0.0652	0.0677	0.0702	0.0728
0.53	0.0753	0.0778	0.0803	0.0828	0.0853	0.0878	0.0904	0.0929	0.0954	0.0979
0.54	0.1004	0.103	0.1055	0.108	0.1105	0.113	0.1156	0.1181	0.1206	0.1231
0.55	0.1257	0.1282	0.1307	0.1332	0.1358	0.1383	0.1408	0.1434	0.1459	0.1484
0.56	0.151	0.1535	0.156	0.1586	0.1611	0.1637	0.1662	0.1687	0.1713	0.1738
0.57	0.1764	0.1789	0.1815	0.184	0.1866	0.1891	0.1917	0.1942	0.1968	0.1993
0.58	0.2019	0.2045	0.207	0.2096	0.2121	0.2147	0.2173	0.2198	0.2224	0.225
0.59	0.2275	0.2301	0.2327	0.2353	0.2378	0.2404	0.243	0.2456	0.2482	0.2508
0.60	0.2533	0.2559	0.2585	0.2611	0.2637	0.2663	0.2689	0.2715	0.2741	0.2767
0.61	0.2793	0.2819	0.2845	0.2871	0.2898	0.2924	0.295	0.2976	0.3002	0.3029
0.62	0.3055	0.3081	0.3107	0.3134	0.316	0.3186	0.3213	0.3239	0.3266	0.3292
0.63	0.3319	0.3345	0.3372	0.3398	0.3425	0.3451	0.3478	0.3505	0.3531	0.3558
0.64	0.3585	0.3611	0.3638	0.3665	0.3692	0.3719	0.3745	0.3772	0.3799	0.3826
0.65	0.3853	0.388	0.3907	0.3934	0.3961	0.3989	0.4016	0.4043	0.407	0.4097
0.66	0.4125	0.4152	0.4179	0.4207	0.4234	0.4261	0.4289	0.4316	0.4344	0.4372
0.67	0.4399	0.4427	0.4454	0.4482	0.451	0.4538	0.4565	0.4593	0.4621	0.4649
0.68	0.4677	0.4705	0.4733	0.4761	0.4789	0.4817	0.4845	0.4874	0.4902	0.493
0.69	0.4959	0.4987	0.5015	0.5044	0.5072	0.5101	0.5129	0.5158	0.5187	0.5215
0.70	0.5244	0.5273	0.5302	0.533	0.5359	0.5388	0.5417	0.5446	0.5476	0.5505
0.71	0.5534	0.5563	0.5592	0.5622	0.5651	0.5681	0.571	0.574	0.5769	0.5799
0.72	0.5828	0.5858	0.5888	0.5918	0.5948	0.5978	0.6008	0.6038	0.6068	0.6098
0.73	0.6128	0.6158	0.6189	0.6219	0.625	0.628	0.6311	0.6341	0.6372	0.6403
0.74	0.6433	0.6464	0.6495	0.6526	0.6557	0.6588	0.662	0.6651	0.6682	0.6713
0.75	0.6745	0.6776	0.6808	0.684	0.6871	0.6903	0.6935	0.6967	0.6999	0.7031
0.76	0.7063	0.7095	0.7128	0.716	0.7192	0.7225	0.7257	0.729	0.7323	0.7356
0.77	0.7388	0.7421	0.7454	0.7488	0.7521	0.7554	0.7588	0.7621	0.7655	0.7688
0.78	0.7722	0.7756	0.779	0.7824	0.7858	0.7892	0.7926	0.7961	0.7995	0.803
0.79	0.8064	0.8099	0.8134	0.8169	0.8204	0.8239	0.8274	0.831	0.8345	0.8381
0.80	0.8416	0.8452	0.8488	0.8524	0.856	0.8596	0.8633	0.8669	0.8705	0.8742
0.81	0.8779	0.8816	0.8853	0.889	0.8927	0.8965	0.9002	0.904	0.9078	0.9116
0.82	0.9154	0.9192	0.923	0.9269	0.9307	0.9346	0.9385	0.9424	0.9463	0.9502
0.83	0.9542	0.9581	0.9621	0.9661	0.9701	0.9741	0.9782	0.9822	0.9863	0.9904
0.84	0.9945	0.9986	1.0027	1.0069	1.011	1.0152	1.0194	1.0237	1.0279	1.0322
0.85	1.0364	1.0407	1.045	1.0494	1.0537	1.0581	1.0625	1.0669	1.0714	1.0758
0.86	1.0803	1.0848	1.0893	1.0939	1.0985	1.1031	1.1077	1.1123	1.117	1.1217
0.87	1.1264	1.1311	1.1359	1.1407	1.1455	1.1503	1.1552	1.1601	1.165	1.17
0.88	1.175	1.18	1.185	1.1901	1.1952	1.2004	1.2055	1.2107	1.216	1.2212
0.89	1.2265	1.2319	1.2372	1.2426	1.2481	1.2536	1.2591	1.2646	1.2702	1.2759
0.90	1.2816	1.2873	1.293	1.2988	1.3047	1.3106	1.3165	1.3225	1.3285	1.3346
0.91	1.3408	1.3469	1.3532	1.3595	1.3658	1.3722	1.3787	1.3852	1.3917	1.3984
0.92	1.4051	1.4118	1.4187	1.4255	1.4325	1.4395	1.4466	1.4538	1.4611	1.4684
0.93	1.4758	1.4833	1.4909	1.4985	1.5063	1.5141	1.522	1.5301	1.5382	1.5464
0.94	1.5548	1.5632	1.5718	1.5805	1.5893	1.5982	1.6072	1.6164	1.6258	1.6352
0.95	1.6449	1.6546	1.6646	1.6747	1.6849	1.6954	1.706	1.7169	1.7279	1.7392
0.96	1.7507	1.7624	1.7744	1.7866	1.7991	1.8119	1.825	1.8384	1.8522	1.8663
0.97	1.8808	1.8957	1.911	1.9268	1.9431	1.96	1.9774	1.9954	2.0141	2.0335
0.98	2.0537	2.0749	2.0969	2.1201	2.1444	2.1701	2.1973	2.2262	2.2571	2.2904
0.99	2.3263	2.3656	2.4089	2.4573	2.5121	2.5758	2.6521	2.7478	2.8782	3.0902

Tabelle D: Quantile der $\mathcal{T}$-Verteilung

v	\multicolumn{8}{c}{p}							
	0.600	0.700	0.800	0.900	0.950	0.975	0.990	0.995
1	0.3249	0.7265	1.3764	3.0777	6.3138	12.706	31.820	63.657
2	0.2887	0.6172	1.0607	1.8856	2.9200	4.3027	6.9646	9.9248
3	0.2767	0.5844	0.9785	1.6377	2.3534	3.1824	4.5407	5.8409
4	0.2707	0.5686	0.9410	1.5332	2.1318	2.7764	3.7469	4.6041
5	0.2672	0.5594	0.9195	1.4759	2.0150	2.5706	3.3649	4.0321
6	0.2648	0.5534	0.9057	1.4398	1.9432	2.4469	3.1427	3.7074
7	0.2632	0.5491	0.8960	1.4149	1.8946	2.3646	2.9980	3.4995
8	0.2619	0.5459	0.8889	1.3968	1.8595	2.3060	2.8965	3.3554
9	0.2610	0.5435	0.8834	1.3830	1.8331	2.2622	2.8214	3.2498
10	0.2602	0.5415	0.8791	1.3722	1.8125	2.2281	2.7638	3.1693
11	0.2596	0.5399	0.8755	1.3634	1.7959	2.2010	2.7181	3.1058
12	0.2590	0.5386	0.8726	1.3562	1.7823	2.1788	2.6810	3.0545
13	0.2586	0.5375	0.8702	1.3502	1.7709	2.1604	2.6503	3.0123
14	0.2582	0.5366	0.8681	1.3450	1.7613	2.1448	2.6245	2.9768
15	0.2579	0.5357	0.8662	1.3406	1.7531	2.1314	2.6025	2.9467
16	0.2576	0.5350	0.8647	1.3368	1.7459	2.1199	2.5835	2.9208
17	0.2573	0.5344	0.8633	1.3334	1.7396	2.1098	2.5669	2.8982
18	0.2571	0.5338	0.8620	1.3304	1.7341	2.1009	2.5524	2.8784
19	0.2569	0.5333	0.8610	1.3277	1.7291	2.0930	2.5395	2.8609
20	0.2567	0.5329	0.8600	1.3253	1.7247	2.0860	2.5280	2.8453
21	0.2566	0.5325	0.8591	1.3232	1.7207	2.0796	2.5176	2.8314
22	0.2564	0.5321	0.8583	1.3212	1.7171	2.0739	2.5083	2.8188
23	0.2563	0.5317	0.8575	1.3195	1.7139	2.0687	2.4999	2.8073
24	0.2562	0.5314	0.8569	1.3178	1.7109	2.0639	2.4922	2.7969
25	0.2561	0.5312	0.8562	1.3163	1.7081	2.0595	2.4851	2.7874
26	0.2560	0.5309	0.8557	1.3150	1.7056	2.0555	2.4786	2.7787
27	0.2559	0.5306	0.8551	1.3137	1.7033	2.0518	2.4727	2.7707
28	0.2558	0.5304	0.8546	1.3125	1.7011	2.0484	2.4671	2.7633
29	0.2557	0.5302	0.8542	1.3114	1.6991	2.0452	2.4620	2.7564
30	0.2556	0.5300	0.8538	1.3104	1.6973	2.0423	2.4573	2.7500
31	0.2555	0.5298	0.8534	1.3095	1.6955	2.0395	2.4528	2.7440
32	0.2555	0.5297	0.8530	1.3086	1.6939	2.0369	2.4487	2.7385
33	0.2554	0.5295	0.8526	1.3077	1.6924	2.0345	2.4448	2.7333
34	0.2553	0.5294	0.8523	1.3070	1.6909	2.0322	2.4411	2.7284
35	0.2553	0.5292	0.8520	1.3062	1.6896	2.0301	2.4377	2.7238
36	0.2552	0.5291	0.8517	1.3055	1.6883	2.0281	2.4345	2.7195
37	0.2552	0.5289	0.8514	1.3049	1.6871	2.0262	2.4314	2.7154
38	0.2551	0.5288	0.8512	1.3042	1.6860	2.0244	2.4286	2.7116
39	0.2551	0.5287	0.8509	1.3036	1.6849	2.0227	2.4258	2.7079
40	0.2550	0.5286	0.8507	1.3031	1.6839	2.0211	2.4233	2.7045
41	0.2550	0.5285	0.8505	1.3025	1.6829	2.0195	2.4208	2.7012
42	0.2550	0.5284	0.8503	1.3020	1.6820	2.0181	2.4185	2.6981
43	0.2549	0.5283	0.8501	1.3016	1.6811	2.0167	2.4163	2.6951
44	0.2549	0.5282	0.8499	1.3011	1.6802	2.0154	2.4141	2.6923
45	0.2549	0.5281	0.8497	1.3006	1.6794	2.0141	2.4121	2.6896
46	0.2548	0.5281	0.8495	1.3002	1.6787	2.0129	2.4102	2.6870
47	0.2548	0.5280	0.8493	1.2998	1.6779	2.0117	2.4083	2.6846
48	0.2548	0.5279	0.8492	1.2994	1.6772	2.0106	2.4066	2.6822
49	0.2547	0.5278	0.8490	1.2991	1.6766	2.0096	2.4049	2.6800
50	0.2547	0.5278	0.8489	1.2987	1.6759	2.0086	2.4033	2.6778

Tabelle E: Quantile der χ^2-Verteilung

ν	0.005	0.010	0.025	0.050	0.100	0.200	0.300	0.400	0.500
1	0.0000	0.0000	0.0010	0.0040	0.0160	0.0640	0.1480	0.2750	0.4550
2	0.0100	0.0200	0.0510	0.1030	0.2110	0.4460	0.7130	1.0220	1.3860
3	0.0720	0.1150	0.2160	0.3520	0.5840	1.0050	1.4240	1.8690	2.3660
4	0.2070	0.2970	0.4840	0.7110	1.0640	1.6490	2.1950	2.7530	3.3570
5	0.4120	0.5540	0.8310	1.1450	1.6100	2.3430	3.0000	3.6550	4.3510
6	0.6760	0.8720	1.2370	1.6350	2.2040	3.0700	3.8280	4.5700	5.3480
7	0.9890	1.2390	1.6900	2.1670	2.8330	3.8220	4.6710	5.4930	6.3460
8	1.3440	1.6460	2.1800	2.7330	3.4900	4.5940	5.5270	6.4230	7.3440
9	1.7350	2.0880	2.7000	3.3250	4.1680	5.3800	6.3930	7.3570	8.3430
10	2.1560	2.5580	3.2470	3.9400	4.8650	6.1790	7.2670	8.2950	9.3420
11	2.6030	3.0530	3.8160	4.5750	5.5780	6.9890	8.1480	9.2370	10.341
12	3.0740	3.5710	4.4040	5.2260	6.3040	7.8070	9.0340	10.182	11.340
13	3.5650	4.1070	5.0090	5.8920	7.0420	8.6340	9.9260	11.129	12.340
14	4.0750	4.6600	5.6290	6.5710	7.7900	9.4670	10.821	12.078	13.339
15	4.6010	5.2290	6.2620	7.2610	8.5470	10.307	11.721	13.030	14.339
16	5.1420	5.8120	6.9080	7.9620	9.3120	11.152	12.624	13.983	15.338
17	5.6970	6.4080	7.5640	8.6720	10.085	12.002	13.531	14.937	16.338
18	6.2650	7.0150	8.2310	9.3900	10.865	12.857	14.440	15.893	17.338
19	6.8440	7.6330	8.9070	10.117	11.651	13.716	15.352	16.850	18.338
20	7.4340	8.2600	9.5910	10.851	12.443	14.578	16.266	17.809	19.337
21	8.0340	8.8970	10.283	11.591	13.240	15.445	17.182	18.768	20.337
22	8.6430	9.5420	10.982	12.338	14.041	16.314	18.101	19.729	21.337
23	9.2600	10.196	11.689	13.091	14.848	17.187	19.021	20.690	22.337
24	9.8860	10.856	12.401	13.848	15.659	18.062	19.943	21.652	23.337
25	10.520	11.524	13.120	14.611	16.473	18.940	20.867	22.616	24.337
26	11.160	12.198	13.844	15.379	17.292	19.820	21.792	23.579	25.336
27	11.808	12.879	14.573	16.151	18.114	20.703	22.719	24.544	26.336
28	12.461	13.565	15.308	16.928	18.939	21.588	23.647	25.509	27.336
29	13.121	14.256	16.047	17.708	19.768	22.475	24.577	26.475	28.336
30	13.787	14.953	16.791	18.493	20.599	23.364	25.508	27.442	29.336
31	14.458	15.655	17.539	19.281	21.434	24.255	26.440	28.409	30.336
32	15.134	16.362	18.291	20.072	22.271	25.148	27.373	29.376	31.336
33	15.815	17.074	19.047	20.867	23.110	26.042	28.307	30.344	32.336
34	16.501	17.789	19.806	21.664	23.952	26.938	29.242	31.313	33.336
35	17.192	18.509	20.569	22.465	24.797	27.836	30.178	32.282	34.336
36	17.887	19.233	21.336	23.269	25.643	28.735	31.115	33.252	35.336
37	18.586	19.960	22.106	24.075	26.492	29.635	32.053	34.222	36.336
38	19.289	20.691	22.878	24.884	27.343	30.537	32.992	35.192	37.335
39	19.996	21.426	23.654	25.695	28.196	31.441	33.932	36.163	38.335
40	20.707	22.164	24.433	26.509	29.051	32.345	34.872	37.134	39.335
41	21.421	22.906	25.215	27.326	29.907	33.251	35.813	38.105	40.335
42	22.138	23.650	25.999	28.144	30.765	34.157	36.755	39.077	41.335
43	22.859	24.398	26.785	28.965	31.625	35.065	37.698	40.050	42.335
44	23.584	25.148	27.575	29.787	32.487	35.974	38.641	41.022	43.335
45	24.311	25.901	28.366	30.612	33.350	36.884	39.585	41.995	44.335
46	25.041	26.657	29.160	31.439	34.215	37.795	40.529	42.968	45.335
47	25.775	27.416	29.956	32.268	35.081	38.708	41.474	43.942	46.335
48	26.511	28.177	30.755	33.098	35.949	39.621	42.420	44.915	47.335
49	27.249	28.941	31.555	33.930	36.818	40.534	43.366	45.889	48.335
50	27.991	29.707	32.357	34.764	37.689	41.449	44.313	46.864	49.335

Tabelle E: Quantile der χ^2-Verteilung

v	0.500	0.600	0.700	0.800	0.900	0.950	0.975	0.990	0.995
1	0.4550	0.7080	1.0740	1.6420	2.7060	3.8410	5.0240	6.6350	7.8790
2	1.3860	1.8330	2.4080	3.2190	4.6050	5.9910	7.3780	9.2100	10.597
3	2.3660	2.9460	3.6650	4.6420	6.2510	7.8150	9.3480	11.345	12.838
4	3.3570	4.0450	4.8780	5.9890	7.7790	9.4880	11.143	13.277	14.860
5	4.3510	5.1320	6.0640	7.2890	9.2360	11.070	12.833	15.086	16.750
6	5.3480	6.2110	7.2310	8.5580	10.645	12.592	14.449	16.812	18.548
7	6.3460	7.2830	8.3830	9.8030	12.017	14.067	16.013	18.475	20.278
8	7.3440	8.3510	9.5240	11.030	13.362	15.507	17.535	20.090	21.955
9	8.3430	9.4140	10.656	12.242	14.684	16.919	19.023	21.666	23.589
10	9.3420	10.473	11.781	13.442	15.987	18.307	20.483	23.209	25.188
11	10.341	11.530	12.899	14.631	17.275	19.675	21.920	24.725	26.757
12	11.340	12.584	14.011	15.812	18.549	21.026	23.337	26.217	28.300
13	12.340	13.636	15.119	16.985	19.812	22.362	24.736	27.688	29.819
14	13.339	14.685	16.222	18.151	21.064	23.685	26.119	29.141	31.319
15	14.339	15.733	17.322	19.311	22.307	24.996	27.488	30.578	32.801
16	15.338	16.780	18.418	20.465	23.542	26.296	28.845	32.000	34.267
17	16.338	17.824	19.511	21.615	24.769	27.587	30.191	33.409	35.718
18	17.338	18.868	20.601	22.760	25.989	28.869	31.526	34.805	37.156
19	18.338	19.910	21.689	23.900	27.204	30.144	32.852	36.191	38.582
20	19.337	20.951	22.775	25.038	28.412	31.410	34.170	37.566	39.997
21	20.337	21.991	23.858	26.171	29.615	32.671	35.479	38.932	41.401
22	21.337	23.031	24.939	27.301	30.813	33.924	36.781	40.289	42.796
23	22.337	24.069	26.018	28.429	32.007	35.172	38.076	41.638	44.181
24	23.337	25.106	27.096	29.553	33.196	36.415	39.364	42.980	45.559
25	24.337	26.143	28.172	30.675	34.382	37.652	40.646	44.314	46.928
26	25.336	27.179	29.246	31.795	35.563	38.885	41.923	45.642	48.290
27	26.336	28.214	30.319	32.912	36.741	40.113	43.195	46.963	49.645
28	27.336	29.249	31.391	34.027	37.916	41.337	44.461	48.278	50.993
29	28.336	30.283	32.461	35.139	39.087	42.557	45.722	49.588	52.336
30	29.336	31.316	33.530	36.250	40.256	43.773	46.979	50.892	53.672
31	30.336	32.349	34.598	37.359	41.422	44.985	48.232	52.191	55.003
32	31.336	33.381	35.665	38.466	42.585	46.194	49.480	53.486	56.328
33	32.336	34.413	36.731	39.572	43.745	47.400	50.725	54.776	57.648
34	33.336	35.444	37.795	40.676	44.903	48.602	51.966	56.061	58.964
35	34.336	36.475	38.859	41.778	46.059	49.802	53.203	57.342	60.275
36	35.336	37.505	39.922	42.879	47.212	50.998	54.437	58.619	61.581
37	36.336	38.535	40.984	43.978	48.363	52.192	55.668	59.893	62.883
38	37.335	39.564	42.045	45.076	49.513	53.384	56.896	61.162	64.181
39	38.335	40.593	43.105	46.173	50.660	54.572	58.120	62.428	65.476
40	39.335	41.622	44.165	47.269	51.805	55.758	59.342	63.691	66.766
41	40.335	42.651	45.224	48.363	52.949	56.942	60.561	64.950	68.053
42	41.335	43.679	46.282	49.456	54.090	58.124	61.777	66.206	69.336
43	42.335	44.706	47.339	50.548	55.230	59.304	62.990	67.459	70.616
44	43.335	45.734	48.396	51.639	56.369	60.481	64.201	68.710	71.893
45	44.335	46.761	49.452	52.729	57.505	61.656	65.410	69.957	73.166
46	45.335	47.787	50.507	53.818	58.641	62.830	66.617	71.201	74.437
47	46.335	48.814	51.562	54.906	59.774	64.001	67.821	72.443	75.704
48	47.335	49.840	52.616	55.993	60.907	65.171	69.023	73.683	76.969
49	48.335	50.866	53.670	57.079	62.038	66.339	70.222	74.919	78.231
50	49.335	51.892	54.723	58.164	63.167	67.505	71.420	76.154	79.490

Tabelle F: 0.95-Quantile der $\mathscr{F}$-Verteilung

m_2	m_1 = 1	2	3	4	5	6	7	8	9	10
1	161.45	199.50	215.71	224.58	230.16	233.99	236.77	238.88	240.54	241.88
2	18.51	19.00	19.16	19.25	19.30	19.33	19.35	19.37	19.38	19.40
3	10.13	9.55	9.28	9.14	9.04	8.97	8.92	8.88	8.84	8.82
4	7.71	6.94	6.59	6.39	6.26	6.17	6.10	6.05	6.01	5.97
5	6.61	5.79	5.40	5.19	5.05	4.95	4.88	4.82	4.77	4.74
6	5.99	5.14	4.75	4.53	4.39	4.28	4.21	4.15	4.10	4.06
7	5.59	4.74	4.34	4.12	3.97	3.87	3.79	3.73	3.68	3.64
8	5.32	4.46	4.06	3.84	3.69	3.58	3.50	3.44	3.39	3.35
9	5.12	4.26	3.86	3.63	3.48	3.37	3.29	3.23	3.18	3.14
10	4.96	4.10	3.70	3.48	3.33	3.22	3.14	3.07	3.02	2.98
11	4.84	3.98	3.58	3.35	3.20	3.09	3.01	2.95	2.90	2.85
12	4.75	3.89	3.48	3.26	3.11	3.00	2.91	2.85	2.80	2.75
13	4.67	3.81	3.40	3.18	3.02	2.91	2.83	2.77	2.71	2.67
14	4.60	3.74	3.34	3.11	2.96	2.85	2.76	2.70	2.65	2.60
15	4.54	3.68	3.28	3.05	2.90	2.79	2.71	2.64	2.59	2.54
16	4.49	3.63	3.23	3.01	2.85	2.74	2.66	2.59	2.54	2.49
17	4.45	3.59	3.19	2.96	2.81	2.70	2.61	2.55	2.49	2.45
18	4.41	3.55	3.15	2.93	2.77	2.66	2.58	2.51	2.46	2.41
19	4.38	3.52	3.12	2.89	2.74	2.63	2.54	2.48	2.42	2.38
20	4.35	3.49	3.09	2.86	2.71	2.60	2.51	2.45	2.39	2.35
21	4.32	3.47	3.07	2.84	2.68	2.57	2.49	2.42	2.37	2.32
22	4.30	3.44	3.04	2.82	2.66	2.55	2.46	2.40	2.34	2.30
23	4.28	3.42	3.02	2.79	2.64	2.53	2.44	2.37	2.32	2.27
24	4.26	3.40	3.00	2.77	2.62	2.51	2.42	2.35	2.30	2.25
25	4.24	3.39	2.99	2.76	2.60	2.49	2.40	2.34	2.28	2.24
26	4.23	3.37	2.97	2.74	2.59	2.47	2.39	2.32	2.27	2.22
27	4.21	3.35	2.96	2.73	2.57	2.46	2.37	2.31	2.25	2.20
28	4.20	3.34	2.94	2.71	2.56	2.44	2.36	2.29	2.24	2.19
29	4.18	3.33	2.93	2.70	2.54	2.43	2.35	2.28	2.22	2.18
30	4.17	3.32	2.92	2.69	2.53	2.42	2.33	2.27	2.21	2.16
31	4.16	3.30	2.91	2.68	2.52	2.41	2.32	2.25	2.20	2.15
32	4.15	3.29	2.90	2.67	2.51	2.40	2.31	2.24	2.19	2.14
33	4.14	3.28	2.89	2.66	2.50	2.39	2.30	2.23	2.18	2.13
34	4.13	3.28	2.88	2.65	2.49	2.38	2.29	2.23	2.17	2.12
35	4.12	3.27	2.87	2.64	2.48	2.37	2.29	2.22	2.16	2.11
36	4.11	3.26	2.86	2.63	2.48	2.36	2.28	2.21	2.15	2.11
37	4.11	3.25	2.85	2.62	2.47	2.36	2.27	2.20	2.14	2.10
38	4.10	3.24	2.85	2.62	2.46	2.35	2.26	2.19	2.14	2.09
39	4.09	3.24	2.84	2.61	2.46	2.34	2.26	2.19	2.13	2.08
40	4.08	3.23	2.83	2.60	2.45	2.34	2.25	2.18	2.12	2.08
41	4.08	3.23	2.83	2.60	2.44	2.33	2.24	2.17	2.12	2.07
42	4.07	3.22	2.82	2.59	2.44	2.32	2.24	2.17	2.11	2.06
43	4.07	3.21	2.82	2.59	2.43	2.32	2.23	2.16	2.11	2.06
44	4.06	3.21	2.81	2.58	2.43	2.31	2.23	2.16	2.10	2.05
45	4.06	3.20	2.81	2.58	2.42	2.31	2.22	2.15	2.10	2.05
46	4.05	3.20	2.80	2.57	2.42	2.30	2.22	2.15	2.09	2.04
47	4.05	3.20	2.80	2.57	2.41	2.30	2.21	2.14	2.09	2.04
48	4.04	3.19	2.79	2.56	2.41	2.29	2.21	2.14	2.08	2.03
49	4.04	3.19	2.79	2.56	2.40	2.29	2.20	2.13	2.08	2.03
50	4.03	3.18	2.79	2.56	2.40	2.29	2.20	2.13	2.07	2.03

Tabelle F: 0.95-Quantile der $\mathscr{F}$-Verteilung

m_2	\multicolumn{10}{c}{m_1}
	11	12	13	14	15	16	17	18	19	20
1	242.98	243.91	244.69	245.36	245.95	246.46	246.92	247.32	247.69	248.01
2	19.40	19.41	19.42	19.42	19.43	19.43	19.44	19.44	19.44	19.45
3	8.80	8.78	8.76	8.75	8.74	8.73	8.72	8.71	8.70	8.69
4	5.94	5.92	5.90	5.88	5.86	5.85	5.84	5.83	5.82	5.81
5	4.71	4.68	4.66	4.64	4.62	4.61	4.59	4.58	4.57	4.56
6	4.03	4.00	3.98	3.96	3.94	3.92	3.91	3.90	3.89	3.88
7	3.60	3.58	3.55	3.53	3.51	3.49	3.48	3.47	3.46	3.44
8	3.31	3.28	3.26	3.24	3.22	3.20	3.19	3.17	3.16	3.15
9	3.10	3.07	3.05	3.03	3.01	2.99	2.97	2.96	2.95	2.94
10	2.94	2.91	2.89	2.86	2.85	2.83	2.81	2.80	2.79	2.77
11	2.82	2.79	2.76	2.74	2.72	2.70	2.69	2.67	2.66	2.65
12	2.72	2.69	2.66	2.64	2.62	2.60	2.58	2.57	2.56	2.54
13	2.63	2.60	2.58	2.55	2.53	2.51	2.50	2.48	2.47	2.46
14	2.57	2.53	2.51	2.48	2.46	2.44	2.43	2.41	2.40	2.39
15	2.51	2.48	2.45	2.42	2.40	2.38	2.37	2.35	2.34	2.33
16	2.46	2.42	2.40	2.37	2.35	2.33	2.32	2.30	2.29	2.28
17	2.41	2.38	2.35	2.33	2.31	2.29	2.27	2.26	2.24	2.23
18	2.37	2.34	2.31	2.29	2.27	2.25	2.23	2.22	2.20	2.19
19	2.34	2.31	2.28	2.26	2.23	2.21	2.20	2.18	2.17	2.16
20	2.31	2.28	2.25	2.22	2.20	2.18	2.17	2.15	2.14	2.12
21	2.28	2.25	2.22	2.20	2.18	2.16	2.14	2.12	2.11	2.10
22	2.26	2.23	2.20	2.17	2.15	2.13	2.11	2.10	2.08	2.07
23	2.24	2.20	2.18	2.15	2.13	2.11	2.09	2.08	2.06	2.05
24	2.22	2.18	2.15	2.13	2.11	2.09	2.07	2.05	2.04	2.03
25	2.20	2.16	2.14	2.11	2.09	2.07	2.05	2.04	2.02	2.01
26	2.18	2.15	2.12	2.09	2.07	2.05	2.03	2.02	2.00	1.99
27	2.17	2.13	2.10	2.08	2.06	2.04	2.02	2.00	1.99	1.97
28	2.15	2.12	2.09	2.06	2.04	2.02	2.00	1.99	1.97	1.96
29	2.14	2.10	2.08	2.05	2.03	2.01	1.99	1.97	1.96	1.94
30	2.13	2.09	2.06	2.04	2.01	1.99	1.98	1.96	1.95	1.93
31	2.11	2.08	2.05	2.03	2.00	1.98	1.96	1.95	1.93	1.92
32	2.10	2.07	2.04	2.01	1.99	1.97	1.95	1.94	1.92	1.91
33	2.09	2.06	2.03	2.00	1.98	1.96	1.94	1.93	1.91	1.90
34	2.08	2.05	2.02	1.99	1.97	1.95	1.93	1.92	1.90	1.89
35	2.07	2.04	2.01	1.99	1.96	1.94	1.92	1.91	1.89	1.88
36	2.07	2.03	2.00	1.98	1.95	1.93	1.92	1.90	1.88	1.87
37	2.06	2.02	2.00	1.97	1.95	1.93	1.91	1.89	1.88	1.86
38	2.05	2.02	1.99	1.96	1.94	1.92	1.90	1.88	1.87	1.85
39	2.04	2.01	1.98	1.95	1.93	1.91	1.89	1.88	1.86	1.85
40	2.04	2.00	1.97	1.95	1.92	1.90	1.89	1.87	1.85	1.84
41	2.03	2.00	1.97	1.94	1.92	1.90	1.88	1.86	1.85	1.83
42	2.03	1.99	1.96	1.94	1.91	1.89	1.87	1.86	1.84	1.83
43	2.02	1.99	1.96	1.93	1.91	1.89	1.87	1.85	1.83	1.82
44	2.01	1.98	1.95	1.92	1.90	1.88	1.86	1.84	1.83	1.81
45	2.01	1.97	1.94	1.92	1.89	1.87	1.86	1.84	1.82	1.81
46	2.00	1.97	1.94	1.91	1.89	1.87	1.85	1.83	1.82	1.80
47	2.00	1.96	1.93	1.91	1.88	1.86	1.84	1.83	1.81	1.80
48	1.99	1.96	1.93	1.90	1.88	1.86	1.84	1.82	1.81	1.79
49	1.99	1.96	1.93	1.90	1.88	1.85	1.84	1.82	1.80	1.79
50	1.99	1.95	1.92	1.89	1.87	1.85	1.83	1.81	1.80	1.78

Tabelle G: Quantile der Prüfgröße des Wilcoxon-Vorzeichenrangtests

n	0.001	0.005	0.010	0.025	0.05	0.1	0.20	0.30	0.40	0.50
2								1	1	1
3							1	2	3	3
4						1	3	3	4	5
5					1	3	4	5	6	7
6				1	3	4	6	8	9	10
7			1	3	4	6	9	11	12	14
8		1	2	4	6	9	12	14	16	18
9		2	4	6	9	11	15	18	20	22
10	1	4	6	9	11	15	19	22	25	27
11	2	6	8	11	14	18	23	27	30	33
12	3	8	10	14	18	22	28	32	36	39
13	5	10	13	18	22	27	33	38	42	45
14	7	13	16	22	26	32	39	44	48	52
15	9	16	20	26	31	37	45	51	55	60
16	12	20	24	30	36	43	51	58	63	68
17	15	24	28	35	42	49	58	65	71	76
18	19	28	33	41	48	56	66	73	80	85
19	22	33	38	47	54	63	74	82	89	95
20	27	38	44	53	61	70	82	91	98	105
21	31	43	50	59	68	78	91	100	108	115
22	36	49	56	66	76	87	100	110	119	126
23	41	55	63	74	84	95	110	120	130	138
24	46	62	70	82	92	105	120	131	141	150
25	52	69	77	90	101	114	131	143	153	162
26	59	76	85	99	111	125	142	155	165	175
27	65	84	93	108	120	135	154	167	178	189
28	72	92	102	117	131	146	166	180	192	203
29	80	101	111	127	141	158	178	193	206	217
30	87	110	121	138	152	170	191	207	220	232
31	95	119	131	148	164	182	205	221	235	248
32	104	129	141	160	176	195	219	236	250	264
33	113	139	152	171	188	208	233	251	266	280
34	122	149	163	183	201	222	248	266	282	297
35	132	160	174	196	214	236	263	283	299	315
36	142	172	186	209	228	251	279	299	317	333
37	152	183	199	222	242	266	295	316	335	351
38	163	195	212	236	257	282	312	334	353	370
39	174	208	225	250	272	298	329	352	372	390
40	186	221	239	265	287	314	347	371	391	410
41	198	234	253	280	303	331	365	390	411	430
42	210	248	267	295	320	349	384	409	431	451
43	223	262	282	311	337	366	403	429	452	473
44	236	277	297	328	354	385	422	450	473	495
45	250	292	313	344	372	403	442	471	495	517
46	264	308	329	362	390	423	463	492	517	540
47	278	323	346	379	408	442	484	514	540	564
48	293	340	363	397	427	463	505	536	563	588
49	308	356	380	416	447	483	527	559	587	612
50	324	374	398	435	467	504	550	583	611	637

Tabelle H: Quantile der Prüfgröße des Wilcoxon-Rangsummentests

N	n	0.001	0.005	0.010	0.025	0.050	0.100	0.200	0.300	0.400	0.500
2	1	1	1	1	1	1	1	1	1	1	1
3	1	1	1	1	1	1	1	1	1	2	2
3	2	3	3	3	3	3	3	3	3	4	4
4	1	1	1	1	1	1	1	1	2	2	2
4	2	3	3	3	3	3	3	4	4	5	5
4	3	6	6	6	6	6	6	6	7	7	7
5	1	1	1	1	1	1	1	1	2	2	3
5	2	3	3	3	3	3	3	4	5	5	6
5	3	6	6	6	6	6	6	7	8	8	9
5	4	10	10	10	10	10	10	10	11	11	12
6	1	1	1	1	1	1	1	2	2	3	3
6	2	3	3	3	3	3	4	5	6	6	7
6	3	6	6	6	6	6	7	8	9	10	10
6	4	10	10	10	10	10	11	12	13	13	14
6	5	15	15	15	15	15	15	16	16	17	17
7	1	1	1	1	1	1	1	2	3	3	4
7	2	3	3	3	3	4	5	6	7	7	8
7	3	6	6	6	6	7	8	9	10	11	12
7	4	10	10	10	10	11	12	13	14	15	16
7	5	15	15	15	15	16	17	18	19	19	20
7	6	21	21	21	21	21	21	22	23	23	24
8	1	1	1	1	1	1	1	2	3	4	4
8	2	3	3	3	3	4	5	6	7	8	9
8	3	6	6	6	7	8	9	11	12	13	13
8	4	10	10	10	11	12	13	15	16	17	18
8	5	15	15	15	16	17	18	20	21	22	22
8	6	21	21	21	21	22	23	24	25	26	27
8	7	28	28	28	28	28	28	29	30	31	31
9	1	1	1	1	1	1	1	2	3	4	5
9	2	3	3	3	3	4	5	7	8	9	10
9	3	6	6	6	8	9	10	12	13	14	15
9	4	10	10	11	12	13	15	16	18	19	20
9	5	15	15	16	17	18	20	21	23	24	25
9	6	21	21	21	23	24	25	27	28	29	30
9	7	28	28	28	28	29	30	32	33	34	35
9	8	36	36	36	36	36	36	37	38	39	40
10	1	1	1	1	1	1	1	2	3	4	5
10	2	3	3	3	4	5	6	7	9	10	11
10	3	6	6	7	8	9	11	13	14	15	16
10	4	10	11	12	13	14	16	18	19	21	22
10	5	15	16	17	18	20	21	23	25	26	27
10	6	21	22	23	24	25	27	29	30	32	33
10	7	28	28	29	30	31	33	35	36	37	38
10	8	36	36	36	37	38	39	40	42	43	44
10	9	45	45	45	45	45	45	46	47	48	49

Tabelle H: Quantile der Prüfgröße des Wilcoxon-Rangsummentests

N	n	0.001	0.005	0.010	0.025	0.050	0.100	0.200	0.300	0.400	0.500
11	1	1	1	1	1	1	2	3	4	5	6
11	2	3	3	3	4	5	6	8	10	11	12
11	3	6	6	7	9	10	12	14	15	17	18
11	4	10	11	12	14	15	17	19	21	23	24
11	5	15	17	18	19	21	23	25	27	29	30
11	6	21	23	24	25	27	29	31	33	35	36
11	7	28	29	30	32	33	35	37	39	41	42
11	8	36	36	37	39	40	42	44	45	47	48
11	9	45	45	45	46	47	48	50	52	53	54
11	10	55	55	55	55	55	56	57	58	59	60
12	1	1	1	1	1	1	2	3	4	5	6
12	2	3	3	3	4	5	7	9	10	12	13
12	3	6	7	8	9	10	12	15	16	18	19
12	4	10	12	13	15	16	18	21	23	24	26
12	5	15	17	19	21	22	24	27	29	31	32
12	6	21	24	25	27	29	31	34	36	37	39
12	7	28	30	32	34	35	37	40	42	44	45
12	8	36	38	39	41	42	44	47	49	50	52
12	9	45	46	47	48	49	51	54	55	57	58
12	10	55	55	55	56	57	59	61	62	64	65
12	11	66	66	66	66	66	67	68	69	70	71
13	1	1	1	1	1	1	2	3	4	6	7
13	2	3	3	3	4	5	7	9	11	13	14
13	3	6	7	8	10	11	13	16	18	19	21
13	4	10	12	14	15	17	20	22	24	26	28
13	5	16	18	20	22	24	26	29	31	33	35
13	6	22	25	26	28	30	33	36	38	40	42
13	7	29	32	33	35	37	40	43	45	47	49
13	8	37	39	41	43	45	47	50	52	54	56
13	9	45	47	49	50	52	55	57	59	61	63
13	10	55	56	57	59	60	62	65	67	68	70
13	11	66	66	66	67	68	70	72	74	76	77
13	12	78	78	78	78	78	79	80	81	83	84
14	1	1	1	1	1	1	2	3	5	6	7
14	2	3	3	3	5	6	8	10	12	14	15
14	3	6	7	8	10	12	14	17	19	21	22
14	4	11	13	14	16	18	21	24	26	28	30
14	5	17	19	21	23	25	28	31	33	36	37
14	6	23	26	28	30	32	35	38	41	43	45
14	7	30	33	35	37	40	42	46	48	50	52
14	8	38	41	43	45	47	50	53	56	58	60
14	9	47	49	51	53	55	58	61	63	66	67
14	10	56	58	59	61	63	66	69	71	73	75
14	11	66	67	68	70	72	74	77	79	81	82
14	12	78	78	78	80	81	83	85	87	89	90
14	13	91	91	91	91	91	92	93	95	96	97

Tabelle H: Quantile der Prüfgröße des Wilcoxon-Rangsummentests

N	n	0.001	0.005	0.010	0.025	0.050	0.100	0.200	0.300	0.400	0.500
15	1	1	1	1	1	1	2	3	5	6	8
15	2	3	3	4	5	6	8	11	13	14	16
15	3	6	8	9	11	12	15	18	20	22	24
15	4	11	13	15	17	19	22	25	28	30	32
15	5	17	20	22	24	27	29	33	36	38	40
15	6	24	27	29	32	34	37	41	43	46	48
15	7	31	35	36	39	42	45	49	51	54	56
15	8	39	43	44	47	50	53	57	59	62	64
15	9	48	51	53	56	58	61	65	67	70	72
15	10	57	60	62	64	67	69	73	76	78	80
15	11	67	69	71	73	75	78	81	84	86	88
15	12	78	80	81	83	84	87	90	92	94	96
15	13	91	91	92	93	94	96	99	101	102	104
15	14	105	105	105	105	105	106	107	109	110	112
16	1	1	1	1	1	1	2	4	5	7	8
16	2	3	3	4	5	6	8	11	13	15	17
16	3	6	8	9	11	13	16	19	21	23	25
16	4	11	14	16	18	20	23	27	30	32	34
16	5	18	21	23	25	28	31	35	38	40	42
16	6	25	28	30	33	36	39	43	46	49	51
16	7	32	36	38	41	44	47	51	54	57	59
16	8	41	44	46	50	52	56	60	63	66	68
16	9	49	53	55	58	61	64	68	71	74	76
16	10	59	62	64	67	70	73	77	80	83	85
16	11	69	72	74	76	79	82	86	89	91	93
16	12	79	82	84	86	88	91	95	98	100	102
16	13	91	93	94	96	98	101	104	106	108	110
16	14	105	105	106	107	108	110	113	115	117	119
16	15	120	120	120	120	120	121	123	124	126	127
17	1	1	1	1	1	1	2	4	6	7	9
17	2	3	3	4	5	7	9	12	14	16	18
17	3	6	8	9	12	14	17	20	23	25	27
17	4	12	14	16	19	21	24	28	31	34	36
17	5	18	22	24	27	29	33	37	40	43	45
17	6	26	29	31	35	38	41	45	49	51	54
17	7	34	38	40	43	46	50	54	57	60	63
17	8	42	46	48	52	55	59	63	66	69	72
17	9	51	55	57	61	64	68	72	75	78	81
17	10	61	65	67	70	73	77	81	84	87	90
17	11	71	74	76	80	83	86	90	94	96	99
17	12	81	85	87	90	92	96	100	103	106	108
17	13	93	95	97	100	102	105	109	112	115	117
17	14	105	107	108	111	113	116	119	122	124	126
17	15	120	120	121	122	124	126	129	131	133	135
17	16	136	136	136	136	136	137	139	141	142	144
18	1	1	1	1	1	1	2	4	6	8	9
18	2	3	3	4	5	7	9	13	15	17	19
18	3	6	9	10	12	14	17	21	24	26	28

Tabelle H: Quantile der Prüfgröße des Wilcoxon-Rangsummentests

N	n	0.001	0.005	0.010	0.025	0.050	0.100	0.200	0.300	0.400	0.500
18	4	12	15	17	20	22	26	30	33	36	38
18	5	19	23	25	28	31	34	39	42	45	47
18	6	26	31	33	36	39	43	48	51	54	57
18	7	35	39	41	45	48	52	57	61	64	66
18	8	43	48	50	54	57	61	66	70	73	76
18	9	53	57	60	63	67	71	76	79	83	85
18	10	62	67	69	73	76	80	85	89	92	95
18	11	73	77	79	83	86	90	95	99	102	104
18	12	83	88	90	93	96	100	105	108	111	114
18	13	95	99	101	104	107	110	115	118	121	123
18	14	107	110	112	115	117	121	125	128	131	133
18	15	120	123	124	126	128	131	135	138	140	142
18	16	136	136	137	138	140	142	146	148	150	152
18	17	153	153	153	153	153	154	156	158	160	161
19	1	1	1	1	1	1	2	4	6	8	10
19	2	3	3	4	6	7	10	13	16	18	20
19	3	6	9	10	13	15	18	22	25	28	30
19	4	12	16	18	21	23	27	31	35	37	40
19	5	19	23	26	29	32	36	41	44	47	50
19	6	27	32	34	38	41	45	50	54	57	60
19	7	36	41	43	47	50	55	60	64	67	70
19	8	45	50	52	56	60	64	70	74	77	80
19	9	54	59	62	66	70	74	79	83	87	90
19	10	64	69	72	76	80	84	89	93	97	100
19	11	75	80	82	86	90	94	100	104	107	110
19	12	86	91	93	97	100	105	110	114	117	120
19	13	97	102	104	108	111	115	120	124	127	130
19	14	109	113	116	119	122	126	131	134	137	140
19	15	122	126	128	131	133	137	141	145	147	150
19	16	136	139	140	143	145	148	152	155	158	160
19	17	153	153	154	156	157	160	163	166	168	170
19	18	171	171	171	171	171	172	174	176	178	180
20	1	1	1	1	1	1	2	4	6	8	10
20	2	3	3	4	6	8	10	14	17	19	21
20	3	7	9	11	13	16	19	23	26	29	31
20	4	13	16	18	22	25	28	33	36	39	42
20	5	20	24	27	30	34	38	43	46	49	52
20	6	28	33	35	39	43	47	53	56	60	63
20	7	37	42	45	49	53	57	63	67	70	73
20	8	46	52	54	59	63	67	73	77	81	84
20	9	56	62	64	69	73	77	83	87	91	94
20	10	66	72	75	79	83	88	94	98	102	105
20	11	77	83	85	90	94	98	104	108	112	115
20	12	88	94	96	101	105	109	115	119	123	126
20	13	100	105	108	112	116	120	126	130	133	136
20	14	112	117	119	123	127	131	137	140	144	147
20	15	125	129	132	135	139	143	148	151	154	157
20	16	139	142	144	148	151	154	159	162	165	168
20	17	154	156	158	160	163	166	170	173	176	178
20	18	171	171	172	174	176	178	182	185	187	189
20	19	190	190	190	190	190	191	193	195	197	199

Tabelle I: modifizierte Kolmogorov-Smirnov-Statistik

Test auf	modifizierte Kolmogorov-Smirnov-Statistik	0.85	0.90	0.95	0.975	0.990
stetige, vollständig spezifizierte Verteilungsfunktion	$\left(\sqrt{n} + 0.12 + \dfrac{0.11}{n}\right) \cdot D$	1.138	1.224	1.358	1.480	1.628
Normalverteilung mit unbekannten Parametern μ und σ^2	$\left(\sqrt{n} - 0.01 + \dfrac{0.85}{n}\right) \cdot D$	0.775	0.819	0.895	0.955	1.035
Exponentialverteilung mit unbekanntem Parameter λ	$\left(\sqrt{n} + 0.26 + \dfrac{0.5}{\sqrt{n}}\right) \cdot \left(D - \dfrac{0.2}{n}\right)$	0.926	0.990	1.094	1.190	1.308

Tabelle K: Korrelationstests

n	GLEICHV. 0.01	GLEICHV. 0.05	GLEICHV. 0.10	NORMALV. 0.01	NORMALV. 0.05	NORMALV. 0.10	EXPONENTIALV. 0.01	EXPONENTIALV. 0.05	EXPONENTIALV. 0.10
5	0.808	0.869	0.897	0.828	0.880	0.902	0.770	0.842	0.884
6	0.817	0.877	0.904	0.842	0.890	0.910	0.791	0.864	0.896
7	0.837	0.894	0.917	0.846	0.898	0.917	0.813	0.875	0.901
8	0.853	0.902	0.923	0.866	0.907	0.925	0.831	0.885	0.909
9	0.868	0.911	0.930	0.868	0.911	0.928	0.838	0.891	0.912
10	0.880	0.920	0.936	0.879	0.918	0.934	0.846	0.896	0.916
11	0.886	0.923	0.939	0.888	0.924	0.939	0.855	0.903	0.922
12	0.897	0931	0.946	0.895	0.929	0.943	0.859	0.906	0.924
13	0.904	0.936	0.949	0.900	0.933	0.945	0.863	0.908	0.926
14	0.912	0.941	0.953	0.905	0.936	0.948	0.866	0.910	0.928
15	0.914	0.942	0.954	0.906	0.936	0.949	0.875	0.917	0.933
16	0923	0.948	0.959	0.914	0.942	0.953	0.882	0.922	0.938
17	0.926	0.950	0.961	0.917	0.944	0.955	0.882	0.920	0.936
18	0.931	0.954	0.963	0.921	0.946	0.956	0.884	0.923	0.938
19	0.935	0.956	0.965	0.926	0.950	0.959	0.888	0.926	0.941
20	0.937	0.958	0.966	0.927	0.950	0.960	0.892	0.929	0.943
21	0.938	0.958	0.967	0.929	0.952	0.961	0.892	0.929	0.943
22	0.940	0.960	0.968	0.934	0.955	0.963	0.891	0.928	0.943
23	0.945	0.963	0.970	0.934	0.955	0.963	0.897	0.933	0.946
24	0.947	0.964	0.972	0.937	0.957	0.965	0.901	0.935	0.948
25	0.947	0.964	0.972	0.941	0.959	0.967	0.902	0.936	0.949
26	0.951	0.967	0.974	0.940	0.959	0.967	0.905	0.938	0.951
27	0.952	0.968	0.974	0.943	0.961	0.968	0.910	0.942	0.954
28	0.953	0.968	0.975	0.945	0.962	0.969	0.906	0.939	0.952
29	0.955	0.970	0.976	0.948	0.964	0.971	0.911	0.942	0.954
30	0.957	0.971	0.977	0.948	0.965	0.971	0.910	0.941	0.954
32	0.959	0.972	0.978	0.952	0.967	0.973	0.915	0.945	0.957
34	0.962	0.975	0.980	0.953	0.968	0.974	0.916	0.946	0.957
36	0.963	0.975	0.980	0.956	0.969	0.975	0.918	0.947	0.959
38	0.967	0.977	0.982	0.959	0.972	0.977	0.922	0.950	0.961
40	0.967	0.978	0.982	0.960	0.972	0.977	0.920	0.949	0.960
42	0.970	0.980	0.984	0.962	0.973	0.978	0.925	0.952	0.962
44	0.971	0.980	0.984	0.964	0.975	0.979	0.926	0.953	0.963
46	0.972	0.981	0.985	0.964	0.975	0.979	0.927	0.954	0.964
48	0.973	0.981	0.985	0.965	0.976	0.980	0.930	0.956	0.966
50	0.974	0.982	0.986	0.967	0.977	0.981	0.929	0.955	0.965
55	0.977	0.984	0.987	0.970	0.979	0.983	0.935	0.959	0.969
60	0.979	0.985	0.988	0.972	0.980	0.984	0.938	0.961	0.970
65	0.980	0.986	0.989	0.974	0.982	0.985	0.939	0.962	0.971
70	0.982	0.987	0.990	0.976	0.983	0.986	0.942	0.964	0.972
75	0.983	0.989	0.991	0.977	0.984	0.986	0.943	0.965	0.973
80	0.984	0.989	0.991	0.979	0.985	0.987	0.946	0.967	0.975
85	0.985	0.990	0.992	0.980	0.986	0.988	0.947	0.968	0.976
90	0.986	0.990	0992	0.981	0.986	0.988	0.949	0.969	0.976
95	0.987	0.991	0993	0.982	0.987	0.989	0.950	0.969	0.977
100	0.987	0.991	0993	0.983	0.987	0.989	0.950	0.970	0.977

Literatur

Anscomb, F. J. (1973): Graphs in statistical analysis; *American Statistician*, 27, S. 17–21.

Arbous, A. G. and Sichel, H.S. (1954): The Use of Estimates of Absence-Proneness for Guiding Executive Action; *Applied Statistics*, 3, 159–173.

Arrenberg, J. (1988): Ein Algorithmus zur Bestimmung der exakten Verteilung der Kruskal-Wallis-Teststatistik. *Diskussionsbeitrag zur Statistik und Quantitativen Ökonomik Nr. 33*, Universität der Bundeswehr Hamburg.

Auer, H. (1986): Bremsflüssigkeit mit zu niedrigem Siedepunkt; *VKU, Verkehrsunfall und Fahrzeugtechnik*.

Augustin, K., Fischer, D., Holz, A. (1984): *Daten zur Umwelt 1984*; Hamburg: S + W Steuer- und Wirtschaftsverlag.

Averkamp, G. and Hettinger, T. (1986): Ermittlung von Belastungs- und Beanspruchungsmittelwerten auf der Basis von Teilschichtanalysen; *Z. Arb. Wiss.* 40, 23–27.

Bache et al. (1972): Polychlorinated biphenyl residues accumulation in cayuga lake trout with age; *Science* 117, 1192-1193.

Bailey, C. (1994). *Smart Exercise: Burning Fat, Getting Fit*, Boston: Houghton-Mifflin Co., pp. 179–186.

Bain, L. J. and Engelhardt, M. (1973): Interval estimation for the two-parametric double exponential distribution; *Technometrics* 15, 875–887.

Bates, G. E. (1955): Joint distributions of time intervals for the occurrence of successive accidents in a generalized Polya scheme. *Biometrics* 7, 340-432.

Berg, N. H. (1986): Blowing snow at a Colorado alpine site: Measurements and implications; *Arctic and Alpine Research* 18, S. 147–161.

Berkson, J. (1966): Examination of Randomness of α-Particle Emissions; in: *Research papers in statistics; ed. by F.N. David*, Wiley: New York.

Blum, J.R., Kiefer, J., Rosenblatt, M. (1961): Distribution free tests of independence based on the sample distribution function; *Annals of Mathematical Statistics* 32, 485–498.

Broadbent, N. D. and Bergquist, K. I. (1986): Lichenometric Chronology and archaeological features on raised beaches: Preliminary results from the Swedish north Bothnian coastal region; *Arctic and Alpine Research*, 18, 297–306.

Brown, M. B. (1975): Exploring interaction effects in the ANOVA. *Applied Statistics*, 24, 288–298.

Bruce, V., Howarth, C. I., Clark-Carter, D., Dodds, A. G. and Heyes, A. D. (1983): All change for the pound Human performance tests with different versions of the proposed U.K. one pound coin; *Ergonomics* 26, 215–227.

Büning, H. und Trenkler, G. (1994): *Nichtparametrische statistische Methoden*, 2te Auflage; Berlin: de Gruyter.

Bundesumweltministerium für Umwelt, Naturschutz und Reaktorsicherheit (BMU) (2007): *Umweltdaten Deutschland, Nachhaltig wirtschaften - Natürliche Ressourcen und Umwelt schonen*. Berlin.
(www.umweltdaten.de/publikationen/fpdf-l/3244.pdf)

Chambers, J.M. et. al. (1983): *Graphical Methods for Data Analysis*, Belmont California.

Chatterjee, S. and Price, B. (1995). *Praxis der Regressionsanalyse (2. Aufl.)*. Oldenbourg: München.

Cooper, L. A. and Shepard, R. N. (1985): Rotationen in der räumlichen Vorstellung; *Spektrum der Wissenschaft* 2/1985.

Derron, M. (1962): Mathematische Probleme der Automobilversicherung; *Mitteilungen der Vereinigung Schweizerischer Versicherungsmathematiker* 1962, S. 103–123.

Diekmann, H. (1985): Kritische Anmerkungen zur Schadensummenverteilung in der Kraftfahrzeug-Haftpflichtversicherung; in: *Statistik zwischen Theorie und Praxis, Hrsg. G. Buttler u.a.*, Göttingen.

Draper, N. R. and Smith, H. (1981): *Applied Regression Analysis*, 2nd ed.; New York: Wiley.

Ebbinghaus, H. (1992): *Über das Gedächtnis: Untersuchungen zur experimentellen Psychologie. Neue, unveränd. und ungek. Ausgabe nach der 1. Aufl. 1885*. Darmstadt: Wissenschaftliche Buchgesellschaft.

Engel, A. (1973): *Wahrscheinlichkeitsrechnung und Statistik*, Stuttgart: Klett.

Engländer, T.(1986): Zwei Stufen der Hypothesenbildung; *Z. Psychol.* 194, 73–92.

Ezekiel, M. (1930): *Methods of correlation analysis*. Wiley: New York.

Feuerlein, W., Küfner, H., Flohrschütz, T. Kaufmann, F. W. und Diehl, R. (1986): Die stationäre Entwöhnungs-Behandlung von Alkoholabhängigen - Ergebnisse einer katamnestischen Untersuchung; *Deutsche Rentenversicherung* 3-4/86, 219–236.

Gibbons, J. D. (1992): *Nonparametric Statistical Inference*; New York.

Gilbert, E.S. (1983): An evaluation of several methods for assessing the effects of occupational exposures radiation; *Biometrics* 39, 161–171.

Glatzer, W. und Zapf, W. (1984): *Die Lebensqualität in der Bundesrepublik*; Frankfurt a. M.: Campus.

Goodman, L.A. (1983): The analysis of dependence in cross-classifications having ordered categories, using log-linear models for frequencies and log-linear models for odds; *Biometrics* 39, 149–160.

Gordon, M. J., Goslin, B. R., Graham, T. and Hoare, J. (1983): Comparison between load carriage and grade walking on a treadmill; *Ergonomics* 26, 289–298.

Greenberg, D. H. and Kosters, M. (1970). *Income Guarantees and the Working Poor.* The Rand Corporation (R-579-OEO).

Greiser und Müller (1981) in: *Medizinische Informatik und Statistik,* Band 33, Berlin: Springer.

Griffin, Smith und Watts (1982): Deriving the Normal and Exponential Densities Using EDA Techniques; *The American Statistician,* 36, 373–377.

Griffin, M. J. and Witham, E.M. (1978): *J. Sound and Vibration,* 58, 239–250.

Gutsell, J. S. (1951): The effect of sulfamerazine on the erythrocyte and hemoglobin content of trout blood; *Biometrics,* 7, 171–179.

Hahn, H. P. v. (1980): Ursachen des Alterns; *Spektrum der Wissenschaft* 7/1980.

Haltrich, G. u.a. (1981): In: Korrespondenz Abwasser, 28, 609–616.

Hand, D. J., Daly, F., Lunn, A. D., McConway, K. J. und Ostrowski, E. (1994). *A Handbook of Small Data Sets.* Chapman & Hall, London. 76f.

Haslegrave, C.M. (1980): Anthropometric profile of the British car driver; *Ergonomics,* 23, 437–467.

Haslegrave, C.M. (1986): Characterizing the anthropometric extremes of the population; *Ergonomics,* 29, 281–301.

Hettinger, T. (1985): Occupational hazards associated with diseases of the skeletal system; *Ergonomics,* 28, 69–75.

Hoaglin, D. C., Mosteller, F. and Tukey, J.W. (1985): *Exploring Data Tables, Trends and Shapes;* New York: Wiley.

Hochuli, E. (1986): Neue Zürcher Zeitung vom 5.2.1986.

Hogg, R.V. and Klugman, S.A.(1983): On the estimation of long tailed skewed distributions with actuarial applications; *Journal of Econometrics* 23, 91–102.

Hollander and Wolfe (1973): *Nonparametric Statistical Methods,* New York: Wiley.

Höppke, W. und Hindrichs, H.-U. (1985): *Kölner Beiträge zur Sportwissenschaft,* 14, 35ff.

Kadiyala (1970): Testing for the Independence of Regression Disturbances; *Econometrica,* 38, 97-117.

Koch, Klopfleisch und Maywald (1986): *Die Gesundheit der Nation;* Köln.

Koteswara, Rao, Kadiyala (1970): Testing for the independence of regression disturbances. *Econometrica,* 38, 97-117.

Krauth, J. und Lienert, G. A. (1974): Ein lokalisationsinsensitiver Dispersionstest für zwei unabhängige Stichproben; *Biometrische Zeitschrift* 16, 83–90.

Kreissl. M. (1953): Deutsche Geodätische Kommission, Reihe A, Nr. 2.

Kruskal, W. and Mosteller, F. (1979): Representative Sampling, I: Non-Scientific Literature; *International Statistical Review,* 47, 13–24.

Kruskal, W. and Mosteller, F. (1979): Representative Sampling, II: Scientific Literature, Excluding Statistics; *International Statistical Review*, 47, 111–127.

Kruskal, W. and Mosteller, F. (1979): Representative Sampling, III: The Current Statistical Literature; *International Statistical Review*, 47, 245–265.

Krug, W. und Nourney, M. (1982): *Wirtschafts- und Sozialstatistik: Gewinnung von Daten*; München: Oldenbourg.

Küchler, R. (1986): Ein Beitrag zur Weiterentwicklung von Verkehrsberechnungsmodellen; *Zeitschrift für Verkehrswissenschaft*, 3/86, 177–181.

Laspeyres, E. (1864): Hamburger Warenpreise 1850-1863; *Jahrbücher für Nationalökonomie und Statistik*, 3, S. 81 und 209.

Lawrence, R. J. (1984): The lognormaal distribution of the duration of strikes; *Journal Royal Statistical Society A*, 147, 464–483.

Lawther, A. and Griffin, M. J. (1986): The motion of a ship at sea and the consequent motion sickness amongst passengers *Ergonomics*, 29, 535-552.

Lehmann, E. L. (1975): *Nonparametrics: Statistical Methods Based on Ranks*; San Francisco, Holden Day.

Letzeiter, M. u.a. (1986): Schwimmleistungen im Alter; *Z. Gerontol.*, 19, 389-395.

Linder. A. (1969): *Planen und Auswerten von Versuchen*; Basel/Stuttgart: Birkhäuser.

Liungman, C. G. (1973): *Der Intelligenzkult*; Reinbeck: Rohwohlt.

Mackowiak, Wasserman, and Levine (1992): A Critical Appraisal of 98.6 Degrees F, the Upper Limit of the Normal Body Temperature, and Other Legacies of Carl Reinhold August Wunderlich; *Journal of the American Medical Association*.

Maguire, B. A., Pearson, E. S. and Wynn, A. H. A. (1952): Time intervals between industrial accidents; *Biometrika* 39, 168–180.

Maistrov, L.E. (1974): *Probability Theory, A Historical Sketch*, New York: Academic Press.

Margon, B. (1983): Quellen des kosmischen Röntgenhintergrunds; *Spektrum der Wissenschaft*, 3/1983.

Mönch, K.H. (1978): *Steuerkriminalität und Sanktionswahrscheinlichkeit*, Frankfurt: Peter Lang.

Molina (1927): Application of the theory of probability to telephone trunking problems; The Bell System Technical J. IV, 461–494.

Mosteller, F. and Tukey, J.W. (1977): *Data Analysis and Regression*; Reading, Massachusetts.

Neuberger, O. (1979): Erfahrungen bei der Einführung eines neuen Personalbeurteilungssystems in einem Industriebetrieb; *Z. Arb. Wiss.* 33 (5NF), 209–215.

Neumann, C.J. (1985): The Role of Statistical Models in the Prediction of Tropical Cyclone Motion, *The American Statistician*, 39, 347–357.

Noether, G. (1971): *Introduction to Statistics*. Boston.

Newby and Winterton (1983): The duration of industrial stoppages, *J.R. Statist Soc.* A., 146, 62–70.

Ord, J.K. (1972): *Families of Frequency Distributions*; London: Griffin.

Paasche, H. (1874): Über die Preisentwicklung der letzten Jahre; *Jahrbücher für Nationalökonomie und Statistik*; 23, S. 168.

Partridge, B. (1982): Wie Fische zusammenhalten; *Spektrum der Wissenschaft* 8/82.

Penrose, K.W., Nelson, A.G., Fisher, A.G. (1985): *Medicine and Science in Sports and Exercise*, 17, p. 189.

Recke, C. (1979): *Zum Einsatz Log-linearer Modelle in der Marktforschung*; unveröff. Diplomarbeit an der FU Berlin.

Romanowski, M. (1979): *Random Errors in Observations and the Influence of Modulation on their Distribution*; Stuttgart: Konrad Wittwer.

Roth, E. (1984); *Sozialwissenschaftliche Methoden*, München: Oldenbourg.

Roulet, N. T. and Woo, M.-K. (1986): Wetland and lake evaporation in the low arctic; *Arctic and Alpine Research*, 18, 195–200.

Rühmann, H. u. a. (1983): Maximale isometrische Stellungskräfte an Hebeln; *Zeitschrift für Arbeitswissenschaft*, 37 (SNF) S. 238 ff.

Schlittgen, R. (2004): *Statistische Auswertungen mit R*; München: Oldenbourg.

Schlittgen, R. (2009a): *Das Statistiklabor, R leicht gemacht, 2. Auflage*; Berlin: Springer.

Schlittgen, R. (2009b): *Multivariate statistische Verfahren*; München: Oldenbourg.

SINUS-Institut (Hrsg.) (1983): *Die verunsicherte Generation*. Opladen.

Smith, T., Wagner, W., Moore, D. (1978): Chronic Sulfur Dioxide Exposure in a Smelter: I. Exposure to SO2 and Dust: 1940-1974. *Journal of Occupational Medicine*, 20, 83–87.

Smith, H. (1969): The Analysis of Data from a Designed Experiment, *Journal of Quality Technology*, 1, 259–263.

Statistisches Bundesamt (2005): *Statistisches Jahrbuch 2005 für die Bundesrepublik*; Wiesbaden.

Statistisches Bundesamt (2006): *Datenreport 2006*; Bonn.

Statistisches Bundesamt (2007a): *Statistisches Jahrbuch 2007 für die Bundesrepublik*; Wiesbaden.

Statistisches Bundesamt (2007b): *Ergebnisse des Mikrozensus - Bevölkerung in Privathaushalten, Tabelle HH-13*; Wiesbaden.

Staudte, R.G. und Schiether, S.J. (1990): *Robust estimation and testing*; New York: Wiley.

Stiegler, S. (1977): Do Robust Estimators Work with Real Data?; *Annals of Statistics, (with discussion)*, 5, 1055-1098.

Streitberg, B.H.J. und Röhmel, J.(1987): Exakte Verteilungen für Rang und Randomisierungstests; *EDV in Medizin und Biologie*, 18, 12-19.

Svalagosta, K. (1959): *Prestige, Class, and Mobility*; London.

Tolkien, J. R. R. (1984): *Der Herr der Ringe*; Stuttgart: Klett-Cotta.

Trunkey, D.D. (1983): Trauma; *Spektrum der Wissenschaft 10/1983*.

Tukey, J.W. (1977): *Exploratory Data Analysis*; Reading, Massachusetts.

UBS AG (2003): *Preise und Löhne, Ein Kaufkraft und Lohnvergleich rund um die Welt*, Zürich.

van der Meer, E. (1985): Mathematisch-naturwissenschaftliche Hochbegabung *Z. Psychol.*, 193, 229–257.

Wagner, G. (1986): *PMD*, Vol.6, Nr.2/1986, S.19.

Weber, G. (1996): *Strategische Marktforschung*, München: R. Oldenbourg Verlag.

Woo, T.L. and Pearson, K. (1927): Dextrality and sinistrality of hand and eye; *Biometrika* 19, 165–199

Wygant, R. M. (1986): How Accurate is Stop Watch Time Study; *The Journal of Methods-Time Measurement*, 12, 36–39.

Xhonga, F. A. (1971): Direct gold alloys - part II, *Journal of the American Academy of Gold Foil Operators*, 14, 5-15.

Index

Ablehnbereich, 338
Abstand, Mahalanobis-, 268
Abweichung, durchschnittliche, 51
Annahmebereich, 338
Anpassungstest, 393
Äquivalenzzahl, 72
Assoziationsmaß, 100
Ausreißerregel, 253
Auswahldiagramm
    für diskrete Verteilungen, 205
    für Transformationen, 441
Auswahlsatz, 3
Axiomensystem von Kolmogorov, 143

Bayes, Formel von, 154
Befragung, 2
Beobachtung, 3
Bernoulli-Prozess, 189
Bestimmtheitsmaß, 108
    adjustiertes, 448
Bias, 291
Bindung, 98
Binomialkoeffizient, 149
    verallgemeinerter, 201
Binomialverteilung, 190
Bonferroni-Adjustierung, 375
Bonferroni-Ungleichung, 145
Bootstrap-Methode, 298
Box-Plot, 33
Bruchpunkt, 296

Cauchy-Schwarzsche Ungleichung, 96
Chi-Quadrat-Anpassungstest, 395
Chi-Quadrat-Unabhängigkeitstest, 410
Chi-Quadrat-Verteilung, 325
Chigramm, 399
Cluster, 90
Cramérs Koeffizient, 101

Datenmatrix, 8

Datensatz, 1
    geordneter, 16
    gepoolter, 47
    multivariater, 8
    univariater, 9
De Moivre
    Grenzwertsatz von Laplace und -, 260
Dezil, 29
Diagramm
    Auswahl-, *siehe* Auswahldiagramm
    Kreis-, 14
    Lage-Streuungs-, 59
    Quantil- (QQ-),
        siehe Quantildiagramm
    Residuen-, 431
    Stab-, 13
    Stemleaf-, 17
    Streu-, 85
    Venn-, 136
Dichte, Dichtefunktion, 213
    bedingte, 228
    Häufigkeits-, 20
    multimodale, 223
    Rand-, 228
    unimodale, 223
    Wahrscheinlichkeits-, 213
Dimensionswechseleigenschaft, 115
Disparität, 73
Dispersionskoeffizient, 50
Durchschnitt, 41
    gleitender, 126

Effizienz, relative, 288
Ereignis, 135
Ergebnismenge, 134
Erhebung, 1
Erwartungstreue, 290
    asymptotische, 291
Erwartungswert

bedingter, 421
einer diskreten Verteilung, 170
einer stetigen Verteilung, 221
Eulersche Zahl, 18
Experiment, 3
balanciertes, 380
Zufalls-, 134
Exponentialverteilung, 239
verschobene, 240
Extrapolation, 417

F-Test, 372
$\mathscr{F}$-Verteilung, 372
Faktor, 370
-effekt, 371
-stufe, 370
Faktorumkehreigenschaft, 115
Fakultät, 149
Fehler
-arten, 342
alpha-, 342
beta-, 342
mittlerer quadratischer, 287
Formel von Bayes, 154
Freiheitsgrad
der χ^2-Verteilung, 325
der $\mathscr{T}$-Verteilung, 317
Friedmann-Test, 388
5-Zahlen-Zusammenfassung, 32

Gütefunktion, 344
Galton-Brett, 189
Gammafunktion, 245
Gammaverteilung, 245
Gauß-Test, 350
geometrische Verteilung, 199
Gesetz
$\sqrt{n}$-, 279
der großen Zahlen, 279
Gini-Koeffizient, 75
Gleichmöglichkeitsmodell, 146
Gleichverteilung
diskrete, 185
stetige, 233
Grenzwertsatz
von Glivenko-Cantelli, 282
von Laplace und De Moivre, 260

zentraler, 258
Häufigkeit
absolute, 12
bedingte relative, 83
bei Klassierung, 19
eines Ereignisses, 140
gemeinsame, 82
kumulierte, 22
relative, 12
Häufigkeitsdichte, 20
Häufigkeitstabelle, 12
Hülle, konvexe, 86
Hauptsatz der Statistik, 282
Hebelpunkt, 436
Heteroskedastizität, 433
Histogramm, 20
Hypergeometrische Verteilung, 186

Identitätseigenschaft, 115
Index-Plot, 436
Inflationsrate, 118
Interaktionsplot, 381
Interpolation, 417
Intervall
k-faches Schwankungs-, 254
Konfidenz-, 315
Quartils-, 327
zentrales Schwankungs-, 220
Intervallskala, 6
Inversionsmethode, 234

Kerndichteschätzung, 87
Klasse, modale, 48
Klassierung, 19
Kleinste-Quadrate
-Methode, 104
-Schätzfunktion, 422
getrimmte -Methode, 438
Koeffizient
Binomial-, 149
Dispersions-, 50
Korrelations-, 95
Phi-, 100
Quantils- der Schiefe, 63
Quartils- der Schiefe, 63
Rangkorrelations-, 98

Regressions-, 104
Variations-, 53
Kolmogorov
-Smirnov-Anpassungstest, 402
-Smirnov-Statistik, 401
Axiomensystem von, 143
Kolmogorov-Smirnov-Test, 401
Kombinatorik, 151
Komponente, 123
glatte, 123
Rest-, 123
Saison-, 123
Komponentenmodell, 123
Konfidenzband
für eine Regressionsgerade, 430
für eine Verteilungsfunktion, 404
Konfidenzintervall, 315
Konfidenzniveau, 315
Konsistenz
einer Schätzfunktion, 293
eines statistischen Tests, 346
Kontingenztabelle, 82
Konturlinie, 268
Konzentration, 70
-skurve, 71
-srate, 71
relative, 73
Korrelations-Anpassungstest, 406
Korrelationskoeffizient, 95
Rang-, 98
stetige Verteilungen, 229
theoretischer, 180
Korrelationsmatrix, 97
Kovarianz, 93
-matrix, 97
stetige Verteilungen, 229
theoretische, 180
KQ-Schätzfunktion, *siehe* Schätzfunktion
Kreisdiagramm, 14
Kreuztabelle, *siehe* Kontingenztabelle
Kruskal-Wallis-Test, 378
Kumulation, 22

Lage-Streuungsdiagramm, 59
Lageregel, 62
für theoretische Lagemaße, 225
Laplace

-Verteilung, 242
Definition der Wahrscheinlichkeit, 146
Grenzwertsatz von - und De Moivre, 260
Leiter der Transformationen, 67
Lognormalverteilung, *siehe* Normalverteilung, logarithmische
Lorenzkurve, 73

Mahalanobis-Abstand, 268
Maximum-Likelihood-Methode, 301
Maximum-Likelihood-Schätzfunktion, 302
Median
bei klassierten Daten, 40
empirischer, 29
Minimumeigenschaft, 40
theoretischer, 222
Mengenindex, 119
Laspeyres-, 119
Paasche-, 119
Merkmal, 4
-sausprägung, 4
Messziffer, 114
Methode
Bootstrap-, 298
getrimmte Kleinste-Quadrate-, 438
Kleinste-Quadrate-, 104
Maximum-Likelihood-, 301
Momenten-, 300
Midrange, 49
Mittel
arithmetisches, 41
geometrisches, 49
getrimmtes, 294
getrimmtes arithmetisches, 46
gewichtetes, 116
gewogenes, 43
harmonisches, 50
Quartils-, 49
ML, *siehe* Maximum-Likelihood-
Modus
empirischer, 48
theoretischer, 223
Moment, 300
-enmethode, 300

Momentenkoeffizient der Schiefe, 63, 226
Momentenschätzer, *siehe* Schätzfunktion
Monte-Carlo-Simulation, 283
MQF, 287
Multikollinearität, 451
Multinomialverteilung, 194

negative Binomialverteilung, 200
Niveau
    Konfidenz-, 315
    Signifikanz-, 336
Nominalskala, 6
Normalgleichungen, 105, 445
Normalverteilung, 250
    bivariate , 268
    logarithmische, 264
Nullhypothese, 335

Ordinalskala, 6

P-Wert, 339
Paarvergleich, 374
Pareto-Verteilung, 235
Permutation, 148
Phi-Koeffizient, 100
    normierter, 101
Poisson
    -Prozess, 196
    -Verteilung, 195
Potenztransformation, 58
Prüfgröße, 338
Preisindex, 117
    Laspeyres-, 117
    Paasche-, 117
Prinzip
    der Flächentreue, 20
    der großen Zahlen, 141
Prognose, 417
    -intervall, 431
Prozess
    Bernoulli-, 189
    Poisson-, 196
Pseudo-Zufallszahlen, 283
Punktwolke, 85

QQ-Diagramm, *siehe* Quantildiagramm
Quantil
    empirisches, 27
    empirisches bei klassierten Daten, 28
    theoretisches, 162, 216
Quantildiagramm
    empirisches, 30
    theoretisches, 218
Quantilskoeffizient der Schiefe, 63, 226
Quartil, 29
Quartilsabstand, 57
Quartilsdispersionskoeffizient, 58
Quartilsintervall, 327
Quartilskoeffizient der Schiefe, 63, 226
Quartilsmittel, 49

Randhäufigkeit, 82
Randverteilung
    empirische, 82
    theoretische, 178
Rang, 98
Rangkorrelationskoeffizient, 98
Rangtest, 351
Rate eines Poisson-Prozesses, 196
Ratioskala, 6
Realisationsmöglichkeit, 4
Rechteckverteilung, 233
Regression
    -sgerade, 103
    -skoeffizient, 104
    einfaches lineares -smodell, 421
    multiples lineares -smodell, 443
    robuste, 438
    standardisierter -skoeffizient, 446
Residuendiagramm, 431
Residuum, 104, 377
    standardisiertes, 438
    Streichungs-, 436
Robustheit, 294

Säulendiagramm, 14
Saison, 123
Saisonbereinigung, 128
Schätzer, 287
Schätzfunktion, 287
    Kleinste-Quadrate-, 422
    konsistente, 293
    Maximum-Likelihood-, 302
    Momenten-, 300

Index

robuste, 294
Schiefe, 62, 225
Schwankungsintervall
    k-faches, 254
    zentrales, 220
    zentrales der Normalverteilung, 253
Sensitivitätskurve, 295
Signifikanzniveau, 336
Signifikanztest, 336
Simpson-Verteilung, 258
Skala
    Intervall-, 6
    metrische, 6
    nominale, 6
    ordinale, 6
    Ratio-, 6
Skalenniveau, 5
Spannweite, 57
Spearman
    Rangkorrelationskoeffizient von, 98
Störgröße, 420
Stabdiagramm, 13
Standardabweichung
    empirische, 51
    theoretische, 173
Standardfehler, 296
Standardisierung, 53
    einer Zufallsvariablen, 174
Standardnormalverteilung, 250
Steilheit, *siehe* Schiefe
Stemleaf-Diagramm, 17
Stetigkeitskorrektur
    bei der Normalapproximation, 261
    bei QQ-Diagrammen, 218
Stichprobe, 277
    Zufalls-, 147
Stichprobenfunktion, 277
Stichprobenvariable, 277
Stichprobenverteilung, 277
Streichungsresiduum, 436
Streudiagramm, 85
    paarweise -e, 89
Streuungsanteil
    externer, 56
    interner, 56
Streuungszerlegung, 56
Strichliste, 12

Symmetrie, 62
Symmetrie-Diagramm, 64

t-Test, 349
$\mathcal{T}$-Verteilung, 317
Test
    t-, 349
    approximativer Gauß-, 350
    auf σ^2, 355
    auf p, 356
    auf Korrelation, 412
    auf monotonen Zusammenhang, 413
    Chi-Quadrat-Anpassungs, 395
    Chi-Quadrat-Unabhängigkeits-, 410
    F-, 372
    Friedmann-, 388
    Gauß-, 350
    Kolmogorov-Smirnov-Anpassungs-, 402
    Korrelations-Anpassungs-, 406
    Kruskal-Wallis-, 378
    Welch-, 360
    Wilcoxon-Rangsummen-, 361
    Wilcoxon-Vorzeichen-Rang-, 352
    Zeichen-, 354
    Zweistichproben-t-, 360
Testniveau, 336
    multiples, 374
Transformation, 7
    Leiter der -en, 67
    Potenz-, 58
    skalenerhaltende, 8
    streuungsstabilisierende, 59
Trend, 123
    linearer, 123
    polynomialer, 124
Tschebyschev-Ungleichung, 175

Umbasierung, 120
Umsatzindex, 119
Unabhängigkeit
    mehrerer Ereignisse, 157
    stetiger Zufallsvariablen, 229
    von Zufallsvariablen, 179
    zweier Ereignisse, 156
Ungleichung
    Bonferroni-, 145

Cauchy-Schwarzsche, 96
Tschebyschev-, 175
Unverzerrtheit, *siehe* Erwartungstreue
Urliste, 9
Urnenmodell, 146

Variable
  diskrete, 5
  statistische, 4
  stetige, 5
  Zufalls-, 159
Varianz
  empirische, 51
  theoretische, diskrete Verteilung, 173
  theoretische, stetige Verteilung, 223
Varianzanalyse
  einfache, 371
  zweifache, 380
Varianzanalysetafel, 373
  der Regression, 449
Varianzstablisierung, 58
Varianzzerlegung der Regressionsrechnung, 107
Variationskoeffizient, 53
Venn-Diagramm, 136
Verkettung, 115, 120
Verschiebungssatz, 54
Verteilung
  χ^2, 325
  $\mathscr{F}$, 372
  $\mathscr{T}$-, 317
  approximative, 278
  bedingte theoretische, 178
  Binomial-, 190
  bivariate Normal-, 268
  Chi-Quadrat-, 325
  diskrete Gleich-, 185
  Exponential-, 239
  Gamma-, 245
  geometrische, 199
  Gleich-, 233
  hypergeometrische, 186
  Laplace-, 242
  leptokurtische, 256
  logarithmische Normal-, 264
  Multinomial-, 194
  negative Binomial-, 200

Normal-, 250
  Pareto-, 235
  platykurtische, 256
  Poisson-, 195
  Rechteck-, 233
  Simpson-, 258
  Standardexponential-, 239
  Standardnormal-, 250
  Wahrscheinlichkeits-, 160
  Wartezeit-, 198, 245
Verteilungsfunktion
  einer diskreten Zufallsvariablen, 168
  empirische, 22
  empirische bei Klassierung, 25
  stetige, 212
  theoretische, 160

Wachstumsrate, 49
Wahrscheinlichkeit
  bedingte, 152
  statistische, 143
Wahrscheinlichkeitsfunktion, 165
  gemeinsame, 177
Wahrscheinlichkeitsmaß, 143
Wahrscheinlichkeitsverteilung, 160
Warenkorb, 113
Wartezeitverteilung, 198, 245
Wechselwirkung, 380
Welch-Test, 360
Wert, kritischer, 338
Wertebereich, 4
Wilcoxon-Rangsummentest, 361
Wilcoxon-Vorzeichen-Rangtest, 352

Zeichentest, 354
Zeitreihe, 122
Zeitumkehreigenschaft, 115
Zentraler Grenzwertsatz, 258
Zentralwert, 40
Zentrierung, 46
Zirkulareigenschaft, 115
Zufallsauswahl, 147
Zufallsexperiment, 134
Zufallsstichprobe, 147
Zufallsvariable, 159
Zufallszahlen, Pseudo-, 283
Zweistichproben-t-Test, 360